COLLECTION

DES ANCIENS

ALCHIMISTES GRECS

IMPRIMERIE LEMALE ET Cⁱᵉ, HAVRE

COLLECTION

DES ANCIENS

ALCHIMISTES GRECS

PUBLIÉE

SOUS LES AUSPICES DU MINISTÈRE DE L'INSTRUCTION PUBLIQUE

Par M. BERTHELOT

Sénateur, Membre de l'Institut, Professeur au Collège de France

Avec la collaboration de Ch.-Ém. RUELLE

Conservateur adjoint à la Bibliothèque Sainte-Geneviève

TROISIÈME LIVRAISON

COMPRENANT :

LES VIEUX AUTEURS

LES TRAITÉS TECHNIQUES

ET

LES COMMENTATEURS

TEXTE GREC ET TRADUCTION FRANÇAISE

AVEC VARIANTES, NOTES ET COMMENTAIRES

PARIS

GEORGES STEINHEIL, ÉDITEUR

2, RUE CASIMIR-DELAVIGNE, 2

1888

TABLE DES MATIÈRES

DE LA IIIe LIVRAISON

(TEXTE GREC ET TRADUCTION)

QUATRIÈME PARTIE. — LES VIEUX AUTEURS

			Texte	Traduction
IV. I.	Pélage le philosophe : Sur l'art divin et sacré		253	243
IV. II.	Le philosophe Ostanès à Pétasius : Sur l'art sacré et divin		261	250
IV. III.	Jean l'Archiprêtre en Évagie : Sur l'art divin		263	252
IV. IV.	Énigme de la pierre philosophale, d'après Hermès et Agathodémon		267	256
IV. V.	Agathodémon, Hermès et divers. Oracle d'Orphée, etc.		268	257
IV. VI.	L'espèce est composée et non simple et quel en est le traitement.		272	261
IV. VII.	Fabrication, principalement celle du Tout.		275	264
IV. VIII.	Autre traitement		278	267
IV. IX.	Qu'est-ce que c'est que la chaux des anciens :		279	268
IV. X.	Suite du même sujet		280	269
IV. XI.	Autre traitement de la chaux		280	270
IV. XII.	Autre procédé de fabrication de la chaux		281	270
IV. XIII.	Autre article sur la chaux		282	271
IV. XIV.	Autre article		283	272
IV. XV.	Autre article		283	272
IV. XVI.	Autre article : la fabrication		284	273
IV. XVII.	Autre traitement		284	273
IV. XVIII.	Conclusion de la fabrication		284	273
IV. XIX.	Procédés de Jamblique		285	274
IV. XX.	Comarius: Livre de Comarius, etc., adressé à Cléopâtre.		289	278
IV. XXI.	Sur l'art divin et sacré des Philosophes (identique à IV, II)		299	287
IV. XXII.	Chimie de Moïse		300	287
IV. XXIII.	Les huit tombeaux		315	302
IV. XXIV.	Pour blanchir le cuivre		318	304

TABLE DES MATIÈRES

CINQUIÈME PARTIE. — TRAITÉS TECHNIQUES

		Texte	Traduction
V. I.	Sur la très précieuse et célèbre orfèvrerie	321	307
V. II.	Travail des quatre éléments	337	322
V. III.	Sur la trempe du fer	342	328
V. IV.	Teinture du cuivre trouvé chez les Perses	346	330
V. V.	Trempe du fer indien, décrite à la même époque	347	332
V. VI.	Fabrication des verres	348	333
V. VII.	Coloration des pierres, des émeraudes, des escarboucles et des améthystes	350	334
V. VIII.	Méthode pour confectionner la perle ronde, par Salmanas	364	349
V. IX.	Traitement des perles	368	352
V. X.	Fabrication des bières	372	356
V. XI.	Fabrication de la lessive	372	357
V. XII.	Quelle est la proportion avantageuse des laines teintes.	373	358
V. XIII.	Quelle est la préparation de la poudre noire	374	358
V. XIV.	Quelle est la composition de la comaris	374	359
V. XV.	Traitement qui succède à l'iosis	375	359
V. XVI.	Formes en creux et en relief avec le bronze	375	359
V. XVII.	Détails divers sur le plomb et la feuille d'or	377	362
V. XVIII.	Fabrication de la colle de fromage	380	364
V. XIX.	Sur la fabrication du savon d'axonge	380	365
V. XX.	Les mois	381	365
V. XXI.	Fabrication de l'or	382	366
V. XXII.	Préparation de l'aphronitron pour les soudures, etc..	383	367
V. XXIII.	Préparation du cinabre	383	367
V. XXIV.	Pratique de l'empereur Justinien	384	368
V. XXV	Description de la grande Héliurgie	387	371
V. XXVI.	Bénédiction de la ruche	388	372
V. XXVII.	Fabrication de l'argent	389	372
V. XXVIII.	Sur l'orichalque	390	373
V. XXIX.	Sur le soufre incombustible	390	373
V. XXX.	Blanchiment de l'eau au moyen de laquelle est blanchi l'arsenic, etc.	391	374
V. XXXI.	Sur le blanchiment de l'arsenic lamelleux	391	374
V. XXXII.	Dorure du fer	392	375

TABLE DES MATIÈRES

SIXIÈME PARTIE. — COMMENTATEURS

		Texte	Traduction
	NOTICE PRÉLIMINAIRE	...	377
VI. i.	Le Chrétien : Sur la constitution de l'or	395	382
VI. ii.	— Sur l'eau divine ; quelles en sont les espèces, etc	399	386
VI. iii.	— Désaccord des anciens	400	387
VI. iv.	— Quel est le traitement de l'eau divine en général	401	388
VI. v.	— Fabrication de l'eau mystérieuse	402	388
VI. vi.	— Objection sur ce que l'eau divine est une par l'espèce	405	390
VI. vii.	— Autre objection, relative à l'eau de l'abîme	407	391
VI. viii.	— Résumé du Chrétien : Quelle est la raison d'être du présent traité	409	392
VI. ix.	— Division de la matière et classes de fabrication	409	393
VI. x.	— Combien y a-t-il de variétés de fabrication en particulier et en général?	410	394
VI. xi.	— Relation entre les divisions de la science et les figures géométriques	414	397
VI. xii.	— Quelle est la classe exposée dans les écrits secrets des anciens	415	398
VI. xiii.	— Le Philosophe Anonyme : Sur l'eau divine du blanchiment.	421	403
VI. xiv.	— Sur la pratique de la Chrysopée	424	405
VI. xv.	— La musique et la chimie ...	433	409
VI. xvi.	Cosmas : Explication de la science de la Chrysopée par le saint moine Cosmas	442	416
VI. xvii.	La pierre philosophale	446	419
VI. xviii.	Sur la pierre philosophale	447	420
VI. xix.	Hiérothée : Sur l'art sacré	451	422
VI. xx.	Nicéphore Blemmidès : Chrysopée	452	423
	Appendice : ce que réclame la présente préparation.	458	428

COLLECTION

DES

ALCHIMISTES GRECS

TEXTE GREC

TROISIÈME LIVRAISON

QUATRIÈME PARTIE

LES VIEUX AUTEURS

IV. 1. — ΠΕΛΑΓΙΟΥ ΦΙΛΟΣΟΦΟΥ ΠΕΡΙ ΤΗΣ ΘΕΙΑΣ ΤΑΥΤΗΣ ΚΑΙ ΙΕΡΑΣ ΤΕΧΝΗΣ.

Transcrit sur M, f. 62 v.; — *Collationné sur* A, f. 222 v.: — *sur* K (copie de M ?) f. 72 v.; — *sur* Lc, p. 49. — *Contenu aussi dans les mss. de Vienne* (cod. med. gr., 51 et 52, *dérivés de* M).

1] Οἱ μὲν προγενέστεροι καὶ ἐρασταὶ καὶ ἀνάπλεοι φιλόσοφοι
ἔφησαν ὅτι πᾶσα τέχνη ἕνεκεν τοῦ τέλους αὐτῆς ἐπινοεῖται τῷ βίῳ·
5 οἷον ἡ τεκτονικὴ μία οὖσα διὰ τοῦτό ἐστιν ἵνα ποιήσῃ θρόνον ἢ
κιβωτὸν ἢ πλοῖον ἀπὸ μιᾶς φύσεως τοῦ ξυλίνου. Οὐκοῦν καὶ ἡ
βαφικὴ τέχνη ἕνεκεν τούτου ἐπενοήθη, ἵνα βαφήν τινα καὶ ποιότητα
ποιήσῃ, ὃ καὶ τέλος τῆς τέχνης ἐστίν. Καὶ λοιπὸν χρὴ γινώσκειν
f. 63 r.) ὅτι ὀρθῶς ἀναφέρεται παρὰ τῶν ἀρχαίων λεγόντων· « ὁ
10 χαλκὸς οὐ βάπτει, ἀλλὰ βάπτεται· καὶ ὅταν βαφῇ, βάπτει. » Διὰ
τοῦτο καὶ ὁμοίως πᾶσαι αἱ γραφαὶ καματεύονται τὸν χαλκὸν, ἵνα
βαφῇ· ἐὰν γὰρ βαφῇ, τότε βάπτει, καὶ ἐὰν οὐ βαφῇ, οὐ δύναται
βάψαι, ὡς εἴρηται. Διὰ τοῦτο παρακελεύονται τὸν χαλκὸν ἄσκιον
γενέσθαι, ἵνα τὴν σκιὰν αὐτοῦ ἀποβαλλόμενος δύναται δέξασθαι τὴν

---

3. Réd. de A : ἀνάμπλεοι μαθημάτων καθ'
ἑαυτῶν φιλ. ὄντες φάσκουσιν ὅτι. — ἀν. τῶν
μαθημάτων Lc. — 5. μία ο. τῶν τεχνῶν Lc. — 6. ξύλου Lc. — 11. κατακαμ. A Lc. — 13. πάντες παρακελ. Lc. — 14. δύναται δύνατι A : δύνατο Lc. F. 1. δύνηται.

βαφήν · σκιὰν δὲ χαλκοῦ νόησον, τὴν παρ᾽ αὐτοῦ ἐνγινομένην ἐν τῷ
ἀργύρῳ μελανίαν · οἶδας γὰρ ὅτι ὁ χαλκὸς οἰκονομηθεὶς καὶ ἐπι-
βληθεὶς τῷ ἀργύρῳ μελανοῖ αὐτὸν ἔξωθεν καὶ ἔσωθεν. Ταύτην
οὖν τὴν μελάνωσιν τὴν γενομένην ἐν τῷ ἀργύρῳ σκιὰν αἱ γραφαὶ
5 λέγουσιν · καὶ τούτου ἕνεκεν δεῖ οἰκονομεῖσθαι τὸν χαλκόν, ἕως μηκέτι
δύναται ποιεῖν μελανίαν, ἐπιβαλλόμενος ἐν τῷ ἀργύρῳ.

2] Οὕτως δεῖ οἰκονομεῖσθαι τὸν χαλκόν, ἤγουν τὸν φυσικὸν χρυσόν,
ἕως ἂν μηδεμίαν μελάνωσιν ἐμποιῇ ἐν τῷ ἀργύρῳ · διὰ τοῦτο γὰρ
καὶ Δημόκριτος ἔλεγεν · « Δοκίμαζε τὸν χαλκὸν εἰ γέγονεν
10 ἄσκιος · ἐὰν γὰρ μὴ γένηται ὁ χαλκὸς ἄσκιος, μὴ μέμψῃ τὸν χαλκόν,
ἀλλὰ σεαυτὸν μέμψαι. »

3] Οἰκονομεῖται δ᾽ ὁ χαλκὸς διὰ τοῦ θείου ὕδατος ζυμούμενος καὶ
λειούμενος καὶ ὀπτώμενος καὶ πλυνόμενος ». Πλύνεται δὲ, φησὶν, ἕως
ὅλως ὁ ἰὸς αὐτοῦ ἐξέλθῃ. Καὶ ἔνθεν μνήσθητι τῶν φιλοσόφων εἰπόντων ·
15 « Μετὰ τὴν τοῦ χαλκοῦ ἐξίωσιν καὶ μελάνωσιν καὶ ἐς ὕστερον λεύ-
κωσιν, τότε ἔσται βεβαία ξάνθωσις · ἐξ ἐπιβολὰς γινομένας νόησον.
Γίνεται οὖν ἴωσις εἰς τοῦ θείου ὕδατος · ἐξίωσις δὲ, ἐν τῇ ἀποπλύσει ·
μελάνωσις δὲ, ὅταν πρὸ τῆς ἀποπλύσεως ὁ χρυσόλιθος μιγῇ · ἐξ-
ίσχνωσις δὲ, ὅταν ἐν τῷ χρυσολίθῳ λειωθῇ · λεύκωσις δὲ, ὅταν μετὰ
20 τοῦ κουρολίθου ἀναλείωσιν ξηραίνεται · ξάνθωσις δὲ γίνεται ὅταν
τὰ δυνάμενα ξανθῶσαι προσπλακῇ καὶ [f. 63 v.] τοῖς μικροῖς βολβί-
τοις ἐντεθῇ · αὗται αἱ ἐξ μεταβολαὶ γίνονται ἐν τῷ χαλκῷ, ἵνα βαφῇ ·
καὶ ἐὰν μὴ γένωνται πᾶσαι, οὐδὲν γίνεται · ὡς ἐὰν μὴ γίνηται ὁ
χαλκὸς ἄσκιος ξανθός, οὐδὲν γίνεται.

---

1. Lignes verticales, en guise de guil-
lemets, alternativement sur les marges
intérieure et extérieure de Lc, jusqu'à
la fin de notre § 3. — 2. ἐν τῷ s. de l'ar-
gent puis καὶ τοῦ ὕδατος ἡ μελανία A ; ἐν τῷ
ἀργύρῳ (en toutes lettres) καὶ τῷ ὕδατι Lc.
— 3. Réd. de Lc : καὶ πάντες αὐτὴν τὴν
μελ. — 9. Cp. p. 46, l. 1. — 11. Après μέμ-
ψαι] ἐπεὶ μὴ καλῶς οἰκονομήσας Lc (d'après
A). — 14. ὅλος ὁ ἰὸς Lc. — 15. ἴωσιν καὶ ἐξίωσιν
Lc. — 16. ἐξ ἐπιβολὰς] ἐξ ὑποβολῆς γινομένη ·
νόησον A Lc. F. l. ἐξ μεταβολὰς. Cp. l. 22.
— A mg. Une main. — 19. μετὰ τὴν τοῦ
κουρ. ἀν. ἀναξηρανθῇ Lc. — 20. ἀναλείωσιν]
ἀνα puis le signe figurant l'idée de τρίψις
ou de λείωσις MK. — κωφολίθου MK. — 22.
αὗται γὰρ A Lc. — 23. καὶ ἕως ἂν Lc. —
πᾶσαι οὐδὲν — μὴ γίνηται om. A ; hab. Lc.

4] Πρῶτον οὖν βάπτει καὶ μεταβάλλει καὶ κόπτει τὸν χαλκόν ·
καὶ οὕτως διὰ τοῦ θείου ὕδατος ποιεῖ τελείαν ἴωσιν. Τελείαν ἴωσιν
νόησον τὴν ἐν τῇ ζύμῃ χρύσωσιν · ταύτην γὰρ καὶ αἰνιττόμενος ὁ
ἀρχαῖος ἔλεγεν · « Οἷον χρυσὸν ὁ ποιῶν ποιεῖ · ὁ δὲ μὴ ποιῶν, οὐδὲν
5 ποιεῖ. Ὅταν ἴδῃς τὴν τελείαν χρύσωσιν ἐν τῷ θείῳ τότε νόησον
τελείαν ἴωσιν πεποίηκας, οὐ μόνον κατὰ τὴν ἐπιφανείαν τοῦ θείου
ἐξανθοῦσαν, ἀλλὰ καὶ ἐν τῷ βάθει ». Σημείωσις οὖν ἐστιν ἀρχομένης
ἰώσεως · ἡ δὲ ἐντὸς γενομένη ἴωσις αὕτη ἐστιν ἡ ἀληθινὴ ἴωσις,
ἥτις καὶ ἰὸς χρυσοῦ διηρμηνεύθη · ἐὰν ⟨δὲ⟩ μὴ αὕτη ἴωσις γένηται, οὐδὲν
10 γίνεται. Σκόπει οὖν ἵνα ἐν τῷ βάθει γένηται · εἰ δὲ μή γε, οὐδὲν
γίνεται ἴωσις, ἥτις καὶ ξάνθωσις εἴρηται μάλιστα τῷ φιλοσόφῳ
λέγοντι · « Λαβὼν πυρίτην, οἰκονόμει ἕως ξανθὸς γένηται », πυρίτην
καλῶν τὸν χαλκὸν διὰ τὸ ἔμπυρον τῆς φύσεως · ὅτι οὕτω δεῖ γενέσθαι
αὐτόν, ἵνα τελεία ἴωσις γένηται.

15   5] Καὶ οὕτως μέτελθε ἐπὶ τὴν ἐξίωσιν, σημειούμενος κἀνταῦθα
πάλιν, « ἕως οὗ γένηται ἐξίωσις ». Ἔσται πρῶτον ἡ μελάνωσις, καὶ
τότε παρακολουθήσει ἡ ἐξίωσις. Λαβὼν τοίνυν χρυσόλιθον μέρος ἕν,
μαγνησίαν μέρη γ′, λείωσον χωρὶς παντὸς ὑγροῦ · λείωσον δὲ ἕως
περιπλακῶσιν ἄλληλα καὶ συμμιγῶσιν αἱ οὐσίαι. Καὶ μηκέτι τοῦ θείου
20 τοῦ λευκοῦ φαίνεται · γίνεται δὲ πάνυ μέλαν ὡς τὸ γραφικὸν μέλαν.
Τοῦτο ἔασον ἡμέρας γ′, καὶ βαλὼν τότε ἐν τῷ κολύμβῳ, ἐπίβαλλε τοῦ
ζωμοῦ τοῦ εἰωθότος πλύνειν, καὶ ἀναλείου, καὶ ἀπέπλυνον, καὶ ὄψει τοῦ
θείου περιτρέχοντος. Καὶ πῶς [f. 64 r.] οἰκονομεῖται ; καὶ πῶς ἄκαυσ-

---

1. F. l. βάπτει... μεταβάλλε τ.. κόπτε et
ποιεῖς. — 2. ποιῇ MK. — 3. τὴν ἐν τῇ στήψει
καὶ ζύμῃ χρ. Lc. — 4. ὁ ἀρχ. φιλόσοφος
Lc. — ὁ ποιῶν ἰὸν χρ. π. Lc. — 5. ὅταν
δὲ A Lc. — νόησον ὅτι A Lc. — 7. οὐ
μόνον γὰρ ἐξάνθωσιν Lc. — 10. εἰ] ἢ M. —
Réd. de Lc : ἐὰν δὲ μὴ γίνηται ἴωσις, ἥτις
καὶ ἰὸς χρυσοῦ καὶ ξανθ. εἴρ. οὐδὲν γίνεται.
Διὸ καὶ ὁ φιλόσοφος ἔλεγε. — 13. καλεῖ A
Lc. — οὕτω δὲ δεῖ Lc. — 15. καὶ οὕτως
μέτελθε] μετὰ δὲ ταῦτα, ἔρχου Lc. — 18.

Le signe du cinabre au-dessus de μαγ-
νησίαν M; καὶ μαγνησίας καὶ κινναβάρεως
Lc. — 19. μηκέτι] μὴ τι (l. μὴ τὸ) A
Lc. — φαίνηται Lc. — 21. Réd. de A
Lc : ἐπίβαλλε τὸν ζωμὸν τοῦ ἰωθέντος, καὶ
ἀναλύων, καὶ τρίβων, καὶ πλύνων, καὶ ἀπο-
πλύνων, ὄψει τὸ θεῖον περιτρέχον. — 23.
Réd. de Lc (d'après A corrigé : καὶ
πῶς ἀκ. ἐ. ρ. καὶ πῶς ἔχει τὸν χαλκὸν πυρίτην ;
πυρίτην δὲ καλεῖ τὸν χαλ. τοῦ θείου · ἀποπλύ-
νον δέ, φησί, τὸν χαλκόν, ἕως οὗ ὁ ἰὸς κ. τ. λ.

τον ἔχει φύσιν ; τὸν χαλκὸν πυρίτην καλῶν τὴν μόλιβδον τοῦ θείου
ἀπύρου · ἐτήσιον δὲ τὸν χρυσολίθον ἀπέπλυνον, ἕως οὗ, φησὶν, ὁ ἰὸς
αὐτοῦ ἐξέλθῃ. Καὶ οὕτως ἀπέρχεται μηδὲν, τοῦ χαλκοῦ ἀπομένοντος
ἐν τῇ μολίβδῳ. Λύτη μεγάλη κάθαρσις καλεῖται · αὕτη ὁμοῦ καλεῖ-
5 ται ἐξίωσις καὶ μελάνωσις · μελάνωσις δὲ διὰ τὸ μελαινόμενον τῆς
κράσεως, ἐξίωσις δὲ, διὰ τὴν ἀπὸ τοῦ ἰοῦ ἔξοδον καὶ ἀπόλυσιν,
ἣν καὶ ἀπόπλυσιν λέγουσιν. Ταύτην οὖν δεξάμενος ἐν ἄγγεσιν, ἔα
καταστῆναι. Καί ἀφυλίσας τοῦ ζωμοῦ, ξήρανον τὴν ὑποστάθμην,
ταύτην εὑρήσεις ὡς γραφικὸν μέλαν. Τοῦτο τρίβε ἕως οὗ γένηται
10 ξανθὸν τέλειον. Τοῦτο ἐπίστρεψον καὶ ἐπίχεε ἐκ τῆς ῥητῆς μέρη
δ', τῆς ξανθῆς μέρος α', τῆς μολίβδου μέρος α' · καὶ νοτίασον
μικρὸν, ἕως γένηται πηλός · καὶ λείωσον ἕως ἀφαντωθῇ ἡ μόλιβδος.
Καὶ κούφισον καὶ ὡς πηλὸν ἀπόθου ἐν ἡλίῳ · καὶ ἔα ξηραίνεσθαι,
ποτίζων κατὰ μικρὸν, ἕως οὗ ἡ μόλιβδος ἀναλωθῇ, καὶ ἔα ξηραν-
15 θῆναι · ἔνθεν ἐπιβαλοῦ θεωρίαν.

6] Ὁ δὲ ἀρχαῖος Ζώσιμος ἔλεγεν. Μίαν τάξιν οἶδα ἐγὼ, δύο
δὲ ἔργα ἔχουσαν · μίαν μὲν, ἵνα ῥεύσῃ διὰ τῆς ῥητῆς, καὶ δεύτε-
ρον, ἵνα ξηρανθῇ ἡ ὑγρότης τῆς μολύβδου. Οὕτω καὶ νῦν ποίησον,
ξηραίνων · καὶ οὕτως ἐπίβαλλε τοῦ κουφολίθου τὸ ἴσον, καὶ λείωσον
20 ὄξει τῷ διὰ τοῦ γερανίου, ἕως ἂν λευκανθῇ · ἕως οὗ γένηται λευκόν.
Βλέπε οὖν μὴ ἀκηδιάσῃς ἐν τῷ καιρῷ τῆς λευκώσεως · ἀκηδία γὰρ
γίνεται διὰ τὸ μὴ βλέπειν τὸ κάλλος ἐκεῖνο, ὅτι διὰ τῆς λευκώσεως
ταύτης ἄσκιος ὁ χαλκὸς γίνεται, ἀποβαλὼν πᾶσαν τὴν αὐτοῦ γεώδη
ὑπερουσίαν καὶ παχύτητα τοῦ σώματος. Ἐὰν οὖν λευκανθῇ ὁ χαλκὸς

<hr>

1. F. l. χαλκοπυρίτην. — 3. ὑπομένοντος
A Lc. — 6. καὶ ἀπόλουσιν A; om. Lc. —
7. ἣν καὶ ἀπόλουσιν καὶ ἀπόπλουσιν A Lc. —
ταύτην] ταῦτα A Lc. — 8. τὸν ζωμὸν Lc. —
10. ἐπίστρεψον] ἐπίρραψον A Lc. — ῥητῆς]
ῥυτῆς Lc. Cp. III, vi, 2 et vii, 5. — 11.
τῆς μόλ. μ. α' om. A; hab. Lc. — νοτίασον]
ἀνάλουσον A Lc. F. l. νότισον. — 14. κατα-
μικρὸν M. — 15. ἐπιβάλλει A Lc. — 17.
ῥυτῆς Lc. Cp. III, vii, 5. — δευτέρα A;
δευτέραν δὲ Lc. — 18. τοῦ μόλ. εἰς κίνωσιν ·
εἰς ἀκένωσιν A) καὶ οὕτως ἐπιβ. A Lc. —
19. κουφολίθου MK ici et plus loin. —
20. ἕως οὗ...] ἤγουν ἕως γέν. λ. A; ἤγουν
ἕως οὗ... Lc. — ἕως οὗ γ. λ.] Glose mar-
ginale insérée dans le texte ? — 21.
Βλέπε...] Cp. III, vi, 20. — γὰρ] δὲ A Lc.
— 22. ἐπιβλέπειν A Lc.

ἄσκιος, πνευματικὸς γίνεται, καὶ λοιπὸν οὐδὲν ἄλλο λείπει, οὐδὲν
ὑστερεῖ · εἰ μὴ μόνον ἵνα ξηρανθῇ καὶ λευκανθῇ. Ὧδε νόησον · πάντα
χεόμενα πάν- (f. 64 v.) τα ἀποβάλλει · καὶ οὐδὲν μένει, εἰ μὴ ὁ
χρυσὸς καὶ ὁ μόλυβδος καὶ ὁ ἐτήσιος λίθος ὁ καλεῖται χρυσόλιθος.
5 Γλυκάνας οὖν τὸ ξηρίον, καὶ ξηράνας, στῆσον καὶ ἐξίσασον τὸ ξηρίον
τοῦ χαλκάνθου μέρη γ´, μαγνησίας μέρος α´, χαλκοῦ μέρος α´, ἐξίσου
τὸ ξηρίον μέρος α´ · λείωσον ὁμοῦ ποτίζων ἐν ἡλίῳ ἀπὸ τοῦ ὄξους
τοῦ λευκοῦ ἡμέρας ζ´ · καὶ ὕστερον ξηράνας, κατάθου ἐν βολβίτοις,
καὶ ἔασον ὀπτᾶσθαι ἡμέρας δύο ἢ τρεῖς, καὶ ἐξενέγκας, εὑρήσεις
10 βαφέντα τὸν χρυσόν, πυρρὸν ὡς τὸ αἷμα. Αὕτη ἐστὶν κιννάβαρις
τῶν φιλοσόφων καὶ χαλκὸς ἄσκιος ξανθός. Ὧδε μνήσθητι ὡς ἔλεγεν
ὁ ἀρχαῖος · « Ὁ χαλκὸς ἄσκιος γενόμενος πᾶν σῶμα βάπτει ». Διὰ τοῦτο
καὶ ὁ φιλόσοφος εἶπεν · « Τί ὑμῖν καὶ τῇ πολλῇ ὕλῃ, ἑνὸς ὄντος
τοῦ φυσικοῦ, καὶ μιᾶς φύσεως νικώσης τὸ πᾶν; » Νοῶμεν ὅτι « φυσι-
15 κοῦ » λέγει τοῦ κατὰ φύσιν χρυσοῦ · οὗτος γὰρ ὁ κατὰ φύσιν χρυσὸς
νικᾷ τὸ πᾶν τῶν ὑποκειμένων σωμάτων, οἷον ἀλειφόμενος κατὰ
σίδηρον ἢ χαλκὸν νικᾷ τὴν ἐπιφάνειαν αὐτῶν καταφαινόμενος τὸν
κατὰ φύσιν χρυσόν.

8] Οὕτως οὖν διαλυόμενος διὰ τοῦ θείου ὕδατος, ζυμούμενος ὡς ἡ
20 ζύμη τοῦ ἄρτου, εἶτα καὶ τοῦ χρυσολίθου ἐξίσου συνλειουμένου · καὶ
τοῦ μὲν ὕδατος ἀπολυομένου κατὰ φύσιν αὐτοῦ διὰ τῆς ῥεύσεως, καὶ
τοῦ χρυσολίθου λαμβανομένου μετὰ τῆς ἐπιπλοκῆς τοῦ φυσικοῦ.
Ζώσιμος · « Ὁ φυσικὸς χρυσὸς πνεύματος γενόμενος διὰ τοῦ χρυ-

2. εἰ μὴ μόνον — μένει (l. suiv.) om. A, hab. Lc. — νόησον ὅτι π. τὰ χ. Lc. — 4. ὃς χαλ. Lc. — Le signe du cinabre sur χρυσόλ. M; à la suite A. — 6. ἐξίσου] ἐξίωσον A; om. Lc. — 10. πυρόν MAK. — 11. ὡς ἐλ. ὁ ἀρχαῖος] τί ἐλ. ὁ ἀ. φιλόσοφος; Lc. — 12. Réd. de Lc : διὸ καὶ παρακατιών ἔλεγεν ὁ αὐτός. — 14. τοῦ φυσ. λέγει, ἤγουν τοῦ κ. φ. χρ. A Lc. — 17. νικᾷ...] Réd. de A Lc : νικᾷ τὴν φύσιν φαίνων αὐτὸν signe de l'or. — φαίνι (l. φαίνοι) ἂν A. — 19. διαλειούμενος A Lc. — καὶ ζυμ. Lc. — 20. Le s. du cinabre sur χρυσόλ. M. — Réd. de Lc : Τοῦ χρυσόλ. καταλαμβανομένου καὶ ἐξ ἴσου συλλ., καὶ τοῦ ὕδ. ἀπολλυμένου κατὰ τὴν φύσιν αὐτοῦ. — 21. ἀπολειομένου Α. — καταφύσιν MK ici et plus loin. — 22. καταλαμβ. Lc. — Le s. de l'or sur φυσικοῦ M. — Après ce mot Lc aj. τὸ μυστήριον οἰκονομεῖται. — 23. Ὁ Ζώσ. δὲ φησιν Lc. — ὁ φυσικός om. A Lc. — πνς M; πνικός A Lc, f. mel.

σολίθου κατὰ φύσιν βάπτει. » Καὶ ὅτι καὶ ὁ ἄργυρος, ἐὰν διαλύσωμεν
διὰ τοῦ θείου ὕδατος καὶ πνευματικῶς ποιήσωμεν διὰ τοῦ χρυσολίθου,
βάπτει τὸν χαλκὸν λευκόν · τοῦτο γὰρ καὶ δι᾽ ἑτέρων ἔλεγεν · αἱ γὰρ
δύο βαφαὶ οὐδενὶ διαφέρουσιν ἀλλήλων, ἀλλὰ χρώματι μόνον, τουτέστι
5 μίαν μὲν καὶ τὴν αὐτὴν ἔχοντα οἰκονομίαν, ἐφ᾽ ἧς καὶ διὰ τοῦ θείου
ὕδατος πρῶτον λειούμενα, ὕστερον δὲ διὰ τοῦ χρυσολίθου πνευματικὸν
ξηρίον γενό- f. 65 r.) μενον · διαφέρουσι δὲ τῷ χρώματι, ὅτι ἕκαστον
αὐτῶν κατὰ τὴν ἰδίαν φύσιν βάπτει · ὁ μὲν χρυσός, χρυσόν, ὁ δὲ ἄργυρος
τὸν ἄργυρον. Οὐκ ἀκούεις τὸν ἀρχαιότατον λέγοντα · « Ὁ σπείρων
10 σῖτον, σῖτον γεννᾷ καὶ θερίζει, καὶ ὁ χρυσὸς χρυσὸν γεννᾷ · ὁμοίως
καὶ ἄργυρος ἄργυρον γεννᾷ. »

9] Διὰ τοῦτο καὶ ὧδε ὁ ἀρχαῖος ἔλεγεν · « Χρησόμεθα τοῖς φυσί-
κοῖς. » Ἔστι δὲ ἀναγκαῖον εἰδέναι ὅτι ὁ μὲν χρυσὸς φυσικῶς βάπτει, οὐ
χωρὶς τοῦ πρότερον διαλυθῆναι αὐτὸν διὰ τοῦ θείου ὕδατος, καὶ
15 ὕστερον πνευματωθῆναι διὰ τοῦ χρυσολίθου · κατὰ φύσιν γὰρ καὶ
στερεὸν σῶμα καλούμενος · δεῖ τε πρῶτον διαλυθῆναι, καὶ ὕστερον
πνευματωθῆναι · καὶ οὕτως παντὸς φυσικοῦ βάπτει. Τὰ γὰρ ἄλλα
δύο κατὰ τὴν ἰδίαν φύσιν φευκτὰ καὶ καυστὰ ἐν τῷ πυρὶ ἀναλίσ-
κονται · ὅθεν ὁ ἀρχαῖος Ζώσιμος ἔλεγεν · « Ὅτι γὰρ αὐτὸ τὸ
20 μυστήριον τὸ τῆς χρυσοβαφῆς · σώματα ὄντα πνεῦμα γίνεται, ἵνα ἐν
ταῖς καταγραφαῖς πνευματικῶς βάψῃ, καὶ μὴ ἐπενέγκῃ ἐπισταθμίαν ·
στερεὰ γὰρ ὄντα, βάπτειν οὐ δύνανται, ἐὰν μὴ πρῶτον λεπτυνθῇ καὶ

---

1. βάπτεται Α. — 2. πυκνόν Α Lc, f. mel.
— 4. Réd. de Lc : τουτέστι καταβαφῇ · καὶ
γὰρ τὰ δύο σώματα διὰ τ. θ. ὕ. τὸ πρῶτον...
γενόμενα διαφ. τῷ χρ. μόνον. — 8. ὁ μὲν
χρυσός — θερίζει (l. 10) om. A Lc. — 9.
F. l. τῶν ἀρχαιοτάτων λεγόντων. — Cp. I,
xiii, 8; xiii bis, 6; III, xvi, 6. — 12. ὁ
ἀρχ. φιλόσοφος ἰδὼ λέγων Lc. — 13. δὲ]
F. l. γάρ. — χρησόμ., χρησόμεθα A; χρη-
σόμεθα, χρυσόμεθα Lc. — Réd. de Lc :
ὁ μὲν φυσικὸς χρυσὸς βάπτει· ὁ δὲ μὴ φυσικὸς
οὐ βάπτει, χωρίς... — 15. γάρ] δὲ A Lc. —
16. δεῖται Lc, f. mel. — 17. F. l. πάντα

φυσικῶς βάπτει. — 19. Réd. de A : ὅθεν ὁ
ἀ. Ζ. ἔλεγεν · ἀλλὰ καὶ αὐτὸ τὸ ξηρίον ποτι-
ζόμενον (sic) δυνάμενον ἀποστύφειν ἐν τοῖς
ζωμοῖς, ἵνα ἐν τῇ σύψη (l. στίψει) βαφῇ ἐν τοῖς
ζωμοῖς, καὶ αὐτὸ τὸ μυστήριον... Réd. de
Lc : ὅθεν καὶ ὁ ἀ. Ζ. ἔλεγεν ὅτι καὶ αὐτοῦ
τοῦ μυστηρίου τοῦ τῆς καταβαφῆς τὰ σώματα
γίνονται πνεύματα. — 20. πνεύματα Α. —
21. καταγραφαῖς πνευματικῶς] καταβαφαῖς
τοῦ πνεύματος A Lc. — βάψωσι Lc. — ἐπὶ
σταθμίαν M. — M. mg. : ὃ κα (lire ὃ
καλόν !). — 22. λεπτυνθῇ καὶ πνευματωθῇ]
Le pluriel dans Lc.

πνευματωθῇ. Λεπτύνει μὲν αὐτὰ πρῶτον τὸ θεῖον ὕδωρ · πνευματοῖ
δὲ ὕστερον ὁ χρυσόλιθος. Οὐκοῦν σημειωσώμεθα ὅτι, δύο βαφῶν ὄντων
κατὰ τὴν τῶν δύο σωμάτων ἰδιότητα, τὰ ἄλλα ὡς μεσιτεύουσι
μεταλαμβάνοντα τὴν βαφὴν καὶ μεταδιδοῦντα · μεταλαμβάνοντα μὲν,
5 τὰ διαλύοντα καὶ πνευματοῦντα, μεταδιδοῦντα δὲ, τὰ χεόμενα αὐτὴν
διὰ τοῦ χωνευτηρίου. Καὶ χρὴ λοιπὸν σημειώσασθαι ὅτι, ὥσπερ
ἀλειφόμενος χρυσὸς, ἢ ἄργυρος, ἢ σίδηρος, ἢ χαλκὸς οὐ κρατεῖ, ἐὰν
μὴ τοῖς ζωμοῖς προστυφθῇ οὕτως οὔτε νῦν ὧδε κρατεῖ, οὔτε χρυσὸς,
οὔτε ἄργυρος, ἐὰν μὴ προστυφθῇ, ἀλλὰ καὶ αὐτὸ τὸ ξηρίον ποτίζειν
10 δυνάμενον ἀποστυφθῇ ἐν ζωμῷ, ἵνα τὴν στύψιν ἡ βαφὴ εἰσ- f. 65 v.
κρίνουσα καὶ διαδύνασα εἰς βάθος, στύψῃ καὶ κρατήσῃ ἐκεῖ κατὰ
βάθος τοῦ σώματος, διαλυομένου τοῦ ξηρίου. Διὰ τοῦτο ἡ φύσις
τῇ φύσει τέρπεται ». Καὶ τὰ ἑξῆς.

10] Νόησον γὰρ ταῦτα καὶ ἐπὶ τοῦ σώματος λαμβανόμενα, καὶ
15 ἐπὶ τοῦ θείου ὕδατος, καὶ ἐπὶ τοῦ χρυσολίθου, καὶ ἐπὶ τῶν στυφόντων
ζωμῶν. Ἆρα γὰρ οὐ χαίρει ἡ φύσις τοῦ σώματος; χαίρει τῇ φύσει
τοῦ ὕδατος τρεφομένη καὶ παχυνομένη καὶ αὐξανομένη. Ἆρα οὐ
τέρπεται καὶ λαμπρύνεται ὁ χαλκὸς, ἀτερπὴς καὶ ἀλαμπὴς ὢν τῇ
οὐσίᾳ τῆς τερπνῆς καὶ λαμπροτάτης τοῦ θείου ὕδατος φύσεως ;
20 Ἆρα οὐ νικᾶται ἡ φύσις τοῦ παχυτέρου καὶ γεωδεστέρου σώματος
ὑπὸ τῆς φύσεως τοῦ χρυσολίθου, πνευματικῆς καὶ ἀερώδους οὔσης ;
Ἆρα οὐ κρατεῖται τοῖς στύφουσι ζωμοῖς ὡς ἀλειφόμενος χρυσὸς καὶ
ἄργυρος ἐν σιδήρῳ ἢ χαλκῷ; Ταῦτα πᾶσι κοινῶς δεῖ ὁμολογεῖν ὅτι,
εἰ μὴ στυφθῇ σίδηρος ἢ χαλκὸς ἀλειφόμενος, χρυσὸς ἢ ἄργυρος οὐ

---

2. ὄντων] οὐσῶν Lc. — 3. ὡς μεσιτεύοντα
μεταλαμβάνουσι τ. 6. καὶ μεταδιδοῦσιν Lc.—
5. μεταδιδοῦσι δὲ τοῖς χεομένοις διὰ τοῦ χων.
Lc. — 6. Καὶ χρ. λ. σημ.] Διὸ χρὴ σημ.
Lc. — 9. ποτίζειν δυν. οὐδὲν ἔσται ἐὰν μὴ
τοῖς ζωμοῖς ἀποστ. ἵνα... Lc. — 10. ἐν ἡλίω
(en toutes lettres; lire χρυσῷ?) εἰσκρίν.
A. — 11. διαδύνουσα A Lc. — στύψει καὶ
κρατήσει MK. — 12. καταβάθους MK. —
διαλειωμένου A Lc (Lc a eu διαλυομένου).

— ἡ φύσις τὴν φύσιν κρατεῖ καὶ τέρπει A Lc.
— 14. Ταῦτα δὲ πάντα νόησον Lc. —
λαμβάνεσθαι Lc. — 16. τῷ σώματι Lc. —
χαίρει δὲ τῇ φ. Lc. — 19-20. φύσεως —
γεωδεστέρου om. A; hab. Lc. — 23. Réd.
de Lc : Ταῦτα κοινῶς πάντας ὁμολ. δεῖ. —
24. Réd. de Lc : ὁ σίδ. ἀλ. ἢ ὁ χαλκὸς χρυσῷ
ἢ ἀργύρῳ... — Réd. de Lc : οὐ κρ. ἡ φύσις,
τουτέστιν οὐ νικᾶται — σώματος; (comme plus
haut); variante analogue dans A.

κρατεῖ, ἐπειδ ' ἂν δὲ στυφθῇ, τότε ἀλειφθῇ, τότε κρατεῖ δυνάμει τοῦ
στύφοντος.

11] Ἀλλ ' ἐρεῖ τις πρὸς αὐτὸν ταῦτα · εἰ χρυσὸς ἢ ἄργυρος ὡς
δύο βαφῶν ποιητικὰ ποιεῖται ξηρία, πῶς παρακολουθήσει ἴωσις καὶ
5 ἐξίωσις καὶ ἐξίσχνωσις καὶ μελάνωσις, εἶθ ' οὕτως ὕστερον λεύκωσις ;
Τότε ἔσται βεβαία ξάνθωσις κατὰ τὰ προδιαγραφέντα. Καὶ λέγομεν
ὅτι πάντα παρακολουθεῖ δυνάμει κατὰ ἀμφοτέρων ταῖς βαφαῖς.
Ἐπειδὴ γὰρ εἴρηται ὅτι ἴωσις καλεῖται ἡ ἐν τῷ θείῳ ὕδατι διάλυσις,
δυνάμει παρακολουθεῖ ἐν τῷ ὕδατι καὶ ἡ ἐξίωσις, καὶ ἡ ἐξίσχνωσις,
10 καὶ ἡ μέλανσις, καὶ ἡ λεύκωσις μετὰ τὸ γενέσθαι, ὕστερον βεβαία
ξάνθωσις, οὐ μόνον δυνάμει, ἀλλὰ καὶ ἐνεργείᾳ, ἅπαντα παρακολουθεῖ
πρὸ τοῦ γενέσθαι λευκὸν τὸν χρυσόν, ὕστερον δὲ βεβαία ξάνθωσις,
ἕως ὁ πνευματικὸς τέλειος ἀποτελεσθῇ καὶ συνυπακούσηται. Καὶ
αὖθις ὀρθῶς ἔφη λέγων ὁ φιλόσοφος · « Ὦ φύσεις οὐρανίαι φύσε-
15 (f. 66 r.) ων δημιουργοί », τρόπῳ γὰρ δημιουργίας αἱ δύο φύσεις
τῶν θείων, κατά τε τὸ ὑγρὸν τῆς κράσεως, κατά τε τὸ ξηρὸν τῆς
οὐσίας τὰς γεώδεις φύσεις τῶν σωμάτων πνευματικὰς καὶ βαρικὰς
ἐδημιούργησαν. Οὐράνιαι γὰρ αἱ φύσεις τῶν θείων τούτων οὐχ ἑρμη-
νεύονται ὡς δυνάμεναι αἱρεῖσθαι. Διὸ καὶ ἑξῆς λέγει · « Οὐδὲν ὑπο-
20 λέλειπται, οὐδὲν ὑστερεῖ, πλὴν τῆς νεφέλης καὶ τοῦ ὕδατος ἡ
ἄρσις, ἀντὶ τοῦ εἰπεῖν « οὐδὲν ἄλλο ἐστὶ τὸ προσδοκώμενον », ἔφη ·
« ἄλλη τὸ λικμηθῆναι τὸ σῶμα, ὡς ἡ νεφέλη τοῦ ὕδατος, καὶ
ἀρθῆναι πάλιν τὸ ὕδωρ ἀπ ' αὐτοῦ, καὶ ἰδοὺ ἐπιστοιχείου τὸ πᾶν.

12] Ἄρσις δὲ ἑρμηνεύεται ὁ κουφισμός, ἀνθ ' ὧν αἴρεται καὶ κου-

---

1. δὲ om. A ; hab. Lc. — τότε ἀλ.] καὶ
ἀλ. Lc. — δυνάμει] ἡ δύναμις Lc. — 2.
κινναβάρεως (en signe) τοῦ στύφ. A. —
3. πρὸς αὐτόν] πρὸς ἡμᾶς Lc. — ὁ χρ. ἢ ὁ
ἀργ. τῶν δ. β. ὄντα ποιητ. καὶ ποιοῦσι ξηρία
Lc. — 8. ἐπ. — ὅτι] εἴρηται γὰρ ὅτι Lc. —
10. ὕστερον] ξηρίον A Lc, f. mel. — 13.
συναπακούσῃ Lc. — 14. ὀρθῶς om. A. ;
hab. Lc. — Cp. Démocrite, § 14 (ci-
dessus, p. 46). — 16. Le signe de la
magnésie sur κράσεως M ; κράσεως τῆς μαγ-
νησίας ALc (τῆς om. A). — 17. Le signe
du cinabre sur οὐσίας M ; τῆς μαγνησίας A
Lc (τῆς om. A). — 19. αἱρεῖσθαι] αἱ ῥήσε-
ται A. Lire αἱρεῖσθαι. — ὁ φιλόσοφος λέγει
Lc. — Cp. Démocrite, ci-dessus, p. 53.
— 22. ἄλλη] ἀλλ ' ἢ A ; ἀλλ ' ἢ Lc. F. l.
ἀλλ ' εἰ. — 24. Le texte de notre § 12
complète et rectifie celui de III, 11, 3.
— ἀνθῶν MA.

ῥίζεται ἡ τοῦ ὕδατος ἐπίχυσις ἐκ τῆς τοῦ σώματος συμπλοκῆς · ἐν
ἐπιμνήσει δὲ ποιῆσαι ἀρκεσθῶμεν τῇ θυείᾳ καὶ τῷ δοίδυκι ἐπὶ τῶν
δύο βαρῶν · ἐπὶ δὲ τοῦ χαλκοῦ ἐπὶ τῇ χρήσει τοῦ φιαλοβώμου.
Καὶ ὅτι περὶ τούτου Ζώσιμος ἔλεγεν. Καὶ ὅτι δένδρον φυτουργού-
5 μενον, φυτὸν ποτιζόμενον, καὶ ὑπὸ πλήθους ὕδατος σηπόμενον, καὶ
διὰ τῆς τοῦ ἀέρος ὑγρότητός τε καὶ θερμότητος αὐξανόμενον ἀνθο-
φορεῖ, καὶ τῇ πολλῇ γλυκύτητι καὶ τῇ ποιότητι τῆς φύσεως καρ-
ποφορεῖ.

IV. ii. — ΟΣΤΑΝΟΥ ΦΙΛΟΣΟΦΟΥ ΠΡΟΣ ΠΕΤΑΣΙΟΝ ΠΕΡΙ
10 ΤΗΣ ΙΕΡΑΣ ΤΑΥΤΗΣ ΚΑΙ ΘΕΙΑΣ ΤΕΧΝΗΣ

Transcrit sur M, f. 66 r. — *Collationné sur* A, f. 79 v.; — *sur* K, f. 75 v.; — *sur* Lc,
p. 229. — *Contenu aussi dans* Laur., f. 88 v. *et dans le ms. de Vienne dit Codex
medicus gr.*, 51, f. 40 v.

1] Τῆς φύσεως τὸ ἄτρεπτον ἐν μικρῷ ὕδατι τέρπεται · αἱ κράσεις
γὰρ αὐτὸ τέρπουσιν τῆς ὑφεστώσης ὑποστάσεως · διὰ γὰρ τοῦ ἐρατ-
μίου καὶ θείου ὕδατος τούτου πᾶν νόσημα θεραπεύεται. Ὀφθαλμοὶ
βλέπουσι τυφλῶν, ὦτα ἀκούουσι κωφῶν, μογιλάλοι τρανῶς λαλοῦσιν.
15 2] Ἔστι δὲ εἰκότως ἡ σκευὴ τοῦ θείου ὕδατος τοιαύτη. Λαβὼν
ᾠὰ ὀρνίνου ὄφεως ἐν αὐγούστῳ μηνὶ ἐν ὄρει διατρίβοντος Ὀλυμπίου
(f. 66 v.) ἢ Λιβάνου ἢ Ταύρου, προσφάτων ὄντων, ἔκχεον ἐν ὑελίνῳ

---

2. ἐν ἐπιμν.] ἐν Ὑπομνηστικώτατα τούτων δεῖ
π. A. Réd. de Lc : ἐν ὑπομνήσει δὲ καὶ
ὑπομονῇ τοῦτο δεῖ ποιῆσαι · ἀρκεσθ. οὖν τῇ
θυείᾳ… — θυεία MAK. — 3. τῇ χρ. — καὶ
ὅτι om. A. Cp. III, ii, 3. — 4. περὶ δὲ
τοῦ χαλκοῦ ὁ Ζ. Π. ὅτι… — 5. ὑδάτων AK
Lc. — 6. Réd. de Lc : αὐξανόμενον ·
ἀνθοφορεῖ δὲ ποικίλως ἀεὶ ποτε καὶ τῇ π. γλ.
— 8. τέλος τοῦ Πελαγίου add. Lc. — 9.
Titre, sans nom d'auteur, dans A : περὶ
τῆς θείας τέχνης : dans Lc : περὶ τοῦ θείου
ὕδατος. — ἄτρεπτον] Lambécius (Biblio-
theca cæsarea, pars ii libri vi, p. 169,

pense que ce terme sert ici à désigner
l'or. — 11. Après ὕδατι signe du mercure
A; τῆς ὑδραργύρου Lc. — 11 et 12. τέρπε-
ται, τέρπουσι A Lc, mel. (M. Β.). — 13.
τοῦτο τὸ νόσ. θερ. A. — Après θεραπεύεται,
Lc omet le reste de notre § 1 et tout le
§ 2. — 14. μογγιλάλαις γλώσσαις (lire μογί-
λαλοι γλῶσσαι) τρ. λαλ. A. — 16. ᾠὰ gratté
dans M, omis dans K, restitué par A.
— Signe du mercure sur ὄφεως M; après
ce mot dans A. — Signe du cinabre
sur διατρ. M. — Ὀλύμπου A. mel. —
17. ἔχει A. F. l. ἔγχει.

ἀγγείῳ λίτραν μίαν · ἐπιβαλὼν ἐν αὐτῷ ὕδατι θείῳ, ἤγουν θερ-
μοῦ, ἀνάγαγε ἐν οὐρανίᾳ θεῖον ἄπυρον τετράκις, ἄχρις αὐτοῦ πορφυρό-
χροος γένηται ἡ ἀνάλειψις τοῦ ἐλαίου. Λαβὼν ἀμιάντου γ″ ιγ′, αἵματος
κογχύλης γ″ θ′, ὠὰ χρυσοπτέρων ἱεράκων γ° ε′, εὑρισκομένων πλησίον
5 τῶν κέδρων τοῦ Λιβάνου ἐν τῷ ὄρει · ταῦτα λειοτριβήσας τὰ εἴδη ἐν
θυείᾳ λιθίνῃ, τὴν ἀμίαντον καὶ τὴν κογχύλην καὶ τὰ ὠὰ, ἕως ἂν
ἑνωθῶσιν ὁμοῦ πάντα · καὶ μετὰ ταῦτα ἐν ὑελίνῳ ἄμβικι ἐξωράϊσον
ἑπτάκις, καὶ ἀπόθες. Ἀνάγαγε τὸ πρῶτον σύνθεμα μετὰ τοῦ δευτέ-
ρου, καὶ λείου ἐν τρισὶν ἡμέραις · καὶ μετὰ τὴν τελείωσιν, ἐπίβαλλε
10 ἐν ὑελίνῳ ⟨ἀγγείῳ⟩ πάντα ὁμοῦ λειωθέντα · καὶ θάψον ἐν ὕδατι
θαλασσίῳ ἡμέραν α′ · καὶ ἐτελέσθη τὸ θεῖον ὕδωρ.

3] Τοῦτο τὸ ὕδωρ τὰ νεκρὰ ἀνιστᾷ καὶ τὰ ζῶντα νεκροῖ, τὰ σκοτεινὰ
φωτίζει καὶ τὰ φωτεινὰ σκοτίζει, ὕδωρ θαλάσσιον δράσσεται, καὶ τὸ
πῦρ ἀπολύει · καὶ ταῦτα διὰ μικρᾶς σταγόνος τὰ μολιβδοειδῆ χρυ-
15 σοειδῆ ἐργάζεται, συνεργοῦντος τοῦ τῇ ἀοράτῳ καὶ παντοδυνάμῳ δυνάμει
καὶ σοφίᾳ χρησαμένου, καὶ ἐκ μὴ ὄντος εἰς τὸ εἶναι τὰ σύμπαντα καὶ
ἀχθῆναι καὶ γενέσθαι καὶ μορφοῦσθαι κελεύσαντος · ᾧ καὶ κράτος
νέμειν δεῖ αὐτῷ τῷ μόνῳ, καὶ καθολικῷ καὶ ἀληθινῷ Θεῷ, σὺν τῷ
ζωαρχικῷ τῆς ἡμετέρας ζωῆς καὶ σωτηρίας Χριστῷ Ἰησου, σὺν τῷ
20 νοερῷ καὶ ἡγεμονικῷ Θείῳ Πνεύματι, δόξα, μεγαλοπρέπεια εἰς τοὺς
ἀτελευτήτους αἰῶνας τῶν αἰώνων · ἀμήν.

1. ἐπίβαλε εἰς αὐτό (l. αὐτῷ?) ὕδατι θερμόν
A. — 2. F. l. ἐν οὐράνῳ. — 3. ἀνάλωψις M :
ἀνάλωψης A. — F. l. ἀνάληψις. — γ″ γ′ A.
— 4. ὠὰ comme p. précéd., l. 16). — χρυσο-
πτερύγων A. — 6. τὴν ἀμ. — τὰ ὠὰ. Ces
mots semblent être une interpolation.
— ὠὰ] gratté M, laissé en blanc K,
restitué par A. — 7. ἄμβικι] ἄσβκη et au-
dessus, en rouge ; ἀγγεῖον A (1ʳᵉ main).
— ἐξοράϊσον A. — 8. M mg. : ωϑ et un
point en regard de cette ligne et de la
suivante. — Mˣ sur δευτέρου en rouge
M. — 9. λείου, signe de λείου et de
τρίτου M : τρίτου A ; espace blanc K.
Lecture conj. — ἕως sur τελείωσιν A.

— 10. θάψον αὐτό εἰς ὕδ. νυχθήμερον α′ A.
— 11. ἐτελεύθη M. — 12. νεκρὰ] νενεκρω-
μένα A. — Sur ἀνιστᾷ, le signe Mˣ M ; le
signe de l'or A. — τὰ ζωντανὰ A. —
νεκροῖ] νεκρὰ M ; νεκρεῖ A. — 12-13. Sur
νεκρὰ (pour νεκροῖ), sur φωτίζει et sur σκοτί-
ζει, le signe du cinabre M. — 13. ὕδωρ
θαλάσσιον] τῶν puis le signe de θαλάσσιον
MK ; καὶ τῶν ὑδάτων Lc. — Réd. de A :
τὸ ὕδωρ τὸ (l. τῷ) δράσαντι τὰ πάντα συνερ-
γοῦντος τῇ τοῦ ἀοράτου καὶ παντοδυνάμου θεοῦ ·
δυνάμει etc. — 15. Lc omet tout ce qui
suit le mot ἐργάζεται. — 16. ὄντος M. —
17. ἀχθ. καὶ μορφοῦθηναι. — 19. ὑμετέρας K.
— 20. Θ. πν. δ. μεγαλοπρ. om. A.

IV. III. — ΙΩΑΝΝΟΥ ΑΡΧΙΕΡΕΩΣ ΤΟΥ ΕΝ ΕΒΕΙΓΙΑ,
ΠΕΡΙ ΤΗΣ ΘΕΙΑΣ ΤΕΧΝΗΣ

Transcrit sur A, f. 243 r. — *Collationné sur* A, f. 140 v. (= A²) jusqu'à ἐξυδαρ-
γυρώσεως, texte biffé (ci-dessus, p. 131, l. 8); — *sur* Lc, page 91.

Nos §§ 1 à 9 sont, à part les premiers mots (Μεταπεφόμεθα καὶ ἴδωμεν ἢ φιλοσοφήσωμέν
τι μᾶλλον ὁριζόμενοι, ὡς ἄρα...), une reproduction textuelle de la partie du traité de
Zosime sur la Vertu et l'Interprétation (III, VI) comprise entre le § 15 et la fin.
Nous supprimons ici ce texte dont les principales variantes ont été données dans
Zosime, p. 130 et suiv.

10] f. 247 r. Ἀλλ' ἵνα δαψιλέστερα τὰ ῥεύματα ἔχοιμεν καθὰ
ἀπορίαι τῆς σεληνιακῆς ῥεύσεως γίνονται· πορεύου κατὰ τὸ σπήλαιον
5 τοῦ Ὀστάνου, καὶ ὅρα τῶν ὑδάτων τὰ ἀγγεῖα εἰς πλῆθος αὐτῷ
παρασκευασθέντα καὶ ποτίμου ὕδατος πληρώσας· ἢ πρὸς τὰ ῥεύματα
τοῦ Νείλου πορευθεὶς, ποίησον κατὰ τὸ γεγραμμένον, ὡς προσηγό-
ρευσεν ὁ Ἑρμῆς λέγων· « Τὸ ἀπὸ τῆς σεληνιακῆς ἀπορίας ἐκπίπτον,
ποῦ εὑρίσκεται καὶ ποῦ οἰκονομεῖται, καὶ πῶς ἄκαυστον ἔχει φύσιν, παρ'
10 ἐμοὶ εὑρήσεις καὶ Ἀγαθοδαίμονι· τότε γὰρ ἀπορῶν τοσοῦτον
γινόμενον εὑρίσκεται [τὸ] ἐκπεσεῖν ἐν τοῖς ὑποδεχομένοις δοχείοις, ἄκαυσ-
τον φύσιν ἔχων ξανθὴν ὡς στίγμα χρυσοῦν· τοῖς γὰρ γλυκέοις καὶ ποτί-
μοις ὕδασιν γλυκανθὲν, πᾶν τὸ ἀλλότριον ἐκρυτᾷ. Ἀνθ' ὧν καὶ εἴρηται
τὸ χρυσάνθιμον, χρυσόλιθον, χρυσοκογχύλιον, χρυσοζώμιον, καὶ εἴ τι
15 ἄλλο διὰ χρυσὸν, καὶ περὶ χρυσόν· τοιοῦτον ὄνομα ὁ πυρίτης ἐστὶν,
ὅστις καλῶς λίθος λευκανθεὶς κατὰ τὸ θεῖον ὕδωρ, ἐκρυτᾶται καὶ
ξανθοῦται, οὕτως ἐλευθεροῦται. Καὶ ἀποξηραινόμενος ἰὸς χρυσός ἑρμη-
νεύεται· ὃν καὶ ὁ ποιῶν ἰὸν ποιεῖ, ὁ δὲ μὴ ποιῶν οὐδὲν ποιεῖ.

---

1. ἐνεβειγία A; ἐνεβειγεία A²; ἐν Ἐβειγία
K Lc. — 3. ῥεύματα] F. l. ῥήματα (M.
B.). — κατὰ ἀπόρροιαν Lc. — Cp. III, VI,
9. — 4. γίνονται A; γινέσθωσαν Lc. — πορ.
δὲ Lc. — 5. αὐτῷ add. Lc. — 8. ἀπορρίας
A; ἀπορροίας Lc. — 10. τότε — γινόμενον]
τὸ γὰρ ἀπόρρεον πολὺ γινόμενον Lc. — 11.
τὸ om. Lc. — 12. ἔχον Lc. — Cp. III, VI,
2 et 10. — 13. ἀνθῶν A. Réd. de Lc: Διὸ
καὶ εἴρ. χρυσόλιθος, χρυσάνθιον, χρυσοκογ/..
χρυσοζ, καὶ εἴ τινι ἄλλῳ ὀνόματι διὰ χρυσὸν κ.
π. χρ. τοιοῦτο ὁ πυρ. καλεῖται. — 16. καλῶς
Lc. — 17. A mg.: Une main. — ὁ ἰὸς
Lc. — 18. Cp. III, VIII, 3, p. 42, l. 17.

11] Τοῦτο ἀπέκρυψαν πᾶσαι αἱ γραφαί, καὶ διὰ μόνης τῆς ἐκστροφῆς ἐδογμάτισαν, ὡς ἔλεγον · « Ἔκστρεψον αὐτοῦ τὴν φύσιν, καὶ εὑρήσεις τὸ ζητούμενον · ἡ γὰρ φύσις ἔνδον κέκρυπται, τοῦτο γὰρ φύσιν ἔχει. Καὶ ὅτε βούλει κα- f. 247 v. τεργάσασθαι, μέτελθε διὰ πάσης στηλογραφίας ἢ ὡς αὐτὸ Δημόκριτος στηλιτεύει · καὶ διάσκεψον ὅτι τὸν ἰὸν λαμβάνων, ποτὲ μὲν ἐν στυπτηρίᾳ προσπλέκει, ποτὲ δὲ ὤχραν, ποτὲ δὲ ἐλύδριον, ἄλλοτε ἄλλως ἐπιτηδεύων, διανοίγων τὸν νοῦν. Ὅτι δὲ αὐτὸς δύναμιν ἔχει λυτικὴν ὁ ἰός, ὃς βιαζόμενος ἢ λύεται ἢ εἰσκρίνει καὶ διαδύνει ἐν τῷ κινναβάρει, ἐπεὶ μηδὲν ἐπιβάλλεσθαι, διὰ τὸ [δὴ] πνεῦμα γίνεσθαι · καὶ ἐντεῦθεν τῆς σφοδρότητος τοῦ πυρὸς ἀποστρέφεται, μὴ φθάνων εἰς βάθος τῆς καρδίας τοῦ χωνευμένου σώματος. Καὶ ἵνα ὡς διὰ μιᾶς στήλης ἔχοιμεν τὴν ὑπόμνησιν, οὕτως διασκεπτέον ὑπὲρ φύσιν. Λαβὼν ῥᾶ ποντικόν, λείωσον οἴνῳ ἀμιναίῳ σκληρῷ, καὶ ποίησον πάχος κηρωτῆς · καὶ δέξαι πέταλα μένης, κατέργασον καὶ ποίησον ὀνυχόπαγον, ἢ καὶ τούτων ἰσχυρότερον, καὶ χρῖσον τὸ ἥμισυ · καὶ ἐπίθες ἐν καινῷ ἀγγείῳ · καὶ περιπηλώσας πάντοθεν, καὶ καῦσον ἁπλῶς ἕως καταπίῃ τὸ φάρμακον · καὶ οὕτω ποίησον καὶ πρὸς τὸ ἄλλο ἥμισυ, ἕως ἂν ἀραιώσῃ τὰ πέταλα · καὶ ὕστερον χώνευε.

12 Τοιοῦτον δὲ καὶ Πέρσαις διηγούμενός φησιν · οὗτος δὲ ὁ ἀνὴρ ἰδίᾳ σοφίᾳ ἐτελεύτησεν, εἴδεσι δὲ κεχρημένος ἔξωθεν ἔχρια τὰς οὐσίας καὶ πυρὸν εἰσέκρινεν · οὕτως δὲ φησιν ἔθος Πέρσαις ποιεῖν. Διὸ καὶ ἐν πάσαις ταῖς στηλογραφίαις δι' ἐπιχρίσεως καταβάπτειν παραδίδωσι τοῖς πολλοῖς, διαφεύγων, ἐμποιεῖ καὶ τὰς ἀποτυχίας · πολλάκις γὰρ καὶ πλείονος ὄντος τοῦ φαρ- f. 248 r. μάκου διὰ τὸ μὴ τελεῖσθαι [διὰ] τὰς

---

1. Ταῦτα δὲ ἀπ. Lc. — 2. Ἔκστρεψον...
Cp. III, xxix, 22. — 3. τοῦτο..., ταύτην
γὰρ τὴν φ. ἔχει Lc. — 6-7. εἰς ὤχ... εἰς ἐλ.
Lc. — 7. καὶ ἄλλοτε ἐπιτηδεύων, καὶ διανοίγων
Lc. — 8. ὃς add. Lc. — 9. κινναβάρει
signe du cinabre A; χρυσῷ Lc. — ἐπεὶ...
διὸ μηδὲν ἐπιβ. δι. Lc. — τὸ δή, δὴ om.
Lc. F. l. τοῦ. — 10. ἀποστρέφεσθαι, μὴ
φθάνον Lc. — 12. ἔχομεν Lc, f. mel.

ὑπὲρ φύσιν F. l. εἴπερ φησίν. — διασκεπ-
τέον A; διασκεψόμεθα ὡς φιλόσοφός φησι
Lc. — 13. ἀμιναίω A; ἀμιναίῳ Lc. — Réd.
de Lc : καὶ ποίησον πάχος κηρωτῆς ὀνυχό-
παγον, ἢ καὶ ὀνύχων ἰσχυρότερον, καὶ χρῖσον
τὸ ἥμισυ τῶν πετάλων τὸν ἐξ ἀργύρου καὶ
ἐπίθες ἐν καινῷ ἀγγείῳ. — 18. ἂν add.
Lc. — 21. πυρὸν Lc. f. mel. — 22. τοῖς]
τῆς A.

ἐπιχρίσεις τὴν ἰδίαν ἐνέργειαν οὐκ ἐτέλεσεν. Εἴπομεν γὰρ ὅτι διὰ τοῦ
φυσητῆρος ἀναπεμπόμενος τὸ πῦρ μετὰ πολλῆς τῆς σφοδρότητος, ἀνα-
λίσκει τὸ πνεῦμα, καὶ ἐντεῦθεν οὐκ ἐνεργεῖ.

13] Κέχρηται δὲ καὶ αὐτὸ ὁ Ὀστάνης ἐπὶ τέλει τῆς αὐτοῦ
5 πραγματείας λέγων · « Ἐμβάπτειν δὲ τὰ πέταλα τοῖς ζωμοῖς, καὶ οὕτω
ἐπιχρίειν τὸ φάρμακον · οὕτω γάρ, φησὶν, εὐχερῶς δέξεται τὴν βαφήν ».
Ὑμῖν δὲ λέγω πάλιν οἷς ἔξεστιν κατασκεπτομένοις ἐπίμνησιν ποιῆσαι,
ὅτι χρυσοχόοι πάντες, καὶ ὅσοι χρωΐζουσιν ἐπίστανται τὸν χρυσὸν διὰ
χαλκάνθου, καὶ ἅλατος, καὶ ὤχρας, [καὶ] ἑτέρως ἕτεροι τοῦτο ἐπιτη-
10 δεύουσιν, τὰς δὲ καθάρσεις ⟨ποιοῦσιν⟩ τοῦ χρυσοῦ διὰ τῶν προγεγραμ-
μένων, καὶ διὰ μυρίων ἑτέρων ἐπὶ πασόντος λειούμενοι, ἔτι σκευῶν
τινων εὐκοσμίαν παραθάπτουσιν, καὶ αὐτῶν ῥιπιζομένων τῶν εἰδῶν,
ἐκμύζωσι τὰ εἴδη · πᾶσαν ὄθεια [sic] ἐγκειμένην κατὰ βάθος αὐτῶν δι'
ὧν ἔστι στοχάσασθαι τὴν φυσικὴν συμπάθειαν.

15 14] Φυσικῶς ὥσπερ ὁ μαγνήτης ἕλκει πρὸς ἑαυτὸν τὸν σίδηρον,
οὕτω καὶ τὰ χαλκάνθη, ταῦτα φυσικῶς ἕλκουσι ἑαυτὸν πᾶσαν χρυσὸν
παραμυξίαν ἐν τῷ χρυσῷ προγενομένην · καὶ ὥσπερ λέγουσιν τὴν ἱερα-
τικὴν λίθον μέλαιναν τινὰ ὄντα φυσικοὺς καταπρακτικοὺς ποιεῖ τοὺς
φοροῦντας αὐτόν, οὕτω φυσικῶς ὁρῶμεν ἐνεργοῦντα καὶ τὰ δίυγρα
20 πάντα f. 248 v. καὶ τὸ στυπτηριῶδες πρὸς τοὺς ἀλείφοντας τὸν χρυ-
σὸν καὶ τὸν ὀρθίκιον ὃ λέγεται θενακὰρ καὶ νίτρον καὶ τὰ ὅμοια πρὸς ἓν
τούτων ἢ καὶ δύο μιγνύμενα ὡς ἐνεργῶν φυσικῶς τὴν ἰδίαν αὐτῶν
δύναμιν κατὰ πετάλων ἐπιχριομένων.

15] Ἔδοξε τοῖς ἀρχαίοις καὶ διὰ τῶν λιπαρῶν ποιεῖν τὰς ἐπιχρί-

---

1. εἴπομεν A. — 4. αὐτό] αὐτῷ τῷ τρόπῳ
Lc. — 5. δὲ] F. l. δα. — 7. οἷς add. Lc.
— 9. ἐπιτηδεύειν Lc. — 11. ἑτέρων add.
Lc. — ἐπιπάσσοντες λειοῦν Lc. — ἔτι δὲ
καὶ Lc. — 12. παραθάπτειν Lc. — 13. Réd.
de Lc : ἐκμύζαν. Τὰ εἴδη, δι' ὧν ἔστι στο-
χάζεσθαι πᾶσαν τὴν φυσικὴν συμπάθειαν ἐγκει-
μένην κατὰ τὸ βάθος αὐτῶν φυσικῶς. Ὥσπερ
γὰρ ὁ μαγν. — 15. A mg. : σῆ. — μαγνήτης

mss. — 16. καὶ add. Lc. — ἑαυτὰ Lc.
— χρυσὴν Lc. — χρυσῷ en signe A. — ἐν
τῷ χρ. προγ. om. Lc. — προγγενομένην A.
— 18. F. l. φυσικός. — καὶ πρακτικοὺς Lc. —
ποιεῖν Lc. — 20. καὶ τὸ στυπτηριῶδες, καὶ
add. Lc. — 21. τὸ ὀρθ. Lc. — 22. ἐνερ-
γοῦντα φυσικῶς κατὰ τὴν ἰδίαν... Lc. — 23.
ἐπιχριομένων Lc. — Ἔδοξε δὲ τοῖς ἀρχαίοις...
Lc.

σεις τῶν πετάλων ὡς ἐπὶ τῶν λεκίθων τῶν ὠῶν. Καὶ αἰνίττεται
διὰ κικίνου ἐλαίου καὶ δι' οὔρων ἀφθόρων, ἁλῶν, στυπτικὴν
ἐχόντων δύναμιν. Ἐδογματίσθην δὲ καὶ πλείστατον, πλέον τὸ λευκὸν
ὄξος καὶ ἀκριβὸν καθαρὸν δριμύτατον εἶναι · Καὶ διαιρετικῶν τῶν
5 σωμάτων φασίν, καὶ παροξυνομένων διὰ τὸ στυπτηριῶδες · καὶ χαλ-
κάνθῳ συνλειούμενα, ὡς γλυκὺ πάγος καὶ κηρωτῆς λαμβάνουσιν
σύστασιν, ἀνάγουσαν τὰς οἰκείας δυνάμεις μεθ' ὧν πάντα καλῶς
οἰκονομοῦνται.

16 Δεῖ φροντίζειν τὰς λοχείας, ἵνα μὴ ἐκτρώσῃ · Ὥσπερ γὰρ ⟨τὰ⟩
10 τῆς σαρκὸς ἐκτρώματα ἄδωστα (? γίνονται τοῦ ἐνκοσμίου φωτὸς διὰ
τὸ ἀτέλεστον · καὶ παρὰ καιρὸν τῆς κυοφορίας ἀποτελεστεύειν καὶ
ἐκπίπτειν τῆς σαρκὸς, τοῦτο γεννᾶται τὴν ποίησιν ταύτην, μὴ τελεσιουρ-
γούμενον, κατὰ τῶν οἰκείων λόγων ὡς ἀτέλεστα, οὐ δύναται τελεῖν τὴν
ἐπηγγελμένην γραφήν. Καὶ ὥσπερ τὰ ἀστρόπληκτα κατά τινα τοῦ
15 ἀέρος ἀταξίαν φυτά τινα καὶ σπέρματα ἀνεμόφθορα γίνονται, λυομένας
τῶν εὐφοριῶν αὐτῶν, οὕτω πολλάκις κατὰ τὴν ποιωτικὴν συμβαίνει.
Εἴδη καὶ τὰ πρῶτα μί- f. 249 r. ξας καλῶς γίνεσθαι, ἀλλὰ κατὰ
πρόθεσιν ἢ λεῖψιν τῶν ἐναντίων, τὴν συμπλοκὴν εἰ μὴ τὰς χρίσεις
ἀναλόγως γίνεσθαι. Δεῖ πάντα τοίνυν φυλαττόμενον τὸν μὲν τῆς
20 κυοφορίας καιρὸν μὴ ἔλαττον τῶν ἐννέα μηνῶν, ἐπεὶ ὡς ἔκτρωμα
συμβήσεται · τὸ δὲ τῆς ὀπτήσεως κατὰ πάντα [κατὰ] τὰ πέταλα

---

1. διὸ καὶ αἰνίττεται Lc. — 2. στυπτικόν A.
— τῶν ἁλῶν] τῶν ἄλλων Lc. — Ἐδογματίσθην
A; ἐδογματίσθη δὲ πλέον τ. λ. Lc. — 4. καὶ
ἀκριβὸν glose insérée dans le texte ? Om.
Lc. — καὶ διαιρετικόν τῶν σωμ. καὶ παροξυ-
νόμενον Lc. — 6. F. l. συλλειούμενοι. —
γλυκὺς; Lc, f. mel. — 9. Δεῖ δὲ φρ. Lc. Cp.
III. xxix, 23 et vii, 5. — Réd. de Lc : ὥσπερ
γ. τὰ ἐκτρ. ἄμορα γίν. τ. ἐ. φ. διὰ τὸ παρὰ τ.
κ. τ. κυοφ. ἀποβάλλεσθαι, οὕτω γίνεται καὶ
κατὰ τὴν ποίησιν ταύτην, μὴ τελεσ. γὰρ τὸ
μυστήριον κατὰ τὸν οἰκεῖον λόγον, ὡς ἀτέλεστον.
— 10. ἄδωστα] F. l. ἄδωρα. — 14. γραφήν]

F. l. βαφήν. Cp. ci-dessus, p. 258,
l. 21, note. — 15. λυόμενα Lc. — 16.
ποιωτικήν A. — Réd. de Lc : οὕτω συμ-
βαίνει πολλ. κατὰ τὴν ποιητικὴν ταύτην ἐνέρ-
γειαν. — 17. Εἴδη...] Réd. de Lc : Διὸ καὶ
τῶν πρώτων καλῶς μιγνυμένων, καὶ μὴ κατὰ
πρόσθεσιν ἢ λεῖψιν τ. ἐν. συντεθειμέ-
νων, συμ-
πλοκῆς δὲ καὶ τῶν χρήσεων ἀναλό-
γως γινο-
μένων, τὸ πᾶν εἰς πέρας ἀποθήσεται. — 19.
φυλαττόμενος A. — Réd. de Lc : δεῖ τοίνυν
ἀεὶ φυλάττειν τὸν τ. κ. κ. — A mg. : une
croix bouclée, puis : ὧδε πρόσεχε κείμενον
λόγον.

μὴ ἔλαττον ὡρῶν ἐννέα · ὁ τῆς κυοφορίας γὰρ τρόπος καὶ οὕτως
ἐστίν.

17] Τὸν δὲ κατὰ τὴν ἄσκησιν τοῦ φιαλοδώμου καιρὸν συγκρίνει κατὰ
τὴν ταριχείαν. Ἐπιθεώρησαι γὰρ ὅτι τρεῖς τρόποι εἰσὶν τῆς ἐργασίας,
5 εἰ μὲν ὅτι τῆς συγκράσεως · πρῶτος τρόπος καὶ κατανοήσεις μου, ἔχειν
καταφυρώμενα καὶ ζυμούμενα ὡς ἐπὶ τεύχωος ? καὶ ἀλεύρου · ὥσπερ
γὰρ τὸ ὑγρὸν οὐ κατὰ τὰ μέτρα τινὰ αἰθάλεται, ἀλλὰ καθόσον ἡ χρεία
ἐπιζητεῖ, οὕτω καὶ ἐπὶ τοῦ συνθέματος ὀπὴν ἔχει τὸ ὀστράκινον ἄγγος
καλύπτον τὴν φιάλην τὴν ἐπὶ τὴν κηροπακίδα, ἵνα περιβλέπων εἰ
10 ἐλευκάνθη, ἢ ἐξανθώθη · εἰ δὲ ὀπῇ τοῦ ὀστρακίνου ἐπιπωμάζεται φιάλην
ἑτέρα, ἵνα μὴ δι᾽ αὐτῆς ἐκπνέῃ, καὶ τὸ καρκινοειδὲς αὐτοῦ ἐκφύγῃ, ὅ
ἐστιν μονοήμερον. Ἐὰν γὰρ ἄλλη ἡ ἕψησις, καὶ ἄλλη ἡ ὄπτησις, δύο
καμίνων χρεία, πρῶτον φανῶν, ληκυθίων, ἔπειτα κηροτακίδων, ἢ
πηξάδων, ἢ βούκλων. Ἐὰν δὲ καρκινοειδὲς ἡ ὁμοία αὐτῶν ἐψηθῆναι,
15 ἐπιτιθέντα κηροτακίδων, ἐκτείνοντα δὲ ποιοῦν ὡς ἄρρευστον.

IV. (iv. — ΑΙΝΙΓΜΑ ΤΟΥ ΦΙΛΟΣΟΦΙΚΟΥ ΛΙΘΟΥ ΕΡΜΟΥ ΚΑΙ ΑΓΑΘΟΔΑΙΜΟΝΟΣ

*Fragment donné sous ces deux noms dans le ms. A, f. 234 r., mais extrait de
Stephanus, leçon 6, t. II, p. 225-230, éd. Ideler. — Cp. les Oracula Sibyllina,
l. I, vers 141-146, éd. Alexandre (1869). texte avec trad. lat., p. 32. notes, p. 345.*

Ἐννέα γράμματ᾽ ἔχω · τετρασύλλαβός εἰμι · νόει με ·
αἱ τρεῖς [γὰρ] αἱ πρῶται δύο γράμματ᾽ ἔχουσιν ἑκάστη ·
20   ἡ λοιπὴ δὲ τὰ λοιπά · καὶ εἰσὶν ἄφωνα τὰ πέντε,
τοῦ παντὸς δ᾽ ἀριθμοῦ ἑκατοντάδες εἰσι δὶς ὀκτώ,

---

1. ὁ] ἡ A. — οὗτος A. — 2. ἐστιν] dernier
mot dans Le, puis : τέλος τοῦ Ἰωάννου
ἀρχιερέως. — Les 4 pages suivantes sont
restées blanches. — 3. τὸ δὲ A. — συγ-
κρίνῃ A. F. l. σύγκρινε — 5. F. l. ἔχει. —
6. τεύχωος] F. l. τεύχεος, (pour τεύχους)

la huche (M. B.). — 7. F. l. αἰθαλοῦται.
— 8-15. ἐπὶ τοῦ συνθήματος — ὡς ἄρρευστον
même texte, mais plus correct, III, vii. 5
[...*]. — 9. F. l. περιβλέπωμεν. — 10. Lire
ἡ δὲ ὀπῇ. comme *. — Lire φιάλῃ ἑτέρα.
comme *. — 14. F. l. πυξίδων.

καὶ τρεῖς, τρισδεκάδες καὶ τέσσαρες · γνοὺς δὲ τίς εἰμι,
οὐκ ἀμύητος ἔσῃ θείης παρ᾽ ἐμοίγε σοφίης.

— ————

IV. v. — AGATHODÉMON, HERMÈS ET DIVERS

ORACLE D'ORPHÉE

*Transcrit sur A, f. 262 v. — Contenu aussi dans Laur., n° 38, f. 245 v. — Toutes
les variantes insérées dans le texte sont des corrections conjecturales.*

ΑΓΑΘΟΔΑΙΜΩΝ ΕΙΣ ΤΟΝ ΧΡΗΣΜΟΝ ΟΡΦΕΩΣ ΣΥΝΑΓΩΓΗ ΚΑΙ ΥΠΟΜΝΗΜΑ

Ἀγαθοδαίμων Ὀσιρίδει χαίρειν.

5   1] Ἤδη σοι τοῦτο τέταρτον βιβλίον γράφω ἐκ τοῦ ἀρχαίου χρησμοῦ ·
σὺ δ᾽ ἂν συνῇς, ἤγουν ἂν συνετοὺς ὑποκρίναι, ἤγουν αὐτὸς ἐνταῦθα
πρὸς ἡμᾶς τῇδε ἐς πόλει ἠλιθείης ἐλθὲ ἀκουόμενος ἀναφανδόν, ὅπου
ἡμῖν παρακελεύων ἔρχεσθαι ἐν Μέμφει · ἄγοντά σοι ἐκεῖ ἠλιθείης,
ὑπομνήματα τοῦ χρησμοῦ, τέως δὲ ἕως κατὰ κέλευσιν ὑποθήσομαί σοι
10   πάλιν ὑπὸ χρησμὸν, καὶ τὰς εἰς αὐτὸν τῶν πολλῶν συναγωγάς, καὶ
οὕτως τὰ ὑπομνήματα.

2] Ἴσθι δὲ, Ὄσιρι, ὅτι ὁ χρησμὸς ἀπό τε ξανθώσεως ἤρξατο · παρὰ
λοιπὸν τὴν λεύκωσιν, τὴν ξάνθωσιν οὐκ ἄλειπον εἴρηκεν · διὰ τί;
ὅτι ὁ ἐρωτῶν περὶ οὗ ἐνεθυμήτον ἤκουσεν. Πρὸς γὰρ τὰς διαθέσεις τοῦ
15   νοῦ τὸν χρησμὸν ὑποκρίνονται. Ὁ γοῦν Ὀρφεὺς ἢν ποίησων τὴν λεύ-
κωσιν · οἶδε πάντα τὰ παρ᾽ ἑαυτῷ ἑτοίματα ὀργάνῳ ὕδατα καὶ κηροτα-
κίδα, καὶ τὰ μέρη τῆς ξανθώσεως πάσης, λέγω δὴ ὕδατος θείου ἀθίκτου,
καὶ τὰ ἄλλα ἕτοιμα : καὶ μόνον μίξει ζητεῖ τοῦ ὑστέρου σκωριδίου.

— ———

2. σοφίης, ὠφελείας; A Steph. Leçon des
Oracula Sibyllina. Cp. Zosime, III, vi,
13. — Voir aussi mon essai d'explication
de cette énigme (ἀρσενικός <λίθος ?>
et le nombre 1655) dans le *Bulletin
de la Société nation. des Antiquaires*
de *France*, Sce du 23 nov. 1887. (C.
E. R.). — 6. συνετοῖς A. — F. l. συνετῶς
ὑποκρίνῃ. — 12. F. l. ἀπὸ τῆς ξ. — F.
l. παραλιπόν. — 13. F. l. ἄλειπτον. — 14.
F. l. ὅτι ὁ ἐρωτῶν περὶ οὗ ἐνεθυμεῖτο... — 16.
οἶδε] ἴδε A. — F. l. ἑτοιμᾶτο.

3] Ὅπερ οὖν ἐζήτει, τοῦ- (f. 262 v.) το ὁ χρησμὸς ἔδωκεν. Ἐνδεὴς
οὖν ὁ χρησμὸς τῶν μετὰ τῶν σοφῶν πρὸς συμπλήρωσιν ἀπεπλήρωσαν
αὐτοῦ τὰ λείποντα · ἀρσενοείτε εἰς τὸν ξανθόν, καὶ ἄλλοι ἄλλας · τῆς
μέντοι λευκώσεως οὐδεὶς κατηξίωσεν μνημονεύσας, εἰ μὴ ἐγώ · ἦν καὶ
5 ἔγραψα πολλαχῶς, καὶ πάλιν γράφω, ἀρχόμενος πάλιν ἀπὸ τοῦ χρησμοῦ
κατ᾿ ἐπερώτησιν · ἔχει δὲ ὧδε ·

Ἐπεὶ [μὲν] δοκεῖς εὐσθένεσιν δεήσεσιν, ζακορὲ, λιτάζῃ πρὸς τροφοῦ
ἰδίου χρυσοῦ σθένος, δέλτησιν ἐγχείρωσε τοὺς ἐμοὺς λόγους.

4] Χαλκὸν κεκαυμένον, τούτου καὶ σφόδρα λίαν πλυνθέντος καὶ
10 ἀνακαυθέντος, καὶ πάλιν ἔστω, κάθες καλλίστῳ ἀργύρῳ ψῆγμα, μύριν
ἑκάστην πρὸς δύνην, καὶ δ᾿ον, καὶ γῇ Σινώπης, καὶ ὄστρακον κάθμις,
καὶ χρυσὸν τῶν Μακεδώνων γαίης, καὶ μύσεως λέγω σοι ἀσιατικοῦ ·
ξυνειγώνεις · καὶ ἀσπάσω τὸν χρυσόν. Καὶ οὕτως μὲν ὁ ἀρχαίοτατος
χρησμός · κατένεγκαι προσέχων βίβλον ἐδαφιστικὴν μεγάλην. Καὶ ἡ
15 βίβλος ὑπομνήματα παραδίδωσιν ἀζώσις φωνῆς, καὶ ἡ παράδοσις δείξει ·
καὶ ἡ δείξης ἐμπειρίαν εὐθύαν εὐεργεσίαν ἐνεπιβολὴν, εἴδησιν μυστικὴν,
διὰ τοὺς φθόνους, καιρὸν καὶ καιροὺς, καὶ σύμπαντα τὰ τῆς τέχνης.

5] Τὸ γοῦν πρῶτον ἔτος τοῦ χρησμοῦ, τὴν τοῦ χαλκοῦ λεύκωσιν τῶν
κατασταθέντων καὶ λειωθέντων, καὶ φρυχθέντα ἕως μεταβάλῃ εἰς τὸν
20 κηρόν · σύγκειται δὲ ὀστοῦν χαλκὸν ἐκ τῶν δ᾿ σωμάτων, χαλκοῦ,

---

1. ἐν δὲ εἷς A. — F. l. ἐνδεῆ ο. ὁ χρησμὸς... ἀπεπλήρωσεν (M. B.). — 3. λοίποντα A. — F. l. ἀρσενοῦται. Cp. ci-après, p. suiv., l. 14. — ἄλλας] F. l. ἄλλως. — 4. F. l. μνημονεῦσαι. — 7. Voici la rédaction et la disposition du texte dans le ms. (Les lignes superposées que nous notons *a*, *c*, *e*, ont été écrites à l'encre rouge, vers le même temps.)

a. προσέχειν τὸ δοκεῖν · καλὴν δύναμιν · ζητημάτων
b. ἐπὶ μὲν δοκεῖς · ἐν σθένεσιν · δεήσεσιν·

c. λίαν πρέπει θάλψιν τοὺς ἰδῃς
d. ζακορέ. λιτάζῃ · πρὸς τροφοῦ · ἰδίου

e. δύναμιν τῆς βίβλου. κρατεῖν
f. χρυσοῦ σθένος. δέλτησιν. ἐγχείρωσε τοὺς ἐμοὺς λόγους

« Ce grec barbare semble tiré de quelque papyrus. Il faut le donner tel quel pour ne pas perdre la dernière trace de son origine. » (M. B.). Le texte des lignes *a*, *c*, *e* pourrait être une tentative d'interprétation ou de paraphrase des lignes *b*, *d*, *f*, qui elles-mêmes sont probablement des vers iambiques défigurés (C. E. R.). — 8. F. l. ἐγχάρασσε (M. B.). — 11. F. l. καθμίας. — 12. γαίης] Cette forme poétique semblerait indiquer que toute la recette avait été écrite en vers à l'origine. (M. B.). — 14. κατένεγγε A. — 15. παράδωσιν A. — F. l. ἄζουσῃς, de ἄζειν, vénérer (M. B.). — δεῖξιν A. — 16. F. l. καὶ δείξει ἡ ἐμπειρία εὐθεῖαν εὐεργ. ἐν ἐπιβολῇ... — 18. ἔτος] F. l. ἔπος. — F. l. τοῦ κατασταθέντος, καὶ λειωθέντος. καὶ φρυχθέντος μεταβάλλει.

σιδήρου, κασσιτέρου, μολύβδου, καὶ τῶν (f. 263 r.) οὐσιαστικῶν
μετάλλων, καὶ θείου λευκοῦ · τάδε χρήζουσιν μὲν προταριχείας ἀπὸ
μηνὸς μεχὶρ ἕως μηνὸς φαρμουθὶ ιε΄ ἡμέραι μα΄, εἶτα πλύσεως,
ζέσεως, γλυκασμοῦ, ὑλισμοῦ, συσταθμίας, καθάρσεως. Καθαίροντα
5 δὲ τὰ δ΄ σώματα ἕως ἔχῃς πανταχοῦ, εἶτα μίγνυται σταθμῷ. Ἔστι δὲ ἡ
σταθμία · ἐκ χαλκοῦ λίτραι δ΄, σιδήρου λίτρα α΄, κασσιτέρου λίτραι
β΄ S, μολύβδου λίτραι β΄ S, ὁ μὲν τοῦ χαλκοῦ, λάμβανε ἀργύρου
λίτραν α΄ · ἔστι αὐτοῦ κάτογος.

6] Ἔχουσιν δὲ ἐν ταῖς ἄλλαις γραφαῖς καὶ διαφόρους σταθμοὺς,
10 καὶ μίξεις καὶ ἐργασίας, καὶ αὐτὰς καλὰς καὶ οὐκεῖ κενὰ, οὐδὲ
ματαίους. Οἱ μὲν γὰρ αὐτῶν ὅλα τὰ σώματα ὑφ ΄ ἓν μιγνύντες ἔχουσιν
σκωρίαν ἢ καὶ ἐργάζονται · οἱ δ ΄ ἐπιει καὶ ἑτέρων ποιοῦσιν, προκαθαί-
ρουσιν γὰρ τὸν χαλκὸν, ὡς ἐνδέχεται, καὶ μίσγουσιν τὸν ἄργυρον ·
εἶτα τὸν σίδηρον ἀρσενώσαντες, ὡς ἐν τῷ χαλκῷ, καὶ ποιήσαντες
15 ἀπαλὸν, σμίγουσιν · τὸν δὲ κασσίτερον καὶ μόλυβδον λύσαντες ἐπιβάλ-
λουσιν τὰ μέταλλα καὶ σκορπιστικῇ καμίνῳ, καὶ φρύξαντες οὕτω
λείουσιν καὶ πλύνουσιν · καὶ οὕτω μίσγουσιν τὸν σιδηρόχαλκον, ἄλλοι
δὲ τὸν μὲν μόλυβδον · σκορπίζουσι τὰ μέταλλα · τὸν δὲ κασσίτερον,
ὀνυχοποιήσαντες μίγμα, καὶ λοιπὸν βάλλοντες, τὸν μὲν μόλυβδον
20 λειοῦσιν καὶ τὸν κασσίτερον ὁμοίως λειοῦσιν, καὶ μίσγουσιν καὶ
πλύνουσιν, καθὼς λειοῦται ἔμπροσθεν τρυβλίῳ, καὶ τοῖς ἄλλοις. Εἰ
μὴ γὰρ πλυνθῇ καὶ ἀρθῇ ἡ μελανία ἀπ ΄ αὐτοῦ, οὐδέν ἐστιν. Αἴρεται
δὲ διὰ πλύσεως καὶ ζέσεως μετ ΄ αὐτοῦ, εἶτα πήξε- (f. 263 v.) ως,
εἶτα κατεράσεως, εἶτα σήψεως, εἶτα ἀνασπάσεως.

25   7] Λοιπὸν ὁ μόλυβδος ἔχων τὰ οὐσιαστικὰ εἴδη ἐκ δευτέρου βαλ-
λόμενα εἰς τὴν ξάνθωσιν μετὰ ἀργύρου, ποτὲ μὲν καὶ σκορπιζόμενα,
ποτὲ δὲ συνλειούμενα καὶ κατασπώμενα, καὶ διὰ τῶν ἄλλων μυρίων
τεχνῶν τῶν ἐν ταῖς γραφαῖς αὐτῶν γινομένων · πλατεῖα γάρ ἐστιν ἡ

7. ὁ] F. l. ἀπό. — 9. F. l. ἔχ. δὲ ⟨ἄλλοι⟩.
— 10. οὐκεῖ] F. l. οὐχὶ κενὰς. — 12. F. l. ἦν
καί. — F. l. ἐπιεικῆ ἑτέρως. — 18. F. l. τῷ
μὲν μολύβδῳ, ... τῷ δὲ κασσιτέρῳ. — 21.
τρυβλίως A. — 28. γινομένων] F. l. λεγομένων.
Confusion fréquente dans les mss.

τέχνη, καὶ ὅλα τὰ μέρη, καὶ σκωρίδια, καὶ τὸ καλούμενον ἐξάνθημα, καὶ ὁ μόλυβδος τοῦ ὀξυζωμίου καὶ χρυσοζωμίου, καὶ εἴ τι τοιοῦτον περὶ τούτου στίχου νόει. Τὸ δὲ χρυσοκόλλην καὶ σινώπην, καὶ καθμίαν, ὡς ἔφην, μετὰ τοῦ μολύβδου, τὰ οὐσιαστικὰ εἴδη νόει · τὸ μύσι
5 τὸ ἀσιατικόν, τὸ θεῖον ὕδωρ δηλοῖ ποτὲ μὲν τὸ μερικόν, ποτὲ δὲ τὸ καθόλου τὸ ἄθικτον. Καὶ τὸ μὲν μερικόν ἐστιν τὸ δι' ἀσβέστου ἔχον πόας καὶ πάντα λειοῦν, ὀπτὸν τὸ μέρος τῶν ξανθῶν, καὶ σηπτόν · τὸ δὲ καθόλου, ὅταν τὸ σαπὲς ἀναλύσῃς τῷ προταγέντι χαλκῷ, καὶ ἀνασπάσῃς, εἴτε αἰθάλην μετὰ κόμμεως, καὶ ἔχεις, καὶ περιχέεις μαλάγ-
10 ματα, φησίν, τὸ αὐτὸ μέρος τῷ εἴδει ξανθωθέντι καὶ ἀναδειχθέντι, καὶ ζέσῃς, καὶ τοῦτο ποιήσας τρίτον, καὶ τοῦτο ἐπιβάλλῃς.

8] Ἔχουσιν οὖν αἱ ἀρχαῖαι γραφαὶ ποτὲ μὲν καθησμὸν πάντα, ποτὲ δὲ καὶ συγκεχυμένος, ἅτινα πάντα σοι ὑπογραφήσεται · ἔχει δὲ ὧδε. Λαβὼν κύθραν ὠμήν, ξήρανον ἐν ἡμέρας ι', καὶ λαβὼν ὤχρας
15 καὶ κυανοῦ ἀνὰ μέρος α', λείου ὄξει ἀκράτῳ · ποιήσας μέλιτος πάχος, χρίε τὴν κύθραν ἔσωθεν · καὶ f. 264 r., ὄπτα σανδαράχης ἁλῆς, καὶ λαβὼν ἰὸν χαλκοῦ, λείου οὔρῳ ἀφθόρου, καὶ χρίε πάλιν ἐπάνω τὴν κύθραν · καὶ περιφημώσας ὄπτα ἡμέρας γ' · καὶ ἐξελὼν εὑρήσεις ὡς καγχρία · ταῦτα ἐπίβαλλε ἀργύρῳ, οἱ μὲν μελανωθέντι, οἱ δὲ οὐ ψυγῇ
20 χρυσὸν μελάνωσις · ὤχρας μέρος, κασσιτέρου μέρος προσποιεῖ ἀμφότερα, τὸν αὐτὸν σίδηρον πρὸς τὸ ἴσον · καὶ μαγνησίᾳ τὸ αὐτὸ ποιήσεις · καὶ ⟨λαβὼν⟩ ἥμισυ καὶ θεῖον ἄπυρον, καὶ μίγνυε ἀνὰ μέρος ἥμισυ ἐν χώστρᾳ ἐπὶ ἡμέρας ϛ' · εἶτα λείου τοῦτο μετὰ χαλκάνθου, καὶ κηκίδιν ἀφρῷ ἴσα τέως ἡμέρας γ', καὶ ὄπτα, καὶ ἐπίβαλλε χρυσόν, καὶ μελανωθήσε-
25 ται τούτου ἐν ἀργύρου μέρος.

---

10. τὸ εἴδη A. — 11. τρίτον] F. l. τρὶς.
Confusion fréquente dans A. — 12. F. l.
καθεσμόν. — 13. F. l. συγκεχυμένως. — 14. ὁ
μὴν A. — 16. F. l. ἅλις. — 19. F. l. ἥμισυ...

ἡ δὲ οὐ ψυγέντι χρυσῷ μελανωθέντι. — 23. F.
l. κικιδίου (?). — 25. τούτου ἐν ἀργύρῳ μέρος;
Laur. (Bandini, Catalogue de la Lauren-
tienne, t. III, col. 355). — F. l. τούτῳ.

IV. VI. — ΟΤΙ ΣΥΝΘΕΤΟΝ ΚΑΙ ΟΥΧ ΑΠΛΟΥΝ ΤΟ ΕΙΔΟΣ, ΚΑΙ ΤΙΣ Η ΟΙΚΟΝΟΜΙΑ

Transcrit sur M, f. 96 r. — *Collationné sur* B, f. 94 r.; — *sur* A (copie de B ?). f. 94 r.; — *sur* E, f. 8 r.; — *sur* Lb (copie de E ?), page 15 . — *Chap.* 2 *de la compilation du Chrétien dans* E Lb. — *Contenu aussi dans le ms. de Vienne* (cod. med. 51), f. 72 r. — Lb *donne une traduction latine de nos* §§ 1, 2, 3, *en regard du texte, de la main du copiste.*

1] Πότερον ἁπλοῦν ἐστιν ἢ σύνθετον, ἢ μέρους φύσεως ἡ τέχνη
ἡ παρὰ τοῖς διδασκάλοις φύσεως καλουμένης ; Φύσει μὲν οὖν ἁπλοῦν
5 χρυσόκολλα ὧν γένος ἁπλοῦν κατὰ τὸν ἔνθεον Ἡσίοδον καὶ Ἄρατον,
καὶ χρυσέα κεφαλὴ κατὰ τὸν θεσπέσιον Δανιὴλ τὸν θεηγόρον, καὶ
χρύσεον χορὸν κατὰ τὸν τρισμέγιστον Ἑρμῆν, οὐκ ἂν ἦ τὸ ἓν τε
ζητούμενον. Τέχνη δὲ πάλιν οὐκ ἄρα ἁπλοῦν, οὐδὲ ὡς ἐκ μερῶν
συνιστάμενον. Εἰ γὰρ μίαν καὶ τὴν αὐτὴν οἰκονομίαν εἶχεν τὰ μέρη
10 καὶ κατ᾿ οὐδὲν ἀλλήλων διέφερεν, οὐκ εἶσαν μέρη ὅλως. Πᾶν γὰρ
μέρος φυσικὸν ⟨ἢ⟩ τεχνικὸν συνεισφέρει τι ξένον καὶ τὸ ὅλον · καὶ
ἄνευ αὐτοῦ τὸ πᾶν ἀτελὲς εὑρεθήσεται, καθὼς ἔστιν σκοπεῖν ἐπὶ τῶν
μορίων τοῦ σώματος, τῶν παρὰ Γαληνῷ τόπων ἐπονομαζομένων · ὡς
ἔστιν ἀκούειν αὐτοῦ λέγοντος · « Τόπους γὰρ, φησὶν, ὀνομάζουσιν τὰ
15 μόρια τοῦ σώματος. » Ἀνὰ γάρ τι τῶν μερικωτάτων, ἀτελὲς τὸ πᾶν

3. σύνθετον [τὸ εἶδος] ἢ μ. Lb, et mg. : *addo* τὸ εἶδος. — μέρους corrigé en μέρος E, correction adoptée par Lb. F. l. ἐκ μερῶν. — τέχνη φύσεως E Lb. — 4. καλουμένη AE Lb. — 5. χρυσόκολλα en signe M. — ἁπλοῦς ὁ signe de la chrysocolle corrigé en signe de l'or E; ἁπλοῦς ὁ χρυσός Lb, mel. — ὧν BAE Lb (= B etc.). — καὶ γένος E Lb. — 6. κατὰ — χρυσ. χορόν om. E. — χρύσεος χορός Lb. — 7. ἢ] ἢ BA ; εἴη Lb, f. mel. — Renvoi de Ἑρμῆν dans E, à cette note marginale : *addo ad sensum, nam sine dubio* omissa *fuere a scriptore :* τὸ ἓν ἔσεται (sic τὸ ζητούμενον · φύσει δὲ οὐχ ἁπλοῦν ἀλλὰ) σύνθετον ὄν. Lb adopte cette addition en lisant : ἔσται... οὐχ ἁπλοῦς, ἀλλὰ σύνθετος ὄν. — τὸ om. BA. — 8. τέχνη (τέχνη Lb) δὲ ἄρα πάλιν οὐχ ἁπλοῦν E etc. — 10. διέφερεν M. — εἶσαν] ἦσαν B etc. F. l. εἴη ἄν. — τὰ (effacé) μέρη E. — 11. φυσ. καὶ τεχν. E Lb. — τὸ ὅλον] καὶ αὐτὸ ὅλον A; εἰς αὐτὸ τὸ ὅλον E Lb. — 13. Cp. Galien, *Lieux affectés*, I, 1. — 15 ἀνὰ] ἄνευ BA. Réd. de E Lb : ἄνευ γάρ τινος τῶν μ. mel.

ὀφθήσεται σύνθεμα, οἷον λειώσεως τυχὸν ἢ ὀπτήσεως, ἢ καύσεως, ἢ σήψεως τῆς ἐν πρίσματι, ἢ βαλανείῳ, ἢ ὀρνιθέᾳ, ἢ κηρωτακίδι, ἢ ⟨διὰ⟩ τοῦ ἀμβικισμοῦ, ἢ πυρὸς γυμνοῦ, ἢ ἐπιδιπλωμάσιος, ἢ Μαρίας ὑδραργύρου, ἢ ἄλλης τινὸς οἰκονομίας αὐτῶν.

5 2] Εἰ οὖν πᾶν μέρος φυσικόν, ἢ τεχνιτῶν συνεισφέρει τι τὸ ὅλον, χρεὸν καὶ ταῦτα τῷ παντί συνεισφέρειν. Εἰ γὰρ σκευάζουσιν τὰ μέρη; τὸ παράπαν οὐδὲν ἐν τῇ οἰκονομίᾳ τῷ πόσῳ · λοιπὸν τὸ πᾶν ἑαυτοῦ διοίσει μόνον, ὡς ἡ τὸ δίπηχυ δένδρον γενήσεται τρίπηχυ, τιθεμένης τῆς αὐξήσεως. Εἰ δὲ τῶν μερῶν (f. 96 v.) ἕκαστον λυσιτελεῖ τῷ παντί, 10 σκοπήσωμεν ἑκάτερον τούτων ὅπως ἔχει πρὸς θάτερον. Ἡ μὲν οὖν ὑδράργυρος, εἰς τὰ πώματα τῶν λεβήτων ἑαυτὴν ἐωροῦσα, τῆς ἰώσεως τὸ πᾶν ἀπεργάζεται. Ὡς γὰρ ἡ τῶν ζωγράφων κηρωτακὶς τὰ χρώματα μίγνυσι τοῦ παντὸς ἀποτελεῖ ζώου τῆς τέχνης, ⟨οὕτω⟩ καὶ τῆς μαγνη-σίας προστιθεμένης αὐτῇ, τουτέστι τῆς ἀνασπάσεως τε καὶ ῥεύσεως, 15 καὶ ἐν ταῖς λεκίθοις, τοῦ θείου τοῦ θείου μιγέντος, καὶ θείου ἀποτε-λοῦντος τὰς δεχομένας... ...

3] Τινὲς δὲ ἄλλως ἐκλαμβάνουσι τὸ ῥητόν. Ἐπειδὴ γάρ, φησίν, ὁ μὲν Ἑρμῆς τὰ θεῖα λέγει πυρίφλεκτα, Δημόκριτος δὲ τὰ θειώδη βαπτὰ καὶ φευκτά, κατεχόμενα ὑπὸ τῆς συγγενοῦς ὑδραργύ-

---

2. πρίσματα M ; πρήσματι BE ; — ὀρνιθία BA ; ὀρνιθία E ; ὀρνιθεία Lb, qui traduit : *stercore avium.* — κηρωτακίδι] κηρωτ. BAE ; Lb corrige cette dernière leçon en κεραμίδι et traduit : *vase testaceo.* Note marginale : *lego* κεραμίδι, testa. — 3. ἀμβυκισμοῦ M. — ἐπιδιπλ.] ἐπὶ διπλώματος ὑδραργύρου (ὑδρ. en signe) B etc. — ἢ Μαρίας] καθὸ μαρία BAE ; κατὰ τὴν Μαρίαν Lb. — 5. τεχνητόν BA ; τεχνικόν E Lb. mel. — τῷ ὅλῳ, B etc., mel. — 6. χρεῶν. B etc. — 7. τῷ πόσῳ corrigé en τὸ ποσόν E ; τὸ πόσον Lb. — 8. ὡς ἡ] ὡς εἰ B etc., mel. — 9. τῆς om. MBA. — 11. αἰωροῦσα Lb. — 12. κηρωτακίς] leçon et note dans Lb, analogues à celles de ci-dessus, (l. 2). — 13. μίγνυσι] δείκνυσι B etc. F. l.

μίγνυσα. — ἀτελῆ BAE. — ἀτελῆ τοῦ παν-τὸς [ζώου] τῆς τέχνης Lb, et en mg. : *deleo* ζώου. — οὕτω add. Lb. — ἡ μαγνησία προσ-τιθεμένη Lb. — 14. ῥεύσεως] Lb mg. : *addo* ὑδραργύρου. — 15. ταῖς] τοῖς AE Lb. — λεκίθοις] λεκύνθοις BAE ; λεκύθοις (f. mel.) corrigé en λεκύθοις Lb, puis au-dessus des mots τοῦ θείου — τὰς δεχομέ-νας et deux fois le signe du soufre : τῷ θείῳ μιγέντι καὶ θεῖον ἀποτελοῦντι τὰ δεχόμενα θεῖα. Lb mg., avec renvoi à ἀποτελοῦντος : *addo* δείκνυσιν ἀτελῆ. — F. l. τοῦ θείου τῷ θείῳ μιγέντος. — 16. τὰς δεχ. ... ...] τὰς δε-χομένας puis deux fois le signe du soufre. MBAE. F. l. θειώσεις ? (M. B.). — M mg. : signe de ὡραῖον. — 17. φησίν, avec κ au-dessus de ἡ Lb, mel.

ρου · ὑδράργυρον δὲ τὸν Ὀσίριδος τάφον ἀποκαλοῦσιν οἱ διδά
σκαλοι, τουτέστιν τὴν ἀπὸ τῆς ἐψήσεως νέκρωσιν, ἀναγκαῖον τὸ
ὑδραργυρισθὲν ὕδωρ θείου ἢ θειῶδες ὑγρὸν ὡς πυρίφευκτον, ἕως
ἂν τῇ ἱππείᾳ προσομιλήσῃ. Οὐδὲν γὰρ, φησὶν ὁ Ζώσιμος, ἐτι-
5 μήθη τὸ πᾶν τῆς τέχνης, εἰ μὴ ὁ τῶν ὑγρῶν κατάλογος.

4] Οὐ δεῖ οὖν μετὰ τὴν σῆψιν τι περιεργεῖν ὅλως κατά τινας ·
πρὸς οὕς, ὥς φησιν ὁ Πανοπολίτης. Τινὲς δὲ μετὰ τὴν ἴωσιν
οὐδὲν περιειργάσαντο, λέγοντες αὐτὸ θεῖον καὶ ὕδωρ θείου καὶ
ὑδράργυρον. Ἡμεῖς οὖν ἐροῦμεν · τί δή ποτε οὖν ὁ μέγας Ζωσι-
10 μος ἐν τῷ Σ στοιχείῳ τὴν τοιαύτην ἔντασιν διαλύων ἐκέλευσεν
ἐνεχθῆναι τὸν χαλκόν ; « Καὶ ἠνέχθη, φησὶν, ὁ χαλκὸς · καὶ ἦν
τέλειος κατὰ πάντα, καὶ ἐπεβλήθη, καὶ οὐκ εἰσέκρινεν. » Καὶ διε-
γείρων αὐτῶν τὴν φρένα, παρήγα-(f. 97 r.) γεν αὐτοὺς εἰς μέσον τὸν
χρυσόκολλον καὶ καταβάψεις, χρυσὸν καλῶν τὴν ἴωσιν ἥτις λέγε-
15 ται καὶ ξάνθωσις · σύνθεμα δὲ τὸ χρῶμα καὶ τὸ λευκόν · λευκὸν
γὰρ ὡσαύτως καλοῦσιν, ἀλλὰ τὸ τίμιον, χρυσόκολλον. Ὥσπερ γὰρ
ἥλιος τῶν τε ὑπερτέρων καὶ κατωτέρων σφαιρῶν φωτισμός ἐστιν ·
ἢ καὶ τῶν μὲν ἀνωτέρων διὰ παντός, τῶν δὲ κατωτέρων ἔσθ'
ὅτε, διὰ τὸ φθάνειν τὸ ἀποσκίασμα τοῦ κώνου τῆς γῆς ἄχρι τῆς
20 ἑρμαϊκῆς σφαίρας, τῆς ἰώσεως, ἤτοι ξανθώσεως, τῶν τε προτέρων
καὶ τῶν ὑστέρων τιμιωτέρα ἐστίν.

5] Τί δήποτε οὖν ταύτῃ ἄλλην ἐργασίαν ἐπέβαλλεν ; Ὅτι γὰρ
οὐ περὶ φυσικοῦ χρυσοῦ ἐστιν ὁ λόγος τῶν παλαιῶν, δῆλον ἐξ ὧν

<hr>

1. ὀσειρήδης M. Cp. II, ιv, 42, p. 94.
— 2. ἀπ ' ἐψήσεως (sic) B; ἀπ ' ἐσήψεως
Α; ἀπὸ σήψεως E Lb; F. mg. : alias ἀπὸ
τῆς ἐψήσεως. — 3. Signe de ὑδράργυρος suivi
de θεν M ; même signe suivi de σθεν BA ;
ὑδραργυρωθὲν E Lb. — πυριφ. εἶναι E. —
4. ἱππ. προσομ. κόπρῳ E par corr. Lb.
— 5. ὑγρῶν] εἰδῶν B etc. — 6. περιεργεῖν]
Fin de la traduction latine dans Lb. —
7. ὡς om. E Lb. — ὁ Πανοπ. ὅτι τινὲς μ.
B etc. — 8. F. l. λέγοντος αὐτοῦ. — 9 .οὖν]
δὲ F. Lb. — μέγας om. B etc. — 10.
ἔντασιν B etc., mel. — 11. Renvoi dans
Lb (p. 21) à la p. 23 (ci-après p. suiv.,
l. 1), et réciproquement. — 12. ἐπεκλήθη
M. — 13. αὐτοὺς] αὐτοῖς E par corr. Lb.
— 14. χρυσόκολλον] χρυσόν Lb. — καὶ τὰς
καταβάψεις E Lb. — καλὸν M. — 15.
λευκὸν γὰρ] πεταστὴν γὰρ Lb. — 17. Après
ἐστιν] οὕτω καὶ ἐνταῦθα add. Lb. — 19.
κώνου] δώμου M. (Confusion du κ avec le 6
et du ν avec le μ.)

ἔφησεν. Ὁ γὰρ χρυσός τί ἔτι χρείαν ἔχει βαφῆναι ; Τί δὲ προσετίθει λέγων ; « Πολὺ δὲ καί τέλειον χαλκὸν εὑρόντες ἐν τοῖς ἱεροῖς, οὐ κατέβαψαν, διὰ τὸ ἐξ ὑπαρχῆς ἑτέραν ἐργασίαν εἶναι · » καὶ ἑτέρωθι πάλιν · « Καὶ οὐδαμῶς ἕστηκεν ὁ νοῦς πασῶν τῶν γραφῶν, εἰ μὴ ἐν
5 τῷ ὀργάνῳ τῷ τὸν χαλκὸν ἀνασπῶντι. » Καὶ περὶ τῆς διὰ τοῦ ὀργάνου ἀνασπάσεως, ὁ αὐτὸς καὶ τοῦτο φάσκει πρὸς τὸ πέρας τῆς τέχνης.

IV. vii. — ΠΟΙΗΣΙΣ ΜΑΛΛΟΝ ΤΟΥ ΠΑΝΤΟΣ

Suite du texte précédent. — Variantes de M en marge de K. — Chap. 3 de la compilation du Chrétien dans E Lb.

1] Ἀλλ ' ἐπειδὴ τῆς ἀμφοτέρων διαιτήσεως οὐκ ἀφηρέθη τὸ κάλυμμα, δίκαιον ἐξ ὑπαρχῆς τὴν ποίησιν τοῦ παντὸς ὑμῖν κόμεως
10 διαγράφειν. Τὸ ξανθὸν μόριον, λέκιθος ἐζεσμένη, λειοῦται ἀσφαλῶς ἐν τῷ χρυσοκομίῳ (?) τῆς τέχνης, ὅ ἐστιν οὐκ ἐν θυείᾳ καὶ δοίδυκι, ἀλλ ' ἐν ὀργάνοις μασθωτοῖς εἰσαγομένοις εἰς πύρωσιν χρυσοκομίῳ (?) θερμῷ. Τοῦτο δὲ τὰ ληφθέν-(f. 97 v.) τα συνενοῦνται τοῖς μὴ ληφθεῖσιν ἐν σκιᾷ λειωθέντα. Ταῦτα οὖν ἑνούμενα δὶς ἀνασπῶνται,
15 καὶ τὸ μένον κάτω πάλιν συσσήπεται τῷ ἄνω, οὐκ ἐν τοῖς θρεπτικοῖς ὀργάνοις τοῖς ἔχουσιν τοὺς κρουνούς, ἀλλ ' ἐν τοῖς πολοειδέσιν, καὶ τῇ πραείᾳ θέρμῃ ἐντὸς ἡμερῶν μ', πλεῖον ἢ ἔλαττον, ἵνα διὰ τῆς σήψεως ἀμετάβλητον φυλαχθῇ τὸ εἶδος.

---

1. ἔφασαν Lb, mel. — προσετίθει M. — 2. πολὺ] πολλοὶ BE Lb, mel. — 3. Lb mg.: renvoi à la page 21 (ci-dessus p. précéd., l. 11.). — ἑτέροθι M. — 7. Même titre dans la vieille liste du ms. de Saint-Marc, art. 31, précédé du nom d'Agathodémon (voir l'*Introduction*, p. 175). (*M. B.*) — Titre dans AKE : ποίησις μᾶλλον τοῦ παντὸς λίθου τῆς φιλοσοφίας; dans Lb : ποίησις τοῦ χρυσοῦ, μᾶλλον δὲ τοῦ παντὸς λίθου τῆς φιλοσοφίας. — 8. διαιτήσεως M. — 9. κομαίους M: κόμεος BA. — 10. λέκυνθος BAK; λέκυθος E — ζεσμένη M. — 11. χρυσοκομίῳ] signe de la chrysocolle MBAKE; E mg. et Lb: ἡλίῳ. Corr. conj. en χρυσοκομίῳ, à cause de τῷ (*M. B.*). — 12. M mg. : signe de ὡραῖον. — χρυσοκομίῳ] s. de la chrysocolle M BAKE; ἡλίου Lb. Corr. conj. (*M. B.*). — 13. τούτῳ B etc. — 16. κρονούς M; καρπούς BAE; κρονούς sur καρπούς K. — 17. θερμοῦ E par corr. Lb.

2] Ὥσπερ γὰρ ἡ κιννάβαρις ἐν τοῖς λέβησιν ὀπτωμένη πάντοθεν
πεφιμωμένοις οὖσιν ἀναδίδωσιν τὴν ὑδράργυρον, ἥ ἐστιν ὕδωρ θεῖον
λευκὸν καὶ ἄργυρος ὄνομα, ἥ ἐστι ἀποδιδράσκουσα τὰ ἀπολλώνια,
« καθάπερ τίς δάφνη παρθένος εἰς τὰ πώματα τῶν λεβήτων ἑαυτὴν
5 αἰωρεῖ, » ἐπαγόμενον ἑνοῦν μετὰ τὴν καθαίρεσιν τοῦ πυρὸς εὑρίσκεται
καὶ συλλέγεται πυρίφευκτος οὖσα, οὕτως καὶ ἡ ὑδράργυρος ἡ ἀπὸ
τῆς τεχνικῆς κινναβάρεως τῆς σπάνης, τουτέστι τῆς σπανίως εὑρισ-
κομένης, τῆς φρυγίας, λέγω δὴ τῆς φριττομένης ἑτοίμι, τάχα δὲ
κυριώτερον τῆς καλουμένης καὶ φρυγίας καὶ ἀποδιδρασκούσης ῥαδίως
10 οὐ μόνον τὸ πῦρ, ἀλλὰ καὶ τὴν ἔρευναν τῶν φρενῶν, αἰθερῶδες
πνεῦμα γεγῶσαν. Πρός τε τὸ ὑπερκείμενον ἡμισφαίριον ἀναδραμοῦσα
κάτεισί τε καὶ ἄνεισι, τὸ δραστήριον τούτου ἀποφεύγουσα, ἕως ἂν
τὴν δραπετὶν ὁρμὴν ἀποθεμένη, τοῦ λοιποῦ σῶρρον γενομένη · οὐκ-
έτι γενόμενον, ἀλλὰ καὶ δυσκάθεκτον καὶ θανατῶδες · περὶ οὗ φησιν
15 ὁ Ἀπόλλων ἐν τοῖς χρησμοῖς ·

...καὶ πνεῦμα μελάντερον, ὑγρὸν, ἄχραντον.

3] Τοῦτο λοιπὸν πη-(f. 98 r.)σσόμενον, πήσσει, καὶ κατεχόμενον,
κατέχει · καὶ τοῦτο φάσκουσιν ὡς τὸ πέρας τῆς τέχνης · ὁ σοφὸς
ἀνακέκραγεν Ζώσιμος · « Πήγνυται δὲ αὐτῇ τῇ ὁμοίᾳ νεφέλῃ » ·
20 καὶ τοῦτό ἐστιν τὸ λεγόμενον τῷ φυσικῷ φιλοσόφῳ · « Τὰ θειώδη
βάπτουσι καὶ φεύγουσιν, κατέχονται δὲ ὑπὸ τοῦ συγγενοῦς ὑδραργύ-
ρου. Τὸ γὰρ θεῖον λοιπὸν ἕως μιγῇ καὶ τῷ θείῳ θεῖον κρατηθῇ,

1. ὥσπερ γὰρ ἡ] ἡ γὰρ B etc. — A
mg. : σῇ. — ὀπτουμένῃ MBAK Lb. —
2. τὴν puis le signe de l'argent B. —
ἐστιν] ⳨ M; τις B etc. — 3. λευκόν] ὕδωρ
Lb. — ὄνομα] F. 1. ὀνομάζεται. — 4. λικήθων
M. F. 1. ληκύθων. — 5. ἑώρει M. — ἐπαγό-
μενον ἑνοῦν (π sur grattage) M; ἐναγ. οὖν
BAK; ἀναγομένῃ οὖν E par corr. Lb. —
6. πυρίφλεκτος BAK. — οὕτω πάλιν B etc.
— 7. σπάνεως E Lb. — 8. φρυγομένης B
etc. — ἑτοίμως B; ἑτοίμης AKE Lb. —

10. τὴν ἔρευναν] τὸν ἐρευνᾶν M. — 11.
γεγῶσαν] γεγῶσα BKE; γεγεῶσα A. F. 1.
γεγονυῖα. — 13. δραπήτην E; δραπέτιν Lb.
Cp. Introd. de M. Berthelot, p. 217 et
258. — σώρρων B etc. — γένηται E par
corr. Lb. — 14. γινομένῃ E p. corr. Lb.
— 16. Fragment de vers cité déjà Γ.
150 et p. 171. — 18. ὡς ὁ σ. Z. E Lb.
21. βάπτει mss. — 22. τῷ deux fois le
signe de θεῖον MBAK; τὰ deux fois le
même signe E; τὰ θειώδη Lb.

καὶ τὸ ὑγρὸν ὑπὸ τοῦ καταλλήλου ὑγροῦ. » Διὰ τοῦτο Ζώσιμος
ἔλεγεν ἐν βίβλῳ κλειδῶν · « Τάχα οὖν ὑπὸ ἄλλης φύσεως ἡ
νεφέλη κατέχεται · ἀκόλουθον ὅτι ἡ φύσις τὴν φύσιν κρατεῖ ».

4] Οἱ δὲ ταῦτα θεώμενοι, φησὶν ὁ Δ η μ ό κ ρ ι τ ο ς, ἀνακεκρά-
5 γασιν λέγοντες · « Ὦ φύσεις οὐρανίων φύσεων δημιουργοί! Ὦ
φύσεις παμμεγέθεις ταῖς μεταβολαῖς νικῶσαι τὰς φύσεις ! » φύσεις
οὐρανίους τὰ πολοειδῆ ὄργανα ὀνομάζων, ἐν οἷς τὴν τε σῆψιν εἰρ-
γάσαντο καὶ τὴν ἄρσιν τῶν ὑδάτων · οὐ τῶν πρώτων ὑδάτων μόνον
φημὶ τῶν διγαζομένων, ἀλλὰ καὶ τῶν ἐσχάτων, ἅπερ οὐχ ὑποδέξονται
10 σταθμοῦ, ἀναγκαῖον μιγνύμενα τοῖς ἀσήπτοις · κἄντε γὰρ ἴσον
βάλης, ἢ ἔλαττον, ἢ πλεῖον, οὐκ ἀδικηθήσῃ.

5] Κάλλιον · μᾶλλον δὲ, ἧττον βαλέσθαι τὸν χαλκὸν τῷ λειπομένῳ
συνθέματι, διὰ τὸ λέγειν Δημόκριτον · « Δεῖ δὲ ἔχειν αὐτὸν καὶ
ὀλίγον θεῖον ἄπυρον, ἵνα διαδύῃ τὸ φάρμακον ἐντός » · ὀλίγον εἰπὼν
15 θεῖον ἄπυρον ὅ ἐστιν ἄκαυστον, τουτέστιν τὸν χαλκόν . Καὶ πάλιν ἀεὶ
τὸ τέταρτον τοῦ ἀσήμου κατέχειν τὸν χαλκόν, ἄσημον καλῶν τὸν
χαλκόν, διὰ τὸ ἄγνωστον. Χαλκὸν δὲ τὸ πρῶτον ὕδωρ τὸ ἔνσκιον καὶ
φευκτὸν, ἀπὸ μεταφορᾶς τοῦ ἐπισκί-[f. 98 v.] ου χαλκοῦ · χαλκὸς γὰρ
ἄσκιος οὐδέποτε γίνεται, ὥς φησιν ἡ Μαρία. Χαλκὸς δὲ ἄσκιος
20 γίνεται καλυπτομένης αὐτοῦ τῆς σκιᾶς, τουτέστιν τῆς φυγῆς διὰ τῆς
οἰκονομίας.

---

1. καὶ τὰ ὑγρὰ ὑπὸ τῶν καταλλήλων ὑγρῶν
E Lb. — 2. ἐν βιβλίῳ τῶν κλ. E Lb. —
4.ὡς φησὶν B etc. — 5. Cp. p. 46, 22.
F. l. οὐράνιαι (comme p. 260, 14). — 6.
φύσις,... νικῶσα M. — 7. πολυειδῆ B etc.
— ὀνομάζοντες Lb. — 10. σταθμὸν E Lb.
— ἀναγκαίως E Lb. — 11. καλλ. ἐστι, μᾶλ-
λον δὲ E Lb. — 14. καὶ θεῖον ἄπ. B etc.
— 16. ἀσήμου] ἀργύρου BAKE ; E mg. :
ἀσήμου raturé (rature grattée). — M
mg. : ηrum (nostrum ?), d'une main du
xviᵉ siècle. — 18. χαλκοῦ om. B etc. —
19. χαλκός — γίνεται om. BAKE ; restit.
E mg.

IV. VIII. — ΑΛΛΩΣ. Η ΟΙΚΟΝΟΜΙΑ

*Suite du texte précédent. — Variantes de M en marge de K. — Chap. 4 de la
compilation du Chrétien dans E Lb.*

1] Τινὲς μὲν οὖν οὕτως ἐργασάμενοι εὐδοκίμησαν · ἄλλοι δὲ τὸ
πᾶν ζέσαντες ἢ ὀπτήσαντες, ἔκλασαν καὶ διεμέρισαν ⟨ὠὰ⟩ σὺν τοῖς
ὀστράκοις, ἀφελόμενοι τοὺς ὑμένας, καὶ βάλοντες ἐν θυείᾳ τὸ λευ-
5 κόν τε καὶ ξανθὸν, ἐλείωσαν, ἅμα προσθέντες ἐπὶ τοῦ ξανθοῦ καὶ
ἄλλην μοῖραν λεκίθου · ἐπὶ δὲ τοῦ λευκοῦ τοὐναντίον, διὰ τὸ λέγειν
Ζώσιμον · « Ἐπὶ μὲν τοῦ λευκοῦ λαμβάνει δύο μέρη ἄσβεστον,
ἐπὶ δὲ τοῦ ξανθοῦ πάλιν κροκοῦ μέντοι καὶ ἐλύδριον τὸ διπλάσιον.
Εἰ γὰρ ὀξυτονήσωμεν τοῦ κροκοῦ, καὶ μὴ βαρύνομεν, ὅ ἐστιν παροξυ-
10 τονήσομεν, εὑρήσομεν σαφῶς τὸ λεγόμενον. »

2] Εἶτα ποιήσαντες τῇ αὐτῇ συσταθμίᾳ σύνθεμα ὑδάτων τοῖς
μασθωτοῖς ὀργάνοις, λειοῦσιν ἐν ἰγδίῳ καλῶς. Καὶ ποιήσαντες ἐλαίου
ἢ οἴνου ἢ ζύθου πάχος, διχάζουσιν, καὶ χωρὶς πυρὸς καταίρουσιν,
τοῦ « ἔα κάτω, καὶ γενήσεται » μεμνημένοι . Μετὰ δὲ τὸν τεταγμένον
15 χρόνον, ποιοῦσιν τῶν ὑδάτων τῶν ἀθίκτων τὴν ἄρσιν, ἥ ἐστιν
κώμαρις σκυθική, καὶ χαλκὸς ἰοποιηθείς.

3] Καὶ μαρτυρεῖ αὐτοῖς Πετάσιος, γράφων · « Τινὲς δὲ ἐν
τοῖς ὀργάνοις ἴωσαν » ἀντὶ τοῦ « διὰ τῶν ὀργάνων ἀνέσπασαν τὸν
χαλκόν · » καὶ μίξαντες ἀμφότερα, λέγω δὴ τὸ σαπὲν πέταλον τῷ μὴ
20 σαπέντι πετάλῳ, καὶ τοῖς βολβίτοις ἀπέδωκαν (f. 99 r.) πρὸς δύο ἢ
τρεῖς. Καὶ τοῦ ποθουμένου ἔτυχον, ὥς φησιν, εἴτε οὕτως, εἴτε ἐκείνως,
εἴτέ ἄλλως · ἡ πεῖρα διδασκαλίη. Ἔρρωσο ἐν Κυρίῳ.

---

1. ἡ om. B etc. — 7. λαμβάνειν μέρη β΄
ἀσβέστου B etc. — 8. κρόκου B etc. —
ἐλυδρίου (ἐλυδ. BAK) B etc. — 9. τὸν κρό-
κον E Lb. — 13. κατεροῦσι BAK ; καθαι-
ροῦσι E Lb, F. l. κατεροῦσι. — 14. ἔα] ἐὰν
M. — Cp. Stephanus, t. II, p. 247, l. 21
éd. Ideler. — 15. ἀθήκτων M. — 22.
διδάσκαλος BA Lb; διδάσκαλος εἴη K E.

IV. ɪx. — ΤΙΣ Η ΤΩΝ ΑΡΧΑΙΩΝ ΑΣΒΕΣΤΟΣ;

Transcrit sur M, f. 99 r. — *Collationné sur* B, f. 98 r. : — *sur* A, f. 97 r.; — *sur* E, f. 12 r.;
— *sur* Lb, p. 35. — *Chap.* 5 *de la compilation du Chrétien dans* E Lb.

1] Οὕτως δὲ ὄντος τοῦ πράγματος καὶ τῆς φύσεως αὐτὴν κατεχούσης,
ἔλθωμεν ἐπὶ τὴν πολύφημον ἄσβεστον τῶν ἀρχαίων · αὕτη γὰρ οὐ
καθάπερ ἡ τῶν λίθων τίτανος ἀσβεστουμένη λευκαίνεται, τοὐναντίον
5 δὲ καὶ μελαίνεται. Λειωθέντος γὰρ τοῦ εἴδους, καὶ χωρισθέντος τοῦ
φυσικοῦ ὑγροῦ, ἡ μείνασα ὕλη κάτωθεν ἐν τῷ πατελλίῳ ὀπτᾶται καὶ
μελαίνεται, καὶ ὀνομάζεται ἄσβεστος, ἥτις ληφθεῖσα πάλιν, τῇ οἰκείᾳ
συνενοῦται ψυχῇ, καὶ τεθεῖσα ἐν ἀσινεῖ καμίνῳ ἡμέρας ιε΄ ἢ ὥρας
σύμμετρον ἐχούσῃ τὴν θέρμην, αἴρεται ἀπὸ τῆς τοιαύτης καμίνου
10 καὶ μερίζεται τῶν ἰδίων αἰθαλῶν τῷ ὀργάνῳ, καὶ ποιεῖ τὸ δι᾽ ἀσ-
βέστου, εἰ εὑρεθῇ λευκὸν τὸ ἀναγόμενον · εἰ δὲ ξανθὸν, ποιεῖ τὸ
ἄθικτον. Οὐδὲν γὰρ διαφέρουσιν ἑαυτῶν τὰ δύο ὑγρὰ ταῦτα, εἰ μὴ τῷ
χρώματι μόνον · εἰσκρίνουσι γὰρ ὡς αὕτως, καὶ βάπτουσι καὶ
κατέχουσιν. Ἡ δὲ τοῦ πρώτου πυρὸς ποσότης δείκνυσιν τὴν αὐτῶν
15 ἑτερότητα, μάλιστα εἰ μιᾶς ὑπάρχοιεν ὕλης, ξανθῆς ἢ λευκῆς. Φησὶ
γὰρ Ἑρμῆς ὅτι ὁ μέγας θεὸς χρυσόκολλα ἐν πρώτοις πάντα ποιεῖ, ἀντὶ
τοῦ · ἡ μεγάλη θέρμη τοῦ πυρὸς ἐν τῷ πρώτῳ ὑδραργυρισμῷ τὸ πᾶν
δυνάμει συγκατεργάζεται. Ἐὰν γὰρ μὴ ἐκείνη πρώτη ἐργάσηται, ἡ
δευτέρα οὐ φαίνεται παντελῶς · ἐκείνη γὰρ καὶ πολλῆς ἀστοχίας οὐκ

1. Titre dans A : ἑτέρα ποίησις ἀσβέστου biffé, puis le titre de M. — ἀρχαίων] παλαιῶν E Lb. E mg. : *alias* ἀρχαίων. — 2. αὐτὴν E Lb. — 4. ἡ τῶν χαλκιτῶν τίτανος Lb. — ἀσβέστου (en signe) μένει M; ἀσβέστου μένη BA. — corrigé d'après E mg. et Lb. — 6. πατ.] πετάλῳ (B etc. — 8. ἀσίνη M; ἀσίγη BA. — ἢ ὥρας om. Lb. — Lb mg. : *alias* ὥρας. — 9. συμμ.] ἰσόμετρον E Lb. — 10. αἰθαλῶν αἰθάλεται E; αἰθ. αἰθάλλεται ἐν τῷ ὀργ. Lb. — 11. M mg. : signe de ξανθὸν puis ξανθὸν en toutes lettres (main du xvᵉ siècle). — εἰ δὲ ξ., ξανθὸν ποιεῖ ἄθικτον. E Lb. — ποιεῖ ἄθ. B etc. — 12. ἄθικτον M. — 16. Ἑρμῆς en signe M (notations alchim.; *Introd.*, pl. I, col. 2, l. 7). M mg. : ἑρμῆς (de la main de Bessarion ?) — ὁ Ἑρμῆς Lb. — ὅτι om. B etc. — χρυσόκολλα, en signe] ὁ ἥλιος Lb, f. mel. (Cp. ci-dessus, p. 156, l. 6 : p. 175, 14.) — 18. ἐργάζηται E; ἐργάζηται καλῶς Lb.

ἀμοιρεῖ, οὐ μό-(f. 99 v.) νον ὅτι φευκτῶν αἰθαλῶν ἐστὶν μήτηρ, ἀλλ
ὅτι καὶ τὸ χρῶμα τὸ ζητούμενον οὐκ ἀεὶ φέρει.

IV. x.

Suite du texte précédent. — Une ligne de blanc dans M. *— Simple alinéa dans*
BA. *— Simple point dans* E Lb.

Τινὲς μὲν οὖν τὸν ἰὸν χαλκοῦ ἐπὶ τοσοῦτον ἀνάγουσιν ἕως ἂν καὶ τὴν
πᾶσαν σχεδὸν σκωρίαν ταῖς πολλαῖς ἐκμυζήσεσι δαπανήσωσιν, λειοῦντες
5 καὶ ἐπιβάλλοντες, καὶ ἀνάγοντες διὰ τὸ λέγειν Ἀγαθοδαίμονα ·
λάμβανε αἰθάλας καὶ αἰθάλας. Εὑρίσκουσι δὲ οὗτοι τὸ μὲν πρῶτον,
ξανθόν, τὸ δὲ δεύτερον, λευκόν, τὸ δὲ τρίτον, μέλαν.

IV. xi. — ΑΛΛΗ ΟΙΚΟΝΟΜΙΑ ΤΗΣ ΑΣΒΕΣΤΟΥ

Transcrit sur M. f. 99 v. *— Collationné sur* B, f. 99 r. ; *— sur* A. f. 97 v. ; *—*
sur E, f. 13 r. ; *— sur* Lb, p. 39. *— Chap. 6 de la compilation du Chrétien dans*
E Lb.

Ἔνιοι δὲ ξανθὸν βαλόντες ὕδωρ ἐν ταῖς ἰώσεσιν, ἢ λευκὸν κατὰ φύσιν
10 ἅπαξ ἀνασπάσαντες ἠρκέσθησαν αἰθάλαις αἰθαλῶν, τὴν πρώτην καὶ
τὴν δευτέραν μετὰ τὴν ἴωσιν κρίναντες. Ἔλεγεν γὰρ ὅτι οὐ τὸ πολ-
λάκις ἀνάγεσθαι χαρίζεται τοῖς ὑγροῖς τὸν κάτοχον καὶ τὴν εἴσκρισιν,
ἀλλ ' ἡ τῶν σωμάτων συμπλοκή, καὶ ἡ τῶν ὀργάνων ἰδιότης, καὶ ἡ διὰ
τῆς κηροτακίδος διαφορά, καὶ ἡ ποσότης τῶν ἡμερῶν ἐν τῇ σήψει.

1. αἰθαλῶν] αἰ suivi du signe de αἰθάλαι
BA.— Réd. de E : φευκτῶν αἰθαλῶν ἢ φύσις
ἐστὶ καὶ μήτηρ. ἀλλ 'ὅτι... — Même réd.
dans Lc, sauf l'omission de ἡ φύσις. —
3. ἰὸν om. B etc. - - τὸν χαλκὸν Lb. — 4.
ταῖς biffé E. — ἐκζυμήσεσι B etc. — 5.
τὸν Ἀγαθοδαίμονα E Lb. - - 6. αἰθάλας καὶ
αἰθάλας en signe MBAE ; αἰθάλας καὶ θεῖα
Lb. Signe douteux. — 7. ξανθὸν] ὕδωρ
ξανθὸν A. — 10. ἠρκέσθησαν puis le signe
de αἰθάλαι, puis αἰθάλαις αἰθαλῶν M ; ἠρκ.
le signe, puis αἰθαλῶν BA ; ἠρκ. le signe,
puis αἰθάλαις αἰθαλῶν E ; E mg. : αἰθάλαις
avec renvoi au signe ; ἠρκ. αἰθάλαις αἰθα-
λῶν Lb. — 12. χαρίζεται om. B etc. — τὸ
κάτ. E Lb. — 14. κηρωτ. M.

2] Συμβαίνει δὲ τὸν ἰόχαλκον ταῖς πολλαῖς αἰθάλαις μὴ μόνον
μελαίνεσθαι τῇ τῶν στερεῶν σωμάτων χροιᾷ βαπτόμενον, ἀλλ ' ἔσθ '
ὅτε καὶ δαπανᾶσθαι τελείως. Τοῦτο δὲ οἱ τελέσαντες παραχρῆμα
ἑτέραις αἰθάλαις ὁμοχρώοις τῆς κινναβάρεως συνέμιξαν καὶ ἀπέθηκαν ·
5 ἡ αἰθάλη τῆς ὑδραργύρου αἰθάλη μιγεῖσα παραμονιμώτερον τηρεῖ τὸ
ποίημα τῆς ὑδραργύρου · καὶ πάλιν τάχα οὖν ὑπὸ ἑτέρας τῆς φύσεως
νεφέλης κατέχεται.

IV. xii. — ΕΤΕΡΑ ΠΟΙΗΣΙΣ ΑΣΒΕΣΤΟΥ

Suite du texte précédent. — Chap. 7 de la compilation du Chrétien dans E. Lb.

Ἄλλοι δὲ ἄσβεστον μόνην λευκὴν ἐχρήσαντο πρὸς τὴν σῆ-
10 (f. 100 r.) ψιν · ἀλλ ' ἐπὶ μὲν τοῦ λευκοῦ κομάρεως ἔβαλλον ὕδατα
λευκὰ ὀργανιστά, ἐπὶ δὲ τῶν ξανθῶν ἔβαλλεν ὕδατα ξανθά · καὶ
πέψεως γενομένης ἡμερῶν τριῶν ἀνεκομίζετο, καὶ προσφάτοις ὁμοειδέσιν
προσέπλεκον, ὡς ἐπὶ τῆς πορφύρας τὸ τριακοστόδυον βάλλοντες.
Ἔλεγεν γὰρ Ἑρμῆς ὅτι πορφύραν οἱ παλαιοὶ καὶ πορφυρόχρωμον
15 λίθον οἶδαν τὸν ἰόχαλκον. Ἰδοὺ γὰρ Ἑ ρ μ ῆ ς, πρὸς τὸν Παύστηριν
γράφων, ἔλεγεν ὅτι « Ἐὰν εὕρῃς τὸν πορφυρόχρωμον λίθον, γίνωσκε ὅτι
ἐκεῖνός ἐστιν · ἔχεις δὲ αὐτόν, ὦ Π α ύ σ η ρ ι, κεχαραγμένον ἐν τῷ
κλειδίῳ · » καίτοι τοῦ Ἑρμοῦ οὐδαμοῦ βαφὴν λίθων ἢ πορφύρας
ποιησαμένου συγγραφήν, ἀλλὰ καὶ τὸ κλειδίον περὶ τῆς κατὰ δύο

συνθέματα κωμάρεως γέγραπται, ὡς ἀνοικτικῆς τοῦ ἰοῦ δυσχερείας ·
τῆς μέντοι ἀσβέστου πολλὴν φροντίδα πεποίηται.

IV. xiii. — ΑΛΛΩΣ

Suite du texte précédent. — *Chap. 8 de la compilation du Chrétien dans* E Lb.

Τινὲς δὲ τὴν ἄσβεστον ὁμοίοις ὕδασι μίξαντες ὡς εἰ ὥραν μίαν
5 διανέστησαν καὶ ἀνεκομίσαντο, φάσκοντες ὡς τὸ Μαρίας μολίβου
μονόημερον, εὑρίσκοντες Ζώσιμον λέγοντα · « Ἀλλὰ τὸν τοῦ λίθου
χρήσιμον » · καὶ ταύτην ἡγοῦντο σῆψιν καὶ ἴωσιν. Διότι γράφει
Δημόκριτος · « Τινὲς δὲ ἐν τοῖς ὀργάνοις ἴωσαν ». Ὃν ἑρμηνεύων
Πετάσιος ἔφασκεν · « Ἀντὶ τοῦ · διὰ τῶν ὀργάνων ἐποίησαν τὸν
10 ἰόχαλκον · καὶ τοῦτο λαβόντες ὕδωρ εἴνωσαν ἄλλο ὕδατι ἀνασπάστω,
ἐν ᾧ ἦν ἄσβεστος ὀστρακίτης · ὡς αὕτως ἴσον αὐτῷ βαλόντες διὰ τὸ
λέγειν τὸν φιλόσοφον · « Λάβε τοῦ ἐν ὑστέροις σου δηλωθησομένου
μέρος ἕν, καὶ χρυσοζωμίου ὅ ἐστιν (f. 100 v.) χρυσάνθιον καὶ χρυσο-
κογγύλιον. Τοῦτο γὰρ Ἑρμῆς τὸ ταὐτὸν ἔφησεν ὡς πολυώνυμον
15 ἀγαθόν. Λαβὼν οὖν καὶ αὐτοῦ μέρος ἕν, ἐπιβαλὼν ὕδωρ θείου ἀθίκτου
καὶ κόμμι ὀλίγον, πᾶν σῶμα βάψεις ». Τῇ δὲ αὐτῇ ἀγωγῇ ἐπ'
ἀμφοτέρων τῶν ὑδάτων ἐχρῆτο.

---

1. ἀνοικτικόν τῆς τοῦ ἰοῦ δυσχερείας Lb.
— 3. Titre dans A : ἄλλως περὶ ἀσβέστου :
dans E Lb : ἄλλως π. τῆς ἀσβ. η'. — 4.
A mg. : * τὸ βαλόμενον λέγεται τὸ δ'' (1re
main). — ὁμοίως E Lb. — 5. ὡς τὸ τοῦ
τῆς Μαρ. μολίβδου μον. ἐστιν E Lb. — 6.
τὸ τοῦ λ. χρ. B etc. — 7. διὰ τὸ γράφειν τὸν
Δημόκριτον E Lb. — 8. ὅν] ὅ B etc. —
10. τὸ ὕδ. ἤνωσαν ἄλλῳ ὕδ. B etc. — 11.

ὀστρακίτης] courbe pointillée sur τῃς dans
M. (F. l. ὀστράκιτις ?). — 12. σου] σοι B
etc. — 14. Ἑρμῆς en signe MBAE ;
Ἑρμῆν Lb. — τοῦτ' αὐτόν E ; τοῦτ' αὐτὸ
Lb. — ἔφησαν E Lb. — 15. ἐπίβαλλε Lb.
— ὕδ. ἀθίκτου BA. — 16. κώμη M. — καὶ
πᾶν... B etc. — ἀγωγῇ καὶ ἐπ' ἀμφοτέρων
B etc. — 17. ἐχρήσατο BA ; ἐχρήσαντο E
Lb.

IV. xiv. — ⟨ΑΛΛΩΣ⟩

Simple alinéa dans BAE. — Chap. 9 de la compilation du Chrétien dans Lb.

Ἕτεροι δὲ τὸν σποδὸν τῶν πρώτων ὑδάτων ταῖς ἀπ ' αὐτῶν αἰθά-
λαις ἐνώσαντες ὡς εἰ χ° τῇ γ° βαλόντες καὶ προδιγάσαντες, ταύ-
τας ἔβρεχον ὡς ὥραν μίαν, καὶ ἀνεκομίζοντο ὕδωρ. Καὶ πάλιν ἑτέ-
5 ραν βαλόντες, ἀπέβρεχον καὶ ἀνεκομίζοντο. Καὶ τρίτον καὶ σποδῷ
μίξαντες, ἀνελάμβανον τὰς αἰθάλας, καὶ οὕτω ταῖς ὑπολελειμμέναις
αἰθάλαις ἔμισγον, λευκαῖς καὶ ξανθαῖς ἢ ἀλλοίαις, τοῦ σταθμοῦ μὴ
φροντίσαντες · καὶ οὗτοι Ζωσίμῳ τῷ μεγάλῳ ἐξακολουθοῦντες
εἰπόντι · « Πάντη γὰρ ἢ πλεῖον ἢ ἔλαττον, οὐδὲν ἀδικήσεις · ἐν γάρ
10 ἐστι τὸ ζητούμενον ἀπ ' αἰῶνος, ἡ τῆς ποιήσεως ἀγωγή. »

IV. xv. — ΑΛΛΩΣ

Suite du texte précédent. — Chap. 9 dans E, 10 dans Lb, de la compilation
du Chrétien.

Ἔνιοι δὲ τὰς σκώριας ἀπέσταζον ὡς ἐπὶ τῆς σαπωναρικῆς ἐργα-
σίας, δεύτερον καὶ τρίτον ταύτας ἐν ἡμέρᾳ μιᾷ ὑπαλλάττεσθαι
ὁμοειδέσι καὶ ὁμοχρώοις ἐνοῦντες ὕδασιν · ἀρκεῖσθαι γὰρ ἔφασκον τῇ
15 πρώτῃ ἐξαιθαλώσει.

1. Titre dans Lb : ἄλλως · κεφ. θ΄. —
2. ἀπ ' αὐτῶν] ἁπάντων E par corr. Lb.
—4. τὸ ὕδωρ B etc. — 5. λαβόντες· ἀνέβρεχον
B etc. — καὶ σποδῷ] τῇ σπ. B etc. — 8.
Ζωσίμῳ] Δημοκρίτῳ B etc. — τῷ μεγ. om.
BAE. — ἐξακολ. ἐποίουν εἰπόντι E Lb. —
9. F. l. ἀδικηθήσῃ (comme p. 277, 10).

— 10. Cp. p. 91, 18. — ἡ τῆς ποιήσεως
ἀγωγή om. Lb, f. mel. (Titre du mor-
ceau suivant ?) — 11. ἄλλως om. B; καὶ
ἄλλως A; καὶ (biffé) ἄλλως κεφ. θ΄ (κεφ.
θ΄ biffé) ἡ τῆς ποιήσεως ἀγωγή E; même
titre dans Lb qui aj. κεφ. ι΄. — 13. ὑπαλ-
λάττοντες Lb. — 14. ὁμοχρόοις B etc.

IV. xvi. — ΕΤΕΡΩΣ. Η ΠΟΙΗΣΙΣ

Suite du texte précédent. — Chap. 10 dans E, 11 dans Lb, de la compilation du Chrétien.

Τινὲς δὲ οὐκ ἐν ἡμέρᾳ μιᾷ μόνον, ἀλλ ' ἐν ἡμέραις ἐννέα, διὰ τριῶν ἀποστάζοντες τῶν ὑγρῶν τὴν ποσότητα, καὶ προσπλέκοντες τὴν ἴσην καὶ ὁμοίαν ποσότητα τῶν ὑδάτων, ἐφύλαττον (101 r.) εἰς
5 καιρὸν καταβαφῆς.

IV. xvii. — ΕΤΕΡΩΣ. Η ΑΓΩΓΗ

Suite du texte précédent. — Chap. 11 dans E, 12 dans Lb, de la compilation du Chrétien.

Ἄλλοι δὲ οὕτως ἐποίουν · ἀνέσπων ἐκ τρίτου τὰς αἰθάλας · καὶ τότε τῷ ὑπολείμματι ἔβαλλον ἐξ αὐτοῦ δύο   καὶ τῇ γ°, καὶ εἶχον τὸ φάρμακον.

10
IV. xviii. — ΣΥΜΠΕΡΑΣΜΑ ΤΗΣ ΠΟΙΗΣΕΩΣ

Suite du texte précédent. — Chap. 12 dans E, 13 dans Lb, de la compilation du Chrétien.

Ἐγὼ δὲ τοὺς πόνους πάντων ἀποδεξάμενος, ἔλεγον μὴ μάτην εἰρηκέναι Ζώσιμον Θεοσεβείᾳ γράφοντα · « Μέγας γὰρ διδάσκαλος πεῖρα τοῖς ἐγέρροσιν ἐκ τῶν ἀναδεικνυμένων, ἀεὶ μηνύουσα τὰ συμ-

---

1. Titre dans A : ἑτ. ἡ ποίησις (en rouge), puis : ἤγουν ἀγωγὴ en noir, de la même main. — Titre dans E : ἑτέρως; ἡ ἀγωγὴ ι' (ι' biffé). — 2. μόνως B. — 4. ποιότητα B etc. — 6. Titre dans E Lb : ἑτ. ἡ τῆς ποιήσεως ἀγωγή. — 7. ἀνέσπων] ἀνέσπον M ; ἀνέσπεσον A (1ᵉʳ σ aj. de 2ᵉ main); ἀνέσπασον E ; ἀνέσπαζον Lb. Corr. conj. — 8. ἔβαλλεν M ; ἔβαλον BAE.

— ἐξ αὐτοῦ δύο   καί]. L'espace blanc est après καί dans BA ; ἐξ ἑαυτοῦ (corrigé en ἐξ αὐτῶν) δύο καί (καὶ biffé E ; om. Lb; τῇ γ°, (sans espace blanc) E Lb. F. 1. δύο κ° τῇ γ°. — 12. Θεοσεβῆ MBA ; τόν Θεοσεβῆ E Lb. Corr. conj. — γράφοντα biffé E ; om. Lb, et, au-dessus dans E, seul dans Lb : ὅς ἐστι. — γὰρ om. AE. — 13. ἐν πειρατοῖς τοῖς ἐγέρροσιν Lb. — μηνύων E Lb.

φέροντα. Οὗτός ἐστιν ὁ περὶ τῆς ἀσβέστου λόγος τῆς παγκράτου
τιτάνου, τῆς ἀηττήτου καὶ μόνης ἀφελεστάτης, ἣν ὁ εὑρὼν ἄνωθεν
νικήσει μεθόδῳ τὴν ἀνίατον πενίαν νόσον. Ἔρρωσθε, φίλοι καὶ δοῦ-
λοι Χριστοῦ τοῦ Θεοῦ ἡμῶν.

---

5   IV. xix. — PROCÉDÉS DE JAMBLIQUE

*Transcrit sur A, f. 266 r. — Toutes les variantes insérées dans le texte sont des
corrections conjecturales.*

1] ΙΑΜΒΛΙΧΟΥ ΚΑΤΑΒΛΦΗ. — Ἁλὸς καππαδοκικοῦ δραχμαὶ β΄ · κιν-
ναβάρεως ἰταλικῆς γ° ἥμισυ · ἀρσενίκου γ" α΄ · χαλκίτεως ὀπτῆς δρ. ς΄ ·
σιδήρου σκόληος, ὅ ἐστιν λεπίδες ὤχρας γρ. ς΄. Τινὲς δὲ σιδηρογάλκου
βάλλουσιν δρ. ιϛ΄ · σποδίου γ° ἥμισυ · ἰοῦ γ΄ γ΄ · χρυσοκόλλης δρ. ς΄ ·
10 κατμίας θρακικῆς γ° ἥμισυ · λειοτριβήσας ἰδίᾳ, καὶ ὁμοῦ μίξεις · πρόσβαλε
μανδραγόρου χυλὸν ἕως γένηται γλοιοῦ πάχος, καὶ τρίβε ἕως ξηρανθῇ · καὶ
πρόσβαλε αἷμα λαγωοῦ θαλασσίου, ἕως γένηται πάλιν γλοιοῦ πάχος · καὶ
τίθει (f. **266 v.**) ἐν καλάμῳ ζῶντι ἐς τὸν τέταρτον κόνδυλον, καὶ φιμώσας
ἐρείῳ ῥάκκει, ἔα ἐπὶ ἡμέρας ιδ΄ · καὶ λαβὼν εὑρήσεις σίδηρον. Τοῦτον
15 τρίψον μετὰ οἴνου εὐώδους, ἕως γένηται γλοιοῦ πάχος · καὶ ἔχε ἐν
κόγχῳ. Εἶτα χωνεύσας τὸ ἴσον χρυσὸν καθαρὸν, καὶ ἐπίβαλε τὰ ἐν τῷ
κόγχῳ · καὶ χώνευσον ἕως καπνὸν μὴ ἰσχύῃ, ποιῇ δὲ ὀσμὴν θείου · καὶ
ἐξελὼν ψῦγε.

2] Εἶτα λείωσον · καὶ πρόσβαλε χολὴν ἰχνεύμονος, ἢ ἀλώπηκος, ἢ
20 ἀλεκτρυόνος μελόποδος, καὶ πυρίτου τροχίσκον · ξήρανον ἐν σκιᾷ, καὶ
λείωσας κατάγγισον εἰς ὑέλινον ἄγγος · καὶ τούτῳ εἰς πυξίδα μόλυβδον

---

1. παγκρατοῦς BA, mel. — 2. τιτάνου
en signe M, et au-dessus τῖταν (main du
xive siècle ?); τιτάνου en toutes lettres
et sans signe dans Lb. — ἀσφαλεστάτης
B etc., mel. — 3. πενίας B etc., mel.
— 5. ἡ ἀβλίγου κατὰ βαφῆ A. — 7. σιδήρου]
signe de σίδηρος ou de λίθος A. Lecture
conj. (*M. B.*). — σκόληος] F. l. σποδίου
(*M. B.*). — 11. γλύου A ici et partout. —
12. τίθη A. — 14. ἐρέω ῥάκκι A. — 17. ἰσχύι
A. — ποιεῖ A. — 19. ἢ χνεύμονος A. —
20. μελόποδος] F. l. μελπωδοῦ? (*M. B.*). F.
l. μελανόποδος? (*C. E. R.*). — 21. πηξίδα
A ici et partout. Corr. conj. (*M. B.*).

ἢ κασσίτερον βάλλων, κατάγωσον εἰς ἱππείαν ἐπὶ ἡμέρας ιε΄, καὶ λαβὼν
ποίει οὕτως. Ἐπὶ μὲν ὀξείας λαβὼν τοῦ φαρμάκου τριόβολον ὁλκῆς,
καὶ χολὴν καμήλου τὸ ἴσον, τρίβε, καὶ δὸς σησάμου τὸ μέγεθος · ἐὰν δὲ
ἀλύπως κοσμῆσαι ἐν ἡμέραις ζ΄ · ἐὰν δὲ ἐν ἡμέραις ι΄, φακοῦ τὸ μέγεθος.
5 Ἐπὶ δὲ ὑποκεχυμένον ἀνὰ παρακεντήσεως, λειοτριβήσας ἀπὸ τῆς πυξί-
δος, μικρὸν μετὰ γάλακτος γυναικείου ἀρρενοτόκου, ἐγχρίων ἐπὶ ἡμέρας
ζ΄. καὶ μὴ λούων ἐπὶ ἡμέρας μϚ΄.

3) Ἐπὶ δὲ καταβαφῆς, βάλε κρόκου, μίσεως ὠμοῦ, χαλκάνθου, κυα-
νοῦ, ἐλυδρίου ἀνὰ ὁρ. α΄ εἰς τὴν λίτραν τοῦ ἀργύρου, ὅταν διαγελάσῃ ·
10 Εἶτα τοῦ ἀναπροζυμίου (?) τοῦ ἀπὸ τῆς πυξίδος, στατῆρας γ΄ · οἱ ἡδὲ
γγ° ϛ΄ ἥμισυ · ἐν δὲ ἁλὸν πάντα ὁμοῦ μίσγεται καὶ [ὑπο] ἐμπάσεται, ἕως
ὅτε χορτασθῇ ὁ ἄργυρος, καὶ μηκέτι ποιῇ. Σημεῖον δὲ τοῦτο φυρᾶται,
καὶ πάλιν καθήται.

4) (f. 267 r.) ΙΑΜΒΛΙΧΟΥ ΠΟΙΗΣΙΣ. — Λαβὼν κυθάραν καινήν, θὲς
15 ἐπ᾽ αὐτὴν φιάλην, καὶ βάλε ἐν τῇ φιάλῃ ὑδραργύρου γ° α΄ ἥμισυ,
χαλκοῦ, κασσιτέρου καθαροῦ ῥερινισμένου γ" α΄ ἥμισυ ἢ ϛ΄, καὶ ἔλαιον
ὀλίγον, καὶ ὑπόκαιε μέχρις ἑνωθῇ. Εἶτα λαβὼν, συλλείωσον αὐτοῖς
ταῦτα · στυπτηρίας σχιστῆς γ° α΄ ἥμισυ, μυσίδην ὠμὸν γ° α΄ ἥμισυ,
ἀρσενίκην γ° α΄ ἥμισυ, καὶ βάλε εἰς λοπάδα καινήν · καὶ ὕδωρ θείου
20 μετὰ κόμεως ὀλίγου συλλειώσας αὐτοῖς καὶ περιπηλώσας ἀσφαλῶς,
ἕψει μαλθακῷ πυρὶ, μέχρις εἰκάσης συμπεπλεχθῆναι τὸ εἶδος. Ἔπειτα
ἄρας, βρέχε εἰς ὄξος ἅλμην στερεὰν ἐπὶ ἡμέρας ζ΄. Εἶτα ξηράνας λείωσον,
καὶ ἐπίβαλε θείῳ ἐλαίῳ βράσαντι, ἵνα κηρώδης γένηται, καὶ εὐθέως
πήξεται ὡς λίθος. Τοῦτο πάλιν λείωσον, ὅταν ξηρανθῇ · συμμιγνύων
25 αὐτῷ λίθου πυρίτου γ° α΄ ἥμισυ, κατμίας ὀστρακίνης, ἐν δὲ ἄλλῳ,
κτμίας ὀλυμπικῆς ἣν χρῶνται οἱ βαφεῖς, ἣν καὶ πλακίτην καλοῦσιν ·

---

2. ποιε A ici et presque partout. — 3. F. l. ἐὰ δὲ ἀλ. κοσμήσαι. — 5. ἐπὶ δὲ] F. l. ἔπειτα. — 6. μικρὸν] F. l. μεῖζον. — 7. F. l. καὶ μὴ λούων. — 8. μύστος ὁμοῦ A. — 10. F. l. οἱ δὲ. — 11. F. l. ἐν δὲ ἄλλῳ (comme plus bas) (M. B.). — 14. ἡ ἀμβλίγου ποίησις A. — F. l. κύθραν. — 18. μυσίδη] ici et plus loin. F. l. μυσίδιν (diminutif néogrec de μύστι ou μίσυ?) — 19. F. l. ἀρσενίκιν ici et plus loin (diminutif néogrec?). — 20. συλλώσας A. — 21. εἰκάσης] ἡ κάσις A. — 22. ὄξος; en signe ἅλμην A. F. l. ὀξάλμην αὐστηρὰν? — 23. F. l. θεῖον. — 25. ἄλλο A. — 26. ἣν χρῶνται ἡ βαφῆς A.

ὁμοῦ λειώσας, ἐπίβαλε τῷ ἀργύρῳ διαγελάσαντι, μεθ᾽ οὗ χορτασθῇ,
καὶ ἀποπτύσῃ. Καὶ λαβὼν τοῦ ἀργύρου τούτου μέρος α΄, χρυσοῦ μέρη
γ΄, καὶ νεφέλης τὸ διπλοῦν, ποίει μάλαγμα · καὶ βάλε εἰς ὑέλεον
ληκύθιον, ὑποστρώσας σινωπίδος, καὶ χαλκάνθου ἐξ ἴσου · ὁμοῦ
5 λειώσας, καὶ ποίει σύμφιμον, ὄπτα νυχθήμερον · καὶ ἐξελὼν, τρίβε
μετὰ ἐλαίου ῥεφανίνου καὶ λιθαργύρου λευκῆς · καὶ σφαιροποιήσας
κατάσπασον · καὶ οὕτως σύνκρουσον χρυσὸν εὐρύζον, ἔνκαιε, καὶ ἔσται
εὐρύζον.

5] ΧΡΥΣΟΥ ΠΟΙΗΣΙΣ. — Λαβὼν χαλκὸν καθαρὸν ἐρυθρὸν, ποίει
10 λα- (f. 267 v.) μνία ἰσχνὰ, καὶ ἐπίθες ἐπὶ ἀνθράκων πυρὸς, ὑπόφυσον
φυσητῆρσι, καὶ ἔνπασον ἅλας τὸ ἐρυθρὸν καὶ κοινόν · εἶτα ὤχρας, εἶτα
ἅλας · καὶ στρέψας τὸ λαμνίον, τὸ αὐτὸ ποίει, καὶ τοῦτο ποίει πολλάκις
ὡσεὶ ἀρέσει, ὡς καὶ διασκοπὲν τὸ ἔργον φανῆναι χρυσόν · τὴν γὰρ
χρείαν καὶ ἔσωθεν ἔχει.

15   6] Λαβὼν οὖν τούτου τοῦ χρυσοῦ γράμμα α΄, καὶ ἀργύρου πρωτείου
ἀραιωθέντος γράμματα γ΄, χώνευε καὶ ποίει πέταλα, καὶ χρῖσον τοῦ
σιδήρου τοῦ ἐκ τῆς ἑβραϊκῆς πράξεως γράμματα β΄ ἄνω καὶ κάτω, καὶ
γίνεται ὡς χρυσὸς μέλας · καὶ πάλιν χώνευσον · τοῦτο ποίει ἐκ τρίτου,
καὶ εὑρίσκεις χρυσὸν παροικονούμενον, καὶ βαλεῖς τῆς ἀληθείας γ΄ α΄,
20 καὶ τοῦ σώματος ⟨μαγνησίας?⟩ γ° α΄, καὶ ἔσται εὐρύζον.

7] ΧΡΥΣΟΥ ΔΗΛΩΣΙΣ. — Νεφέλην ζέσον ἐλαίῳ ῥεφανίνῳ · εἶτα
πῆξον καὶ λείωσον ἐν ὄξει καὶ στυπτηρίαν σχιστήν, καὶ ἄλλ ἐπὶ ἡμέρας
ζ΄ · καὶ γλυκάνας, ξήρανον, καὶ ἔχε.

Καὶ λαβὼν κιννάβαριν, κινναβάρισον ἐλαίῳ ῥεφανίνῳ · εἶτα πῆξον
25 εἰς ληκύνθη, καὶ ἀσφαλισάμενος, θὲς ⟨ἐν⟩ χώστρᾳ ὥρας Γ΄ · καὶ
πλύνας, βάλε εἰς θυείαν καὶ στυπτηρίαν, καὶ ἄλας, καὶ τρίβε ἐπὶ ἡμέρας
ζ΄ · καὶ ἀποπλύνας ὕδατι, γλύκιζε, ξήρανον, καὶ ἔχε.

Καὶ λαβὼν χρυσοκόλλαν, οἰκονόμει οὔρῳ δαμάλεως ἐπὶ ἡμέρας ζ΄.

---

1. τὸ ἀργ. A. — μεθ᾽ οὗ] F. l. μέχρις
οὗ (Cp. p. précéd., l. 11). — 7. εὐρύζον
ici et plus loin] F. l. ὅβρυζον — 13. F.
l. ὥς σοι ἀρέσει. — F. l. διασκοπείς. — 17.

ἑβραϊκῆς A. — 19. F. l. τοῦ ἀληθοῦς (op-
posé à παροικονούμενον) — 22. F. l. στυπ-
τηρία σχιστῇ. — 25. ληκύνθη] F. l. ληκύθ:
(néogrec ?).

Εἶτα πυρὶ κατάβαπτε εἰς ἔλαιον ῥεφάνινον ἡμέρας ζ′ ἢ η′. Ζέννυε ἐλαίῳ
ῥεφανίνῳ, καὶ ἔχε.

Εἶτα λαβὼν μυσίδην, οἰκονόμει οὔρῳ ἀφθόρου ἐπὶ ἡμέρας ζ′ ἢ καὶ
πλείονας, ξηράνας, ἔχε.

5 Εἶτα λαβὼν ἀρσενίκην, λείε καὶ βρέχε ὄξει πάλιν ἡμέρας ζ′ · καὶ
ζέννυε τὸν ζωμὸν ἐν ᾧ ἐβράχη (f. 268 r.) ἐπὶ πολύ. Εἶτα πλύνας καὶ
ἀποσειρώσας αὐτῆς τὴν ἀχλύν, ξήρανον. Εἶτα λαβὼν οὖρον βοὸς
μεῖναν ἡμέρας ζ′, καὶ πλύνας, ξήρανον, καὶ ἔχε.

Εἶτα λαβὼν χαλκάνθου μέρος α′, καὶ θείου ἀπύρου μέρος α′, συνλείου
10 καὶ ὅπτα ἐν χώστρᾳ ⟨ἢ⟩ ἐν ληκυθίῳ ἡμέραν γ′, καὶ ἔχε.

8] Εἶθ' οὕτως ποίησον μίξιν τῶν εἰδῶν ἢ τῆς νεφέλης γ° α′, κινναβά-
ρεως γ° α′, χρυσοκόλλης γ° γ° ϛ′, μίσεως ὀρ. ϛ′ γράμμα α′ · τρίβε ὁμοῦ
μετὰ ὄξους ὀλίγου, ποίει πηλῶδες, καὶ ὅπτα ⟨ἐν⟩ κλιβάνῳ ἕως διάπυρον
γένηται τὸ ἄγγος ἐπὶ πολύ · καὶ τούτῳ τῷ ὀπτηθέντι μίξον ἀρσενικὴν
15 δρ. ϛ′, σανδαράχην δρ. ϛ′, κόμμεως δρ. ϛ′. Ὁμοῦ λύε ὕδατι θείῳ τῷ
διὰ οὔρου ἡμέρας ζ′, καὶ ποίει γλοιῶδες τοῦτο · χρῶ · καὶ τούτῳ χρίε
τὰ πέταλα, καὶ ἀλλαγήσεται.

9] Ἐὰν δὲ αὐτὸ ξηρίον θέλῃς ἔχειν, ξήρανον, καὶ, ὅτε βούλει, ἄνες
τῷ ὕδατι τῷ διὰ οὔρου καὶ θείου, καὶ χρίε τὰ πέταλα γενόμενα διὰ τῆς
20 μίξεως τοῦ χαλκοῦ καὶ ἀργύρου καὶ χρυσοῦ. Ἔστιν δὲ ἡ μίξις ἥδε ·
ἀργύρου καθαροῦ μέρος α′ · χαλκοῦ νικαηνοῦ πρωτείου μέρος τὸ ἥμισυ.
Μέρισον εἰς ϛ′ τὸν χαλκὸν, καὶ τὸ ἥμισυ συγγώνευσον γ′ τὸν ἄργυρον,
ἵνα καλῶς καταμιγῇ · καὶ πεταλίσας πάσον πυρίτην οἰκονομηθέντι,
ὀξάλμῃ ἡμέρας ζ′ καὶ γλυκανθέντι, καὶ ὀπτηθέντι ἐμφίμῳ χώστρᾳ ἡμέ-
25 ρας βοταρίῳ (?), καὶ λαβὼν χώνευσον, καὶ πάλιν βάλε τὸ ἄλλο μέρος τοῦ
χαλκοῦ ὄξει, ἄργυρον καὶ γώνευσον γ′ τῷ αὐτῷ τρόπῳ.

10] Εἶτα πεταλίσας καὶ πάσας πάλιν τὸν πυρίτην, ὅπτα νυχθήμερον α′ ·

---

1. F. l. πυρροκατάβαπτε. Cp. p. suiv.
l. 3 et 5. — 5. λεία] F. l. λύε. — 6. τὸ
ζωμό A. — 7. οὖρος A. — 8. μίναντα A. —
ξήραν A. — 11. ἤ] F. l. ἤγουν. — 14. τοῦτο
τὸ A. — 15. F. l. σανδαράχιν (néogrec ?).

— 16. χρί A. — 19. τὸ ὕδατι τὸ A. — 20.
μίξεις εἶδε A. — 22. F. l. τῷ ἡμίσει. — γ′]
F. l. τρίς. — 23 et 24. F. l. οἰκονομηθέντι,
γλυκανθέντι et ὀπτηθέντι. — 26. γ′] F. l.
τρίς.

καὶ συλλειώσας νεφέλην ἰταλικὴν πρὸ ὀφθαλμῶν, (f. 268 v.) τὸ ἥμισυ,
χώνευσον τοῦτο δεύτερον, καὶ τότε σύνκρουε χρυσὸν ἴσον, καὶ πεταλίσας,
περικατάβαπτε εἰς τόνδε ζωμόν · κρόκον, κνήκου ἄνθος, ἐλυδρίου,
κατμίας ζωνίτιδος ἀνὰ μερικὸν α΄ · ὁμοῦ λύει ὄξει αἰγυπτίῳ ἡμέρας ζ΄ ·
5 πυρροκατάβαπτε. Καὶ τότε λαβὼν τὸ πέταλον, χρίε πρῶτον φαρμάκῳ
πτερῷ · καὶ ξηράνας, ὄπτα εἰς ἐπίλυχνα χώστρα νυχθήμερα ϛ΄ · καὶ
ἀνελόμενος, σύνπτυξον τὰ πέταλα · καὶ λαβὼν εἰς χώνην, ὑπόφιμον
ποιήσας, χώνευσον κλιβάνοις, καὶ εὕροις ἡλέκτρου ἀσκιάστου.

Σουμάριον · ἐτησίου μέρος α΄, κροτήματος σιδήρου μέρος α΄, σώματος
10 μαγνησίας μέρος α΄ · τρίψον ὁμοῦ · ὄπτα ἡμέρας ε΄, καὶ εὑρήσεις μέλαν
ὁμιλήζων (?) · τούτου λαβὼν μέρη ϛ΄, ὀρειχάλκου πρωτείου μέρη ϛ΄,
χώνευσον ἕως καταμιγῇ καλῶς, καὶ γίνεται ἡλέκτρου κρεῖσσον.

IV. xx. — ΚΟΜΑΡΙΟΥ ΦΙΛΟΣΟΦΟΥ ΑΡΧΙΕΡΕΩΣ ΔΙΔΑΣΚΟΝΤΟΣ ΤΗΝ ΚΛΕΟΠΑΤΡΑΝ ΤΗΝ ΘΕΙΑΝ ΚΑΙ ΙΕΡΑΝ ΤΕΧΝΗΝ ΤΟΥ ΛΙΘΟΥ ΤΗΣ ΦΙΛΟΣΟΦΙΑΣ

Transcrit sur A, f. 74 r. — *Collationné sur* Lc, p. 1; — sur M, f. 40 v. *(depuis le
§ 7); — sur l'éd. de Stephanus donnée par Ideler,* Physici et medici græci, t. ii,
p. 248 *(depuis le même § 7).*

1] Κύριε ὁ θεὸς τῶν δυνάμεων, ὁ πάσης κτίσεως δημιουργός, ὁ τῶν
οὐρανίων καὶ ὑπερουρανίων δημιουργὸς καὶ τεχνίτης, ὁ μακάριος καὶ
ἀεὶ διαμένων, ὑμνοῦμεν, εὐλογοῦμεν, αἰνοῦμεν, προσκυνοῦμεν τὸ ὕψος
τῆς βασιλείας σου. Σὺ γὰρ ὑπάρχεις ἀρχὴ καὶ τέλος, καὶ σοῦ ὑπακούει
20 πᾶν κτίσμα ὁρατὸν καὶ ἀόρατον, ὅτι ἔκτισας αὐτά. Ἐπεὶ δὲ ὑπουργὸς
κέκτιται ἡ ἀίδιος βασιλεία σου, ἱκετεύομέν σε, κύριε πολυέλεε, διὰ τὴν

---

1 F. l. πρὸς ὀφθαλμούς (*M. B.*), — 2. A
mg. : ζωμὸν πυρὸ κατάβαψῆς. — 3. F. l.
πυρροκατάβαπτε. — 4. F. l. ἀνὰ μέρος α΄. —
5. πυροκατάβαπται A. — 6. F. l. ἐπίλυχνον
χώστραν. — 7. λαβών. F. l. βαλών. — 8.

ἡλέκτρου] ἢ λίτρου A. — 12. ἢ λίτρου κρεῖσον
A. — 13. Titre dans Lc : Ἔκθεσις ἀνωνύμου
τινὸς εἰς τὴν τοῦ Κωμαρίου τοῦ φιλοσόφου καὶ
ἀρχιερέως βίβλον τοῦ διδ. κ. τ. λ. — 19. τοῦ]
σοῦ Lc. — 21. κέκτηται Lc.

ἄφατον φιλανθρωπίαν σου, φώτισον τὸν νοῦν καὶ τὰς καρδίας ἡμῶν, ὅπως
καὶ ἡμεῖς δοξάζειν σε τὸν μόνον ἀληθινὸν θεὸν ἡμῶν, καὶ πατὴρ τοῦ
κυρίου ἡμῶν Ἰησοῦ Χριστοῦ σὺν τῷ παναγίῳ καὶ ἀγαθῷ καὶ ζωοποιῷ
σου πνεύματι, νῦν καὶ ἀεὶ καὶ εἰς τοὺς αἰῶνας αἰώνων · ἀμήν.

5   2] (f. 74 v.) Ἀπάρξομαι ταύτης τῆς βίβλου τῆς χρυσικῆς καὶ ἀργυ-
ρικῆς γραφίδος τῆς ποιηθείσης παρὰ Κομαρίου τοῦ φιλοσόφου καὶ
Κλεοπάτρας τῆς σοφῆς περὶ κρίσεως · βίβλος καθ' ἡμᾶς οὐχὶ τῆς
ὑπὲρ ἡμῶν βίβλου περιέχουσα τῶν φώτων καὶ οὐσιῶν τὰς ἀποδείξεις ἐν
ταύτῃ τῇ βίβλῳ διδασκάλου Κομαρίου τοῦ φιλοσόφου ἀρχιερέως πρὸς
10 Κλεοπάτραν τὴν σοφήν.

3] Κομάριος ὁ φιλόσοφος τὴν μυστικὴν φιλοσοφίαν τὴν Κλεοπά-
τραν διδάσκει, ἐπὶ θρόνου καθήμενος καὶ [ἐν] τῆς λησευμένης αὐτοῦ τῆς
φιλοσοφίας ἀφαψάμενος. Ἔτι οὖν μυστικὴν τὴν γνῶσιν τοῖς νοήμοσιν
σησέν τε καὶ τῇ χειρὶ ὑπέδειξεν τὸ πάσας μόνας καὶ διὰ τεσσάρων
15 τοιχείων γυμνάσας καὶ ἔλεγεν ·

4] « Ἡ μὲν γῆ ἐστερέωται ἐπάνω τῶν ὑδάτων, τὰ δὲ ὕδατα ἐν ταῖς
κορυφαῖς τῶν ὀρέων. Λαβὼν οὖν τὴν γῆν, ὦ Κλεοπάτρα, τὴν οὖσαν
ἐπάνω τῶν ὑδάτων, καὶ ποίησον σῶμα πνευματικόν, τὸ πνεῦμα τοῦ
στυπτηρίου · ταῦτα ἔοικε τῇ γῇ καὶ τῷ πυρί, τὰ μὲν τὴν θερμότητα
20 τῷ πυρί, τὰ δὲ ξηρότητα τῇ γῇ · τὰ δὲ ὕδατα ὄντα ἐν ταῖς κορυφαῖς τῶν
ὀρέων ἐοίκασιν τῷ ἀέρι κατὰ μὲν τὴν ψυχρότητα, τῷ ὕδατι κατὰ μὲν
τὴν ὑγρότητα, [τῷ ἀέρι] καὶ τῷ πυρί. Ἰδοὺ ἐξ ἑνὸς μαργαρίτου καὶ ἑνὸς
ἄλλου, ἔχεις, ὦ Κλεοπάτρα, πᾶν βαφεῖον. »

5] Λαβοῦσα ἡ Κλεοπάτρα τὸ ὑπὸ Κομαρίου γραφὲν, ἤρξατο παρεμ-

---

2. δοξάζωμεν Lc. — πατέρα Lc. — 5.
ἀπάρξωμαι τὰ νῦν, ὦ φιλόσοφοι τ. τ. β.
Lc. — 6. καὶ] F. l. χάριν. — 7. καὶ πρὸς
Κλεοπάτραν τὴν σοφὴν Lc. — κρίσεως] F. l.
κτίσεως. — ἡ β. δ' αὕτη κ. ἡ. ἐστιν οὐχὶ... Lc.
ἐν ταύτῃ...] Réd. de Lc : αὕτη δὲ ἡ β. ἐστι
τοῦ διδασκαλίου. — 12. διδάσκων Lc. —
καθ. καὶ τῆς πολλοὺς λανθανούσης φιλ. ἐραψ.
Lc. — F. l. λησομένης. — 13. ἔτι δὲ καὶ

τὴν μ. γν. Lc. — τοῖς νοήμοσιν] τῆς νεύμας ν
A Lc. Corr. conj. — 14. καὶ ἐν τῇ χ.]
Réd. de Lc : διδάξας καὶ εἰπὼν κ. τ. χ.
ὑποδείξας ὅτι τὸ πᾶν ἐστι μονάς. — 15. γυμ-
νάσας τὰς φρένας, ταῦτα ἔλεγεν. Lc. — 17.
λαβὼν] Il faut λαβοῦσα. — 18. τῷ πνεύματι
Lc, mel. — 19. F. l. τῆς στυπτηρίας. — κατὰ
τὴν θερμ., puis κατὰ τὴν ξηρ. Lc. — 21. κατὰ
δὲ τὴν ὑγρ. Lc. — 23. τὸ παμβάφιον Lc.

βολὴν ποιῆσθαι χρήσεων ἑτέρων φιλοσόφων, τοῦ τετραμερεῖν τὴν καλὴν
φιλοσοφίαν, τουτέστιν τὴν ὕλην ἀπὸ τῶν φύσεων, ὡς διδαγμένην καὶ
εὑρισκομένην, καὶ ἰδέαν τῶν πράξεων τῆς διαφορᾶς αὐτῆς · οὕτως καὶ
τὴν καλὴν φιλοσοφίαν ζητοῦντες, τετραμερεῖν ταύτην εὕρομεν ἢ εὑρή-
5 καμεν ἑκάστου τὴν γενικὴν τῆς (f. 75 r.) φύσεως · πρῶτον ἔχουσα μελά-
νωσιν, δεύτερον λεύκωσιν, τρίτον ξάνθωσιν, τέταρτον ἴωσιν · πάλιν δὲ
ἕκαστον τῶν εἰρημένων οὐκ ἐκ γενικῆς ἔχων πλὴν ἑαυτοῖς, πάντως εἰ μὴ
στοιχείων, ἡμεῖς κέντρον, δι᾽ οὗ κατὰ τάξιν προβαίνων · οὕτως καὶ
ἐνταῦθα, μεταξὺ μελάνσεως καὶ λευκώσεως, καὶ ξανθώσεως καὶ ἰώσεως,
10 ἔστιν ἡ ταριχεία καὶ τῶν εἰδῶν ἡ πλύσις · μεταξὺ λευκώσεως καὶ ξαν-
θώσεως ἔστιν ἡ χρυσοχοωποίησις, καὶ τοῦ ξανθώσεως καὶ λευκώσεως
μέσον δέ ἐστιν ὁ τοῦ συνθήματος διχασμός.

6] Περατώσης ἡ δι᾽ ὀργάνου τοῦ μασθωτοῦ οἰκονομία, ἐπλανώσεως
πρῶτον τοῦ χωρισθῆναι τῶν ὑγρῶν ἀπὸ τῶν σποδῶν, διὰ τοῦ χρόνου τὸ
15 μάκρος · καὶ ταριχεία δευτέρα ἡ μίξις τῶν ὑδάτων ⟨καὶ⟩ τοῦ σποδίου
ὑγροῦ · λύσις τρίτη τῶν εἰδῶν ἑπτάκις καέντα ἐν τῷ πυρὶ ἐν τῇ ἀσκα-
λωνίτιδι γάστρᾳ · οἷόν ἐστι λεύκωσις καὶ ἀπομελανισμὸς τῶν εἰδῶν διὰ
τῆς τοῦ πυρὸς ἐνεργείας · ξάνθωσις τετάρτη, ἥτις μιγεῖσα μετὰ τοῖς ἄλλοις
ὕδασιν ξανθοῖς ποιεῖται κηρίων εἰς ξάνθωσιν, πρὸς τὸ ζητούμενον · χρω-
20 ποίησις πέμπτη ἀπὸ ξάνθωσιν εἰς χρύσωσιν φέρουσα. Ξάνθωσίς ἐστιν, ὡς
πρόκειται, ὁ διχασμὸς τοῦ συνθέματος · ἥτις μερισθεῖσα εἰς δύο, καὶ
τὸ μὲν ἓν μέρος μίγνυται μετὰ ὑγροῖς ξανθοῖς καὶ λευκοῖς, καὶ πρὸς
ὃ ἐθέλεις χρωποιῆσαι. Πάλιν εἴ τι ἡ σῆψις ἴωσις, σῆψις ἴωσις εἰδῶν,

---

1. τοῦ τετραμ. τ. κ. φιλοσοφίαν κ. τ. λ. Cp.
III, xliv, 5 (= *). — 2. αὐτὴν τὴν ὕλην τὴν
Lc. — διδασκομένη Lc ; δεδειγμένην *, mel.
— 3. τὴν ἰδέαν Lc. — F. l. καὶ ἰδεῖν.*— τὰς
διαφοράς *, mel. — οὕτω δὲ καὶ ἡμεῖς Lc.
— 4. ἢ εὑρήκαμεν om. Lc. — 5. ἔχουσαν *,
mel. Cp. III, xxix, 2. — καὶ ἥτις πρῶτον
μὲν ἔχε μ. Lc. — 6. πάλιν — ἐνταῦθα
(l. 9) om. Lc. — 7. πλησίον ἑαυτοῦ *, mel.
— ἡμιστόχιον ἢ μεσόκεντρον *. — 9. μεταξὺ
δὲ Lc. — 10. μεταξὺ δὲ Lc. — 11. τοῦ] τού-
των *. — 13. περάτωσις δέ ἐστιν ἡ διὰ τοῦ ὁ.

Lc. — ἡ πλανῶσα πάντας ἐν τῷ χωρί-
ζεσθαι τὰ ὑγρὰ ἀ. τ. σπ. Lc. — 15. σποδιαίου
Lc. — 16. λύσις τρίτη,... ἡ δὲ τρίτη, ἡ λύσις
τ. εἰδῶν ἡ ἑπτ. καίουσα τὰ εἴδη, ἐν τῇ ἀ. γ.
Lc. — 18. ξάνθ. τετ.] ἡ δὲ τετ., ἡ ξάνθ. ἐστιν
Lc. — μετὰ τῆς A ; σὺν τοῖς Lc. — 19. καὶ
ποιοῦσα κηρίον Lc. — ἡ δὲ πέμπτη ἐστὶν ἡ
χρωπ. ἡ ἀπὸ ξανθώσεως Lc. — ἀπὸ ξάνθωσιν]
accord néogrec. — 22. μετὰ...] σὺν τοῖς
ὑγρ. καὶ ξ. Lc. — καὶ πρός...] τὸ δὲ ἕτερον
μέρος ἐπιβάλλεται πρὸς ὃ Lc. — 23. πάλιν
εἴ τι] ἔστι δὲ Lc. — εἰδῶν om. Lc.

τουτέστιν ἴωσις καὶ σῆψις ἡ τελεία τοῦ συνθέματος ἐκστροφὴ τῆς
χρυσώσεως.

7] Δεῖ οὖν καὶ ἡμᾶς οὕτως, ὦ φίλοι, ποιεῖν ὅτε τὴν τέχνην ταύτην
περικαλλῆ βούλεσθε προσεγγίσαι. Βλέπετε τὴν φύσιν τῶν βοτανῶν πόθεν
5 ἔρχονται. (f. 75 v.) Τὰ μὲν γὰρ ἐκ τῶν ὀρέων κατέρχονται, καὶ ἐκ τῆς γῆς
ἐκφύονται, καὶ τὰ μὲν ἐκ κοιλάδων ἀνέρχονται, τὰ δὲ ἐκ πεδίων ἀνάγονται.
Ἀλλὰ βλέπετε πῶς ἐγγίζεται αὐτὰ · ἐν καιροῖς γὰρ καὶ ἐν ἡμέραις ἰδίαις
τρυγήσατε αὐτά · καὶ ἐκλέξασθε ἐκ τῶν νήσων τῆς θαλάσσης, καὶ ἐκ
τῆς χώρας τῆς ἀνωτάτης · καὶ βλέπετε τὸν ἀέρα τὸν διακονοῦντα αὐτοῖς,
10 καὶ τὸν σῖτον τὸν περικυκλοῦντα ⟨ἵνα⟩ μὴ λυμήνηται, μηδὲ θανατώση-
ται. Βλέπετε τὸ θεῖον ὕδωρ ποτίζον τὰ αὐτά, καὶ τὸν ἀέρα τὸν
κυβερνῶντα αὐτά, ἐπειδὴ ἐσωματώθησαν ἐν μιᾷ οὐσίᾳ.

8] Ἀποκριθεὶς δὲ Ὀστάνης καὶ οἱ σὺν αὐτῷ εἶπον τῇ Κλεοπάτρᾳ ·
« Ἕν σοι κέκρυπται ὅλον τὸ μυστήριον τὸ φρικτὸν καὶ παράδοξον.
15 Σαφήνισον ἡμῖν τηλαυγῶς καὶ περὶ τῶν στοιχείων · εἰπὲ πῶς κατέρ-
χεται τὸ ἀνώτατον πρὸς τὸ κατώτατον, καὶ πῶς ἀνέρχεται τὸ κάτω
πρὸς τὸ ἀνώτατον, καὶ πῶς ἐγγίζει τὸ μέσον πρὸς τὸ ἀνώτατον ἐλθεῖν
καὶ ἐνωθῆναι τὸ μέσον, καὶ τί τὸ στοιχεῖον αὐτοῖς · καὶ πῶς κατέρ-
χονται τὰ ὕδατα εὐλογημένα τοῦ ἐπισκέψασθαι τοὺς νεκροὺς περικει-
20 μένους καὶ πεπεδημένους καὶ τεθλιμμένους ἐν σκότει καὶ γνόφῳ ἐντὸς

---

1. ἰώσει καὶ σήψει ἴωσις Lc. — 3. Ici re-
prennent le ms. M (f. 39 r.) et l'éd.
d'Ideler, t. II, p. 248), où manquent
la fin de Stephanus ainsi que nos §§
1 à 6 de Comarius, et où le texte qui
va suivre est donné comme la conti-
nuation de Stephanus, 9ᵉ leçon. (Voir
l'*Introduction* de M. Berthelot, p. 182.)
— A mg. : *V. Steph.* 9 (main du xviᵉ
siècle ?) — Bien que disposant à partir
d'ici du ms. de Saint-Marc, principale
base de notre publication, nous conti-
nuons à transcrire le ms. A pour le
traité de Comarius. Les variantes de
M non admises seront données en note.
Nous n'indiquons celles d'Ideler que
lorsqu'elles diffèrent de M. — Δεῖ οὖν...]
Réd. de M et d'Ideler : Καὶ ὑμεῖς, ὦ φίλοι,
ὅταν τὴν τέχνην... — 4. περικαλλῆ] περι-
χαρῶς Lc. — βουλόμεθα Lc. — Après
προσεγγίσαι] Lc ajoute : μετὰ δὲ ταῦτα ἡ
Κλεοπάτρα ἔλεγε πρὸς τοὺς φιλοσόφους. —
4. πόθεν ἔρχ. τὰ φυτά; Lc. — 7. γὰρ] F. l.
δὲ. — ἐν κ. γὰρ αὐτῶν Lc. — 9. δὶ ἡ οἰκονῦντα
A ; διοικονοῦντα Lc. — 11. βλέπετε δὲ Lc.
— τὸ ποτίζον Lc. — 13. ἀποκριθέντες δὲ οἱ
φιλόσοφοι εἶπον πρὸς τὴν Κλεοπάτραν Lc. —
15. εἰπὲ δὲ Lc. — 16. κατώτατον Lc. —
17. πρὸς τὸ ἀν. καὶ κατώτατον ὥστε ἐλθεῖν Lc.
— 18. F. l. τῷ μέσῳ. — 19. παρειμένους M.
— τὸν νεκρὸν περικείμενον Lc. — 20. πεπη-
δημένον καὶ τεθλιμμένον Lc. — ἐν σκότῳ M.

τοῦ Ἅδου, καὶ πῶς εἰσέρχεται τὸ φάρμακον τῆς ζωῆς καὶ ἀφυπνίζει
αὐτοὺς ὡς ἐξ ὕπνου ἐγερθῆναι τοῖς κτήτορσιν · καὶ πῶς εἰσέρχονται
τὰ νέα ὕδατα, ἐν τῇ ἀρχῇ τῆς κλίνης, καὶ ἐν τῇ κλίνῃ τικτόμενα,
καὶ μετὰ τοῦ φωτὸς ἐρχόμενα καὶ νεφέλη βαστάζει αὐτά, καὶ ἐκ
5 θαλάσσης ἀναβαίνει ἡ νεφέλη ἡ βαστάζουσα τὰ ὕδατα, τὰ ἐμφανι-
σθέντα δὲ θεω-(f. 76 r.) ροῦντες οἱ φιλόσοφοι χαίρονται.

9] Ἡ δὲ Κλεοπάτρα ἔφη πρὸς αὐτούς · τὰ ὕδατα εἰσερχόμενα
ἀφυπνίζουσι τὰ σώματα καὶ τὰ πνεύματα ἐγκεκλεισμένα καὶ ἀσθενῆ
ὄντα · πάλιν γὰρ, φησὶν, θλίψιν ὑπέστησαν καὶ πάλιν περικλεισ-
10 θήσονται ἐν τῷ Ἅδῃ, καὶ κατὰ μικρὸν ἐμφύονται καὶ ἀναβαίνουσι καὶ
ἐνδύονται ποικίλα χρώματα, καὶ ἔνδοξα καθάπερ τὰ ἄνθη ἐν τῷ
ἔαρι, καὶ αὐτὸ τὸ ἔαρ εὐφραίνεται καὶ γάννυται ἐν τῇ ὡραιότητι ἥν
περίκεινται.

10. Ὑμῖν δὲ λέγω τοῖς εὖ φρονοῦσι · τὰς βοτάνας καὶ τὰ στοιχεῖα καὶ
15 τοὺς λίθους ὅταν ἐπαίρητε ἐκ τῶν τόπων αὐτῶν, ὡραῖοι μὲν φαίνονται
λίαν καὶ οὐχ ὡραῖοι, ἐπειδὴ τὰ πάντα τὸ πῦρ δοκιμάζει · ὅταν δὲ ἐνδύ-
σωνται τὴν δόξαν ἐκ τοῦ πυρὸς καὶ τὴν χροιὰν τὴν περιφανῆ, ἐκεῖ ὁράσεις
μείζονες δόξᾳ κεκρυμμένη, τὸ σπουδαζόμενον κάλλος, καὶ χρότης μετα-
βληθεῖσα εἰς θεότητα, ὅτι ἐν τῷ πυρὶ τιθήνησιν αὐτά, ὥσπερ τὸ ἔμβρυον
20 ὑπὸ τῆς γαστρὸς τιθηνούμενον καταβραχὺ αὔξει. Ὅτε δὲ προσεγγίσει ὁ
μὴν ὁ νενομισμένος, οὐ κωλύεται τοῦ μὴ ἐξελθεῖν. Οὕτως ὑπάρχει καὶ ἡ
τέχνη αὕτη ἡ ἀξιάγαστος · τιτρώσκουσιν αὐτὴν κλύδωνες καὶ κύματα
ἀλλεπάλληλα ἐν τῷ Ἅδει καὶ ἐν τῷ τάφῳ ἐν ᾧ κατάκεινται. Ὅταν δὲ
ἀνεωχθῇ ὁ τάφος, ἀναβήσονται αὐτὰ ἐξ Ἅδου ὡς οἷα βρέφος ἐκ γαστρός.

---

2. ἐν τοῖς κητόυσιν Α. Réd. de Lc : ἐξε-
γειρόμενον ἐκ τῶν κοιτόνων (pour κοιτώνων).
— 3. ἅπερ ἐν τῇ ἀρχῇ M. — 6. δὲ om. A;
ἃ Lc. — 10. φύονται M. — 11. ποικ. κ.
ἐνδ. χρώμ. M. — ἄνθη] βάθη A. — 12. ἄέρι
A. — γάννυται] γαλήνηνται A; ἀγάλλεται Lc.
— 13. περίκειται Lc. — 14. Signe du
mercure sur βοτάνας M. — 16. οὐκ εἰσὶν
δὲ ὡραῖοι Lc. — 17. ὁράσεις μείζ.] ὡραϊσμοὶ
μείζ. εἰσι Lc. — 18. δόξᾳ...] Réd. de Lc :
ἐκεῖ δόξα κεκρυμμένη, τὸ σπουδ. κάλλος ἔχουσα
τῆς μεταβληθείσης ὕλης εἰς τὴν θεότητα διὰ τὸ
πυρός · ὥσπερ γὰρ τὸ βρέφος, ἤγουν τὸ ἐμβρ.
τὸ ὑπὸ τῆς γ. — 22. τιτρ. αὐτὴν] τιτρ. γὰρ
αὐτῆς τὸ νεκρόν Lc. — 23. κατάκειται Lc.
— 24. Réd. de Lc : ἀναβήσεται ἐκ τοῦ
τάφου ὁ πρώην νεκρὸς ὁ φυσίζωος, οἷα βρέφος
ἐκ γαστρός.

Θεωρήσαντες δὲ οἱ φιλόσοφοι τὸ κάλλος, οἷα φιλόστοργος μήτηρ τὸ τεχθὲν
ἐξ αὐτῆς βρέφος, τότε ζητοῦσι πῶς ἵνα τιθηνήσωσιν ὡς βρέφος, τὴν
τέχνην ταύτην ἀντὶ γάλακτος τοῖς ὕδασιν. Μιμεῖται γὰρ ἡ τέχνη τὸ
βρέφος (f. 76 v.), ἐπειδὴ καὶ ὡς τὸ βρέφος μορφοῦται, καὶ ὅταν τελει-
5 ωθῇ ἐν τοῖς πᾶσιν, ἰδοὺ μυστήριον ἐσφραγισμένον.

11] Ἀπὸ τοῦ νῦν δὲ ἐρῶ ὑμῖν τηλαυγῶς ποῦ κεῖνται τὰ στοιχεῖα καὶ
αἱ βοτάναι · ἐν αἰνίγμασι δὲ ἄρξομαι τοῦ λέγειν. Ἄνελθε εἰς τὴν στέγην
τὴν ἀνωτάτην, εἰς τὸ δασὺ ὄρος ἐν δένδροις, καὶ ἰδοὺ πέτρα ἐν τῇ ἀκρω-
ρείᾳ, καὶ ἐκ τῆς πέτρας λάβε ἀρσένικον, καὶ λεύκαναι θείως. Καὶ ἰδοὺ ἐν
10 τῇ μέσῃ τοῦ ὄρους κάτωθεν τοῦ ἀρσενικοῦ, ἐκεῖ ἐστιν ἡ ὁμόζυξ αὐτοῦ,
ἐν ᾗ ἑνοῦται, μεθ᾽ ἧς ἔχει τὴν τέρψιν. Καὶ χαίρεται φύσις ἐν φύσει καὶ
ἐκτὸς αὐτοῦ οὐχ ἑνοῦται. Κάτελθε εἰς τὴν αἰγυπτιακὴν θάλασσαν, καὶ
ἀνάγαγε μεθ᾽ ἑαυτοῦ ἐκ τῆς ψάμμου ἐκ τῆς πηγῆς τὸ λεγόμενον νίτρον.
Καὶ ἕνωσον αὐτὰ ἀλλήλοις, καὶ αὐτὰ ἐξάγει ἔξω τὸ παμβαφὲς κάλλος,
15 καὶ ἐκτὸς αὐτοῦ οὐχ ἑνοῦται · μέτρον γὰρ αὐτοῦ ἐστιν ἡ ὁμόζυξ. Ἰδοὺ
φύσις τῇ φύσει ἀνταποδίδοται, καὶ ὅταν τὰ πάντα ἰσομέτρως συνα-
θροίσῃς, τότε νικῶσιν αἱ φύσεις τὰς φύσεις καὶ τέρπονται ἐν ἀλλήλαις.

12] Βλέπετε, σοφοί, καὶ σύνετε. Ἰδοὺ γὰρ τὸ πλήρωμα τῆς τέχνης τῶν
συζευχθέντων νυμφίου τε καὶ νύμφης καὶ γενομένων ἕν. Ἰδοὺ αἱ βοτάναι
20 καὶ αἱ διαφοραὶ αὐτῶν. Ἰδοὺ εἶπον ὑμῖν πᾶσαν τὴν ἀλήθειαν, καὶ πάλιν

---

1. δὲ om. M. — 1-4. Θεωρήσαντες —
καὶ ὅταν] Réd. de Lc : καὶ τότε θεωροῦσιν
οἱ φιλ. τὸ κάλλος αὐτοῦ, καὶ θαυμάζουσι χαί-
ροντες · ὥσπερ δὲ φιλοστ. μ. τὸ τ. ἐ. α. βρ.
ἀναθάλπει καὶ τρέφει · οὕτω δὴ καὶ οἱ φιλ.
τότε.. ζητ. πῶς τιθηνήσουσι · ὡς βρέφος τὸν
νεκρὸν αὐτῶν τῇ τέχνῃ, ὡς γάλακτι τοῖς ὕδ.
χρησάμενοι. Καὶ οὕτως ἡ τ. μιμ. τὸ βρ. μιμ.
καὶ μορφ. καὶ ὅταν... — 4. ἐπειδὴ — μορ-
φοῦται M; μιμεῖται καὶ μορφ. A. — 5. ἐν
τούτοις πᾶσιν M. — 6. ἀπὸ τοῦ om. Lc.
— 7. Réd. de Lc : ἄνελθε εἰς τὸν ἀνώτατον
τόπον, εἰς τὸ δασῶδες ὄρος, καὶ εὑρήσεις πέ-
τραν, ὑποκάτω τῶν δένδρων ἐν τῇ ἀκρωρείᾳ...
— 8. ἀνωτάτω M. — 9. καὶ λεύκανον γὰρ
τοῦ θείου A; λεύκανον αὐτὰ θείῳ Lc, f. mel
— καὶ ἰδού...] ἐν δὲ τῇ μέσῃ ὁδῷ τοῦ ὄρους
Lc. — 10. ἐκεῖ ἐστιν...] ἐκεῖ γάρ ἐστιν
ὁμόζυγος αὐτῇ ἐν ᾗ... A; ἔστιν ἡ ὁμόζυγος
αὐτοῦ σὺν ᾗ ἕν. καὶ μεθ᾽ ἧς... Lc. — 11. καὶ
χαίρεται... M; καὶ χαίρει · ἡ φ. γὰρ ἐν φ.
ἀναπαύεται, καὶ ἐκτὸς αὐτῆς οὐχ ἕν. Lc. —
12. κάτελθε] καὶ κάτ. A; εἶτα κάτ. Lc. —
13. μετὰ σεαυτοῦ Lc. — καὶ ἐκ τῆς π. Lc.
— τοῦ λεγομένου νίτρου A. — 14. αὐτὰ...
αὐτὰ] αὐτό... αὐτό M. — ἐξάγεις A ; ἐξάγαγε
Lc. — εἰς τὸ π. κ. Lc. — 15. αὐτοῦ om.
M. — ἰδοὺ γὰρ ἡ φύσις, φησίν, τῇ φ. ἀ. Lc.
— 18. βλέπετε τοίνυν Lc. — σύνετε] δυνατοὶ
A; δυνατοὶ Lc.

ἐρῶ ὑμῖν · βλέπετε καὶ σύνετε, ὅτι ἐκ τῆς θαλάσσης ἀνέρχονται τὰ νέφη
βαστάζοντα τὰ ὕδατα τὰ εὐλογημένα, καὶ αὐτὰ ποτίζουσι τὰς γέας, καὶ
ἀναφύει (f. 77 r.) τὰ σπέρματα καὶ τὰ ἄνθη. Ὁμοίως καὶ τὸ ἡμέτερον
νέφος ἐξερχόμενον ἐκ τοῦ ἡμετέρου στοιχείου βαστάζον τὰ θεῖα ὕδατα,
5 καὶ ποτίζον τὰς βοτάνας καὶ τὰ στοιχεῖα, καὶ οὐδενὸς χρῄζει ἐκ τῶν
ἄλλων γεῶν.

13] Ἰδοὺ τὸ παράδοξον μυστήριον, ἀδελφοί, τὸ ἄγνωστον ὅλως, ἰδοὺ
ἡ ἀλήθεια ὑμῖν πεφανέρωται. Βλέπετε πῶς ποτίζετε τὰς γέας ὑμῶν
καὶ πῶς τιθηνεῖσθε τὰ σπέρματα ὑμῶν, ὅπως καρποφορήσετε ὥριμον
10 καρπόν. Ἄκουσον τοίνυν καὶ σύνες καὶ ἀνάκρινον ἀκριβῶς ἐν οἷς λέγω.
Λάβε ἐκ τῶν τεσσάρων στοιχείων ἀρσένικον ἀνώτατον καὶ κατώτατον,
ἄσπρον τε καὶ ῥούσιον, ἰσόσταθμα ἄρσεν καὶ θῆλυ, ὅπως συζευχθῶσιν
ἀλλήλοις. Ὥσπερ γὰρ ἡ ὄρνις ἐν θερμότητι θάλπει καὶ τελειοῖ τὰ ὠὰ
αὐτῆς, οὕτως καὶ ὑμεῖς θάλψατε καὶ λειώσατε καὶ ἐξενέγκαντες καὶ
15 ποτίζοντες ἐν τοῖς θείοις ὕδασιν ἐν ἡλίῳ καὶ ἐν τόποις ἐγκαύστοις,
καὶ ὀπτήσατε ἐν πυρὶ μαλακῷ μετὰ τοῦ παρθενικοῦ γάλακτος καὶ
προσέχετε ἐκ τοῦ καπνοῦ · ἐν γὰρ τῷ Ἅδῃ κατάκλειστον αὐτὰ καὶ
πάλιν ἐξαγαγόντες, ποτίσατε αὐτὰ κρόκον κιλίκιον ἐν ἡλίῳ καὶ ἐν
τόποις ἐγκαύστοις καὶ ὀπτήσατε ἐν πυρὶ μαλακῷ μετὰ γάλακτος
20 παρθενικοῦ ἐκ τοῦ καπνοῦ, καὶ ἐν τῷ Ἅδῃ κλείσατε αὐτά, καὶ ἐν
ἀσφαλείᾳ κινήσατε αὐτὰ μέχρις ἂν γένηται ἡ κατασκευὴ αὐτῶν
στερεωτέρα καὶ οὐκ ἀποδιδράσκουσα ἐκ τοῦ πυρός. Καὶ τότε λαβὼν
ἐξ αὐτοῦ καὶ ὅτ' ἂν ἑνωθῇ ἡ ψυχή, καὶ τὸ πνεῦμα, καὶ γένωνται

---

1. σύνετε mss. — 2. ποτίζει M ; ἃ (sur
καὶ gratté) ποτίζει Lc. — 3. ὅμως M. — 4.
βαστάζει Lc. — 9. καὶ πῶς τιθ. τὰ σπ. ὑμῶν
om. A Lc. — 10. Réd. de Lc : ἀκούσατε τ.
καὶ σύνετε καὶ ἀνακρίνατε ἀκρ. ἃ λέγω. Λάβετε...
— 11. λάβε ἐκ τῶν τεσσάρων στοιχείων .....
jusqu'à δημοσιεῦσαι (p. suiv. l. 4). Passage
cité sous le nom de Stephanus, dans le
morceau III, ii, i (ci-dessus, p. 114, note
sur la ligne 6). (Variantes de A, f. 8 r.
= A²) — 11. ἀρσένικον — ῥούσιον] Tous
ces mots au génitif dans A A² Lc. —
12. ὅπως] ἅπερ A ; ὅπερ A². — 14. λειώ-
σατε] τελειώσατε A A². — τελειώσατε τὸ ἔργον
ὑμῶν Lc. — 19. μετὰ] μετακείμενον M
(κείμενον ajouté peut-être par le copiste
comme annonçant une variante. — 20.
κιν. αὐτὸ Lc. — 21. αὐτοῦ Lc. — 22. καὶ
οὐκ — πυρός; om. A Lc; hab. A². —
ἀπὸ τοῦ πυρος A². — λάβε A A² ; λάβετε
Lc. — 24. τὸ σῶμα καὶ τὸ πνεῦμα, Lc. —
γίνονται M.

ἐν, τότε ἐπίρριψον ἐπὶ σῶμα ἀργύρου, καὶ ἕξεις χρυσὸν ὃν οὐκ
ἔχουσιν αἱ τῶν βασιλέων ἀποθῆκαι.

14] Ἰδοὺ τὸ μυστήριον τῶν φιλοσόφων, καὶ περὶ αὐτοῦ ἐξώρκισαν
ὑμῖν οἱ πατέρες ἡμῶν τοῦ μὴ ἀποκαλύψαι αὐτὸ καὶ δημοσιεῦσαι, θεῖον
5 ἔχον τὸ εἶδος, θείαν καὶ τὴν ἐνέργειαν · θεῖον γάρ ἐστιν, ὅτι ἑνούμενον
τῇ θεότητι, θείας ἀποτελεῖ τὰς οὐσίας, ἐν ᾧ τὸ πνεῦμα σωματοῦται,
καὶ τὰ θνητὰ (f. 77 v.) ἐμψυχοῦνται, καὶ δεχόμενα τὸ πνεῦμα τὸ
ἐξελθὸν ἐξ αὐτῶν κρατοῦνται καὶ κρατοῦσιν ἄλληλα. Ὥσπερ γὰρ τὸ
πνεῦμα τὸ σκοτεινὸν τὸ πλῆρες ματαιότητος καὶ ἀθυμίας τὸ κρατοῦν τὰ
10 σώματα τοῦ μὴ λευκανθῆναι καὶ δέξασθαι τὸ κάλλος καὶ τὴν χροιὰν
ἣν ἐνεδύσαντο ἐκ τοῦ δημιουργοῦ (ἀσθενεῖ γὰρ τὸ σῶμα καὶ τὸ πνεῦμα
καὶ ἡ ψυχὴ διὰ τὸ σκότος τὸ ἐκτεταμένον).

15] Ἐπ᾽ ἂν δὲ αὐτὸ τὸ πνεῦμα τὸ σκοτεινὸν καὶ βρωμοῦν ἀποβλη-
θείη, ὥστε μὴ φανῆναι ὀσμήν, μήτε τὴν χροιὰν τοῦ σκότους, τότε φω-
15 τίζεται τὸ σῶμα, καὶ χαίρεται ἡ ψυχὴ καὶ τὸ πνεῦμα ὅτε ἀπέδρα τὸ
σκότος ἀπὸ τοῦ σώματος · καὶ καλεῖ ἡ ψυχὴ τὸ σῶμα τὸ πεφωτισμένον.
Ἔγειραι ἐξ Ἅδου καὶ ἀνάστηθι ἐκ τοῦ τάφου, καὶ ἐξεγέρθητι ἐκ τοῦ σκό-
τους · ἐνδέδυσαι γὰρ πνευμάτωσιν καὶ θείωσιν, ἐπειδὴ ἔφθακεν καὶ ἡ
φωνὴ τῆς ἀναστάσεως, καὶ τὸ φάρμακον τῆς ζωῆς εἰσῆλθεν πρός σέ ·
20 τὸ γὰρ πνεῦμα πάλιν εὐφραίνεται ἐν τῷ σώματι καὶ ἡ ψυχὴ ἐν ᾧ ἐστιν,
καὶ τρέχει κατεπείγον ἐν χαρᾷ εἰς τὸν ἀσπασμὸν αὐτοῦ, καὶ ἀσπάζεται
αὐτὸ καὶ οὐ κατακυριεύει αὐτοῦ σκότος, ἐπειδὴ ὑπέστη φωτός, καὶ οὐκ

---

1. ἀργύρου] S. de la lune et de l'argent avec la finale ης MA A² ; σελήνης Ideler. — χρυσόν] S. de l'or ёt du soleil MAA² : ἥλιον Ideler. — 4. θεῖον γὰρ Lc. — 5. θείαν ἔχει Lc. — 7. δεχόμενον Ideler. — 9. σκοτεινοῦν καὶ βρομοῦν πληροῖ Lc. — 12. ἐντεταγμένον Lc. — 13. οὕτω, ἐπὰν αὐτὸ τὸ πν. τὸ σκοτεινοῦν Lc. — 14. σκ. ἔχον A ; σκ. ἔχων Lc. — 15. χαίρει A Lc, ici et p. suiv., l. 1. — 18. πνευματώσεως καὶ θειώσεως A. — 20. καὶ ἡ φ.] πέφηκεν καὶ φωνὴ A ; πέφηκε καὶ φωνή Lc. — 20. Dans le ms. M (seul) figurent des signes inscrits en rouge au-dessus de certains mots. Nous les indiquons. Signe du cinabre sur πνεῦμα. — τὸ γὰρ πν. χαλκὸν (en signe) A ; τὸ γ. πν. τοῦ χαλκοῦ Lc. — S. de μόλυβδος sur σώματι — S. de l'argent sur ψυχή. — S. de l'or sur ἐν ᾧ. — S. du mercure après ψ., puis ὅς ἐστι καὶ s. de l'or A. — Réd. de Lc : ἡ ψυχὴ δὲ, ἡ ὑδράργυρός ἐστι, καὶ εἰς τὸν χρυσὸν τρ., κατεπείγουσα εἰς τ. ἀ. α. — 21. ἐν γαρᾷ om. A. — 22. S. de θεῖον ἄθικτον sur φωτός.

ἀνέχεται αὐτοῦ χωρισθῆναι ἔτι εἰς τὸν αἰῶνα, καὶ χαίρεται ἐν τῷ οἴκῳ αὐτῆς, ὅτι καλύπτουσα αὐτὸ ἐν σκό- (f. 78 r.) τει, εὗρεν αὐτὸ πεπλησμένον φωτός. Καὶ ἡνώθη αὐτῷ, ἐπειδὴ θεῖον γέγονεν κατ' αὐτήν, καὶ οἰκεῖ ἐν αὐτῇ · ἐνεδύσατο γὰρ θεότητος φῶς [καὶ ἡνώθησαν], καὶ ἀπέδρα
5 ἀπ' αὐτοῦ τὸ σκότος, καὶ ἡνώθησαν πάντες ἐν ἀγάπῃ, τὸ σῶμα καὶ ἡ ψυχὴ καὶ τὸ πνεῦμα, καὶ γεγόνασιν ἓν ἐν ᾧ κέκρυπται τὸ μυστήριον. ' Ἐν δὲ τῷ συνεισελθεῖν αὐτά, ἐτελειώθη τὸ μυστήριον, καὶ ἐσφραγίσθη ὁ οἶκος, καὶ ἐστάθη ἀνδριὰς πλήρης φωτὸς καὶ θεότητος · τὸ γὰρ πῦρ αὐτοὺς ἥνωσεν καὶ μετέβαλεν καὶ ἐκ τοῦ κόλπου τῆς γαστρὸς αὐτοῦ
10 ἐξῆλθεν.

16] Ὅμως καὶ ἐκ τῆς γαστρὸς τῶν ὑδάτων, καὶ ἐκ τοῦ ἀέρος τοῦ διακονοῦντος αὐτοῖς, καὶ αὐτὸ ἐξήνεγκεν αὐτοὺς ἐκ τοῦ σκότους εἰς φῶς, καὶ ἐκ πένθους εἰς φαιδρότητα, καὶ ἐξ ἀσθενείας εἰς ὑγείαν, καὶ ἐκ θανάτου εἰς ζωήν · καὶ ἐνέδυσεν αὐτοὺς θείαν δόξαν πνευματικήν, ἣν οὐκ
15 ἐνεδύσκοντο τὸ πρίν, ὅτι ἐν αὐτοῖς κέκρυπται ὅλον τὸ μυστήριον, καὶ θεῖον ἀναλλοίωτον ὑπάρχει · διὰ γὰρ τῆς ἀνδρείας αὐτῶν συνεισέρχονται ἀλλήλοις τὰ σώματα, ἐξερχόμενα ἐκ τῆς γῆς ἐνδύονται φῶς καὶ δόξαν θείαν, ἐπειδὴ ηὐξήθησαν κατὰ φύσιν καὶ ἠλλοιώθησαν τοῖς σχήμασι καὶ ἐξ ὕπνου ἀνέστησαν, καὶ ἐκ τοῦ Ἅδου ἐξῆλθον. Ἡ γαστὴρ γὰρ
20 ἡ τοῦ πυρὸς ἔτεκεν αὐτούς, καὶ ἐξ αὐτῆς ἐνεδύσαντο δόξαν · (f. 78 v.) καὶ αὕτη ἤνεγκεν εἰς ἑνότητα μίαν, καὶ ἐτελειώθη ἡ εἰκὼν σώματι καὶ ψυχῇ καὶ πνεύματι, καὶ ἐγένοντο ἕν. Ὑπετάγη γὰρ τὸ πῦρ τῷ ὕδατι, καὶ ὁ χοῦς τῷ ἀέρι. Ὁμοίως καὶ ὁ ἀὴρ μετὰ τοῦ πυρός, καὶ ὁ χοῦς μετὰ

---

1. ἔτι] ποτε Lc. — 2. τοῦτο πεπληρωμένον A Lc. — 4. τὸ θειότατον φῶς A. — 4. καὶ ἦν. om. A Lc. — 7. συνελθεῖν A. — αὐτῷ A; αὐτοὺς Lc. — 8. οἶκος καὶ ἐπληρώθη A. — ἀνδρίαντας πλήροις φ. A; ὁ ἀνδριὰς Lc. — θειότητος Lc. — S. de θεῖον ἄθ. sur πῦρ. — 9. ἥνωσεν] ἴωσεν A. — καὶ μετέβαλε αὐτοὺς Lc. — S. de ἰόχαλκος sur γαστρός. — ὅθεν αὐτοὶ ἐξῆλθον Lc. — 11. F. l. ὁμοίως. — Double s. du mercure sur ὑδάτων — καὶ ἐκ τοῦ ἀέρος om. A. — 12. αὐτὸ]

αὐτός A Lc. — 14. καὶ πν. Lc. — 15. ἐνεδιδύσκοντο M; ἐνεδύθησαν A; ἐνεδύθησαν πρότερον Lc. — 16. συνερχ. Lc. — 17. καὶ ἐξερχ. Lc. — 19. Réd. de Lc : ἐξ ἃ. ἐξ. καὶ ἐκ τῆς γαστρὸς τοῦ πυρός, καὶ ἐξ αὐτῆς ἐνέδ. δόξαν, κ. α. ἣν αὐτούς. — 20. S. de θεῖον ἄθ. sur πυρός. — 21. ἡ εἰκών] ὁ οἶκος τῷ σώμ. καὶ τῇ ψ. καὶ τῷ πν. Lc. — 22. S. de θεῖον ἄθ. sur πῦρ. — S. du mercure sur ὕδατι et sur ἀέρ. — 23. ὅμως M. — S. de l'Écrevisse sur χοῦς.

τοῦ ὕδατος, καὶ τὸ πῦρ καὶ τὸ ὕδωρ μετὰ τοῦ χοός, καὶ τὸ ὕδωρ μετὰ
τοῦ ἀέρος, καὶ ἐγένοντο ἕν. Ἐκ γὰρ βοτανῶν καὶ αἰθαλῶν γέγονε τὸ ἕν,
καὶ ἐκ φύσεως καὶ ἀπὸ θείου θεῖον γέγονεν, ἐνθηρεῦον πᾶσαν φύσιν καὶ
κρατοῦν. Ἰδοὺ ἐκράτησαν αἱ φύσεις τὰς φύσεις καὶ ἐνίκησαν, καὶ διὰ
5 τοῦτο ἀλλοιοῦσι τὰς φύσεις καὶ τὰ σώματα, καὶ πάντα ἐκ τῆς φύσεως
αὐτῶν, ἐπειδὴ εἰσῆλθεν ὁ φεύγων εἰς τὸν μὴ φεύγοντα, καὶ ὁ κρατῶν εἰς
τὸν μὴ κρατοῦντα, καὶ ἀλλήλοις ἡνώθησαν.

17[Τοῦτο τὸ μυστήριον [ὃ] ἐμάθομεν, ἀδελφοί, ἐκ θεοῦ καὶ ἐκ τοῦ
πατρὸς ἡμῶν Κομαρίου τοῦ ἀρχαίου. Ἰδοὺ εἶπον ὑμῖν, ἀδελφοί, πᾶσαν
10 τὴν ἀλήθειαν κεκρυμμένην παρὰ πολλῶν σοφῶν καὶ προφητῶν.

Φασὶν δὲ πρὸς αὐτὴν οἱ φιλόσοφοι · ἐξέστησας ἡμᾶς, ὦ Κλεοπάτρα,
εἰς ὃ λελάληκας ἡμῖν · μακαρία γὰρ ὑπάρχει ἥ σε βαστάσασα κοιλία.

Καὶ πάλιν πρὸς αὐτοὺς ἔφη Κλεοπάτρα · « Σώματα οὐράνια καὶ θεῖα
μυστήρια ὑπάρχουσι τὰ ὑπ' ἐμοῦ ὑμῖν ῥηθέντα · ὑπὸ γὰρ τῆς διασ-
15 τροφῆς καὶ ἀλλοιώσεως αὐτῶν μεταβάλλουσι τὰς φύσεις, καὶ ἐνδύουσιν
αὐτῆς δόξαν ἄγνω- (f. 79 r.) στον καὶ ἐπηρμένην, ἣν πρότερον οὐκ
εἶχον.

Καί φησιν ὁ σοφός · Εἰπὲ ἡμῖν, ὦ Κλεοπάτρα, καὶ τοῦτο · διὰ τί
γέγραπται · μυστήριον τῆς λαίλαπος σῶμά ἐστιν ἡ τέχνη καὶ τροχοῦ
20 δίκην ἄνωθεν αὐτῆς, ὥσπερ τὸ μυστήριον, καὶ ὁ δρόμος καὶ ὁ πόλος
ἄνωθεν, καὶ οἰκήματα καὶ πύργοι καὶ παρεμβολαὶ ἐνδοξόταται;

Καί φησι Κλεοπάτρα · Καλῶς τεθείκασιν αὐτὴν οἱ φιλόσοφοι, ὡς
ἐτέθη ἐκ τοῦ δημιουργοῦ καὶ δεσπότου τῶν ἀπάντων. Καὶ ἰδοὺ λέγω

---

1. S. du mercure sur ὕδατος et sur le
second ὕδωρ. — S. du cinabre sur πῦρ. —
S. de l'Écrevisse sur χοός. — 2. S. du
cinabre sur ἀέρος et sur αἰθαλῶν. — ἀέρος
χοός I. c. — 3. φύσεων M. — γεγόνασιν M.
— 4. καὶ ἰδοὺ Lc. — 5. τὰ ἐκ τ. φ. Lc. —
6. S. du merc. sur φεύγων. — εἰς τὸ μὴ
φεύγου... εἰς τὸ μὴ κρατοῦν Lc. — S. de
l'or sur φεύγοντα. — S. de θεῖον ἄθ. sur
κρατῶν. — 8. τοῦτο γὰρ τὸ μυστ. A. — 9.
κομιρίου M; κομαρίου (Κωμαρίου Lc) τοῦ

φιλοσόφου καὶ ἀρχιερέως A Lc. — ὑμῖν, κα
πιστεύσατε, ἀδ., τὴν κ. π. ἀλ. A Lc. — 10.
καὶ συνετῶν προφητῶν Lc. — 12. φασὶν] εἶπον
Lc. — 13. εἰς ἃ λελ. Lc. — ἡμᾶς M. — καὶ
μακ. γὰρ Lc. — 14. A mg. : η s. du merc.
surmonté de μ. — 15. τὰ ὑπ' ἐμοῦ λαλη-
θέντα A. — 19. εἶτά φησιν Lc. — ὁ φιλόσοφος
A Lc. — 20. σώματα M; σῶμα γὰρ Lc. —
ὥσπερ γὰρ A. — 22. Réd. de Lc : καὶ οἱ
πύργοι καὶ αἱ παρ. ἄνωθεν αὐτῆς εἰσιν ἐνδοξ.
— 23. φησὶ δὲ ἡ Κλ. A ; om. Lc.

ὑμῖν ὅτι ὁ πόλος ἐκ τῶν τεσσάρων δραμεῖται, καὶ οὐ μὴ παύσηται.
Ταῦτα ἐτάχθησαν ἐν τῇ γῇ ἡμῶν ταύτῃ τῇ αἰθιοπίδι, ἐξ ἧς λαμβά-
νονται βοτάναι καὶ λίθοι καὶ σώματα θεῖα, ἅτινα ἔθηκεν ὁ θεὸς, καὶ
οὐκ ἄνθρωπος · ἐν ἑκάστῳ δὲ ἐνέσπειρεν ὁ δημιουργὸς τὴν δύναμιν · τὸ
5 ἓν χλωραίνει, καὶ ἄλλο οὐ χλωραίνει, ἓν ξηρὸν, ἐν ὑγρὸν, ἐν καθεκ-
τικὸν, καὶ ἐν κριτικὸν, ἐν κρατοῦν, καὶ ἓν ἀναχωροῦν · καὶ ἐν τῷ ἀπαν-
τῆσαι ἀλλήλοις κρατοῦσιν ἄλληλα, καὶ ἐν τῷ ἄλλῳ σώματι, χαίρει
καὶ ἐν τῷ ἑτέρῳ καταγλαΐζει. Καὶ γίνεται μία φύσις ἡ πάσας τὰς φύ-
σεις θηρεύουσα καὶ κρατοῦσα, καὶ αὐτὸ τὸ ἓν νικᾷ πᾶσαν φύσιν τὴν τοῦ
10 πυρὸς καὶ τοῦ χοὸς, καὶ ἀλλοιοῖ πᾶσαν τὴν δύναμιν αὐτοῦ. Καὶ ἰδοὺ
λέγω ὑμῖν τὸ πέρας αὐτοῦ, ὅταν τελειοῦται, γίνεται φάρμακον φονευτὸν
ἐν τῷ σώματι τρέχον. (f. 79 v.) Ὥσπερ γὰρ εἰσέρχεται ἐν τῷ ἰδίῳ σώ-
ματι καὶ διέρχεται εἰς τὰ σώματα · ἐν σήψει γὰρ καὶ θέρμῃ γίνεται φάρ-
μακον τρέχον εἰς πᾶν σῶμα ἀκωλύτως.

---

15   IV. xxi. — ΠΕΡΙ ΤΗΣ ΘΕΙΑΣ ΚΑΙ ΙΕΡΑΣ
          ΤΕΧΝΗΣ ΤΩΝ ΦΙΛΟΣΟΦΩΝ

Ce texte est le même que celui d'Ostanès (IV, 11, p. 261,) donné sans nom d'auteur
                    dans le ms. A, f. 79 v.

---

1. Réd. de Lc : ὁ πόλος ἡμῶν ἱ. τ. τ. μὲν
τρέχει, οὐδέποτε δὲ ἐκπίπτει. Ταῦτα ἐτάχθη-
σαν... — οὐ μὴ πέσηται A. — ἐτάχθησαν
M. — 4. ἐν ἑκάστοις Lc. — 5. Signe du
mercure sur ἕν. Signe Mλ sur οὐ χλω-
ραίνει. — 6. ἐκκριτικόν Lc. — κρατούμενον Lc.
— ἀπανθῆσαι ἄλληλα, κρατ. ἀλλήλοις Lc.
— καὶ ἓν ἐν τῷ ἄλλῳ σώματι M. — 8. ἐν M.
— καταγλαΐζεται Lc. — γίνονται M. — 10.
αὐτῶν M. — 11. ὅταν δὲ ἀλλοιοῦται Lc. —
φονευτικόν Lc. — 12. διὰ τοῦ σώματος Lc.
— εἰσερχ. τῷ ἰδίῳ χρώματι M. — ὅπερ
εἰσέρχ. εἰς τὸ ἴδιον σῶμα Lc. — 14. Après
ἀκωλύτως] A Lc aj. : ἐνταῦθα γὰρ (Lc :
καὶ ἐνταῦθα), ἡ τῆς φιλοσοφίας τέχνη πεπλή-
ρωται. Puis, dans Lc : τέλος.

IV. xxii. — CHIMIE DE MOÏSE

ΕΥΠΟΙΑ ΚΑΙ ΕΥΤΥΧΙΑ ΤΟΥ ΚΤΙΣΑΜΕΝΟΥ ΚΑΙ ΕΠΙΤΥΧΙΑ
ΚΑΜΑΤΟΥ ΚΑΙ ΜΑΚΡΟΧΡΟΝΙΑ ΒΙΟΥ

Transcrit sur A, f. 268 v. — *Toutes les variantes insérées dans le texte sont des
corrections conjecturales.*

1] Καὶ εἶπε Κύριος πρὸς Μωϋσῆν · « Ἐγὼ ἐξελεξάμην ἐξ ὀνόματος
Βεσελεὴλ τὸν ἱερέα, ἐκ φυλῆς Ἰούδα, καὶ ἐργάζεσθαι τὸν χρυσὸν, καὶ
5 τὸν ἄργυρον, καὶ τὸν χαλκὸν, καὶ τὸν σίδηρον, καὶ πάντα τὰ λιθουργικὰ,
καὶ τὰ λεπτουργικὰ ξύλα, καὶ εἶναι κύριον πασῶν τῶν τεχνῶν.

2] Λαβὼν ὑδράργυρον, καὶ χάλκανθον, καὶ μυσίδην, ἴσως ὁμοῦ
λειώσας ἀνένεγκαι τὴν αἰθάλην αὐτοῦ ἀπὸ ὥρας πρώτης ἕως ὥρας
δεκάτης · καὶ ἀποβαλὼν τὴν ὕλην, ἀνένεγκαι τὴν ὑδράργυρον τρὶς, καὶ
10 πότισον αὐτὴν οὔρῳ ἀφθόρου ἡμέρας ζ' ἐν ἡλίῳ · καὶ βάλε εἰς ῥωγὴν,
πωμώσας ἄλατι, καὶ πηλῷ πυριμάχῳ, καὶ (f. 269 r.) θὲς τὸ ῥωγὴν
ἐπὶ κέφαλα ἐν χύτρᾳ ἀθίκτῳ. Καὶ ποιήσας πέταλα μολύβδου, καὶ
πώμασον τὴν χύτραν · καὶ πωμάσας πάντοθεν βησάλῳ καὶ πηλῷ
πυριμάχῳ, δὸς ἐμπύρῳ κόπρῳ βοῶν νυχθήμερον, καὶ ἔχε ὑδράργυρον
15 παγεῖσαν.

3] ΟΙΚΟΝΟΜΙΑ ΥΔΡΑΡΓΥΡΟΥ. — Λαβὼν ὑδράργυρον, ζέσον ἐλαίῳ
ῥεφανίνῳ · εἶτα πῆξον, καὶ συλλείου σὺν ὄξει καὶ στυπτηρίᾳ σχιστῇ,
καὶ ἁλὶ ἐπὶ ἡμέρας ζ' · καὶ γλυκάνας, ξήρανον καὶ ἔχε.

Καὶ λαβὼν κιννάβαριν, κινναβάρισον ἐλαίῳ ῥεφανίνῳ εἰς ληκύθιον,
20 καὶ ἀσφαλισάμενος, θὲς ἐν χώστρᾳ ὥρας ι' · καὶ λαβὼν, πλύνας εἰς
θυείαν, καὶ ἐπίβαλε ὄξος, καὶ στυπτηρίαν σχιστὴν καὶ ἅλας, καὶ
λείωσον ἐπὶ ἡμέρας ζ' · καὶ ἀποπλύνας ὕδατι γλυκεῖ, ξήρανον καὶ ἔχε.

---

4. καὶ ἐργ.] F. l. ὡς ἐργ. — 6. πασῶν] πάντων Α. — 8 et 9. ἀνένεγχε Α, ici et plus loin. — 9. τρὶς] γ' Α, ici et plus loin. | — 10. ῥογὴν Α partout; à lire sans doute ῥογίν (ῥογίον). — 13. γόμωσον, puis πόμωσον Α.

4] Λαβὼν ὑδράργυρον παγεῖσαν, σανδύκιον, χαλκὸν κεκαυμένον, καὶ στακτάτον (?) ὄξος, ποίει κατασταλακτὴν, καὶ λαβὼν θεῖον καθαρὸν, ἔκζεσον μετὰ τῆς κατασταλακτῆς · καὶ λαβὼν τὸ ὕδωρ τοῦτο, συνλείωσον τὰ κροκὰ τῶν ὠῶν · καὶ ἀνένεγκαι διὰ τοῦ ἀμβίκου · Βρέξας 5 κομιδῇ, σύμμιξον μετὰ τὸ ὕδωρ τοῦτο ἀμβίκου, καὶ πότιζε τὰ ξηρία ἡμέρας ι′ · καὶ ὅταν ψυγῇ καλῶς, βάλε εἰς πυξίδα ὑελίνην, καὶ πυρώσας κακκάβην, παρόπτα ἐν αὐτῷ τὸ ξηρίον · καὶ βλέπῃς τὸ γινόμενον. Εἶτα λαβὼν τοῦ ξηρίου Ṡ β′, ἐπίρριπτε ἐπὶ γ° κασσιτέρου, καὶ ἕξεις ἄργυρον.

10 5] Λαβὼν οὖρον (f. 269 v.) ἄφθορον πεπηγμένον ὡς λίθον λευκὸν, καὶ ὑδράργυρον παγεῖσαν, τρίβε ὁμοῦ ἕως ἂν καταποθῇ ὑδράργυρος · καὶ λαβὼν ἀφροσέληνον, πότισον ἐν ἡλίῳ ἡμέρας γ′, καὶ ἔχε ᾠκονομημένην.

6] Λαβὼν ἀφροσέληνον, δῆσον εἰς πανὴν καὶ ἀπόβρεξον εἰς ὄξος ἡμέ- 15 ραν α′ · καὶ τρίβε ἐν χερσίν · ἔασον καθῆσαι τὴν ὕλην, καὶ σειρώσας, χύσον τὸ ὄξος · καὶ ξηράνας, βρέχε εἰς τὰ λευκὰ τῶν ὠῶν τῶν ἀνεχθέντων διὰ τοῦ ἀμβίκου · καὶ βαλὼν εἰς ῥογὴν, ἔχε ἀφροσέληνον.

7] Λαβὼν ῥινίσματα χαλκοῦ πυρροῦ καὶ λευκοῦ, καὶ σιδήρου, καὶ κασσιτέρου, ἀρσενίκου, καὶ σανδαρακίου, καὶ ὑδράργυρον παγεῖσαν, 20 καὶ ἅλας καππαδοκικὸν ἐξ ἴσου, αἷμα τράγου ἢ χοίρου, καὶ βαλὼν ἐν χύτρᾳ ἀθίκτῳ, πώμασον καλῶς, καὶ βάλε ἐν πυροκόπρῳ βοῶν, καὶ ἀνάψας παρόπτα νυχθήμερον, καὶ ἔχε ξηρίον ἀργύρου.

8] ΕΞΙΩΣΙΣ ΧΑΛΚΟΥ. — Λαβὼν στυπτηρίαν σχιστὴν καὶ σάπωνον, καὶ ὄξος, πύρωσον τὸν χαλκὸν, καὶ κατάβαπτε.

25 9] Λαβὼν ὑδράργυρον παγεῖσαν, λείωσον σὺν ἅλατος ἀμμωνιακοῦ, καὶ χαλκὸν κεκαυμένον, καὶ χάλκανθον ἐξ ἴσου · βάλε εἰς ῥογὴν, καὶ

---

1. ζανδύκιον A. — 4. ἀνένεγκαι] ἀνέγγε A. — 5. κομίδῃ A. — ἰαμβύκου A, ici et plus loin. — F. l. μετὰ τούτου τὸ ὕδωρ. — 6. πηξίδα A. — ὑέλινον A. — 8. τοῦ ξηρίου puis, probablement, le signe de κεράτια (A mg. : κε ÷). —10. οὖρος A, presque partout. — F. l. ἀφθόρου. — 14. F. l. πανίν (néogrec). — 15. F. l. καθίσαι. — 18. πυροῦ A. — 23. στυπτηρίαν σχιστήν| Cp. ci-après, p. 310, l. 19, note. — F.l. σάπωνα (ou σαπώνιον). — 25. σὺν pour μετὰ (confusion fréquente dans ce morceau).

πωμώσας καλῶς, καῦσον ἐν ὑγρῷ κόπρου ἱππείας, ἕως οὗ γένηται οἶνος ἀμιναῖος.

10] ΟΙΚΟΝΟΜΙΑ ΜΟΛΥΒΔΟΧΑΛΚΟΥ. — Λαβὼν μυσίδην, φρύξον ἐλαίῳ ῥεφανίνῳ · καὶ οὕτως χρῶ · φρύγε δὲ ὥρας γ΄.

5 11] Ἡ στυπτηρία σχιστὴ οἰκονομεῖται · πυροῦται καὶ σβέννυται ὄξει · εἶτα λειοῦται · πυρροκαταβάπτεται διστάκις (?).

12] ΟΙΚΟΝΟΜΙΑ ΠΥΡΙΤΟΥ. — Ἐκχέσας αὐτὸν ἐν θαλασσίῳ ὕδατι τριβέντα ἡμέραν α΄ · καὶ ξηράνας, οὕτως χρῶ.

13] ΟΙΚΟΝΟΜΙΑ ΧΑΛΚΙΤΕΩΣ. — Κόψας αὐτὴν, ἀνάλαβε μετὰ μέ-
10 λιτι, ὡς ἐμπλαστρῶδες, καὶ βαλὼν εἰς λιτρίδιον, πώμασον κατακλείων ὅλον τὸ χυτρίδιον · καὶ πῶμα πηλὸν ἐπιτή- (f. 270 r.) δειον · καὶ ὄπτα ξύλων ἐπάνωθεν ἐπιβαλὼν ἄνθρακας, ὄπτα δὲ ἐπὶ ὥραν καλήν. Ἔπειτα ἄρας, ξήρανον · καὶ πάλιν λειώσας τῇ αὐτῇ ἀγωγῇ εἰς θυείαν ἀνά-τριψον, καὶ ποίησον μέλιτος πάχος. Τοῦτο ποίει τρὶς, καὶ οὕτως χρῶ.
15 14] ΟΙΚΟΝΟΜΙΑ ΠΥΡΙΤΟΥ. — Ἐκχέσας αὐτὸν ἐν θαλασσίῳ ὕδατι τριβέντα ἡμέραν α΄, καὶ ξηράνας οὕτως οἰκονόμησαι εἰς πτάρησιν ὑδραργύρου καὶ εἰς ὃν ἐὰν θέλῃς λευκῶσαι · θεῖον ἄπυρον λειώσας εἰς οὖρον παιδὸς σὺν ἅλμῃ, θαλασσίῳ ὕδατι, καὶ στυπτηρίᾳ σχιστῇ, ζέσον ἑπτάκις, καὶ ἔασον, καὶ εὑρήσεις τὴν ὑδράργυρον ὡς ψιμμίθιον πεπη-
20 γυῖαν · καὶ λοιπὸν ἐκ τούτου συνμίσγεις ὅταν θέλῃς, εἰς ὃ βούλει ἐπὶ τρίς · ξηράνας, ἔχε.

15] ΕΞΙΩΣΙΣ ΧΑΛΚΟΥ. — Λίθον τὸν χρυσίζοντα, καὶ γῆν σαμίαν, καὶ ἅλας ἄνθιον, καὶ ὀπὸν συκῆς, ποιήσας γλοιοῦ πάχος, χρίε τὰ πέταλα, καὶ ἐκσωματίζονται.

---

1. κόπρῳ A. — 3. μολυβδοχάλκου en signe A. — μυσίδην pour μυσίδιν (néo-grec). — 6. διστάκις] F. l. ἑπτάκις. — 9. μετὰ pour σύν. — 10. λιτρίδιον] F. l. χυτρίδιον. — 11. F. l. πώμασον πηλῷ ἐπι-τηδείῳ. — 12. F. l. ξύλῳ. — 21. ἐπὶ τρίς] ἐπὶ τρίτον A. — 23. γλοίου A. ici et par-tout. — 24. ἐξωματίζονται A. — Après ce mot vient, dans notre ms., le texte ὕδωρ θαλασσίῳ — τὸ ὄξος τῶν ἀρχαίων (déjà publié I, iii, 8, 9, 10), avec des additions et variantes dont voici les principales. P. 19, l. 9 : après σποδο-κράμβη,] ὄξος ἀργαλόν, κυνός ὕδωρ, αἰγός ὕδωρ (νίτι · ἀντὶ γαλ. ὑδ. λέγουσιν). — L. 10 : τὸ δὲ ξ. ὑ. λέγ. om. — L. 13 : φασίν. — διασαπέντα...] διασαπὲν λέγουσι χρυσός. καὶ ἀργ., τὸ ὄξος τῶν κυρίων. — L. 15 : ἀρσε-νικοῦ, καὶ ἔσωθεν ἔχει τὸ ὀξῶδες. — L. 17 : θείου ἄπ. ὑδ.] θεῖον ὕδωρ.

16] ΥΔΩΡ ΑΝΑΣΠΑΣΤΟΝ. — Λαβὼν ὠά, κλάσον ὅσα βούλει, καὶ ἕνωσον δύο τὰ λευκὰ καὶ δύο τὰ ξανθά · καὶ ἀναταράξας, (f. 270 v.) ἀνάσπα διὰ τοῦ ὀργάνου · καὶ τοῦ μὲν πρώτου ἔστι τὸ μὲν λευκὸν λέγουσιν ὕδωρ μικρὸν ὄμβριον, τὸ δὲ δεύτερον εἴ τις ἔλαιον ῥεφανίνῳ, 5 τὸ δὲ τρίτον εἴ τις μελάγχλωρον κίκινον λέγουσιν.

17] ΥΔΑΤΟΣ ΚΑΤΑΣΠΑΣΤΟΥ ΠΟΙΗΣΙΣ. — Λαβὼν λευκὰ ὠῶν, βάλε εἰς τὴν λίτραν τῶν λευκῶν, ἀσβέστου τῆς ἡμῶν γο αʹ, καὶ ἀναταράξας, χάλασον ὅλα τὰ ὠὰ ὅσα βούλει, καὶ ἔα ἕως ῥεύσηται κάτω ἡμέρας ζʹ, ἀλλὰ δὲ τῇ ἑβδόμῃ ἄρας ἀπὸ μαζῶν καθαρώκην (?), καὶ σύνθες ἐν ὀργάνῳ 10 εἰς ἀπόσταξιν τέχνης, τῷ μὲν ὄξει ἀνὰ μέρος τῶν ὠῶν · καταφίμωσον ἀσφαλῶς, ἕψον, χῶσον εἰς κόπρον ἱππείαν · καταφίμωσον ἕως ἀποστά-ξωσιν. Τοῦτό ἐστιν « ὕδωρ μελάντερον ἄχραντον ».

18] ΘΕΙΟΝ ΑΠΥΡΟΝ ΛΕΥΚΟΝ. — Λαβὼν τῶν ἀπομεινάντων ὠῶν τῶν ἀποσταξάντων μέρος αʹ, λύε ἅμα ἐν ᾧ τῷ ἀποσταλαχθέντι ὕδατι, καὶ 15 βαλὼν εἰς βίκον, φίμωσον ἀσφαλῶς, καὶ ἔα ἡμέρας ζʹ · καὶ καθ᾽ ἑκάσ-την τάραξον τὸν βίκον · τῇ δὲ ἑβδόμῃ ἀποσειρώσας τὸ πᾶν εἶδος καθα-ρὸν, ἔχε · αὐτὸ ξηρὸν ὄπτα μαλθακῷ πυρὶ ὥρας Ϛʹ ἢ καὶ πλέον, ἕως ἀναξηρανθῇ. Εἶτα λειώσας πίτυρον ἐκ τοῦ ἀποσειρωθέντος εἴδους ἥμισυ ὥραν αʹ. Τοῦτο βαλὼν εἰς χύτραν ἣν οἶδας, ἀνάσπα διὰ τοῦ ὀργάνου, 20 καὶ πάλιν λειώσας σὺν τῷ ὕδατι, ἀνάσπα. Τοῦτο ποίει τρὶς καὶ ἔχε.

19] ΘΕΙΟΥ ΑΠΟ ΛΕΥΚΟΥ ΤΟΥ ΘΕΙΟΥ ΞΑΝΘΟΥ ΠΟΙΗΣΙΣ. — Λαβὼν τοῦ προγεγραμμένου θείου ἀπὸ λευκοῦ, τουτέστιν τοῦ ξηρανθέντος, ὑγροῦ, καὶ γενομένου (f. 271 r.) ξηρίου, καὶ λύε ἀμφότερα [μετὰ] σὺν τῷ περιττεύσαντι εἴδει ἐκ τοῦ προλεχθέντος θείου ἀπύρου. Λευκὸν ἐπί-25 βαλε ἐν τῷ ὀργάνῳ, καὶ ἀνάσπα · καὶ πάλιν συνλύε ἐν τῷ ἰδίῳ εἴδει, καὶ ἀνάσπα. Τοῦτον ἄρον ὅταν παγῇ, καὶ ἔχε χρυσὸν κάλλιστον.

3-5. ἔστι puis εἴ τις]. Lire peut-être εἶναι dont le signe aura été confondu avec celui de ἐστι, changé depuis (l. 4, 5) en εἴ τι ou εἴ τις. — 4. ὄδριον A. — 8. χάλασον] F. l. κλάσον. — 9. F. l. καθαρώτατον (M. B.). — 12. Cp. III, xiii, 4; xix, 3; IV, vii, 2. — 14. λύε] Voir l. 23, note. — 16. ἀποσυρώσας ici et partout. — 18. πίτυρον A. — F. l. ἡμίσειαν. — 20. τρὶς] γο A. — 23. λύε] F. l. λείου (M. B.). — 24. εἴδους A. — 25. συνλύε] F. l. συλλύου (M. B.). — 26. F. l. ἔχεις.

20] ΞΑΝΘΩΣΙΣ ΥΔΡΑΡΓΥΡΟΥ. — ⟨Λαβὼν⟩ στυπτηρίαν ἕως στραφῇ
ὡς οἶδας, καὶ ἐπίβαλε ἀργύρῳ · τοῦτο κρύπτε.

21] ΟΙΚΟΝΟΜΙΑ ΑΡΣΕΝΙΚΟΥ. — Τρίψον νεφέλην · αὐτὴν ἐπίβαλε
ἐξάλμῃ, καὶ λειοτριβήσας ὥραν καθ' ἡμέραν ἐπὶ ἡμέρας ιϛ', εἶτα
5 πλύνον ὕδατι γλυκέῳ, ἕως μηκέτι ἔχῃ ὀσμὴν τοῦ ὄξους, καὶ ξήρανον.
Τοῦτο ποίει ἐπὶ τρίς, ὥστε ταρῶδες ἀποβαλεῖν, καὶ οὕτως χρῶ.

22] ΠΥΡΡΟΧΑΛΚΟΥ ΠΟΙΗΣΙΣ. — Λαβὼν χαλκὸν κύπριον θερμέλατον,
πυρὸν ἔλαττον ποιήσας πέταλα, ὑπόστρωσον ἐπάνω καὶ κάτω καθμίαν
λευκὴν τριπτὴν ἐπιμελῶς τὴν γενομένην ἐν Δελματίᾳ, ἣν χρῶνται οἱ
10 χαλκουργοί, καὶ πηλώσας χώνευσον ἐπιμελῶς, ἵνα μὴ διαπνεύσῃ,
ἡμέραν α' · ἀνοίξας δὲ, εἰ καλῶς ἔχει, χρῆται, εἰ δὲ μὴ, ἐκ δευτέρου
ἕψει μετὰ καθμίας ὡς ἐπάνω · ἐὰν δὲ κάλλιον ἐξέλθῃ ἀπὸ κύπρου
θερμελάτου μίγνυται τῷ χρυσίῳ χαλκῷ, κυπρίου τοῦ αἱματώδους
γ΄ δ', κασσιτέρου ἀποβολῆς γ΄ ϛ'. Μαγνησίαν ἐπίβαλε τῷ κασσιτέρῳ
15 γ΄ ϛ', καὶ χώνευσον τὸν χαλκόν · ἐπιβάλλων τὸν κασσίτερον, καὶ
συνκατάμισγε. Εἶτα ἐπίβαλε τὸ σῶμα τῆς μαγνησίας, καὶ συνκατά-
μισγε · ὅταν δὲ ψυγῇ, εὑρήσεις αὐτὸν θραυστὸν καὶ τριπτόν. Τοῦτον
λειώσας, ἐπίβαλε αὐτῷ χαλκίτεως γ΄γ΄ ϛ', (f. 271 v.) καὶ ὄπτα ἐν
βατανίοις πεπηλωμένοις, ⟨καὶ⟩ εὑρήσεις αὐτὸν πυρρὸν ὡς ῥοδινόν.
20 Ἀνάμισγε καλῶς, καὶ ἔχε. Ἀνελόμενος οὖν ταῦτα, χώνευσον πρὸς τὴν
δηλουμένην χρείαν. Λίπηται ἀδιάλυτον χρόνον τὸ χλωρόν.

23] ΧΡΥΣΟΥ ΠΟΙΗΣΙΣ. — Λαβὼν τὸν θηλυκὸν πυρίτην καὶ τὸν καὶ ἀρ-
γυρίζοντα, ὃν καὶ σιδηρίτην λίθον καλοῦσίν τινες, οἰκονόμει ὡς οἶδας, ἵνα
ῥεύσῃ. Καὶ εἰ μὲν εἰς χαλκόν, λευκάνεις αὐτὸν ὡς οἶδας · εἰ δὲ εἰς ἄργυ-
25 ρον, ξανθώσεις αὐτὸν τῇ ὀπτήσει τοῦ θείου τοῦ εἴδας · καὶ ἐπίβαλε αὐτὸν
ξανθὸν τῇ ὕλῃ, καὶ βάπτεις αὐτὸν · ἡ γὰρ φύσις ⟨τῇ φύσει⟩ τέρπεται.

---

2. ἀργύρῳ] F. l. ὑδραργύρῳ (M. B.). — 6.
ἐπὶ γ΄ A. — F. l. ταρῶδες. — 7. πυρροχάλκου
A. — 8. πυρὸν ἔλαττον] F. l. πυρι- ou πυροέ-
λατον, synonyme de θερμέλατον (M. B.).
F. l. πυρι- ou πυρόελατα (C. E. R.). — 13.
ἱματώδους A. — 18. αὐτὸ A. — 21. λίπεται
ἀδιάλοτον A. — 22. § 23] Cp. Démocrite,
Physica et mystica, § 5 (p. 44). — 23.
ὃν] τόν A. — 25. τοῦ εἴδας] F. l. ὡς οἶδας.
— 26. ὕλῃ] signe de ἄργυρος. F. l. τῷ
ἀργύρῳ (M. B.). Lu ὕλη d'après le texte
de Démocrite (C. E. R.).

24] ΑΛΛΗ ΠΟΙΗΣΙΣ. ΑΡΣΕΝΙΚΟΥ ΛΕΥΚΩΣΙΣ. — Ἀψινθίου ἐξ ἴσου σὺν ὀλίγῳ ὕδατι λειώσας, ἔχε ξηρίον · καὶ χώνευσον μόνον τὸν χαλκὸν, ἐπίβαλε, καὶ γίνεται τριπτόν. Τοῦτο λειώσας, ὄπτα σὺν ἰσοστάθμῳ ἁλατίῳ ὥρας ϛ΄, καὶ ἄρας, εὑρήσεις ξανθὸν τοῦτον τριπτόν · ἀνακάμψας
5 ταύτῃ τῇ ἀγωγῇ, ἕξεις χαλκὸν, τοῦ χρυσοῦ μελαντίου αὐτοῦ μέρος α΄ καὶ χρυσοῦ μέρος α΄. Γίνεται ὄβρυζον καλόν.

25] ΠΩΣ ΔΕΙ ΠΟΙΗΣΑΙ ΧΡΥΣΟΝ ΔΟΚΙΜΟΝ. — Λαβὼν λίθου μαγνή- του δραχμὰς ϛ΄, κυανοῦ ἀληθινοῦ δρ. ϛ΄, σμύρνης δρ. η΄, στυπτηρίας σχιστῆς ἐξωτικῆς δρ. ϛ΄, ἐν ἡλίῳ τρίψας μετὰ οἴνου λίαν χρηστοῦ.

10   26] Ὑπάρχουσιν δέ τινες ἀπιστοῦντες τὴν ἐκ τῶν ὑγρῶν ὠφέλειαν, οὐκ ἔργῳ τὰς ἀποδείξεις ποιοῦντες. Τὴν ἐκ τῶν ὑγρῶν ὠφέλειαν ἐννόει · ἐχρῆν δὲ ποιοῦντας ἐκ τῶν θείων θαυμάσια, ἣν ἀνιέναι χρὴ ποιεῖν · ἔστω δὲ ὡς φυράσαντα, συνχωνευθῶσιν εἰς κάμινον χρυσοχοϊκήν, καὶ φυσίας ποιου-(f. 272 r.) μένους τὴν ἀπ᾽ αὐτῶν φύσιν ἐκδέχεσθαι.

15   27] ΟΙΚΟΝΟΜΙΑ ΤΗΣ ΘΕΙΟΤΑΤΗΣ ΜΑΓΝΗΣΙΑΣ. — Λειώσας αὐτὴν, ἔμβαλε εἰς ζύμην, καὶ ὄπτα. Τοῦτο ποίει ἑπτάκις. Ταύτην χωνεύσας εὕροις ἄργυρον κάλλιστον. Πάντα μαλάσσει, πάντα λευκαίνει · ἀλλὰ καὶ ὕελον μαλάσσει, ὥστε καὶ λευκαίνεσθαι αὐτὸν ποιεῖ.

28] ΟΙΚΟΝΟΜΙΑ ΣΑΝΔΑΡΑΧΗΣ. — Λαβὼν σανδαράχην, ζέσον αὐτὴν
20 εἰς οὖρον ἑπτάκις, καὶ ξηράνας ἐν ἡλίῳ, οὕτως χρῶ.

29] ΟΙΚΟΝΟΜΙΑ ΠΥΡΙΤΟΥ. — Λαβὼν πυρίτην τὸν χρυσίζοντα (γεν- νᾶται δὲ ἐν τῇ Λιβύῃ ⟨καὶ ἐν τοῖς⟩ ὄρεσιν τοῖς κατ᾽ Αἴγυπτον, μάλιστα ἐν Αὐγάσει · Αὐγάσεις δέ εἰσιν Τριβουθῆς) · χρυσίζοντα τοῦτον λαβὼν, οἰκονόμει οὕτως. Λειώσας αὐτὸν πάνυ ἀπόπλυναι ἐξάλμῃ
25 τρὶς, καὶ ξηράναι · καὶ λαβὼν αὐτοῦ μέρη ϛ΄, καὶ μολύβδου μέρος α΄. Λύσας τὸν μόλυβδον, σκόρπιζε διὰ τοῦ πυρίτου · καὶ ὅταν γένηται χνοῦς, βαλὼν ἐν ἀγγείῳ ὀστρακίνῳ, καὶ πηλώσας ἀσφαλῶς, ὄπτα εἰλικτοῖς φωσὶν ἡμέρας β΄, καὶ ἀνελόμενος ἔχε. Τοῦτο καλοῦμεν ἄνθος.

---

6. ὄβρυζον] ὄχρυζον Λ. — 7. δεῖ] δὲ Λ. — 9. ἡλίῳ] signe de l'or et du soleil Λ. F. l. χρύσῳ? (M. B.). — F. l. τρίψον. — 10. τινες] Cp. Synésius, § 2, p. 57. — 15. § 27] Reproduit ci-après § 41. — 20. οὖρος ἔχχις. — 25. τρὶς] τρίτον Λ. — 26. λύσας] F. l. λειώσας. — 28. εἰλικτοῖς] F. l. ἀλήκτοις (comme p. 123. l. 6)?

Τούτου λαβὼν μέρη γ′ καὶ τοῦ σατορίου μέρος α′, θεράπευε συλλειῶν
οἴνῳ αὐστηρῷ ἡμέραν α′, καὶ ξηράνας, ἀναλαβών, ἔχε.

30] ΟΙΚΟΝΟΜΙΑ ΤΟΥ ΘΕΙΟΥ. — Λαβὼν λίθον τὸν ὠχρὸν τὸν ψωρί-
ζοντα · γεννᾶται δὲ παντὶ χρόαν ἔχων λίθου φρυγίου, μέγεθος τοῦ
ῥιζαρίου τοῦ ἐλυδρίου). Τοῦτον λαβών, οἰκονόμει οὕτως. Ἀγγώσας
αὐτὸν ἀπόπλυνον ὄξει τρίς · καὶ λαβὼν εἰς ἄγγος ὑέλινον, ἀπόβρεχε
ἄλμῃ δικαίᾳ ἡμέρας β′. Εἶτα καὶ ἀποσειρω- (f. 272 v.) σας, ἀπόπλυνον
γλυκέῳ ὕδατι πολλάκις. Λαβὼν τούτου μέρη Ϛ′ καὶ τοῦ αὐτορρύτου
μέρος α′, καὶ ξηράνας, λαβών, ἔχε.

Τοῦτό ἐστιν τὸ καλούμενον χρυσόλιθον.

31] ⟨Λαβὼν⟩ λίθον τὸν χρυσίζοντα, καὶ γῆν σαμίαν, καὶ ἅλας
ἄνθιον, καὶ ὀπὸν συκῆς, ποιήσας γλοιοῦ πάχος, χρίε τὰ πέταλα, καὶ
ἐκσωματίζεται ὁ χαλκός.

31 bis] ΠΕΡΙ ΑΡΓΥΡΟΠΟΙΑΣ.

32] ΥΛΗ ΧΡΥΣΟΠΟΙΑΣ. — Λαβὼν ὑδράργυρον τὴν ἀπὸ κινναβά-
ρεως, σῶμα μαγνησίας, χρυσοκόλλην, ὅ ἐστιν βατράχιον ⟨καὶ⟩ ἐν τοῖς
χλωροῖς λίθοις εὑρίσκεται, κλαυδιανόν, ἀρσένικον τὸ ξανθόν, καθμίαν,
ἀνδροδάμαντα, στυπτηρίαν σχιστὴν ταπεινωθεῖσαν, θεῖον ἄπυρον ὅ
ἐστιν ἄκαυστον, πυρίτην, ὤχραν ἀττικήν, σινώπην ποντικήν, θεῖον
ὕδωρ ἄθικτον. Ἐὰν ἀκούσῃς τοῦ ἀπὸ μόνου θείου · ἐὰν δὲ ἀπολελυμένος
τῷ δι′ ἀσβέστου θείῳ, αἰθάλην, σῶριν ξανθόν, χάλκανθον ξανθὴν καὶ
κιννάβαριν.

33] ΥΛΗ ΖΩΜΩΝ. ΖΩΜΟΙ. — Τὰ δὲ ἐν ζωμοῖς ἐστιν ταῦτα · κρό-
κος κιλίκιος, ἀριστολοχία, κνήκου ἄνθος, ἐλύδριον, ἄνθος ἀναγάλλιδος
τῆς τῶν χυ- (f. 273 r.) ανέων, κυανός, χάλκανθος, κόμμι ἀκάνθης
αἰγυπτίας, ὄξος, οὖρον ἀφθόριον, ὕδωρ θαλάσσιον, ὕδωρ ἀσβέστου,
ὕδωρ σποδοκράμβης, ὕδωρ φέκλης, ὕδωρ στυπτηρίας, ὕδωρ νίτρου,

---

1. F. l. σατορίου. — 4. παντὶ] F. l. πάντῃ.
— 6. τρίς] γ′ Α. — λαβών] F. l. βαλών.
(Confusion fréquente dans les mss.) —
8. αὐτορίτου Α. — 9. λαβών] F. l. ἀναλαβών.
— 14. § 31 bis] Démocrite, § 29. — 15.
λαβών | F. l. λάβε. — 19. ἄκαυστον] αὔκαστον
Α. — ὤχρα ἀττική, σινώπη, etc. au nomi-
natif dans Α. — 20. F. l. ἀπολελυμένον.
— 23. § 33] Cp. Synésius, § 5 (ci-dessus,
p. 59-60).

ὕδωρ ἀρσενίκου, ὕδωρ θείου, οὖρον, γάλακτος ὀνείου, ἀπὸ κυνὸς γάλα. Αὕτη ἡ ὕλη τῆς χρυσοποιίας, ταῦτά ἐστιν τὰ ἀλλοιοῦντα τὴν ὕλην · ταῦτα πυρίμαχά εἰσιν · ἐκτὸς τούτων οὐδέν ἐστιν ἀσφαλές. Ἐὰν ᾖς νοήμων, καὶ ποιήσῃς ὡς γέγραπται, ἔσῃ μακάριος. Ἐπιβάλλει χαλκὸν
5 χρυσῷ · διὰ ταῦτα διὰ τὸ χρυσοκοράλλιον, ποτὲ ἄργυρον διὰ τὸν χρυσὸν, ποτὲ χαλκὸν διὰ τὸ ἤλεκτρον, ποτὲ μόλυβδον διὰ τὸν μόλυβδον. Αὕτη ἡ ὕλη εἰς τὴν χρυσοποιίαν εἰρήσθω.

34] ΥΛΗ ΑΡΓΥΡΟΠΟΙΙΑΣ. — Ἔστι δὲ ὑδράργυρος ἡ ἀπὸ ἀρσενίκου, ἢ σανδαράχης, ἢ ψιμμίθεως, ἢ μαγνησίας, ἢ στίμμεως ἰταλικοῦ ·
10 ποιήσει εἰς τοιοῦτον · ὃ ἐὰν βούλῃ ἐκστρέψας · ἐὰν χαλκὸν οἰκονομήσῃς ὡς δέον, φέρεις ἔξω τὴν φύσιν. Γῆ χεία, κατμία λευκή, γῆ ἀστερίτη, κιμωλία, ἀρσενίκου τὸ λευκὸν, μίσυ ὀπτὸν, μίσυ ὠμὸν, λιθάργυρος λευκή, ψιμμίθιον, νίτρον πυρρὸν ὅ ἐστιν ῥίθεον, ἅλας καππαδοκικὸν, μαγνησίας λευκῆς, ἀφροσέληνον ὑαλοῦ, κυανὸς, τίτανος ὀπτή.

15 35] Ταῦτα παρὰ τοῦ εἰρημένου διδασκάλου μεμαθηκὼς ἠσκούμην ὅπως ἀκούσω τὰς φύσεις. Ἡ φύσις γὰρ τὴν φύσιν νικᾷ, καὶ ἡ φύσις τὴν φύσιν κρατεῖ.

36] ΟΙΚΟΝΟΜΙΑ ΠΥΡΙΤΟΥ.

37] ΟΙΚΟΝΟΜΙΑ ΠΥΡΙΤΟΥ ΑΡΓΥΡΙΤΟΥ.

20 38] ΘΕΙΟΥ ΜΕΛΑΝΟΣ ΕΝΚΑΥΣΤΟΠΟΙΗΣΙΣ. — Παλαιότατα τῶν ἀπὸ τοῦ θείου ὕδατος τὸ ἐν ἀπομείναντι λύει σὺν τῷ ἰδίῳ ὕδατι, τουτέστιν οὔρῳ ἀφθόρῳ ἡμέραν α΄, καὶ πότισον πάλιν ἐλαίῳ κικίνῳ ἕως μέλιτος πάχος, καὶ βάλε εἰς βίκον πλατὺν, καὶ εὐρύχωρον ἕως ἡμίσεως, ἵνα ἔχῃ ποῦ καχλάσαι ἐν τῇ θέρμῃ. Τοῦτο περιπηλώσας, ἵνα μὴ διαπνεύσῃ,
25 βάλε εἰς χύθραν χείμεντος · καὶ περιπηλώ- (f. 274 r.) σας τὴν χύτραν, θὲς ἐν καμίνῳ ὑελουργικῇ εἰς τὰ ἄνω ῥῶτα, ἕως ξῆρον γένηται. Εἶτα ἄρας, λύε οὔρῳ ἀφθόρῳ, καὶ ἀναξηράνας ἔχε μέλαν ἔνκαυστον κίκινον.

---

4. F. l. ἐπίβαλλε. — 13. ῥίθεον] Cp. Lexique, p. 11, l. 18. — 15. § 35] Démocrite, II, 1, fin du § 2. Ταῦτα ἄνθη κ. τ. λ. — 18. § 36] Démocrite, § 6. — 19. § 37] Démocrite, § 5. — 20. θείου ἐνκαυστοποίησις] F. l. θ. ἐγκαύστου ποίησις. — 21 ἐναπομείναντι A. — 23. F. l. πάχους. — 24. κοχλάσαι A. — 25. χείμεντος? F. l. κείμενον (M. B.). — 27. λύε] F. l. λείου (ici et plus loin).

39] ΥΔΑΤΟΣ ΞΑΝΘΟΥ ΠΟΙΗΣΙΣ. — ⟨Λαβὼν⟩ κινναβάρεως μέρη
ϛ΄, μίσεως ὠμοῦ μέρος α΄, τουτέστιν τὸν κρόκον, συνλύε οὔρῳ ἀφθόρῳ
λίτραν, τοῦ ὕδατος χαλκοῦ γ° α΄ · καὶ ἀποσειρώσας ἐν τῷ αὐτῷ ὕδατι,
λύε · καθαρίει · συνλείωσον τὴν προκειμένην κιννάβαριν καὶ τὸ μίσυ,
5 καὶ ἀνάσπα ὕδωρ ξανθόν · τοὺς ὀπούς, ἅπαξ γάρ...

40] ΛΕΥΚΩΣΙΣ ΜΑΓΝΗΣΙΑΣ. — Λαβὼν μαγνησίαν, ἴσον ἁλὸς καπ-
παδοκικοῦ, βάλε εἰς ἄγγος ὀστράκινον, ἀπὸ ὀψὲ ἕως πρωί. Ἐὰν
δέ ἐστιν μέλαινα, καῦσον ἕως ἀναλευκανθῇ, κάλλιον δέ ἐστι εἰς κάμινον
ὀπτᾶν αὐτὴν ὑελουργικήν. Κρύπτε τοῦτο τὸ μυστήριον, ἔστι γὰρ
10 τοῦτο τὸ ὅλον τὸ συνέχον τὴν λεύκωσιν ἑψήσει.

41] ΟΙΚΟΝΟΜΙΑ ΤΗΣ ΘΕΙΟΤΑΤΗΣ ΜΑΓΝΗΣΙΑΣ.

42] ΟΙΚΟΝΟΜΙΑ ΣΑΝΔΑΡΑΧΗΣ. — Λαβὼν σανδαράχην τὴν μὴ σι-
δηροῦσαν, μηδὲ λιθώδη, ἀλλὰ τὴν κιρρὰν καὶ αἱματώδη, λειώσας,
ἀκρόπασον · ἢ ἔκλεκτος βληθεῖσα καὶ ῥίνισμα χαλκοῦ οὐκ ἐᾷ ῥέειν
15 αὐτόν.

43] ΜΟΛΥΒΔΟΝ ΚΑΘΑΡΟΝ ΠΟΙΗΣΑΙ. — ⟨Λαβὼν⟩ στυπτηρίαν
σχιστὴν καὶ νίτρον στύψας μεθ᾽ ὕδατος ψυχροῦ ὄντος τοῦ ὄξους καὶ
ἔκπυρι αὐτόν, καὶ γίνεται λευκός.

44] ΑΛΛΗ ΠΟΙΗΣΙΣ ΧΑΛΚΟΥ ΚΕΚΑΥΜΕΝΟΥ. — Λαβὼν σανδαράχην
20 καὶ θεῖον ἄπυρον, κοράλλιον καὶ κρόκον, βαλὼν εἰς ἰγδήν, τρίβε ἐπὶ
ἡμέρας μ΄ εἰς οὖρον παιδὸς ἀφθόρου καὶ μετὰ μ΄ ἡμέρας, βάλλεις τὸ
ὕδωρ τῶν κρόκων, καὶ τρίβεις ἐπὶ ἄλλας ἡμέρας κ΄, ἕως ὅτε μιγῶσιν
καὶ συνγαμήσωσιν τὰ εἴδη καὶ χαλκοῦ ῥίνισμα. Καὶ μετὰ ταῦτα
βάλλεις τὸ φάρμακον εἰς ἀγγεῖον ὀστράκινον χρισθὲν πηλῷ καλῶς ·
25 καὶ καίεις αὐτὸ χυτρίδιον εἰς κάμινον ἡμέρας ζ΄. Ἐὰν ἔστιν λευκότερον,
καῦσον ἄλλας ἡμέρας γ΄, ἵνα γένηται ξανθόν.

45] ΧΑΛΚΟΥ ΛΕΥΚΩΣΙΣ. — Λαβὼν χαλκὸν κύπριον, καὶ δεῖ κροτεῖν ·
εἶτα πυρώσας βάπτε ἢ κιμωλίαν ὀξάλμῃ λελειωμένην. Τοῦτο πολλάκις

2. συνλύε] F. 1. συλλείου. — 11. §41]
Même texte qu'au § 27, sauf quelques
variantes sans importance. —13. κιρρὰν]
κυρὰν Α. — 14. ἐᾷ] ἔα Α. — 15. F. 1. αὐ-
τήν. — 18. ἐκπυρί] F. 1. ἐκπύρου. (M. B.).
— La suite comme au § 3o, à partir de
λαβὼν οἰκονόμει. — 27. δεῖ κροτεῖν] δὴ κρα-
τεῖν Α. — 28. ἢ] F. 1. εἰς.

ποίει · καὶ πάλιν πυρῶν κρότει, καὶ ἕξεις χαλκὸν λευκόν, τούτου μέρος
α΄, καὶ ἀργύρου μέρος α΄. Γίνεται τὸ πᾶν λευκόν.

46] ΑΡΓΥΡΟΥ ΔΙΠΛΩΣΙΣ. — Ἐπειδὴ καὶ εἰς τὴν ἱερωτάτην βίβλον
εὑρίσκομεν ἀναγεγραμμένας ἀργύρου κράσεις διὰ τοῦ κασσιτέρου,
5 ἀναγκαῖον ἐκθέσθαι τὰ μυστήρια καὶ τὰς καθάρσεις αὐτοῦ, ὅπως ἐν
μηδενὶ ἁμάρτῃς.

Βαλὼν στυπτηρίαν, καὶ ἅλας καππαδοκικόν, σύστρεφε μετὰ μαγ-
νησίας · καὶ χρόαν προσδίδωσιν ὅτε τυραννικὸς ἦρος (?) σὺν τῷ ἐλαίῳ,
ἐμβαφῆ ποιεῖ αὐτὸν καὶ λιπαρὸν καὶ ἄνοσμον.

10 47] ΜΕΛΑΝΩΣΙΣ ΑΡΓΥΡΟΥ. — (f. 275 r.) Λαβὼν θεῖον ἄθικτον, ἕψη-
σον πυρὶ μαλθακῷ ἀπὸ θαλλίων ζ΄ · ἀπογέων εἰς οὖρον ἀφθόρου παιδὸς
πρόσφατον, ἕψον αὐτὸ ἕως οὗ λάβῃ βράσματα β΄. Εἶτα βάλε εἰς
ὄξος δριμύτατον, καὶ βάλε εἰς ἀγγεῖον ἕτερον ὄξος, γλοιοῦ πάχος, καὶ
δὸς ὀπτηθῆναι νυχθήμερον λελειοτριβημένον δὲ ξανθόν. Ἐκ τούτου
15 δὲ ἐπίβαλε ἄργυρον, καὶ γίνεται δόκιμον.

48] ΚΑΤΑΣΤΑΘΜΟΙ ΧΡΥΣΟΥ. — ⟨Λαβὼν⟩ στυπτηρίας σχιστῆς
μέρος α΄, ἀμμωνιακοῦ Κανώπης ἣν χρῶνται οἱ χρυσοχόοι μέρος α΄,
χωνευθέντος τοῦ χρυσοῦ, μίσγε.

49] Η ΣΑΝΔΑΡΑΧΗ ΟΥΤΩΣ ΟΙΚΟΝΟΜΕΙΤΑΙ. — Λαβὼν σανδαράχην
20 τὴν μὴ σιδηροῦσαν μηδὲ τὴν λιθώδην, ἀλλὰ τὴν κιρρὰν καὶ αἱ-
ματώδη, ταύτης γο γ΄΄ ι΄, λειώσας πάνυ καλῶς, βάλε ἐν φιάλῃ ὑε-
λίνῃ. Εἶτα βαλὼν ὄξος δριμύτατον κο β΄, καὶ ἅλας κοινὸν γ΄΄ γ΄΄ ε΄,
πώμασον τὴν φιάλην ἐρίῳ ῥάκει · ἐπίθες βατάνιον ἐπίγειμον ?, καὶ
ἔασον αὐτὸ ταριχεύεσθαι ἐπὶ ἡμέρας ζ΄. Εἶτα μετάβαλλε ἐν λοπάδι,
25 καὶ ὑπόκαιε ὥρας γ΄. Εἶτα ἀπόξυσον τὴν ἄχλην, καὶ πλῦνον ὕδατι
γλυκέῳ, καὶ εὑρήσεις αὐτὸ γινόμενον κιρρὸν ὡς αἷμα. Εἶτα ξήρανον ἐν
ἡλίῳ · βάλε πάλιν ἐν τῇ φιάλῃ. Εἶτα βαλὼν οὖρον βοὸς μείναντος

<table>
<tr><td>

4. ἀναγεγραμμένα Α. — 5. ἐνθέσθαι Α. —
7. F. l. Λαβών. — 8. ἦρος] F. l. ἔρος;
(M. B.) — 11. ζ΄; F. l. καὶ (correction
qui s'explique par la paléographie). —
19. σανδαράκη Α ici et presque partout.

</td><td>

— Cp. les §§ 28 et 42. — κιρράν] κηρὰν
Α. — 23. ἐράοράχην Α. — ἐπίγειμον] F. l.
ἐπίγειον. — 25. ἄχλην] F. l. ἄχνην. — 26.
κιρρὸν] κηρὸν Α. — 27. μείναντος] F. l.
μείναν.

</td></tr>
</table>

ἡμέρας ζ', ἕως σφοδρότερον γένηται καὶ δριμύτερον · καὶ οὕτως ἐπί-
βαλε τὴν πεπλυμένην σανδαράχην, καὶ ἔασον αὐτὸ ταριχεύεσθαι ἡμέ-
ρας ζ', ἕως σφοδρότερον γένηται. Εἶτα πλύνας ὕδατι γλυκέῳ, ξή-
ρανον ἐν ἡλίῳ · καὶ ἄρας, ἔχεις τὰς ἀπαιτουμένας χρείας τῶν γινο-
5 μένων καταβαφῶν.

50] ⟨ΠΕΡΙ⟩ ΤΟΥ ΕΞΙΩΘΕΝΤΟΣ ΧΑΛΚΟΥ. — ⟨Λαβὼν⟩ ἀνδροδά-
μαντος *, f. 275 v.) χρίσον τὰ πέταλα ἐπάνω καὶ κάτω, καὶ φιμώσας
ἐκτρόχιζε ὕελον λευκόν.

51] ΧΡΥΣΟΠΟΙΑΣ ΖΩΜΟΙ.

10 52] ΧΡΥΣΟΥ ΜΑΛΑΞΙΣ ΩΣΤΕ ΕΝ ΑΥΤΩ ΣΦΡΑΓΙΖΕΙΝ. — ⟨Λαβὼν⟩
νίτρου πυρροῦ δρ. β', κινναβάρεως δρ. γ', μίξας, λείωσον ὄξει, καὶ
ἐπίβαλε στυπτηρίαν ὀλίγην · καὶ ἔασον ξηρανθῆναι. Καὶ ἔπειτα λειώσας
ἀπόθου · καὶ λαβὼν χρυσοῦ ἡμιωβόλιον, καὶ ἀρσενίκου χρυτίζοντος δρ.
α', μίξας πάντα, λύε παραχέων κόμμεως καθαροῦ βεβρεγμένου ὕδατι ·
15 καὶ οὕτως ἀναλαβὼν, σφράγιζε ὃ βούλει, καὶ ἔασον ἐπὶ ἡμέρας β', καὶ
παγήσεται ἡ σφραγίς.

53] ΧΡΥΣΟΥ ΟΙΚΟΝΟΜΙΑ ΕΠΙ ΤΟΥ ΕΛΑΙΟΥ. — Λαβὼν λιθαργύρου
δρ. δ', χρυσοῦ δρ. β', χαλκοῦ πυρροῦ ⟨ἢ⟩ πυρροχάλκου δρ. α', στυπ-
τηρίας δρ. α', κατμίας δρ. α', ἔστω τῷ ἀργύρου καὶ τῷ χρυσοῦ
20 ῥινίσματι, καὶ συγκατάμισγε τὴν λείωσιν ὡς μιοῦση (?). Εἶτα ὅταν
κηρωτῆς πάχος γένηται, τότε τὸ ἐλύδριον καὶ τὸ ἀρσένικον · εἶτα τὴν
κατμίαν f. 276 r.) καὶ τὴν στυπτηρίαν · βαλὼν εἰς λοπάδα, καὶ
ἐλαφροῖς ἄνθραξιν ἐμβαῖνον κρόκου ὠμοῦ ὄξος τετιμημένον, οὕτως
ποίει.

25 54] ΚΑΤΑΒΑΦΗ ΧΡΥΣΟΥ. — ⟨Λαβὼν⟩ μίσιος μεταλλικοῦ μέρη δ',
ἐλυδρίου ῥίζης μέρος α', ταῦτα τρίψας, μέλιτος πάχος ποιῶν, ταρίχευσαι
οὔρῳ ἀφθόρου, καὶ βάπτε ὕδωρ ψυχροῦ. Χαλκὸς καεὶς ἑπτάκις, καὶ

---

6. ἀνδροδάμαντος] La dose n'est pas in-
diquée. — 9. § 51] Démocrite, § 25. —
11. πυρροῦ A, ici et partout. — 14. λύε]
F. 1. λείου. — ὕδατος A. — 19. στυπτηρίας]
signe commun à στυπ. et à στυπ. σχιστή
A, ici et dans la suite. — ἔστω] Il fau-
drait λείου. — τὸ ἀργ. en signe et τὸ χρυσ.
en signe A. — 20. λείωσιν] s. de λείωσον
A. — F. 1. ὡς μειώσης. — 22. καὶ ἐλαφρ. α.]
F. 1. καὶ ἐλαφ.ᾶ. — 27. F. 1. ὕδατι ψυχρῷ.

ἀνακαμφθεὶς χρυσὸς κρείττων ἐστί. Χρυσὸς καίεται, καὶ καιόμενος σήπεται, καὶ σηπόμενος βάπτει πᾶν σῶμα.

55] Λαβὼν σανδαράχην, θεῖον, λιθάργυρον, στυπτηρίαν, ἅλας, ὕδωρ νεφέλης ἀνὰ μέρος α΄, λείωσον ἄχρις ἂν καταποθῇ ἡ ὑδράργυρος εἰς 5 ὄξος · καὶ ξηράνας ἀνένεγκαι αἰθάλας ἄχρις ἂν λευκανθῇ · καὶ ἐπίβαλε ἐκ τοῦ ξηρίου τούτου δρ. α΄ ἐπὶ χαλκὸν κύπριον κεκαθαρμένον, καὶ ἔχε.

56] Λαβὼν ὑδράργυρον μέρος α΄, καὶ μυσίδην μέρος α΄, μίξον ἀμφότερα ἕως ὅτου ἑνωθῶσιν · καὶ εἶθ᾽ οὕτως αἰθάλισον · καὶ λαβὼν τὴν αἰθάλην, μίξον μετὰ τῆς σκωρίας, καὶ πάλιν αἰθάλισον, καὶ οὕτως 10 ποίει τρίς · καὶ μετὰ τὰς γ΄ ἡμέρας, λάβε τὴν ἀνελθοῦσαν ὑδράργυρον, καὶ πότισον αὐτὴν εἰς οὖρον ἡμέρας ζ΄ ἐν ἡλίῳ θερμῷ. Καὶ εἶθ᾽ οὕτως ψύξας, ἔμβαλε αὐτὴν εἰς βῆσσαν, καὶ ἔμφραξον τὴν βῆσσαν μετὰ ἅλατος, καὶ δὸς τὴν βῆσσαν εἰς χύτραν καὶ ἃς γένηται τὸ στόμα τῆς χύτρας ὑποκάτωθεν μολύβδου, ἕως ὅτου καλυφθῇ ἡ βῆσσα · καὶ πήλω- 15 σον τὸ πῶμα τῆς χύτρας, καὶ ὅτε ψυγῇ καλῶς, ἔμβαλε αὐτὴν εἰς πυρόκοπρον νυχθήμερον · καὶ εἶθ᾽ οὕτως ἐκβάλας, ἔχε.

57] ΛΥΣΙΣ ΑΜΙΑΝΤΟΥ. — Δὸς τὸν ἀμίαντον εἰς χω- f. 276 v.) γευτῆρα, καὶ βάλε ἐπάνω αὐτοῦ λινέλαιον, ἕως ὅτου ἴδῃς τὸν ἀμίαντον ὡς τὸ πῦρ · καὶ οὕτως ἔκβαλε, καὶ λείωσον καλῶς · καὶ λαβὼν μαγνησίαν 20 ὀλίγην, καὶ ἅλας ἀμμωνιακόν, καὶ νίτρον ὀλίγον, καὶ τρίψον μετ᾽ αὐτοῦ, καὶ χώνευσον, καὶ φέρε ὕδωρ βαυρουκῶ ?, καὶ δὸς ἐκ τοῦ ὕδατος τὸ χωνὴν καὶ τὰ λοιπὰ ξηρία μετὰ τοῦ ἀμιάντου · καὶ φύσα ἕως ὅτου λυθῇ · καὶ ἐπίβαλε μικρὰ μικρὰ sic) ἐκ τοῦ λειωθέντος ἅλατος, καὶ ἐξελθών, ἔχε.

25 Καὶ λαβὼν μαγνησίαν, λεύκανον καὶ πυρίτην καὶ χαλκὸν κεκαυμένον ἐξ ἴσου, καὶ ὑδράργυρον ἀποθανοῦσαν · καὶ ὅταν θελήσῃς, λάβε σταθμὸν ἀργυρίου, καὶ ἐπίβαλε ἐκ τοῦ ξηρίου κεκαυμένου ἐπὶ τὸν κασσίτερον, καὶ ἕξεις ἀσήμην ?) λευκήν.

---

1. F. 1. χρυσοῦ κρείττων. — 10. τρίς] γ̅ A. — 13. ἃς A. — 17. λύσις] F. 1. χύσις (M. B.). — 22. χωνήν] F. 1. χωνίν (néogrec?). — 24. F. 1. ἐξελών. — 25. λεύκανον] F. 1. μαγνησίαν λευκήν? — 28. ἀσήμην] signe de l'argent A.

38] Λαβὼν ὑδράργυρον λίτρας γ΄, καὶ ἀρσένικον λίτραν α΄, καὶ
σανδαράχην λίτραν α΄, νίτρον ἀλεξανδρινὸν λίτραν α΄, μίσιος λίτραν α΄,
χαλκάνθου λίτραν α΄, καὶ βαλὼν ἀμφότερα, λείωσον ἐν θυείᾳ ἀσφαλῶς ·
καὶ βαλὼν ἐν χύτρᾳ καινῇ, στῆσον εἰς κυθρόποδα, καὶ περιχρίσας πέριξ
5 πηλῷ τετριχωμένῳ, καὶ ποιήσας τὸ πέριξ τοῦ πώματος καὶ ἀνὰ δακτύλων
δ΄, καὶ γυψώσας τὰ χείλη, ἵνα στερεώτερον γένηται, ἐπίθες πῶμα ἔχον
ἀναρύσητον τὸ ἐπάνω · καὶ περιπηλώσας ἀσφαλῶς τὰς ἁρμογὰς, ὅπτα
ἐλαφρῷ φωτὶ, τὸ μὲν πρῶτον διὰ τῶν φώτων τῆς κανδήλας νυχθήμερον
α΄, ἐπὶ πρόβασιν ποιῶν τὸ φῶς, ἐπίδος διὰ τῶν ἐπιλυχνίων ἄλλο
10 νυχθήμερον α΄, καὶ ἔασον ψυγῆναι · καὶ ἀνακαλύψας πτερῷ, ἀναλάμ-
βανε τὸ ἐπικείμενον ἄνω, καὶ ἴδε εἰ λευκοῦται · καὶ ἐξαγαγὼν τὸ ἀποκα-
θισμένον, μίξας πάλιν, (f. 277 r.) βάλε εἰς θυείαν, καὶ λείωσον ἀσφαλῶς,
καὶ βάλε εἰς αὐτὴν τὴν χύτραν · καὶ περιπήλωσον ὁμοίως ἀσφαλῶς τὸ
πῶμα · καὶ δὸς ὀπτᾶσθαι ἐλαφρῷ πυρὶ, πρὸς ἀνάβασιν διδοὺς τὸ πῦρ
15 πάλιν νυχθήμερον α΄. Καὶ ἔασον ψυγῆναι, καὶ ἀνακαλύψας πάλιν,
ποίησον ὡς πρώην, ἕως ὅτε ὀσμὴν θείου μὴ ἀποπέμψῃ, ἕως ἂν γένηται
ὡς γύψος. Καὶ ἄρας, βάλε εἰς ὕδωρ ἀκατάσβεστον ἀνασπασθὲν διὰ τοῦ
ἀμβίκος · καὶ βάλε αὐτὸ τὸ ὕδωρ μετὰ τοῦ συνθέματος, καὶ ποίησον
μέλιτος πάχος. Καὶ λείωσον ἀσφαλῶς ἐν τῇ θυείᾳ, καὶ ἔασον ξηρανθῆναι,
20 καὶ ἔχε.

39] Λαβὼν οὖρον ἄφθορον, χαλκίτην, χαλκὸν, ζώσεις τῶν ὠῶν
γ΄ γ΄ ⊏΄, ταῦτα τρίψας καὶ ποιήσας χνοῶδες, ἕψει σὺν τῷ οὔρῳ ἕως
οὗ τὸ θεῖον ἄθικτον ἀναλωθῇ.

Καὶ λαβὼν κασσιτέρου μέρος α΄, καὶ ὑδραργύρου μέρη β΄, καθάρισον
25 τὸν κασσίτερον · οὕτως χωνεύσας αὐτὸν χύτον εἰς ὕδωρ θαλάσσιον
τρὶς, ἀθρόως μεταβαλὼν, καὶ πάλιν βάλε εἰς τὴν χώνην πίσσαν καὶ
στυπτηρίαν · εἶτα ⟨δεῖ⟩ σε χρίσασθαι (φύλαττε δὲ τὸ μυστήριον,
ἄχρις ἂν τὸ θεῖον ἀναχωρήσῃ ἐκ τῆς ὑδραργύρου.

<hr>

3. F. l. βαλὼν ἀμφ. ἐν θ., λείωσον. — 16.
πρωΐν A. — 17. ἀνασπασθέντος A. — 18.
A mg. : ιδ΄ (1ʳᵉ main). — 25. οὕτως] F. l.
εἶτα. — 26. τρὶς] γ΄ A. — 27. στυπτηρίαν]

Ici et plus bas, dans A, le signe de
l'alun surmonté de la finale αν, ce qui
semble prouver que, dans ces textes,
il faut lire στ. sans ajouter σχιστὴν.

Δοκίμαζε δὲ τὴν ὑδράργυρον οὕτως. Λαβὼν αὐτήν, βαλὼν εἰς ὑελοῦν ἄγγος, τρίψον αὐτὴν εἰς τὴν ἰγδὴν, καὶ ποιεῖται αὐτῆς τὴν ἐπιφάνειαν ἐπὶ τὸ ξανθόν. Εἶτα λαβὼν αὐτήν, ἔγκλειε ἐν ὑελίνῳ ἀγγείῳ. Πλήσας τὸ ἄγγος, ὡς ἔθος, δριμέως (φύλαττε δὲ τὸ μυστήριον) ὑπόφιμον, ἵνα μὴ δια-
5 πνεύσῃ τὸ ὄξος ἐκ τοῦ ἄγγους, καὶ ἔατον νυχθήμερον · καὶ τῷ ἐμπρο-
θέσμῳ εὑρήσεις τὸ μυστήριον τῆς (f. 277 v.) ὑδραργύρου, τὸ πῶς αὐτὴν ἵνα μαγησώμεθα. Ἡ γὰρ φιλόσοφος ὑπὲρ ταύτης τῆς ὑδραργύρου ἐπε-
γράψατο · « Ὅτε πήξεις τὴν ὑδράργυρον τὸ αὐτόρρευστον. » Τὸ γὰρ αὐτόρρευστον τὸ ὄξος ἐστίν · τὸ οὖν ὄξος ἐστὶν ἡ μαγνησία.
10 60] . . . .
. . . . ⟨καὶ⟩ οὕτως ἐπίπασσε εἰς τὴν χώνην ἐπάνω τοῦ χαλκοῦ. Ἔστω δὲ ὁ χαλκὸς προαξιωμένος ὄξει δριμεῖ, καὶ στυπτηρίαν καὶ σάπωνον ἐπὶ τρὶς, ταξειδίῳ · καὶ τότε οὕτως αὐτὸν ἐμβαλών, χώνευε. Ἐπίβαλε τὰ προειρημένα μίγματα, πυκνό-
15 τερον ἐπίπασον μετὰ τῶν μιγμάτων · λευκότερον γὰρ ποιεῖ ταῦτα · φανεῖται γὰρ αὐτὸς καθ᾽ ἑκάστην χώνην πρόδηλος γινόμενος λαμπρό-
τερος ⟨ἢ⟩ πρὶν ἕτερον τὸν φάρμακον ἐμβληθῆναι. Ὅταν οὖν χωνευθῇ καλῶς, ἀπόχεε εἰς ἀγγεῖον προυπετρομένης τῆς σαμίας γῆς, καὶ ἔατον συντετελεσμένον ἔργον. Καὶ πάλιν ἔγκρυψον, κατὰ τὸ ἔθος.
20 Καὶ πρὸ ἀργύρου πρωτείου ἀδραμιτίνῳ, καταχώνην δὲ ἔκχεε εἰς τὴν γῆν σαμίαν τὸν χαλκὸν ἵνα μεταβληθῇ, καὶ βάπτε, καὶ πυκνῶς ἐνθάμιζε, καὶ ἀπόσμιγε, ἔχε.

61° ΠΕΡΙ ΧΑΛΚΟΥ ΕΛΑΤΟΥ ΕΛΑΥΝΟΜΕΝΟΥ ΕΠΙ ΤΟ ΛΕΠΤΟΤΑΤΟΝ.
— Σκευασία · ἔστι δὲ καὶ τῇ χρείᾳ κάλλιστον, καὶ τῇ ἐμβαρείᾳ.
25 Λαβὼν χαλκὸν λευκὸν μνᾶν μίαν, χώνευε · ἐπίπασον ἅλας λευκὸν μετὰ στυπτηρίας, ἴσον, μετὰ ὄξους προαναδεδομένα καὶ ἀνεξηραμένα · εἶτα πάντα λειοτριβημένα... f. 278 r., l. 6 . Ὅταν οὖν χωνευθῇ καλῶς,

---

7. Ἡ] F. 1. Ὁ. — 10. Une ligne et demie en blanc dans le ms. — 12. F. 1. προωξιωμένος. — 13. τρὶς] γ⁽ʷ⁾ A. — 15. F. 1. ἐπιπάσσων. — 16. F. 1. πρόδηλῳ; (ici et plus bas). — 18. F. 1. προυπετ-τρωμένης. — 20. F. 1. ἀδραμητίνου. — F. 1. κατὰ χώνην. — 27. Après λειοτριβημένα] οὗτως ἐπίπασσε κ. τ. λ. jusqu'à ἀπόχεε (répétition des lignes 11 à 17 avec variantes insignifiantes. — τρὶς] γ⁽ʷ⁾ A.

ἀπόχεε εἰς τὸ ὑπερέχειν τὸ ὑγρὸν δακτύλους ϛ΄, καὶ οὕτως ἔασον
ἀποψυγῆναι. Εἶτα ἄρας, ἐπίχριε, ἀλλὰ λεπτῷ καὶ εὖ μάλα πυρώσας,
ἐναπόσβεσον εἰς ὕδωρ · ὅταν δὲ ψυγῇ, μηκέτι καθήσει εἰς ὑγρὸν, ἀλλ᾽
ἔγκρυψον εἰς ἀγγεῖον ἁλὸς μετὰ στυπτηρίας · εἶτα δὲ ⟨λαβὼν⟩ ἁλὸς
5 μέρη ϛ΄, καὶ στυπτηρίας μέρος α΄ μεμιγμένων, καὶ ἔα ψυγῆναι ἐν
τούτοις · ὅταν δὲ ψυγῇ, ἆρον. Καὶ ὅταν δὲ λευκότατον ⟨ᾖ⟩, ἐλαύνεται
λοιπὸν ὡς θέλεις, καὶ ἐπακούσεται, ἐάν τε θερμὸν ἐλαύνῃς · ἐὰν
ψυχρὸν, τοῦτον δὲ κᾶν θέλῃς τι ἀποθραῦσαι, οὐ δυνήσῃ, τοιαύτη αὐτοῦ
ἐστιν ἡ εὐθυΐα καὶ ἡ εὐτονία. Ἔστι δὲ καὶ ἔκλεκτος εἰς ὑπερβολήν ·
10 πεπείραται δὲ ⟨ὅτι⟩ κύπριος χαλκός ἐστιν ἐπιτηδειότερος εἰς ταύτας
τὰς χρείας · ὠφείλεις δὲ ἐννοεῖν.

62] ΑΔΙΑΠΤΩΤΟΝ ΚΡΟΚΟΝ ΠΟΙΗΣΑΙ ΑΠΟ ΧΩΝΗΣ. — ⟨Λαβὼν⟩ ἀρσε-
νίκου σχιστοῦ μέρη δ΄, σανδαράχης κιρρᾶς καθαρᾶς μέρη δ΄, σώματος
μαγνησίας οὐγγ. δ΄, μέλανος σκυθικοῦ γ⁰ α΄, ἐλινικόκκιον νίτρου ὑαλί-
15 ζοντος οὐγγ. ϛ΄, λειώσας τὸ ἀρσένικον πάνυ ὡς χνοῦν, πρόσμιγε τὸ
μέλαν τὸ σκυθικὸν, καὶ συνλείου · γίνεται χλωρόν. Εἶτα ἐπίβαλε τὸ
σανδαράχην · καὶ πάλιν συνλειώσας μετὰ τοῦ νίτρου · ἔστι τὸ πρῶτον
ὅμοιον, τὸ σῶμα τῆς μαγνησίας πάνυ ὡς χνοῦς, ἕως f. 278 v.) γένηται
ὡς αἰθάλη. Σὺν ἑκάστῳ μίξας πάντα καὶ συνλειώσας, ἐπίβαλε ὄξος
20 αἰγύπτιον δριμὺ, καὶ χολὴν ταυρίαν · καὶ συνλειώσας, ποίησον πηλῶ-
δες · καὶ ξηράνας ἐν ἡλίῳ ἐπὶ ἡμέρας γ΄, λειώσας, κατάγγισον ἐν
ληκυθίῳ, καὶ ὄπτα ἐν ᾧ ταύτης μόνης ἐπὶ ἡμέρας ε΄. Εἶτα ἀνελόμενος
λεῖε, πρόσβαλε κόμμι · λείωσον μέρη οὐγγ. ι΄, καὶ ἐπίβαλε. Ποίει
πηλῶδες καὶ χώνευσον τὸν κρόκον, καὶ ἐπίβαλε τὸ φάρμακον · καὶ
25 ὅταν γίνηται ὁ κρόκος χλωρὸς καὶ τριπτὸς, ⟨λαβὼν⟩ τοῦ τρίπτοντος
χρυσοῦ μέρος α΄, χώνευσον, καὶ εὑρήσεις χρυσόν. Εἰ δὲ θέλεις πρώ-
τιστον καὶ καλοποίητον, ⟨λαβὼν⟩ ἐργασθέντος χρυσοῦ μέρη δ΄, καὶ

---

1. εἰς τοῦ A. F. l. ὥστε. — 2. F. l. λεπ-
τῶς. — 6. ἐλαυνέται (sic) A. — 7. F. l. ἐάν
γε. — ἐλαύῃς A. — 9. εὐθυΐα] F. l. εὐστά-
θεια. — 13. κιρᾶς A. — 14. ὑαλίζοντος]
ἢ ἀλίζοντος A. — 18. F. l. ὅμοιον τῷ σώ-
ματι τῆς μαγν. — 20. δριμὴν A. — 22. μόνης]
F. l. μήνης (M. B.). — 23. λεῖα] F. l. λεῖοϋ.
— 24. χώνευσον en signe A. — 25. F. l.
τοῦ τριπτοῦ τοῦ κρόκου. — 26. χρυσοῦ en
signe A. — 27. ἐργωθέντος A.

τοῦ * μέρος α΄, συγχωνεύσας, εὑρήσεις χρυσὸν δόκιμον καὶ κάλλισ-
τον. Κρύπτε τοῦτο, πολλά τε βεβαμμένου χρυσοῦ τὸ θεῖον καὶ ἀμετά-
δοτον μυστήριον.

63] Ἔπειτα καὶ τὸ σῶμα τῆς μαγνησίας προσέρεται.

5   Λαβὼν μαγνησίαν θηλυκήν, λείωσον ἐπιμελῶς · βαλὼν ἐν βατανίῳ
ἅλας οὐγγ. 6΄, ἐπιπώμασον ἑτέρῳ βατανίῳ, ἵνα μὴ ἐκπνεύσῃ τὸ σῶμα
τῆς μαγνησίας καὶ ἀπόληται. Καὶ λαβὼν οὖν τὸ βατάνιον τὸ θεῖον
παρόμοιον ⟨στῆσον⟩ ἔγγιστα τοῦ στηλαρίου ἐπὶ ἡμέρας 6΄. Εἶτα λαβὼν
τὸ βατάνιον, ἀνακαλύψας, περίξυσον, καὶ βαλὼν εἰς θυείαν, καὶ ἀνα-
10 λειώσας, βάλε ἐν τῷ δευτέρῳ βατανίῳ · καὶ πάλιν περιπηλώσας τὰς
ἁρμογὰς, δὸς ἐν τῷ ὀπτανίῳ ἀνὰ μέσον τὸ θεῖον ⟨εἰς⟩ τὸ ἀγγεῖον ἐκ
δεξιῶν, ἐπίβαλε ἐπὶ ἡμέρας γ΄ · καθ᾽ ἡμέραν ἀπολάμβανε καὶ λείου,
καὶ περιπήλωναι, ἕως γένηται λευκόν · καὶ λαβὼν ἐξ αὐτοῦ μέρη, δ΄, καὶ
νίτρον ἀγρικὸν ὑαλίζον μέρος α΄, καὶ συνλειώσας ἐπίβαλε · λαβὼν καὶ
15 πηλοποιήσας, κατάθου ἐν χωνείῳ τὸ σῶμα τῆς μαγνησίας.

Εὐποΐα καὶ εὐτυχία τοῦ κτισαμένου, καὶ ἐπιτυχία καμάτου καὶ
μακροχρονία βίου.

IV. xxiii. — LES HUIT TOMBEAUX

ΠΕΡΙ ΤΗΣ ΘΕΙΑΣ ΚΑΙ ΙΕΡΑΣ ΤΕΧΝΗΣ ΤΩΝ ΦΙΛΟΣΟΦΩΝ

Transcrit sur A, f. 230 r. — *Collationné sur* E, f. 216 r. ; — *sur* Lc (copie de E),
p. 385. — *Sauf indication spéciale, les variantes de* E *sont aussi dans* Lc.

1] Ἡμεῖς μὲν ἐν αἰνίγμασιν γράψαντες, ἐῶμεν ἡμῖν τοῖς ἐντυγχά-
20 νουσιν τῷ παρόντι βιβλίῳ ἐπιμόνως σχολάσαι καὶ ἀνερευνῆσαι τοῦ

---

1. τοῦ] Le nom de la matière manque.
— 2. πολλά τε] F. l. πολλάκις. — 4. F. l.
προσαίρεται. — 7. F. l. καὶ βαλὼν ἐν τῷ
βατανίῳ. — 8. F. l. στυλαρίου. — 13. περι-
πήλωνε A (forme byzantine propre aux
verbes en όω). — 18. Le titre est précédé,
dans E Lc, des mots Ἀνωνύμου φιλοσόφου.
Ce morceau, dans E, est de la main du
copiste de Lc. — 19. ἡμῖν] F. l. ὑμῖν. —
ἡμᾶς τοὺς ἐντυγχάνοντας E.

μυστηρίου τὴν ὑπόθεσιν · φησὶν γὰρ ὁ φιλόσοφος ὅτι ἄνθρωποι γεγράφασιν, δαίμονες δὲ φθονοῦσιν. Καὶ εἰκότως ἐπὶ βασιλείας οὐράνων οἱ πλείονες ἐντυγχάνοντες ἠξιώθησαν · σὺ δὲ τῆς Κλεοπάτρας βραχείᾳ ἐξηγήσει ἐξακολουθῶν, οἴσεις εἰς φῶς τὸ σκοτεινὸν εὕρημα, καὶ χαρίσῃ.

5 « Ἄνελθε, φησὶν ἐκείνη, εἰς τὴν στέγην τὴν ἀνωτάτην ». Ἐγὼ δέ σοι πλέον εἴποιμι ἐν τῷ πετηνῷ τῷ τετραστοίχῳ τῷ μέσον κειμένῳ τῶν δύο (f. 230 v.) φωστήρων, ἡλίου φημὶ καὶ σελήνης, ὅπερ ἐστὶν ᾠὸν ἀλαβαστροειδές, οὐκ ᾠὸν ὄρνιθος, ἄπαγε, ἀλλ' ἐμφερὲς τῇ ἰδέᾳ ᾠόν.

2] Ἀποδερμάτωσον, ἄνοιξον προσεχῶς, σύντριψον ἀνηλεῶς. Εἶτα
10 λείωσον, καὶ λαβὼν σκεῦος ὑέλινον, ἐν αὐτῷ θὲς τὸ κόμαρι · πολυώνυμος γὰρ καλεῖται · καὶ πηλώσας ἔνδοθεν ἑτέραν χύτραν, βάλλε γανωτήν, χῶσον ἐν ἱππείᾳ κόπρῳ θερμοτάτην ἡμέρας μ', ἀνὰ ἑπτὰ ἡμέρας παραλλάσσων τὸν τόπον. Μετὰ δὲ τὴν ἐμπρόθεσμον, λαβὼν αὐτὸ τὸ ἄγγος, καὶ ἐξελὼν τὸ ἐν αὐτῷ, λείωσον καλῶς ἐν πορφυρῷ τάφῳ, καὶ ἔσχε
15 τὸν νεκρόν. Αὕτη πρώτη ποίησις καὶ πρῶτος τάφος.

3] Εἶτα λαβὼν τὸν νεκρὸν τὸν φύσει ὀδωδότα, θὲς δ' ἄμβικος, καὶ πυρὶ φλογὸς ὀρὸν σύγκαυσον ἀνασπῶν ὕδωρ ᾧ μίγον. Καὶ τὸ μὲν ὕδωρ τὸ πρῶτον ἔχε ἰδίως, ὁμοίως καὶ δεύτερον ἐν σκεύεσιν ὑελίνοις · τὸ δὲ ἐναπομένον κάτω ἐξελών, τρίψας ἡμέρας ζ', μετὰ δευτέρου ὕδατος
20 ἐν τάφῳ πορφυρῷ · τὸ δὲ πρῶτον ὕδωρ φύλαξον · εἶτα θάψον τὸν νεκρὸν πάλιν ὡς ἀνωτέρω ἐν ἱππείᾳ κόπρῳ ἡμέρας μ', ἀνὰ ἑπτὰ ἡμέρας παραλλάσσων τὴν κόπρον. Δεύτερος τάφος καὶ καῦτις πρώτη αὕτη.

---

1. ἄνθρωποι] Cp. ci-dessus, p. 86, l. 1. — 3. Réd. de Lc : ἠξιώθησαν τῶν ἐφευρόντων ταύτην τὴν θείαν τέχνην · Puis dans Lc : ἡμεῖς δὲ (l. ὑμεῖς δὲ) τῇ τῆς Κλ. βρ. ἐξηγ. ἐξακολουθοῦντες. — 4. οὕσεις] ἴσης A; οὕσετε E. — χαρήσεσθε E. — 5. ἐκείνη γάρ φησιν οὕτως · ἄνελθε εἰς τὴν στ. E. — Cp. Comarius, IV, xx, 11. — Réd. de E : ἐγὼ δὲ πλ.. εἴποιμι · ἄνελθε εἰς τὸ πετηνὸν τὸ τετράστοιχον, τὸ κείμενον μέσον... — 8. ἀλλ' ἐμφ. κατὰ τὴν ἰδέαν ᾠῷ. — 9. Réd. de E : λαβὼν δὲ τοῦτο τὸ (τούτῳ τῷ E) ᾠὸν, ἀποδ. αὐτό, καὶ ἄν. πρ. καὶ σ. ἀνελεῶς. — 10. πολυονύμως E, f. mel. — 11. βάλλε] F. l. καλῶς. — 12. εἰς ἱππείαν κόπρον E. — 13. τὸν τόπον] F. l. τὴν κόπρον (ici et aux §§ 4 et 5). — ἐμπρόθ. ἡμέραν E. — 14. ἔσχε] ἔχε E. — 15. Réd. de E : καὶ αὐτή, ἐστι πρ. πο. κ. πρ. τάφος. — Dans A, la mention de chacun des 8 tombeaux paraît être rédigée en un vers iambique, moyennant deux légères corrections. — 17. F. l. περιφλόγως ὀρῶν. — ὀρὸν om. E. — ἀνασπάσας; τὸ ὕδωρ τὸ ἀμιγὲς E. — 19. τρίψας] τρίβε E. — 22. Réd. de E : καὶ οὗτός ἐστιν ὁ δ. τ. καὶ καῦτις πρώτη.

4] Μετὰ δὲ τὴν ἐμπρόθεσμον ἐξελὼν ἐκ τῆς κόπρου, λείωσον πάλιν αὐτὸ ἐν μαρμάρῳ, τοῦ φυλαχθέντος ⟨ὡς⟩ ἀνωτέρω πρώτου ὕδατος, καὶ θὲς ἐν τοῖς ἄμβιξι, καὶ ἀνάσπα ὕδατα ὡς καὶ πρότερον · καὶ τὸ μὲν φύλαξον, τὸ δὲ ἐνλειώσας τῇ τέφρᾳ, θὲς πάλιν ἐν ἱππείᾳ κόπρῳ ὁμοίως
5 ἐν ἡμέραις μ′, ἀνὰ ἑπτὰ ἡμέρας παραλλάσσων τὸν τόπον. Τρίτος τάφος πέφυκε (f. 231 r.) καῦσις δευτέρα.

5] Ἔπειτα λαβὼν τὸ καταχώσας μετὰ τὸν ἀριθμὸν τῆν μ′ ἡμερῶν, λείωσον μετὰ τοῦ φυλαχθέντος ὕδατος, καὶ θὲς πάλιν ἐν ἄμβιξι, καὶ ἀνάσπα ὕδατα ὡς ἀνωτέρω · καὶ τὸ μὲν φύλαξον, τὸ δὲ συλλείωσον τῷ
10 συνθέματι, ἡμέρας κα′, κατάχωσον ἐν ἱππείᾳ κόπρῳ, ἀνὰ ἑπτὰ ἡμέρας παραλλάσσων τὸν τόπον. Τέταρτος τάφος, καῦσις δὲ τρίτῃ πέλει.

6] Πάλιν μετὰ τὴν ἐμπροθέσμον κα′ ἡμέρας λαβὼν τὸ σύνθεμα, λείωσον μετὰ τοῦ φυλαχθέντος ὕδατος ἡμέρας ζ′, ὡς καὶ πρότερον, καὶ ἀνάσπα ὕδωρ δι᾽ ἄμβικος, καὶ τὸ μὲν πρῶτον φύλαξον, τὸ δὲ δεύτερον
15 συλλείωσον τῷ συνθέματι, κατάχωσον ἡμέρας κα′, ἀνὰ ἑπτὰ ἡμέρας παραλλάσσων τὴν κόπρον. Πέμπτος τάφος πέφυκε καῦσις τετάρτῃ.

7] Καὶ μετὰ τὴν κα′ ἡμέραν, ἐξελών, λειοτρίβησον μετὰ τοῦ φυλαχθέντος ὕδατος · καὶ θὲς ἐν ἄμβιξι, ἀνάσπα ὕδατα · καὶ τὸ μὲν φύλαξον, τὸ δὲ συλλείωσον, καὶ θάψον κα′ ἡμέρας. Ἕκτος τάφος
20 βέλτιστος, καῦσις δὲ πέμτῃ.

8] Εἶτα λαβὼν ἐκ τῆς φθορᾶς τὸ ἄφθαρτον, λείωσον τῷ φυλαχθέντι ὕδατι καὶ ἀνάσπα ὕδατα · καὶ τὸ μὲν φύλαξον, τὸ δὲ συλλειοτρίβησον, ὡς ἀνωτέρω, καὶ θάψον κα′ ἡμέρας. Ἕβδομος τάφος ⟨ἐστὶ⟩ καὶ καῦσις ἕκτη.

---

1. τὴν ἐμπρόθ. ἡμέραν E. — ἐκ τὴν κόπρον A. On trouve dans les papyrus du Louvre, p. 334, ἐξ Ἡρακλεούπολιν et dans nos textes, I, v, 1 : ἐξ αὐτόν, que nous avons cru devoir corriger en ἐξ αὐτοῦ. Cp. V, 1, 18. — 2. F. l. μαρμαρῷ (ici et plus bas). — 3. θὲς ἐν ἄμβικι E. — τὰ ὕδατα E, ici et partout. — 5. Réd. de E : καὶ οὗτός ἐστιν ὁ τρίτος τάφος καὶ καῦσις δευτέρα. — 7. τὸ καταχ. — ἡμερῶν om. E. — τὸ] F. l. καὶ. — 8. ἄμβικι E, ici et par-tout. — 11. Réd. de E : καὶ οὗτός ἐστι τέτ. τάφος, καὶ καῦσις τρίτη. — 12. κα′ ἡμέρας] εἰκοστὴν καὶ μίαν ἡμέραν E, f. mel. — 14. τὸ ὕδωρ E. — 15. καὶ πάλιν κατάχ. E. — 16. τὴν κόπρον] τὸν τόπον E. — 19. Réd. de E : καὶ οὗτός ἐστιν ὁ ϛ′ τάφος, καὶ καῦσις ε′ (καῦσις δὲ πέμπτη, Lc). — 20. F. l. βέλτιστε (préférable pour le sens et pour le mètre). — 23. ἕβδομος] ὕδομος A (indice d'un original du xe au xiie siècle). Réd. de E : καὶ οὗτός ἐστιν ὁ ἕβδομος τάφος, καὶ καῦσις ἕκτη.

9] Τελευταῖον ἐκβαλὼν τὸ σύνθεμα ἀπὸ τοῦ ἄγγους λειοτρίβησον
ἡμέρας ζ΄ μετὰ τοῦ φυλαχθέντος ὕδατος · καὶ λαβὼν τὸ σύνθεμα,
πότισον αὐτὸ λειοτριβῶν ἐν μαρμάρῳ πάντα τὰ ὕδατα ἡμέρας τόσας
δέοι ἵνα πίῃ τὰ ὕδατα τὸ σύνθεμα, καὶ ψυγὲν ἐν ἡλίῳ, καὶ μετὰ
5 τούτου αἰθάλωσον, καὶ ἔχε πνεῦμα. Ὄγδοος τάφος [f. 231 v.] ἑβδομὴ
καὶ ἡ καῦσις.

IV. XXIV. — POUR BLANCHIR (LE CUIVRE)

Transcrit sur A, f. 231 v. (Suite du texte précédent, sans séparation.)

1] ΩΣΤΕ ΛΕΥΚΑΝΑΙ. — Λαβὼν ἀρσενίκην χρυσίζον, φολίατον,
μίξον μετὰ ἅλατος ἴσου, τρίψον ἐν ἰγδίῳ καλῶς, θὲς ἐν μαρμάρῳ
καὶ τρίβε μετὰ ὄξους, ὥσπερ χρῶα δὴ τῶν ζωγράφων, καὶ βάλε εἰς
10 τὸν ἥλιον ἀναξηραίνεσθαι. Καὶ πάλιν τρίβε μετὰ ὄξους · τοῦτο ποίη-
σον ἡμέρας γ΄. Ἔπειτα λαβὼν ἄγγος νέον πυρίμαχον, ἐν τούτῳ
αὐτὸ γεγεννημένον καὶ βεβαμμένον θὲς τὸ σύνθεμα ἀπέσω ?, καὶ περι-
χρίσας τὰς ἁρμογὰς ὥστε μὴ ἐκπνεῦσαι · τοῦτο γὰρ ἀπολέσει πᾶσαν
βαφήν. Αἰθάλωσον ἀκριβῶς ὥστε μὴ ἀπομεῖναί τινα μελανίαν. Πάλιν
15 βαλὼν ἐν μαρμάρῳ, τρίβε μετὰ ὄξους, καὶ πάλιν αἰθάλωσον. Εἶτα
λαβὼν χαλκὸν ἐρυθρὸν καλόν, ποίησον λάμνας πλατείας καὶ λεπτάς ·
θερμάνας, καταβάπτων εἰς ὄξος φορὰς δύο, ἔπειτα χωνεύσας αὐτὸν
τρίς, ἐπίρριψον εἰς τὴν ἄγγαν τοῦ χαλκοῦ κεράτια δ΄, καὶ ἴδῃς
γενόμενον λευκόν.

---

1. ἐκβαλὼν A; ἐκβαλι E. Corr. conj. —
ἀπὸ τῆς ἄγγου A; om. E. — 2. Réd. de E
Le : μετὰ τοῦ φυλ. ὕδ. ἐν μαρμάρῳ καὶ πότιζε
αὐτὸ πᾶσι τοῖς ὕδασι ἕως οὗ πίῃ πάντα τὰ
ὕδατα · εἶτα ψυγὲν ἐν ἡλ. αἰθάλωσον αὐτὸ καὶ
ἔχε. Καὶ οὗτός ἐστιν ὁ ὄγδοος τάφος, καὶ καῦσις
ἑβδόμη. Puis dans E seul : τέλος. — 3.
τόσας; F. l. ὅσας. — 5. τούτου] F. l. τοῦτο.
— ὄγδοος; εὔδομος A. — ἑβδόμη] εὐδομικὴ

A. — 7. F. suppl. ὥστε λευκάναι ‹τὸν χαλ-
κόν›. Le a écrit puis biffé ὥστε λευκάναι,
et continué comme E, qui donne ici le
morceau intitulé χρυσοῦ ποίησις (ci-après,
V, XXI) placé dans A à la suite du pré-
sent article. — F. l. ἀρσενίκην. — 9. F.
l. χρωᾷ τῇ. — 12. ἀπέσω] C'est peut-être
un synonyme inconnu de ἔσωθεν. — 18.
τρίς] τρίτον A.

2] Βάλλεται ἕν ἐξάγιον εἰς χιλίας χιλιάδας βάρος καθαρὸν, ἤγουν θείας, διὰ γοῦν τὸ βάρος βούλεται ἓν εἰς χιλιάδα, καὶ ἐκ τῶν χιλίων πάλιν ἓν εἰς ἕν. Ἔν τισι γέγραπται ἐῶ (?) καὶ ἀληθέστερον εἶναι δοκεῖ ὅτι θεῖον ὄξος καὶ ὁ ἀὴρ, ἢ ἐκ τῆς ἐργασίας ἀπολειφθέντος ἰσάκις βάλλονται ἐν τῇ κολωκύνθῃ, καὶ διοργανίζονται, ἵνα κάλλιον λαμπρυνθῶσιν · καὶ οὕτως μετ᾽ αὐτῶν λειοτρίβεται τὸ σύνθεμα τῇ ἡ ὑστέρα φορά, καὶ τελειοῦται.

---

1. ἐξάγιον A. — 2. βάλεται corrigée en βούλεται A. — 3. ἓν εἰς ὅν] F. l. x´ εἰς x. — ἔν τισι] ἐν τῇ τοι A. — 4. ἢ] ἡ A. — F.

1. ἀπολειφθέντα. — 5. F. l. κολωκύνθῃ. — 6. F. l. λειοτρίβεται. — F. l. τῇ ὑστέρᾳ φορᾷ.

CINQUIÈME PARTIE

TRAITÉS TECHNIQUES

V. 1. — ΠΕΡΙ ΤΗΣ ΤΙΜΙΩΤΑΤΗΣ ΚΑΙ ΠΟΛΥΦΗΜΟΥ ΧΡΥΣΟΧΟΙΚΗΣ

*Transcrit sur A, f. 280 r., seul manuscrit connu. (Quelques articles dans Laur.).
— Sauf indication spéciale, toutes les leçons rejetées en note sont celles du
ms., remplacées dans le texte par des corrections conjecturales.*

1] ΠΕΡΙ ΤΟΥ ΛΑΓΑΡΙΣΑΙ ΤΟ ΧΡΥΣΙΟΝ. — Λαϐὼν ἄλας θαλάσσιον,
θὲς εἰς τρυγίαν στερρὸν καὶ φίμωσον αὐτὸν ἄνωθεν, καὶ θὲς ἐντὸς
5 πύραν ἕως οὗ να κάῃ · καὶ θὲς καμπανοῦ ἄλας ϛ´ μέρη κεκοσκινισ-
μένον, καὶ κεραμίδην f. 280 v.) κεκοσκινισμένον τὸ τρίτον, καὶ
βαλὼν εἰς ϛ´ γαστρία, πάτον ἄλας καὶ πάτον χρυσάφην, ἵνα ἔνη
σφυρισμένον ὥσπερ λέπος καὶ να ἔνη κεχρησμένον γύρωθεν μετὰ πηλοῦ
τῆς σοφίας. Καὶ ἔκτοτε βάλε αὐτὸ εἰς τὸ φουρνέλλον, ὥστε να ψηθῇ.
10 Τὸ δὲ φουρνέλλον ἐστὶ ταῦτα. Λαϐὼν χύτραν, τρύπησον μέσον εἰς τὰ
πλάγια σταυροειδῶς, καὶ βάλε ϛ´ σίδηρα, καὶ θὲς τὰ γάστρια μετὰ τὸ
χρυσίον εἰς τοῦ σταυροῦ τὴν μέσην, καὶ ποίησον εἰς τῆς χύτρας τὸν
πάτον ὀπήν, ἵνα ἐξεϐαίνῃ ἡ τέφρα. Καὶ ἔκτοτε ἔμπλησον κάρϐουνα,

---

3. Presque tous les titres sont écrits
en rubrique. — Ce morceau est rédigé
en grec byzantin. — 4. στερρὸν. — 5. F.
l. πυρὰν (ici et presque partout). — νακαϊ.
— 6. τὸ τρίτον] F. l. τρίς? — 7. χρυσαφὴν]
Lire χρυσάφιν, et, généralement, ιν,
forme byzantine, là où la finale ιν
appartient à un mot neutre. — 8. ἔνη]
ἔναι. — 9. φούρνελον, ici et presque par-
tout. — ψαθῇ. — 13. ἐξεϐαίνη. — ἔπλησον.

καὶ ἀγωνίζου ἵνα ψήνηται τὸ χρυσίον · ἡ δὲ ἔνει τὸ χρυσίον κέντρον, πάλιν ἐπὶ τὴν αὔριον μάλαξον τὸ κεραμίδιν μετὰ ἅλας, καὶ πάλιν ἃς ψείνεται ἕως ὥρας.

2] ΕΙΣ ΤΟ ΛΑΓΑΡΙΣΑΙ ΑΡΓΥΡΟΝ. — Ποίησον χωνὶ μετὰ τέρρας
5 καὶ κεράμου κεσκινισμένου, καὶ θὲς ἄσημον λίτραν α΄ ἐν τῷ χωνίῳ· καὶ κατάκοψον λίτραν μόλιβδον, καὶ βάλε ἐν τῷ χωνίῳ ὀλίγον, καὶ ἃς βράζει ἕως οὗ ψυχρανθῶσιν ἐφ' ἑαυτοῖς · καὶ ἔκτοτε ποίησον ἑτέραν χώνην καινὴν ἐν τῇ γῇ, καὶ θὲς τὸν ἄσημον πάλιν μέσον ὥστε να ψυχρανθοῦν ἐφ' ἑαυτοῖς βράζωντες · εἶθ' οὕτως ἆρον αὐτό,
10 καὶ θὲς ἐν χωνίῳ, καὶ λῦσον αὐτὸ ἐν πυρί, καὶ χύσον ὡς θέλεις.

3] ΕΡΜΗΝΕΙΑ ΤΟΥ ΧΡΥΣΩΜΑΤΟΣ. — Λαβὼν χρυσίον ἐξάγιον α΄, σφύρισον αὐτὸ ἄκμονι ὥσπερ λεπτὸν, καὶ κατάκοψον, καὶ θὲς ἐν τῷ χωνίῳ ἐν τῇ πύρᾳ ὥστε ἐρυθριάσῃ. Καὶ τότε βάλλων μέσον τοῦ χρυσίου να ποιήσῃ ὥρα πατὲρ ἡμῶν. Καὶ βάλλων διάργυρον ἐν τῷ
15 χωνίῳ, καὶ μίξον, καὶ ἆρον ἀπὸ τοῦ πυρός · καὶ βαλὼν ὕδωρ εἰς χηβάδιν, καὶ ἆρον αὐτὸ, καὶ πλῦνον καλῶς ἐν τῇ χειρί σου. Καὶ βαλὼν ὑδράργυρον ἕτερον, θὲς αὐτὸ εἰς τὸ ὕδωρ τοῦ κογχυλίου, καὶ διαργύρωσον τὸν ἄσημον καὶ μετὰ νεραντζίου. Καὶ τότε χρύσωσαι αὐτὸ με τὸ χρυσωτήριον. Καὶ βαλὼν αὐτὸ ἐν τῇ πύρᾳ, ἆρον αὐτὸ
20 καὶ τρίψον f. 281 r.\ μετὰ βρούτζον χοιρείαν. Καὶ πάλιν βαλὼν αὐτὸ ἐν τῇ πύρᾳ κατὰ ε΄ καὶ Ϛ΄ φόρας, καὶ ὅταν ἴδῃς τὴν χρόαν ὅτι ἐξεβαίνει, πύρωσον πλέον, καὶ θὲς τῷ ὕδατι · εἶθ' οὕτως στλίβωσον αὐτό, καὶ πάλιν πυρώσας, θὲς ἐν τῷ ὕδατι.

4] ΧΡΥΣΩΜΑΝ ΑΛΛΟΝ ΚΛΑΗΩΤΟΝ. — Χύσον ἄργυρον εἰς ῥιγλοχύτην,
25 ἵνα ἔνει λαγαρισμένον ἑπταπλασίονα · εἶθ' οὕτως πύρωσον αὐτὸ εἰς τὸν σύρτην εἰς πᾶσαν φορὰν Ϛ΄ ἢ γ΄. Εἶθ' οὕτως ῥίνισον αὐτὸ με

---

1. Ψήνηται] Forme altérée de φαίνομαι? — ἡ] F. l. ἢ. — 3. F. suppl. ἕως ὥρας ‹πατὲρ ἡμῶν› Cp. plus loin, notamment § 30. — 7. ἀσπάζει, forme byzantine de l'impératif de βράζω. — Dans le manuscrit, ἃς, να et με sont toujours dépourvus d'accent et adjoints au mot qui les suit. — 8. ἐφ' ἑαυτοῖς. — 9. αὐτῶ. — 12. σφύρισον. — 17. βαλὼν] F. l. λαβών. — 18. χρύσωσε. — 21. χοιρίαν. — 22. ἐξέβηνη, presque partout. — 25. λαγαρισμένον]. Le néogrec supprime le redoublement du parfait. — αὐτῶ. — 26. σύρτην. — Ϛ΄ ἢ γ΄] F. l. δὶς ἢ τρίς.

ῥινάριν δαμασκηνὸν ψιλὸν, καὶ κοπάνισον τὸ χρυσάφην λεπτὸν, ἵνα
ἔνη μάλαγμα. Εἶτα θὲς τὸ πέταλον ἐπάνω εἰς τὸν ἄσημον · καὶ τυλίξας
αὐτὸ μετὰ ῥαμματίου, καὶ θὲς ἐν τῇ πύρᾳ ὥστε ἐρυθριᾶν. Καὶ ἄρον
αὐτὸ ἐκ τοῦ πυρὸς · καὶ σθλίβωσον αὐτὸ μετὰ ἐλιάκονον · καὶ ὅπου λείπει
5 χρυσάφην, θὲς με τὸ ἀκόνην. Καὶ πάλιν θὲς μέσον τοῦ πυρός, καὶ ἄρον,
σθλίβωσον κατὰ γ΄ φοράς · καὶ ἔκτοτε σύρε νέμαν ἐν τῷ συρταρίῳ.

5] ΕΡΜΗΝΕΙΑ ΕΙΣ ΤΗΝ ΕΓΚΟΨΙΝ. — ⟨Λαβὼν⟩ ἄσημον λαγαρισ-
μένον μέρη ϛ΄, βαλὼν αὐτὰ εἰς χωνὴν ἔσω ἐν τῷ πυρὶ, καὶ ἀνάδευσον
τὸ χωνίον μετὰ ποδῶν προβάτου, καὶ να θέσῃς τὴν τεάφην ἐκείνην τὴν
10 εἴσω ζυγισμένην πρὸς ὀλίγον ὀλίγην, ὥστε να ἐξέβη ὁ ἀτμός · καὶ τότε
βάλε εἰς τὸ χωνίον · τρίψον τεάφην ἑτέραν εἰς ἕτερον χωνίον, καὶ
πώμασον καλῶς ἕως τὴν μέσην · καὶ χύσον αὐτὰ μέσον, καὶ τότε
τρίψον ἐν τῇ ἀκμώνῃ · καὶ θὲς ἐν τῇ κογχύλῃ, καὶ πλύνον καλῶς.
Εἶθ᾽ οὕτως βάλε ὕελον βραχὺ εἰς ἀγγεῖον μολυβδοῦν, ἵνα βράσῃ.
15 Ἔπειτα ῥίψον εἰς ἕτερον ἀγγεῖον, εἶτα εἰς τὸ γλυψημένον τοῦ ἀργυρίου
ἢ τοῦ χρυσαρίου μετὰ σαπουνίου καὶ μὲ τζαπαρικόν · καὶ θὲς ἐν τῇ
πύρᾳ, καὶ ἔκβαλον αὐτὸ ἐκ τοῦ πυρός, ῥίνισον με κίσσηριν, καὶ σθλί-
βωσον μετὰ κάλαμον, καὶ με κάρβουνον ὕστερον καὶ με σηπόγαστρον.

6] ΕΡΜΗΝΕΙΑ ΤΟΥ ΣΜΑΡΔΟΥ. — Τρίψον λεπτὰ τὸν σμάρδον ἐν τῇ
20 ἀ-[f. 281 v.] κμώνῃ, καὶ θὲς εἰς κογχύλην · καὶ πλύνον καλῶς. Εἶτα
βάλε ἐν τῷ γλύμματι · θὲς αὐτὸ ἐν τῇ πύρᾳ ἐν φουρνελλίῳ σιδηροῦν
καθὼς καὶ τὴν ἔγκοψιν ἐν φουρνελλίῳ · ἔστω δὲ τὸ φουρνέλλιον
σιδηροῦν πέταλον καμαροειδῶς καὶ κοσκινοειδῶς τετρημένον · καὶ
ἔνεγκον αὐτό, τρίψον, ὥστε ἴδῃς τὸν ἄσημον μεσμιρεῖν μετὰ μολίβδου
25 ἐν ξύλῳ. Καὶ πάλιν θὲς ἐν τῇ πύρᾳ εἰς τὸ φουρνελλίῳ, να κινήσῃ
δεύτερον ὁ σμάρδος.

<hr>

1. ψιλὸν] ὑψηλὸν, ici et partout. — 2.
τ[υλίξας. — 3. ῥαμματίου. — ἐρυθριᾶν. — 4.
ἐλιάκονον] A rapprocher de ἐλαιοκονία. --
ὅπου λίπη. — 6. σύρε. — F. l. νέμαν (pour
νέμαι). — συρταρίου. — 7 et 22. ἔγκαψιν.
— 14. μόλιβδον. — 15. F. l. γλυφθησόμενον.
— 17. F. l. ἐκβαλών. — 19. σμάρδου et, à

l'encre noire χ au-dessus de κρ. —
σμάρδον] même surcharge, de 1ʳᵉ main
comme l'autre. Corr. conj. (M. B.). —
21. γλύμματι. ··· φουρνέλλιο ici et partout.
— 22. καθὼς] F. l. καθεὶς. — F. l. εἰς
τόδε τὸ φ. — 24. F. l. ἐνεγκών. — 25.
σμάρδος] σμάραγδος. Corr. conj. (M. B.).

7] ΕΡΜΗΝΕΙΑ ΤΟΥ ΣΑΠΟΥΝΙΟΥ. — Τρίψον ἅλας, καὶ μίξον ὄξει
σάπωνον. Λείωσον καλῶς, καὶ θὲς ἐν τῇ πύρᾳ, ὥστε να καῇ εἰς τρυγείαν
στερρόν · καὶ πάλιν θὲς τρυγείαν ἐν τῇ πύρᾳ ἃς καῇ καλῶς. Εἶτα
ζύγισον αὐτὸ, καὶ θὲς μέρη ϛ΄ τρυγείαν κεκαυμένην καὶ ἓν ἅλας
5 θαλάσσιον · καὶ βαλὼν αὐτὸ εἰς κογγύλην, λείωσον αὐτὸ μεθ᾽ ὕδατος,
καὶ σαπούνισον τὸν ἄσημον.

8] ΕΡΜΗΝΕΙΑ ΕΤΕΡΟΥ ΣΑΠΟΥΝΙΟΥ. — Λαβὼν σαπούνην, λείωσον
καλῶς μετὰ ἅλατος πολλοῦ. Εἶτα θὲς ἐν τῷ πυρὶ εἰς τρυγείαν στερρὸν,
καὶ ἀνάδευσον ὥστε να καῇ, οὐχὶ τελεία, ἀλλ᾽ ὥστε ἐν ἀγγείῳ ἄλλῳ
10 λάμψει μέσον. Καὶ ἔκτοτε ἆρον αὐτὸ, καὶ τρίψας, λείωσον μεθ᾽ ὕδατος,
καὶ σαπούνισον. Εἶτα θὲς εἰς ὕελον βοράχην παράνωθεν.

Ἄλλοι δὲ σαπωνίζουν μόνον μετὰ ὕελον εἰς ψιλὴν δουλείαν · εἰς
χρυσάφην ἐὰν τὸ ἔχουσιν.

9] ΕΡΜΗΝΕΙΑ ΤΗΣ ΒΑΣΙΛΙΚΗΣ ΚΟΛΛΗΣΕΩΣ. — Λαβὼν χρυσάφην
15 μέρη γ΄ καὶ τὸ τέταρτον μέρος ἀσήμην ἀπὸ παλαιὰ σολδία · καὶ χύσον
αὐτὸ εἰς ῥυγλωχύτην, καὶ ἐὰν ἔνη ψιλὴ ἡ δουλεία, ποίησον τὸ ῥίνισμα ·
εἰ δὲ ἔστι χονδρὰ ἡ δουλεία, ποίησον τὸ πέταλον, καὶ κόλλησον μετὰ
πανίου καμίνου μέρη β΄, καὶ μετὰ ὕελον βοράχην τὸ τρίτον.

10] ΠΕΡΙ ΤΗΣ ΒΑΣΙΛΙΚΗΣ ΚΟΛΛΗΣΕΩΣ ΤΗΣ ΑΡΓΥΡΗΣ. — Λαβὼν
20 ἀσήμην, σολδία παλαιὰ ⸗ γ΄ χάλκομαν κόκκινον ἐξάγ. α΄ · μίξον αὐτὰ
εἰς χωνίον ἐν τῷ πυρί · καὶ χύσον αὐτὰ εἰς ῥυγλοχύτην · καὶ ἀνέχεις
ψιλὴν δουλείαν, ποίησαι τὸ ῥίνισμα, καὶ κόλλησον · εἰς δὲ χονδρὰν,
ποίησαι τὸ πέταλον, καὶ κόλλησαι με σαπούνιον.

Ἄλλοι δὲ θέτουν γ΄ μέρη ἀσήμην, καὶ α΄ χάλκομαν.

25 11] ΑΛΛΗ ΕΡΜΗΝΕΙΑ ΤΗΣ ΑΡΓΥΡΟΚΟΛΛΗΣΕΩΣ. — Λαβὼν ἀσήμην
ἐξάγια γ΄, οἷον ἀσήμην θέλῃς ποιῆσαι · καὶ χάλκομαν ⸗ ϛ΄ · θές τα εἰς
χωνίον ἐν τῷ πυρὶ, ὥστε να λυθοῦν. Καὶ ἔκτοτε ἔπαρον κασσίτερον
⸗ α΄ · καὶ θὲς μέσον εἰς τὸ χωνίον, καὶ ἀνάδευσον, καὶ χύσον εἰς

---

2. καὶ, presque partout. — 6. σαπούνη-
σον. — 7. F. l. σαπούνιν, ici et plus loin.
— 15. A mg. : χρυσόκολλαν. — 18. F. l.

καμίνου (M. B.). — 21. F. l. καὶ ἂν ἔχῃς.
— 22. F. l. εἰ δὲ. — 26. Lire χάλκωμα,
et ainsi des autres mots neutres en αν.

πανὴν ἐπάνω, καὶ πλάκωσον με μάρμαρον. Ἔπειτα τρίψον ἐν τῷ
ἀκμώνῃ, καὶ σαπούνισον, καὶ κόλλησον.

12] ΕΤΕΡΑ ΚΟΛΛΗΣΙΣ ΤΑΧΥΤΑΤΗ, Η ΑΛΛΑΜΑΡΣΑ. — Λαβὼν χάλ-
κομαν κόκκινον καὶ ποντικοφάρμακον κόκκινον ὅσον τὰ β΄, καὶ τρυγίαν
5 οἴνου οὐχὶ τόσον · θὲς πάντων τὰ εἴδη, καὶ πάτον τὸ χάλκομαν, καὶ τὸ
ποντικοφάρμακον, καὶ τὴν τρυγίαν · τρίψον εἰς μάρμαρον, καὶ ῥίμωσον
τὸ χωνίον ταυλοειδῶς, ἢ ποίησον μίαν ὀπὴν εἰς τὴν μέσην. Ἔστω δὲ
λεπτότατον κεκομμένον τὸ χάλκομαν. Ἔστω δὲ ἡ ὀπὴ μικρὰ ὥσπερ
σουβλίου ἄνωθεν ἵνα ἐξεβαίνῃ ὁ καπνός. Ἔπειτα ἄρας, χύτον εἰς ῥυ-
10 γλωχύτην · καὶ ὅταν θέλῃς να κολλήσῃς, θὲς ἀπὸ τὸ χάλκομαν τῶν
εἰδῶν τὸ δ̅ον μέρος, καὶ ἀπετὸ ἀσήμην τὸ ποιεῖς τὰ γ΄ μέρη · καὶ θὲς εἰς
χωνίον ἵνα λυθῶσιν, καὶ χύτον εἰς ῥυγλωχύτην καὶ ποίησον τὸ ῥίνισ-
μαν · καὶ ὅταν θέλῃς κολλῆσαι, σαπούνισον, καὶ θὲς τὸ ῥίνισμαν. —

13] ΕΡΜΗΝΕΙΑ ΕΙΣ ΤΟ ΠΟΙΗΣΑΙ ΧΡΟΑΝ ΧΡΥΣΑΦΙΟΥ. — f. 282 v.
15 Λαβὼν τὴν λεγομένην ὤχραν, θὲς ἐν τῷ πυρὶ ὡς ὅτε ἐρυθριᾷ ·
καὶ ἔκτοτε ἄρον, καὶ λείωσον ἐν ὕδατι μετὰ τζαπαρικοῦ, καὶ χρῖτον τὸ
χρυσάφην, καὶ θὲς αὐτὸ ἐν πυρί, καὶ γύριζε ὥστε να καπνισθῇ ⟨καὶ⟩
να ἔλθῃ ἡ χρόα · καὶ θὲς αὐτὸ ἐν ὕδατι.

14] ΕΙΣ ΤΟ ΠΟΙΗΣΑΙ ΧΡΟΑΝ ΕΝ ΑΡΓΥΡΩ ΣΚΕΥΕΙ · ΧΡΥΣΟΜΑΝ. —
20 Τρίψον τεάφρην καὶ σκόρδον καὶ τρυγίαν ὁμοίως · καὶ θὲς αὐτὰ εἰς
τρυγίαν στερρὸν με οὖρος καὶ ἅλας, ἵνα βράσῃ ἐν τῷ πυρί · καὶ θὲς τὸ
ἔργον μέσον ὥραν πατὲρ ἡμῶν, καὶ ἄρον αὐτό, καὶ θὲς ἐν ὕδατι ψυχρῷ.
Ταῦτα ποίει ἀπὸ ε΄ καὶ ϛ΄ φοράς, ὥστε να βαθύνῃ ἡ χρόα τοῦ χρυσώ-
ματος. Εἰς τὴν ἔγκαυσιν λείωσον ἀπὸ σολδία παλαιὰ μέρη γ΄ καὶ τὸ δ̅
25 μέρος μολίβδου, καὶ θὲς καὶ εἰς χωνὴν, καὶ χύτον εἰς τεάφρην περιττὸν,
καὶ σκέπασον.

15] ΕΙΣ ΤΟ ΓΑΝΩΣΑΙ ΑΡΓΥΡΟΝ. — Λαβὼν τζαπαρικὸν καὶ ἰάρην,

<hr>

2. F. 1. ἄκμονι. — 3. κολλήσαι. — ἀλα-
μάρσα. — 5. πάντων] F. 1. πάτον. Cp. § 1.
— 9. ἐξεβαίνῃ. — 11. ἀπετὸ] F. 1. ἀπὸ τὸ. —
F. 1. ποιεῖς τὸ ον μέρος. — 14. χρόα, ici

et partout. — 15. ὡς ὅτι ἐρυθριᾷ. — 21.
στερρὸν. — 22. ἡμῶν] ἡμοῦ. — 24. ἔγκαλην.
Introduire la même corr. conj. p. 323,
l. 7 et 22.

42

λειώσας ἐν ὄξει, χρίσον τὸν ἄσημον εἰς τὸν ἥλιον, καὶ μελανίζει εὐθὺς,
εἰ δὲ οὐκ εἰσὶν ταῦτα, κάπνισον τὸν ἄσημον μετὰ δαδίου.

16] ΣΗΜΕΙΩΣΙΣ. — Τὸν χαλκὸν λευκαίνει ἡ ἀστριοψιακή, καὶ
ἀρνογλώσσου ὁ ζωμὸς, ἤγουν τοῦ πεντανεύρου · λευκαίνει καὶ γλυ-
5 καίνει τὸν ἄργυρον τὸ σαλονίτριον. Κίνα τὸν ἄργυρον εἰς τὸ χώνην
εἰς τὸ χύμα · καὶ τὸ σαπούνην τῆς τρυγίας ξηρὸν κίνα εἰς τὸ χύμα, καὶ
τὸ τζαπαρικὸν γλυκαίνει τὸν ἄργυρον εἰς τὸ χωνήν.

17] ΜΥΣΤΙΚΟΝ. — Βάλε ἀρτζέντο καὶ ὀλίγον ἰάρην, καὶ ἀσένη
τὸ ἀρτζέντο ὅσον χρήζεις, καὶ τρίψον ἀμφότερά, καὶ βάλε εἰς τὸ χωνὴν,
10 θέλης εἰς κασσίτερον, θέλης εἰς χάλκομαν, καὶ γίνεται ἀληθινὸν μά-
λαγμαν.

18] ΠΕΡΙ ΤΟΥ ΠΟΙΗΣΑΙ ΦΟΥΡΜΑΣ. — Ποιη- (f. 283 r.) σον
χύμαν ἐκ τὰ μέταλλα ἡ ἀλκίμην · καὶ χύσον αὐτὰ εἰς τόπον τυπα-
ρίου · καὶ ἴσασον τὸν τόπον ἤγουν τὸ κεφάλην τοῦ τυπαρίου καλῶς,
15 εἴτε με ῥινήν, εἴτε διὰ τοῦ τροχοῦ. Καὶ κατάπλασαι τὸ κεφάλην ἐκεῖνον
ἔνθα μέλλεις ποιῆσαι τὸ τυπάριν με κερὴν λεπτὸν, καὶ ποίησον στεφά-
νην ἀπὸ κερὴν, καὶ θὲς γύρωθεν, ἵνα δέχεται ὕδωρ μέσα. Τότε ἔπα-
ρον ψιλὸν σουβλίον, καὶ σημείωστον τὰ σημεῖα τοῦ τυπαρίου ὅλα
ἐπάνω εἰς τὸ κερὴν ἐκεῖνον, ὥσπερ γράμματα, ὥστε να φθάσῃ τὸ
20 σουβλίον εἰς τὸ τυπάριν. Τότε τρίψον τὸ ἀρτζέντο καὶ τὸ ἰάρην εἰς
ὕδωρ ἀπὸ λεμόνην, καὶ χύσαι τὸ ἐπάνω εἰς τὸ τυπάριν ἐπάνω εἰς
τὰ γράμματα, εἰς τὴν ἀποτύπωσιν τοῦ ὁλοκοτίνου γύρωθεν καλοῦ, ⟨ἵνα⟩
μὴ δράμῃ ἔξωθεν. Καὶ εἰ μὲν θέλεις να τὸ ποιήσῃς βαθὺ, τήρα
να σταθῇ ὅλην νύκτα · εἰ δὲ θέλεις να μηδὲν γένῃ βαθὺ, ἀστέκεται
25 ἕως τὸ μεσημέρην. Καὶ ἐξελὼν, εὑρήσεις τετυπωμένον τὸ τυπάριν
χρησίμως · χρησίμως γὰρ αὐτὸ κόπτει τὸ ἀρκέτιον τὸ ἄλκιμον.

<hr>

3. Titre en noir avec initiale en ru-
brique. — 5. κίνα] F. l. κίναι (ici et plus
loin). (αι et α sont presque semblables
du xᵉ au xııᵉ siècle, indice probable de
l'âge de ces textes.) — 8. ἀσένι, pour
ἀς ἕνη. — 13. F. l. ἢ ἀλκ. — 16. μέλεις.
— 19. κερὴν, aujourd'hui κερί. — 21. χύσε.
— 22. F. l. καλῶς. — 23. δράμι. — βαθὴν,
ici et plus loin. — F. l. τήρει. (Voir la
note sur la ligne 5.). — 24. ἀστέκεται]
F. l. ἀς στέκηται. (Cp. Du Cange, Glossar.
v. στέκω.). — 25. ἔξελον.

19] ΠΕΡΙ ΧΡΥΣΟΓΡΑΜΜΙΑΣ ΕΤΕΡΟΝ. — Τρίψον βῶλον ὥσπερ κιννάβαριν · ἔπειτα ἔπαρον τοῦ ὠοῦ τὸ λευκόν, καὶ θὲς εἰς ἀγγεῖον · καὶ βαλὼν ὕδωρ, τάραξον καλῶς, καὶ ἐξάφρισον ἕως ὅτε να ἐαγῇ ὁ ἀφρὸς ὅλος. Ἔπειτα βαλὼν ἀπὸ τὸ ὕδωρ τοῦ ὠοῦ, καὶ μίξον με τὸν βῶλον.
5 Εἶθ᾽οὕτως θὲς ὅπου χρῄζεις, καὶ ἀφ᾽ ὅτου ξηρανθῇ, θὲς πάλιν ἐπάνω εἰς τὸν βῶλον ἀπὸ τοῦ ὠοῦ τὸ λοιπόν · καὶ θέτε ⟨εἰς⟩ τὸν ἀέρα τὸν χρυσόν, καὶ ἀφ᾽ ὅτου ξηρανθῇ, ἐπάνω, τρίβε καὶ σθλίβονε f. 283 v. με τὸ παρακόνην.

20] ΠΕΡΙ ΤΟΥ ΠΟΙΗΣΑΙ ΧΡΥΣΑ ΚΕΦΑΛΑΙΑ ΕΝ ΒΙΒΛΟΙΣ. — Λάβε
10 χρυσάφην καθαρὸν καὶ λέπτινον, καὶ ἀνάμιξον μετὰ ἀργυρίου, ⟨θὲς⟩ ἐν πυρὶ εἰς τὸ χωνήν. Εἶτα βάλε τιάφην, καὶ ἀνάμιξον μετ᾽ αὐτοῦ ἐπὶ μάρμαρον πορφυροῦν · καὶ τρίψον αὐτὰ ὅσον σοι δυνατὸν ἵνα γένηται ὥσπερ πασπάλη · καὶ θὲς αὐτὰ εἰς πινάκην ἀγάνωτον πήλινον · καὶ θὲς αὐτὰ ἐν πυρὶ μαλθακῷ, καὶ σκέπασον μετὰ ὀστράκου
15 καθαροῦ · καὶ ἐπιμελήθητι ἵνα ἐκκαῇ ἕως οὗ ἐρυθριάσῃ. Ἔπειτα ψυχρανθήτω ἐν μαρμάρῳ πορφυρῷ, καὶ τρίψον μετὰ ὕδατος πολλοῦ καὶ μικροῦ σπογγαρίου · καὶ σύναξον αὐτά, καὶ βάλε εἰς ἀγγεῖον καθαρόν · καὶ ἔα αὐτὸ ὀλίγον, ἕως οὗ να καθαρίσῃ κάτω · καὶ ῥίψας τὸ ὕδωρ, πάλιν πλύνον αὐτὸ ἕως οὗ καθαρισθῇ ἀπὸ τῆς ὕλης · καὶ ὅταν
20 θέλῃς, γράψεις.

Βάλε ἀφ᾽ ἑσπέρας κομίδιν μεθ᾽ ὕδατος, καὶ σύγκαυσον μετὰ χρυσαρίου · εἶτα γράψον πρῶτον τὰ κεφάλαια · εἶτα θές τι ἕτερον μετὰ ὤχρας ἀναμιγμένα μετὰ τοῦ κομιδίου ἢ λαγγάνη μετὰ κινναβάρεως · ἐπάνω δὲ αὐτῶν τῶν κεφαλαίων γράφε μετὰ ζωγραφικοῦ κονδυλίου ὡς
25 ἔθος ἐστὶν τῶν κονδυλίων, καὶ ἀποτέλει τὰ χρυσᾶ.

21] ΠΕΡΙ ΤΟΥ ΧΡΥΣΩΣΑΙ ΖΩΑ ΕΙΣ ΚΟΠΑΝ Η ΚΛΑΔΗΝ Η ΑΛΛΟΝ ΕΤΕΡΟΝ ΚΑΙ ΤΟ ΑΛΛΟΝ ΑΧΡΥΣΩΤΟΝ. — Λαβὼν ὀστέα προβατίνας,

1. Les §§ 19, 20 et 21 sont dans Montfaucon, *Pal.*, p. 5-7 et dans Fabricius, *Bibl. gr.* XII, p. 772. Cp. Gardthausen, *gr. Pal.*, p. 85. — 7. A la mg. sup. du ms. : διήγησις, de 1re main. — 14. μαλθακόν. — 16. πορφυροῦν. — 18. ῥίξας. — 24. ἀποτελει. — 26. En mg. du ms. : διήγησις — F. l. κοῦπαν. — κλαδὴν| Cp. § 39. — Voir Saglio, *Dictionn. des antiq.*, art. *cælatura*, fig. 970 et 971.

καῦσον αὐτὰ ἐν πυρὶ, ἕως οὗ τεφρωθῶσιν. Εἶτα μίξον ὀλίγον γύψον μετὰ ψιμμιθίου, καὶ τρίψον καλῶς ἕως ἂν λειανθῶσιν, καὶ μίξον ἰχθυό- κολλαν · πρόσπλαθε τοὺς τόπους ὅθεν βούλει χρυσῶσαι, καὶ ἃς ξηρανθῇ. Μετε- f. 284 r. πειτα δὲ χρύσονε τὸ ἕτερον.

5 22] ΠΕΡΙ ΤΗΣ ΕΓΚΑΥΣΕΩΣ. — ⟨Λάβε⟩ 6′ μέρη ἀσήμην ἀπὸ σολδία παλαιὰ, καὶ γ′ χάλκομαν.

23] ΕΙΣ ΤΟ ΧΡΥΣΩΣΑΙ ΖΩΑ ΕΙΣ ΚΟΥΠΑΝ, ΚΑΙ Ο ΚΑΜΠΟΣ ΝΑ ΕΝΑΙ ΑΣΠΡΟΣ. — Λαβὼν τὸ λευκὸν τοῦ ὠοῦ καὶ κεραμίδην τριμένον καὶ σιτισμένον, μὴ ἀνακδεύσῃς. Ἔπειτα χρίσον τοὺς κάμπους, καὶ θὲς εἰς 10 τὸν ἥλιον ἵνα ξηρανθῇ · εἶτα χρύσονε τὰ ζῶα.

24] ΕΙΣ ΤΗΝ ΧΡΥΣΟΚΟΛΛΗΣΙΝ. — Θέτε ἀλαμάρσα μέρος α′, καὶ χρυσάφην μέρη 6′ · καὶ εἰς τὴν ἀργυρὴν θέτε ἀλαμάρσα μέρος α′, καὶ μέρη 6′ ἀσήμην.

25] ΠΕΡΙ ΤΟΥ ΧΡΥΣΩΣΑΙ ΧΑΛΚΟΝ ΜΕ ΤΟΝ ΑΣΗΜΟΝ. — Ἀσήμην 15 φίνον κοπάνισον ψιλὰ, καὶ κατάκοψον. Ἔπειτα ποίησαι ὥσπερ τὸ χρυσάφην · διαργύρωσον καὶ χρύσωσον. Ἔπειτα ἔπαρον τρυγίαν στερ- ρόν · καὶ θὲς μέσον ἔλαιον, καὶ ἃς βράσῃ. Ἔπειτα βάλε τὴν κοῦπαν μέσον, καὶ ἃς σταθῇ ὀλίγον. Καὶ τότε ἔπαρον βαμβάκην, καὶ τρίψον · καὶ πάλιν τὸ βάνε εἰς τὸ ἔλαιον μέσον, καὶ τρίψον ἕως οὗ να στεγνώσῃ 20 μέσα εἰς τὸ ἔλαιον ὁ ὑδάργυρος.

26] ΠΕΡΙ ΤΟΥ ΧΡΥΣΩΜΑΤΟΣ ΤΟΥ ΛΕΡΟΣ ΤΟΥ ΜΑΛΑΓΜΑΤΟΣ. — Περὶ τοῦ διαργυρῶναι. ⟨Λαβὼν⟩ τὸ ἀσήμην καλὰ καὶ καθαρὰ με λεμόνην ἢ με νεράντζην, καὶ βάλε το εἰς τρυγίαν, να ποιήσῃ καλά. Ἔπειτα ἔπαρον τὸν ἀέραν, καὶ βάλε εἰς τὸ ἀσήμην ἐπάνω. 25 Καὶ παρευθὺς λύεται τὸ χρυσάφην εἰς τὸν διάργυρον. Καὶ τότε ἔπαρον ἐν σίδηρον πλατὺ καθαρόν · καὶ σολίβονε ἐπάνω εἰς τὸ πῦρ · τρίβε δὲ με λαγωπόδαρον. Ἔπειτα ὅταν ἴδῃς ὅτι στεγνώνῃ,

4. F. l. χρύσονέ το, ἔτερον (ce dernier mot annonçant un nouvel article)? — 15. φίνιο. — 16. στερόν. — 17. κούμπαν. — 19. τρίψον, en toutes lettres; F. l. λείωσιν. Le même signe sert pour les deux mots dans la notation alchimique. — F. l. στεγνωθῇ. — 21. ἀέρος] Probablement le mot latin æs, æris, bronze, grécisé (M. B.). — 23. ποιήσῃ] ποιάσῃ. — 26 πλατὺν. — 27. F. l. στεγνώσει.

ἔπαρον ὀδόντι λύκου, καὶ σθλίβονε ἄνωθεν τοῦ πυρός, καὶ χρύσονε.

27] ΚΟΛΛΗΣΙΣ ΑΝΚΟΠΥΡΙΝΗ. — Ἀρχή · ποίησον κόλλησιν, καὶ βαλὼν ϛ' μέρη κασσίτερον, καὶ α' μόλιϐδον ἐν τῷ χωνίῳ ἔσω, καὶ ὅταν λειωθῇ, βάλε τζαπαρικὸν ὀλίγον · καὶ τότε ἔπαρον τὰ κομμάτια τὸ ῥινή, ὥστε να ποιήσῃ ἡ κόλλησις. Καὶ βάλε ἐπάνω εἰς μάρμαρον ἴσιον · καὶ ἔπαρον τὰ κομμάτια ἐγλίγγορα, καὶ θές τα εἰς τὸ μάρμαρον, διά να κολλήσῃ ἴσια.

28] Ὅταν χρυσόνῃς ἄσημον καὶ οὐδὲν ποιάνῃ, βάλε ὀλίγον πτερὸν α^{ον} να καῇ · καὶ ὀλίγον καὶ κερὴν καθαρὸν να καῇ ἐπάνω εἰς τὸν ἄσημον · εἶθ ' οὕτως χρύσονε.

29] ΕΙΣ ΤΟ ΧΡΥΣΩΣΑΙ ΖΩΑ ΕΙΣ ΚΑΜΠΟΝ ΚΟΥΠΑΣ, ΚΑΙ Ο ΚΑΜΠΟΣ ΕΝΑΙ ΑΧΡΥΣΩΤΟΣ. — Ἔπαρον πετζόλλαν καὶ ὀλίγον ἀσϐέστην · καὶ ἀνάδευε εἰς τὸ πῦρ · ἔπειτα χρίε καὶ με τερὸν (?) τὸν κάμπον · καὶ ὅταν στεγνώσῃ, διαργύρισον τὰ ζῶα.

30] ΠΕΡΙ ΤΟΥ ΠΟΙΗΣΑΙ ΧΡΟΑΝ ΩΡΑΙΟΤΑΤΗΝ ΕΙΣ ΑΣΗΜΟΝ ΧΡΥΣΩΜΕΝΟΝ. — Ἔπαρον τιάφην μέρη γ', καὶ τρυγίαν καθαρὰν ἀπὸ Μονοϐασίας μέρη ϛ', καὶ ἅλας μέρος α', καὶ τρίψον καλῶς, ἃς βράσουν καλῶς μετὰ ὕδατος. Εἶθ ' οὕτως βάλε τὸ ἄσημον μέσον ἕως ὥραν πατὲρ ἡμῶν. Ἔπειτα ἔκϐαλον τοῦτο, θὲς εἰς ὕδωρ ψυχρὸν καθαρόν, καὶ βούρτζισον.

31] ΟΤΑΝ ΣΚΑΖΗ ΤΟ ΑΣΗΜΗΝ. — Βαλὼν κεραμίδην χονδρὸν εἰς χωνήν, καὶ ἃς βράσῃ καλῶς. Καὶ ἄνωθεν φύσα με τὸ καλάμην εἰς τὸ χωνήν · καὶ πίνει τὸν μόλιϐδον. Ἐὰν γοῦν οὐδὲν ἐκαθάρισεν, πάλιν βάλε το δεύτερον. Εἶθ ' οὕτως σφύρισον, εἰ δὲ σκάζει, ῥίψον ἀφρὰ ὑδράργυρον καὶ κεραμίδην · βάλε εἰς τὸ χωνήν.

32] ΕΙΣ ΚΟΛΛΗΣΙΝ ΤΟΥ ΣΜΑΡΔΟΥ. — Βάλε ἀσήμην ῥίνον μέρη ι', καὶ α' χάλκομαν. Βάλε μϐουράζω ἤγουν ὕελον βραχύ, καὶ ποίησον (f. 285 r.) εἴ τι θέλεις, καὶ σφύρισον ψιλά, καὶ σαπούνισον, καὶ κόλλησον.

---

6. κομάτια. — F. l. ὀγλίγωρα. — 11. κούμπας. — 13. F. l. με πτερόν. — 16. F. l. Μονεμϐασίας (ici et plus loin). — 22. πίνη] A rapprocher de πίνος, pris dans le sens de teinture, vernis. — 25. ῥίνω, ici et partout. — 27. σφύρισον, ici et plus loin.

33] ΠΕΡΙ ΤΟΥ ΠΟΙΗΣΑΙ ΣΥΡΜΑΝ ΚΟΥΦΙΟΝ. — Ἔπαρον ἀσήμην φίνον, σφύρισον, καὶ κατάκοψον, καὶ γύσε το εἰς σίδηρον στρογγύλον. Ἔπειτα βάλε το εἰς τὸν σύρτην, καὶ σύρε το μίαν φοράν. Κόπτε με ρινῆ, καὶ ποίει βούκινον, καὶ βάλε του στεφάνην · καὶ βάλε ἄνωθεν
5 ὕελον θέλῃς ἄστρον, καὶ κόλλησον.

34] ΠΕΡΙ ΤΟΥ ΠΟΙΗΣΑΙ ΕΓΚΑΥΣΙΝ. — Βάλε ἀσήμην φίνον Ϛ΄ α΄, χάλκομαν Ϛ΄ α΄, καὶ μόλιβδον Ϛ΄ α΄ · καὶ χώνευσον αὐτὸ εἰς χωνήν, καὶ βάλε τριμμένην τιάφην πολλήν, καὶ βάλε το εἰς ἀφόριον τζουκάλην · καὶ χύσε μέσα να μηδὲν εὐγῇ ὁ ἀτμός. Καὶ ὅταν κρυώσῃ,
10 μεταχώνευσαι τὸ βεργὴν εἰς ρυγλωχύτην εἰς τεάφην. Ἔπειτα τρίφον καὶ πλύνον, καὶ βάλε ὅπου θέλεις.

35] ΠΕΡΙ ΤΟΥ ΠΟΙΗΣΑΙ ΧΡΟΑΝ ΕΥΜΟΡΦΗΝ ΕΙΣ ΧΡΥΣΩΜΕΝΟΝ ΑΣΗΜΙΝ. — Ἔπαρον κολοδίδαν κόρκομαν. Τρίψον καλῶς καὶ θὲς εἰς τρυγίαν στερρὸν μετὰ ὕδατος ἐν τῷ πυρί, καὶ τρυγίαν Μονοβασίας, καὶ
15 ὀλίγον ἅλας, καὶ ἃς βράσῃ. Καὶ ἐπίθες μέσον ἕως ὥρας πατὲρ ἡμῶν. Ἔπειτα ἄρον αὐτό, καὶ θὲς ὕδατι ψυχρῷ · καὶ τοῦτο ποίει β΄ καὶ γ΄ φοράς.

36] ΠΕΡΙ ΤΟΥ ΠΟΙΗΣΑΙ ΚΟΛΛΗΣΙΝ ΚΑΚΚΑΒΙΩΝ ΚΑΙ ΕΙΣ ΣΟΥΛΙΝΑΡΙΑ ΛΟΥΤΡΟΝ. — Βρέξον ἀσβέστην κοσκινισμένην, καὶ ἀνάδευσον
20 καλῶς ἡμέρας πολλάς. Ἔπειτα ἔπαρον τὸ ἄνωθεν ἄνθος αὐτῆς, καὶ βράσον καὶ ποδοκέφαλα προβάτου καλῶς · καὶ τὸν ζωμὸν βάλε εἰς τὴν ἄσβεστον, καὶ βράσον καὶ τῆς πτελέας τὸ ἔσωθεν φλοῦν, καὶ μίξον αὐτό, καὶ ἀσπράδην ὠοῦ, καὶ κόλλησαι ὅ τι χρήζεις.

37] ΕΙΣ ΤΟ ΛΑΜΠΡΥ [f. 285 v.] ΝΑΙ ΜΑΡΓΑΡΙΤΑΡΙΝ. — Λαβὼν
25 χειμωνικὸν ἢ πεπόνην, σχίσον μέσον αὐτῷ, καὶ θὲς τὸ μαργαριτάριν μέσον, καὶ θὲς τὸ πεπόνην μέσον ἐν τῷ φουρνέλῳ να ψειθῇ, καὶ λαμπρύνονται.

38] ΑΛΛΟΝ. — Τάγγισον τὸ μαργαριτάριν ⟨εἰς⟩ ὀρνίθην ἢ περισ-

<hr>

1. σήρμαν. — 2. γύσε] F. l. γύρε. — 3. σήρτον. — σήρε. — 5. ἄστρον] F. l. ἄσπρον. — 9. γύσε] F. l. χύσαι. — εὐγῇ] F. l. ἐχγῇ. Cp. ci-dessus, p. 327, l. 3. — κρυώσει. — 15. ἀσβράσει, ici et partout. — ἡμοῦ, ici et plus loin. — 16. βω καὶ γω. — 24. λαμπρῆναι, et plus loin λαμπρήνονται. — 28. F. l. τάγγισον.

τέριν, καὶ ἂς σταθῇ ⟨εἰς⟩ ὥραν πατὲρ ἡμῶν · καὶ τότε σφάξον να τὸ
ἐξεβάλῃς.

39] ΠΕΡΙ ΤΩΝ ΣΥΡΜΑΤΩΝ ΤΗΣ ΧΡΥΣΟΧΟΪΚΗΣ ΤΕΧΝΗΣ. — Λαβὼν
ἀσήμην καθαρόν, λαγάρισον αὐτὸ με μόλιβδον ἑπταπλασίως ⟨ἕως⟩
γένηται ὡς χρυσός. Ἔπειτα τὸ σαπούνισαι καὶ ποίησαι τὸ νέμαν ψι-
λὸν εἰς τὸν σύρτην · καὶ δίπλωσον καὶ κλῶσον. Ἔπειτα τὸ ποίησαι
συρὲς, καὶ φύλλα, καὶ κλαδία, καὶ ἄστροι, καὶ τριαντάφυλλα, καὶ
κλώσματα στριφτὰ καὶ πλεγμένα, καὶ ζῶα, καὶ πετηνά, καὶ ἄλλα εἴ
τι θέλεις. Ποίησαι πέταλον σιδηροῦν λεπτὸν ἴσον · καὶ λαβὼν τετράγ-
καθον, θὲς εἰς ἀγγεῖον μετὰ ὕδατος να βραχῇ νύκταν μίαν · καὶ τὸ
πρωΐ, χύσον τὸ ὕδωρ, καὶ ἄφες ὅσον χρήζεις · θές το ἐν τῷ πυρί, καὶ
ἀνάδευσον καλῶς, ὥστε να γένῃ κόλλα. Ἔπειτα ἔπαρον τριχολαβίδην,
καὶ ἔπαρον πρὸς ἕνα σύρμαν, ἢ σύραν, ἢ φύλλον, καὶ θὲτε τα κάτω
μίαν εἰς τὴν κόλλαν. Ἔπειτα σύνθεναι εἰς τὸ πέταλον ἀπάνω εἰς τὸ
σιδηροῦν, καὶ ποίει εἴ τι θέλεις πλουμία, καὶ ἀφ᾽ ὧν τὸ πληρώσεις,
θές το ἐν τῷ πυρί, ἀπέξωθεν, ἕως οὗ να καῇ ἡ κόλλα πρὸς ὀλίγον. Καὶ
τότε ἔπαρον ἀπὸ τὸ ἀσήμην αὐτὸ τὸ φίνον Ϛ α΄, καὶ θές το εἰς τὸ
χωνὴν, καὶ ἀνάδευσον αὐτά. Ἔστιν ἡ κόλλησις αὕτη · τότε ποίησαι
τὸ σφυρισμένον ψιλὸν ὅσον δύναται, καὶ Γ. 286 γ΄ κατάκοψον με τὸ
ψαλίδην λεπτῶς. Καὶ θὲς αὐτὸ κόλλησιν μέσον τῶν συρμάτων μετὰ
πτερὸν βρεγμένον. Εἶτα θέλεις ποιῆσαι τὸ ῥίνισμα χονδρὸν καὶ θές το,
καὶ παράνω βάλε ὑαλὴν βοράχη τετριμμένον ψιλόν, καὶ κοκκίνισον
αὐτὸ ἐν τῇ πύρᾳ. Ἔπειτα τὸ ἄσπρισον καὶ βούρτζισον τὰ ἀχείρωτα ·
καὶ τότε λαγάριζε εἰς τὸν χαλκεπλύτην καὶ κέρατα β΄ ἡμισάδια,
καὶ τὴν θελέαν γοῦν να βάνῃ εἰς τὴν ἀπέσω μερέαν ἀσήμην στρογ-
γύλον μικρὸν διὰ δύναμιν · εἰς τὰ στρογγύλα γοῦν τὰ κομπεία · ὅπου
οὐδὲν βάνεις σμάρδον θέλης κόλλησιν, ἀλλὰ μένειν ἀπὸ σολδία πα-
λαιά, ἢ ἀπὸ ἄλλον ὅπου λέγεται ἀλαμάρτα.

1. F. l. σφίξον. — 5. νέμαν. — 7. F. l. τριχολαβίδην. — 14. F. l. σύνθετα. — 22.
ἄστρα. — 8. στριφτὰ] F. l. στρεπτὰ. — 9. βοράχι τετριμμένον. — κοκκίνισον. — 23. F.
πεταλοσιδηροῦν. — 10. βραχῇ. — 12. F. l. l. ἀχύρωτα. — 24. F. l. χαλκοπλύτην.

40] ΑΛΛΗ ΜΕΘΟΔΟΣ ΜΥΣΤΙΚΗ. — Λαβὼν ἄσβεστον ἄβροχον, καὶ μίξον καὶ ἔλαιον μετὰ τῆς ἀσβέστου, καὶ πότισον καλῶς μίαν καὶ β΄ φοράς. Καὶ τότε βάλε ἐν τῷ ἀμβίκῳ, ἐπίβαλον δὲ καὶ ἐν τῷ φουρνελλίῳ στάκτην ἔχων κύκλωθεν καὶ ἐπάνω δακτύλων β΄ · καὶ ἐξήβαλον
5 τὸ θεῖον ὕδωρ ἐν ἑτέρᾳ φιάλη. Καὶ τότε λαβὼν πανὴν λινὸν, καὶ βρέξον αὐτὸ ἐν τῷ ὕδατι τούτῳ · καὶ τίθες ἐν τῷ πυρὶ, καὶ εἰ μὲν ἅψει τὸ πανῆ, ἴσθι ὅτι οὐκ ὠφελεῖ. Καὶ πάλιν ἔπαρον τὸ ἔλαιον τῆς ἀσβέστου · καὶ βαλὼν αὐτὸ εἰς ἑτέραν ἄσβεστον, καὶ ποίησον αὐτὸ ὡς τὸ πρότερον, ἕως οὗ εὐτυχῆσαι αὐτὸ, ἤγουν ἕως οὗ μὴ καῆναι τὸ πανῆ ἐν τῷ πυρί.
10 Καὶ τότε λαβὼν ἐκ τὸ ἔλαιον, καὶ θὲς κασσίτερον ἐν τῷ χωνίῳ, καὶ γίνεται χρυσός.

41] ΕΤΕΡΟΝ ΥΔΩΡ ΘΕΙΟΝ. — f. 286 v.) Λαβὼν χάλκανθον λίτραν α΄, καὶ σαλονίτριον λίτραν α΄, καὶ κιννάβαριν γ° δ΄, τρίψας καλῶς ἐν θυείᾳ λιθίνη, καὶ βαλὼν ἐν τῷ ἀμβίκῳ, θὲς ἐν φουρνελλίῳ ·
15 καὶ φιμώσας μετὰ ζύμης καὶ ὠοῦ τὸ λευκὸν, τὸ α'" ὕδωρ φύλαττε · τὸ δὲ β'" τὸ κινούμενον ἐκ τῆς ῥυτῆς τοῦ ἀμβίκου ὅπου θέλει κοκκινίσει τὸ καπούτζιν τοῦ λαμπίκου. Αὐτὸ λέγεται τὸ ἰσχυρὸν ὕδωρ. Τότε ἔπαρον ἐξ αὐτῶν τῶν ὑδάτων γ° β΄ καὶ ὑδαργύρου γ" β΄ · καὶ βαλὼν αὐτὰ ἐν τῷ βικίῳ ἐν θερμοσποδιᾷ, καὶ γίνεται ὕδωρ τῆς ὑδαρ-
20 γύρου. Ἔπειτα λαβὼν ἐκ τὸ ἐπίλοιπον ὕδωρ γ° α΄, καὶ ἄργυρον καθαρὸν γ" α΄, καὶ θὲς αὐτὸ ἐν ἑτέρῳ βικίῳ ἐν θερμοσποδιᾷ, καὶ γίνεται ὕδωρ τοῦ ἀργύρου. Καὶ τότε μίξον τὰ β΄ ὕδατα ἐν τῷ ἅμα τοῦ ὑδαργύρου καὶ τοῦ ἀργύρου ἐν ἑτέρῳ βικίῳ ἀνοικτόν · καὶ βαλὼν αὐτὸ ἐν θερμοσποδιᾷ, καὶ γίνεται λευκὸν ὥσπερ κρύσταλλον. Εἶθ᾽ οὕτως
25 λαβὼν ἐξ αὐτὸν τὸ κρύσταλλον ὅσον θέλεις, καὶ ἀπὸ τὸ ἔλαιον τῆς ἀσβέστου ἕτερον τόσον, καὶ ὑδράργυρον ἄλλον τόσον, καὶ τίθες ἐν ἑτέρῳ βικίῳ, καὶ ἀνάδευσον καλῶς, ἕως οὗ λειωθῇ ὁ ὑδράργυρος.

---

1. Une main en marge du ms., à l'encre rouge: τῇ, à l'encre noire. — 3. ἰσχύσω, ici et plus loin. — 6. ἅψῃ. — 10. κασσίτερον, en signe. — 11. Signe de l'or au-dessus de χρυσός. — 16. ῥυτῆς. —

Les mots ὅπου λαμπίκου sont intercalés à la marge supérieure et à celle de gauche avec renvoi à λαμβίκου. — 21. ἐν ἑτερομβικίῳ, ici et plus loin. — 23. F. 1. ἀνοικτῷ. — 24. κρύσταλλον, ici et partout.

Τότε βάλε αὐτὰ ἐν τῷ ἀμβίκῳ, καὶ ποίει ἐλαφρὰν πυρὰν, καὶ ἐξήβα-
λον τὸ ὕδωρ φορὰς γ΄ ἀπὸ τὸν ἄμβικα, καὶ τίθες ἀεὶ ἀπὸ τὸν ἔλαιον
αὐτοῦ ποτίζειν αὐτῷ · καὶ ὅταν γὰρ ποιήσεις αὐτὸ φορὰς γ΄, θέλεις
ἰδεῖν ὅτι ἔγινεν ἔσω εἰς τὸν ἄμβικα ὥσπερ μίαν πέτραν. Καὶ τότε
5 λαβὼν ἀπ᾿ αὐτὸν τὸ εἶδος γ° α΄, καὶ ὑδράργυρον γ° α΄, καὶ γίνεται ὅ
τι θέλεις.

42] ΥΔΩΡ ΙΝΑ ΕΚΒΑΛΗΣ ΧΡΥΣΟΜΑΝ ΑΠΟ ΑΣΗΜΙΝ. — Λαβὼν β΄
μέρη τζαπαρικὸν, καὶ σαλονίτριον μέρη γ΄, τρίψον καλῶς εἰς ἕλμον.
Ἔπειτα (f. 287 r.) βαλὼν ἐν τῷ ἀμβίκῳ, καὶ κλεῖσον καλῶς μετὰ
10 στάκτης καὶ κεραμίδην καὶ ὠῶν · καὶ θὲς ἐν φουρνελλίῳ ἵνα βράση
ὥρας γ΄. Εἶτα ἄνοιξον τοῦ ἐξεβῆναι τὸ φάρμακον · καὶ πάλιν σφάλισον
αὐτὸ καὶ ἃς βράζη ἕως ὄρθρου μετὰ καλῆς βίγλας · καὶ πληρωμέ-
νων τῶν ὡρῶν ξε΄, βάνε τὸ πῦρ πρὸς ὀλίγον, καὶ ἐπληρώθη τὸ θεῖον
ὕδωρ. Καὶ ὅταν θέλης, ἐξηβάλε τὸ χρυσάφην ἀπὸ τὸ ἀσήμην. Κόψον
15 τὸ ἀσήμην, καὶ βαλὼν αὐτὸ ἐν τῷ λαμβύκῳ, καὶ φίμωσον καλῶς.
Εἶτα σείρωσον τὸ ὕδωρ, καὶ χώριζε τὸ χρυσάφην, καὶ γίνεται ῥίνισ-
μαν, καὶ μάζωσαι με τὸ χρυσωτήριον.

43] ΕΤΕΡΟΝ ΩΣΑΥΤΩΣ. — Λαβὼν στυπτηρίαν λίτρας ϛ΄, σαλονί-
τριον λίτραν α΄, βιτριόλῳ ῥωμάνῳ λίτρας ἥμισυ, τρίψον, θὲς ἐν
20 λαμβίκῳ, καὶ βαλὼν ἐν φουρνελλίῳ, καὶ κλεῖσον καλῶς, καὶ κάτωθεν
βάλε ὕελον ἄλλον, ἵνα ἐπιδέχεται τὸ δυνατὸν ὕδωρ, καὶ πληροῦται τὸ
θεῖον ἄθικτον ἐπὶ ὥρας κδ΄ · καὶ ὅταν βούλει, ἐξηβάλε τὸ χρυσάφην ἀπὸ
τὸ ἀσήμην. Θὲς αὐτὸν τὸ δυνατὸν ὕδωρ ἔνδον ἐν ὑελίῳ ἐν θερμοσποδιᾷ,
καὶ ὁ ἄσημος γίνεται ὕδωρ, καὶ πλέει ὡς ἀφρὸς ἐν αὐτῷ τὸ ὕδωρ.
25 Ἔπειτα λαβὼν τὸ ὕδωρ αὐτὸ με τὸν ἄσημον τὸν μεμιγμένον, καὶ βαλὼν
ἐν τῷ φουρνελλίῳ μετὰ τὸν ἄμβικα, καὶ ποίησον ἐλαφρὰν πυρὰν · καὶ
ἐκβαλον ἐκ τούτου τὸ ὕδωρ ἐκ τῶν μαστῶν, καὶ τὸ ἀσήμην μένει κάτω.

44] ΤΟ ΛΑΓΑΡΙΣΜΑΝ ΧΡΥΣΑΦΙΟΥ. — Λαβὼν μαρκαζήταν γ°

---

1. ἀμβύκῳ, ici et plus loin. F. l. λαμ-
βίκῳ. — 2. ἄμβυκα, ici et plus loin. — 3.
αὐτό] F. l. αὐτό. — 12. βύγλας. — 13.

ἐπληρώθην. — 15. F. l. λαμβίκῳ. — 16.
χωρίζει. — 19. βιτριόλῳ. — 28. μαρκαζή-
ταν] μαρκάσι en néogrec.

43

(f. 287 v.) η′, καὶ τεάρην γ° δ′, καὶ χωνεύσας ὁμοῦ ἐν τῷ χωνίῳ, καὶ γίνεται ἀντεμόνιον. Καὶ ὅταν θέλῃς λαγαρίσαι χρυσάφην χονδρὸν, θὲς τὸ χρυσάφην εἰς τὸ χωνὴν μέσον τοῦ πυρὸς. Εἶτα βαλὼν ἀπὸ τὸ ἀντεμόνιον ὅσον θέλεις μέσον τῆς χώνης, καὶ ἃς βράσῃ. Ὅταν δὲ ψυχρανθῇ, βαλὼν αὐτὸ ἐν βυσάλῳ ἑλληνικῷ ἐν τῷ πυρὶ, ὥστε να ψυχρανθῇ.

45] ΕΤΕΡΟΝ ΟΜΟΙΟΝ ΕΙΣ ΑΣΗΜΟΝ. — Ξύσον τὸ χρυσάφην ἀπὸ τὸ ἀσήμην, καὶ βαλὼν ἐν τῷ χωνίῳ τὰ ξύσματα, εἶτα τρίψον ἀπὸ τὸ ἀντεμόνιον μέσον τῆς χώνης, καὶ ἃς βράσῃ · καὶ μετὰ ταῦτα θὲς εἰς βύσαλον ἑλληνικὸν, ἵνα λαγαρισθῇ, ὥστε ψυχρανθῇ, καὶ γίνεται λαγαρισμένον μάλαγμα.

46] ΟΤΑΝ ΣΚΑΖΗ ΤΟ ΑΣΗΜΙΝ Η ΤΟ ΧΡΥΣΑΦΙΝ. — Θὲς μέσον τῆς χώνης ἄφρατον ὑδάργυρον καὶ κεραμίδιον, ἃς βράζῃ, καὶ γλυκαίνεται · ὅσον βαλεῖς πλέον, κάλλιον γίνεται.

47] ΤΟ ΠΟΥ ΣΤΑΜΑΤΙΣΙΣ ΥΔΑΡΓΥΡΟΥ. — Θὲς ὑδάργυρον ὅσον θέλεις, καὶ μόλυβδον ἄλλον τόσον, καὶ θές τα ἐν κλάσματι χύτρας ἐν καμίνῳ · καὶ θὲς λουμπάρδιν ὀλίγην, καὶ γίνεται ἄσημος ἔκλεκτος.

48] ΑΛΛΟΝ. — Θὲς ὑδάργυρον εἰς γαστρὴν, καὶ κρομμυδίου ζωμὸν, καὶ λουμπάρδιν, καὶ βάλε εἰς τὸ καμίνην, καὶ θέτε καὶ ἀξούγγιν μέσα, καὶ ἃς βράσῃ, ὥστε να γένῃ στάκτη, καὶ ἐξ αὐτὴν τὴν στάκτην βαλὼν εἰς ἄσημον μέσον εἰς τὴν χώνην, καὶ γίνεται μάλαγμα.

49] ΠΕΡΙ ΤΟΥ ΠΟΙΗΣΑΙ ΓΡΑΜΜΑΤΑ ΧΡΥΣΑ. — Λαβὼν ἄεραν χρυσὸν, τρίψον εἰς μάρμαρον πορφυροῦν, καὶ θὲς μέσον μέλι ὀλίγον, καὶ τρίψον πολλά. Ἔπειτα θὲς εἰς κογχύλην καὶ πλύνον (f. 288 r.) καλῶς μετὰ ὕδατος, ὥστε να ἐξεβάλῃς τὸ μέλιν. Εἶθ᾿ οὕτως σκεύασον μετὰ ὠοῦ τὸ λευκὸν, καὶ γράφε. Καὶ ὅταν ξηρανθοῦν, σθλίβωσον με λιθάριν ἢ με λυκουδόντι, καὶ γίνεται εὔμορφον. Στύψον γοῦν τὸ λευκὸν τοῦ ὠοῦ με σφουγγάριν πολλάκις, ὥστε να γένῃ ὕδωρ, ἵνα μηδὲν μολυχράτῃ ·

---

10. λαγαρισθῇ. — 11. λαγαρισμένω. — 18. κρομμυδίου. — 23. F. 1. χρυσοῦν. — 27. F.   1. λύκου ὀδόντι. — 28. σφουγγάριν] στρογγάριν. — μὴ δὶν, ici et partout.

καὶ βάλε καὶ ποντικοφάρμακον λευκὸν τετριμμένον · καὶ ἂν σὲ μίνῃ
χρυσάφην, πλύνε τὸ ὦὸν ἵνα ἐξέβῃ.

50] ΠΕΡΙ ΤΟΥ ΠΟΙΗΣΑΙ ΩΡΑΙΟΧΑΛΚΟΝ ΩΣΠΕΡ ΧΡΥΣΟΝ. — Λαβὼν
τούτια πτενὴν γ° α΄, ὁμοίως κόπρον γ΄ α΄, σύκα ξηρὰ καὶ μαῦρα
5 γ΄ α΄, τρίψον εἰς ὅλμον, καὶ ἀνάμιξον, καὶ ἔπαρον κασσίτερον γ΄ α΄.
Καὶ σφυρίσας, κατάκοψον, μίξον μετὰ τοῦ εἴδους ἐκείνου · καὶ θὲς ἐν
τῇ χώνῃ, καὶ κλεῖσον ἄνωθεν μετὰ πηλοῦ, καὶ ῥύσα καὶ ἂς βράσῃ.
Ὅταν νοήσῃς ὅτι ἐχύθη, ἀπόκλεισον καὶ χύσον, καὶ πάλιν ἀνάμιξον τὰ
εἴδη · καὶ ποίησον ὡς τὸ πρότερον, ὥστε να θέσῃς ὅλον ἐκεῖνον τὸ εἶδος,
10 καὶ γίνεται ὡς χρυσός.

51] ΠΕΡΙ ΤΟΥ ΣΑΠΟΥΝΙΟΥ. — Λαβὼν πρωτίον τοῦ σαπουνίου,
καὶ μίξον, καὶ ἅλας τρίψον. Εἶθ᾽ οὕτως κίνησον.

52] ΕΤΕΡΟΝ. — Λαβὼν τζαπαρικόν, καὶ ἅλας, καὶ ὕδωρ, καὶ τρί-
ψον καλῶς. Εἶθ᾽ οὕτως τὸ κίνησον τὸ ὡραιόχαλκον.

15 53] Ο ΥΕΛΟΣ. — Τὸ βοράχον τὸ ποιοῦν μετὰ τζαπαρικὸν καὶ στύ-
ψεως καὶ ἅλας.

54] ΠΕΡΙ ΤΟΥ ΛΕΥΚΑΝΑΙ ΚΑΣΣΙΤΕΡΟΝ. — Λαβὼν ποντικοφάρ-
μακον κίτρινον ὅσον θέλεις, καὶ σαλονίτριον ἄλλον τόσον, τρίψον καλῶς.
Εἶθ᾽ οὕτως τὸ ἀνάμιξον · ἔπειτα θὲς αὐτὸ εἰς ὕελον μέσον τοῦ πυρὸς
20 (f. 288 v.) εἰς ἀνθρακίαν, ἵνα καῇ ἕως οὗ [οὐ] μὴ ἐκβῇ πλέον καπνός ·
καὶ γίνεται λευκὸν ὥσπερ χιών. Εἶθ᾽ οὕτως ἐξέβαλον, καὶ τρίψον
καλῶς, καὶ βαλὼν κασσίτερον εἰς τὴν χώνην γ΄ δ΄ · καὶ ζύγισον καὶ
ὀψιαστικὴν γ΄ α΄ · καὶ χώρισε αὐτὴν εἰς μέρη ϛ΄ · καὶ ὅταν ἔλθῃ ὁ
[χαλκὸς] κασσίτερος μέσον τῆς χώνης, βάλε τὸ α΄΄ μέρος καὶ ποὔμωσον
25 μετὰ καρβώνων, καὶ ἂς βράζῃ ἕως οὗ να ἐξέβῃ ὁ ἀτμός. Καὶ πάλιν
θὲς ἄλλον μέρος ὁμοίως ὡς τὸ πρῶτον, ὥστε να τὸ ἀποβάλῃς. Καὶ τότε
χύσον εἰς κουπίδη σιδηροῦν, καὶ ἔσται ᾠκονομημένον. Καὶ ὅταν θέλῃς

---

1. F. l. καὶ ἂν σοι μείνῃ. — 2. ἐξέβη,
ἐξέβαι. — 3. ὡραῖον χαλκὸν et l. 14, ὡραιο-
χαλκον] F. l. ὡραίχαλκον. Cp. Lexique,
ci-dessus, p. 17, l. 17, où ce mot com-
mence nécessairement par un ω. — 4.

F. l. τούτιαν. — 11. F. l. πρωτεῖον. — 24
χαλκὸς κασσίτερος] signes de χαλκὸς et de
κασσίτερος. — πούμωσον]. Peut-être la
forme primitive du néogrec πουμόνω,
synonyme de στουπόνω.

χρυσῶσαι ἄσημον, θὲς ὡς χρήζεις ἢ ὡς θέλεις, καὶ βάλε. Καὶ ὅταν τὸ
σμίγης με τὸ ἀσήμην, βάλε καὶ τρυγίαν ὀλίγην εἰς τὸ χωνὴν, ἤγουν
τὸ δ᾿᾿.

55] ΠΕΡΙ ΤΟΥ ΠΟΙΗΣΑΙ ΧΑΛΚΟΝ ΩΣΠΕΡ ΧΡΥΣΟΝ. — Λαβὼν θουθείαν
5 μέρη γ᾿, κούρκουμα μέρος α᾿, σταφίδας καὶ ἰσχάδας πυρροὺς καὶ μέλι
καὶ κουκουκία καθαραστὰ μέρος α᾿, ἀμυγδάλων τὸ ἔσω φλοῦν, γλυκό-
ριζον, κρόκον ὠοῦ, καὶ ζαρρὰν μέρος α᾿, χολὴν πυρροῦ βοὸς ξηρὰν
μέρος α᾿, τρίψον τὴν θουθείαν, ὡς τρίβουσιν τὴν κιννάβαριν μετὰ
ἐλαίου, καὶ ποίησον ὡς πηλῶδες. Καὶ τότε τρίψον τὰ ἄλλα εἴδη,
10 καὶ ἔνωσον · καὶ λαβὼν χαλκὸν γ᾿ γ᾿, καὶ σφύρισον λεπτῶς ἐν τῇ
ἀκμωνῇ, καὶ ἀνάδευσον τὰ εἴδη · καὶ θὲς ἐν τῇ χώνῃ, καὶ κλεῖσον μετὰ
πηλοῦ τῆς τέχνης, καὶ θὲς ἐν τῷ πυρὶ, καὶ φύσα μετὰ μηχανῆς καλῶς,
καὶ ὡς βράζει πλεώτερον, καὶ βάνῃς καὶ ἀπὸ τὰ εἴδη ταῦτα, τοσοῦτον
γίνεται καλλίων ὥσπερ χρυσός.

15 56] ΥΔΩΡ ΠΙΣΤΗΣ ΟΙΚΟΝΟΜΙΑΣ. — (f. 289 r.) Λαβὼν τὴν
ὀρνιθίαν γονὴν σώαν, ἀμόλυντον, ἄσπιλον, διέλε ταύτην ὡς ἐπὶ τῶν
καρυκίων χρειώδης γὰρ ἡμῖν ἐν πολλοῖς ἡ μαγειρικὴ τέχνη καθέστηκεν).
Εἶτα ἐν δυσὶ χυτριδίοις μέρος ἑκάτερον τῶν ὑγρῶν ἐμβαλὼν, ποίησον
τῶν διὰ μαστωτῶν ὀργάνων ὑστείαν μεγάλην · ὅσον να ἴδῃς ὅτι ἔλυσεν
20 ἐκεῖνον, ὅπου ἔνι μέσα εἰς τὴν μπότζαν, καὶ ἐπίγεν εἰς τὸ φρῶντος
ὡς ἂν κερὴν, καὶ τότε ἄφες το να κρυώσῃ, καὶ τζάκησαί το, καὶ
θέλεις εὑρεῖν ἐκεῖνον ὁποῦ ἔνι μέσα πολύτιμον, καὶ ἐκεῖνον θέλει ἔσται
διὰ τὴν χρείαν σου. Καὶ αὐτὸ τὸ βοτάνην ποιεῖ τὸν μόλιβδον τὸν
κεκαθαρισμένον με τὸν ὑδάργυρον, ὁμοίως εἰς χρυσάφην φίνον εἰς πᾶσαν
25 δοκιμήν. Λύσε α᾿᾿ τὸν μόλυβδον ὄντα λιτρῶν η᾿ · καὶ ὅτε λυθῇ ὁ
μόλιβδος, ῥίψον ὑδάργυρον ὠκονομημένον ἄλλαις η᾿ λίτραις, καὶ ἄφες
να βράσῃ α᾿᾿ καλῶς, ἵνα καπνίσῃ. Καὶ τότε ῥίψον μίαν λίτραν ἀπ᾿
ἐκεῖνον τὸ βοτάνην, καὶ ἂς βράσῃ καλῶς μέσα. Καὶ ἀνακάτωνέ το μετὰ
ἑνὸς ξύλου ἀναπτομένου ἕως ὥρας δ᾿. Εἶτα εὔγαλον αὐτὸ ἔξω καὶ ἄφες

<hr>

5. F. l. κόρκουμα (comme plus haut). —
6. F. l. κουκκία καθαραστά. — 14. κάλιος. —

19. τῶν διὰ F. l. διὰ τῶν. — 21. κριώση, ici
et partout. — 29. εὔγαλον] F. l. ἔκβαλον.

το να κρυώσῃ, καὶ γίνεται μέλαν · ἀλλὰ χρωΐζει πρὸς ἐρυθράδαν, καὶ
αὐτὸ ἔσται τὸ φάρμακον. Ἔτι δὲ λύσον μόλυβδον ᾠκονομημένον λίτρας
η′ · καὶ ὅτε λυθῇ καλῶς, ῥίψον ὑδράργυρον ἕτερον λίτρας η′ · καὶ
βαλὼν ἀπὸ τὸν 6ον βοτάνην λίτραν α′, καὶ ἂς βράσουν καλῶς ὥραν
5 ἡμίσειαν, καὶ ἄφες ἵνα κριώσῃ. Ἔτι λύσον μόλυβδον λίτρας η′ καὶ
μέσα τὴν λύσιν καλῶς ποίησον αὐτὸ πεντάκις, καθὼς προείπομεν · καὶ
τῇ ὑστέρᾳ φορᾷ δίδεισε χρυσίον εἰς ἄ- (f. 289 v.) κρος. Ἔτι δὲ ἀπ′
ἐκεῖνον τὸ χρυσίον βάνεις λίτρας η′ μόλιβδον, καὶ λίτρας η′ ὑδράρ-
γυρον, καὶ ἀπὸ βοτάνην ἐκεῖνον γίνεται χρυσίον εἰς ἄκρος.
10   57] ΚΑΙ ΑΛΛΟΣ ΦΗΣΙΝ. — Λαβὼν ὠὰ ὅσα βούλει... Texte
imprimé d'après le ms. de Saint-Marc, ci-dessus, p. 141-142
(III, viii).

V. ii. — TRAVAIL DES QUATRE ÉLÉMENTS

*Transcrit sur A, f. 227 r. — Collationné sur E (partie écrite par le copiste de
L, a, b, c.) f. 2 r.; — sur Lc, p. 349. (Mêmes variantes que dans E.)*

1] ΑΡΧΗ ΤΗΣ ΚΑΤΑ ΠΛΑΤΟΣ ΤΟΥ ΕΡΓΟΥ ΕΞΗΓΗΣΕΩΣ. — Λάβε
15 τὰ λευκὰ καὶ ξανθὰ τῶν ὠῶν, καὶ μάλαξον τῇ χειρί σου ὁμοῦ, ὡς
γενέσθαι μυελὸν, καὶ βάλε αὐτὰ εἰς καινὴν χύτραν, καὶ φίμωσον καὶ
χῶσον εἰς κόπρον ἢ ἐν θερμοσποδιᾷ, ἢ ἐν ἀχύρῳ ἡμέρας ζ′ ἢ δ′. Εἶτα
ἀνελὼν, θὲς ἐν ἄμβιξι, ὡς ἔγνως μετὰ ταπεινὴν λίαν πυρός · καὶ λάβε
τὸ ἐξ αὐτῶν ὕδωρ λευκόν. Ὅταν δὲ νοήσῃς ὅτι στάζει θολὸν ἢ μέλαν,
20 ἔα, καὶ ἔχε τοῦτο ἰδίως. Δέχου δὲ καὶ τὸ ἔλαιον, καὶ ἔστω ὑστεία
δυνατωτέρα, καὶ ἀποδεξάμενος καὶ αὐτὸ ἰδίως ἔχε · τὴν δὲ ἀπομένουσαν
ἐν τῷ πατελλίῳ ὕλην κρύψον, ἥτις χαλκὸς κεκαυμένος καὶ μαγνήτης
ἀσιατικός.

2] ΣΤΟΙΧΕΙΟΝ ΠΡΩΤΟΝ ΤΟΥ ΥΔΑΤΟΣ. — ΕΡΓΑΣΙΑ ΠΡΩΤΗ ΤΟΥ ΘΕΙΟΥ

---

9. βατάνην. — 15. ὡς] ὥστε E. — 18.
ταπεινοῦ E. — 20. καὶ ἔστω τὸ πῦρ δυνατώ-
τερον E. — 22. πατελλίῳ ΑΕ, ici et partout.
— μαγνησία ἀσιατική E. — 24. καὶ ἐργασία E.

ΟΞΟΥΣ. — Καὶ ἐξαναμβικίσας διὰ τοῦ ὀργάνου εὐθέως τὸ θεῖον ὕδωρ
ἕως τρὶς, καὶ κάτε φορὰν βάλε τῇ λίτρᾳ τοῦ ὕδατος γ° α΄ θείαν
ἄσβεστον. Εἶτα ἀμβίκισον αὖθις μετὰ μύρτων φύλλα φορὰς ζ΄ · καὶ
οὕτως ποίησον ἕως γένηται τὸ ὕδωρ τηλαυγὲς καὶ φαεινόν. Καὶ τότε
5 λέγεται θεῖον ὄξος.

3] Πρόσχες δὲ ἵνα τῇ πρώτῃ ἀγωγῇ, ὡς εἴπομεν, σήπτης κάτε φορὰν
τοῦ διοργανισμοῦ ἡμέραν α΄ τὸν βίκον, ἢ ἐν τῇ κόπρῳ, ἢ ἐν ἀχύρῳ, ἢ
ἐν (f. 227 v.) θερμοσποδιᾷ τὸν ἔχοντα τὸ ὕδωρ μετὰ τῆς μιᾶς γ° τῆς
ἀσβέστου τῆς νεαρᾶς. Εἶτα ἀμβικίαζε · κάτε δὲ φορὰν βάνε νεαρὰν
10 ἄσβεστον · τὴν δὲ πρώτην ῥίπτε · ὅσον γοῦν ἀμβικιάζεις, τοσοῦτον
ὠφελήσεις.

4] ΟΝΟΜΑΤΟΠΟΙΙΑ ΤΟΥ ΘΕΙΟΥ ΟΞΟΥΣ ΚΑΙ ΥΔΑΤΟΣ. — Τοῦτο
λέγεται παρὰ φιλοσόφων θεῖον ὕδωρ, θεῖον ὄξος, μαγνησία λευκή,
ὕδωρ ἀσβέστου, οὖρον ἄφθορον, ὑδράργυρος, ὕδωρ θαλάσσης, γάλα
15 παρθένου, ὀνόγαλα, κυνόγαλον, γάλα βοὸς μελαίνης, ὕδωρ στυπτηρίας,
ὕδωρ σποδοκράμβης, ὕδωρ νίτρου, καὶ δυτικὴ πνοή. Τοῦτο λευκαίνει
τὸ σῶμα τῆς μαγνησίας, ἤγουν τὸν κεκαύμενον χαλκόν, τοῦτο
φέρει ἔξω τὴν φύσιν τὴν ἔνδον κεκρυμμένην · αὕτη ἐστὶν ἡ φύσις ἡ
νικῶσα τὴν φύσιν, ἡ μεταλλάττουσα τὰς φύσεις, καὶ λειοῦσα, καὶ
20 δεσμεύουσα, ἡ ἐγκυοῦσα καὶ τίκτουσα · ἡ δι᾽ οὗ τὸ πᾶν ἀποτελεῖται.

5] ΑΡΧΗ ΤΗΣ ΕΡΓΑΣΙΑΣ ΤΟΥ ΑΕΡΟΣ. — Ὁμοίως λάβε τὸ
ἔλαιον καὶ βάλε τῇ λίτρᾳ αὐτοῦ γ° α΄ ἄσβεστον, καὶ σῆψον ἐν τῇ κόπρῳ
ἡμέραν α΄ · εἶτα ἀμβίκισον, καὶ οὕτω ποίησον α΄ ἡμέραν καὶ μόνον ·
μέχρι δὲ φορᾶς κ΄ ἢ καὶ λ΄, ἀμβίκιζε μετὰ μύρτων φύλλων, ἕως
25 γένηται καθαρώτατον, ὑπόλευκον, ξανθόν.

6] Τὸ δὲ πῦρ οὐχ ἔχω τί σοι λέγειν, ὁποῖον εἶναι τῆς καμίνου, πλὴν

---

1. ἐξαναμβικίσας] A (βι pour μι partout).
— 2. ἕως τρὶς] ἐκ τρίτου, ἑκάστῃ φορᾷ E. —
6. σήπτης] σύπτης A; corr. conj. — τὸν
βίκον] κρύπτης τὸν βίκον E. — 9. κάτε δὲ
φορὰν] καὶ καθ᾽ ἑκάστην φορὰν E, ici et partout.
— βάλε E. — 12. καὶ τοῦ θείου ὕδατος E.

— 16. καὶ δυτ. καὶ πνοή A. — 20. ἐγκύουσα]
ἐγκυμονοῦσα E. — 21. καὶ ἀρχή A. — 22.
ἀσβέστου E. — οὖρον A : κρύφον E. Corr.
conj. — 23. α΄ ἡμέραν] α΄ φορὰν E. — 24.
ἕως δὲ φορῶν εἴκοσι E. — 26. ὁποῖον δεῖ εἶναι
E. — τῆς καμ. placé après τὸ πῦρ E, f. mel.

ἔστω σοι, ἢ λαμπάδος, ἢ καλάμης, ἢ κόπρου λίαν μαλθακόν, καὶ οὐχὶ
ὡς πῦρ · Ὁ δὲ ἄμβιξ ἔστω μέσον καννάβου κεχωσμένος, ἢ ὕδατος
ζέοντος, ἢ κόπρου, ἢ στάκτης · κρεῖττον δὲ ἐπὶ ὕδατος, ἥ τις καὶ ὑγρὰ
λέγεται κάμινος. Τινὲς δὲ ἕως πεντηκοντάκις τοῦτο διοργανίζουσιν · κάτε
5 γὰρ δέκα φορὰς λαμπρότερον φαίνεται τῇ χρείᾳ. Τὸ δὲ σημεῖον τῆς
αὐτοῦ τελειώσεώς (f. 228 r.) ἐστιν οὕτως. Πυρώσας πέταλα ἀλόγου
σιδηρᾶ ἕως ἑπτάκις, κατάβαπτε ἐν αὐτῷ τῷ θείῳ ἐλαίῳ · καὶ εἰ μὲν
λευκαίνεται τὸ πέταλον, ἁπαλύνεται καὶ μεταλλάττεται ἐκ τῆς οὐσίας
αὐτοῦ, καὶ γίνεται τέλειον, χρυσοῦ κάλλιον · εἰ δὲ οὔ, στράφηθι
10 πάλιν εἰς τὴν ἐργασίαν αὐτοῦ, ἤγουν τοῦ διοργανίζειν τὸ θεῖον ἔλαιον.

7] ΑΡΧΗ ΤΗΣ ΟΝΟΜΑΣΙΑΣ ΑΥΤΟΥ. — Καὶ ὁ μὲν κρόκος αὐτοῦ
λέγεται λέκιθος, καὶ χρυσοῦ σφαῖρα, κιννάβαρις, καὶ κιλίκιος κρόκος,
καὶ ὤχρα ἀττική, καὶ γῆ σινώπη, καὶ νίτρον πυρρόν, καὶ νίτρον
αἰγύπτιον, καὶ ἀρμενιακόν, καὶ χάλκανθον, καὶ ἔλαιον. Τὸ δὲ ἐξ αὐτοῦ
15 ἔλαιον, ὅταν σαπῇ καὶ διοργανισθῇ, λέγεται θεῖον ἔλαιον, καὶ οἶνος
ἀμιναῖος, καὶ κιννάβαρις τῶν φιλοσόφων, καὶ κόμαρις, καὶ θεῖον
ἄθικτον, καὶ ῥεφάνιον, καὶ κίκινον, καὶ χρυσοζώμιον, καὶ μήλινον, καὶ
λινέλαιον, καὶ θεῖον ἄπυρον, καὶ σανδαράχην, καὶ ἀρσένικον, καὶ
κομμιάκιον, καὶ ἀριστολογία, καὶ μανδραγουρέλαιον, καὶ ῥέου, καὶ
20 ἐλυδρίου, καὶ ὕδωρ πορφύρας, καὶ ἄνθους χαλκοῦ, καὶ χρυσαυγές, καὶ
ἀμιάντου, καὶ στυπτηρία ἐξυπορηθεῖσα (?), καὶ ὑδράργυρος ἀνατολική.

8] ΑΛΛΗΣ ΦΥΣΕΩΣ.ʼ — Τὰ αὐτὰ πνεύματα, καὶ ὕδατα, καὶ

---

2. ἰάμβυξ A; ἰάμβιξ E. Corr. conj. —
3. καὶ στάκτης E. — 4. πεντάκις A. — κάτε
γὰρ δέκα φορὰς] ἐν ἑκάτῃ δὲ δεκάτῃ φορᾷ E.
— 5. χροιᾷ E, f. mel. — 6. λειώσεως E seul.
— πύρωσον E. — 7. καὶ κατάβ. E. — ἕως
ἑπτάκις placé après ἐλαίῳ E. — 8. καὶ ἀπαλ.
E. — 9. καὶ γίνεται τέλειον — θεῖον ἔλαιον]
Réd. de E : καὶ γίν. τέλειος ἄργυρος, καλόν
ἐστιν, εἰ δὲ μή, διοργάνιζε πάλιν τὸ θ. ἔλαιον.
— εἰ δὲ οὖν A. — 11. § 7] Cp. I, iii et iv.
— καὶ ἀρχὴ A. — 12. λέκυνθος A; λέκυθος
E. — κιννάβαρις om. E. — 13. πυρόν AE.

Corr. conj. — 14. καὶ νίτρον ἀρμ. E. F. l.
καὶ <κυάνεον> ἀρμ. Cp. I, iii, 5. — 15. τυπῇ
A. — 16. ἀργηός A; ἀμυναῖος E. Corr.
conj. — κόμαρος E. — 17. καὶ ἔλαιον
ῥαφάνινον, καὶ ἔλαιον κίκ., καὶ χρυσ., καὶ ἔλαιον
μήλ. — 19. καμάκιον A. — ῥοιοέλαιον καὶ
ἐλυδριοέλαιον E. — 20. καὶ ἄνθος χαλκοῦ
A; om. E. — καὶ ὕδωρ χρυσαυγὲς E.
— 21. καὶ ὕδωρ ἀμιάντου E. — ἐξυπορι-
θῇσα A; ἐκπηπτωθεῖσα καὶ ἐκπωρηθεῖσα E.
— καὶ ἀνατολική A. — 22. ἄλλης γὰρ
φύσεως A.

μαργαρίτας, καὶ λίθους τιμίους ἐκάλεσαν οἱ φιλόσοφοι · μεγάλης γὰρ
δυνάμεώς εἰσιν ἔμπλεα · ἐὰν γὰρ ἐργάσῃς αὐτὰ ὥστε φέρειν τὴν
φύσιν ἔξω τὴν ἔνδον κεκρυμμένην, τότε ἔφθασας τὸ μυστήριον τῶν
φιλοσόφων. Αὕτη ἐστὶν ἡ κεφαλαίωσις τοῦ μυστηρίου, καὶ οὕτως
5 λευκαίνεται, καὶ πάλιν ξανθοῦται, καὶ γίνεται χαλκὸς κύπριος ὁ κεκαυ-
μένος χαλκός, ἤτοι τὸ σῶμα τῆς μαγνησίας, περὶ οὗ φασιν · « Ἡ
μαγνησία οἰκονομηθεῖσα οὐκ ἐᾷ ῥήγνυσθαι (f. 228 v.) τὰ σώματα · τὸν
χαλκὸν λευκαίνει, τὸν σίδηρον μαλάττει, τὸν κασσίτερον ἄρρευστον
τοῦτον ποιεῖ, τὴν ὑδράργυρον χρυσὸν ἀποκαθίστησι. »

10 9] ΑΡΧΗ ΤΗΣ ΕΡΓΑΣΙΑΣ ΤΟΥ ΠΥΡΟΣ. ΣΤΟΙΧΕΙΟΝ ΤΡΙΤΟΝ · ΤΟ ΠΥΡ. —
Εἶτα λάβε τὸ πῦρ, ἤγουν τὸν χαλκὸν τὸν κεκαυμένον, ἤτοι τὴν ἐν τῷ
πατελλίῳ τῶν κεκαυμένων ὠῶν τέφραν, λειότριβε συνεχῶς ἐν ἡλίῳ ὅλην
τὴν ἡμέραν, ὑγραίνεται γὰρ κατὰ μικρόν · καὶ ὁ καπνὸς αὐτοῦ ἄρχεται
ἐκλείπειν. Εἶτα πότιζε αὐτόν, καὶ τρίβε καὶ ξήραινε ἐν ἡλίῳ, ἢ ἐν
15 θερμοσποδιᾷ, ἢ φούρνῳ μετὰ τοῦ θείου ὄξους, τρὶς τῆς ἡμέρας, καὶ
τοῦτο ἔτη ποιῶν μέχρις ἂν καταντήσῃς εἰς σημεῖον τοιοῦτον · γελάσει
σοι ἄργυρος ἐν τῇ χώνῃ · ῥίπτε ἐπάνω ἐκ ταύτης τῆς τέφρας · καὶ εἰ μὲν
χρυσανθῇ, καλόν · εἰ δὲ οὔ, στράφηθι εἰς τὴν αὐτοῦ ἐργασίαν.

10] ΚΑΙ ΑΡΧΗ ΤΗΣ ΕΡΓΑΣΙΑΣ ΤΗΣ ΓΗΣ, ΗΤΟΙ ΤΗΣ ΠΑΓΚΡΑΤΟΥΣ
20 ΑΣΒΕΣΤΟΥ. ΣΤΟΙΧΕΙΟΝ ΤΕΤΑΡΤΟΝ · Η ΓΗ. — Λειοτρίβησον τὰ κέλυφα
τῶν ὠῶν, καὶ ἀπόστυφε αὐτὰ νίτρῳ καὶ ὕδατι ἡμέραν α΄. Εἶτα ἀπόκλυζε
αὐτὰ πολλάκις διὰ γλυκέως · εἶτα ξήρανον καὶ λειοτρίβησον ὡς χοῦν ·
εἶτα βάλε ἰσοστάθμῳ ὕδατι ὠῶν, καὶ ἄφες ἐν φούρνῳ ἀρτοποιοῦ, ἢ
θερμοσποδιᾷ ἕως ξηράνσεως ἡμέρας ζ΄. Εἶτα ἐξελών, λειοτρίβησον
25 αὖθις, καὶ ἴσον ὕδατι ὠῶν μίξας, πάλιν φιμώσας, ἔα ἐν φούρνῳ ἡμέρας

2. ἐργάσῃ E. — ὥστε] ὡς δὴ, τοῦ Α. — 3.
τότε om. E. — ἔφθασαν Α. — 4. καὶ αὔτη
E. — 6. ἤτοι] ἤ τι E; ἤγουν E. — φασὶ
πάντες ὅτι ἡ μαγν. E. — Cp. II, 1, 23. —
9. ὑδράργυρον] signe de l'argent Α. —
10. τοῦ πυρός Α. — 12. ἤτοι] ἤ τι A; ἤως
(pour ἤγουν) E. — τέφραν suppléé par E
(τῶν ὠῶν τῶν κεκ. τέφραν). — ὅλην τὴν ἡμ.
ἐν ἡλίῳ E. — 14. ξήρανον E. — 15. ἤ ἐν φ.
E. — 16. γελ. σοι ἄργυρος] ἤγουν λείωσον τὸν
ἄργυρον E. — 17. τῆς τέφρας suppléé par E.
— χρυσωθῇ E. — 18. εἰ δὲ οὖν A; εἰ δὲ μὴ E.
Corr. conj. — 22. διὰ γλυκέος ὕδατος E. —
23. ἰσόσταθμον ὕδωρ E. — 24. ἢ θερμοσποδιᾶς
A; ἢ ἐν θερμ. E. — 25. καὶ om. E (seul).
ὕδατος E. — καὶ φιμώσας ἔα πάλιν ἐν φ. E.

ζ · καὶ οὕτω ποίησον ἕως τρισσάκις. Εἶτα λειοτρίβησον, ἐν ἡλίῳ
πολλάκις ξηράνας, καὶ ποτίζων ἄχρις ἡμερῶν γ´ · τῇδε ἑξῆς, λειοτρί-
βησον, καὶ βάλε εἰς ἄγγος, καὶ φίμωσον, καὶ δὸς καμίνῳ ὑελουργικῷ
ἡμερονύκτια δύο, καὶ ἐκβαλὼν, εὑρήσεις κιμωλίαν χλωράν. Ταύτην
5 (f. 229 r.) δὲ πάλιν λειοτριβήσας καὶ ποτίσας πολλάκις τῆς ἡμέρας,
ὄπτησον ἐν πυρὶ κόπρου · καὶ τοῦτο τρὶς ἢ πεντάκις ποιήσας, εὑρήσεις
αὐτὴν ψιμμίθιον λευκότατον. Εὑρήσεις δὲ αὐτῆς τὸ τέλειον εἰ λευκάνεις
ἐπὶ χώνης τὸν χαλκόν · εἰ δὲ οὔ, στράφηθι εἰς τὴν ἐργασίαν αὐτῆς.

11] ΟΝΟΜΑΤΟΠΟΙΑ ΤΗΣ ΓΗΣ. — Ταῦτα ἐκάλεσαν οἱ σοφοὶ θείαν
10 ἄσβεστον, γῆν χείαν, γῆν ἀστερίτην, στυπτηρίαν σχιστὴν, λιθάργυρον
λευκήν, κιμωλίαν, στιλβίδα, ἀφροσέληνον, κόμμι, χάλκανθον, οὖρον
ἄρρευστον, ψιμμίθιον, ἀνδροδάμαντα ἀλαβάστρινον, ὀπὸν συκῆς καὶ
τιθυμάλλου.

12] Η ΕΝΩΣΙΣ ΤΩΝ ΤΕΣΣΑΡΩΝ ΣΤΟΙΧΕΙΩΝ. — Πρόσχες, ὦ φίλε,
15 ἂν μὴ κατὰ τὸν εἰρημένον σοι τρόπον καλῶς οἰκονομήσῃς τὰ τέσσαρα
στοιχεῖα, μὴ ἐπιχειρήσῃς τὴν ἕνωσιν αὐτῶν, ἵνα μὴ ἀκαίρως κομήσῃς,
σὺ δὲ αὐτὸς τὸν κάματον ὑποστῇς μόνος.

ΠΡΟΣΧΕΣ. — Λάβε ἀπὸ τοῦ ᾠκονομημένου πυρὸς μέρος ἕν, καὶ ἀπὸ
τῆς ᾠκονομημένης γῆς μέρη δ´, καὶ λειώσας, βάλε εἰς ἄγγος, καὶ
20 ἐπάνω βάλε τοῦ ᾠκονομημένου ἀέρος διπλάσιον τοῦ πυρός · καὶ κρέμασον
τὸ ἄγγος μέσον ἑτέρου μεγάλου ἄγγους ἔχοντος ὄξος ὀριμὺ, καὶ πώμασον
τὸ ἄγγος, καὶ ἔα ἡμέρας τινὰς ἕως γένηται ὡς ζύμη.

13] Γίνωσκε ὅτι τινὲς ἔβαλον μέρη δύο τῆς γῆς, καὶ ἓν τοῦ πυρός ·
καὶ ἄλλοι γ´ τῆς γῆς, καὶ ἓν τοῦ πυρός · καὶ ἄλλοι δ´ καὶ πλεῖον ⟨τῆς
25 γῆς⟩, καὶ ἓν τοῦ πυρός. Καὶ ταῦτά εἰσι πάντα καλά · ἀλλὰ τὸ κρεῖττον
τὸ ἄνωθέν ἐστιν εἰρημένον.

---

1. τριάκις E (forme laconienne). — 2.
πότιζε E. — 4. εἶτα ἔκβαλε καὶ εὑρ. E. —
5. λειοτρίβησον E. — 8. εἰ δὲ οὖν A; εἰ δὲ
μὴ E. — 9. ὀνομ. ἂν εἴη τ. γ. A. — ταύτην
E. — 10. γῆ ἀστερίτης etc. A (nomina-
tifs). — 11. γῆν κιμ. E. — 14. § 12] ELc
omettent ce paragraphe. — 16. εὐκαιρῶς
A. Corr. conj. — κομίσῃς A. Corr. conj.
— 18. οἰκονομουμέν. E ici et l. suiv. —
20. τὸ διπλ. E, mel. — 22. ζύμην A. —
23. γιν. δὲ E. — Le met entre parenthèse
tout notre § 13. — 23. τρία μέρη τῆς γῆς.

44

14] Τοῦτο δὲ πρὸς σὲ, ὦ φίλε, γεγράφαμεν, ἔξω τοῦ φθόνου ὄντες,
ἵνα μὴ πλανηθῇς. Μετὰ δὲ τὸ γενέσθαι ὡς ζύμην τὸ σύνθημα, ἐξελὼν,
ὄπτησον εἰς ἐλαφρὰν (f. 229 v.) πύραν, ἵνα ξηρανθῇ. Εἶτα πάλιν
τρίψον αὐτὸ ἐν ῥωμαίῳ μαρμάρῳ, καὶ βάλε ἐν τῷ ἄγγει, καὶ βάλε
5 καὶ ἐκ τοῦ ἀέρος διπλάσιον τοῦ πυρός · καὶ ἀπαιώρησον ὡς καὶ πρώην
τὸ ἄγγος μέσον τοῦ ὄξους · καὶ οὕτως ποίει κατὰ τὸν ἄνω τύπον μέχρι
καὶ φορὰς ζ΄ · κάτε φορὰν δὲ βάνε διπλάσιον τοῦ πυρὸς τὸν ἀέρα · μετὰ
δὲ τὴν ζ΄, ἐξελὼν, ξήρανον καὶ λειοτρίβησον μετὰ διπλοῦ τῆς γῆς τοῦ
ἀέρος · καὶ βάλε τὸ ἄγγος εἰς σαρζεῖν (?, ἡμερονύκτιον. Εἶτα ἐκβαλὼν,
10 σκόπησον τί χροιᾶς ἐστί · καὶ εἰ ἐνήλλακται ἡ χροιὰ αὐτοῦ, σκόπησον
ὅτι ἤρξατο τῆς ὁδοῦ πορεύεσθαι · εἰ δὲ οὔ, στρέψον αὐτὸ εἰς τὴν
ἐργασίαν αὐτοῦ ἕως φέρῃ θεωρίαν ἑτέραν · καὶ οὕτως ἐξελὼν, λειοτρί-
βησον χωρὶς τοῦ ἀέρος, ἀλλὰ μίξον τὸν ἀέρα, καὶ τὸ θεῖον, ἤγουν τὸ
ὄξος θεῖον μετ᾿ αὐτοῦ λειότριψον πολλάκις τὴν ἡμέραν · εἶτα σῆψον
15 πάλιν, ὡς ἀνωτέρω προείπομεν, εἰς ἄγγος μετὰ ὄξους δριμέως ἡμέρας δύο ·
λύεται γὰρ ὡς ὕδωρ · καὶ οὕτως γενόμενον ἔκβαλε τοῦ ὄξους, καὶ πῆξον
ἐν μαλθακῷ πυρὶ καὶ ἀρτίῳ, ἕως εἰς λίθον κηροῦ στερεωτάτου πήξῃ.
Καὶ οὕτως ἔχε Θεοῦ χάριν ἄφθονον εἰς αὐτοῦ τιμὴν καὶ πενίας λύσιν.

V. iii. — ΠΕΡΙ ΒΑΦΗΣ ΣΙΔΗΡΟΥ

Transcrit sur M, f. 104 r. — *Collationné sur* B, f. 175 v. (§§ 1 et 4); — *sur* A.
f. 157 r. (§§ 1 et 4). — *Les* §§ 1 *et* 4 *seuls sont contenus aussi dans Laur.* — *Sauf
indication spéciale, les variantes de A peuvent être considérées dans ce morceau
comme étant communes à ce ms. et à B, dont A paraît être une copie directe.*

20   1] Βαφὴ σιδήρου ἐστὶν ἡ σχεδὸν ἅπασι γνώσει τε λεπτῇ χρήσει τε

---

3. λαφρὰν A (néogrec). — 6. τύπον] F.
l. τρόπον. — 7. καὶ φορὰς] ὁρῶν E. — κάτε
φορὰν] καθεκάστην δὲ φορὰν E. — βάνε] βάλε
E; βάλλε Lc. — τὸν ἀέραν A; ἐκ τοῦ ἀέρος
E. — μετὰ δὲ τὴν ἑβδόμην ὥραν E. — 8.
μετὰ τοῦ διπλοῦ E. — 9. σαρζεῖν] κόπρον E.
— 11. εἰ δὲ οὖν A, ici et plus loin; εἰ δὲ

μὴ E (plus correct). — 12. ἕως ἂν E, ici
et plus bas. — 13. ἤγουν] ἥως E. — 14.
τὸ ὄξος τοῦ θείου E. — λειοτρίβησον E. —
τῆς ἡμέρας E, mel. σύψον A; στύψον E. —
— 16. τὸ ὄξος E. — 17. κηροῦ om. E.
— στερεώτατον E. — 18. ἄφθονόν τε εἰς
αὐτό E. — 21. F. l. λῃπτῇ.

πολλή. Ἐπειδὰν κέρας (?) αἰγὸς λαβὼν, πυρί τε καύσας καὶ τρίψας, ἅλατος ἑνώσῃς διπλασίῳ, οὐ τῇ ὁλκῇ μόνον, τῷ δέ γε μεγέθει, ὕδατί τε τῷ γνωρίμῳ προσβαλὼν, καὶ φυράσας τοσοῦτον, ὥστε τὴν μίξιν δίυγρον γενέσθαι · ἔξεστι γάρ σοι μετὰ ταῦτα ξίφος οἷον δ' ἂν καὶ βούλῃ,
5 ἐπαλείψαντα κατά γε τὸ καλούμενον στόμα, καὶ ἄνθραξιν ἐμβάλλοντα, ἱκανῶς γέ (f. 104 v.) πως πυρακτῶσαι · μετὰ δὲ ταῦτα γνωρίμῳ ὕδατι ἐπιρρίψαν, ἐστομωμένον βαφικῇ στομώσει ἔχειν τὸ ξίφος. Κοινὴ δὲ, ὡς εἴρηται, αὕτη καὶ πασίγνωστος ἐγγὺς ἡ βαφή. Ἡ δὲ εἰς ὕδωρ ἐπίρριψις οὐχ ἁπλῆ τις εἴη, ἀλλὰ πρὸς τὴν τοῦ ξίφους κατά τε τὸ
10 σχῆμα καὶ τὴν χρῆσιν διαφοράν. Ὅσα μὲν γὰρ λιθουργικὰ, καὶ ἁπλῶς, ὅσα οὐκ εἰσάγαν ὀξὺ τὸ λεγόμενον ἔχει στόμα, ταῦτα ἁπλῶς μετὰ τὴν ἐκπύρωσιν ὕδατι ἐπιρρίπτονται · ὅσα δὲ τοὐναντίον, οἷον αἵ τε λεγόμεναι μάχαιραι καὶ αἱ σπάθαι, οὐχ ἁπλῶς, ἀλλ' ἢ ῥάκους τινὸς ἀναδευθέντος τῷ ὕδατι, ἢ τοῦ ἐξ ἐρίου εἰς ὄμβρων ἐπίκλυσιν ἐπινενοη-
15 μένου ὁμοίως ἀναδευθέντος, κατὰ τὸ λεγόμενον στόμα, ἐπιτιθέμενα στόματί τινι τούτων ἀπολαμβάνει, ἢ τὴν κατὰ τὴν βαφὴν στόμωσιν. Καὶ οὕτως μὲν αὕτη.

2] ΔΕΥΤΕΡΑ ΒΑΦΗ. — Ἔστι δέ τις καὶ ἄλλη βαφῆς ἰδέα, ἡ οὐ μόνον τὸ κοινὸν τῶν σιδήρων ἀποβάπτουσα, στίλβον τε καὶ λαμπρότερον
20 ἥπερ ἡ προειρημένη βαφὴ, ἀπεργάζεται, ἀλλά γε καὶ τὸν ὀνομαζόμενον ἰνδικὸν παραπλησίως ἢ μικρὸν πλέον στομοῦσα. Σμήχουσι τὴν κεφαλὴν ἔνιοι μὲν λευκογέω, τῶν ὀρνίθων δὲ τοῖς ὠοῖς ἕτεροι, καὶ ἄλλοι ἄλλοις, ἢ ἁπλοῖς καὶ τοῖς ἐκ φύσεως, ἢ συνθέτοις, καὶ τοῖς ἐκ τέχνης. Ἔν τι τῶν σμηγόντων ἐκ τέχνης ἐστὶ καὶ ἡ, τῆς τοιαύτης βαφῆς ἰδέα ἡ
25 σκευάζεται ἔκ τε τῆς ⟨πυρᾶς⟩ ἀπὸ ξύλων · εἰ καὶ μὴ ἀπὸ πάντων τέφρας, ἐλαίου τε καὶ τινων ἑτέρων. Οὐκ ἄδηλόν ἐστι τοῖς πολλοῖς ὁ

---

1. ἐπειδ' ἂν MA, ici et partout. — Au-
dessus du signe de κέρας (?) : κε A. — 3.
μῖξιν M. — 5. ἐπαλείψαντι... ἐμβάλλοντι...
ἐπιρρίψαντι B, f. mel. — 8. πᾶσι γνωστός; B.
— 13. ἀλλῆ M. — 15. στόμα om. M. —
ἐπιτιθμένου B. — 16. στόματι τινι om. B.

— ἀπολαμβάνειν B. — τὴν βαφὴν μετεωρι-
ζομένου καὶ οὕτω τιθεμένου B. — 17. καὶ
οὕτως μὲν αὕτη] mots omis dans BA qui
passent immédiatement à la 4e trempe.
20. ἥπερ M. Corr. conj. — 24. ἢ σκ. M.
Corr. conj.

λέγω. Τοῦτο δὴ οὖν λαβὼν καὶ ἐκκαύσας (f. 105 r.) καθάπερ καὶ ταῖς
χρυσοχοϊκαῖς χρήσεσιν ἐκκαίεσθαι εἴθισται, ἅλατι τε ἑνώσας τριτημό-
ριον ὁλκὴν ἕλκοντι, εἰ δέ γε πάνυ εἴη ὁ σίδηρος τῶν εὐέκτων καὶ
ἡμίσειαν, ἐπαλείψας τὸ τοῦ σιδήρου καλούμενον στόμα, πυράκτωσον.
5 Εἶτα κατὰ τὸν προϋφηγημένον σοι τρόπον, πρός τε τὴν τοῦ σχήματος
διαφορὰν, καὶ τὴν χρῆσιν τῶν ὀργάνων, προσάγαγε τῷ ὕδατι. Ἔστω
δέ σοι γνωστὸν ὡς εἴ γε ὡς εἰκὸς εὔθραυστον συμβῇ τὸ στομωθὲν διὰ
τὴν σκληρότητα, ἐλαίῳ ἐμβαλὼν ἢ ἀκαύστῳ καὶ ἀμίκτῳ παντελῶς τῷ
σμήγματι, ἀποκαταστήσεις τὴν συμμετρίαν ἁρμόζουσαν · ἕξεις γάρ,
10 οὕτω ποιῶν καὶ ἐργαζόμενος, ἀποτελεσθέν σοι καθαρῶς τὸ βούλημα.

3ʲ ΤΡΙΤΗ ΒΑΦΗ. — Φθέγξομαι δή που βαφὴν τῆς μυστικῆς
ἐγέγγυον φιλοσοφίας · ξένον γὰρ τὸ χρῆμα τῇ γνώσει, καὶ θαυμαστὸν
τῇ καταλήψει, χρῆμα δυσεύρετον καὶ πασίγνωστον, περισπούδαστον
τῇ φύσει, εἰ καὶ τοῖς ἀνθρώπων πλείστοις εὐκατάγνωστον. Οὐ γὰρ
15 πᾶσι τίκτει μὲν τοῦτο γῆ, οὐκ ἀπὸ τῆς χείρονος μοίρας, ἀλλ ' ἐκ τῆς
λεπτῆς καὶ διειδεστάτης καὶ ἀνωφεροῦς · συνεργεῖ δὲ τῶν ὄντων τὸ
τίμιον, χρυσόν · τίκτουσα δὲ, οὐκ ἀπωθεῖται, ἀλλ ' ἐν τοῖς κόλποις
ἴσχουσα τροφῆς ἐμπιπλᾷ · οὐκ ἐν τούτῳ δὲ μόνη, ἀλλ ' ἔχει κἂν τούτῳ
τὸν χρυσὸν κοινόν. Τί οὖν τοῦτο; πολλὰ γὰρ τοιαῦτα, ὑγρὸν, πεπηγός ·
20 οὐχ ὅτι μετὰ τὴν γέννησιν πέπηγεν, ἀλλ ' ὅτι πηκτὸν τὸ λυσίσωμον
καὶ σωματοειδὲς, τὸ παντόρευστον, καὶ ἄρρευστον καὶ αὐτόρρευστον ·
τοῦτο οὖν ὃ ἐγὼ λέγω, οὐκ ἔστιν ἄλλο ἢ τοῦτο · (f. 105 v.) τοῦτο
λαβὼν τὸ μυστήριον, διάστησον κατὰ μικρὸν, διαστήσας δὲ ὕδατι
ἐθίμῳ καὶ κοινῷ, ἐπαφιείς τε ὀλιγίστῳ ὅσον δίυγρον γενέσθαι, ἕξεις τὴν
25 μυστικὴν σιδήρου βαφήν. Ἐν αὐτῇ δ ' οὖν καθὼς κἂν ταῖς ἄλλαις
νενόμισται τῇ φύσει βαφαῖς ἐνεργοῦν ὄψει παράδοξον. Ἔσται γάρ σοι
στερρὸς ἐν πᾶσι καὶ ἀκάματος ὁ καταβαφεὶς σίδηρος, σιδηρωλέτης ·
τοῦτο καὶ μαρμάρων σιδηροφάγων δουλεύει γένη καὶ ὑποτάσσεται. Αὕτη

9. σμήγματι M. Corr. conj. — ἕξεις M,
ici et presque partout. — 16. F. l. λῃπτῆς.
— 17. τίμιον] F. l. τιμιώτατον. — 18. κἂν
M, ici et partout. — 20. γέννησιν M. —
25. σιδήρου en signe. F. l. σιδηροβαφήν. —
27. καταβαφῆς M. Corr. conj.

ἐστὶν ἡ μυστικωτάτη βαφή, τὸν ἰνδικὸν ἐκβάπτουσα σίδηρον. Σκόπει
δὲ · ἂν γὰρ ᾖ λίαν σκληρὸς ὁ μέλλων στομοῦσθαι σίδηρος, μὴ προσ-
φέρῃς αὐτῷ ἀκράτῳ, καὶ, ὡς εἴπομεν, τῷ μυστηρίῳ. Ἐκδαπανεῖ γὰρ
καὶ καταθραύει ἅπαν τὸ ἀντιστατοῦν · ἀλλ᾽ οἰκονομήσας δι᾽ ἐξελαιώ-
5 σεως, ἢ δι᾽ ἐπομβρίας ἱκανῶς, οὕτω χρῶ τοδὶ ἐπὶ ποσὸν ἡ διὰ πείρας
τριβὴ ἀταλαιπώρως ἐκδιδάξει.

4] ΤΕΤΑΡΤΗ ΒΑΦΗ. — Τετάρτη δὲ πρὸς τοὺς εἰρημένους κρείσσων
τε καὶ ἀγνωστοτέρα καὶ θαυμασιωτέρα τῶν εἰρημένων, ἔτι δὲ καὶ
ἁπλουστέρα. Ἐπεὶ γὰρ τὸ τίμιον ζῷον ὁ ἄνθρωπος, ὅρα οἵαν ἐν θνητοῖς
10 ἔλαχεν δόξαν · πολλὰ μὲν γὰρ ἂν ἔχοι τις τῶν αὐτοῦ ἀπαριθμεῖν
γέμοντα θαύματος. Ὁμῶς δ᾽ οὖν ἐκεῖνο χρεὼν εἰπεῖν ὁ τὴν βαπτικὴν
καὶ στομωτικὴν δύναμιν εἴληφεν. Πολλὰ μὲν ὁ ἄνθρωπος, καὶ πολλα-
χόθεν τὴν τῶν περιττωμάτων ποιεῖται κένωσιν · διχόθεν δὲ μάλιστα
δι᾽ ὧν καὶ τὰ κενούμενα πλείω φέρεται. Οὐ τὸ αὐτὸ δὲ τῶν περιττω-
15 μάτων ἀμφοτέρωθεν ἀπορρέον, τὸ μὲν ὑγρὸν, τὸ δὲ ξηρὸν ἀπεκληρώθη
καλεῖσθαι. Ἔχει μὲν ἑκάτερον αὐτῶν μυρίας καὶ παντοδαπὰς τὰς
ἐνεργείας καὶ f. 106 r.) δυνάμεις · καί γε περιττώματα καὶ ἀχρεῖα ἐν
ἀνθρώπῳ ὄντα · ἔχει δὲ μετὰ τῶν ἄλλων τὸ ὑγρὸν περίττωμα τὴν
βαπτικήν τε καὶ στομωτικὴν σιδήρου δύναμιν · μόνῳ γὰρ σίδηρος
20 κάλλιστος ἀποτελεῖται · ἡ δὲ σιδηροβαφὴ γίνεται, καθὼς κἀν τῷ
πρὸ αὐτοῦ εἴρηται, πρὸς τὴν διάφορον τῶν σιδήρων χρῆσίν τε καὶ τὸν
σχηματισμόν · πᾶσι δὲ, ὡς καὶ κατ᾽ ἀρχὰς ἐρρήθη, προτερεύει τῶν
πρὸ αὐτοῦ ἡ σιδηροβαφὴ τοῖς πλεονεκτήμασιν.

---

5. ἤ] ἢ M. — ἐπιπόσον M. — 7. ἑτέρα βαφή,
B. — τετάρτη — εἰρημένους] αὕτη B. — F.
l. πρὸς τοῖς εἰρημένοις. — 8. εἰρημένων] πολ-
λῶν B. — ἔτι δὲ κ., ἁπλ. om. B. — 9. F.
l. τιμιώτατον. — οἵαν M : ὁποίαν B. —

12. εἴληχεν B, f. mel. — 16. μὲν] γὰρ B.
F. l. μὲν γὰρ. — 20 et 23. σιδηροβαφή]
signe du fer suivi d'un η. Corr. conj. —
22. δέω; M. — καταρχὰς M. — προτερεύειν
mss. — 23. ἡ om. B.

V. IV. — ΒΑΦΗ ΤΟΥ ΠΑΡΑ ΠΕΡΣΑΙΣ ΕΞΕΥΡΗΜΕΝΟΥ ΧΑΛΚΟΥ ΓΡΑΦΕΙΣΑ ΑΠΟ ΑΡΧΗΣ ΦΙΛΙΠΠΟΥ

Transcrit sur M, f. 118 r. — *Collationné sur* B, f. 173 v.; — *sur* C (*copie de* B), f. 120 r.; — *sur* A, f. 155 v.; — *sur* K (*copie de* A), f. 39 r.

1] Λαβὼν θουθίας ὅσον βούλει ἀνωτέρας, λείωσον καὶ κοσκίνισον λεπτοτάτῳ κοσκίνῳ · καὶ βαλὼν εἰς σκεῦος ὀστράκινον, ἐπίβαλλε ἔλαιον
5 οἷον βούλει ἐπ᾽ αὐτήν, εἴτε κοινόν, εἴτε σησάμινον · καὶ ἀνάλαβε ταῖς χερσί, προσμιγνύων τῇ θουθίᾳ τὸ ἔλαιον καὶ τρίβων ἐν τῷ ὀστρακίνῳ ἀγγείῳ, ἕως ἂν πλησθῇ ἡ θουθία τοῦ ἐλαίου, καὶ μηκέτι συμπίῃ τὸ ἔλαιον. Καὶ ὅταν ἴδῃς ὅτι συνέπιεν τὸ αὔταρκες, ἐπιβάλλεις αὖθις καὶ προσμιγνύεις ἐκ τοῦ αὐτοῦ ἐλαίου, ἕως γένηται πηλῶδες. Καὶ λαβὼν
10 ἀπὸ τοῦ φοινικοπαστίλλου τοῦ ἐρυθροῦ τοῦ λεγομένου ν α τ ὴ φ ἐν Ἀρά-βοις, τὸ πέμπτον μέρος τῆς θουθίας, βάλε αὐτὸ ἐπάνω τῆς προμαλαχ-θείσης θουθίας (f. 118 v.) ἐν τῷ ὀστρακίνῳ σκεύει, κατατεθραυσμένον εἰς μικρὰ μὴ πολυμερῆ, μήτε πάνυ μεγάλα · καὶ θερμάνας κλίβανον σφοδροτάτῳ πυρί, βάλε τὸ σκεῦος ἐν τῷ κλιβάνῳ, προσπηλῶν τὸ στόμα
15 τοῦ κλιβάνου, ἕως τῆς ἐπαύριον, διότι μέλλει καίεσθαι καὶ γίνεσθαι ἡ θουθία μέλαινα. Καὶ ἐξαγαγὼν ἐπὶ τὴν αὔριον, τρίβε καὶ σῆθε λεπτῷ κοσκίνῳ.

2] Καὶ ὅτε θελήσεις βάψαι χαλκὸν ἀνώτερον οὗ κρείττων οὐ βάπτεται ἐν Περσίδι, λάβε δύο μέρη χαλκοῦ κυπρίου καλοῦ, καὶ ἓν ἐκ τοῦ
20 προκατασκευασθέντος διὰ τῆς θουθίας ξηρίου. Καὶ κατάκλασον τὸν χαλκὸν ὅσα δύνῃ σμικρότατα μέρη, καὶ πρόσμιξον αὐτῷ τὸ ξηρίον ·

---

2. Après Φιλίππου] BCAK (= B etc.) ajoutent : τοῦ τῶν Μακεδόνων, οἷος ὁ ἐν ταῖς πόλαις τῆς ἁγίας Σοφίας. Puis, en sous-titre : Ποίησις χαλκοῦ ξανθοῦ. — Ce morceau a été publié et traduit en latin par Chr. G. Gruner, Zozimi fragmenta, IV, 1803. in-4º. (Faculté de médecine de Paris, collection in-4" nº 68, art. 17.)

3. τουτίας B etc. — ἀνωτέρας om. BC; ἀνωτάτης AK. — 6. τοῦθια corrigé en θουθία B. — θουθία M. — 7. ἀγγεῖον M. — 11. θουτίας M. — βάλε — θουθίας om. B etc.; hab. Gruner. — 13. πολλὰ μέρη M. — 14. προπηλῶν B etc., f. mel. — 16. μέλανα M. — 20. κατάκλασον] τέμε B etc. — 21 εἰς ὅσα B etc. — σμικρὰ B etc.

καὶ βαλὼν ἄμφω εἰς χώνην, φύσα σφοδρῶς, ἕως ἂν βράσῃ ὁ χαλκὸς
μετὰ τοῦ ξηρίου · καὶ ὅτε βράσει, προστιθεὶς αὖθις κάρβωνα μετὰ
φύσης πολλῆς, ἕως ἐνωθῶσιν ἄμφω. Καὶ ἐὰν θέλῃς γνῶναι τὸ κάλλος
τῆς χροιᾶς, λάβε σιδήριόν τι ἀκροσκόλιον, καὶ ἐξάγαγε διὰ τοῦ ἄκρου
5 αὐτοῦ, καὶ θέασαι · καὶ εἰ μὲν ἀρέσει τὸ χρῶμα, παύεις τὴν φύσαν · εἰ
δὲ οὔπω ἤρεσεν, πρόσθες φύσαν καὶ κάρβωνα · ἡ γὰρ διὰ τῶν καρβόνων
φύσα ὁπόσον ἂν πλεονάσῃ, βέλτιον ἀπεργάζεται τὸ προκείμενον.

V. v. — ΒΑΦΗ ΤΟΥ ΙΝΔΙΚΟΥ ΣΙΔΗΡΟΥ, ΓΡΑΦΕΙΣΑ
ΤΩ ΑΥΤΩ ΧΡΟΝΩ.

Transcrit sur M, f. 118 v. *(suite,* f. 104 r.) — *Collationné sur* B, f. 175 r. ; — *sur*
A, f. 156 v. ; — *sur* K, f. 39 v. — *Contenu aussi dans* C *(copie directe de* B*),*
dans le ms. de Vienne, art. xvii, *et dans Laur., art.* xliv.

10 1] Λαβὼν σιδήρου ἀπαλοῦ λίτρας δ΄, κατάτεμε εἰς μικρὰ μέρη · καὶ
λαβὼν φλοιὸν φοινικοβαλάνου τοῦ λεγομένου ἐλιλέγ ἐν Ἀράβοις,
σταθμὸν μι^λ ιε΄, καὶ σταθμὸν μι^λ δ΄ βελιλὲγ ὁμοίως κεκαθαρμένου ἀπὸ
τῶν ἐντός, ἤτοι τὸν φλοιὸν μόνον, καὶ (f. 104 r. ἀμβλὰγ ὁμοίως
κεκαθαρμένου μι^λ δ΄ · καὶ μαγνησίας ὑελουργικῆς ἀνωτέρας θηλυκῆς
15 μι^λ ϛ΄, κόψον ὁμοῦ πάντα μὴ πάνυ λεπτῶς, καὶ πρόσμιξον ταῖς δ΄ λίτραις
τοῦ σιδήρου · καὶ βάλε εἰς χώνην · καὶ ἵσατον τὸν τόπον τῆς χώνης πρὸ
τῆς ἐκκαύσεως · εἰ γὰρ μὴ οὕτως ποιήσεις, ὥστε μὴ κινεῖσθαι αὐτὴν
τῇδε κἀκεῖσε, ἀνάγκη ὑφιστάσαι ἐν τῇ χωνείᾳ. Εἶτα μετὰ τοῦτο
ἐπίβαλλε τὰ κάρβωνα, καὶ ὄξυνον τὴν χώνην, ἕως λυθῇ ὁ σίδηρος, καὶ
20 ἐνωθῶσιν αὐτῷ τὰ εἴδη. Χρῄζουσι δὲ αἱ τέσσαρες λίτραι τοῦ σιδήρου
καρβώνων λίτρας ρ΄.

---

2. κάρβονα M, ici et partout. — Après
κάρβοινα] B etc. aj. : διερέθιζε τό πῦρ. —
5. παῦε B etc. ; παύειν Gruner, avec cette
note : *subint.* δεῖ. — εἰδ ᾿ οὖν πρόσθες
B etc. — 11. φλυόν M, ici et plus loin.
— ἐλιλεγ BCAK (= B etc.). — Ἀραψ
B etc. — μι^λ] μεθ AK, ici et plus loin.
— 13. ἀμβλὶγ BC (B mg. : *ambleg*);
ἀμβι λὶγ A ; ἀμβιλὶγ K. — 14. ὑελ. ἀνωτ.
om. B etc. — 19. λυθῇ] F. l. χυθῇ.

2] Πρόσεχε δὲ ὅτι, ἐὰν ἔστιν ὁ σίδηρος ἀπαλώτερος, οὐ χρήζει τὴν
μαγνησίαν, ἀλλὰ μόνα τὰ λοιπὰ εἴδη. Ἡ γὰρ μαγνησία ξηραίνει αὐτὸν
εἰς ὑπερβολήν, καὶ γίνεται θρυπτός. Εἰ δέ ἐστιν ἀπαλός, χρεία αὐτῆς
μόνον, ἵνα ἔστιν ἀνωτέρα · Αὕτη γὰρ τὸ πᾶν ἀπεργάζεται.

5   3] Αὕτη ἐστὶν ἡ πρώτη καὶ βασιλικὴ ἐργασία, ἣν ἐπιτηδεύονται
σήμερον, ἐξ ἧς καὶ τὰ θαυμάσια ξίφη τεκταίνονται. Ηὑρέθη δὲ ὑπὸ τῶν
Ἰνδῶν, καὶ ἐξεδόθη Πέρσαις, καὶ παρ᾽ ἐκείνων ἦλθεν εἰς ἡμᾶς.

V. vi. — ΠΟΙΗΣΙΣ ΚΡΥΣΤΑΛΛΙΩΝ

Transcrit sur M, f. 116 r. — *Collationné sur* A, f. 12 r. (= A¹); — *sur* A, f. 13 r.
(= A²); — *sur* A, f. 90 r. (= A³); — *sur* K (*copie de* A² ; *mêmes variantes*). f. 4 r.;
— *Contenu aussi dans* Laur., f. 95 v., *et dans l'Ambrosien* (copie de M). — *Les
variantes de* M *ont été reportées en marge ou au-dessus du mot dans* K, *de la
main déjà signalée* (p. 36).

1] Λαβὼν ὠὰ ὅσα θέλεις, πλύνον μετὰ ὑδράλμης, καὶ ἀποσπόγγισον ·
10 καὶ πάλιν πλύνον μετὰ ὑδρονίτρου, καὶ τότε κλάσας, χώρισον τὰ
ὄστρακα ἀπὸ τῶν ὑμένων αὐτῶν, καὶ τὰ κροκὰ παρὰ μίαν, καὶ τὸ
λευκὸν παρὰ μίαν · καὶ σφάξας ὀρνίθια μαῦρα καὶ λαβὼν τὸ αἷμα,
καὶ βαλὼν αὐτὸ εἰς ἐργαλεῖον, ἀνάσπασον ἀπ᾽ αὐτοῦ τὸ ὕδωρ, θέλῃς
ὑπὸ μαλθακοῦ πυρός, θέλῃς ὑπὸ ἀκαύστου πυρός. Καὶ φύλαξον αὐτοῦ
15 τὸ κατόχημα καὶ τὸ ὕδωρ · καὶ ἐὰν φέρῃ καὶ ἔλαιον, καὶ ἔχε αὐτὰ
εἰς σκιάν. Τὸ δὲ λευκὸν τοῦ ᾠοῦ καὶ αὐτὸ ἀνάσπασον διὰ πυρός, καὶ
λάβε καὶ αὐτοῦ τὸ ὕδωρ καὶ τὸ ἔλαιον, καὶ ἔχε καὶ αὐτὰ παρὰ μίαν,

---

4. ἵνα — ἀπεργάζεται om. B etc. — 5. ἡ
ἐπιτηδ. σήμερον] ἣν ἐνεργοῦσι καὶ ἐν Ἰνδίᾳ
B etc. — 7. ἦλθε καὶ εἰς ἡμᾶς B etc. —
8. Titre dans A¹ : περὶ κρυστάλλων ποιή-
σεως; — dans A²·³ : περὶ κρυστάλλων ποιή-
σεως; — dans K : περὶ κρυστάλου ποιήσεως.
— 9. θέλῃς] βούλει A¹. — κ avant πλύνον
M (signe tachygr. de ἀπό ?). — ἀπόπλυ-
νον A¹·²·³ (= A); καὶ ἀποπλύνον Laur.

— ὑδάρμης A¹·²·³ — 10. μετὰ ὕδατος, ἤγουν
ὕδωρ νίτρου A¹. — τότε] αὐτὰ A¹. — 12.
Ici et partout : παραμίαν M; παρα-
μιὰ A¹; παραμιὰ A²·³. — τὸ αἷμα αὐτῶν
— 13. θέλῃς... θέλῃς M; θέλεις,.. εἰ θέ-
λεις A² K. — 14. ἄλλου sur ἀκαύστου M; à la
suite dans AK. — 15. κατόχυμα AK, ici
et partout. — 17. Après παραμιὰν] ὡσαύ-
τως καὶ τὰ κροκὰ καὶ τὸ κατόχυμα A¹.

καὶ τὸ κατόχημα ὁμοῦ ἔχων καὶ αὐτὰ εἰς σκιάν. Τὰ δὲ ὄστρακα σὺν
τῶν ὑμένων τρίψας, καὶ βαλὼν εἰς δύο γωνία · καὶ χρίσας πηλῷ
ἐντρίχῳ καὶ ψύξας, καῦσον εὐτόνως ὑπὸ ἀσκοφυσίων δύο, μέχρις ἂν
ἀποκαχλάσωσιν, καὶ οὐκέτι ἀκούῃς τὸν καχλασμὸν αὐτῶν · ἐπὰν γὰρ
5 διαγελάσῃ ἔσωθεν, ἔπαυσεν ὁ καχλασμός, καὶ ὡς ἐκ τούτου γνώσῃ
ὅτι ἐψήθη, καὶ ἔασον αὐτὸ οὕτως ψυχρανθῆναι, καὶ κατάπαυσαι ἐν τῇ
καμίνῳ · καὶ μετὰ τοῦτο κλάσας, εὑρήσεις ὕελον πράσινον.

2] Ὁμοῦ λαβὼν καὶ τὸ κατόχημα τοῦ λευκοῦ καὶ αὐτὸ βαλὼν εἰς
δύο γωνία, καὶ ἐμπλάσας, καῦσον καὶ αὐτὰ ὁμοῦ, καὶ εὑρήσεις κίτρινον
10 ὕελον, τὸ λεγόμενον βερονίκη.

3] Τὰ δὲ κροκὰ ⟨λαβὼν⟩ καὶ αὐτῶν τὰ κατοχήματα βαλὼν εἰς δύο
γωνία, καὶ καύσας, εὑρήσεις ὕελον ἄσπρον.

4] Ὁμοῦ δὲ καὶ τὰ κατοχήματα τοῦ αἵματος καύσας, ὁμοῦ εὑρήσεις
ὕελον βένετον, τὸν λε- (f. 116 v.) γόμενον κυανόν.

15   Titre ajouté ici dans les mss. A¹·²·³. K : Ὁ οἶκος ὁ περισυνάζων πάντα.

5] Ἐπὰν δὲ τὴν τετρασωμίαν ταύτην καύσῃς οὕτως παρὰ μίαν,
καὶ παρὰ μίαν καὶ ποιήσῃς αὐτὰ ὑέλια, ἀπὸ τότε ἰσοστάθμισον τὰ ὅλα
καὶ σύμμιξον καὶ συλλείωσον · καὶ βαλὼν αὐτὰ ὁμοῦ εἰς δύο γωνία,
τουτέστιν ἐπάνω καὶ ὑποκάτω, χώνευσον. Τὰ γὰρ πάντα πρὶν γοργο-
20 τέρως ἔχουσιν καῆναι. Καὶ ἐπὰν ἀποκαχλάσωσιν καὶ διαγελάσωσιν,
ἔασον πέψαι τὸ ἔργον καὶ ψυχρανθῆναι · καὶ ἀπὸ τότε ἔκβαλε καὶ τρῖψον
αὐτὸ ψιλὸν · καὶ τότε φέρε τὰ ἔλαια τῶν ὅλων σωμάτων, καὶ σύμμιξον
αὐτά, καὶ πότισον αὐτά, ποιῶν τὸ σύνθεμα ὥσπερ ζυμὴν παχεῖαν,
συλλεαίνων τὸ ἔλαιον μετὰ τῶν ὑελίων, ἤγουν τῶν σωμάτων ἐκείνων.

1. ἔχε, καὶ τὸ ἔλαιον ἔχε ἐν σκιᾶ A¹. — σὺν
pour μετά; σὺν avec le datif AK. — 2.
τρίψας, καύσας A¹. — 3. ψύξας] τρίψας AK.
— ὑπό] F. l. ἀπό. — 7. Après notre § 1,
A¹ intercale ici le § 4 (voir plus bas). —
10. βερωνικόν AK. — 13. Réd. du § 4
dans A¹ : Τὸ δὲ κατόχυμα αἷμ. καύ. καὶ

αὐτὸ ὑπὸ ἀσκοφυσίων δύο δι᾽ οὗ εὑρήσεις ὕελον
βένετον τ. λεγ. κ. — 15. La leçon insérée
ci-dessus est celle de A³ mg. K : ὁ οἶκος
A¹; ὁ οἶκος ὁ περισυναξόμενος π. (F. l. παρασυ-
νάζων) A² mg. — 17. ἀπὸ τότε] ἐκ τούτων AK.
— 19. ταῦτα γὰρ A²·³· K. — 22. αὐτὸ ψιλόν]
αὐτὰ ὑψηλὰ A. — φέρε] F. l. ἀραίρει.

Καὶ ἀπὸ τότε ἔασον εἰς τὴν θυείαν, ἡλιάζων αὐτὸ εἰς τὴν αὐτὴν θυείαν μέχρις ἡμέρας γ΄ · ταύτην τὴν ζύμην, ἐπὰν ἡλιασθῇ, θέλεις παροπτῆσαι καὶ ποιῆσαι κιννάβαριν.

V. ᵛᴵᴵ. — ΚΑΤΑΒΑΦΗ ΛΙΘΩΝ ΚΑΙ ΣΜΑΡΑΓΔΩΝ ΚΑΙ ΛΥΧΝΙΤΩΝ ΚΑΙ ΥΑΚΙΝΘΩΝ

ΕΚ ΤΟΥ ΕΞ ΑΔΥΤΟΥ ΤΩΝ ΙΕΡΩΝ ΕΚΔΟΘΕΝΤΟΣ ΒΙΒΛΙΟΥ

Transcrit sur A (*copie de* B?), f. 147 r. — *Collationné sur* B, f. 160 v. ; — *sur* K (*copie de* A), f. 33 r. (§§ 1-10). — *Contenu aussi dans* C (*copie directe de* B).

1] Λαβὼν κομάρου τοῦ δυσχερῶς εὑρισκομένου, ὃ Πέρσαι καὶ Αἰγύπτιοι τάλαχ φασὶν, οἱ δὲ ταλὰχ, γ° C″, καὶ θείου γ° C″, καὶ ὕδατος θείου ἀθίκτου γ° ιη΄, λείωσον τὸ κόμαρον καὶ ἕνωσον τῇ ὑδραργύρῳ · καὶ βάλε εἰς ἀνακλαστάριον ἀγγεῖον ὑάλινον, καὶ ἔχε.

2] Ἐπὰν δὲ βούλει βάψαι σμάραγδον, λαβὼν ἰὸν χαλκοῦ καὶ ὄξος πρωτεῖον, λείωσον ἐν ἰγδῃ ὑαλίνῃ · συμμίξας καὶ χολὴν ταύρου ξηρὰν, ἢ γυπὸς, καὶ μετὰ τὸ ἑνωθῆναι ὁμοῦ, ποίησον σφαιρία, καὶ ψύξον ἐν σκιᾷ, καὶ ἔχε.

3] Ἐπὰν οὖν μέλλῃς βάψαι λίθον, βάλε ἐκ τῶν σφαιρίων τούτων εἰς ἰγδην ὑαλίνην, καὶ λειώσας ἕνωσον αὐτῷ ἐκ τοῦ ἀνακλασταρίου, καὶ συλλειώσας, ποίησον ζωμὸν, καὶ ἔμβαλον εἰς βυσσίον ὑάλινον κεχρισμένον πυριμάχῳ πηλῷ · καὶ φέρε ἐκ τῶν κρυστάλλων οἷον βούλει σχῆμα · καὶ ἔμβαλε εἰς τὸ βυσσίον τὸ πεπηλωμένον τὸ ἔχον τὸν ζωμόν · καὶ βαλὼν κάρβωνας, ὑπόκαιε θέρμῃ πραείᾳ · καὶ ἔασον λαβεῖν βράσμα ἕν · καὶ ἄρας ἐκ τοῦ πυρὸς, τίθει ἐν τόπῳ, καὶ ἔα

---

2. ἄχρις ἡμερῶν (γ΄ om.) A¹; ἄχρις. ἡμερῶν γ΄. A²ᵃ K. — 3. κιννάβαρι] F. l. χρυσόν. Le signe du cinabre (voir Introd. de M. Berthelot, p. 108, l. 13 et *passim*) est aussi celui du soleil (Kopp, *Palæogr. critica*, III, 334), et par extension celui de l'or. — 8. οἱ δὲ τάλχ B. — 17. βυσσίον F. l. βητσίον (ici et plus loin)

ἀποβρέχεσθαι ἡμέρας γ' · καὶ ἀνελόμενος, ἔχε τῇ τοῦ Θεοῦ χάριτι.

4] Τῇ αὐτῇ δὲ ἀγωγῇ καὶ ἐπὶ λυχνίτου, σφαιροποίησον δρακόντειον αἷμα, καὶ χυλὸν ἀγχούσης βοτάνης · καὶ συλλειώσας μετὰ τοῦ ῥηθέντος ἀνωτέρω ὕδατος τοῦ ἐν τῷ σμαράγδῳ, βάλε κρύ- f. 147 v.°
σταλλον, καὶ βάψεις.

5] Ὁμοίως καὶ ὑάκινθον, λαζούριον λείου σὺν χυλῷ ἰσάτεως, καὶ ποίει σφαιρία, ὡς ἀνωτέρω ἐκδέδοται · τούτου γὰρ ἄλλο κρεῖσσον οὐκ ἔστιν.

6] ΤΙΝΑ ΤΑ ΕΙΔΗ ΤΥΓΧΑΝΟΥΣΙ ΤΗΣ ΤΩΝ ΛΙΘΩΝ ΚΑΤΑΒΑΦΗΣ ΚΑΙ ΠΩΣ ΟΙΚΟΝΟΜΕΙΤΑΙ. — Ἐπεὶ οὖν ἔγνωμεν ὡς τὸ συνεκτικὸν αἴτιον τῶν ἔργων τῆς τέχνης ἐστὶν ἡ κόμαρις · πρόκειται δὲ λέγειν ἡμᾶς περὶ τῆς τῶν λίθων καταβαφῆς, ἀρτίως ἴδωμεν πρῶτον τίνα τὰ βαπτικὰ εἴδη τυγχάνουσι τῶν λίθων, καὶ ὅπως ἑνωθέντα τῇ κομάρῳ, βάπτουσι κρυστάλλους ἢ τοὺς φυσικοὺς ἐπιβάπτουσι, καὶ οἷα τὰ ἄγγεια ἐν οἷς καὶ ὅπου οἰκονομοῦνται. Ἐπὶ μὲν τῆς τῶν σμαράγδων ποιήσεως, καθὼς καὶ Ὀστάνει δοκεῖ τῷ πανδοχεῖ τῶν ἀρχαίων, ἰὸς χαλκοῦ, καὶ χολαὶ ζώων παντοίων, καὶ τὰ ὅμοια · ἐπὶ δὲ ὑακίνθων, ὑακίνθου πόα, καὶ ἰσάτιδος ῥίζα συνεψομένη · ἐπὶ δὲ λυχνίτου, ἄγχουσα καὶ αἷμα δρακόντειον · ἐπὶ δὲ νυκτορανοῦς τε καὶ θαλασσοβαφοῦς ὀνομαζομένου λυχνίτου, ζώων χολαὶ θαλασσίων ἰχθυωδῶν ἢ κητωδῶν, διὰ τὸ τούτων νυκτοφανές, καὶ μᾶλλον γλαυκότερον, ὡς δηλοῦσιν ἔντερα καὶ λεπίδες αὐτῶν νυκτὸς ἀποστίλβοντα καὶ ὀστᾶ. Φησὶ γὰρ καὶ ἡ Μαρία · « Ἐὰν μὲν χλωρὸν θέλῃς, συμμάλασσε τὸν ἰὸν τοῦ χαλκοῦ μετὰ χολῆς χελώνης, ἐὰν δὲ κάλλιον βούλῃς, τῆς ἰνδικῆς χελώνης, ἐπίβαλε, καὶ ἔσται πάνυ πρωτεῖον · ἐὰν δὲ μὴ εὕρῃς χολὴν χελώνης πνεύμονι θαλασσίῳ τῷ κυανέῳ χρῶ, καὶ κάλλιον ποιήσεις · συντελεσθέντες δὲ, φέγγος βάλλουσιν · ὥστε τὰς μὲν f. 148 r.° χολὰς τῶν ζώων καὶ τὸν ἰὸν τοῦ χαλκοῦ Ὀστάνης, ἐπὶ τῶν σμαράγδων ἐξέλαβε, μὴ προσθεὶς τὸ θαλάσσιον · ἐπὶ ὑακίνθου δὲ, πόαν ὑάκινθον, καὶ μέλαν

---

6. λαζούριον AK. — B mg. : un double trait. — 20. χολὰς mss. — 27. δὲ] F. I. | γὰρ. — 29. B mg. : double trait. — ὑάκινθον et ῥίζαν soulignés dans B.

ἰνδικὸν, καὶ ἰσάτιδος ῥίζαν · ἐπὶ δὲ τοῦ λυχνίτου, τὴν ἄγχουσαν καὶ τὸ
δρακόντειον αἷμα · ἡ δὲ Μαρία, τὸν ἰὸν τοῦ χαλκοῦ καὶ τὰς χολὰς
τῶν θαλασσίων ζώων · ἐπὶ δὲ τοῦ νυκτοφανοῦς δῆλον ⟨ὅτι⟩ καλοῦσιν
ὑάκινθον οἱ περὶ λίθων σοφοί. Διὸ καὶ προσεπάγει λέγων · « Συντελεσ-
5 θέντες δὲ, φέγγος βάλλουσιν, ὡς ἀκτῖνες ἡλίου ».

7] Πόθεν οὖν λαμβάνουσι τὸ πυραυγὲς οἱ λίθοι, μήτε τῶν χολῶν,
μήτε τοῦ ἰοῦ τοῦ χαλκοῦ δυναμένων αὐτοῖς τοῦτο χαρίσασθαι, χλωρῶν
ὄντων ἐκ ῥύσεως; Τί οὖν φαμεν; Ἆρα τὴν Μαρίαν παρῆλθε τὸ
τοιοῦτον χρησιμώτατον ἔργον; Αὕτη περὶ λυχνιτῶν ποιήσεως, ἣ καὶ
10 ἀνωτέρω κατέλεξεν. Ὀστάνης δὲ τὴν ἄγχουσαν καὶ τὸ δρακόντειον
αἷμα, καὶ ἄλλας ἑτέρων λίθων καταβαφὰς παραλαμβάνει · ὅθεν ὡς
εἴδη προκαταλήξασαν τὴν ἐρυθρὰν τοῦ λίθου καταβαφὴν ἢ χροιάν,
ἥτις πυρρὰ μέν ἐστιν, ἀλλ᾽ οὐ νυκτοφανής, τιμιωτέραν ἡμῖν ἐνταῦθα
εἰσηγεῖται ὁ τεχνίτης ἱκανὸν εἶναι παρασκευάζειν τὸν βαπτόμενον
15 λίθον, ἡλίου δίκην, ἀκτῖνας ἀφιέναι, νυκτὶ καὶ δύνασθαι τοὺς κεκτη-
μένους ἀναγινώσκειν καὶ γράφειν καὶ πάντα πράττειν, σχεδὸν ὡς ἐν
ἡμέρᾳ · τὸ μὲν γὰρ θεωρεῖσθαι νυκτὸς ἕκαστος ἔχει λυχνίτης, κατὰ τὸ
οἰκεῖον μέγεθος καὶ τὴν καθαρότητα (f. 148 v.) φυσικὸν ἢ τεχνικόν ·
τὸ δὲ φωτὸς εἶναι χορηγὸν μόνον ἴδιόν τε καὶ ἐξαίρετον τοῦ νυκτοφαοῦς ·
20 ἡ γὰρ λέξις ἐνταῦθα, οὔτε ἡμέρᾳ φαινόμενον ὑπαινίττεται μόνον, ἀλλὰ
τὸν νυκτὸς φαίνοντα δείκνυσιν.

8] Αἱ μέντοι χολαὶ τῶν ζώων ἀποστάξαται τὸ ὑδατῶδες σκιόφυκτοι
γίνονται, καὶ οὕτω πρόκεινται τῷ ἰῷ τοῦ ἡμετέρου χαλκοῦ, τουτέστι
τῇ κομάρῳ, καὶ ἕψονται ἅμα τεχνικῶς καὶ χρωσθεῖσαι τῷ ὕδατι,
25 ἄρευκτοι γίνονται · καὶ σειρωθέντος τοῦ ὕδατος, θερμαίνονται οἱ λίθοι
καὶ χαλῶνται θερμοὶ ἐν τῷ βάμματι, κατὰ τὴν Ἑβραίων φωνήν. Εἰ
μέντοι τὸ χολῶδες χρῶμα μεῖόν ἐστι δυνατὸν τῷ λίθῳ πολλὴν

---

2. ἤ. B mg. : un double trait. — δρα-
κόντειον souligné. — 10. B mg.: double
trait. — Les mots Ὀστάνης — αἷμα souli-
gnés dans B. — 12. F. 1. ἤδη προκαταλέξας.
— 13. πυρὰ mss. — 14. παρασκευάζει B.

— 23. πρόκεινται A. F. 1. πρόσκεινται. —
B mg. : double trait. — Les mots τοῦ
ἡμετέρου — τῇ κο... soulignés dans B. —
25. B mg. : double trait. — Les mots
ἄρευκτοι γίν. soulignés dans B.

ἐμποιῆσαι χλωρότητα, βάλλεται σὺν τῷ ἡμετέρῳ ἰῷ καὶ ὁ κοινὸς ἰὸς
[τῆς ὑπηρεσίας] χαλκοῦ καὶ χαλκάνθης ὀλίγης, καὶ ὅσα ἕτερα δύνανται
βοηθῆσαι τοῖς ἐπιβαπτομένοις ἢ πλαττομένοις λίθοις, καὶ μάλιστα τοῖς
σμαράγδοις.

5   9] Ἰστέον δὲ ὅτι αἱ χολαὶ τῶν θαλλαττίων ζώων λαμπηδόνα
συμβάλλονται πρὸς ἑκάστου λίθου καταβαφήν, συμμέτρως παραλαμ-
βανόμεναι μετὰ τῶν ἁρμοζόντων ἑκάστῳ χρώματι ζωγραφικῶν, ἢ
ἄλλων τινῶν εἰδῶν. Χρὴ δὲ γενέσθαι πᾶσαν βαφὴν ἐν ὑαλίνοις ποτη-
ρίοις λαμπροῖς, καὶ πάντα ποιεῖν, μετὰ τοῦ καθολικοῦ κανόνος, τοῦτο
10 ὡς ἐπινοεῖς · οὐ γὰρ ἀμελητέον αὐτῶν.

    10] ΤΙΣ Ο ΤΗΣ ΟΨΕΩΣ ΤΩΝ ΧΡΩΜΑΤΩΝ ΗΤΟΙ ΠΟΙΗΣΕΩΣ ΤΡΟΠΟΣ
ΤΩΝ ΒΑΠΤΟΜΕΝΩΝ ΛΙΘΩΝ. — Διδάσκων ἡμᾶς ὁ (f. 149 r.) φιλόσοφος
τίς ὁ τῆς ὄψεως τρόπος τῶν χρώματι ὄντων βαπτομένων λίθων ἐστὶν,
ἐν τῷ περὶ λίθων καταθέτῳ χαλκοῦ, οὕτως φησί · « Ἔστιν, ὡς ἤκουσα
15 ἐν τῷ πατροπαραδότῳ βιβλίῳ, χολὴ ἰχνεύμονος, χολὴ γυπεία · ἐν
ταύταις ταῖς χολαῖς, ὅστις ἂν δυνηθῇ τὸν ἰὸν τοῦ χαλκοῦ σῆψαι ἡμέρας
μ΄, ἵνα, τῆς ὕλης σαπείσης, γένηται ἡ θέσις τῶν λίθων, καὶ ἀμετά-
τρεπτος ὁ ἰὸς τὸ εἶδος φυλάξῃ, κατὰ τὸν Ἀγαθοδαίμονα · περὶ οὗ
καὶ ὁ θεσπέσιος λέγει Μωϋσῆς ὁ προφήτης ἐν τῇ οἰκείᾳ χυμευτικῇ
20 τάξει · « Καὶ πάντα βαλὼν ἐν σφαιρίῳ ὑαλουργικῷ, ἕψει, ἕως γένηται
κινναβαρῶδες, καὶ τελέσῃ τὸ Θεοδώρητον μυστήριον. » Ὅτι δὲ τὴν
ἀσινῆ καὶ σύμμετρον ἠνίξατο τοῦ συνθέματος θέρμην, διὰ τῆς τοῦ
ἡλίου προσηγορίας, δείκνυσι σαφῶς, καὶ διὰ τῆς ἐπιστολῆς τῆς διὰ τῶν
ἰάμβων πρὸς τὴν Σάνην, λέγων ἀναφανδόν ·

25   καὶ πάντ' εἰσάξεις ὡς εἰς ἥλιον σφοδρόν.

    11] ΠΕΡΙ ΧΥΜΕΥΤΙΚΗΣ. — Λαβὼν σηρικὸν λίτρας γ΄, κρύσταλλον

---

2. ὀλίγ΄ B. F. l. ὀλίγον, — 13. χρώματι
ὄντων] F. l. χρωμάτων τῶν β. — 14. κατα-
θέτων AK. — ἔστιν om. AK. — 17. F.
l. ἀμετάτρεπτον. — 19. B mg. : double
trait. — Les mots Μωϋσῆς — τάξει souli-
gnés dans B. — χυμευτικῇ B. — 20. τάξει]
F. l. συντάξει. — 24. Σάνην] Cp. Boeckh,
C. I. G. 5, 116. (Parthey, Ægypt. Per-
sonnennamen). — 25. πάντα AK ; om.
B. Corr. conj. — 26. χυμευτικῆς mss.

καθαρὸν λίτραν α', κασσίτερον ἐξάγια β', λείωσον θεῖα (?) ὡς γοῦν ·
καὶ βάλε αὐτὰ εἰς χυτρίδιον ἄθικτον, καὶ παρόπτα αὐτὰ εἰς κάρβωνα,
ἕως γένηται ὕαλος πράσινος. Ἐὰν ὑπάρχῃ τὸ πῦρ ἐκτεταμένον, γίνεται
χρυσοειδές · εἰ δὲ ἐπὶ πλέον, λευκὸν ὥσπερ κρύσταλλος.

5 12] ΑΛΛΟ ΚΕΦΑΛΑΙΟΝ ΠΕΡΙ ΛΙΘΩΝ. — Ἐπειδὴ τῶν λίθων οἱ
μὲν βάπτονται, οἱ δὲ στύφονται, καὶ τῶν ἐπιβαπτομένων οἱ μὲν λειού-
μενοι χρώννυνται, οἱ δὲ ἀκέραιοι ἐπιβάπτονται, ὁμοίως καὶ τῶν [f. 149 v.)
βαπτομένων λειοῦνται οὐ καθόλου πάντες, ⟨καὶ⟩ ἑτερογενεῖς εἰσιν, ἢ
ὁμοιογενεῖς, εἴπωμεν πρότερον περὶ τῶν ἐπιβαπτομένων ὁμοειδῶν,,
10 ἔπειτα καὶ περὶ τῶν βαπτομένων [μὴ] ἑτερογενῶν, μετὰ ταῦτα καὶ τῆς
περὶ τῶν μαργάρων ποιήσεως.

13] Ὅτι μᾶλλον ἀναγκαῖον ἡ διὰ τοῦ ἑνὸς ζωμοῦ τῶν λίθων σκευὴ
καὶ τελείωσις. Ζητῶ δὲ πρὸ πάντων πότερον εἷς ἐστιν ὁ ζωμὸς ὁ τὰ
πάντα ἐργαζόμενος, ἢ δύο, ἢ τρεῖς. Ἀραιώσεως μὲν γὰρ καὶ βαφῆς καὶ
15 στύψεως δεῖται πᾶς λίθος · κάτοχος γάρ ἐστι · τάχα δὲ καὶ ἀραιώσεως,
ὡς τῷ καλῷ φιλοσόφῳ δοκεῖ · ἀραιώσεως μὲν, ἵνα παραδέξηται τὴν
χροιάν · βαφῆς δὲ, διὰ τὸ ποθούμενον κάλλος καὶ τέλος · στύψεως δὲ,
διὰ τὴν παραμονὴν τῆς μορφῆς. Ὥσπερ γὰρ ἐν ταῖς περὶ χρυσὸν καὶ
ἄργυρον σκευαῖς, εἰσκρισεώς τε καὶ βαφῆς, καὶ κατοχῆς δεόμεθα, ὧν
20 ἄνευ τῆς τελειότητος τὸ ξηρίον τῶν βαπτομένων εἰδῶν εἰσδεχθῆναι
ἀδύνατον, οὕτω καὶ ἐπὶ τῶν λίθων ἀνάγκη.

14] Τινὲς μὲν οὖν διὰ τριῶν ζωμῶν εἰργάσαντο, ὃ ἐξέδωκαν οὐ κατὰ
στύφωσιν, ἀλλὰ κατὰ τάξιν · ἵνα ἀραιώσαντες, καὶ ἐπιστύψαντες, εἶτα
βάψαντες ὁμοῦ καὶ στύψαντες, εἶθ' οὕτω καὶ βάψαντες ἐν ζωμῷ ἑτέρῳ ·
25 ἄλλοι δὲ δι' ἑνὸς μόνου τὸ πᾶν ἀπειργάσαντο ἀραιοῦντες, καὶ ἀναστύ-
φοντες, καὶ βάψαντες παρέλαβον · καὶ ἔτι παρέδωκαν ἐφ' οἷς καὶ τὴν
στύφωσιν, ὡς ἐπὶ τῶν μαργαριτῶν · οὐκ ἂν μυρίων τῆς αὐτῆς διδασ-

---

1. θεῖα] θ avec deux barres obliques.
— Ce signe dans A. est surmonté des
lettres ὑλ (1re main ?). — 10. F. l. καὶ
περὶ τῆς τῶν μ. π. — 17. B mg. : Une
ligne verticale en regard des mots στύ-

ψεως — εἰσκρίσεως qui sont soulignés. —
21. ἀνάγκη.] La phrase semble inachevée,
à moins qu'elle ne soit simplement
elliptique. — 27. οὐ κἂν K. — διδασκαλίας
om. AK.

καλίας Δημόκριτος καὶ Μαρία καὶ Ζώσιμος τὴν δι'ἑνὸς
f. 150 r.) ἀπάρτισιν τοῦ παντὸς ἔχοντος · ὃν τρόπον καὶ ἐπὶ τῆς
ψυχροβαφῆς ἐδικαίωσε πορφύρας. Δυνατὸν γὰρ κἀκεῖ τοῦ στύφεσθαι
τὴν αὐτὴν καὶ ἐπιβάπτεσθαι κοκκίνῳ, εἶτα καὶ ἐπιβάπτεσθαι κυάνεον.
5 Ἀλλ' εἴπερ ἐνδέχεται βάπτεσθαι ὁμοῦ καὶ κατέχεσθαι, ἐνδέχεται καὶ
στύφεσθαι τὴν βαφήν, ἔχειν δὲ τὸν ἕνα ζωμὸν τὸν στύφοντα, ἤτοι
εἰσκρίνοντα, καὶ βάπτοντα, καὶ κατέχοντα, ὡς ἐπὶ τῶν ἰδίων ὑγρῶν
τῶν πρώτων δύο συνθέτων, ὥς φησιν ὁ φιλόσοφος · οὕτω γὰρ ἂν
οὐ μόνον σὺν αὐτῷ ὡς τεχνίτης ὀφθήσεται, ἀλλὰ καὶ ἀσφαλὴς ἐν
10 πᾶσιν.

15] Ὅτι δὲ ἀραίωσίς ἐστι καὶ στύψις καὶ βαφή, καὶ τῶν λοιπῶν
προϊόντων · ἔστι γὰρ ἐννοεῖν ἐν διαφόροις φιλοσόφῳ εἰ παραλάβοιμεν
τὰς σύριγγας τῶν λίθων, ὁπόταν πρότερον πληροῦσθαι καὶ ἀτελὲς μένει
τὸ ἔργον · εἴτε γὰρ στύψαι κωλύσει τὴν βαφὴν πυκνώσας, ἀναπλη-
15 ρώσει ταύτας καὶ τὸ χρῶμα καὶ τῶν λίθων καὶ μαργάρων τὰ πράγματα,
ἐν τρισὶ κεφαλαίοις.

16] Τὴν περὶ πορφύρας διὰ τῶν φθασάντων οἰκονομήσαντες λοιπὸν
καὶ δείξαντες δι'αὐτῶν τίς μὲν ἡ ἀρχέτυπος πορφύρα, τίς δὲ ἡ χρυσό-
κολλα, καὶ τρίτον τίς ἡ τῶν ἱερωμένων, τὴν μὲν ἀκολούθως ἐπὶ τὴν
20 προσεχῆ τοῦ τελείου διδασκαλίαν τῶν ἔργων τῆς τέχνης, τὸν περὶ
λίθων λόγον διεξιέναι σπουδάζοντες, ὡς ἀγνοῆσαι τέως μὲν τὰς ἀφορμὰς
πάλιν ἐκ τῶν ἀρχαίων λαμβάνοντες, κατὰ τὸν ἐκείνων σκοπὸν ὑμῖν
ἀναπτύ- (f. 150 v.) σομεν. Εἰδέναι γὰρ ὑμᾶς θέλω ὡς λίθους καὶ
μαργάρους ἐκάλεσαν τὸ θεῖον ὕδωρ τὸ ἄθικτον, τουτέστι τῆς πορφύρας,
25 διὰ τὸ τίμιον καὶ ἄφευκτον · οὐ γὰρ ἐπὶ λίθων γεηρῶν αὐτῶν ὁ λόγος
ἐστὶν · δείκνυσιν ὁ φιλόσοφος ἐν τοῖς περὶ ἰοῦ πονηθεῖσιν αὐτοῦ · λέγει
γὰρ φανερῶς ὅτι οὐ λίθος σφίγγων, ἢ λίθου ἢ ξηρὸν ἢ ὑγρὸν, ἀλλὰ
μέθοδος ποιητικὴ σύνεργον ἔχουσα τὴν τῶν μελῶν ποιότητα, καὶ τὴν

τῶν ὑγρῶν καταλλαγήν, καὶ τὸ πῶς πόα βαπτική · τῇ δεήσει παρ᾽ αὐ-
τοῖς λεγόμεναι πόαι, δείκνυσιν ὁ Π ε τ ά σ ι ο ς ⟨ὃς⟩ ἐν τοῖς δημοκριτείοις
ὑπομνήμασιν ἐπὶ λέξεων γράφων « πόας » καλεῖ τὰς λεκίθους τῶν ὠῶν.

17] Ἔξεστι δὲ τοῖς φιλομαθέσιν ἀπὸ τῶν παλαιῶν διὰ μυρίων τὸ
5 τοιοῦτον πιστώσασθαι καὶ μαθεῖν ὅτι διὰ παντὸς εἴδους ὑγροῦ καὶ ξηροῦ,
ἡ τέχνη τοῦ φυσικοῦ δύο θεῖα ἀνακηρύττει, οὐ μόνον τὸ στερεὸν καὶ
ξανθὸν, ἀλλὰ καὶ τὰ ὑγρὰ καὶ λευκά. Διότι καὶ μυρίων ἡμᾶς ἀγαθῶν
μετὰ πολλὰς προσηγορίας ἕκαστον αὐτῶν ὀνομάζουσιν, ὥσπερ χελιδο-
νίαν, καὶ ἀριστολογίαν, καὶ πόντιον ῥᾶ, καὶ κρόκον κιλίκιον, καὶ θαψίαν,
10 καὶ μέταλλα παντοῖα, καὶ ὕδωρ, καὶ οἶνον, καὶ γάλα παντοῖον, καὶ
ἔλαιον, καὶ πόας ἅμα πάσας κατηγοροῦσι τῶν ἀμφοτέρων ὑδάτων
συνθέσεων ἀπὸ χρώματος, ἢ σχήματος, ἢ ποιότητος, ἢ δυνάμεως
δευτέρας, ⟨ἢ⟩ ἐνεργείας φυσικῆς ἢ τεχνικῆς, ἢ ὁμωνυμίας. Καὶ Δ η μ ο-
κ ρ ι τ ο ς · « Τὸ γὰρ κόμαρον νόμιζε τὸν λίθον » · καὶ ἡ Μ α ρ ί α
15 (f. 151 r.) δὲ πάντα ἐν ταῖς περὶ μαργαριτῶν ἐκδόσεσι περὶ τῶν πρὸ
αὐτῆς συγγραφέων εἰποῦσα · « Οὐ γὰρ οὕτω φρονήσαντες ταῖς τοῦ
χρυσοῦ, μολύβδου καὶ ἀργύρου ποιήσεσι τῆς κομάρεως, καὶ ἐπ᾽ αὐτὸ
παθόντες λέγουσι · μὴ ἔστω σοι ὑπερμεγέθης · μὴ ἑαυτῷ φθονήσῃς ».

18] Δέδεικται τοίνυν σαφῶς ὅτι πορφύρας, καὶ λίθων, καὶ μαργάρων
20 οἱ παλαιοὶ μεμνημένοι τὸ κόμαρον διαγράφουσι · πολλὰ γὰρ ἀπεργάζεται ·
καὶ αὖθις τοῦτο λαβὼν ἀπεργάζου · τοῦτο γὰρ ποιεῖ τὸν τῆς Κυθερείης
λίθον · ἔτι γε μὴν καὶ τὴν νεφέλην δόκιμον ποιεῖ · τοῦτο καὶ παντοῖον
δείκνυσι λίθον · τοῦτο καὶ τὰ μιγνύμενα χρώματα κατέχει.

19] Ὅρα ὡς τοῦ ἑνὸς εἴδους πολλὰ συνηγόρησεν ὁ φιλόσοφος. Μαρ-
25 γαρίτης ὅς ἐστι τῆς Κυθήρης λόγον δεικνύει παντοῖον, δόκιμόν τε τὴν
νεφέλην ποιεῖ, μίαν τε μίξιν ἐπὶ πάντων ἁρμόζειν τῷ λίθῳ · καὶ τὴν
αὐτὴν ὡς πῆξαι αὐτὸν, καὶ συνελόντα εἰπεῖν, κατεργάζεσθαι πάντα ὅσα

---

1. τῇ δεήσει] F. l. τί δή εἰσι. — 3. λεκί-
θους] λεκύνθους; BA. Corr. conj. — 9. B
mg. : double trait ; — les mots πόντιον
— θαψίαν soulignés. — B mg. : θαψία. —
14. ἡ om. B. — 15. περὶ τῶν πρό αὐτῆς σ.

F. l. παρὰ τῶν πρό ἀ. σ. — 23. B mg. :
double trait ; — les mots τὰ μιγνύμενα
χρώματα — κατέχει soulignés. — 25. λόγον]
F. l. λίθον. Cp. la ligne 23. — 26. F. l.
ἁρμόζει.

καὶ βούλεται ὁ τεχνίτης. Τί δὲ τὸ ἓν εἶδος, ὦ Δημόκριτε; — Ὁ δέ
φησι φέκλην καὶ ὠοῦ τὸ λευκόν. Ζώσιμος δὲ τὴν φέκλην ἀφροσέληνον
εἶπε · καὶ τὸ ἀφροσέληνον, κόμαρον, λέγων ἐν τοῖς περὶ κομάρου καὶ
ἀφροσελήνου παρὰ Δημοκρίτου ταῦτα · « Ἀφροσέληνον λέγων ἐν
5 εἶδος · σύνθετον δὲ καὶ αὐτὸ τὸ ἀφροσέληνον ». Ὅτι δὲ ἀεί τινες αὐτὸ
ἐκδεδώκασιν, εἴτε φέκλην εἶναι ἀπὸ κοπτικοῦ, εἴτε ἀπὸ σεληνιακῆς
ἀπορροίας, ἄγει ἄργυρον καὶ κόμαρον · τούτων γὰρ ὧν ἡ ἐνέργεια μία
καὶ ἡ οὐσία ἰδία, (f. 151 v.) τὸ ἀφροσέληνον καὶ τὸ κόμαρον ἐνέργειαν
μίαν ἔχουσι πάντως, καὶ ἕν τι ὀφείλουσιν εἶναι.

10   20] Ἀλλὰ γὰρ ὁ Δημόκριτος, ἐπὶ τῆς κομάρεως ἐλθὼν, κατηγορεῖ
φάσκων · « Ἐπίχριε ὅσον βούλει λίθον, λειώσας αὐτὸν, καὶ ἔσται
μαργαρίτης. » Τοῦτο δὲ παντοῖον δείκνυσι λίθον. Ἐν δὲ ταῖς καταλ-
λήλων τῶν εἰδῶν ⟨βίβλοις⟩ συνεῖχεν αὐτὰ εἰρηκώς · « Ἀφροσέληνον
κομάρῳ συλλειοῦν, καὶ μαλάττειν, καὶ πηγνύειν, καὶ βάπτειν, καὶ
15 ἀραιοῦν. » Καὶ παντοῖον δείκνυσι λίθον · καὶ πάλιν φησὶν ὁ αὐτός ·
« Λαβὼν τὴν λεπίδα τῶν ναυπλοίων κόγλων, καὶ τοὺς μικροὺς μαργά-
ρους λύσας ». Καὶ πήσσειν διόλου αὐτὸς ἐμφαίνει διὰ τοῦ ἀφροσελήνου
⟨καὶ⟩ κομάρεως · « Πῆξον, φησὶν, ὕδωρ ⟨διὰ⟩ τοῦ ἀφροσελήνου »,
καὶ τὰ ἐξῆς. Καὶ αὐτὴ δὲ Μαρία · « Τὸ ἓν εἶδος τὰ πάντα ἐργάζεται. »
20 Περὶ τῶν λίθων διδάσκουσα, ἡλιοτρόπιον ἔφησε θητὰν · τὸν ἰὸν
ὑποδείξασα, γράφει οὕτως · « Ἔστω σοι οὖν παντὸς λίθου ἀραίωσις,
στυφομένου στύψις, ἡ μανδραγόρα ἡ τὰ σφαιρία ἔχουσα · ἐκείνης γὰρ
ἄνευ τῆς βοτάνης οὐδὲν γίνεται.

21] Τοῦτο ἔκρυψαν τὸ μυστήριον · οὔτε γὰρ γῆ, οὔτε βάτις, οὔτε
25 κρύσταλλος ἀραιοῦσθαι χωρὶς τοῦ ζητουμένου δύναται · τοῦτο γὰρ
παντὸς κυριεύει, ἥ τε βαφὴ σὺν τῇ στύψει μιγεῖσα καὶ ἐπὶ πλείονα
χρόνον ἐπιστήσεται τὸ κάτοχον · τούτου δὲ μὴ εὑρισκομένου, πάροδος
ἡ βαφὴ καὶ ἀσθενὴς καὶ ἀπαράμονος ἔσται, καὶ δοκιμαζομένη τοῖς
θερμοῖς ὕδασιν, ἢ ἐλαίῳ ἐξαφανίζεται. Διὸ « λείου ἐμφρόνως », ὁ

---

1. BA mg. : ὡραῖον. — 4. F. l. λέγω. | 25. BA mg. : ὡραῖον. — 26. Les mots ἥ
— 7. ἄγει ἄργ.] F. l. λέγει ἀφροσέληνον. — | τε βαφὴ — δοκιμ. soulignés dans B.

Πανοπο- [f. 152 r.] λίτης φησὶν ἐν τοῖς περὶ λίθων τῶν βαφικῶν καὶ κατόχων γενομένων. Καὶ ζωμοῦ ἐργασίαν εἰπών · « Ἰδοὺ καὶ κατόχου λόγοι ἐπέχουσι μετὰ τὸ πυριμαχεῖν · τὸ γὰρ βάπτον αὐτοὺς ἀνέδειξαν οἱ ζωμοὶ ἀναντιρρήτως ». Ἀλλ' ἐπείδη τὸ εἰρημένον ἀμάρ-
5 τυρον ἦν, καταλιμπάνειν τὸν λόγον οὐκ ἀγαθόν. Ἀκούειν δὲ δεῖ καὶ τῆς τῶν παλαιοτέρων ἐκδόσεως, τὰ παραπλήσια λεγόντων εἴδη. Ἰδοὺ γὰρ ἐν τῇ τῶν Αἰγυπτίων Σορῇ βίβλῳ φησὶ Δημόκριτος οὐχὶ τοῦτο μόνον, ἀλλ' ἔτι καὶ « μία φαρμάκου σύνθεσις πολλὰ χρώματα ποιεῖ », καὶ « μία μάλαξις τοῖς πᾶσι ποιεῖ », καὶ « τὸ ἓν εἶδος πολλὰ ἀπεργά-
10 ζεται. »

22. ΠΕΡΙ ΒΑΦΗΣ ΣΜΑΡΑΓΔΟΥ. — Λαβὼν δύο χώνας, ἔχε ἐν ἑτοίμῳ · καὶ λαβὼν σηρικοῦ μέρος α', λῦσον ὄξει, καὶ χρῖσον τὸ σύνθημα τὰ δύο χωνία · καὶ λαβὼν χαλκὸν κεκαυμένον μέρος, ποίησον λεπτό-τατον, καὶ μέρισον εἰς δύο · καὶ τὸ μὲν ἓν μέρος ὑπόστρωσον τῇ μιᾷ
15 χώνῃ, καὶ ἔνθες κρύσταλλον λίθον, καὶ ὑποκάλυψον αὐτὴν τῷ ἑτέρῳ μέρει τοῦ τετριμμένου χαλκοῦ. Εἶτα ἐπιπώμασον μετὰ τῆς ἑτέρας χώνης, καὶ ἀσφάλισον πηλῷ πυριμάχῳ τὰς ἁρμονίας ἀμφοτέρων τῶν χωνῶν, ἵνα μὴ ἐκπνεύσῃ τὸ ξηρίον, ἢ κινηθῇ, καὶ γυμνωθῇ τὸ ἓν μέρος καὶ τοῦ λίθου, γένηται περικὸν ἐν τῷ σείεσθαι τὰς χώνας. Μετὰ οὖν
20 τὸ ἐπιχρίσαι εὐφυῶς ἐπάνω ἕως κάτω, ἔασον ξηρανθῆναι · καὶ καῦσον πυρὶ ἐλαφρῷ ὥρας θ' · καὶ ἀνακαλύψας εὑρήσεις [f. 152 v.] τὸν ἀπὸ κρυστάλλου ἀλλοιωθέντα λίθον εἰς σμάραγδον.

23. Τοῦτο τὸ ἀφροσέληνον καὶ τὸ κόμαρον αἰνιγματωδῶς οἱ φιλόσοφοι εἶπον · τὸ γὰρ ἀφροσέληνον καὶ τὸ κόμαρον μιᾶς ἐπιστήμης ὑπάρχουσι ·
25 καὶ ἐν τούτοις τοῖς ὀνόμασι δυσεύρετόν ἐστιν · ἀλλ' οἱ σοφοὶ τῶν Ἰσμαηλιτῶν σαφῶς εἶπον τοῦτο, καὶ οὕτως εἰρμήνευσαν, οἱ μὲν ταλ'κ, χαλ'κ, οἱ δὲ χάλκ · καλεῖται δὲ φόβος καὶ τρόμος. Διὰ τοῦτο εἶπον · « Ἀφροσέληνον ἔνωτον μετὰ κομάρεως, λειῶν καὶ μαλάττων καὶ

---

4. ἀναντιρρήτως; mss. — 12. F. l. τῷ συν-
θήματι. — 19. περικόν] F. l. πυκνόν (scil.
πνευματικόν)? vel μερικόν? — 20. F. l. ἀπά-
νω. — 23. A mg. : στητικ. — 26. ταλκ'.
οἱ δὲ χαλκ. B. — 27. B mg. : double
trait ; — φόβος καὶ τρόμος soulignés.

πηγνύων καὶ βάπτων αὐτόν, χώνευσον ἄργυρον, καὶ ἐπίβαλε ἀπὸ τοῦ
συνθήματος, καὶ ἴδῃς τὴν ἄργυρον εἰς χρυσὸν μεταποιηθεῖσαν, καὶ
θαυμάσεις. Ἡ φύσις τῇ φύσει τέρπεται, καὶ ἡ φύσις τὴν φύσιν νικᾷ. »
Καὶ πάλιν εἶπον · « Τὴν χρυσόκολλαν λείωσον οὔρῳ ἀφθόρῳ ὥρας ζ',
5 καὶ καταμίγνυε αὐτῇ θεῖον ξανθόν · ἐπίβαλε οὖν σῶμα τοῦ χαλκοῦ ἢ
ἀργύρου, καὶ ἔσται χρυσός. »

24] ΣΙΔΗΡΟΥ ΟΙΚΟΝΟΜΙΑ ΠΡΟΣ ΛΙΘΩΝ ΚΑΤΑΒΑΦΑΣ ΚΑΙ ΕΤΕΡΑΣ
ΟΙΚΟΝΟΜΙΑΣ. — Λαβὼν μίσυος λίτραν α', χαλκίτου λίτραν α',
χαλκάνθου λίτραν α', ἅλατος ἀμμωνιακοῦ καὶ νίτρου ἀλεξανδρινοῦ,
10 στυπτηρίας σχιστῆς ἀνὰ λίτραν α', ὄξους δριμυτάτου ξέστας ι' · καὶ
λειώσας πάντα καλῶς λίαν, ἔμβαλον ἐν ὑαλίνῳ ἀγγείῳ, καὶ ἔασον
ἡμέρας γ' ἐν ἡλίῳ, κινῶν καθ' ἡμέραν αὐτό · καὶ τῇ τετάρτῃ ἡμέρᾳ
ἔασον καταστῆναι · καὶ ἀποσειρώσας κάθαρον, καὶ ἔχε. Καὶ λαβὼν
ὑαλίνην θυείαν, ἔμβαλε τὸ ὄξος · εἶτα λαβὼν ἐκ τούτου τοῦ σιδήρου
15 λίτραν α', ἔμβαλε ἐν τῷ ὄξει, καὶ τίθει περιμωμένως ἐν ἡλίῳ, καὶ
ἔασον ἡμέρας λ' · καὶ τῇ ἐμπροθέσμῳ, ἔχε εἰς f. 153 r. τὰς δηλου-
μένας σοι χρείας.

25] ΜΟΛΥΒΔΟΥ ΟΙΚΟΝΟΜΙΑ. — Λαβὼν λιθαργύρου λίτραν α',
στίμμεως λίτρας τὸ ἥμισυ, νίτρου ἀλεξανδρίνου γ" θ', λειοτριβήσας
20 ὁμοῦ, ἐπίρρανον αὐτοῖς ἔλαιον · καὶ βάλε εἰς χώνην, καὶ εὑρήσεις
μόλυβδον τὸν ἀναζητούμενον. Ὅταν δὲ ἴδῃς καπνὸν ἐξερχόμενον ἀπὸ
τῆς καμίνου καὶ τῆς χώνης κάτωθεν, ὑποσυρίζοντος τοῦ συνθήματος,
νόει ὡς κατεσπάσθη.

26] ΠΕΡΙ ΑΡΑΙΩΣΕΩΣ ΚΡΥΣΤΑΛΛΟΥ. — ⟨Λαβὼν⟩ ἀσβέστου μέρος
25 α', λῦσον οὔρῳ, ἢ ὄξει · καὶ στυπτηρίας μέρος α' · καὶ λαβὼν τὸ ὕδωρ
ἔχε ἰδίᾳ · καὶ λαβὼν λύχνον, πλάτυνον αὐτοῦ τὴν ἐπάνω ὀπήν · καὶ
θεὶς τὰ κρυστάλλια, πώμασον ὀστράκῳ τὸν λύχνον, καὶ τίθει ὑπὸ
μέσων καρβώνων, καὶ ἄψον. Καὶ ὅταν ἴδῃς τὸν λύχνον ὡς πῦρ,

<hr>

2. BA mg. : σῇ. — τὴν puis le signe de
l'argent BA. — 24. Λαβὼν est souvent
omis en tête des recettes, son signe
ayant probablement disparu dans un
ms. antérieur. Cp. IV, xxii, où cette
omission est assez fréquente, ainsi que
dans le papyrus X de Leide. — 25.
στυπτηρία mss.

ἄνοιξον τὸν λύχνον, καὶ κένωσον τὸν λίθον εἰς τὸ ὕδωρ τῆς ἀσβέστου
καὶ στυπτηρίας, καὶ ἀραιοῦται · καὶ ὅταν ψυγῶσι, κατάμαξον ῥάκει.

27] ΑΛΛΗ ΑΡΑΙΩΣΙΣ. — ⟨Λαβὼν⟩ θεῖον καὶ ἄσβεστον, καὶ στυπτη-
ρίαν σχιστήν, χρῶ ἡμέρας γ′ · καὶ θερμάνας ἀνθρακιᾷ, βάπτε ἡμέραν
5 μίαν, μᾶλλον δὲ μετὰ μίαν ἡμέραν.

28] ΑΛΛΩΣ. — ⟨Λαβὼν⟩ χυλὸν πράσου μετὰ ὄξους, ἡμέρας γ′
ἔα συμπιεῖν καὶ στυπτηρίαν στρογγύλην · καὶ βαλὼν τὸν λίθον, δίδου
βράσματα δύο, καὶ ἔα διανυκτερεῦσαι · τῇ δὲ ἑξῆς ἀπόκλυζε, καὶ χρῶ.

29] ΑΛΛΩΣ. — Βαλὼν εἰς βατάνιον τοὺς λίθους, ἐπιπώμασον καὶ
10 δίδου ὀπτηθῆναι ὀλίγον · εἶτα ἀναπωμάσας τὸ βατάνιον, ἐπίχεε ὄξος
καὶ στυπτηρίαν · καὶ ἔτι θερμοῦ ὄντος τοῦ λίθου, ἔμβα- (f. 153 v.) λε
εἰς οἷον βούλει χρῶμα.

30] ΠΟΙΗΣΙΣ ΛΙΘΟΥ ΑΕΡΙΤΟΥ. — Λαβὼν λίθον ἀερίτην, ἀραίου
οὕτως · λαβὼν σκόροδα, λείωσον καὶ ἔγκρυψον τὸν λίθον ἡμέρας ζ′,
15 εἶτα εἰς ἀνθρωπίνην κόπρον ἡμέρας γ′. Ἔπειτα ποιήσας γυργάθιον ἀπὸ
τριχῶν ἱππείων, ἔνθες τὸν λίθον · καὶ λαβὼν κογχύλην, βάλε εἰς χύτραν
καινὴν πλήσας ἀπὸ τῆς κογχύλης, καὶ χάλα ⌊τὸν λίθον ἀπηωρημένον ·
καὶ ἐπιπωμάσας ἀσφαλῶς, ἔνθες ἐν θερμοσποδιᾷ ἀδιαλείπτως ἐπὶ
ἡμέρας γ′ · καὶ ἄρας, εὑρήσεις τὸν λίθον ψυγένθα ὅμοιον ὑακίνθῳ λίθῳ
20 ἀληθινῷ.

31] ΣΜΑΡΑΓΔΟΥ ΠΟΙΗΣΙΣ. — Λαβὼν χαλκοῦ κεκαυμένου ἰὸν, καὶ
ἔλαιον ὀμφάκινον, καὶ ὀλίγον ἰνδικὸν, καὶ χρυσοκόλλης καὶ ἐλυδρίου μέρη
γ′, ἔμβαλε ἐντὸς τοῦ ἄγγους ἔνθα τὸ ἔλαιον, καὶ ἕψει μαλθακῷ πυρὶ
ἐπὶ ἀνθράκων. Ἔπειτα ἀνεθέντος τοῦ ἐλυδρίου, μετάβαλε διηθήσας
25 ὀθόνῃ, καὶ ἐπίθες εἰς αὐτοματάριον, καὶ ἔασον χωνεύεσθαι ἐπὶ ὥρας ἕξ,
καὶ κατενέγκας, εὑρήσεις αὐτὸν καιόμενον.

32] ΣΚΩΡΙΔΙΟΥ ΠΟΙΗΣΙΣ ΚΑΤΑ ΜΑΡΙΑΝ. — Λαβὼν χαλκοῦ κεκαυ-
μένου μέρος α′, κουφολίθου μέρος α′, συλλείωσον ὁμοῦ · καὶ λαβὼν
μόλιβδον τὸν ἀπὸ λιθαργύρου καὶ στίμμεως, φρύξον τὸν μόλιβδον

---

9. βατάνιον Α, ici et partout, peut-
être d'après une mauvaise lecture de B | où l'α ressemble à un ω. — 25. ὀθόν′ B;
ὀθόνιον A. Corr. conj. — 29. φρύξον mss.

καὶ συλλειώσον ἀμφότερα νιτρελαίῳ, καὶ χώνευσον ἕως ὁμορρευσ-
τήσωσι · καὶ στόχασαι τὸν μόλιβδον, καὶ ἄρας ἔχε · εὑρήσεις γὰρ
κόκκινον. Εἶτα λαβὼν ἀργυροκοράλλου μέρη δ΄, χρυσοκοράλλου μέρος
α΄, ὁμοῦ χωνεύσας, ἔασον ἐψηθῆναι, καὶ εὑρήσεις ὃ βούλει.

5   33] Ο ΚΡΥΣΤΑΛΛΟΣ ΑΡΑΙΟΥ (54 r.) ΤΑΙ, ΚΑΙ ΟΥ ΡΗΓΝΥΤΑΙ ΟΥΤΩΣ.
— Λαβὼν ᾠοῦ τὸ λευκὸν, καὶ κουφολίθου, ποίει γλοιοῦ πάχος, καὶ
κατάχριε τοὺς λίθους, καὶ ἔνδυσον εἰς ὀθόνιον, καὶ ἀπαιώρει ἡμέρας γ΄.

34] ΕΙΣ ΤΟ ΓΕΝΕΣΘΑΙ ΤΟΝ ΚΡΥΣΤΑΛΛΟΝ ΑΠΑΛΟΝ. — Λαβὼν
θύννων γάρος, καὶ ὀπὸν κυρηναϊκὸν, καὶ ὄξος, βάλε τὸν λίθον, καὶ
10 ἔασον ἡμέρας ε΄ · ἢ βάλε εἰς βατράχιον ὄξος λευκόν · εἶτα ἔμβαλε τοὺς
λίθους ἐν ὑάλῳ.

35] ΒΗΡΥΛΛΟΥ ΠΟΙΗΣΙΣ. — Λαβὼν τὸν κρύσταλλον, αἶρε θριξί ·
καὶ ἀπαιώρει εἰς ἄγγειον ἔχον οὖρον ὄνου θηλείας, ὃ οὐ χρὴ ἅπτεσθαι
αὐτόν. Ἀπαιωρείσθω οὖν ἡμέρας τρεῖς. Ἔστω δὲ πεφιμωμένον τὸ
15 σταμνίον. Εἶθ᾽ ὕστερον αὐτὸν ἐπιτίθει πυρὶ μαλθακῷ ἑψῶν, καὶ εὑρήσεις
βήρυλλον ἄριστον. Πρόστυφε δὲ διὰ θείου καὶ ἀσβέστου, καὶ στύψει
βαλὼν εἰς χωνίον μέχρι τοῦ ἡμίσεως τῆς χώνης · καὶ ἐγκρύψας αὐτὸν
τῇ χώνῃ ὅσον βούλει, μὴ ἁπτομένους τοῦ ὀστράκου μήτε ἀλλήλοις,
κάλυψον μεθ᾽ ἑτέρας · καὶ περιπηλώσας ἀσφαλῶς, ὄπτα νυχθήμερον ἕν.
20   36] Ὑάκινθον εἰ βούλει λυχνίτην ποιῆσαι, σκεύαζε ξηρίον οὕτως.
Χαλκίτου μέρη γ΄, μίσυος μέρη γ΄, κόκκου γαλακτικοῦ μέρος α΄ ·
μίξας, χρῶ, ὡς προείρηται, ἐν τῇ χώνῃ στρωννύων καὶ ἐπιστρωννύων,
καὶ ὀπτῶν ὥρας γ΄.

37] ΛΙΘΟΥ ΚΡΥΣΤΑΛΛΟΥ ΚΑΘΑΡΣΙΣ. — Λαβὼν τοὺς λίθους, βάλε
25 εἰς γύργαθον, καὶ τίθει εἰς χαλκεῖον βαλανείου, καὶ ἔασον ζέννυσθαι
ἡμέρας ζ΄ · καὶ ὅταν καθαρθῇ, λαβὼν τίτανον θερμὴν, φύρασον οὔρῳ,
καὶ ἔγκρυψον τὸν λίθον · καὶ ἔασον στυ- (f. 154 v.) φθῆναι ἐπὶ ὥρας
γ΄, ἄλλοι δὲ ἡμέρας ζ΄. Καὶ ἐὰν μὴ καθαρθῇ, πάλιν ἔγκρυβε, καὶ μετὰ
τὸ ἀποκαθαρθῆναι, βάπτε εἰς ὃ βούλει χρῶμα.
30   38] ΑΡΑΙΩΣΙΣ ΛΙΘΩΝ. — Λαβὼν τέφραν συκῆς, καὶ τέφραν

____

9. Ὀύνων mss. — 11. F. 1. ὑαλῷ.

δρυΐνην, καὶ χοίρου κόπρον ξηρὰν ἐξίσου, καὶ φυράσας μετὰ λευκοῦ τοῦ ᾠοῦ, βάλε εἰς χωνίον, καὶ περιπηλώσας τὰς ἁρμονίας, πύρωσον πολὺ ἔχοντα τὸν λίθον, καὶ οὕτως ἄρας θερμὸν, ἔμβαλε εἰς τὴν βαφήν.

39] ΑΡΑΙΩΣΙΣ ΚΡΥΣΤΑΛΛΟΥ. — Λαβὼν ἀσβέστου μέρος α΄, λῦσον ὕδατι ᾠοῦ, καὶ λαβὼν καθαρὸν τὸ ὕδωρ τῆς ἀσβέστου, ἔχε ἐκ μέρους. Εἶτα λαβὼν στυπτηρίας σχιστῆς μέρος α΄, μίξον τῷ ὕδατι τῆς ἀσβέστου, καὶ συμμίξας, ἔχε τοῦτο τὸ ὕδωρ ἐκ μέρους. Εἶτα λαβὼν λύχνον, πλάτυνον τὴν ἐπάνω αὐτοῦ ὀπήν, ὡς ἂν δυνηθῇς συνθεῖναι τὰ κρύσταλλα. Εἶτα συνθεὶς, πώμασον ὀστράκῳ τὸν λύχνον, καὶ κάθισον μέσων καιομένων καρβώνων. Καὶ ἐπὰν ἴδῃς τὸν λύχνον ἀνάψαντα ὡς πῦρ, διάνοιξον τὸν λύχνον, καὶ κένωσον τὰ γλυμμίδια εἰς τὸ συντεθειμένον ὕδωρ τὸ ἀπὸ τιτάνου καὶ στυπτηρίας, προθερμάνας τὸ ὀστράκινον ἄγγος. Εἶτα ἐπίβαλον τὸν ἰὸν, λελειωμένον πάνυ, καὶ κίνει ὥστε ἑνωθῆναι ὁμοῦ πάντα. Εἶτα ὀλίγον τοῦ ἰνδικοῦ ἐπίβαλε, καὶ τὴν χρυσόκολλαν, τριπλασίαν τοῦ ἰνδικοῦ. Εἶτα θέρμανον τῇ πυρᾷ, στρέφων τριχολαβίδι, καὶ ἔασον εἰς τὸ φάρμακον.

40] ΑΛΛΩΣ. — Λαβὼν στυπτηρίας μέρος α΄, χαλκοῦ κεκαυμένου μέρη ε΄, ἰοῦ μέρη δ΄, τρίψας ὄξει, ποίει πάχος μέλι- (f. 155 r.) τος, καὶ ἔνθες τὰ λιθάρια, καὶ ἔασον ἡμέρας ζ΄, καὶ ἔσται.

41] ΣΜΑΡΑΓΔΟΥ ΠΟΙΗΣΙΣ. — Βρέχε στυπτηρίᾳ ὑγρᾷ ἐπὶ ἡμέρας γ΄· ἐπανελόμενος βικίον μετὰ ὄξους, καὶ ἕψει ξύλοις ἐλαΐνοις μαλθακῶς, καὶ ἔασον ἀποψυγῆναι· καὶ ἀνελόμενος, βάλε εἰς ἔλαιον ἐξιωμένον ἐν αὐτῷ κυπρίου χαλκοῦ, καὶ ἔασον ἐπὶ ἡμέρας ἕξ.

42] ΑΛΛΩΣ. — ⟨Λαβὼν⟩ χρυσόκολλας ἀρμενιακῆς ἐξίου οὔρῳ ἀφθόρου παιδὸς ἡμέρας ϛ΄ κοτύλῃ, χολῆς ταυρίας μέρη ϛ΄· ἔμβαλε εἰς χυτρίδιον, καὶ περιπηλώσας, ἕψε ἐλαΐνοις ξύλοις ἐλαφρῷ πυρὶ ἐπὶ ὥρας ἕξ. Οἱ δὲ λίθοι ἔστωσαν ἀπὸ κρυστάλλου.

43] ΥΑΚΙΝΘΟΥ ΠΟΙΗΣΙΣ. — Λαβὼν ἄνθος ὑακίνθου, βρέξον

---

9. συνθεὶς A. (Le ν de συνθεὶς, dans B, ressemble ici à un ρ.) — 10. F. l. μέσον. — 11. γλυμίδια mss. — 15. A mg. : un trait montant. — 18. τρίψας] F. l. λειώσας. Cp. p. 328, l. 19; note. — 19. καὶ ἔσται] F. suppl. ὃ βούλει.

γάλακτι βοείῳ ἡμέραν α΄, καὶ τρίβων, πάρεχε ὕδωρ ἐκ σιδίων βεβρεγ-
μένων ὀμβρίῳ ὕδατι, καὶ μίγνυε χρυσοκόλλᾳ.

44] Εἰ δὲ πορφυρᾶ θέλῃς βάψαι, κυπρίου χαλκοῦ ῥίνισμα συλλείω-
σον. Εἰ δὲ χρυσοφανῇ, μολύβδου γῆν σύμμιγε, ἢ πράτου χυλὸν μετὰ
5 χρυσοκόλλης.

45] ΠΩΣ ΔΕΙ ΠΟΙΗΣΑΙ ΤΑ ΥΠΟΛΕΥΚΑ ΛΙΘΑΡΙΑ ΕΡΥΘΡΑ. — Στυπ-
τηρίαν ὕδατι ζέσας σὺν τῷ λίθῳ, καὶ κόκκον μετὰ ὄξους, θερμάνας
εἰς καινὴν χύτραν, μετὰ τὸ ψύξαι τὸν λίθον ἐκ τῆς στύψεως, ἔμβαλε...

46] ΚΡΥΣΤΑΛΛΟΥ ΣΤΥΨΙΣ. — Θεῖον, καὶ ἄσβεστον, καὶ στυπ-
10 τηρίαν σχιστὴν χρῶ τρίτον, καὶ ἔασον ἡμέρας θ΄, καὶ θερμάνας ἐπὶ
ἀνθρακιᾶς, βάπτε μετὰ ἡμέραν μίαν.

47] ΑΛΛΩΣ. — Στυπτηρίαν βρέξον ὄξει ἐπὶ ἡμέρας ζ΄, καὶ
(f. 155 v.) οὕτως λαβὼν ἀναγαλλίδος τῆς τὸ κυάνεον ἄνθος ἐχούσης,
καὶ ἀειζώου, καὶ τιθυμάλλου χυλόν · καὶ χρυσόκολλην ?) ἐπὶ μαλθακοῦ
15 πυρὸς ἕψει · ἔπειτα ἔμβαλε τὸν λίθον.

48] ΣΕΛΗΝΙΤΟΥ ΠΟΙΗΣΙΣ. — ⟨Λαβὼν⟩ χολῆς θαλασσίας χελώνης
γ″ δ΄, χολῆς αἰγὸς γ″ ϛ΄, ἰοῦ καθαροῦ γ° ϛ΄ ἢ γ΄, ἔμβαλε τοὺς λίθους
διισταμένους ἀπ᾽ ἀλλήλων · καὶ περιπήλωσον τὴν χύτραν, καὶ δὸς
ὀπτᾶσθαι εἰς φοῦρνον. Ἔπειτα ἐκβαλὼν καὶ ψύξας, βάλε εἰς ἀγγεῖον
20 κυπρινέλαιον ἐπὶ ἡμέρας ιε΄, διόλου δὲ εἰς ἔλαιον σπάνιον.

49] ΚΑΤΑΣΚΕΥΗ ΕΙΣ ΤΟ ΒΑΨΑΙ ΛΙΘΟΝ ΕΡΥΘΡΟΝ. — Λαβὼν
ῥίνισμα ἀπὸ χρυσοῦ καθαροῦ μερίδα α΄, καὶ μαγνησίαν καλὴν μέρος
α΄, καὶ ἀρσένικον ἐρυθρὸν μέρος α΄, σῶρι χρυσίζον μέρος α΄, τρίψον
ἕκαστον ἰδίᾳ, καὶ σεῖσον πανίῳ μεταξωτῷ · καὶ ἔασον ὁμοῦ, καὶ τρίψον
25 πάλιν, καὶ σεῖσον εἰς μεταξωτόν · καὶ φύρασον οὔρῳ βοείῳ πρωίμως
συνηγμένῳ, καὶ χρῖσον τὸν λίθον, καὶ ἔασον στεγνῶσαι. Ἔπειτα τίθει
τὸν λίθον εἰς χώνην μικράν, καὶ ἐπάνω τοῦ λίθου ἑτέραν χώνην, καὶ

---

3. πορφυρὰ mss. — 4. F. l. χρυσοφανεῖ.
— 8. F. l. ἐκ τῆς στύψεως ἔκβαλε. — Avec
cette lecture, la phrase est achevée. —
12. A mg. : Trait montant. — 14. χρυ-
σοκόλλην] signe à rapprocher. soit de
celui de la chrysocolle, soit du signe
de σεληνίδιον figuré dans les notations
alchimiques (Introduction de M. Ber-
thelot, pl. VI, l. 25). — 21. A mg. : τῇ.
— 22. μερίδαν A.

χρίσον τὰς ἁρμονίας καλῶς, καὶ θὲς τὸ γωνίον εἰς καμινάριον μικρὸν,
καὶ ἀναπτέσθω ἡμέρας ϛ' ἀκαταπαύστως. Ἔστω ἡρέμα τὸ πῦρ ἁπτό-
μενον · καὶ ἔασον ψυχρανθῆναι μέχρι τῆς ἐπιούσης ἡμέρας · μέλλεις
γὰρ εὑρεῖν ἐρυθρὸν οἷον βούλει. Τέλος.

V. viii. — PROCÉDÉ DE SALMANAS

5   ΜΕΘΟΔΟΣ ΔΙ ' ΗΣ ΑΠΟΤΕΛΕΙΤΑΙ Η ΣΦΑΙΡΟΕΙΔΗΣ ΧΑΛΑΖΑ,
ΚΑΤΑΣΚΕΥΑΣΘΕΙΣΑ ΠΑΡΑ ΤΟΥ ΕΝ ΤΕΧΝΟΥΡΓΙΑ ΠΕΡΙΒΟΗΤΟΥ ΑΡΑΒΟΣ
ΤΟΥ ΣΑΛΜΑΝΑ

Transcrit sur A, f. 141 r. — *Collationné sur* B, f. 152 v. — *Consulté* C (*copie de* B)
f. 106 r. *et* K (*copie de* A), f. 29 r. — *Contenu aussi dans Laur.*, art. xliv.

1] Λαβὼν λεπτοτάτας χαλάζας, ἔμβαλε αὐτὰς ἐν ὑάλῳ · καὶ ἐπίβαλε
ἐπ ' αὐτῷ κίτριον ζωμὸν ὥστε σκεπασθῆναι ταύτας ὑπ ' αὐτοῦ · ἐπάνω
10 δὲ τοῦ τοιούτου ζωμοῦ, ἐπίρρανον βρύου κινστέρνης κεκαυμένου καὶ
τετριμμένου καλῶς μέρος ὀλίγον. Εἶτα πώμασον αὐτὸ · καὶ ἐπιχρίσας
ἀσφαλῶς τὸ ἐν τῷ στόματι αὐτοῦ πῶμα μετὰ τοῦ ᾠκονομημένου πηλοῦ,
κρέμασον τὸν τοιοῦτον ὕαλον, ἐπὶ τῷ θερμαίνεσθαι ὑπὸ τοῦ (f. 141 v.)
ἡλίου ἐν τοῖς ὑπὸ κύνα καύμασιν, ἐπὶ ἡμέραν μίαν · καθ ' ὥραν δὲ
15 λάμβανε τὸν τοιοῦτο ὕαλον, καὶ κίνει συχνῶς ὥστε συγκινεῖσθαι τούτῳ
καὶ τὰς τοιαύτας ἔνδον χαλάζας αὐτοῦ. Τῇ δὲ ἐπαύριον ἀνακαλύψας τὸ
ἐν αὐτῷ πῶμα, διύλισον τὸν ζωμὸν ἡρέμα ὥστε μὴ χεθῆναι σὺν αὐτῷ
τι ἀπὸ τῆς οὐσίας τοῦ συνθέματος τῶν τοιούτων χαλαζῶν. Καὶ ἐπίβαλε
ἐν αὐτῷ ἕτερον ζωμὸν τοιοῦτον, καὶ ποίησον αὖθις ὡς τὸ πρότερον · καὶ
20 οὕτω ποίησον ἐκ τρίτου. Ὅταν δὲ ἴδῃς ὅτι κατεμοσχεύθη τὸ τῶν
χαλαζῶν σύνθεμα καὶ κατεπόθη ὁ ζωμὸς ὑπ ' αὐτοῦ, ἐπίβαλε ἐπ ' αὐτοῦ

4. τέλος om. B. — 10. κρύου mss. B | — 14. μίαν] μίαν corrigé en μιᾶ A. ici et
mg. : κρύος κινστέρνης. Corr. conj. (ϛ et | plus loin. — 20. B mg. : un double
κ souvent confondus dans les mss). | trait; κατεμοσχεύθη τ. τ. χαλ. soulignés.

ἕτερον τοιοῦτον ζωμόν. Εἶτα μετὰ τὸ λυθῆναι τὰς τοιαύτας χαλάζας
καθόλου, καὶ γενέσθαι σύνθημα ἕν, λαβὼν τὸν τοιοῦτον σύνθημα,
ἔμβαλε ἐν σινίῳ, καὶ πλήσας τὸ τοιοῦτον σινίον ὕδατος γλυκέως,
τάραξον τὸ τοιοῦτον σύνθημα ἐντὸς τοῦ τοιούτου ὕδατος, καὶ ἔα καταστ-
5 τῆναι τὸ ἐν αὐτῷ ὕδωρ ἐπὶ ὥραν μίαν · καὶ πάλιν διύλισον ἠρέμα · καὶ
τοῦτο ποίησον πολλάκις, ἔστ᾽ ἂν ἀφανισθῇ τέλεον ἡ δριμύτης τοῦ ἐν
αὐτῷ κιτρίου ζωμοῦ.

2] Ἔπειτα λάβε τὸ τοιοῦτον σύνθημα, καὶ ἔμβαλε αὐτὸ ἐν πατελλίῳ
ὑαλίνῳ, καὶ ἐπιπώμασον τὸ τοιοῦτον πατέλλιον δι᾽ ἑτέρου πατελλίου
10 εὐρυστομωτέρου ὄντος, ὥστε περιλαμβάνεσθαι ὑπὸ τοῦ στόματος αὐτοῦ
τὸ στόμα τοῦ κάτω πατελλίου. Ἐχέτω δὲ τὸ ἐπάνω πατέλλιον ὀπὴν
ἄνωθεν, ὅπως ἀναπνῇ δι᾽ αὐτοῦ ἡ ὑγρότης τοῦ συνθήματος. (f. 142 r.)
Ἔστω δὲ ἡ τοιαύτη ὀπὴ ἐσκεπασμένη μετὰ πανίου ἀραιοῦ ἐπιλεγομένου
χαρερίου · καὶ ἐπίθες ἐν ἡλίῳ αὐτό, ἐν τοῖς ὑπὸ κύνα καύμασι · καὶ
15 ξηράνας τὸ σύνθημα, φύλαξον τοῦτο.

3] Εἶτα λαβὼν ὑδραργύρου λίτραν μίαν, καὶ ἀπὸ τοῦ οἰκονομηθέντος
διὰ τοῦ ἀσβέστου τζαπαρικοῦ, λείωσον ἡμέρας ϛ᾽ ἢ γ᾽ ἢ ε᾽ ἢ ζ᾽ · καὶ
ἀποξηράνας, αἰθάλωσον καὶ ἀποκάθαρον. Εἰ δ᾽ οὖν ξηρὸν ὂν ἕνωσον ἐξ
αὐτοῦ λίτραν ἡμίσειαν τῇ μιᾷ λίτρᾳ τῆς ὑδραργύρου · κατ᾽ ὀλίγον
20 ὑποτρίβων ἔστ᾽ ἂν ἀφανισθῇ καὶ οἷον εἰπεῖν καταποθῇ ἡ ὑδράργυρος
ἅπασα · καὶ ἀνάσπασον ἐν ὑάλοις μετὰ γαύνου πυρὸς ἔστ᾽ ἂν ἴδῃς
λευκὴν ὡς χιόνα. Εἶτα λαβὼν ἀπὸ τοῦ ξηρανθέντος συνθέματος τοῦ
τῶν χαλαζῶν μέρη δ᾽, καὶ ἀπὸ τῆς ῥηθείσης ὑδραργύρου μέρη Γ᾽,
ἕνωσον ἐντὸς πατελλίου παχέως ὑαλίνου, ἀνατρίβων καὶ λειῶν καλῶς
25 μετὰ τριβιδίου ὑαλίνου, ἀρδεύων τῷ λευκῷ ζωμῷ βοτάνης τῆς ἐπιλε-
γομένης ζωχάρου. Ἔστω δὲ ὡς στέαρ ἡ ζύμη παχεῖα · λείωτον δὲ
καλῶς καὶ ἐπιμελῶς · καὶ λαβὼν ἀπὸ τῆς τοιαύτης ζύμης ὅσον βούλει,
βάλον ἐντὸς πανίου λευκοῦ μεταξωτοῦ, καὶ σφαιροποίει εἰς ὃ ἂν βούλει

---

3. σινίω souligné B et mg. : σίνιον. —
9. πατελλίω BA, ici et partout. — 14.
χαρερίου souligné B. (χαράρι en néogrec.)

— 16. BA mg. (de 1re main) : ὅρα τὴν
οἰκονομίαν τῆς χρυσοποιίας, καὶ μὴ πλανηθῇς.
— 26. B mg. : ζώχαρος herba.

μέγεθος. Ἔστωσαν δὲ ἐν τῇ τοιαύτῃ σφαιροποιίᾳ ἐργαλεῖα τοιαῦτα ·
δοίδυξ ἀργυροῦς, λαβὶς ἀργυρᾶ, χειροδάκτυλοι ἀργυροῖ · καὶ διὰ τῶν
τοιούτων ἐργαλείων, ἐργάζου τὴν τοιαύτην σφαιροποιίαν. Ἐχέτω δὲ
σοῦ ἡ διάνοια προσοχὴν τοιαύτην ὅπως μὴ ἄψηται αὐτὸ (f. 142 v.) ἡ
5 χείρ σου, μήτε μὴν οὐδὲ ἀναπνοή, μηδὲ κονιορτὸς προσψαύσῃ · φαρμα-
κεύεται γὰρ καὶ μελαίνεται καὶ μένει ἄχρηστον. Ἔπειτα δῆσον μετὰ
ἐψημένης μετάξης τὰς ἐν τοῖς διαλιφεῖσι λευκοῖς μεταξωτοῖς σφαίρας ·
καὶ οὕτω μίαν ἑκάστην τῶν τοιούτων σφαιρῶν ἐμβαλὼν ἐν ὑάλῳ,
κίνει, συχνῶς καὶ ἠρέμα ἀποκυλίων. Καὶ ἐπὰν ἴδῃς καλῶς σφαιρω-
10 θείσας, λαβών, τρύπησον μετὰ σύρματος ἀργυροῦ, καὶ μετὰ τὸ τρυπῆσαι,
κίνει αὖθις ἐν τῷ ὑάλῳ.

4] Μετὰ ταῦτα λαβὼν ζωχάρους, ἔμβαλον ἐν τριβλίῳ καθάρῳ ·
τρίψον στύψιν ὀλίγην · ἐπίρρανον ἐπὶ τὰς σάρκας τούτων · ἀποσφιγ-
γομένων γὰρ αὐτῶν διὰ τὸ στῦφον, ἀποβάλλονται τὸ γλοιῶδες.
15 Λαβὼν οὖν ἀπὸ τοῦ γλοιώδους τούτου μέρος ὀλίγον, καὶ ἐμβαλὼν
ἐν ὑάλῳ, ἐγκύλιε ἑκάστην τῶν σφαιροειδῶν χαλαζῶν. Ἐχέτω δὲ
ἑκάστη σύρμα ἀργύριον, καὶ δέχου ταύτην ἐνδέξιον δι᾿ αὐτοῦ · καὶ
λαβὼν κόσκινον ὃ ταγάριον καλοῦσι, ποίησον ὀπὰς λεπτὰς ἐν αὐτῷ,
καὶ πήγνυε ἀπὸ τοῦ ἔνδοθεν μέρους ταῖς τοιαύταις ὀπαῖς τὰ συρμά-
20 τια τὰ ἔχοντα τὰ σφαιροειδεῖς χαλάζας. Ἔπειτα λαβὼν καὶ ἕτερον
ταγάριον, ἅρμοζον τῷ ἑτέρῳ, πλῆσον βαμβάκης ἐστιβασμένης, ἐμβα-
λὼν κούφως καὶ πάνυ περιπεπετασμένως · καὶ λαβὼν τὸ ἔχον τοὺς
μαργάρους, ἅρμοσον, καὶ ἔα ξηραίνεσθαι ἐντὸς τοῦ τοιούτου κοσκίνου
ἐπὶ ἡμέρας ι΄. Εἶτα ἔμβαλε (f. 143 r.) ἑκάστην σφαῖραν χαλαζοειδῆ
25 ἐν ὑάλῳ βικοειδεῖ, ἀποκυλίων ἐν αὐτῷ, ἔστ᾿ ἂν γνοίης ὅτι κτυποῦ-
σιν ὡς λίθοι. Ἔπειτα στίλβωσον αὐτὸ καθὸ καὶ οἱ λίθοι στιλβοῦνται
παρὰ τῶν καβατόρων.

5] Ἔπειτα λαβὼν ἰχθύας λιμναίους ἢ ποταμίους μῆκος ἔχοντας

---

1. A mg. : ἀρ᾿ (?). — 5. F. l. μή γε μὴν.
— 10. B mg. : σύρμα ἀργυροῦν, *filum
argenteum.* — 18. B mg. : ταγάριον, *cri-
brum.* — 21. ἀρμόζων A, f. mel. — B
mg. : βαμβάκην. — 27. B mg. : *cauatores
lapidum.*

πηλαμύδος, ἢ καὶ ἔλαττον ταύτης, σχίσον αὐτοὺς ἀπὸ τῆς εὐωνύμου πλευρᾶς, καὶ ἔκβαλε τὰ ἔγκατα αὐτῶν. Καὶ πλῦνον τὸ δοχεῖον τῶν ἐγκάτων τούτων καλῶς, ὥστε μὴ ἐναπολειφθῆναι ὕφαιμόν τι ἐν αὐτῷ. Εἶτα λαβὼν τὰς φούσκας τούτων, τρύπησον αὐτὰς, ἐμβαλὼν
5 ἐν αὐταῖς νίτρον τετριμμένον καὶ ἐξυμηρμένον μετὰ ὕδατος, καὶ ἔα ἐπὶ ὥραν μίαν. Εἶτα πλῦνον τὰς τοιαύτας φούσκας καλῶς μετὰ τοῦ τοιούτου νίτρου, τρίβων αὐτὰς διὰ τῆς χειρός σου. Εἶθ᾽ οὕτως ἀποκάθαρον αὐτὰς διὰ τοῦ ὕδατος · καὶ μετὰ τὸ ἀποκαθᾶραι, λαβὼν τὰς ἄνω γεγραμμένας σφαιροειδεῖς χαλάζας, ἔμβαλον ἀνὰ μίαν
10 ἑκάστην ἐν τῇ φούσκᾳ, καὶ ἀποδέσμει μετὰ μετάξης εἰρημένης, δεσμῶν κατὰ μίαν χάλαζαν ἀνὰ ἕνα δεσμόν. Καὶ οὕτως ἐμβαλὼν τὰς φούσκας σὺν ταῖς ἐν αὐταῖς χαλάζαις ἔνδον τοῦ δοχείου τῶν ἐγκάτων τῶν τοιούτων ἰχθύων, σύρραψον τὰ διασχισθέντα δέρματα αὐτῶν μετὰ μετάξης · καὶ ἐπίθες ταῦτα ἐπὶ κεραμίδος. Ἔχε δὲ
15 ἡτοιμασμένον ἐπὶ τούτῳ φουρνάκιον μικρὸν, καὶ ἄναψον τοῦτο καλῶς, ἕως ἂν λευκανθῇ ὑπὸ τῆς πυρώσεως αὐτοῦ. Καὶ οὕτως ἐμβαλὼν ἔνδον τοῦ τοιούτου φουρνακίου τοὺς τοιού- f. 143 v. τοὺς ἰχθύας ἐπικειμένους ἐπάνω τῆς τοιαύτης κεραμίδος, ἀσφάλισαι τὸ τοιοῦτον φουρνάκιον, καὶ χρίσον τὸ στόμα αὐτοῦ · καὶ ἔασον ὀπτᾶσ-
20 θαι ἐπὶ ὥρας γ΄. Καὶ ἐξελὼν τοὺς τοιούτους ἰχθύας ἀπὸ τοῦ φουρνακίου, ἔασον χλιανθῆναι · καὶ οὕτως ἔκβαλε ἐξ αὐτοῦ τὰς φούσκας μετὰ τῶν ἐν αὐταῖς χαλάζων · καὶ σχίσας ταύτας, ἔξελε τὰς ἐν αὐταῖς χαλάζας ἐξ αὐτῶν, καὶ ἔμβαλε αὐτὰς ἐν σινίῳ, καὶ πλῦνον μετὰ σαπωνίου καὶ θερμοῦ ἀπὸ τῆς λιπότητος τῶν ἰχθύων, καὶ
25 εὑρήσεις αὐτὰς τελείας χαλάζας σφαιροειδεῖς, μηδὲν διενηνοχυίας τῶν κρειττόνων φυσικῶν.

---

4. φούσκας; mss. partout, excepté ligne 21. — 9. ἀναγεγραμμένας; B. — 18. ἀσφάλισθι A. — 23. B mg. : σίνιον.

V. ιx. — TRAITEMENT DES PERLES

Série d'articles faisant suite au morceau précédent.

1] ΣΜΗΞΙΣ ΚΑΙ ΛΑΜΠΡΥΝΣΙΣ ΜΑΡΓΑΡΩΝ Ἡ ΠΟΛΛΑΚΙΣ Ο ΔΕΔΩΚΩΣ ΕΛΕΓΕ ΧΡΗΣΘΑΙ. — Πρῶτον βαλὼν ἔλαιον ἐν μυάκι, θέρμαινε καίων παπύροις ἢ καλάμοις · καὶ ὅτε χλιαρὸν γένηται, γάλα τὸν μαργαρίτην. Εἶτα ἄρας ἀπὸ τοῦ ἐλαίου, χρίε αὐτὸν τῷ χρίσματι τῷ 5 διὰ πυρίτου καὶ ψιμμιθίου. Εἶτα καταπλύνας ἐν ὕδατι, χρίε πάλιν ἕως ξηρανθῇ · καὶ πλύνας πάλιν, χρῖσον ἕως ἑπτάκις. Ἀγαγὼν δὲ καὶ ἀποπλύνας, βάλε εἰς χυλὸν βώλου . Ἐὰν τις ἐν κολλουρίοις μίξῃ τοῦ χυλοῦ, πᾶς ὁ ἐγχριόμενος λευκώματα ποιεῖ · εἰ δὲ οἶνον πίει, λεπροῦται, ὅλον δὲ, εἰ γράμμασι κεντητοῖς δι' ἐγκαύστου μέλανος καὶ πράσου 10 χρίσαις, ἀναπίνει τὰ γράμματα.

2] ΛΥΣΙΣ ΜΑΡΓΑΡΟΥ. — Λειώσας τὰ λεπτὰ μαργαριτάρια εἰς λεπτὰ πάνυ, ἔμβαλε εἰς ὑάλινον ἀγγεῖον μετὰ ὄξους κιτρίου, καὶ θὲς εἰς πρίσματα νυχθήμερα γ', καὶ λυθήσονται καλῶς.

3] ΑΛΛΩΣ. — Ἀλέσας (f. 144 r.) καλὸν ἄλευρον σίτινον, φύρασον 15 εἰς ὄξος κίτρου ὀξίνου, καὶ χυλὸν κράμβης ἀγρίας · προσβαλὼν ὀπὸν ἰτέας καὶ σκίλλης, καὶ θὲς τὸν μαργαρίτην, καὶ ἔα λυθῆναι · καὶ ὡς οἶδας τὰ ἑξῆς.

4] ΛΕΥΚΩΣΙΣ ΜΑΡΓΑΡΙΤΩΝ. — Λαβὼν σκαμωνίαν, λείωσον ἰσχνῶς πάνυ, καὶ σεῖσον · καὶ λάβε ζύθον κρίθινον ἄθικτον · συλλείωσον τὴν σκα-20 μωνίαν, καὶ ποίησον ὑδαρεστέραν · καὶ βάλε εἰς φιάλην ὑαλίνην, καὶ κρέμασον τὸν μαργαρίτην, καὶ σκέπασον ἄλλῃ φιάλῃ, καὶ περιπηλώσας, ἄφες ὥρας θ', καὶ γίνεται λευκός. Ἐρεύνα δὲ μὴ πλείω · θέλει ἡμέρας ζ' ἢ ιγ' ἐν ἡλίῳ ἢ ἱππείᾳ κόπρῳ, λύε τὸ ἀφροσέληνον ὄξει δριμεῖ πάνυ.

<hr>

1. F. l. ὁ ἐκδεδωκώς. — 2. B mg. : μυά-κιον. — 7. βώλου] βωλ' mss. Cp. Scholia in Nicandri Alexiph. v. 526. — κολλουρίοις mss. — 9. F. l. πρασίου. — 10. χρίσαις] F. l. χρισθῇς (?). — 11. μαργάρου] τὸν μαργά-ρου A. — 14. Ἀλέσας]... λέσας B ; ἐλέσας AK. Corr. conj. Cp. p. 372, l. 6. — 19. B mg. : une étoile. — ζῆθον BA, ici et plus loin. — 22. θέλει] F. l. θεῖς. — 23. Les mots λύε — πάνυ soulignés dans B.

5] ΤΟΝ ΔΕ ΜΑΡΓΑΡΟΝ ΣΚΕΥΑΖΕ ΟΥΤΩΣ. — Λαβὼν λίθον σιδη-
ρίτην, καὶ ἀρσενίκου καὶ μαγνησίας καὶ ἀφροσελήνου ῥίνισμα, ἴσα
λειώσας, ἔψε τῇ οἰκονομίᾳ τῇ διὰ κινναβάρεως. Λαβὼν τὸ ἀφροσέληνον,
καὶ βάψας μέλιτι, βάλε ὄρνιθι φαγεῖν · καὶ μὴ δώσῃς αὐτῇ τι ἕτερον
5 φαγεῖν, μήτε ἐάσῃς διακινεῖν, ἀλλ' ἀπόκλεισον ταύτην εἰς σκαφίδιον ἢ
εἰς κόφινον · καὶ ὑπόθες κερβίον, καὶ δὸς αὐτὸ λελυμένον · προκάθαρον
δὲ αὐτῆς τὸ ἔντερον, διδοὺς φαγεῖν ἀκρίδας ἡμέρας γ', καὶ οὕτω τὸ
ἀφροσέληνον, καὶ εὑρήσεις ἐν τῷ κερβίῳ ἐκκριθὲν λεῖον μυστήριον.

6] ΕΤΕΡΑ ΠΟΙΗΣΙΣ. — Λαβὼν τὰ μικρὰ μαργαριτάρια, ἔμβαλον
10 εἰς ἄγγος ὑάλινον καὶ ὄξος δριμύ, καὶ ὀπὸν κυρηναϊκὸν λευκὸν κατασ-
τάμενον ἐπὶ ἡμέρας ις' · καὶ ἔασον συμφιμώσας εἰς θερ- f. 144 v.
μὸν τόπον νυχθήμερον · καὶ τὸ ἐξῆς ἐπίβαλε ὄξος κίτρων, καὶ σαλεύσας,
ἔασον βραχύ, καὶ λυθήσονται · καὶ τότε πῆξον ὡς ἐπινοεῖς τυπώσας.
Ἡ δὲ πῆξις γίνεται δι' ἀφροσελήνου.

15 7] ΛΕΥΚΩΣΙΣ ΣΤΥΓΝΩΝ ΚΑΙ ΡΥΠΑΡΩΝ. — Βάλε εἰς βολβὸν ἢ εἰς
κρουφίκιν, καὶ περισκέπασον στέατι ἄρτου, καὶ ὄπτα φούρνῳ ἢ κλιβάνῳ,
καὶ λευκαίνονται.

8] ΑΛΛΟ. — Λαβὼν τοὺς λεπτοὺς μαργάρους, ἔμβαλον εἰς χυλὸν
κίτρων, ἐκπιέσας τὰ ὄξινα τῶν κίτρων, καὶ ἀφυλίσας πολλάκις ἕως
20 διαυγὲς γένηται · καὶ οὕτως βάλε εἰς ῥάκος τὰ εἴδη, ἕως διαλυθῶσι ·
καὶ ὅταν γένηται διάλυσις αὐτῶν, πλῦνον αὐτὰ ἐπὶ ἡμέραν μίαν, καὶ
ἔμβαλον στέατον ἔσω εἰς βολβὸν ῥίζης. Τὸν βολβὸν βάλον εἰς φούρνον
ἕως ὀπτηθῇ τὸ στέατον · καὶ ἄρας, καὶ ψύξας, εὑρήσεις λευκανθέντα.
Λοιπὸν σὺ κάθαρον στίλβον ὡς ἐπινοεῖς, ὡς τεχνίτης τὰ οἰκεῖα ποιῶν.
25 Τινὲς δὲ διδόασι μετὰ ταῦτα καταπιεῖν ὄρνιθι ἀφ' ἑσπέρας ἕως ὥρας
μιᾶς, καὶ ἐῶσι τὸ ὄρνεον ἄποτον ἐκδιψῆσαι · καὶ οὕτω θύσαντες, εὑρίσ-
κουσι στιλπνὰ τὰ εἴδη.

9] ΛΕΥΚΩΣΙΣ ΜΑΡΓΑΡΩΝ ΚΙΡΡΩΝ. — Λαβὼν μαργαρίτας, γάλα

---

5. σκαφίδιον BA. — 6. B mg. : κερβίον.
— 8. λεῖον] F. l. θεῖον. — 16. κρουφίκιν
souligné dans B. — 22. B mg. : double
trait; les mots βολβὸν — ῥίζης soulignés.
— F. l. ἔμβαλον στέατον (ἢ) ἔσω εἰς βολβοῦ
ῥίζην.

εἰς γάλα κυνὸς λευκῆς, καὶ ἔα ἐπὶ ἡμέρας ζ' ἐπιπωμάσας · καὶ ἔπαιρε
ταῦτα ἰδίᾳ τριχὶ εἰρμένα · καὶ βλέπε εἰ γεγόνασι λευκά · εἰ δὲ μὴ,
ἐπιχάλα ἕως καλῶς ἔχῃ τοῦτο · κἂν ἄνθρωπον χρίσῃς, λεπροῦται, καὶ
τοσαύτην ἔχει τὴν δύναμιν · ἐπιπασθείσης δὲ αὐτῷ γῆς σα- (f. 145 r.)
5 μίας ἐκ τῆς ὑγρᾶς γῆς μνᾶν α'.

10] ΠΗΞΙΞ ΜΑΡΓΑΡΩΝ. — Βάλε αὐτὰ εἰς γάλα κυνὸς μελαίνης,
καὶ ὅτε κηρώδη γίνονται, βάλε εἰς τύπους.

11] ΛΕΥΚΩΞΙΞ ΜΑΡΓΑΡΩΝ. — ⟨Λαβὼν⟩ ἕκαστον ζύθον κωχλιάρια
ϛ', τρίβε τε ὁμοῦ καὶ ἐπιχάλα τὸν μάργαρον ἐπὶ ὥρας ἕξ.

10 12] ΠΕΡΙ ΜΑΡΓΑΡΩΝ. — Βάλε αὐτούς, καὶ πῆσσε ὀπῷ συκῆς, ἢ
τιθυμάλου, ἢ καλπάσου, καὶ ἔα διανυκτερεῦσαι · καὶ ὅταν παγῶσι,
προσπλάσας ἕνα ἕκαστον τῷ ἀρυλισθέντι τῷ ἄνω γενομένῳ γλοιώδει,
ἔα ξηραίνεσθαι μῆνα ἕνα. Καὶ οὕτω βαλὼν ἐν ζώσῃ ἀσβέστῳ, ῥάνον
ὕδωρ ἐλαφρῶς, ἕως λυθῇ ἡ ἄσβεστος, καὶ ἔασον ἕως ψυγῇ · καὶ ἄρας,
15 εὑρήσεις παγέντας. Ἔστωσαν δὲ καὶ τὰ προσπλασθέντα ἔχοντα ἐν τῇ
φυράσει αὐτῶν ὑδρόκομι λευκόν · καὶ οὕτω ξήραινε, ἵνα καὶ εὐκόλως
παγῶσι καὶ ἐν τῇ μίξει τῆς κατασβεννυμένης ἀσβέστου, ὅταν ἐνθῇς
αὐτὰ σύστασιν ἔχοντα ἐλαίῳ ὥραν, ἀπόπλυνον καθαρῷ λευκῷ ἐκμυζῶν.
Εἶτα ἐρεύνησον ἐὰν μὴ ὦσι στίλβοντες, καὶ βάλε αὐτοὺς ἐν τῇ βολβῷ
20 τῇ κριθίνῃ · καὶ πλάσσε αὐτήν, καθαρὸν ἄρτον ποιήσας · καὶ ὄπτα ἐν
κλιβάνῳ · οὕτω σμῆχε καὶ στίλβου, καὶ θαυμάσεις · τρίχιζε δὲ πρὸ τοῦ
παγῆναι.

13] ΛΕΥΚΩΞΙΞ ΜΑΡΓΑΡΩΝ ΚΙΡΡΩΝ. — Σκίλλης τῆς ἀκροτάτης καὶ
ἐκλεύκου, ταύτης ἐκμέσου φύλλων, καὶ στρούθιον βοτάνην λύε ἐξί-
25 σου · καὶ ποιήσας φάρμακον, βάλε τοὺς μαργαρίτας, καὶ ἔγκρυπτε
εἰς αὐτό · ἐὰν δὲ ὦσι στερεοί, πρόσμιγε οὖρον (f. 145 v.) παρθένου
καὶ ὀλίγον μέλι λευκόν.

14] ΣΜΗΞΙΞ ΜΑΡΓΑΡΩΝ. — Λαβὼν σκόροδα, λείωσον μεθ' ὕδα-

τος, καὶ βάλε εἰς βησσίον · καὶ τὸν μάργαρον διαίρων τριχὶ, ἐπέμ-
βαλε κάτω ἐμβρέχεσθαι ἐπὶ ἡμέραν καὶ νύκτα · καὶ ἀνάμενε ὡς
κατανοεῖς · καὶ εἰ οὔπω γέγονε, τότε λείωσον μετ' ὀλίγης τέφρας
λεπτοτάτης, καὶ ἔμπλασον εἰς ῥάκος λινοῦν · καὶ περίφερε ἐν τῷ
5 θερμῷ κάτω, ἕως λυθῇ ἡ σποδὸς καὶ μοσχευθῇ ὁ μάργαρος, καὶ
εὑρήσεις αὐτὸν λευκὸν καὶ ἄσπρον. Ἔστω δὲ πάντοθεν ὑγιής.

15] ΣΜΗΞΙΣ ΒΡΕΤΑΝΙΚΟΥ. — Λαβὼν ὀπὸν κυρηναϊκόν, λείωσον
μεθ' ὕδατος, καὶ ἔμβαλε εἰς βησσίον μικρόν. Οὐ λύεται δὲ ὁ ὀπός,
ἀλλὰ μένει ἐν τῷ ὕδατι ὡριζός. Καὶ λαβὼν τὸν μάργαρον, διέλε
10 τριχὶ ἱππείᾳ. Ἔστω δὲ μὴ ἔχων κλάσμενα ὁ μάργαρος. Καὶ ἔμβαλε
αὐτὸν ὀπῷ, καὶ εὐθέως συμπλέκεται αὐτῷ ὁ ὀπός · καὶ ἔασον αὐτὸν
μεῖναι ἡμέραν καὶ νύκτα · καὶ ἀνερχόμενον, ἀπόμαξον, καὶ εὑρήσεις
αὐτὸν ἐσμηγμένον καὶ ὄντα λευκόν · εἰ δὲ καὶ ἐπιπλέον χρήζει σμή-
ξεως, ἔμβαλε αὐτὸν ἐπὶ νύκτα καὶ ἡμέραν μίαν · καὶ πάλιν ὁμοίως,
15 καὶ ποίει κατανοῶν, ἕως ἂν γένηται καλῶς.

16] ΣΜΗΞΙΣ ΜΟΝΑΧΟΥ ΤΩΝ ΜΟΛΙΒΔΙΖΟΝΤΩΝ. — Λαβὼν σκό-
ροδα, λείωσον μετὰ οὔρου ἀφθόρου · καὶ βαλὼν εἰς ληκύθιον, βάλε
κάτω τὸν μαργαρίτην, καὶ ἔα βρέχεσθαι νυχθήμερα γ'. Καὶ λαβὼν
ὀπὸν κυρηναϊκὸν καὶ ἔλαιον ἱσπανόν, θέρμαινε · καὶ διάρας τὸν
20 μαργαρίτην τριχὶ, περίφερε ἕως ἂν ἴδης αὐτὸν λευκόν. Πρῶτον οὖν
βαλὼν σκόροδα [f. 146 r.], πάλιν τε ἐμβαλὼν εἰς τὸ ἔλαιον, καὶ
καχλάσαντα ἀναλαβὼν τὰ σκόροδα, οὕτω βάλε ὀπόν, ἐὰν δὲ μὴ
γένηται καλῶς, βάλσαμον ἀντ' ἐλαίου, καὶ γίνεται.

(La suite a été publiée : I, xvi et xvii.)

---

1. βησσίον B; βυσσίον A, ici et plus loin.
Corr. conj. — διαιρῶν BA. Corr. conj.
— 7. βρετανικῶν B, et mg. : βρετακινοῦ
cod. 3184 (aujourd'hui le ms. 2275 de
Paris, = C). — 9. ὠριζός souligné B.

F. l. χωριστός. — 10. F. l. κλάσματα. —
16. B mg. : *suppl.* μαργάρων. — 19. Les
mots διάρας — τριχὶ soulignés dans B.
— 20. Les mots ἂν ἴδης αὐτόν soulignés
dans B.

V. x. — ΠΕΡΙ ΖΥΘΩΝ ΠΟΙΗΣΕΩΣ

Transcrit sur M, f. 162 r. — Collationné sur l'édition de Gruner, faite d'après le ms. de Gotha et reproduite par Schneider dans ses Eclogæ physicæ.

Λαβὼν κριθὴν λευκὴν, καθαρίαν, καλὴν, βρέξον ἡμέραν α΄, καὶ ἀνάσπασον ἢ καὶ κοίτασον ἐν ἀνηνέμῳ τόπῳ ἕως πρωΐ · καὶ πάλιν βρέξον ὥρας ε΄ · ἐπίβαλε εἰς βραχιώνιον ἀγγεῖον ἠθμοειδὲς, καὶ βρέχε.
5 Προαναξήρανε ἕως οὗ γένηται ὡς τύλη · καὶ ὅτε γένηται, ψῦξον ἐν ἡλίῳ ἕως οὗ πέσῃ · τὸ μαλίον γὰρ πικρόν. Λοιπὸν ἄλεσον καὶ ποίησον ἄρτους προσβάλλων ζύμην ὥσπερ ἄρτου · καὶ ὄπτα ὠμότερον · καὶ ὅτ᾽ ἂν ἐπανθῶσιν, διάλυε ὕδατι γλυκεῖ καὶ ἤθμιζε διὰ ἠθμοῦ ἢ κοσκίνου λεπτοῦ. Ἄλλοι δὲ ὀπτῶντες ἄρτους βάλλουσιν εἰς κλουβὸν μετὰ
10 ὕδατος, καὶ ἑψοῦσι μικρὸν, ἵνα μὴ κογλάσῃ, μήτε ἢ χλιαρὸν, καὶ ἀνασπῶσι καὶ ἠθμίζουσιν · καὶ περισκεπάσαντες, θερμαίνουσι καὶ ἀνακρίνουσιν.

V. xi. — ΣΤΑΚΤΗΣ ΠΟΙΗΣΙΣ

Transcrit sur M. f. 162 v.

1] Τέφρας ξύλων τῶν σῶν μόδια δ᾽ μερίζονται εἰς δύο γαστέρας
15 τετρυπημένας ἀπ᾽ ἄκρων. Περὶ δὲ τὴν τρύπην ἔσωθεν τὴν λεπτὴν ὑποτίθει χορτάριον ὀλίγον, ἵνα μὴ ἀπορράξῃ τὴν τρύπην ἡ τέφρα. Καὶ ἐν μιᾷ τῶν γαστερῶν ὕδατος γέμισον · καὶ τῆς γαστέρας τὸ ἀπόσταγμα λάβε τὸ γενόμενον ἐν τῇ νυκτὶ πάσῃ, καὶ ἐπίβαλλε εἰς τὴν δευτέραν γαστέραν · καὶ τότε ⟨τὸ⟩ ἀπ᾽ ἐκείνης στάξαν ἔχε. Καὶ βαλὼν πάλιν
20 ἄλλην τέφραν, ἀποσείρου · καὶ γίνεται ὡς νάρδον χρυσίζον. Ἐπάγαγε ἐπὶ τὴν τετάρτην γαστέρα · καὶ γίνεται δριμὺ καὶ ἰσχυρόν · καὶ αὕτη ἡ μερικὴ στάκτη.

---

5. τύλη M. — ψῆξον Gruner. — 6. F. l. μαλίον. — 8. γλυκὺ M. — 9. ὀπτόντες M, qui | emploie assez souvent l'ionien ὀπτέω. — 17. γαστέρων M. — 20. ἀποσείρου M.

2] Τινὲς δὲ τὴν καθολικὴν ἐποίησαν, προσβάλλοντες ἄσβεστον θειώδη καὶ φέκλην, καὶ στυπτηρίαν, καὶ τὰ ἑξῆς. Καὶ μᾶλλον οὕτως εἰργάσαντο αἱ τῶν ὑδάτων θείων (?) αὗται λευκὸν ὕδωρ · εἰς δὲ τοὺς Μ°Μ' λύσαντες τῆς ζύθου πολλῆς, καὶ ὀπῶν δενδρικῶν συκαμίνου, καὶ συκῆς καὶ καλπά-
5 σου, καὶ βοτανῶν ἀπὸ τιθυμάλου, αἵματος τραγείου καὶ ζύμης τῆς αὐτῶν.

3] Ἐν δὲ τῇ βαφῇ τῶν κρυστάλλων, εὐθέως ἐπιβάλλεται χρωϊζό-μενον · ὕστερον γὰρ ἐτήρησε τὸ μέλι καὶ τὸ ἔλαιον καὶ τὸ βάλσαμον.

4] Ἵνα μὴ ἐν τῇ στάκτῃ ὑπὸ τῆς τέφρας ἀναλωθῇ, τινὲς ὄξος ἔβαλλον, ἄλλοι καὶ οὖρον · ἄλλοι ὕδωρ τινὲς ἀποστάξαντες πάντα
10 ἰδίως ἔμιξαν, καὶ κάλλιον ἐποίησαν, ἢ οὔρῳ καὶ ὄξει ποιήσαντες · καὶ τὸ ὅλον ἔφησαν στάκτην. Τινὲς τούτῳ τῷ ὕδατι τὰς οἰκείας βοτάνας βαλόντες καὶ ζυμῶσαι καλέσαντες, κρόκον καὶ ἐλύδριον καὶ μηλέας φύλλα καὶ τὰ ὅμοια λειώσαντες ὄξει νίτρῳ. Ἄλλοι καὶ στυπτηρίαν καὶ μύσι ὀπτὸν καὶ κυανὸν καὶ ὕδωρ θεῖον · καὶ ποιήσαντες μάζαν, καὶ
15 μετὰ τὸ συνιδρῶσαι καὶ τὸ ζωμῶσαι, ἐχάλασαν εἰς τὸ ξανθὸν ὕδωρ καὶ ἥψησαν τὸ σύνθεμα, ὕστερον κεράσαντες μέλιτι καὶ βαλσάμῳ καὶ ὄξει · ἐν δὲ τῇ λειώσει οὕτως καὶ ἐν τῷ ὄξει ὀλίγον ζύμης δριμυτέρας καὶ μοσ- (f. 163 r.) χίου χολήν. Τινὲς καὶ σκόρδα καὶ κρόμμυα ἔβαλον. Ἔνθεν διδάσκει ὅτι τὰ φεύγοντα τοῖς μὴ φεύγουσι μιγέντα βάπτει τὴν
20 ψυχροβαφήν.

V. xii. — ΠΟΣΟΣ Ο ΤΩΝ ΒΑΠΤΟΜΕΝΩΝ ΕΡΙΩΝ ΣΤΑΘΜΟΣ ΩΦΕΙΛΕΝ, ΚΑΙ ΠΟΣΟΣ Ο ΤΗΣ ΚΟΜΑΡΕΩΣ, ΚΑΙ ΠΟΣΟΣ Ο ΤΩΝ ΒΕΒΑΜΜΕΝΩΝ ΥΔΑΤΩΝ

Transcrit sur M, f. 127 v. — *Collationné sur* B, f. 115 v.; — *sur* A, f. 109 r.; — *sur* K, f. 15 v. — *Les variantes de* M *ont été reportées sur* K, *de la main déjà signalée* (p. 36).

Χρὴ μέντοι διπλάσιον εἶναι τὸν σταθμὸν τῶν ὑδάτων τοῦ σταθ-

---

2. φέκλης M. — 18. κρόμμυα M. — 19. M mg. : ὠ<μοτάτου> ὅλον, sur une ligne verticale.

μοῦ τῶν ἐρίων · ἡ δὲ μνᾶ τῶν βεβαμμένων ὑδάτων δέχεται κομά-
ρεως τὸ τριακοστόδυον, ὅπως κάλλιον πλεονάζῃ ἢ ἐλαττοῦσθαι τὸ
βαπτόμενον τοῦ βαπτομένου. Μόνον γὰρ τὴν ἑαυτοῦ χρείαν τὸ
βαπτόμενον · ἔνθεν οὐδὲ φέρειν ἐπίσταθμιν δέχεται βαφὴν ἀληθῆ,
5 τουτέστιν ἄφευκτον :

V. xiii. — ΤΙΣ Η ΤΟΥ ΜΕΛΑΝΟΣ ΞΗΡΙΟΥ ΚΑΤΑΣΚΕΥΗ

Suite du texte précédent (mêmes manuscrits).

Ἐπὶ χρώματος ἐβενίνου τὸ σποδίον οὐ πλύνεις, ἀλλ᾽ ἑνώσας
κατὰ λόγον τοῖς ὕδασι τοῖς λευκοῖς, ποιεῖς τὸ διὰ τῶν βολβίτων
χριστήριον ἐν ἑβδομάσιν ἡμέραις δυσὶν ἢ τρισίν. Ἔνθεν ἔλεγεν
10 Ζώσιμος οὕτως · μηδὲν κυρκανευθῇς, μελαίνειν γὰρ ἀντὶ τοῦ
μελαίνεσθαι, καὶ πάλιν βάπτει μέλαν ἔλαττον ἄφευκτον.

V. xiv. — ΤΙΣ Η ΤΗΣ ΚΟΜΑΡΕΩΣ ΣΥΝΘΕΣΙΣ

Suite du texte précédent (mêmes manuscrits).

Ἡ κρᾶσις τοῦ φαρμάκου σύνθεσιν ἔχει ἀπὸ στερεοῦ σώματος καὶ
ὑγροῦ · τῇ γ᾽ τοῦ στερεοῦ κομάρεως ὕδατος μιγνυμένης.

---

2. τριακοστόδιον ΒΑΚ. — ὅπως] ὥστε
ΒΑΚ. — πλεονάζειν ΒΑΚ. — 3. βαπτο-
μένου] βάπτοντος ΒΑΚ, qui ajoutent : καὶ
κατὰ πολύ. — Réd. de ΒΑΚ : μόνον γὰρ
τὸ βαπτόμενον οὐδὲ μετὰ ταῦτα φέρει τὴν ἑαυ-
τοῦ χροιὰν (fin). — 4. ἐπίσταθμὴν Κ. dans
le report de la rédaction de M. — 7.
ἐβαινίνου M ; ἐβεννίου ΒΑΚ. Corr. conj.
— 8. καταλόγον M. — F. del. ἑβδομάσιν.
— 10. F. l. μελαίνει. — 11. βάπτειν ΒΑΚ.
13. A mg. ω? (ὁρατὸν) ὅλον, de 1ʳᵉ main.
— 14. κωμάρεως M.

V. xv. — ΤΙΣ Η ΜΕΤΑ ΤΗΝ ΙΩΣΙΝ ΟΙΚΟΝΟΜΙΑ

Suite du texte précédent (mêmes manuscrits).

Ἐξαιθριῶσαι μετὰ τὴν ἴωσιν ἡμέρας ε′ τὸ φάρμακον, κατὰ τὴν
παραίνεσιν Ἴσιδος. Εἰ μὲν ξηρίον βούλει σκευάζειν, μῖξον ἀλλήλοις
τὰ μόρια τοῦ συνθέματος, σεσηπός φημι καὶ τὸ ἄσηπτον, ὑγρὸν καὶ
5 ξηρόν. Καὶ λειώσας ἐν ἡλίῳ ἢ σκιᾷ, κατάθου ἐν ἱππείᾳ. Εἰ δὲ
ὑγρὸν ἐπείγῃ φάρμακον ἐκτελεῖν, μίξας ἄμφω τὰ ὕδατα, καὶ ἀσφα-
λισάμενος ἐν τοῖς ἄγγεσιν, ἀπόδος τῇ τῶν βολβίτων πυρίᾳ τρεῖς ἢ
πέντε μόνον ἡμέρας, καὶ λειοτριβήσας, ἔχε τέλειον τὸ ξηρίον.

V. xvi. — ΕΙ ΘΕΛΕΙΣ ΠΟΙΗΣΑΙ ΦΟΥΡΜΑΣ ΚΑΙ ΤΥΛΟΥΣ
ΑΠΟ ΒΡΟΝΤΗΣΙΟΥ, ΠΟΙΕΙ ΟΥΤΩΣ

Transcrit sur M, f. 128 v. (manuscrit unique).

1] Λαβὼν νόμισμα οἶον θέλεις, ἔπαρον τὸ ἐκτύπωμα αὐτοῦ διὰ
τεαφίου τοῦ κοινοῦ τοῦ ἐψητοῦ · καὶ χρί- (f. 129 r.) σον ἐλάδιον τὸ
νόμισμα · καὶ ἐπαίρεις τὴν ἀποτύπωσιν αὐτοῦ, μικρὰν δὲ πυρὰν θέλεις
παρέχειν τῷ τεαφίῳ, ἵνα μὴ καῇ. Ἐὰν γάρ ἐστιν ἡ πυρὰ ἐλαφρή,
15 καλῶς ἐκτυποῖ τὸ χάραγμα · εἰ δὲ καῇ τὸ θεῖον, οὐδὲν ἐκτυποῖ. Καὶ
ὅτε θέλεις τυπῶσαι ἀπὸ τεαφίου, εἰ τῶν ἐνδεχομένων ἐστίν, καὶ τὰ δύο
τυπάρια ἄλλασσε τοῦ τεαφίου · καὶ πάνυ χρήσιμος ἐκβαίνει ἡ ἀποτύ-
πωσις τοῦ ὁλοκοτίνου.

2] Ἡ δὲ ποίησις τῆς χώνης τῶν τυπαρίων ἐστὶν οὕτως. Ὅτε θέλεις
20 χωνεῦσαι τυπάρια, φέρε στεφάνιον σιδηροῦν, καὶ βάλλε μέσα τοῦ
στεφανίου γενάμενον · καὶ βάλλε τὸν ἀντίχειρα τῆς ἀριστερᾶς σου

---

2. F. 1. ἐξαιθρίασαι. — 3. καὶ εἰ μὲν BAK. | γαι M. — 8. F. 1. ἔχεις. — 9. τέλους M.
— 4. τὸ σεσηπὸς BAK, f. mol. — 6. ἐπεί- | — 12. ἀλλάσσων M. F. 1. ἐλαδίῳ.

χειρὸς ἐπάνω τοῦ ἐκτυπώματος τοῦ ὁλοκοτίνου · καὶ φέρε κονίαν
κοσκινισμένην, καὶ βάλλε κατὰ τῆς δεξιᾶς σου χειρὸς πέριξ τοῦ
τυπαρίου, καταγγίζων αὐτὸ, τὸν δὲ ἀντίχειρά σου τὸν ἀριστερὸν ἀεὶ
ἐπάνω ἔχων τοῦ ἐκτυπώματος, ἵνα μὴ ἐκ τῆς κονίας γεμισθῇ. Καὶ ὅτε
5 ἐξισωθῇ ἡ στάκτη, καὶ γένηται ἰσόχειλος τοῦ τυπαρίου, βλέπε, ἀποσ-
πόγγισον καλῶς τὸ τυπάριον καὶ ἐκτρίγωσον. Καὶ ἀπὸ μαύρου κηρίου
καλῶς σφράγισον ἅπαξ ἢ δίς. Καὶ ὅτε θεωρεῖς ὁλοκάθαρον τὸ τυπάριον
τοῦ τεαφίου, φέρε ἀπὸ σηπίας ὀστέον ξηρόν · καὶ κόψον ἐξ αὐτοῦ πρὸς
τὸ τυπάριον τοῦ ὁλοκοτίνου · καὶ καθάρισον μετὰ μαχαιρίου τὴν ὄψιν
10 τοῦ ὀστέου τῆς σηπίας · τὸν δὲ νῶτον αὐτοῦ παρέασον οὕτως. Καὶ φέρε
μάρμαρον, καὶ ἀκόνησον τὸ αὐ- (f. 129 v.) τὸ ὀστέον τοῦ σηπιδίου
καλῶς. Καὶ βάλλε αὐτὸ ἐπάνω τοῦ τυπαρίου, κανονίζων ἐὰν καλῶς
περιλαμβάνῃ τὸ τυπάριον καὶ τὴν κονίαν. Καὶ βαλὼν τὸν ἀντίχειρά
σου, πῆξον κατὰ κολακείαν, ἵνα ἐκτυπώσῃς τὸ σηπίδιον εἰς τὸ τυπάριον.
15 Καὶ τότε εὐφυῶς βάλλε ἐπάνω τοῦ σηπιδίου κονίαν. Καὶ βαλὼν τὰς
δύο παλάμας τῶν χειρῶν σου, πῆξον δ' ἢ ε' ἐπάνω τῆς κονίας. Καὶ
πάλιν γέμισον · καὶ πάλιν πῆξον · καὶ ὅτε γεμισθῇ καλῶς τὸ στεφάνιον,
ἐκ τῆς κονίας πεπηλωμένον, κούφισον εὐφυῶς τὸ στεφάνιον σὺν τῷ
τυπαρίῳ · καὶ μετὰ μαχαιρίου διαξύων τὸ κάθισμα τοῦ τυπαρίου, καὶ
20 εὐφυῶς μετὰ τῶν δακτύλων σου ὑποσύρεις καὶ ἐκβάλλεις τὸ τυπάριον
τοῦ στεφανίου, καὶ εἰς αὐτὴν τὴν ἀποτύπωσιν μεταβάλλεις τὸ αὐτὸ
βροντήσιον · ψυχρὸν δὲ θέλεις μεταβιβλήσκεσθαι, καὶ οὐχὶ πυρίζον τὸ
τυπάριον. Ἐὰν γὰρ ζεστὸν τὸ τυπάριόν ἐστιν, ἀναβράζει ὁ ἰὸς, καὶ οὐ
διεξέρχεται εἰς τὸ τυπάριον.
25 3] Ἡ δὲ σύγκρασις τοῦ βροντησίου ἐστὶν οὕτως · ἰοῦ κυπρίου
λίτρα α', κασσιτέρου καθαροῦ γ° ϛ'. Ἡ δὲ χρῶσις τοῦ χαράγμα-
τός ἐστιν οὕτως · χαλκάνθου γ° ϛ', χαλκίτου γ° α', στυπτηρίας γ°
ϛ', ὤχρας, ἅλατος γ° ζ' · λειώσας καὶ κοσκινίσας, στίβασον ὅμου

2. κοσκισμένην M. — κατά] F. 1. μετά.
— 5. F. 1. τῷ τυπαρίῳ. — 7. ἢ δίς] ἤδης
M. — 16. δ' ἢ ε'] F. 1. τετράκις ἢ πεντάκις.
— 19. διεξύδων M. — 26. β'] βΣ (= 2 ?
M ?). — 28. στίβασον M (peut-être pour
στοίβασον).

πρὸς δόμον τὰ φάκια ὡς ἔστιν τὰ πέταλα τῶν χρυσοεψητῶν · καὶ
σκεπάσας τὴν χύτραν, θὲς αὐτοματάριον καίεσθαι ὥρας γ′ · καὶ
κατένεγκε καὶ ἔα ψυχρανθῆναι · καὶ ἀποσκεπάσας εὑρίσκεις (f. 130 r.)
χρωϊσμένα τὰ φάκια · καὶ χαράξας αὐτὰ ψίχισον ψωμίῳ καθαρῷ ·
5 καὶ τρίψας τεάφιον κοινόν, καὶ κοσκινίσας, βάλλε εἰς τὰς χεῖράς σου
τὸ ἔλαιον, καὶ τρίβε τὰ τυφθέντα, καὶ ἀποτρέχουσιν.

V. xvii. — ΔΙΑΦΟΡΑΙ ΜΟΛΙΒΔΟΥ ΚΑΙ ΧΡΥΣΟΠΕΤΑΛΟΥ

Transcrit sur M, f. 130 r. — Collationné sur B, f. 177 r.; — sur A, f. 157 v.; — sur K (copie de A), f. 40 v.

1] Μόλιβδος θαλάσσης σκληρός ἐστιν καὶ ῥυπαρός, καὶ προσλαμβάνει
εἰς τὴν σύγκρασιν, ἵνα μὴ ῥήγνυται, μολίβδου σαβυησίου λίτρας ν′,
10 καὶ κασσιτέρου ἄσπρου λίτραν α′, καὶ ποιεῖ ἀπουσίαν εἰς τὰς ν′ λίτρας
λίτραν μίαν. Σαβυήσιος μόλιβδος καὶ δελματήσιος καθαρός ἐστιν, καὶ
ἁπαλός, καὶ χωνευόμενος, καὶ μηδὲν λαμβάνων, ποιεῖ ἀπουσίαν εἰς
λίτρας δέκα λίτραν μίαν, καὶ κασσιτέρου ὅσον ἀπαιτεῖ. Σαρδιανὸς
μόλιβδος ἁπαλός ἐστιν, καὶ ἔγχαλκος, καὶ ῥήγνυται εἰς τὴν ἀπόχυσιν
15 τῶν χαλκῶν ἤτοι κατασκευήν, διὰ τὸ εἶναι αὐτὸν ἔγχαλκον · καὶ ἐν
ἡμέρᾳ α′ χώνευε.

2] Καὶ εἰς λόγον ἀπουσίας χαλκοῦ, ἀργύρου μέρη ε′, τουτέστιν εἰς
ἓν ἔργον λίτρας ρ′ προσχώνευσαι χαλκοῦ, ἀργύρου λίτραν. Καὶ εἰς
ἐργασίαν τοῦ αὐτοῦ εἰς λίτραν α′, κάρβωνας μόδιον α′ ἔργον λίτρας σ′ ·
20 μετὰ δὲ ἀπουσίας λίτρας ρξϚ′, κηροῦ λίτρας κ′, κασσιτέρου λίτρας κ′,

---

2. αὐτὸ ματάριον M. — 6. M mg. : Τρίβε précédé du signe correspondant (main du xvᵉ siècle). — 7. Titre dans BAK : περὶ τῆς διαφορᾶς μολ. κ. χρυσοπ. — 8. μόλυβδος θαλάσσης] Cp. ci-dessus. p. 37, l. 1, notes. — F. l. προσλάμβανε. — 9. F. l. ῥηγνύηται. — 10. F. l. ποίει ἀπουσίαν? — καὶ ποιεῖ — λίτραν μίαν om. K. — 11. σαβυήσιος BAK. (Synonyme de σαβαιτικός ?). — δερματήσιος mss. Ce passage est cité dans le Thesaurus grec, éd. Didot (v. σαβυήσιος) d'après Du Cange, avec cette traduction : « Plumbum sabinum et dalmaticum? — 12. F. l. ἀπουσίαν? — 15. Après ἔγχαλκον] εἶναι en signe, mss. — 16. χώνευε] χε′ mss. — 17. F. l. ἀπουσίας.

γύψου λίτρας ρκ′ · Χ · Χ ·, ξύλων καυσίμων ἀμάξιον α′ ϛ′, κάρβωνος,
χαλκίτου μόδια ξζ′, στομώματος λίτρας κ′, ἐλαίου ἐν ταῖς φούρμαις
λίτρας δ′. Τεχνῖται εἰς πλάσιν, καὶ ὤχραν καὶ ῥινὴν καὶ ἁρπακτῆριν
ἁρμόζει. Καὶ μ′ ἐργάται φυσηλάται χρυσολιθάριον, καὶ ἀργυρολιθάριον
5 ἐργάζονται ἐν ἡμέρᾳ α′ (f. 130 v.) ὡς λίτρας ε′.

3] Καὶ προσχωρεῖ εἰς πήχεις ρ′ Νο Δ ὑελουργικήν, ποιοῦσιν τετρά-
γωνον μ′, μῆκος δακτύλων κ′, καὶ ἡ ἀπουσία τοῦ ὑέλου μέρη κ′, καὶ
προσχωρεῖ εἰς ἕκαστον πέταλον πέταλα ι′ ἀργύρου, ποιεῖ δὲ τὸ κεντη-
νάριον κ′, ποιοῦντος τοῦ τεχνίτου ἡμερούσιον πέταλα ϛ′ γίνονται τοῦ Νο
10 μ′. Ἐπὶ χρυσολίθου Νο α′ πηχῶν ζ′, μίξεως μύσεως, κασσιτέρου
παλαιοῦ, ἀρτεμισίας ἰνδικῆς.

4] Πηχῶν ω′, μετὰ τοῦ ἀργυρολίθου ποιεῖ ὁ τεχνίτης καθὼς ἐν
τῷ χρυσολίθῳ. Καὶ προσχωρεῖ ὑελουργεῖ, καὶ ἀπουσίας μέρη δ′, ὡς
εἶναι καθαρὰς λίτρας ρ′, ξύλον καύσιμον ἀμαξεία ,ασ′, ἀργύρου εἰς
15 περιαργύρωσιν γράμματα κϛ′. Χρυσωτὴς εἰς χρύσωσιν ἐν μὲν ὁλοχρύσῳ
ἐν ἡμέρᾳ α′, πέταλα ρν′ · ἐν δὲ χρυσογραφίᾳ, ἡμερούσιον πέταλα ν′,
ἐν δὲ ἀκρογρύσῳ πέταλα ρ′. Χρυσώσει δὲ τὸ ὁλόχρυσον πηχῶν πέταλα
μϛ′ · τῶν δὲ διατρήτων πηχῶν πέταλα ιϛ γ′ · καὶ προσχωρεῖ εἰς
πᾶσαν πεταλουργίαν τὸ αὐτὸ πέταλον εἰς λίτρας θείου θ′ ἐν νομίσμασιν

---

1. ρκ] ρη′ BAK. — α′ ϛ′] και B; και
Λ; αι K. — χαλκίτου] χαλκοῦ AK. — 2.
μόδια ξζ′ BAK. — λίτρας η′ BAK. —
φούρμαις BAK. — 3. ὤχραν] F. l. χόνην
(confusion de signes?). — F. l. ἁρμόζουσι.
— 4. χρυσοκολλάριον BAK. — 5. ἐν ἡμ. α′]
ἐν ἡμέραις (signe unique) η′ BAK. —
6. Νο] F. l. νόμισμα. — Δ] signe à lire τέσ-
σαρα (νομίσματα τέσσαρα), ou λευκόν (νόμισμα
λευκόν, ou διὰ (διὰ ὑελουργικὴν <τέχνην>,
au moyen d'un procédé de verrier). —
εἰς πήχεις ρκδ′ Cʺ ὑελουργ. BAK. — F. l.
τετράγωνα. — 7. δακτ. κ′] δακτ. η′ BAK.
— ὑέλου BAK. — 8. ἕκαστον om. BAK.
πέταλον] F. l. τετράγωνον. Même signe
pour les deux mots dans nos mss.; seu-
lement πέταλα dans M (πέταλον BAK)
est en toutes lettres. — κεντινάριον M. —
9. κ′] η′ BAK. — Νο] F. l. νομίσματος. —
10. ζ′ — πηχῶν (l. 12) om. AK. — 11.
ἀρτεμησίας M. — 12. ω′] κ ou u (= ϛ′) B;
κ′ AK. Les mots ἀργυρολίθου — χρυσο-
λίθου soulignés dans B. — 13. ὑελουργεῖ]
ὑελ. λίτρ. (en signe) ρι′ BAK. (Confusion
probable du χ avec le signe de λίτρα.) —
F. l. ἀπουσίας. — 14. ἀμαξία M; om. BAK.
— κϛ′] F. l. α′ Cʺ. — 15. χρυσῶ τῆς M.
— 16. ἐν ἡμέρᾳ] ἐν signe de l'or AK.
— κ′] signe de l'argent BAK. — 18. διατρή-
των mss. — ιϛ γ′] ι′ καὶ γ′ BAK. — 19. εἰς
λίτραν (en signe) signe de l'or ἐν νομίσ-
μασιν mss. F. l. εἰς λίτρας <θείου> θ′ (M.
B.). — (Confusion probable du signe
de l'or avec le chiffre θ′.)

οβ΄ εὔρυζον, χαλκοῦ κυπρίου ψυχρηλάτου λίτρας γ΄, ἐλαίου ξε, καρβούνων μόδια κε΄. Τεχνῖται πεταλουργοί, θεῖον λίτραν α΄. αρ ... κ΄, σινώπιδος λίτρας ι΄.

5] Ποιεῖ δὲ ἡ λίτρα τοῦ χρυσοῦ διάφορα οὕτως. Φούρμας 5΄ ἀρ ,αρ΄ · φούρμας δύο ,6 · φούρμας γ΄ ,6σν΄ · φούρμας δ΄, ,βρ΄ · φούρμας ε΄, ,η΄ · φούρμας ϛ΄ ... φούρμας ζ΄ ,ε΄ · φούρμας η΄ ,ϛ · φούρμας θ΄ ,ζ΄ · φούρμας ι΄ ,η΄ · φούρμας ια΄ ,θ · φούρμας ιϛ΄ ... Λαμβάνει δὲ ὁ πεταλουργὸς ἤτοι χρυσηλάτης σὺν τῆς ὕλης, καὶ τὰ ὑποχωροῦντα εἰς τὴν ἕψησιν τοῦ χρυσίου, καὶ τὸν ἐκπεταλισμὸν καθ᾽ ἑκάστην λίτραν (f. 131 r.) τοῦ χρυσίου Nº Nº ϛ΄, ὡς κατατρέχει εἰς τὸ Nº κεράτια δύο. Καὶ ὁ χρυσωτὴς ὑπὲρ τῆς χρυσώσεως μόνης καθ᾽ ἑκάστην λίτραν Nº N" γ΄, ὡς κατατρέχει τῷ χρυσίνῳ κεράτιον α΄. Καὶ ὑπὲρ ἐν πενδίον τῶν προχωρούντων εἰς ὑπόχρησιν ἤτοι ὑποσκευὴν χρυσώσεως, καθ᾽ ἑκάστην λίτραν ἐπέμιχτο ἀνδριουσῶν Nº Nº γ΄, ἐπὶ ξυλικῶν · ⟨ἐπὶ⟩ λιθικῶν N" N" ϛ΄.

6] Εἰ δὲ αὐτόδιον ὁ χρυσωτὴς ἐργάζεται, καὶ ποιήσει καθὼς ἐλογίσθη ἐν πολλαῖς λογοθεσίαις · εἰ μὲν διὰ τῶν μικρῶν πετάλων τοῦ Nº πηχῶν γ΄ · εἰ δὲ διὰ τῶν μειζόνων, καθὼς τὸ ἐξάγιον ἐγένετο ἐν τῷ διατρήτῳ τῷ ξύστρῳ τῶν καλούντων εἰς τὸ ἀπόγωνον εὐκτήριον τῆς ἁγίας Μαρίας παρὰ Μάρωνος παλάτιον [Μαρίας παλάτιν] · ὁ τῆς μασης τὸ Nº πῆχυν α΄ Ϛ · εἰ δὲ τῶν μειζόνων καθὼς γέγονεν ἐν τῷ κιβωρίῳ καὶ ἐν τοῖς χαλκοῖς κίοσιν, γύψου γ" ϛ΄, ταυροκόλλης γ" δ΄, ἰχθυοκόλλης γ" α΄, μίλτου γº α΄, σινώπιδος γ" Ϛ΄, κόμεως, σαβανικαν ψαρικὰ οθ΄, ξύλον εἰς καύσιμον ἄμαξαν λίτρας ασ΄, σοριγν ἀρ δ΄.

---

1. εὐρόζον B : εὔριζον A ; εὔριζον K. F. 1. ὔβρυζον. — ξε (sigle de ξέστης)] ξα΄ M. — 2. αρ] signe inconnu. F. 1. ἀρσένικον. — 3. ι΄] θ΄ BAK. — 4. φούρμας 5΄] F. 1. φούρμαν α΄. — ἀρ] abréviation de ἀριθμοῦ? — 6. φούρμας ϛ΄ ,ε BAK, qui om. φ. ζ΄ ,ε. — 8. σὺν pour μετὰ; om. BAK. — 9. καθ᾽ ἑκ. λίτραν om. BAK. — 10. Après εἰς τό. le copiste du ms. A a écrit puis biffé et surpointillé cette note : πρωτότυπον οὕτως ἦχε (lire εἶχε) τό σημεῖον. — 12. ἐν πεδίου

τῶν BAK. — 13. ἤτοι | εἴτοι M. — εἰς ὑποσκ. BAK. — 14. ἐπημιχτο (sic) M ; ἐπὶ μιχτο BAK. — Nº Nº] F. 1. νομίσματα. — λιθικῶν om. BAK. — 15. αὐτόδιον M. — χρυσωτὴς M. — ἐργάζεται] ση sur ξε M. — 17. ἐξάγιον en toutes lettres M ; ξ B ; ξ AK. — 18. διατρίτου ξύστρον M. — 19. παλάτιν om. BAK, qui continuent ainsi : ὁ τύπος πῆχυν α΄ Ϛ, omettant τῆς μασης. — εἰ δὲ ἐν δὲ BAK. — 22. κόμεως om. BAK. — σαβανικα BAK. — 23. σοριγν BAK.

V. xviii. — ΠΕΡΙ ΤΟΥ ΠΟΙΗΣΑΙ ΤΥΡΟΚΟΛΛΑΝ ⟨Κ. Τ. Ε.⟩

*Transcrit sur A, f. 7 r. — Les variantes insérées dans ce texte et dans le suivant
sont des corrections conjecturales.*

1] Λαϐὼν τυρὸν παλαιὸν, καὶ τρίψον εἰς τυροτρίπτην · εἶτα βαλὼν
ὕδωρ, καὶ ἔα σταθῆναι μέχρι ἡμέρας γ′ · εἶτα ἔξελε, καὶ ἄλλαξον τὸ
ὕδωρ · εἶτα βαλὼν εἰς χύτραν ἀνάλειπτον, καὶ βράσον ἕως οὗ διαλυθῇ
5 καὶ μείνῃ παχὺ τοῦ τυροῦ ἐν τῷ ὕδατι τῷ θερμῷ. Εἶτα βαλὼν τὸ αὐτὸ
τυρὶν εἰς ἕτερον χλιαρὸν ὕδωρ, καὶ ἃς ἀπαλύνῃ, βράσον ἕως οὗ γένηται
κόλλα. Εἶτα ἔχε ἄσϐεστον ζωντανὸν ἕως τέσσαρας μοίρας, ἕνωσον ὁμοῦ
καλῶς μετὰ τὴν κόλλαν, καὶ κόλλα εἴ τι δ′ ἂν θέλῃς, καὶ ἔα σταθῆναι
δεμένον ἕως ἡμέρας ϛ′.

10 2] Τὸν αὐτὸν τρόπον ποίει καὶ τὴν δερματόκολλαν. Βράσον ἕως οὗ
λυθῶσιν τὰ δερμάτια καλῶς εἰς τὴν βράσιν, καὶ σείρωσον. Εἶτα ἔασον
ψυχρανθῆναι καὶ ξηρανθῆναι · καὶ τότε ἀνάλυε, καὶ κόλλα.

3] Σύντριψον τὰ ἐλαφοκέρατα, καὶ ἔκϐαλον τὴν ψίχα, τὰ δὲ ἄσπρα,
εἰ δύνατον, ῥίνισον, καὶ βάλλε μοσκέϐην ὕδωρ ἕως ἡμέρας ι′ · καὶ
15 βράσον εἰς λέϐητα καλῶς, ἕως οὗ ἐκϐῇ ἡ οὐσία · καὶ τότε (f. 7 v.)
σείρωσον καὶ ξήρανον · καὶ τότε μῖξον ϛ′ μέρη ἀσϐέστου, καὶ α′ τῆς
κόλλας, καὶ κόλλα. Ἢ δὲ μή γε κολλ′ καὶ οὕτως.

V. xix. — ΠΕΡΙ ΤΟΥ ΠΟΙΗΣΑΙ ΟΞΥΓΓΟΣΑΠΟΥΝΟΝ

Transcrit sur A, f. 7 v.

Βαλὼν λίτρας ὅσας θέλεις ἀξούγγιν λυσιμένον (?, λεανῶ ψιλὸν εἰς
20 λέϐητα · ἔχε δὲ καὶ στάκτην ἀπὸ πτελέαν · καὶ βαλὼν εἰς ἀγγεῖα πολλὰ,

2. τύρον Α. — 4. ἀνάλωπτον Α. — 5.
μήνι Α. — 8. ἤ τι] Α. F. l. ὅ τι. — 11.
λυθῶσιν] λυωθῶσιν Α. — τύρωσον Α. — 13.
ψύχαν Α. — 14. εἰ] ἤ Α. — F. l. μοσκεύειν.　— 15. λέϐηταν Α. 16. — τύρωσον Α. —
ἄσϐεστον Α. — 17. F. l. Εἰ δὲ μή γε —
κόλλα, καὶ οὕτως ⟨πάλιν ποίησον⟩. — F. l.
λέανον. — 19. λίτρας Α. — ὑψηλὸν Α.

καὶ βαλὼν ὕδωρ εἰς τὰ ἀγγεῖα, καὶ ἃς εἶναι τρυπήμενα εἰς τὸν πάτον ὅλα
καὶ στρωμένα μικρὸν ῥάκος εἰς τὰς τρύπας, διὰ ⟨να⟩ μηδὲν κατεβένη
ἡ στάκτη. Καὶ ἔχε ἀποκάτωθεν τῶν σταμνίων ἀγγεῖα ἄλλα, διὰ να δέ-
χωνται τὰ ὕδατα. Καὶ τὸ πρῶτον καταστάλαγμα βάνε εἰς τὸν λέβητα · καὶ
5 αὐτὸ τὸ πρῶτον ὕδωρ τῆς στάκτης λέγεται πρωτεῖον τοῦ σάπωνος, καὶ
τὸ εὔδ τερον ὕδωρ τῆς στάκτης ἔνει ἀδυνατώτερον. Καὶ λέγωνται τὰ γ´
γεμίσματα τοῦ σάπωνος.

V. xx. — LES MOIS

*Transcrit sur A, f. 240 v. — Écriture contemporaine du ms., probablement celle
du copiste lui-même, mais encre plus noire et caractères plus fins. Article ajouté
après coup dans un espace resté blanc entre nos morceaux IV, iv et V, xxiv. —
Nous ajoutons les noms des constellations zodiacales en regard des signes.*

Ὁ μόλυβδος φύσει ἐστὶ ψυχρὸς καὶ ξηρὸς ἡμέρας ζ´.
10 Ὑδράργυρος φύσει εὔκρατος ἡμέρας ιε´.

κριός........	♈ ⟨μὴν⟩	θερμὸς καὶ ὑγρός.
ταῦρος......	♉	θερμὸς καὶ ὑγρός.
δίδυμοι......	♊	θερμὸς καὶ ὑγρός.
καρκῖνος.....	♋	θερμὸς καὶ ξηρός.
λέων........	♌	θερμὸς καὶ ξηρός.
παρθένος. ..	♍	θερμὸς καὶ ξηρός.
ζυγά........	♎	ξηρὸς καὶ ὑγρός.
σκωρπίος....	♏	ξηρὸς καὶ ψυχρός.
τοξότης.....	♐	ξηρὸς καὶ ψυχρός.
αἰγόκερως...	♑	ψυχρὸς καὶ ὑγρός.
ὑδροχόος....	♒	ψυχρὸς καὶ ὑγρός.
ἰχθύες.......	♓	ψυχροὶ καὶ ὑγροί.

5. Après τὸ πρῶτον ὕδωρ. les mots τῆς
στάκτης ἔνει ἀδυνατότερον écrits par mégarde
dans A, sont biffés à l'encre rouge. Nous
en retenons τῆς στάκτης. — 12. Les signes
du Taureau, de la Vierge, du Scorpion
et du Capricorne sont un peu différents
dans le ms. — Mêmes différences dans
Nicéphore Blemmide (vie partie).

Σοὶ τῷ φιλολόγῳ βασιλεῖ, τῷ γνησίῳ, τῷ μηδὲν ἔκφυλον ἢ νόθον
κεκτημένῳ, οἱ σοῦ θεράποντες ταύτην τὴν πραγματείαν ἐπιλελύκαμεν.
Δέχοιο τοίνυν εὐσεβῶς, ὦ δέσποτα · καὶ εἰ μικρόν, ἀλλ᾽ ἔχει τι
χρήσιμον.

___

5

V. xxi. — ΧΡΥΣΟΥ ΠΟΙΗΣΙΣ

Transcrit sur A, f. 232 r.; — *Collationné sur* E (*partie écrite par le copiste de*
La, b, c), f. 216 v.; — *sur* Lc, p. 397.

1] Λαβὼν χαλκὸν τὸν φυσικόν, χώνευσον ἑπτάκις, καὶ ἐν ἑκάστῃ
χωνεύσει βάλε καὶ ταῦτα · ἐν τῇ πρώτῃ χωνεύσει, λελυμένον τάρταρον
ὅσον θέλεις · θὲς εἰς τὸν χαλκὸν τὸν λελυμένον · εἰς τὴν δευτέραν πάλιν
χώνευσιν, θὲς στυπτηρίαν τετριμμένην ὡς κονιορτόν · εἰς τὴν τρίτην
10 χώνευσιν, τετριμμένον ἅλας ἀμμωνιακόν · εἰς τὴν τετάρτην χώνευσιν,
νίτρον τετριμμένον · εἰς τὴν πέμπτην χώνευσιν, ὁμοίως ἀρσενίκην
τετριμμένον · εἰς τὴν ἕκτην χώνευσιν, ἀφροσέληνον · ὁμοίως εἰς τὴν
ἑβδόμην χώνευσιν, τούτιαν τῆς Σπανίας πράσινον προτετριμμένην μετὰ
οὔρου ἀφθόρου καὶ ποτισμένην ἐν ἡλίῳ καὶ γενομένην ξηρίον, καὶ
15 ⟨θέλεις⟩ ἰδεῖν, Θεοῦ θέλοντος, χρυσόν. Φησὶν ἡ Μαρία · « Καὶ
βάψεις ἑπτάκις, εὕρεις παράδοξα. »

___

1. ἔκφυλον A. — νόθω A. — 3. δέχοιο]
δεχ. εἴη, ὁ A. — εὐσευῶς. — 7. λελυμένον
— λελυμένον] Réd. de E Lc : λείωτον τάρ-
ταρον, καὶ βάλε εἰς τὸ χαλκὸν τὸν λελ. —
8. λελυμένον] F. 1. κεχυμένον. — ἐν δὲ τῇ
δευτέρᾳ (χωνεύσει omis), et ainsi de suite
E Lc. — 9. θὲς] βάλε E Lc. — στ. λελυ-
μένην E Lc. — ὡς κον. om. E Lc. — 10.
τετριμμένον om. E Lc. — 11. νίτρον τετρ.]
ἀρσένικον E Lc. — ὁμοίως ἀρσενίκην] νίτρον E
Lc. — 12. ἀφροσέλινον] ἀφροσέληνον *le talc*
E ; ἀφροσέληνον ἤγουν τὸ τάλκον περσιστί Lc.
— 13. τούτιαν (τῆς Lc seul) Ἀλεξανδρείας ἢ
Ἱσπανίας E Lc. — πράσινον προτετριμμέ-
νην om. E Lc, qui continuent ainsi :
ἐν δὲ τῇ ὀγδόῃ εἰ βούλει, βάλε καὶ ψιμμύθιον ·
ταῦτα δὲ πάντα τὰ ἅλατα διοργάνιζε διὰ τοῦ
ἀμβικος ἑπτάκις ἢ καὶ ὀγδοάκις μετὰ οὔρου
ἀφθόρου · καὶ τοῦτο τὸ ὕδωρ λέγεται ὄξος
θεῖον καὶ ὕδωρ θείου ἀθίκτου, καὶ διὰ τούτου
ποιεῖται ὁ ἡμέτερος λίθος · καὶ ταῦτά φησιν ἡ
Μαρία. Suite et fin du morceau dans
E : τὸ δὲ βάρος νόει ὡς ὁ ὁρκός. Dans Lc :
Περὶ τοῦ βάρους τῆς ἐπιβολῆς · ἐν τῇ πρώτῃ
ἐργασίᾳ ἐπιβάλλεται ἓν βάρος εἰς ἓν βάρος, ἐν
δὲ τῇ δευτέρᾳ, ἓν βάρος εἰς χίλια βάρη · ἐν
δὲ τρίτῃ, ἓν βάρος εἰς χιλίων χιλιάδων βάρη.
— Τέλος. — 16. F. 1. καὶ βάψας ἑ. εὕροις.

2] Τὸ τάρταρον, καὶ τὸ ἅλας τὸ ἀμμωνιακὸν, καὶ ἡ στυπτηρία, καὶ
τὸ νίτρον, καὶ τὸ ψιμίθιον, καὶ ἡ τούτια, καὶ τὸ ἀρσενίκην, καὶ τὸ
ἀφροσέληνον, καὶ ἡ μαγνησία τῶν ὑελίνων, μετὰ οὔρου ἀναβαστῶσι
καὶ ἑπτάκις λειωθοῦν · βάπτουσιν τὸν χαλκὸν, ⟨καὶ⟩ ἄργυρον φανῆναι
5 ποιεῖ. Καὶ τοῦτο λέγεται ὄξος ἡμέτερος, τουτέστι ὄξος χαλκοῦ.

V. xxii. — ΣΚΕΥΑΣΙΑ ΑΦΡΟΝΙΤΡΟΥ
ΤΟΥ ΖΗΤΟΥΜΕΝΟΥ ΕΙΣ ΤΑΣ ΚΟΛΛΗΣΕΙΣ ΧΡΥΣΟΥ ΚΑΙ
ΑΡΓΥΡΟΥ ΚΑΙ ΧΑΛΚΟΥ

Transcrit sur A, f. 232 r. — *Les variantes insérées dans ce texte et dans les suivants
(V, xxiii-xxxii) sont des corrections conjecturales.*

⟨Λαβὼν⟩ νίτρου αἰγυπτίου λίτραν α΄, σάπωνος ἐξ ἐξουγγίου ἄνευ
10 ἀσβέστου λίτραν α΄, κόψον καλῶς καὶ μῖξον, καὶ μετὰ αὐτῶν θὲς αὐτὸ,
εἴτε εἰς τὸν ἥλιον, εἴτε εἰς τόπον θερμὸν, καὶ ἔστι τέλειον εἰς τὸ
κολλῆσαι χρυσόν.

V. xxiii. — ΚΙΝΝΑΒΑΡΕΩΣ ΣΚΕΥΑΣΙΑ

Transcrit sur A, f. 232 r.

1] ⟨Λαβὼν⟩ ὑδραργύρου μέρη ϛ΄, καὶ θείου ζῶντος λελειωμένου …
15 οὔρου καθαροῦ μέρος α΄, καὶ λαβὼν βικίον καθαρὸν δυνατὸν, καὶ ἄνευ
καπνοῦ τῶν δυνάμεων βαστάσαι τὴν πυρὰν, βάλε τὴν σκευὴν εἰς αὐτὸ ·
μή γέμει δὲ, f. 232 v. ἀλλὰ μᾶλλον ἵνα ἐστὶ κενὸν ὅσον δάκτυλα
ϛ΄ ἢ γ΄, καὶ ἀνάμιξον πάντα, καὶ ποίησον καμίνιον οἷον τοῦ ὑελοψοῦ.
Ἔστω δὲ τοιοῦτον βικίον εὐρύχωρον · καὶ ἄρες τόπον ὅσον θέλεις

---

10. μετὰ αὐτῶ θὲς αὐτῶ A. — 14. Le nombre de parties du soufre est omis. | — 15. βικίον A, ici et partout. — 16. δυνάμεων] F. 1. δυναμίνων.

εἰσελθεῖν τὸ βιχίον, καὶ χώριϲον κάλαμον · καὶ μετὰ ταῦτα ἄναψον τὸ
καμίνιον. Ἔασον δὲ καὶ ἑτέραν θυριδίτζαν μικρὰν ὅθεν μέλλει εἰσελθεῖν
τοῦ πυρὸς λάθρα κύκλωθεν. Τὸ δὲ σημεῖον τῆς ἑψήσεως τοιοῦτόν ἐστι ·
τήρησον τὸ κένωμα τοῦ βιχίου, καὶ ἐὰν ἴδῃς ἐξερχόμενον καπνὸν ὡσεὶ
5 πορφύρας σχῆμα ἔχοντα, καὶ τὴν θερμότητα κινναβαρίζουσαν, ἰδοὺ
γέγονεν. Κατάλειπε πλέον τοῦ ἐκκαίειν τὸ ὑέλιον · εἰ γὰρ τούτου γενο-
μένου πλέον ἐθέλεις ἐκκαῦσαι, ῥήγνυται τὸ ὑέλιον.

2] Ὑδράργυρον βράϲον μετὰ ῥεφανίνῳ ἐλαίῳ θείῳ τε, καὶ καυστὸν
ἀρσένικον ἐν ἀγγείῳ ὑελίνῳ ἐπὶ ἡμέρας γ΄, τῇ δὲ δῇ ἡμέρᾳ ἔασον
10 ψυγῆναι. Καὶ ἔστω πάλιν ὑδράργυρος μετὰ ὄξους δριμυτάτου · καὶ
λαθὼν θείου τὸ ἥμιϲυ κατὰ σταθμὸν τοῦ ἀργύρου, καὶ μίξας αὐτὰ ὁμοῦ
ἐν νίτρῳ, καὶ τρίψον αὐτὴν εἰς ἰγδὴν, καὶ γενήσεται ξανθή. Καὶ βαλὼν
αὐτὴν εἰς ἄγγος ὄξος δριμύτατον, καὶ φιμώσας καλῶς ἵνα μὴ διαπνεύσῃ,
καὶ ἔασον ἡμέρας ε΄ · τῇ δὲ ⳨ ἡμέρᾳ εὑρήσεις τὸ μυστήριον. Γλύκιζε
15 αὐτὴν, καὶ ξηράνας αὐτὴν ἐν ἡλίῳ, καὶ ἔχε τὸ μυστήριον.

3] Σὺν Θεῷ, λαθὼν ὠὰ, κλάϲας αὐτὰ, καὶ χώριϲον τὰ πυρρὰ, καὶ τὰ
λευκὰ ταῦτα παρίδε · καὶ θέϲον εἰς ἄμβιχον, καὶ ἔασον ἡμέρας η΄ ἢ ζ΄ ·
καὶ κάθελε ἀπ᾽ αὐτοῦ τὸ ὕδωρ · τὸ δὲ σωματούμενον καῦϲον μέχρι
γίνεται ἡ ἄσθεστος, καὶ ἔχε ταύτην ἀκριθῶς πεφυλαγμένην. Αὐτὴ
20 λέγεται ἄσθεϲτος γέοδρα (?).

V. xxiv. — PRATIQUE DE L'EMPEREUR JUSTINIEN

Transcrit sur A. f. 240 v.

1] Λαθὼν ὄϲτρακα ὠῶν, ἐν θυείᾳ λείωϲον, καὶ σείρωσον · πλῦνον
πολλάχις, καὶ πάλιν πλῦνον μετὰ νίτρου καὶ ὕδατος · καὶ γλύκαινε

1. F. l. καλάμῳ. — 2. μίλτ, A. — 5.
πορφύραν A. — F. l. τῇ θερμότητι. — 6.
κατέλειπε A. — 7. ἐθέλῃ A. — 8. μετὰ pour
σύν. — θείῳ τε] signe du soufre puis : τάτω. — 11. ἀργύρου en signe. F. l. ὑδραργύρου
(signe à retourner). — 16. πυρὰ A. — 17.
ἄμβυκον A. — 22. θυία A. — σύρωϲον A, ici
et partout. — 23. γλύκανε A. F. l. λεύκαινε.

αὐτὰ μετὰ ὕδατος καὶ ὄξους κοινοῦ ἕως οὗ γένηται τὸ σύνθεμα λευκὸν
ὡς ψιμμίθιον μολίβδου, καὶ ψύξας, ἔχε. Καὶ λαβὼν ἐξ αὐτοῦ τοῦ
ὀστράκου λευκοῦ γεγονότος γ° ϛ΄, καὶ λευκὰ ὠῶν γ° ϛ΄, λείωσον ὁμοῦ ·
ἀνένεγκε τοῦτο τὰ ὕδατα δι᾿ ἄμβικος · τὴν οὖν σκουρίαν φύλαττε παρὰ
5 μίαν. Ἐν τούτοις τοῖς ὕδασιν βάλλε ὄστρακα πεπλυμένα σκληρὰ,
ἤγουν ξηρά · καὶ ἀπόστυφε αὐτά · καὶ ἀποσείρωσον ἀπὸ τῶν πετάλων,
καὶ ἔχε ἐν ἑτοίμῳ πρὸς τὸ λευκάναι τὸ σύνθεμα. Καὶ λαβὼν τὴν ἄνω
σκουρίαν τὴν ἐν τοῖς ὕδασιν λειωθεῖσαν καὶ λευκανθεῖσαν, πρινὴ τὸ ὕδωρ
ἀνενεχθῆναι, τουτέστιν τὰς γ° ϛ΄, ⟨τήρησον⟩ ὅπου τὸ σημεῖον τοῦ
10 δευτέρου. Βαλὼν τὴν σκουρίαν εἰς ὀστράκινον ἢ ὑέλινον ἄγγος, φιμώσας,
ὄπτα διὰ κηροτακίδος φωσικοῖς ἱεροῖς πάνυ, (f. 241 r.) ἡμέραν α΄, ἄχρις
οὗ ὀσμὴν οὐκ ἔχῃ καὶ γίνηται λευκόν · ἀνελόμενος, λύε ἐν θυείᾳ ἐν
ἡλίῳ · ἐπίβαλλε ἐκ τοῦ ἀνωτέρου ὕδατος καὶ ποίησον γλοιοῦ πάχος
ἡμέραν α΄ · καὶ ξηράνας ἐν ἡλίῳ, καὶ ἀνελόμενος, ὄπτα τῇ κηρωτακίδι
15 κατὰ τὴν ἄνω τάξιν φωσικοῖς ἱεροῖς πάνυ ἡμέραν α΄ · καὶ πάλιν ἀνελό-
μενος, λύε αὐτὸ μετὰ ὕδατος, καὶ ποιῶν γλοιοῦ πάχος ἡμέραν α΄ ἐν
ἡλίῳ, καὶ ξήρανε ἐν ἡλίῳ, καὶ ὄπτα τοῦτο · καὶ ποίει πολλάκις, ἕως
ἴδῃς τὸ σύνθεμα λευκὸν ὡς ψιμμίθιον.

2] Καὶ μετὰ ταῦτα ξάνθωσον οὕτως. Ἀνενέγκας τὸ ὕδωρ κατὰ τὴν
20 ἄνω τάξιν, οὐκέτι στύφεις αὐτὸ εἰς πέταλα ὠῶν, ἀλλ᾿ ἐπιβάλλεις αὐτὸ
ἐν ἑνὶ ξέστῃ ξανθὰ ὠῶν ι΄ · καὶ συναναμίξας αὐτὰ εἰς τὸ ὕδωρ, ἔχε
ὕδατα ξανθά, τούτοις δὲ τοῖς ὕδασιν λύε τὸ σύνθεμα ὡς γλοιοῦ πάχος
ἡμέραν α΄ · καὶ ξηράνας ἐν ἡλίῳ, καῦσον, καὶ πάντα ποίει κατὰ τὴν
ἄνω τάξιν, πλήρης ἕως οὗ ἴδῃς τὸ σύνθεμα ξανθὸν γενόμενον ὡς χρυσόν ·
25 καὶ βαλὼν αὐτὸ τὸ σύνθεμα εἰς φιάλην, ἔασον ἄπωμον · καὶ βαλὼν εἰς

4. F. l. τούτῳ. — παραμίαν A, f. mel.
— 6. ἀπό] F. l. ἐπί. — πετάλλων A. F. l.
λευκῶν. Confusion possible du signe de
λευκῶν lu πετάλων sur un ms. antérieur.
— 11. φωτικοῖς ἱεροῖς. — F. l. φωσὶ καρτε-
ροῖς. Jusqu'au xıᵉ siècle, le signe tachy-
graphique de οις et celui de αρ sont
presque semblables. — Même correc-
tion proposée ci-après, l. 15. Cette va-
riante, à elle seule, suffirait pour démon-
trer l'ancienneté du morceau publié
ici. — 12. ἔχει καὶ γίνεται A. — 13. —
γλυοῦ A, ici et plus loin. — 14. κηρωτα-
κίδος A. — 19. ἀνενέγγας A. — 20. πέταλα]
F. l. λευκά (voir ci-dessus, l. 6). — ἐπιβ.
αὐτό] F. l. ἐπιβ. αὐτῷ. — 24. πλήροις A.

ἄγγος ὄξος δριμύτατον κοινόν, βάλε κατὰ τὴν φιάλην τοῦ συνθέματος,
καὶ ἃς ἐπιπλέει τῷ ὄξει · καὶ περιφιμώσας τὸ ἄγγος τοῦ ὄξους, εἶτα
κατασκεπάσας ὁμοῦ ἡμέρας μα΄, καὶ ἀνελόμενος τὸ σύνθεμα, βάλε εἰς
θυείαν, καὶ ἐπίβαλε ὕδατα ξανθά, καὶ ποίει γλοιοῦ πάχος · καὶ ψύξας
5 ἐν ἡλίῳ, ἔχε πλήρης.

3] Τοσοῦτον κατασκευασθῆναι θέλει διὰ σήψεως καὶ ἑψήσεως, τῆς
ἀσήμου παραθέρμης καὶ λειώσεως τοῦ δοιδύκι, (f. 241 v.) καὶ ποτίσεως
τῶν ὑγρῶν, ἄχρις ὅτου πρὸς ἁπτομένου πυρὸς οὐκ ἐκφεύξῃ, ἀλλὰ καὶ
εἰσκριτικὸν γίνεται ἐν τοῖς σώμασιν ἄφευκτος μένουσα καὶ ἄκαυστος.
10 Τοῦτο δὲ γίνεσθαι ὀφείλει κατὰ τῆς ἀσήμου παραθέρμης πυρός, ἥτις
αὐτῇ ἀνιοῦσα καὶ κατιοῦσα ἐν τῷ σφαιρικῷ ὀργάνῳ, δίκην ἀτμίδων
ἀγλυωδῶν, ἄχρις οὗ τὴν ἄκαυστον καὶ ἄφευκτον ὕλην προσκτήσηται
δύναμιν · καὶ τὴν αὐτὴν πάλιν ἕξουσιν οἰκονομίαν ἕως ἂν σαπῶσιν
παντελῶς, καὶ ἐξυδατωθῶσιν τὰ ξηρία, καὶ τελείως τοῖς ὑγροῖς συμμι-
15 γῶσιν καὶ ἑνωθῶσιν, καὶ ἕν, ὡς εἰπεῖν, σῶμα γίνωνται τῇ ἀχωρίστῳ
καὶ ποιητικῇ πίστει, τὰ δὲ ὑγρὰ πάλιν στυφῶσιν διὰ στυπτικῶν εἰδῶν,
καὶ τελείως σαπῶσιν καὶ ἰωθῶσιν · ἕως καὶ αὐτὰ τὴν ἄφευκτον καὶ
πυρίμαχον προσκτήσωνται δύναμιν · τῇ ἀχωρίστῳ ἑνώσει τῇ πρὸς τὰ
ξηρία συνενωθέντα πρὸς τοῖς ὑγροῖς ὁρίοις, χρώματα καὶ δύναμιν
20 εἰσκριτικὴν ποιοῦνται · ὡς ἡ φυσικὴ πτισάνη ὕδατι ἑψωμένη μαλθακῷ
πυρὶ ἅπασα διαλύεται χρωματίζουσα τὸ ὕδωρ, καὶ ἓν μετ᾽ αὐτῶν
γεγονυῖα τὸ πᾶν.

4] Μετὰ οὖν τὸ παντελῶς ἀνενεχθῆναι πάντα τὰ ὑγρά, λαβὼν τὴν
ἀπομένουσαν ξηράν τε καὶ μελανοειδῆ τρυγίαν, λεύκανον οὕτως. Ἔστω
25 σοι οἶνος προκατασκευασμένος τῷ δι᾽ ἀσβέστου ὕδατι ἤτοι διεσταγ-
μένῳ διὰ σποδοῦ ἀλαβαστρίνου, ὡς ἡ σαπωναρικὴ στάκτη. Ἐπίβαλε

---

1. φιάλην A. ici et partout. — 5. πλήρεις.
— 7. ἀσήμου en toutes lettres A. — δοιδύκι]
διδύκι, A. — 11. A mg. : un trait montant.
— 18. προσκτήσονται A. — 19. F. l. μορίοις.
— 23. λαβὼν τὴν ἀπομένουσαν κ. τ. λ. (jus-
qu'à la fin du morceau). Texte déjà
publié ci-dessus (II. ιv bis, appendice ι
d'Olympiodore, p. 104, l 17), d'après
une mauvaise copie du xvᵉ siècle insé-
rée dans le ms. de Saint-Marc. La
présente rédaction est plus correcte,
ou du moins plus facile à établir, et en
même temps plus complète. — 25. ὕδα-
τος εἴ τι διατεταγμένου A.

τοίνυν ἐκ τούτου καὶ πλῦνον αὐτὴν καλῶς, ἕως οὗ μελανοειδὲς τὸ ὕδωρ
(f. 242 r.) γένηται. Εἶθ ' οὕτως κατάγγιζε ἐπ ' αὐτὴν ἕτερον ὕδωρ
ἐπιβαλὼν, καὶ, εἰ βούλει, προκατάγωσον ἡμέρας τινάς. Καὶ εἶθ ' οὕτως
ἀνιὼν πλῦναι ὁμοίως κατὰ τὴν προδηλωθεῖσάν σοι τάξιν · εἰς ὃ καταγ-
5 γίζων τὸ μελανίζον ὕδωρ, ἐπὶ τῶν ἄλλων αὖθις ἕτερον ἐπίβαλε. Εἶτα
κλεῖσον αὐτὰ ἐν ἀγγείοις τὰς αὐτὰς ἡμέρας · καὶ εἶθ ' οὕτως ἔκβαλον,
πλῦναι, καὶ οὕτω ποιῶν ἀναλίσκεται ἡ μελανοειδὴς ἐπιφάνεια, καὶ
λευκόχροος γίνεται χρυσός. Τὰ δὲ προμελανωθέντα ὕδατα ἔμβαλε ἐν
σκεύει τινὶ ὑελίνῳ, καὶ περιπηλώσας καὶ ξηράνας, κατάγωσον ἡμέρας
10 τινὰς, τουτέστιν ἄχρις ὅτου ἐπιπλασθῇ, καὶ ἀραιωθῇ, καὶ πρὸς ἱκανὴν
ἔλθῃ λεύκωσιν. Διαλύεται δὲ καὶ ἀραιοῦται · καὶ τεθεῖσα ἐπάνω
τινὸς ὄξους, προσδεχομένη τὰς δριμείας αὐτοῦ ἀτμίδας, παραλύε,
πωμασθέντος δηλαδὴ τοῦ ἄγγους ἀσφαλῶς. Καὶ οὕτως ὑπὸ τοῦ ὄξους
δριμέως ἀτμὸν ἀερόλευκος γίνεται δίκην ψιμμιθίου τοῦ ἀπὸ κοινοῦ
15 μολίβδου γινομένου. Δύναται γὰρ οὕτως γενέσθαι καὶ ἄσβεστος ἡμετέρα,
τιθέντος δηλαδὴ τὸν ἡμέτερον λίθον ἐπάνω τῶν τοῦ ὄξους δριμέων ἀτμῶν,
δίκην μολιβδικοῦ πετάλου. Εἰ δὲ ξανθὴν βούλει ταύτην κατασκευάσαι,
μετὰ τὸ ἱκανῶς πλῦναι καὶ λευκανθῆναι, τότε μετὰ τοῖς ξανθοῖς σεσηπω-
μένοις ὕδασιν προποτισθείη, καὶ προσπλασθείη μετὰ τῶν ξανθῶν ὑδάτων,
20 καὶ μετέπειτα ξηρανθείη.

Ἐπληρώθη ἡ χρῆσις Ἰουστινιανοῦ βασιλέως.

V. xxv. — LA GRANDE HÉLIURGIE

Transcrit sur M, f. 62 r. — *Écriture du* xvᵉ *siècle.*

ΔΙΑΡΓΑΜΜΑ ΤΗΣ ΜΕΓΑΛΗΣ ΗΛΙΟΥΡΓΙΑΣ ΠΑΡΑΒΑΛΛΟΜΕΝΟΝ
ΕΙΣ ΤΗΝ ΟΙΚΟΝΟΜΙΑΝ ΤΟΥ ΠΑΝΤΟΣ

Ἰστέον ὅτι ἡ μεγάλη ἡλιουργία παραβάλλεται καὶ εἰκονίζεται εἴς τε

6. F. l. τοσαύτας. — 14. F. l. ἀερόλευκος?   Ἰουστινιανοῦ Α. — 22. ἡλιουργίας, ici et
— 18. μετὰ τοῖς ξ.] μετὰ pour σὺν. — 21.   plus bas] F. l. χρυσουργίας.

τὴν τοῦ παντὸς δημιουργίαν, καὶ εἰς αὐτὸν δὴ τὸν δημιουργὸν, κατὰ
ἀλληγορίαν τοιάνδε.

Τὸ πᾶν εἰς ἓξ πράγματα θεωρεῖται · εἴς τε τὰ τέσσαρα στοιχεῖα, ⟨καὶ⟩
εἰς ψυχὴν καὶ εἰς αὐτὸν δὴ τὸν Θεὸν τὸν τούτων οἰκονόμον καὶ δημιουργόν.
5 Τὰ δὲ τέσσαρα στοιχεῖά εἰσι ταῦτα · πρῶτον μὲν καὶ ἀνωφερέστερον, τὸ
πῦρ, δεύτερον καὶ ὑπὸ τοῦτο, ὁ ἀήρ · τρίτον καὶ ὑπὸ τοῦτο, ἡ γῆ,
τέταρτον καὶ ὑπὸ ταύτην, τὸ ὕδωρ. Ἔχεις ἰδοὺ τὰ τέσσαρα στοιχεῖα ·
πρὸς τούτοις δὲ ἔστι καὶ ἡ ψυχὴ καὶ ὁ Θεὸς ὁ τούτων οἰκονόμος καὶ ποιητής.
Ἐν τούτοις τοῖς ἓξ τὸ πᾶν τεθεώρηται · εἰσὶ δὲ καὶ ἐν τῇ μεγάλῃ
10 ὑλουργίας ὕλῃ πράγματα ἓξ αὐτοῖς εὐστόχως παραβαλλόμενα · εἰσὶ δὲ
ταῦτα · ὕδωρ, αἰθάλη, σῶμα, τέφρα, νεφέλη καὶ πῦρ, καὶ τὰ μὲν
⟨πρῶτα⟩ τέσσαρα τούτων τοῖς ἓξ τοῖς τέσσαρσι στοιχείοις συμπαραβάλ-
λονται · τὸ δέ γε πέμπτον, ἤγουν ἡ νεφέλη, τῇ ψυχῇ παρεικάζεται, τὸ
δὲ ἕκτον, δηλονότι τὸ πῦρ, τῷ Θεῷ εἰκονίζεται.

V. xxvi. — BÉNÉDICTION DE LA RUCHE

15 ## ΕΥΧΗ ΕΙΣ ΤΙ ΜΕΛΙΣΣΙΟΝ

Transcrit sur M, f. 3 r. (*main du* xvᵉ *siècle*).

1] Χαῖρε, ἡμῶν κύριε Χ⟨ριστέ?⟩ ᾿ χαῖρε, ζω   Δ ρο ⟨ηὐλο⟩
γημένη, ἣν ἱⁿ ⟨ηὐλο⟩ γησεν ὁ πατὴρ, ὁ υἱὸς καὶ τὸ ἅγιον πνεῦμα ·
ὑπὲρ ἅπαντας ἔχεις τὴν εὐλογίαν · ἐγλύκανας καρδίαν · ἐ⟨κ⟩τισας
φωνασκὸν ἐκκλησίας, ἡγιάσας ἐκ τοῦ τόκου σου · ἐπισύναξον τὰ πούλια
20 σου · ἐπισύναξον τὰ   καὶ ⟨διά⟩ δραμε τὰ ἄνθη τῶν ὁραίων
τὰ μυριόγλυκα, τὰ μυριόκαρπα, ἃ ὁ Θεὸς γινώσκει, ἄνθρωπος δὲ οὐ
γινώσκει · ὁρκίζω σε ⟨σοβεῖν?⟩ ἄγριον ⟨σ⟩φῆκα καὶ σηβα καὶ κόρακα,

---

9. μεγάλῃ] F. l. ⟨τῆς⟩ μεγάλης. — 10. ὑλουργίας] F. l. ἡλιουργίας. — 18. ἔχεις] ἐχις | M. — 20. ἄνθ M. — F. l. ὁρέων. — 22. σηβα F. l. σῆπα. Cp. Pline, H. N. xi, 21.

καὶ ὄφεις, καὶ κώστης καὶ μέρμιγκα, καὶ πᾶν βλαπτόμενον τὴν μέλισσαν μὴ ἔχηται ἐξουσίαν ⟨τοῦ⟩ προσεγγίσαι τὰς μελίσσας τοῦ δούλου τοῦ θεοῦ ο΄. Εἰς τὸ ὄνομα τοῦ πατρὸς καὶ τοῦ υἱοῦ καὶ τοῦ ἁγίου πνεύματος.

2] Ποίησον σταυρόν, καὶ γράφε τὴν εὐχὴν ταύτην ἐπὶ τοῦ σταυροῦ ἢ
5 ξύλου, καὶ στυς ἐν μέσῳ τὴν μέλισσαν.

3] Περὶ να κοιμᾶται ἄνθρωπος. Γράψον εἰς δάφνης φύλλον · ἐν Βεθλεὲμ τῆς Ἰουδαίας ὁ Χριστὸς ἐγεννήθη · παῦσαι φυ ὀρημενον εις[3]. Εὐγένιε ἅγιε, δὸς ὕπνον τὸν δοῦλον τοῦ θεοῦ ο΄.

4] Περὶ ναμ κοι[μ] · ἕψησον τοῦ λαγωοῦ τὰ ὀρχίδια μετὰ οἴνου καλ-
10 λ⟨ίστου⟩ καὶ αὐτὸ ποίει, καὶ οὐ μὴ κοιμᾶται.

V. XXVII. — ΠΟΙΗΣΙΣ ΑΡΓΥΡΟΥ

Transcrit sur M, f. 194 v. (main du xve siècle: probablement celle qui a écrit le morceau III, XLVIII.)

Λαβὼν μολύβδου μοῖραν α΄, κασσιτέρου μοίρας ꞩ΄΄, διὰ χώνης χοῦν ποίει · καὶ τρίψας ὄξει καὶ ἅλατι, λεύκαινε ταῦτα. Εἶτα βαλὼν εἰς κατζίον ἐν ἐλαίῳ λῦε τρίς. Εἶτα ἐπὶ μοίρας ε΄ τούτων βάλε ἀργύρου
15 μοῖραν α΄ · καὶ ἐνώσας διάλυε πυρί. Ἔπειτα λύων κασσιτέρου μοίρας ε΄, ἀπὸ τούτου βάλε τοῦ συνθέματος μοῖραν μίαν · καὶ ὄψῃ αὐτὴν τὴν φύσιν τοῦ ἀργύρου.

ΕΤΕΡΩΣ. Λαβὼν ὑδράργυρον δυτικὸν καὶ ὑδράργυρον ἀνατολικόν, ἐπίσης τρῖψον καὶ βάλε εἰς ὕελον, καὶ ἕψει ἑπτάκις · τὸ δὲ ἀναβαίνει
20 ὡσεὶ κρύσταλλος. Εἶτα τρῖψον αὐτὸ μετὰ λευκοῦ τῶν ὠῶν, καὶ αὖθις ἕψει, καὶ ἀναβαίνει ὡσεὶ κρύσταλλος. Εἶτα τοῦτο λαβών, ποίει ἀπαιωρῶν

---

1. κώστης] lire καύστας (?) pour πυραύ-
στης. (Cp. Aristote. Hist. des animaux,
ιx, 27); — ou ἀγρώστας (Nicandre, Ther.,
vers 734.) — F. l. μερμήγκια. — 3 et 8. ο·]
place du nom de l'intéressé. — 5. στυς]
F. l. στήσον. — F. l. τοῦ μέλισσα. — 6. να
κοιμᾶται] να κοιμ M. — 8. δὸς M. — F. l.
τῷ δούλῳ. — 9. F. l. περὶ τοῦ να μὴ κοι-
μᾶται. — ποίει] F. l. πή. — οὐ F. l. ο.. —
14. κατζίον, en italien *cazza*.

ἐν τῷ σκεύει τοῦ ὄξους ὡς τὸ ἄνω ῥηθέν · καὶ στάζει κάτω τὸ ὕδωρ ·
ἐν ᾧ βαλὼν τὰ λευκὰ, ἔνθαψον αὐτὸ φιλοσόφως ὑέλῳ εἰς κόπρον ἡμέρας
μ΄, ἄχρις ἂν ὅλον γένηται ὕδωρ.

Τοῦτο Σολομῶντος Ἰουδαίου ἐκ τῶν ἱερῶν τοῦ ἡλίου.

V. xxviii. — ΠΕΡΙ ΤΟΥ ΟΡΕΙΧΑΛΚΟΥ

Transcrit sur E, f. 184 v. (*partie écrite par le copiste de* La, b, c.)

1] ⟨Λαβὼν⟩ τουτίαν ἀλεξανδρινὴν καὶ τάρταρον καὶ κουκάλευρον,
καὶ κόπρον, καὶ σύκα, καὶ σταφίδας, χύνε τὸ χάλκωμα, καὶ ῥεϊτεράριζε
του πολλάκις με νέαν ἰατρείαν, καὶ γίνεται ὁ χαλκὸς ὡς χρυσός.
2] Καὶ κρόκον βάλε καὶ κορκουμάν, καὶ μέλι, καὶ ἄλλα κίτρινα ·
νόει κρόκους ὠῶν καὶ χολὴν βοὸς κιτρίνου ξηράν.

V. xxix. — ΠΕΡΙ ΤΟΥ ΘΕΙΟΥ ΑΚΑΥΣΤΟΥ

Transcrit sur A, f. 279 r.

Λαβὼν θεῖον ἄπυρον, λείωσον οὔρῳ ἀφθόρου · εἶτα λαβὼν ἄλμην
δικαίαν, ἕψε ἕως ἐπιπλεύσῃ, καὶ γίνεται ἄκαυστον. Δοκιμάζων καὶ
ἐπαίρων καὶ βλέπων, f. 279 v.] ἕως γένηται ἄκαυστον, ἕως ἴδῃς ὅτι
οὐκέτι καίεται, καὶ λάβε τὸ αὐτὸ ὕδωρ ἄκαυστον, βάλε εἰς ἅλας
ἄνθιον, λειῶν, ποιῶν ὡς τὸ θεῖον ἄκαυστον · τοῦτό ἐστιν τὸ θεῖον
μυστήριον. Ἄλλοι δὲ μόλιβδον τὸ θεῖον συνλειοῦσιν ἅμα ἅλας ἄνθιον,
καὶ ποιοῦσιν τὸ θεῖον μυστήριον.

<hr>

5. ὀρειχάλκου E. — 6. F. l. κουκκάλευ-
ρον. — 7. σταφίδες E. f. mel. (néogrec). —
8. τοῦ] F. l. τούτου. — 14. δοκιμάζον καὶ ἐπαίρων
καὶ ἐλαίου A. — 17. ἐστιν, au lieu de ἐστι,
laisse supposer un original du xe au xiie
siècle. — 18. F. l. τῷ θείῳ.

V. xxx. — ΛΕΥΚΩΣΙΣ ΥΔΑΤΟΣ
ΔΙ ' ΟΥ ΛΕΥΚΛΙΝΕΤΑΙ ΟΙΚΟΝΟΜΟΥΜΕΝΟΝ ΤΟ ΑΡΣΕΝΙΚΟΝ ΚΑΙ ΣΑΝΔΑΡΑΧΗ

Suite du texte précédent.

Ὅτε συνενοῦται ὁ χαλκὸς ὀπτούμενος στυπτηρίας σχιστῆς μέρος α΄,
5 κόμμεως λευκοῦ μέρος α΄, λύει σὺν τῷ κόμμει ὕδωρ, καὶ ὅταν λύει,
γίνεται γλοιοῦ πάχος. Βάλε τὴν στυπτηρίαν ἀπὸ σκεῦος, καὶ κατάχεε
τὸ ὕδωρ τοῦ κόμμεως · ὅπτα ἕως οὗ ἀναξηρανθῇ, καὶ ἔχε. Τοῦτο
συνλειοῦται τὸ ἀρσενίκην, καὶ ἡ σανδαράχη, καὶ χαλκὸς, καὶ τότε εἰς
τὴν ὄπτησιν ἄγει.

---

10 # V. xxxi. — ΠΕΡΙ ΛΕΥΚΩΣΕΩΣ ΤΟΥ ΑΡΣΕΝΙΚΟΥ
ΤΟΥ ΣΧΙΣΤΟΥ

Suite du texte précédent.

Λαβὼν ἀρσενίκην, λείωσον μετὰ ὄξους ἴσου · καὶ ἀναλαβὼν, ἐπίθες
ἐπάνω κηροτακίδι φιάλην ἐπὶ φιάλην · ἐπάνω περιπηλώσας, ἐλαφρῷ
πυρὶ ὑπόκαιε, ἄχρις ἂν ἴδῃς τὴν φιάλην γενομένην ... Καὶ ἄρας τὴν
15 αἰθάλην, ποίησον ὡς κηρωτὴν μετὰ ὕδατος, καὶ κόλλησον τὴν φιάλην
χρησίμως γενομένην σὺν ἀριθμῷ · ἔασον δὲ τὸ θεῖον ἄχρις ἂν λευκανθῇ,
καὶ ὄπτησον ἐν θερμοσποδιᾷ, ὡς ἄνω πρόκειται, καὶ ἔχε · καὶ λαβὼν
σανδαράχην, λειοτρίβησον μετὰ ὄξους · βαλὼν εἰς β΄ θήκας, βάλε εἰς
κλίβανον, καὶ ἄρας τὴν αἰθάλην, f. 280 r. ἔχε ἀρσενίκην καὶ σανδα-
20 ράχην. Καὶ ἡ μαγνησία οὕτω πρῶτον λευκαίνεται ὡς ῥῶν (sic), καὶ
μετὰ ξανθοῦται.

---

4. F. l. ὀπτώμενος. — 5. λύει] F. l. λείου.
— 6. γλύου A. — ἀπό] F. l. ἐπί. — 7. F. l.
τούτῳ. — 13. φιάλην A partout. — 14.
Après γενομένην] F. suppl. χλιαράν ? — 16.
γενομένην] F. l. λεγομένην. — ἀριθμῷ en
toutes lettres A. F. l. ὄξει. (Confusion
probable des signes de ces deux mots dans
un ms. antérieur. — 21. ῥῶν] F. l. χιών.

V. xxxii. — ΠΕΡΙ ΤΟΥ ΧΡΥΣΩΣΑΙ ΣΙΔΗΡΟΝ

Transcrit sur A, f. 295 r.

1] Λαβὼν στύψιν οὔγγ. α′ C″, σαλγέμα οὔγγ. α′ C″, τάρταρον οὔγγ. 6′, βιτρίολον ῥωμάνον οὔγγ. C″, ἀλούμα ντε πίουμα οὔγγ. C″, βερδε-ράμην ἐξάγ. β′ ἢ γ′, πεπέρεως οὔγγ. C″, ἅλας κοινὸν οὔγγ. α′, ταῦτα
5 τρίψον καλῶς λίαν λεπτὰ χώρια ἢ καὶ ὁμοῦ καὶ ἀνακάτωσέ τα καὶ βαλὼν εἰς τζουκάλιν ταῦτα γανωμένον, ἀφόριον, καὶ βαλὼν ὅσον δύο γαστέρων νερὸν μέσα, καὶ βαλὼν ἵνα βράσουν ἕως οὗ να μὴ νουντὰ γ′ μερτικὰ τὸ νερὸν, καὶ κλεῖσον · τοῦτο ἔχε πεφυλαγμένον.

2] Καὶ τότε βερωνικιάζεις τὸ σίδηρον, καὶ πυρρόνεις, καὶ στεγνόνεις
10 τὸ καλῶς. Εἶτα τὸ πλουμίζεις, καὶ γράφεις ἐπ᾽ αὐτῷ ὅ τι θέλεις, ποιεῖς ἐπάνω εἰς τὸ βερονίκην μετὰ σιδηροῦν πονταρώλην. Εἶτα ἔχε φάρμακον λευκὸν ἤγουν σουλιμὰ, καὶ τρίψον αὐτὸν λεπτὰ πολλά. Καὶ τότε τὸν βάλλε εἰς ἀγγεῖον, καὶ βάλλε καὶ οὖρος ἀνθρώπινον καὶ ἀνακάτωσέ το καλῶς. Καὶ τότε χρίε τὰ γράμματα μετὰ πτεροῦ, τὰ ἔχεις γραμμένα
15 εἰς τὸ σίδηρον, καὶ πύρονε αὐτὸ εἰς θέρμην πυρός, ἵνα στεγνόνῃ. Καὶ πάλιν τὸ χρίε καὶ στέγνονε αὐτὸ ἕως ὥρας γ′ καλές · καὶ ὅταν ἴδῃς ὅτι ἔφαγεν τὸ νερὸν τὸ σίδηρον καὶ λάκκωσεν, κάμε να τὸ λευκόνῃς πολλὰ δυνατά, ὥστε να εὐγάλῃς τὸ φαρμάκην καὶ τὸ οὖρος παντελῶς ἀπὸ τὰ γράμματα. Καὶ χρὴ να τὸ κρατῇς μετὰ μανδίλιον καθαρὸν ἄσπρον, να
20 μὴ δὲν ἔχῃ ῥύπον, καὶ να προσέχῃς να μὴ δὲν σου κορνιαχτιστοῦν τὰ γράμματα.

3] Καὶ τότε ἔχε χρυσάφην ἀπὸ φλουρία βενέτικα, καὶ κοπάνισον αὐτὸ εἰς τὸ ἀκμόνην με τὸ σφύρην, να γένη λεπτὸν ὡς τριαντάφυλλα. Εἶτα κόψε το κομματόπουλα μικρὰ μικρὰ, καὶ ἔχε τοῦτο. Εἶτα σείρωτον

---

2. σαλγέμα, en italien *salgemma*. — 3. βιτρίολον ῥωμάνον A. — ἀλούμα, en italien, *aluma*, alun. — ντε, valeur de *de*. — 7. F. l. ἕως οὗ να μίνουν τὰ γ′ μέρη. — 9. πυρόνης A. ici et plus bas. — 11. πονταρώλην, en italien *punteruolo*. — 12. σουλιμὰ, à rapprocher de l'italien *solimato*, sublimé. — 15. αὐτῶν A. — 16. καλὲς, byzantin, pour καλὰς. — 17. καμενατο λευκόνεις A.

τὴν ὑδράργυρον μετὰ καμούτζας σφικτὰ, καὶ μίαν καὶ δύο φορὰς να
καθαρίζει ἀπὸ ῥύπον · καὶ τότε βάλλε χωνὴν εἰς τὸ καμίνην χρυσοχόου,
ἵνα κοκκινήσῃ, καὶ εὔγαλον αὐτὸ ἔξω · καὶ τότε βάλλε τὸ χρυσάφην
ἀπέσω εἰς τὸ χωνὴν, καὶ βάλλε καὶ ἀπὸ τὴν ὑδάργυρον, καὶ συγνοτά-
5 ραζε τὸ χωνὴν, καὶ λείεται τὸ χρυσάφην, καὶ γίνεται ἕνα μὲ τὴν ὑδάρ-
γυρον. Καὶ τότε τὸ χύσε εἰς γαδουροπόδιν.

------

1. καμούτζας, en italien *camozza*. —
4. F. l. συγνὰ τάραξαι. — 5. F. l. λύεται. —
6. F. l. γαιδουροπόδιν, *spondyle, pied-d'âne*,
vulgairement *pied-de-cheval*.

SIXIÈME PARTIE

COMMENTATEURS

VI. 1. — ΤΟΥ ΧΡΙΣΤΙΑΝΟΥ ΠΕΡΙ ΕΥΣΤΑΘΕΙΑΣ ΤΟΥ ΧΡΥΣΟΥ

Transcrit sur M, f. 110 r. — *Collationné sur* B, f. 91 r.; — *sur* A, f. 92 v.; — *sur* K, f. 5 v.; — *sur* E, f. 5 r.; — *sur* Lb (copie de E), p. 1. — *Chapitre* 1ᵉʳ *de la compilation du Chrétien dans* E Lb. — *Les variantes et additions de* M *ont été reportées en marge de* K *dans ce morceau et dans les onze morceaux suivants.* — *Les notes et corrections marginales de* E *sont, ici comme partout, de la main du copiste de* La, b, c. — Lb *donne une traduction latine en regard du texte.*

Τῆς δευτέρας πραγματείας ἄρτι τὸν λόγον πεποιημένος, καὶ τῶν λίθων τὰς μεθόδους ἀφθόνως ἐκθέμενος, ἐπὶ τὴν τρίτην ἥκω πραγματείαν, προδιηγούμενος τι χρήσιμον τῇ γραφῇ · ἔστι δὲ τοῦτο. Τὰ θειώδη
5 ὑπὸ τῶν θειωδῶν κρατοῦνται, καὶ τὰ ὑγρὰ ὑπὸ τῶν καταλλήλων ὑγρῶν. Τοῦτο μὲν τὸ προοίμιον ὁ ἐξ Ἀβδήρων σοφιστὴς ἐν τῇ τετάρτῃ τέθεικεν πραγματείᾳ, δεικνὺς ὅτι αὐτό ἐστιν καὶ ὑγρὸν καὶ κατάλληλον ὑγρὸν καὶ θειῶδες · ὅτι τὸ κηρίον τῆς οἰκονομίας τὸ κρατεῖσθαι τὰ θειώδη ὑπὸ τῶν θειωδῶν, καὶ τὰ ὑγρὰ ὑπὸ τῶν καταλλήλων ὑγρῶν. Ἡ γὰρ φύσις

2. A mg. sup. (encre plus pâle ; écriture du temps) : Ἰάκωβος ὁ θεόπνευστος, ἐντὸς τοῦ λόγου εὑρήσεις. Puis (encre et main du copiste) : Δεῖ γινώσκειν ὅτι ὁ Ἰὼβ ἐν τῇ πληγῇ ἐποίησεν ἔτη ζ' ὄμισαι (lire ἥμισυ). — 3. ἥκω] εἴκω M. — 4. τὰ θειώδη…] Cp. III, xxv, p. 186, l. 8. — Lb mg. : 275, 277 (renvoi aux pages contenant cette citation), puis : V. *Lulle, livre des mercures, chap. de l'animation des êtres,* p. 261 [dans *Bibliotheca chemica* t. I, p. 824 et suiv]. — *Paganus,* p. 67. — Anos (?), p. 73. — 9. κηρίον] κύριον BAK E Lb (= B etc.). mel.

τῇ φύσει τέρπεται · οὕτως καὶ ἡ φύσις τῇ φύσει νικᾷ, καὶ ἡ φύσις τὴν φύσιν κρατεῖ, καθὼς αὐτός τε καὶ Ὀστάνης ὁ διδάσκαλος ἔφασαν.

2] Ἡμεῖς δὲ, ταῖς ἐκείνων ἑπόμενοι παραδόσεσιν, τῷ αὐτῷ προοιμίῳ τῆς περὶ χρυσοῦ καὶ ἀργύρου πραγματείας τετάχαμεν, οὐκ ἀλλοτριοῦν-τες αὐτῷ τῶν τεσσάρων, ἤτοι τῶν ὅλων βιβλίων τῆς τέχνης, τοῦτο γὰρ ἀδύνατον, ἀλλ' ἐν μέσῳ αὐτῷ θέντες κυριώτερον, ἀποδείξομεν οἷά τε κέντρον κύκλου τὰς εὐθείας γραμμὰς ὑπὸ τὴν ἔσω περιφέρειαν ἴσα ποιοῦ-σιν, καὶ οἷά τε πηγὴ ἀέναος ἐν μέσῳ παραδείσου βλύζουσα πότιμον νᾶμα καὶ γόνιμον, τῷ παντὶ χαρίζό-(f. 110 v.) μενοι, καὶ οἷά τε ἥλιον μεσημβρινὸν ἐν μεσουρανήματι ὄντα ἑνὶ τῶν τεσσάρων κέντρων ἄνευ σκιᾶς ἅπαν τὸ ὑπὲρ γῆν ἡμισφαίριον καταυγάζοντα. Ἡ σελήνη ὡς αὕτως τὴν ὑπ'οὔρανον καταλάμπουσα, καὶ τὸ ἀμυδὲς τῆς νυκτὸς ἀφανί-ζουσα, πλησιφαῶν τῶν δίσκων ἅπαντα τοῦ ἡλιακοῦ στησαμένη φω-τός. Ἄνευ γὰρ τῶν ὑγρῶν τοῦ φιλοσόφου τελευθῆναί τι τῶν ποθουμένων ἀμήχανον.

3] Ἀλλ' ἐπὶ καιροῦ, τὸν λόγον τῆς πρώτης αὐτοῦ τάξεως μνησθη-

---

1. Après τέρπεται] add. de AKE Lb : καὶ ἡ φύσις τὴν φύσιν νικᾷ. — τῇ φύσει] τὴν φύσιν B mel.; om. AKE Lb (phrase placée plus haut). — 5. αὐτῷ] αὐτῶν BAK; αὐτὸ E Lb. — 6. Après κυριώτε-ρον] ὑποδείξομεν E Lb. — E mg. (de la main de Lb) : *addo ad sensum* ὅτι ἐν τούτῳ τῷ προοιμίῳ ἤγουν ἐν τοῖς θεωρήσει, καὶ ἐν τοῖς ὑγροῖς, συνίσταται τὸ πᾶν τῆς ὅλης πραγματείας· — même addition dans Lb, entre crochets et, à la marge : *inclusa supplevi ad sensum.* — 8. ἀέναον M. — βλύζουσαν M. — 9. χαρίζεται E Lb. — E mg. : *Erat* χαριζόμενοι, *sed correxi* χαρι-ζομένῳ (note biffée). — ἥλιον] signe de χρυσόκολλα MB etc. E mg. : *corr.* signe de ἥλιος. puis : *signum significans* ἥλιον (n. biffée).— 10. μεταρμόξενος... ὧν E Lb. — ἑνί, ἐν ἑνὶ E Lb. — 12. ἀμυδὲς] ἀμυδὲς B; ἀμυδῆς (pour ἀμυδὴς) ; sur ὃ gratté A; ἀμυδὴς K; ἀμυδὲς E et mg.: *in ms. magno*

[scil. K] *in margine,* ἀμυδὲς *sine cura.* — ἀμαυρὸν Lb. — νυκτὸς] ἢ Ἥρας (sous νυκτὸς) A : ἡ ρ M : νυκτὸς sous-pointillé K, et au-dessus : ἡ ῥαρανίζουσα (d'après M). — τῆς νυκτὸς ἀφανίζει E Lb. — E mg. : note rendant compte de l'état de K. — 13. πλησιφαῶν AK ; πλησιφαῆ E Lb. — τὸν δίσκον E Lb. — στησαμένου AKE Lb. — φωτός] E mg. inf. : *Adde ad sen-sum* : οὕτω καὶ ταῦτα τὰ ῥήματα, ἤγουν τὰ θειώδη ὑπὸ τῶν θειωδῶν κρατοῦνται, καὶ τὰ ὑγρὰ ὑπὸ τῶν καταλλήλων ὑγρῶν, εἰσὶ, κέν-τρον, καὶ πηγὴ, καὶ φῶς πάσης τῆς τέχνης. Phrase ajoutée dans le texte de Lb qui note en marge : *inclusa quæ sine dubio omissa sunt supplevi ad sensum.* -- En marge des mots ἄνευ — ἀμήχανον, ligne verticale dans Lb, en guise de guille-mets. — 14. τελευθῆναι B etc. — 16. τὸν λόγον B etc., f. mel. — μνησθησόμεθα E Lb.

σόμεθα, καὶ ἔπειτα καὶ ἡμεῖς ταῖς ἐννοίαις ἐκείνου πειθόμενοι, καὶ ὃ
δ' ἂν ἐκινήθημεν, ἐροῦμεν. Λαβών, φησὶν, ὑδράργυρον, πῆξον τῷ τῆς
μαγνησίας σώματι, ἢ τῷ τοῦ ἰταλικοῦ στίμμεως σώματι, ἢ θείῳ ἀπύρῳ,
ἢ ἀφροσελήνῳ, ἢ τιτάνῳ ὀπτῷ, ἢ στυπτηρίᾳ τῇ ἀπὸ Μήλου, ἢ ὡς ἐπι-
5 νοεῖς. Τούτων ἀκηκοὼς ὁ θεσπέσιος Ζώσιμος ὑδράργυρον μέντοι
θεῖον ὕδωρ παρεγράφη τὸ ἐν ταῖς βούκλαις ἀποτιθέμενον · σῶμα δὲ
μαγνησίας ἐντὸς κατ' ἐνέργειαν κέκληκεν τὸ οἰκονομηθὲν λευκὸν σύν-
θεμα, στίμμεως δὲ τῷ ἰταλικῷ, καὶ ἀσβέστῳ, καὶ στυπτηρίᾳ τῇ ἀπὸ
Μήλου, καὶ τὰ λοιπά, τῷ θείῳ ὕδατι. Ἐγώ, φησὶν, ἐννόω · συλλήβδην
10 δὲ περὶ πάσης τῆς τάξεως εἴρηκεν οὕτως. Ἐν τῇ ἀρχῇ τὸ πέρας τῆς
τέχνης ἀπέδειξεν · πρὸς ὃν ἐροῦμεν · Τίς ἡ αἰτία τοῦ λόγου; φράσαι,
διδάσκαλε · τίνος χάριν, τοῦ φιλοσόφου λέγοντος ἐν τῇ πρώτῃ τῶν αὐτοῦ
τάξεων · « Λαβὼν ὑδράργυρον, πῆξον τῷ τῆς μαγνησίας σώματι », σὺ
λέγεις ὅτι τῷ λόγῳ τὸ πέρας τῆς τέ ‚111 r.‚ χνης ἐνέφηνεν;

15 4] Τί δή ποτε οὖν τοσαῦται βίβλοι καὶ δημονοκλησίαι, καὶ καμίνων
καὶ ὀργάνων κατασκευαὶ τοῖς παλαιοῖς ἀνεγράφησαν, πάντων τῶν, ὡς
σὺ φῇς, ὄντων ῥᾳδίων τε καὶ συντόμων; Πολλάκις, εἶπεν, ὦ φοιτητὰ
τῶν Δημοκριτείων λόγων, τάχα ἵνα ὑμῶν γυμνάσῃ τὰς φρένας.
Ὁ νοῦς γὰρ ἐὰν εὕρῃ ὁδόν, ἑαυτὸν φάναι, πάντα γινώσκει κατὰ μετοχήν,
20 οὐκ ἐκ φύσεως. Οὐ γάρ ἐστιν ἄνθρωπος φύσει θεός, ἀλλὰ εἰκὼν τοῦ
εἰπόντος θεοῦ πρὸς τὸν υἱὸν καὶ τὸ πνεῦμα τὸ ἅγιον · « Ποιήσωμεν
ἄνθρωπον κατ' εἰκόνα ἡμετέραν καὶ καθ' ὁμοίωσιν. » — « Τί γὰρ ἔχεις ὃ
οὐκ ἔλαβες; φησὶν ὁ τῆς εὐσεβείας κῆρυξ, ὁ ἀπόστολος Παῦλος. Εἰ δὲ

---

1. καὶ ὃ δ' ἂν ἐκ] καὶ ὁ δαν ἐκ. M ; ὃ ἂν
εἰπεῖν ἐκ. BAK ; ὅπερ εἰπεῖν ἐκ. E Lb. —
2. φησὶν] Cp. Démocrite, II, 1, 4. — 6.
παρεγγράφει BAKE ; ἐγγράφει Lb, et mg. :
l. ἐγγράφει. — 7. F. l. ἐν τῷ κατ' ἐνέργειαν.
— 8. στίμμι δὲ ἰταλικὸν καὶ ἄσβεστον, καὶ
στυπτηρίαν E par correction Lb. — 9.
E mg. : in Democrito add. ἢ ἀρσενικῷ.
(Cp. ci-dessus, p. 44, l. 1). — τῷ θείῳ
ὕδατι] τὸ θεῖον ὕδωρ E Lb. (Dans Lb, θεῖον
biffé et remplacé par σῶμα, et mg. :

Lego et corrigo σῶμα. — συλλήβδην M. —
15. δημονοκλησίαι] θεοκλησίαι B etc. — 16.
τῶν om. B etc. — 17. σὺ om. B etc. —
φῇς] φησὶν AKE Lb. — εἶπεν] ὁμῶς Lb. —
φοιτηταὶ B etc. — 18. δημοκριτείων ME. —
δημοκρίτων BAK. E mg.: Lego δημοκρίτου.
— 19. F. l. ὁδὸν ἑαυτοῦ. — ἑαυτὸν φάναι· πρὸς
τὸ ἑαυτὸν φανερῶσαι Lb. — 20. καὶ οὐκ E
Lb. — ὁ ἄνθρωπος Lb. — 21. Genèse, 1,
26. — 22. Paul, I Cor. IV, 7. — τί δὲ
Paul.

51

καὶ ἔλαβες, τί καυχᾶσαι, ὡς μὴ λαβών; » Οἷόν τινι συνόδῳ φράζων, καὶ
ὁ Ἰάκωβος ὁ θεόπνευστος ἔλεγεν · « Πᾶσα δόσις ἀγαθὴ, καὶ πᾶν
δώρημα τέλειον ἄνωθέν ἐστιν, καταβαῖνον ἀπὸ τοῦ πατρὸς τῶν φώτων »,
καθὰ καὶ αὐτὸς ὁ τῶν ὅλων θεὸς καὶ κύριος ἡμῶν καὶ διδάσκαλος
5 Ἰησοῦς ὁ Χριστὸς διδάσκων ἡμᾶς λέγει · « Οὐδὲν δύνασθε ἀφ᾽
ἑαυτῶν λαβεῖν ἐὰν μὴ ᾖ δεδομένον ὑμῖν ἐκ τοῦ πατρὸς τοῦ ἐν οὐρανοῖς.
Δεῖ τοίνυν ἡμᾶς αἰτεῖν παρὰ θεοῦ καὶ ζητεῖν καὶ κρούειν, ἵνα λάβωμεν. »
« Αἰτεῖτε γάρ, φησὶν ὁ θεῖος χρησμός, καὶ λαμβάνετε, ζητεῖτε καὶ
εὑρήσετε, κρούετε καὶ ἀνοιγήσεται ὑμῖν. Πᾶς γὰρ ὁ αἰτῶν λαμβάνει,
10 καὶ ὁ ζητῶν εὑρήσει, καὶ τῷ κρούοντι ἀνοιγήσεται. » Ὁρᾶν δὲ χρὴ τῆς
ἑαυτοῦ πολιτείας ἅμα καὶ προθέσεως ἕκαστος τὸ ἀκηρότατόν f. 111
v.᾽ τε καὶ τῆς αἰτήσεως ἄξιον πρόδρομον, ἵνα πεπαρρησιασμένως
αἰτῶν μὴ ἀστοχήσῃ, ὅπως μὴ μάτην παρακαλῇ. Ἐρεῖ γὰρ τὸ θεῖον
λόγιον · « Ἐὰν μὴ ἡ καρδία ἡμῶν καταγινώσκῃ ἡμῶν, παρρησίαν
15 ἔχομεν πρὸς τὸν θεόν. » Καὶ πάλιν · « Αἰτεῖτε, καὶ οὐ λαμβάνετε, διότι
κακῶς αἰτεῖσθε, ἵνα ἐν ταῖς ἡδοναῖς δαπανήσητε αὐτὰ, μοιχαλίδες. »
Δεῖ οὖν ἡμᾶς ἐν καθαρᾷ συνειδήσει καὶ πράξει καὶ τρόπῳ τὸν θεὸν
ἱκετεύειν.

3] Ταῦτα τοῦ φιλοσόφου Ζωσίμου λέγοντος, καὶ καλῶς ἡμᾶς νουθε-
20 τήσαντος, τῆς ζητήσεως ἀνθεξόμεθα, τί ἐστιν ὑδράργυρος καὶ τί τὸ
σῶμα τῆς μαγνησίας · τὰ γὰρ ἄλλα πάντα ταῦτα τῷ σώματι τῆς
μαγνησίας · οὐ γὰρ τὸν "Η σύνδεσμον ἐνταῦθα παραλειπτέον τὸν ἀντὶ
τοῦ ΚΑΙ διαζευκτικοῦ, ὡς τρεῖς ἢ ε′ ἢ ζ′ ἦν, ὡς εἶναι πᾶσαι τῆς σήψεως

---

1. ᾧ τινι συνῳδὰ φράζων B etc. — 2.
Jacques, Ép. i, 17. — 3. καταβαῖνον M.
— ἐκ τοῦ τοῦ πατρὸς B etc. — E mg. :
al. legitur ἀπό (note biffée). — 5. Jean,
iii. 27. — 8. Matth., vii, 7–8; Luc. xi,
9-10. — λαμβάνετε] δοθήσεται Lb (comme
dans l'Évangile). — 10. εὑρήσῃ M.
— Réd. de E Lb : χρὴ δὲ τῆς ἑ. πολ.
ἕκαστον ὁρᾶν. — 12. ἵνα μὴ E Lb. —
13. παρακαλῶν M. — 15. Jacques, iv, 3. —
16. μοιχαλλίδες M; μοιχαλίς BAK; καὶ μοι-
χαλίς E (souligné) Lb. — 19. Ταῦτα οὖν
Lb. — 20. ἀνθεξόμεθα B etc. — 21. F. l.
ταῦτα. — Réd. de Lb : καὶ τἄλλα πάντα τὰ
ἐν τῷ σώμ. τ. μαγν. — 22. οὐ γὰρ τόν...
τὸν γὰρ "Η διαζευκτικὸν συνδ. B etc. —
παραληπτέον B etc. mel. — τόν om. B
etc. — 23. διαζευκτικοῦ] συμπλεκτικοῦ συν-
δέσμου B etc. ὡς — σήψεως] Réd. de Lb :
ὥστε τρία ἢ πάντε ἢ ἑπτὰ εἶναι ὥστε εἶναι πάσας
τὰς ἡμέρας τῆς σήψεως — πᾶσαι] πάσας E,
et mg. : addo ex contextu (? biffé) sen-

πρὸς τὸ τοῦ Δημοκρίτου ιε', καθά φησιν ὁ θεσπέσιος Ζώσιμος ἐν τῷ
περὶ θείων ὑδάτων λόγῳ, ὅτι « τὰ δύο θεῖα ἕν ἐστι σύνθεμα. »

6] Δύο τοίνυν ὄντων τῶν ὑδραργύρων καὶ σωμάτων, ἀμάχως τὸ
λευκὸν σύνθεμα καὶ τὸ ὕδωρ τοῦ θείου ταὐτόν ἐστιν, ὡς καὶ αὐτῷ
5 Δημοκρίτῳ δοκεῖ λέγειν. Τὸ γοῦν θεῖον θείῳ μιγὲν θείας ποιεῖ τὰς
οὐσίας, πολλὴν ἔχοντα τὴν πρὸς ἄλληλα συγγένειαν. Εἰ δὲ καὶ ταῦτα
πολλὴν ἔχουσιν τὴν πρὸς ἄλληλα συγγένειαν, δῆλον ὡς τῆς ἑαυτοῦ
εἰσι φύσεως · εἰ δὲ τῆς αὐτῆς εἰσι φύσεως, εὔδηλον ὡς μέρη μόνον εἰσὶ
τοῦ παντός, ἤτοι ἑνὸς συνθέματος. Οὐκοῦν καὶ ζητήσωμεν τί ἂν εἴη
10 τὸ ἓν οὗ μέρη τὰ δύο θεῖα, ἢ θειώδη ὑγρά, ἢ κατάλληλα ὑγρὰ τυγχά-
νοντα.

VI. ɪɪ. — ΤΟΥ ΑΥΤΟΥ ΧΡΙΣΤΙΑΝΟΥ ΠΕΡΙ ΤΟΥ ΘΕΙΟΥ
ΥΔΑΤΟΣ

ΠΟΣΑ ΤΑ ΕΙΔΗ ΤΟΥ ΓΕΝΙΚΟΥ ΘΕΙΟΥ ΥΔΑΤΟΣ ΚΑΙ ΤΙΣ Ο ΕΠΙ ΤΗΣ
15 ΤΙΤΑΝΟΥ ΛΟΓΟΣ ΚΑΙ ΤΙΝΑ ΤΟΥΤΩΝ ΕΙΣΙ ΤΑ ΟΝΟΜΑΤΑ.

Transcrit sur M, f. 101. — *Collationné sur* B. f. 101 v.; — *sur* A, f. 99 r.; — *sur*
K, f. 9 r.; — *sur* E, f. 16 r.; *sur* Lb, p. 49. — *Chapitre* 13 *dans* E, 14 *dans* Lb, *de
la compilation du Chrétien.*

Ὁ περὶ τοῦ θείου ὕδατος λόγος, βέλτιστε Σέργιε, πολλοῖς μὲν
γέγονεν ἤδη, πολλοῖς δὲ δυσεύρετος διὰ τὸ εἶναι ὑμᾶς ἀπειθεῖς καὶ
ὀκνηρούς. Πάντες δὲ οἱ συγγραφεῖς τῆς τέχνης αὐτὸ ἐκθειάζουσιν,
διττῶς ἐξηγούμενοι, καὶ δυσηγορίαις τῷ ὕδατι τούτῳ κοσμήσαντες,

sus : τὰς ἡμέρας. — 1. πρός] κατὰ Lb. —
Cp. ci-dessus, p. 175, l. 23. — καθά φασι
καὶ οἱ φιλόσοφοι ἐν τῷ... BAKE; καθά φησιν
καὶ ὁ θ. Z. Lb. — 5. Lb mg. int. : *Paga-
nus*, p. 67; mg. ext. : *V. Lul. libro* 8°,
p. 260, 261. — 7. συγγένειαν om. M. —
ἑαυτοῦ] αὐτῆς Lb, mel. — 10. οὗ] οὐ M
(corrigé de 2º main); BAK. — 12. αὐτοῦ
om. BAK; σοφωτάτου (billet E. — 14.
καὶ πόσα B etc. — 15. λόγος add. Le. —
τίτανος M. — 16. Σέργιε] Voir la note de
la traduction. — 17. πολλοῖς] πολλοῖς~ E:
πολὺς Lb, f. mel. — 18. δὲ om. BAKE;
γὰρ Lb. — 19. ἐξήγ. τοῦτο Lb. — F. l.
δισσηγορίαις (mot supposé). — τὸ ὕδωρ
τοῦτο B etc.

ποτὲ μὲν ἄθικτον, ποτὲ δὲ δι᾿ ἀσβέστου καλοῦντες, καὶ τούτου ἑκά-
τερον ἐπὶ ξανθοῦ τε καὶ μέλανος καὶ λευκοῦ, πλὴν εἰς ἔννοιαν πρὸς
ἑαυτοὺς διεφώνησαν. Ἐν γὰρ τοῖς καταλόγοις τῶν εἰδῶν, τινὲς τὰ
κατά- [f. 101 v.] χυμα συνεγράψαντο σαφῶς, μετρίας ἐμφάσεις τῶν
5 οὐχ ἱσταμένων ποιήσαντες · ἕτεροι δὲ ποσῶς αἰνιξάμενοι τὰ κατέ-
χοντα, τῶν φευγόντων πλουσίως ἐμνήσθησαν · ἄλλοι δὲ πάντων
μνησθέντες ἑτέροις εἴδεσιν καὶ οἰκονομίαις ταῦτα διεγράψαντο, οὐ
φθόνῳ κατεχόμενοι [πεποιήκασιν], συμπαθείᾳ δὲ μᾶλλον.

<hr>

VI. III. — ΤΙΣ Η ΤΩΝ ΑΡΧΑΙΩΝ ΔΙΑΦΩΝΙΑ

Suite du texte précédent. — Chapitre 14 dans E, 15 dans Lb, de la compilation du Chrétien.

10   1] Τοῦτο δὲ μᾶλλον πρὸς συμπάθειαν πεποιήκασιν ὅπως μὴ ὁ
εὑρίσκων φθονήσας τοῖς ἀνθρώποις ἐξαφανίσῃ τὴν βίβλον, καὶ τὸ
κηρίον τῆς ἐπιστήμης ἀπολεῖται. Τούτου γὰρ ἀλόντος ἡ σύμπασα
συναλίσκεται τέχνη, κατὰ τὸν σοφώτατον Ζώσιμον.

Ἐντεῦθεν πολλὴ κατέλαβεν ἀπορία τοὺς ἐντυγχάνοντας · ἑνὸς γὰρ
15 ὄντος κατὰ ἀλήθειαν τοῦ φυσικοῦ τε καὶ γενικοῦ ὕδατος, καὶ μιᾶς
τέχνης, τουτέστιν τὰς οἰκονομίας αὐτοῦ πολλὰς εὑρίσκοντες ἄνθρω-
ποι. Τούτου δὲ ἐπλανήθησαν αἰδοῖ καὶ πίστει κατεχόμενοι τῶν βίβλίων,
καὶ μηδὲν ὅλως ἀνύσαντες, ἐξ ἀνάγκης τὰς γραφὰς ἐλοιδόρησαν ἅμα

---

1. F. l. διάσβεστον. Cp. III, xxxviii,
xlvii, 6. VI, v, 1. — τούτου] F. l. τούτων. —
4. κατόχημα M : κατόχυμα AK Lb. — 5.
ᾐνιξάμενοι M. — 7. καὶ ἄλλαις οἰκονομίαις
BAK αὐτὰ BA Lb. ταῦτα K. — 8. πεπ.
om. BKE Lb.; surpointillé A. —
συμπ. δὲ μᾶλλον τοῦτο πεποιήκασι E Lb.
(Les 3 derniers mots écrits, dans E, de
la même main que Lb.) (Voir le mor-
ceau suivant). — 12. κηρίον, κύριον A par
correction, d'une encre plus pâle. Une
main en marge, de cette même encre;
κύριον KE Lb. — ἀπόλλυται BAKE; ἀπο-
λεσθῇ Lb. F. l. ἀπόληται. — ἀλόντος M. —
13. Après Ζώσιμον] ἐπὶ τῷ φθόνῳ τὴν τέχνην
ἀπέκρυψαν add. AEK Lb. — 14. Après
τοὺς ἐντυγχ.] τοῖς βίβλοις add. Lb. — 16.
τουτέστιν om. B etc. Il faudrait μέντοι γε
α... εὑρίσκον. — εὑρίσκουσι E par corr. Lb.
— 18. μὴ δὲν M.

τῇ τέχνῃ καὶ τοῖς διδασκάλοις. Οὔτε οὖν οἱ διδάσκαλοι κατὰ τὸν
οἰκεῖον σκοπὸν αἴτιοι τῆς πλάνης γεγόνασι τοῖς νέοις, οὔτε οἱ νέοι
μὴ εὑρόντες ἠδίκησαν, τοὺς παλαιοὺς λοιδορήσαντες · μεγάλη γὰρ
ἐστι θεὸς Ἀνάγκη, κατὰ τὸν ποιητικὸν μῦθον.

5   2] Τί οὖν ἔδει ποιεῖν τὸν φιλαληθῆ Ζώσιμον φιλανθρώπως γράφειν
ἐθέλοντα, ἢ διαστέλλειν τῶν πάλαι τὰς ἐκδόσεις καὶ τὸ ἀσύμφωνον
αὐτῶν εἰς συμφωνίαν ἄγειν καὶ διαρρή-(f. 102 r.) δην βοᾶν, ὅτι τὸ
κοινῶς μὲν ἅπαντες τὸν κεκρυμμένον τῆς μιᾶς ἐπιστήμης ἐναπέθετο νοῦν
τοῖς οἰκείοις συγγράμμασιν, μυθικώτερον δὲ τοὺς καταλόγους τῶν εἰδῶν
10 συνεγράψατο, τοὺς νοήμονας ἅμα καὶ ἀνοήτους ὡς ἔνουν διαστείλαντες.
Οὐ γὰρ πάντα ἡ σύνεσις, οὐδὲ πάντες χωροῦσιν τὴν ἐπιστήμην ἀκούειν
ἁπλῶς. Οἱ δὲ πλείους καὶ γελῶσι περὶ ταύτης, ἀκούοντες τὴν ἀλήθειαν.

3] Τοιγαροῦν καὶ ἡμεῖς συμφώνως τῷ Πανοπολίτῃ κινούμενοι,
συμφώνως ἐκείνῳ δοξάσωμεν, περὶ δὲ τῶν διδασκάλων καὶ τῆς ποιή-
15 σεως ὑδάτων ἢ ὕδατος · ἓν γάρ ἐστιν ὕδωρ, ὡς ἔφημεν, γενικόν, τὸ
συνεκτικὸν τῆς ἁπάσης ποιήσεως.

VI. iv. — ΤΙΣ Η ΚΑΘΟΛΟΥ ΤΟΥ ΥΔΑΤΟΣ ΟΙΚΟΝΟΜΙΑ

Suite du texte précédent. — Chap. 15 (n° biffé) *dans* E, 16 *dans* Lb, *de la compilation*
du Chrétien.

1] Τὸ μὲν κατὰ τοὺς κεκρυμμένους τῆς ἐπιστήμης λόγους ὧν οὐκ
εἰσὶν Αἰγύπτιοι ἱδρύες, τὸ ἀπὸ τεφρῶν ἐστιν ὕδωρ θείου πρωτό-

4. Aristote, Génération des Animaux,
V, 8 : Δημόκριτος... πάντα ἀνάγει εἰς ἀνάγ-
κην. Cp. Platon, Rép., p. 620 D et le
commentaire de Proclus sur ce passage
(Schœll et Studemund, Anecdota varia,
t. II, p. 120). Voir aussi Orphica, Argo-
naut., vers 12. — 6. διαστέλλειν M; même
faute, l. 10. — παλαιῶν B etc. — 8. ἐνα-
πέθεντο B etc. — 10. συνεγράψαντο B etc.

— ἐνουν M; ἐνόν B etc. Corr. conj. —
11. πάντα] εἰς πάντας B etc. — σύνεσις]
σύνθεσις AKE Lb. — 13. τῷ πανοπολ.]
Ζωσίμῳ add. E Lb. — 15. ὑδάτων] signe
de l'eau de mer mss. excepté Lb, qui
porte : τῆς ποιήσεως τῶν ὑδάτων ἢ τοῦ θείου
ὕδατος... — 18. οὐκ om. B etc. — 19.
εἰσὶν] ἔστιν M. — ἱδρύες B etc. F. l. ἱδρύες.
— ὕδωρ θεῖον Lb.

στακτὸν οἰκονομούμενον διὰ σήψεως καὶ ἀναγωγῆς λευκοῦ ἢ ξανθοῦ, ἢ ἑτεροῖον ὑπάρχον.

VI. v. — Η ΤΟΥ ΜΥΘΙΚΟΥ ΥΔΑΤΟΣ ΠΟΙΗΣΙΣ

Suite du texte précédent dans les mss. autres que M. — Chap. 16 (n° omis) dans E, 17 dans Lb, de la compilation du Chrétien.

I. Τὸ δὲ λευκὸν ἢ ξανθὸν ἢ ἑτεροῖον ὑπάρχον τοὺς κενούς.....

Viennent ensuite 8 lignes en blanc dans le ms. M. — Reprise du texte avec le folio 103.

5 f. 103 r. Ἐπεὶ οὖν κατὰ τὸ ἐνδεχόμενον ταῖς διαφόροις ἐννοίαις συνηγόρους εὑρήκαμεν καὶ χρήσεις · οὐ ταὐτὸν δὲ μονὰς καὶ δυάς, διότι ἡ μέν ἐστιν ἀρχὴ παντὸς ἀριθμοῦ, ἡ δὲ πλείους ἀρχὴ καὶ πρώτη κίνησις τῆς μονάδος, καὶ οἷον δυάς τις ὑπάρχουσα, ταύτῃ συμφωνεῖν τε χρεὼν ἀλλήλαις τὰς ἐννοίας ἅπερ ἐπὶ τῶν καλουμένων συνδέσμων οἱ διαζευκ-
10 τικοὶ τὴν μὲν φράσιν ἐπισυνδέουσιν, τὴν δὲ διάνοιαν διαιροῦσιν · ἐπεί πως οἷόν τε ἅμα τοὺς αὐτοὺς διαλύειν τε καὶ δεσμεύειν · φέρε λοιπὸν ἑκατέρας λέξεως συντροχάσωμεν τὴν διάνοιαν. Εἰ γὰρ ἐπιστήμων ἢ οὐ δύναται μάχεσθαι, πολλῷ μᾶλλον οὔτε αὐτὸς ἑαυτόν. Ἀναπτύξωμεν οὖν ἑκάστης λέξεως τὴν ἔννοιαν, ὅτι τοῦτο « τὸ ἕν » τριττὴν ἔχει καὶ οὐ
15 μοναχὴν σημασίαν, κατηγορούμενον γένους, καὶ εἴδους, καὶ ἀριθμοῦ. Γένος μὲν γάρ ἐστι παντὸς ζώου · εἶδος δὲ πάλιν ἕν ἐστι παντὸς ἀνθρώ-που · ἀριθμῷ δὲ εἷς ἐστιν ὁ καθέκαστος βοῦς, ἢ ἵππος, ἢ ἄνθρωπος. Καὶ

---

1. ἀγωγῆς E Lb. — 4. ὑπάρχει E ; οὐχ ὑπάρχει Lb. — τοῖς κενοῖς E Lb. — 5. γοῦν B etc. — κατὰ τὸ ἐνδεχ.] ἐνδεχ. ἐστι E par corr. Lb. — 6. εὕρομεν BAKE. — Réd. de Lb : ταῖς διαφ. ἐνν. περὶ τοῦ θείου ὕδατος ἀμφισβητεῖν, συνηγόρους... — 7. πλείους] πλειόνων B etc. — 8. χρεὼν M. — 9. ἅπερ] καθάπερ Lb. — 10. διάνοιαν] ἔννοιαν B etc. — 11. πῶς; mss. — 12. Au-dessus de συντροχ.] διαδράμωμεν E ; συν biffé puis διαδράμωμεν Lb. — εἰ γὰρ τις... E Lb. — ἢ] ὃν B etc. — F. l. ἐπιστήμονι. — 13. ἄλλοις μάχεσθαι E Lb. — πολῶ M. — ἑαυτοῦ BAK ; ἑαυτοῦᵐ E ; ἑαυτῷ Lb, f. mel. — 14. M mg. : ὑρ ⟨αἰον⟩. — 15. κατηγ. κατὰ τοῦ γένους, καὶ κατὰ τοῦ ε., καὶ κατὰ τοῦ ἀρ. Lb. — 16. ἐστιν] ἕν ἐστι E Lb. — 17. ἀριθμός Lb. — καθ᾽ ἕκαστος AK ; καθ᾽ ἕκαστον τυχὸν E par corr. Lb. — καὶ ἐπ. οὐ γέγρ.] οὐ γέγρ. δὲ Lb.

ἐπείπερ οὐ γέγραφεν ἑνὸς τῷ ἀριθμῷ τὸ ἀβύσσαιον ὕδωρ, οὔτε μὴν τῷ
εἴδει ἢ τῷ γένει δυνατόν ἐστιν ἐφ' ἕκαστον αὐτῶν ἐρείδειν ἡμᾶς τὴν
διάνοιαν, ἀλλὰ τῷ μὲν ἀριθμῷ λέγειν ἓν παντελῶς, ἀδύνατον. Οὔτε
γὰρ τῷ αὐτῷ δύναται ξανθόν τε καὶ λευκὸν καὶ μέλαν. Ὥσπερ οὐδὲ τὸν
5 αὐτὸν ἄνθρωπον εἶναι δυνατὸν μέλανα καὶ λευκὸν καὶ σιτόχροον, ἢ τὸν
Αἰθίοπα καὶ Σκύθην καὶ Ἀθηναῖον, οὕτως οὔτε αὐτῷ τῷ ὕδατι ἐν ταῖς
μυρίαις κα-[f. 103 v.] ταριθμῶν τάξεσιν ἐνδέχεται ὑπουργεῖν. Ὁμοίως
δὲ καὶ τῷ εἴδει ἑνὸς ἐπί τε λευκοῦ καὶ μέλανος καὶ ξανθοῦ συνθέματος
ἀδύνατον, πολλῆς οὔσης τοιαύτης τῶν εἰδῶν ἑτερότητος, μάλιστα ἐπὶ
10 τοῦ ἀθίκτου καὶ διασβέστου καὶ ἀπολελυμένου · ἢ τοίνυν ὥστε λέγειν
αὐτὸν ὡς τὸ ἓν εἶναι τῷ ἀριθμῷ, τῶν ἀδυνάτων ἐστίν. Ὁμοίως δὲ καὶ τὸ
ἓν ὡς τῷ εἴδει ἀμήχανον ἐνδεῶς, πάντως ἀνάγκη ὁμολογουμένως ἕν
ἐστιν τῷ γένει τὸ θεῖον ὕδωρ, τῷδε τῷ γένει ἕν καὶ τῷ εἴδει, πλεῖόν
ἐστιν τῷ ἀριθμῷ.

15 2] Καλῶς ἔφησεν ὁ Ζώσιμος · « Τὸ ἓν ὕδωρ δύο μονάδας ὡς
συνθέτους συνερχομένας ἀλλήλαις. Οὕτω γὰρ καὶ ὁ θεῖος ἔφησε
χρησμός · « Ποιήσωμεν ἄνθρωπον κατ' εἰκόνα ἡμετέραν καὶ
ὁμοίωσιν. » Προσεπάγει ὁ συγγραφεύς · « Ἄρσεν καὶ θῆλυ ἐποίησεν
αὐτούς. » Ὥσπερ γὰρ ἐν τῷ ἀριθμῷ ἢ τῷ εἴδει ἀδύνατόν ἐστιν πᾶν
20 ὕδωρ θειῶδες καὶ ἀσφαλτῶδες, νιτρῶδές τε καὶ ἁλιῶδες καὶ πότιμον
ἐν τοῖς ὑπὸ σελήνην τὸ ἐν ποταμοῖς ἀέννεον, χειμάρροις τε καὶ λίμναις

---

1. ἑνός] ἓν E Lb. — ἀναβύσσαιον Lb,
mg. : 71, 63 (Renvoi à VI, v, 6, et VII,
2.) 3. τὸ μὲν AD Lb. — 4. τὸ αὐτὸ B etc.,
mel. — δύναται εἶναι. — ὥσπερ δὲ οὔτε Lb.
— 5. μέλαν M. — σιτόχροον M. — 6.
σκύθον M. — αὐτὸ τὸ ὕδωρ Lb. — 7. κατά-
ριθμῷ AK ; καταριθμῷ E ; καταριθμούμενον
Lb. F. l. κατ' ἀριθμόν. — ὑπουργεῖν τῇ
τέχνῃ E Lb. — 8. τῷ εἴδει] τὸ εἶδος Lb. —
ἑνός] F. l. ἑνί. — 9. ἀδύνατον ὑπουργεῖν E
Lb. — 10. ἀθίκτου M. — δι' ἀσβέστου
B etc. — ἢ] ἢ BAK ; εἰ E Lb. — 11.
εἶναι souligné, et au-dessus : ἕν ἐστι E; ἓν
ἐστι Lb. — τοῦτο τῶν ἀδ. ἐ. Lb. — 12. ὡς]

ὡς ἓν E Lb. — ἐνδεῶς — ἓν ἐστιν] Réd. de
E : ἐνδεῶς ἐστι παντὸς ἀνάγκη, ἕως τοίνυν
ὁμολογοῦμεν ἓν εἶναι. Réd. de Lb : ἀμή-
χανόν ἐστιν · ἀναγκαίως τοίνυν ὁμολογοῦμεν
ἓν εἶναι. — ἓν ἐστιν] ἓν εἶναι BA. — 13.
τῷδε] τὸ δὲ B etc. — 15. καλῶς ἔφησεν
ὁ Ζώσιμος] καὶ ὡς ἔφησεν ὁ φιλόσοφος Ζώ-
σιμος E Lb. — ἔφησεν ὁ φιλόσοφος (Ζώσιμος
omis) BAK. — 16. ἀλλήλαις] πολ E
Lb. — 18. καθ' ὁμοίωσιν A, comme
dans la Genèse. I, 26 ; καθ' ὁμοίωσιν
ἡμετέραν KE Lb. — καὶ προσεπάγει B etc.
— 20. ἁλιῶδες] ἁλῶδες B etc. — F. l.
ἁλμῶδες.

καὶ θαλάσσαις καὶ κρήναις καὶ νέφεσιν, καὶ αὐταῖς τῷ γένει εἶναι, τῷ εἴδει πολλαχῶς ἔχει διαφορὰς καὶ τῷ ἀριθμῷ τὸ ἄπειρον πάντως, οὕτω κἀνταῦθα τὸ ἀπὸ τῆς ὀρνιθογονίας ἐξιωμένον ὕδωρ τῷ γένει ὑπάρχον ἕν, τοῖς εἴδεσι διενήνοχεν, λευκῷ φημι, καὶ μέλανι, καὶ πυρώδει.

5 3] Οὐκ ἀφίησιν Ἑρμῆς βοτρυχίτης πυρῶσαι λευκὰ εἴδη τοῦ βοτρυχίτου.

4] Ταῦτα εἶπον · ἀριθμῷ δὲ πλεῖον μηκύνεται, ὁμοίως καὶ τῶν εἰρημένων ἕκαστον.

5] Τῇ λειπομένῃ ἐν (f. 119 r.) τῷ πατελλίῳ τέφρᾳ μιγνυμένου μετὰ κάθαρσίν τε καὶ πλύσιν διγάζεται, καὶ ποιεῖ τὰς δύο συνθέτους μονάδας, 10 τήν τε ἰωμένην καὶ τὴν ὁμοτερίζουσαν, αἵ τινες συνερχόμεναι λείωσει τε καὶ σήψει κατέχουσιν ἀλλήλαις τῇ συνμίξει, καὶ τὸ Πᾶν κατεργάζονται.

6] Διὸ καὶ μᾶλλον ἔξεστι λέγειν ὡς τὸ μὲν ἐναβύσσαιον ὕδωρ τὸ ἀπὸ τῆς λοπάδος ἐστὶν ἀνασπώμενον, αἱ δὲ δύο σύνθετοι μονάδες αἱ συνερχόμεναι ἀλλήλαις τὰ δύο τοῦ συνθέματος ὑπάρχουσι μέρη, τό τε 15 ἄσηπτον, τὸ στερεόν, καὶ τὸ σεσηπὸς ὑγρόν, τὸ ἐκ τῆς χύτρας διὰ τοῦ ὀργάνου λειφθὲν, μετὰ τὸν τεταγμένον τῆς ἰώσεως χρόνον. Ἔνθεν ἡ Ἑβραία προφῆτις ἀνυποστόλως ἐκραύγαξεν · « Τὸ ἓν γίνεται δύο, καὶ τὰ δύο γ΄ · καὶ τοῦ γ^του τὸ ἓν τέταρτον · ἐν δύο ἕν ». Ὅρα πῶς ἓν μᾶλλον τῷ γένει καὶ οὐ τῷ εἴδει ἢ τῷ ἀριθμῷ · ἀπὸ γὰρ τοῦ ἑνὸς προῆλθεν τὸ δύο

---

1. κρήναις M. — τὸ μὲν γένει ἓν εἶναι E; τῷ μ. γ. ἓν εἶναι Lb. — τῷ (δὲ biffé) γὰρ εἴδει E; τῷ γὰρ εἴδει Lb. — 2. διαφορὰς] κατὰ τὰς διαφορὰς E Lb. — καὶ τοῦ ἀριθμοῦ τὸ ἄπειρον E; καὶ τὸ ἄπειρον πάντως; τοῦ ἀριθμοῦ Lb. — Les mots τῷ γὰρ — τοῦ ἀρ. entre parenthèses dans Lb. — ἄπειρον BAK. — 3. ὀρνιθογονίας M. — τῷ γένει] τὸ μὲν γένει Lb. — ὑπάρχουσι E; ὑπάρχει Lb. — 4. τοῖς δὲ εἴδεσι E Lb. — F. l. πυρρώδει. — 5. καὶ οὐκ ἀρ. E; οὐκ ἀφίησιν τοίνυν Lb. — Ἑρμῆς] Signe de Ἑρμῆς et de κασσίτερος MBAK; τὸν même signe E; τὸν Ἑρμῆν Lb. — βοτρυχ B; βοτρυχίτην AK; τὸν βοτρυχίτην E Lb. — F. l. πυρρῶσαι. — βοτρυχίτου B etc. —

6. ταῦτα εἶπον] καὶ ταῦτα ἐν βραχέσι εἶπον E Lb. — μὴ κόνεται M. — ὁμοίως δὲ καὶ E Lb. — 8. ἐν τῇ λειπ. E Lb. — ἐν] Dernier mot du fol. 103 de M et de son cahier 12. La suite est à la ligne 1 du cahier 15. — μιγνύμενον E par corr. Lb. — 9. πλύνσιν B etc. — 10. ὁμοεταιρίζουσαν Lb. — 11. ἀλλήλας B etc. — 12. M mg. à l'encre noire, sur une ligne verticale : πυκλνολ (?). — ἐναβύσσ. MB; ἐν ἀβύσσαιον AKE. Lb mg.: 57, 71 (Renvoi à VI, v, 1 et vII, 2. — 16. ληφθὲν B etc. f. mel. — 17. προφήτης M. (Marie la Juive?). — ἐκρ. λέγουσα E Lb. — — 18. ἐν δύο ἓν E. — τὸ γένει E. — 19. τὰ δύο ἢ τὰ τρία B etc.

ἢ τὸ τρία, ἅ τινα πάλιν εἰς μονάδα συστέλλονται. Διὸ καὶ προσεπάγει
πάλιν « τὸ ἕν », ἀναδιπλασιάσασα τὴν φωνήν. Ταύτῃ δὲ κατακολου-
θήσας καὶ Ζώσιμος ἔλεγεν · « Πάντα γὰρ ἐκ μονάδος προέρχεται καὶ
εἰς μονάδα καταλήγει », τὴν γενικὴν πρῶτον εἰπὼν μονάδα, εἰς τὸ κατ᾽
5 ἀριθμὸν ἔληξεν, τὴν τελείωσιν τοῦ ξηρίου σημάνας.

———

VI. vi. — ΑΝΤΙΘΕΣΙΣ ΛΕΓΟΥΣΑ ΟΤΙ ΤΟ ΘΕΙΟΝ ΥΔΩΡ
ΕΝ ΕΣΤΙ ΤΩ ΕΙΔΕΙ, ΚΑΙ Η ΛΥΣΙΣ ΑΥΤΗΣ

Transcrit sur M, f. 119 r. — *Collationné sur* B, f. 105 r. ; — *sur* A, f. 101 v.; — *sur*
K, f. 10 v. ; — *sur* E, f. 21 r. ; *sur* Lb, p. 65. — *Chapitre* 16 *dans* E (n⁰ omis), 18
dans Lb, *de la compilation du Chrétien.*

1] Τινὲς δέ φασιν ἕν εἶναι τῷ εἴδει τὸ ὕδωρ, εἰς μέσον Δημό-
κριτον ἄγοντες λέγοντα · « Τὸ ἓν εἶδος ποιεῖ τὴν (f. 119 v.) τῶν
10 πολλῶν ἐνέργειαν · ἐπεὶ καὶ τὰ πολλὰ ἑνὸς δεῖται τοῦ φυσικοῦ ».
Καὶ πάλιν · « Τὸ γὰρ ἓν εἶδος διαφόρως οἰκονομηθὲν διαφόρους ἕξει
τὰς ἐνεργείας ». Πρὸς οὓς ἐροῦμεν ὅτι καλῶς ὁ φιλόσοφος ἔγραψεν.
Οὐ γὰρ περὶ τοῦ παντός ἐστιν ὁ λόγος αὐτῷ νῦν, ἀλλὰ κυρίως καὶ
ἀληθῶς περὶ τοῦ ἑνὸς εἴδους. Δύναται γὰρ τὰ λευκὰ μόρια ..ν ....ν
15 ἠρέμα φλογὶ ἀναγόμενα λευκὸν ὕδωρ ποιεῖν, λευκαίνειν τε τὸ οἰκεῖον
ὑπόλειμμα · καὶ τὸ αὐτὸ σηπόμενον μετὰ τῆς λευκανθείσης τέρρας,
εἶτα καὶ ἐκμυζούμενον καθεκτικὸν τῆς βαφῆς ὑπάρχειν, σφοδροτέρα
τε καύσει προσομιλοῦντα ξανθὸν ὕδωρ ἀποτελοῦσιν πρὸς ξάνθωσιν
ἐπιτήδειον. Καὶ τὸ αὐτὸ πάλιν ἰωποιούμενον κατέχει τὰ βάμ-
ματα.

<hr>

1. προσεπάγη, M. — 2. κατὰ τὴν φ. E Lb.
— 3. Ζώσιμος] ὁ φιλόσοφος BAK : ὁ φιλό-
σοφος Ζώσ. E Lb. — A mg. : Ζώσιμος.
— 4. εἰς τό] signe de ἕως (?) MBAKE;
le même signe suivi de εἰς dans E ; εἰς
τὸν Lb. — κατάριθμον MBAKE. Après ce
mot, E ajoute le signe du mercure. —
εἰς τὴν κατάριθμον ὑδράργυρον Lb. — 8. A
mg. : B. F. (?). — 14. Après μόρια] τῶν
εἰδῶν B etc. F. l. τῶν ὁδῶν (M. B.). —
15. ἠρέμω (l. ἠρέμῳ) B etc. f. mel. —
17. F. l. ἐκμυζόμενον.

2] Ἔνθεν ὁ Δημόκριτος τὸ λάβρον πῦρ ἀπηγόρευσεν ἐπὶ τῆς λευκώσεως εἰπών · « Ἀλλ ' οὐ χρησιμεύει σοι νῦν · λευκάναι γὰρ βούλει τὰ σώματα. » Χρωννυμένων ὑπό τε τῆς ἀγχούσης καὶ τοῦ φύκους διγαζόμενον τε καὶ ἰούμενον, πορφύραν ἀήττητον βάπτειν
5 ἐπίσταται μαργάρους τε, καὶ ἄνευ βαφῆς ὑπάρχον λευκόν τι, καὶ ἰούμενον μαλάττει, λύει καὶ πήγνυσιν ἐν χρυσοκόλλᾳ τοὺς πλείονας ὄντας μικροὺς ἐνκατεργαζόμενον, μέγιστον · χολὰς δὲ ἰχθύων ἢ ἑτέρων ζώων δεξάμενος ἐπὶ χρώματι ξηρὰς οὔσας, ἢ δρακόντιον αἷμα, ἢ ἄλλο ἕτερον εἶδος βάπτειν λίθους κρυστάλλους καθαροὺς
10 ὄντας (f. 120 r.) ἐκ πάσης αἰτίας ποιοῦν σμαράγδους τε καὶ λυγνίτας, καὶ πλείονας ἑτεροειδεῖς ἐν γωνίοις δυσὶ κρυπτομένους ἐπ ' ἀμφρακίων, ἄχρις οὗ πυρωθῶσιν, καὶ διψῶντες ῥοφήσουσιν τὸ βαφικὸν ὕδωρ ἐν λεκάνῃ ῥιφέντες.

3] Ὁμοίως δὲ καὶ ἡ λέκιθος πρὸς τὸ πλῆθος ἢ τὴν ὀλιγότητα
15 τοῦ πυρὸς, διὰ τῶν ἀμβύκων ξανθὸν ἢ λευκὸν ἀφίησιν ὕδωρ, καὶ πάσας τὰς εὑρημένας ἐνεργείας, κάλλιον καὶ μονιμώτερον ἀπεργάζεται. Οὐκοῦν οὐ περὶ γενικοῦ ὕδατός ἐστιν ὁ λόγος ἐνταῦθα τῷ φιλοσόφῳ, ἀλλὰ περὶ τοῦ εἰδικοῦ λέγοντι · « Τὸ γὰρ ἓν εἶδος διαφόρως οἰκονομηθέν »... καὶ τὰ ἑξῆς. Ζώσιμος Δημοκρίτῳ ἐγκω-
20 μιάζων βοῶντα τοῖς νέοις, ἔλεγεν οὕτως · « Τί ὑμῖν καὶ τῇ πολλῇ

---

1. Avant ἔνθεν] Οὐ γὰρ — εἴδους B etc. (omis plus haut, p. précéd., l. 13). — 3. βούλει] δεῖ Lb. — χρωννύμενα γὰρ B etc. — ἀπό E Lb. — 4. διγαζόμενά τε καὶ ἰούμενα B etc. — 5. ἐπίστανται B etc. — καὶ ἄνευ βαφῆς — μέγιστον, l. 7] Réd. de Lb (en partie sur corrections de E) : Καὶ εἰ καὶ ἄνευ β. ὑπάρχουσι, ὅμως λευκαίνουσι καὶ ἰουμ. μαλάττουσι, λύουσι καὶ πηγνύουσι ἐν χρυσῷ, καὶ τ. πλ. ὄ. μ. ἐγκατεργάζονται μεγίστους. — 8. δεξάμενα Lb. — ἐπιχρωματίζει E ; ἐπιχρωματίζουσι Lb (après εἴδος). — 9. βάπτειν] καὶ βάπτουσιν Lb. — λίθους — πλείονας om. BAK ; restit. E (d'après K mg.) Lb qui ajoutent, E : ἄλλους λίθους ; Lb : ἄ.

ἑτέρ. λίθους. — κρουστάλους M. — 10. καὶ ποιοῦσι. — 12. ἐπαμφρακίων M ; ἐπ' ἀμφακίων BAKE 1re main; ἐπ' ἀμβικίων E par corr. ; ἐπ' ἀμβυκίων Lb. F. l. ἐπ' ἀνθρακίων. La confusion du φ et du θ est connue. Cp. Bast, comment. palæogr., p. 525. — ῥοφήσουσιν B etc. — βαφικὸν B etc. — 14. πρὸς τὸ πλέον ἢ ἔλαττον B etc. — M mg. : ὅλον ὡραῖον. — 16. εἰρημένας E Lb. — 19. Ζώσιμος — βοῶντα] Réd. de BAK : ὥσπερ δῆτα καὶ οἱ ἐγκωμιάζοντες Δημόκριτον βοῶντα. Réd. de E : Ζώσιμος Δημόκριτον ἐγκωμ. Réd. de Lb : ὃ δὴ Ζώσ. ἐγκωμιάζει τὸν Δημόκριτον τὸν λέγοντα τοῖς νέοις οὕτως.

ὕλη, ἑνὸς ὄντος τοῦ φυσικοῦ, οὐχὶ εἴδους, ἀλλὰ ὕδατος »; Ὁ δὲ
τοῦτον ἀποδεχόμενος καὶ τὰς αὐτοῦ τροχιὰς βαδίζειν ἐθέλων ἀεί,
πῶς ἐναντιοῦτο πρὸς λέξιν, εἰπών · « Οὐχὶ εἴδους » ἐκείνου φάσ-
κοντος « εἴδους » εὔδηλον ὅτι Δημόκριτος μὲν εἶδος ἔλαβεν τὸ
5 προϊὸν ἐκ τοῦ γένους, Ζώσιμος δὲ τοὺς νέους ἐκ τοῦ ὑλικοῦ μετα-
τάττειν εἴδους ἠπείγετο.

VI. VII. — ΑΛΛΗ ΑΠΟΡΙΑ

ΤΟ ΕΝ ΑΒΥΣΣΑΙΟΝ ΥΔΩΡ ΕΝ ΤΩ ΑΡΙΘΜΩ ΔΕΙΚΝΥΕΙΝ ΕΘΕΛΟΥΣΑ. Η ΤΟΥΤΟΥ ΕΠΙΛΥΣΙΣ

Suite du texte précédent. — Chapitre 17 dans E, 19 dans Lb, de la compilation du Chrétien.

10 1] Ἕτεροι δέ φασιν ὅτι πολυσύνθετόν ἐστιν τὸ ὕδωρ, ἀπὸ δύο
μονάδων συνθέτων γινόμενον · ὡς πάντα (f. 120 v. ΄ τὰ φυσικά τε
καὶ τεχνικὰ πράγματα, πλοῖον, εἰ τύχοι, καὶ οἶκος, ὡς καὶ ὁ κόσμος
εἷς ἐστι τῷ ἀριθμῷ, ἐκ πολλῶν συνιστάμενος. Διὸ καί φησιν Ἑρμῆς
ὅτι πολλὰ ὄντα ἓν λέγεται. Φάσκουσιν δὲ καὶ τοῦτο πρὸς συνηγο-
15 ρίαν τοῦ λόγου τοῦ αὐτῶν οὕτως · « Τῷ ἀριθμῷ ἓν τριττὴν ἔχει
τὴν σημασίαν · » λέγεται γὰρ ἓν τῷ ἀριθμῷ τὸ κατὰ συνέχειαν, ὡς
τὸ δεκάπηχυ ξύλον, ὅπερ διὰ τὴν τῶν μορίων συνέχειαν ἕν ἐστι
κατ᾽ ἐνέργειαν, δυνάμει δὲ πλείονα, διὰ τὸ ἐπ᾽ ἄπειρον ἐνδεχομένως
τοῦτο διαιρετὸν λέγεται. Πάλιν ἓν τῷ ἀριθμῷ ὁμωνύμως ὡς ὁ ἀσ-
20 τρῷος κύων, καὶ ὁ θαλάσσιος, καὶ ὁ χερσαῖος · μίαν γὰρ ἔχουσι

---

1 et 3. οὐχ M. — 2. τοῦτο B etc. —
τροχίας M. — 3. πῶς ἂν ἠναντιοῦτο τῷ
διδασκάλῳ πρ. λέξιν εἰπόντι E Lb. — 4.
εὔδηλον οὖν E Lb. — 7. Ce qui suit
les mots Ἄλλη ἀπορία fait partie du
texte dans les mss. — 8. ἐν ἀβύσσαιον
M; ἐν ἀβύσσαιον BAK. Lb mg. : Ren-
voi aux p. 63, 57. — ἔθελει E p. corr.
Lb. — 10. πολὺ σύνθετον M. — ὑπὸ Lb.
— 12. πλεῖον M AK. — τύχη M. — οἶκον
MBAK. — 15. αὐτοῦ E Lb. — 17. τὸ
δεκάπηχυ ξύλον M; τῷ δωδεκαπήχει ξύλῳ
BAK. τὸ δωδεκάπηχυ ξύλον ELb. — 18.
ἐνδεχομένως δὲ E Lb. — 19. λέγεσθαι
BAK. — διαιρετόν ἐστι · λέγεται δὲ E. Lb.
— ὡς om. B etc.

προσηγορίαν οἱ τρεῖς · ὁμοίως ἐν τῷ ἀριθμῷ ἐστιν καὶ ὄνομα. Καὶ
ἔστιν τὸ ἁπλοῦν καὶ ἀσυνδύαστον, ὡς ἓν πνεῦμα, καὶ ψυχὴ μία,
καὶ ἄγγελος εἷς.

2] Τὸ τοίνυν θειότατον ὕδωρ τῆς τέχνης, ὅπερ « ἀβύσσαιον »
5 καλεῖται παρὰ τοῦ διδασκάλου ἕν ἐστιν κατὰ συνέχειαν, σύνθετον
ἐκ δύο μονάδων, καὶ οὐχ ἁπλοῦν · ὅπερ οὐκ ἀγνοῶν ἔλεγεν ὁ
Ἑρμῆς ὅτι, πολλὰ ὄντα, ἓν λέγεται, ὡς δυναμένον εἰς πλείονα τῷ εἴδει
καὶ τῷ ἀριθμῷ διαιρεῖσθαι, ὡς ὁ κόσμος εἷς ἐστιν. Καὶ οὐχὶ τούτοις
οὐκ ἀκολουθεῖν χρεὼν ἡμᾶς τοὺς ἐθέλοντας μυστικῶς, καὶ οὐ μυθι-
10 κῶς διδάσκεσθαι τὴν ἀλήθειαν. Οὐ γὰρ οἷόν τε τὸ αὐτὸ ὕδωρ εἶναι
καὶ ξανθὸν ἅμα καὶ λευκὸν καὶ μέλαν, ὥσπερ οὐδὲ τὸν αὐτὸν ἄνδρα
λευκὸν ἅμα καὶ μέλανα καὶ φαιὸν, ἢ ἄλλο χρῶμα.

3] Ἀλλ᾽ οὐδὲ τὸ ἓν σύνθετον ἐνδέχεται, (f. 121 r.) πλείονά τε
ἅμα εἶναι καὶ ἕν ; Ἰδοὺ γὰρ ἄνθρωπος ἕκαστος, σύνθετος ὢν ἐκ
15 ψυχῆς λογικῆς καὶ τοῦ σώματος, ἕνα τὸν ὁρισμὸν ἔχει καὶ οὐ πολ-
λούς, ὅθεν οὐ δύναται πλεῖον εἷς τε ἅμα καὶ εἷς · ἢ γὰρ ἂν καὶ
πλείονας ἔχει τοὺς ὁρισμούς, διότι ἑκάστη φύσις τὸν ἑαυτῆς ἔσωζεν
ὁρισμόν. Εἰ γὰρ καὶ πλείονά εἰσιν τὰ μέρη τῶν συνθέτων, ὅθεν συ-
νάγονται καὶ ἴσα καὶ δύνανται διαιρεῖσθαι πολλάκις. Ἀλλ᾽ ἕκαστον
20 αὐτῶν μετὰ σύνθεσιν ἕν ἐστι καὶ οὐ πλείονα. Εἰ δὲ πλείονα εἴη,
οὐκέτι εἴη τὸ σύνθετον · εἰ γὰρ ἀναλύσεις τὸν αὐτὸν ἄνθρωπον
εἰς σῶμα καὶ ψυχὴν καὶ τὰ ἐξ ὧν συνετέθη, οὐχ εὑρήσεις ἔτι τὸν
ἄνθρωπον · οὐδὲν γὰρ ἐξ αὐτῶν καθ᾽ αὐτὸ πέφυκεν ἄνθρωπος.

---

1. ὁμοίως τοίνυν E Lb. — ὄνομα] ὀνομά-
ζεται E p. corr. Lb. — 2. τό om. E par
corr. Lb. — 4. Lb mg. : 71, 63, 57. —
ἐναδύσσαιον Lb par corr. — 7. εἰς om. M.
— τὰ εἴδη E Lb. — 8. τούτους; M. — 9. χροὸν
M. — 10. τῷ αὐτῷ signe de ὕδωρ M. — 12.
μέλαν M. — 15. τοῦ om. B etc. — ἕνα AK.
— 16. εἰς τε εἶναι BAK mel. — πλείους;
ἅμα καὶ εἰς E p. corr.: οὐ δύνανται πλείους
εἶναι ἅμα κ. εἰς Lb. — καὶ γὰρ ἄν E Lb. —
17. εἶχε E Lb. — 18. ὁρισμὸν καὶ ἀριθμὸν E
Lb. — 19. ἴσα] εἰς ἃ E Lb, f. mel. —
πολλάκις εἰς ἄλληλα ὅμως ἕκαστον E ; εἰς
ἄλλα ὅμως ἕκαστον Lb. — 21. οὐκέτι εἴη
τὸ σύνθετον] οὐκ ἔστιν αὐτὸ σύνθετον B etc.
— εἰ] ἐνὶ M. — ἐὰν γὰρ ἀναλύσῃς B etc.
— 22. οὐχ] οὐκέτι Lb. — 23. κατ᾽
αὐτό Lb.

VI. viii. — ΤΟΥ ΧΡΙΣΤΙΑΝΟΥ ΣΥΝΟΨΙΣ

ΤΙΣ Η ΑΙΤΙΑ ΤΗΣ ΠΡΟΚΕΙΜΕΝΗΣ ΣΥΓΓΡΑΦΗΣ

Transcrit sur M, f. 121 r. — *Collationné sur* B, f. 107 r.; — *sur* A, f. 103 r.; — *sur* K, f. 11 v.; — *sur* E, f. 24 r.; — *sur* Lb, p. 77. — *Chap.* 18 *dans* E, 20 *dans* Lb, *de la compilation du Chrétien.*

Πολλάκις ὑμῖν ἐφόδοις ἐν τοῖς προτέροις σπουδάσμασιν ὁ περὶ τῆς
θείας ἐπιστήμης διήνυσται λόγος, διὰ τὸ δύσληπτον καὶ ἀκαταγώνιστον
5 εἶναι τί χρῆμα σχεδὸν πᾶσιν ἀνθρώποις τὸ δράξασθαι τῆς ἐντίμου καὶ
ἀρίστης φιλοσοφίας ἣν οἱ παλαιοὶ καὶ ἐχέφρονες εἰς ἕνα καὶ τὸν αὐτὸν
συναγείροντες [τὸν] νοῦν, εὑρίσκουσι τὸ ποθούμενον · οὐ μόνον δὲ τοῦτο,
ἀλλ᾿ ὅτι καὶ τῶν πάλαι σοφῶν ὁ θεσμὸς ἐνικωτάταις αἰτίαις ῥᾳδίως ἀπὸ
τῆς ἀληθοῦς ὕλης γνωσθήσονται τῆς ἀπὸ χηνείων ὠῶν καὶ τῶν κατοι-
10 κιδίων ὀρνίθων.

VI. ix. — ΟΤΙ (f. 121 v.), ΤΕΤΡΑΧΩΣ
ΔΙΑΙΡΟΥΜΕΝΗΣ ΤΗΣ ΥΛΗΣ, ΔΙΑΦΟΡΟΙ ΑΠΟΓΙΝΟΝΤΑΙ ΤΩΝ
ΠΟΙΗΣΕΩΝ ΑΙ ΤΑΞΕΙΣ

ΤΩΝ ΟΙΚΕΙΩΝ ΜΕΡΩΝ, ΠΟΤΕ ΜΕΝ ΔΙΧΑΖΟΜΕΝΩΝ, ΠΟΤΕ ΔΕ
15 ### ΣΥΜΠΛΕΚΟΜΕΝΩΝ ΑΛΛΗΛΟΙΣ

Suite du texte précédent. — Les mots qui forment le titre dans M (BA?) K mg *font partie du texte courant dans* E Lb.

1] Τῆς   εἰς τέσσαρας μοίρας διαι-

3. πολλαῖς ἡμῖν E p. corr. Lb. — 7. τόν om. BAK. — 8. ὅτι] ἔτι E Lb. — παλαιῶν BAK. — νικωτάταις M. — αἰτίαις] ἐννοίαις BAK ; ἐννοίαις καὶ αἰτίαις E Lb. — E mg. : *alias* αἰτίαις. — 9. Après γνωσθήσονται, la suite a été grattée dans M. — 10. Après ὀρνίθων, E continue, sans ponctuation, avec le morceau suivant. Lb avec un simple point. — 11. ὅτι L'initiale en blanc B; ἔτι AK. — τῆς ὕλης διαιρ. B etc. — 14. ἀλλήλαις E p. corr. Lb. — 15. Après τῆς] espace blanc M ; τῆς ὀρνιθογονίας εἰς τέσσαρας;... B etc. Cp. le morceau qui suit, 1re phrase.

ρουμένης, ὄστρακόν φημι καὶ ὑμένα, λευκόν τε καὶ ξανθὸν, εὐλόγως αἱ
διάφοροι ἀπεκυήθησαν τάξεις, γενικαί τε καὶ εἰδικαί. Καὶ καθ᾽ ἕκαστα
μὲν γὰρ τῇ ἀρχῇ διαιροῦσιν εἰς τὴν τῶν ὑγρῶν ἐκ τῶν στερεῶν τῇ διὰ
τῶν ἀμβύκων ποιήσει τῶν ὑδάτων. Ἔπειτα ἡ ἕνωσις αὐτῶν ἐν τῇ
5 θυείᾳ · καὶ πάλιν ἐν ταῖς πλύσεσι χωρισμὸν, ἕως οὗ φύγῃ, κατὰ
Δημόκριτον, τοῦ στίμμεως ἡ μελανία, μετὰ δὲ ταῦτα, τὰ μέρη · καὶ
τότε διχάζεται τὸ πᾶν γενόμενον φάρμακον οὐκέτι εἰς τὰ οἰκεῖα μέρη,
καθάπερ τὸ πρότερον διαιρούμενον. Τοῦτο γὰρ πάντη ἀδύνατον γενέσθαι
μετὰ τὴν σύνθεσιν ἐκ τῆς ἐμπλαστρώδους ἰώσεώς τε καὶ μίξεως
10 ἀμφοτέρων.

2] Εἶτα τοῦ φαρμάκου τὸ ἥμισυ πλείοσιν ὑγροῖς συνενούμενον ὡς εἰ
κ᾿ τῇ γ᾿ ποιεῖ τὸ καλούμενον χρυσοζώμιον ἢ ἀργυροζώμιον ἢ μελάνθιον,
ὅπερ τὸ ἀλλὸ ἥμισυ περιπλακὲν ταῖς ἄγαν λειώσεσιν, ἀποτελεῖ τὸ
ζητούμενον · κἀντεῦθεν ἐφάνησαν τὰ ἐκ τῶν διαιρέσεων σκέλη, καὶ τὰ
15 μέρη τῆς ὕλης ἀναγκαίως μεθαρμοζόμενα.

VI. x. — ΠΟΣΑΙ ΕΙΣΙΝ ΑΙ ΚΑΤ ᾽ ΕΙΔΟΣ ΚΑΙ ΓΕΝΟΣ
ΔΙΑΦΟΡΑΙ ΤΩΝ ΠΟΙΗΣΕΩΝ

Transcrit sur M, f. 122 r. — *Collationné sur* B, f. 108 r.; — *sur* A, f. 103 v.; —
sur K, f. 12 r.; — *sur* E, f. 25 r.; — *sur* Lb, p. 83. — *Chap.* 21 *de la compila-
tion du Chrétien dans* Lb.

1] Τετραμεροῦς ὑπαρχούσης τῆς ὕλης, ὡς ἔφημεν, τῶν τάξεων
λοιπόν, αἱ μὲν ἐκ τοῦ παντὸς συνετέθησαν, αἱ δὲ ἀπὸ τῶν τριῶν
20 τούτων μοιρῶν, αἱ δὲ ἀπὸ τῶν δύο μόνον, αἱ δὲ ἀπὸ μέρους ἑνός

1. εἰς ὄστρακον Lb. — αἱ] καὶ BAK ; καὶ
γὰρ E ; γὰρ Lb. — 2. Les mots καὶ καθ ᾽
ἐκ. — ἐν τῇ θυείᾳ entre guillemets Lb. —
3. διαιροῦνται ἐν τῇ ἀρχῇ Lb. — 4. Aprés
ὑδάτων] διαίρεσιν suppl. Lb. — 5. Aprés
θυείᾳ] γίνεται suppl. Lb. — E mg. : une
main. — πλύνσεσι B etc. — χωρισμοῦ B
(?) AK ; τοῦ χωρισμοῦ E Lb. F. l. χωρισ-
μός. — 6. Aprés μέρη] διαιροῦνται
E Lb. — 9. τὴν ἐκ τῆς ἐμπλ. E Lb. — 11.
M mg. : ὧδε. — συνενουμένου E Lb. —
13. ὅπερ] ὥσπερ E Lb.

εἰσιν. Καὶ τούτων αἱ μὲν ὡς ἀπὸ ὕδατος, ὑγροῦ σβεννυμένου σιδή-
ρου, αἱ δὲ ὡς ἀπὸ ξηρῶν ὡς ἐπὶ τῶν ἰατρικῶν ξηρίων, αἱ δὲ σύν-
θετον ἔχουσι τὴν φύσιν, ὡς αἱ μολυντικαὶ τῶν ἐμπλάστρων, καὶ
τὰ ἐπιχρίσματα καὶ τὰ ζωγραφικὰ πάντα. Καὶ αἱ μὲν ὡς διὰ πυρὸς
5 ὀπτουμένων τῶν εἰδῶν ἢ ἀμβυκιζομένων, ἢ ἄλλως πως τῷ πυρὶ
προσομιλούντων, ἢ τελείως ἄνευ πυρὸς λειουμένων, ἢ ἐξυδαρουμέ-
νων, ἢ ἐν ψυχροῖς ἀποτιθεμένων μετὰ τὴν ἔκλυσιν, ἢ κατὰ μετο-
χὴν ἀμφοτέρων λειουμένης τῆς ὕλης, καὶ ἐν ταῖς τοῦ χρυσοκόλλου
φλογώσεσιν ξηραινομένης, ἢ ταριχευομένης αὐτόθι, σηπομένης τε
10 πολλάκις, ἢ δι᾿ ὀργάνου ἀνακομιζομένης ἐν ταῖς τῶν λόγων ἰόνθοις.
Οὕτω γὰρ οὔτε πάντη κεχώρισται τοῦ πυρὸς διὰ τὰς πυροσχεδεῖς
ἐνεργείας, οὔτε πυρὶ προσωμίλησεν.

2] Ἐκ μὲν οὖν τοῦ παντὸς θ΄ γενικαὶ ἀναφαίνονται τάξεις, τρεῖς
μὲν ἄνευ πυρὸς τὸ πᾶν ἀπαρτίζουσι σύνθεμα, ξηρὸν, ἢ ὑγρὸν, ἢ
15 οὐδέτερον, τρεῖς δὲ μετὰ πυρὸς ὁμοίως ξηρὸν, ἢ ὑγρὸν, ἢ μέσον
ἀποτελοῦσαι (f. 122 v.) τὸ φάρμακον, τρεῖς δὲ τῇ συνθέτῳ ποιήσει,
ξηρὸν, ἢ ὑγρὸν, ἢ οὐδέτερον κατασκευάζουσαι σύνθεμα.

3] Ἐκ δὲ τῶν τριῶν τῆς ὕλης μορίων λ Ϛ΄ δείκνυνται γενικαὶ τάξεις
ποιήσεων, δι᾿ ὠμῶν, ἢ ἑφθῶν εἰδῶν, ἢ μέσων ἀπαρτιζόμεναι. Καὶ
20 αἱ μὲν ἄνευ λεκίθων οἰκονομούμεναι τάξεις εἰσὶν θ΄ · αὗται, δίχα πυρὸς
τρεῖς ἀποτελοῦσι τάξεις φαρμάκων, ὑγρῶν, ἢ ξηρῶν, ἢ μέσων, αἱ δὲ
μετὰ πυρὸς τρεῖς ὁμοίως ἕτεραι, ὑγρὰν, ἢ ξηρὰν, ἢ μέσην · αἱ δὲ
διὰ τῶν ἀμφοτέρων τρεῖς πάλιν παραπλησίως χωροῦσαι.

4] Τῶν λευκῶν δὲ ⟨χωρὶς⟩ θ΄ · καὶ αἱ μὲν ἄνευ πυρὸς ἀποτελοῦ-
25 σιν τρεῖς, καθ᾿ ὃ εἴρηται, ξηρῶν, ἢ ὑγρῶν συνθεμάτων, ἢ μέσων, αἱ

---

3. F. l. μωλυτικαὶ? — 4. διὰ] ἀπὸ B etc.
— 5. ὀπτωμένων B. — πῶς MAKE. — 7.
ἐναποθεμένων Lb. — ἔλκυσιν B etc. — 8.
χρυσοκόλλου] signe de la chrysocolle M
BAKE ; χρυσοῦ en toutes lettres Lb. —
10. ἐν ταῖς ἀλόγων ὄνθοις B etc., mel. — 11.
προσχεδεῖς E Lb. — F. l. πυρὸς σχεδίας. —
12. προσομ. M. — 17. κατασκευάζουσι Lb.
— 18. γενικὰ καὶ M. — 19. διὸ μονίεφθον
M. — ἀπαρτιζόμενον MBAK. — 22. Réd.
de Lb (en partie d'après E) : τρεῖς ὁμ.
ἀποτελοῦσι τάξεις · ἕτεραι δὲ ὑγρὰν... ἢ
μέσην ἀποτελοῦσι. — 23. χωροῦσι E p. corr.
Lb. — 25. τρεῖς τάξεις Lb. — 25 et p.
suiv., l. 5. καθὼς E p. corr. Lb, f. mel
(Cp. p. suiv., l. 14).

δὲ μετὰ πυρὸς ὁμοίως τρεῖς, ἕτεραι δὲ αἱ διὰ τῶν ἀμφοτέρων ὡς
αὔτως πάλιν τρεῖς.

5] Ὅτε δὲ τῶν ὑμένων χωρὶς οἰκονομοῦνται τὰ μέρη, παραπλη-
σίως ἐννέα τάξεις ἀποκυΐσκονται ποιήσεων γενικῶν · τρεῖς μὲν ἄνευ
5 πυρός, ὑγροῦ, ἢ μέσου, τρεῖς δὲ μετὰ πυρός, καθ᾽ ὃ εἴρηται, τρεῖς
δὲ μετὰ τῶν ἀμφοτέρων.

6] Ὁπότ᾽ ἂν δὲ πάλιν ἄνευ τῶν ἐλίκτρων οἰκονομοῦνται τὰ εἴδη,
εὑρήσεις ἑτέρας θ´ φαρμάκων διαφορὰς, ὑγρῶν, ἢ ξηρῶν, ἢ μέσων,
ὠμῶν, ἢ ἑφθῶν ἢ οὐδετέρων, ὡς εἶναι τὰς πάσας λϛ´.

10 7] Αἱ δὲ ἀπὸ τῶν δύο μερῶν γινομένων τῆς ὕλης εὑρίσκονται γενικαὶ
διαφοραὶ τάξεων νδ´, ἐννέα μὲν ἐξ ὀστράκου καὶ ὑμένος, διὰ πυρὸς
τρεῖς, (f. 123 r.) ἄνευ πυρὸς τρεῖς, ἐκ τῶν ἀμφοτέρων ὁμοίως τρεῖς,
ὑγροῦ τε, ἢ ξηροῦ, ἢ μέσου ποιοῦσαι συνθέματα · ὁμοίως ἀπὸ λευκοῦ
καὶ ξανθοῦ, καθὼς εἴρηται πλεονάκις · ἐννέα δὲ παραπλησίως ἐξ
15 ὀστράκου τε καὶ λευκοῦ κατὰ τὸν δεδειγμένον τρόπον · ἐννέα δὲ ἀπὸ
ὑμένων καὶ λεκίθων. Καὶ πάλιν ὁμοίως θ´ ἐξ ἐλίκτρου καὶ λεκίθων ·
ἐννέα τε παραπλησίως ἀπὸ ὑμένων καὶ τῶν λευκῶν. Γίνονται οὖν πᾶσαι
κατὰ γένος οἰκονομίαι νδ´.

8] Αἱ δὲ ἀπὸ μόνης μιᾶς μοίρας τῶν ὠῶν εἰσὶν οἰκονομίαι λϛ´
20 γενικαί · τρεῖς μετὰ πυρός, τρεῖς ἄνευ πυρός, τρεῖς διὰ τῶν ἀμφοτέρων,
ὑγρῶν, ἢ ξηρῶν, ἢ οὐδέτερον ἀποκυΐσκουσαι φάρμακον, ἐξ ὀστράκων
μόνων, ἢ ὑμένων, ἢ λευκῶν, ἢ λεκίθων τυγγάνον. Διότι ὑγρὸν τήρει
τὸ φάρμακον, εἰς τέλος αὐτὸ μὴ χροποιῶν ἢ κατὰ τὸν καιρὸν τῆς
καταβαφῆς ὕδατι τοῦτο ἐκκλύσας, πάλιν ἐπίχρισον τῇ σκευῇ καὶ

<hr>

7. ἐλίκτρων] ἐλύτρων B etc., ici et
partout. — οἰκονομοῦνται E p. corr. Lb.
— 10. γινόμεναι B etc. — 11. διὰ πυρὸς δὲ
τρεῖς, ἄνευ δὲ πυρός E Lb. — 12. καὶ ἐκ
τῶν ἀ. E Lb. — 13. Plusieurs points
sur τι M; τι om. B etc. — 19. ὠῶν
gratté M. — 20. γενικαὶ δὲ... τρεῖς δὲ...
τρεῖς δὲ E Lb. — 21. ξηρὸν M. — οὐδετέ-
ρως BA; οὐδετέρων KE Lb. — καὶ ἀποκ.

BAKE; αἵ τινες ἀποκυΐσκουσι Lb. — 22.
μόνον Lb. — τὸ ὑγρόν E Lb. — 23. Après
τὸ φάρμ.] ἐξ ὀστράκων μόνον (biffé) E;
restit. Lb. — αὐτὸ om. Lb. — χροποιῶν
BAK; χρωματοποιῶν E; καταχρωματο-
ποιοῦν αὐτὸ Lb. — 24. ἐκκλύσας;] ἐκκλύσας
A p. corr. K; ἐκλύσας E; ἔκλυον Lb. —
τῇ σκευῇ] F. l. τὰ σκεύη. (Cp. p. 177,
l. 12).

πέταλα ἀργυρᾶ καὶ χάλκεα, καὶ πυρώσας εἰσκρίνει τὸ φάρμακον, καθὼς
Ζώσιμος ἐν τῷ περὶ θείου ὕδατος διεσαφήνισεν λόγῳ · περὶ ὧν
ἁπάντων σχεδὸν ἐν ταῖς πρότερον ἡμῶν σπουδαῖς ἐποιησάμεθα μνήμην.
Πλὴν καθολικὸν ἔστω σοι τοῦτο παράγγελμα τὸ πᾶσαν οὐσίαν θείου
5 ἀπύρου στερέμνιον φυσικὴν οὖσαν, ἡλίῳ τε προταριχεύειν καὶ πλύνειν
ἐν γάλακτι, καὶ ἄνευ στερεῶν ἢ ὑγρῶν, ἴωσιν τὴν διὰ συμμέτρου
θέρμης ἐκκλίνειν διὰ παντός. Καὶ πᾶν τὸ σεση- f. 123 v.' πὸς ὕδωρ
γίνεσθαι χρή, καὶ τούτῳ τῷ ἀσήπτῳ συγγαμίζειν εἴτε ὑγρόν, εἴτε μὴ
ὑγρὸν ἄγαν, ἀλλὰ ξηρὸν ἢ μέσον ὑπάρχον.

10 9] Μόναι τοίνυν αἱ εἰρημέναι τάξεις τῶν ποιήσεων ρλε' ἀναδειχθεῖσαι
εἰς ἑαυτῶν μεθόδους γεννώσας προεστήσαντο, τήν τε διὰ μόνου πυρός,
καὶ τὴν ἄνευ τελείως πυρός, καὶ τὴν ἐξ ἀμφοτέρων ξηρῶν, ἢ ὑγρῶν, ἢ
μέσων ἀποκυίσκουσαι φάρμακον.

Αἱ δὲ λοιπαὶ κατ'εἶδός εἰσιν ρκθ τὸν ἀριθμόν, καὶ ἀδύνατον
15 πλειόνας εὑρεθῆναι. Κἂν γὰρ εἰς ἕτερα γένη ποιήσεων ἢ καὶ εἴδη
δόξῃ ἐν ἑαυτῷ καινουργεῖν ἄνευ τῶν εἰρημένων, ἐκστῆναι παντελῶς
οὐ δυνήσεται τῶν δεδειγμένων ἡμῖν ἀρτίως γενῶν καὶ εἰδῶν, τάξεων
δὲ κατ' ἀριθμὸν ἀπείρους εὑρίσκων διαφοράς, οὐδαμῶς ἰλιγγιάσεις
γινώσκοντες κἂν ἐκ ποίου εἴδους ἢ γένους ὑπάρχουσιν. Αἱ γὰρ ἄτο-
20 μοι ἐργασίαι, κἂν μοιρίαι τυγχάνουσιν ὁμοειδεῖς οὐσίαι, τὸ καινὸν
διαφεύγουσιν. Ὥσπερ γὰρ ἐπὶ ἑκάστων τῶν ὄντων εἰδῶν παραπολλοὶ
εἰσι τὰ καθ'ἕκαστον, οὕτω καὶ ἐπὶ τῆς καλῆς ταύτης φιλοσοφίας

---

1. ἀργυρᾶ καὶ χάλκεα] doubles signes de
ἄργυρος et de χρυσός mss. (excepté Lb
qui écrit τοῦ ἀργυροῦ καὶ τοῦ χαλκοῦ en
toutes lettres). — εἴσκρινε Lb. — 2. διε-
σαφήνησεν M; διεσάφησε B etc. — λόγῳ]
λέγων E; om. Lb. — Cp. III, xxi. — 4.
Les mots πλὴν καθολικόν — ὕδωρ ποιεῖν
(l. 8) entre guillemets dans Lb. — θείου
ἀπύρου en signe M; θειώδη Lb. — 5. φυ-
σικήν] φησὶν BAKE; φύσιν Lb. F. l. φύσαι
— 6. F. l. δι'ἀσυμμέτρου. — 8. γίνεσθαι]
ποιεῖν E p. corr. Lb. — τοῦτο B etc. —

συγκομίζειν B etc. — 11. εἰς τὰς l. E Lb.
— γεννῶσαι Lb. — τοῦ πυρός E Lb. —
13. μέσον M. — τὸ φάρμακον Lb. — 14.
ρκθ'] ρκθ' B etc. Il faudrait ρκζ' (M.
B.). Voir la traduction, p. 396, note.
— τῷ ἀριθμῷ B etc. — 15. εἰς] F. l. τις.
— 17. δεδειγμένων B. — 19. γινώσκων E
p. corr. Lb, mel. — ὑπάρχωσιν E Lb.
— 20. τι καινόν BAK; ὁμοειδεῖς οὖσαι ὅμως
οὐδὲν καινόν ELb. — 21. ἑκάστου BAK;
ἐφ'ἑκάστων E; ἐφ'ἕκαστον Lb. — παρα
πολλοῖς B etc. F. l. παραπολύ.

ἔστιν ἰδεῖν, πλὴν γνώριμον ἅπασι τοῖς τοιάδε φιλοσοφοῦσιν, ὅτι
μία καὶ μόνη τῷ εἴδει ἡ ὕλη τῆς ἐπιστήμης ἐστίν. Καὶ ὥσπερ
ἐκείνην διὰ πασῶν ὑλῶν ὀνομάζουσιν οἱ διδάσκαλοι, γυμνάζοντες
ὑμῶν τὰς φρένας, οὕτω καὶ ταύτην διὰ πασῶν οἰκονομιῶν προσα-
5 γορεύειν εἰώθα- (f. 124 r.) σιν ταύτας, οὐ μόνον δὲ οἰκονομιῶν,
ἀλλὰ καὶ ὑλῶν τὴν ὡς ἀληθῶς μίαν κατ᾽ εἶδος οἰκονομίαν, ἣν ὁ
μεληδωνεὺς καὶ ἄγρυπνος ἀνὴρ ἐκ πασῶν, ὡς ἡ μέλιττα, καλῶς ἀνα-
λεξάμενος ἀπὸ τῶν ἡμετέρων γραφῶν καὶ τῶν πάλαι γενναίων ἀνδρῶν
νικήσει μεθόδῳ πενίαν, τὴν ἀνίαρον νόσον, διότι καὶ ἡμεῖς ταῖς τῶν
10 προτέρων σοφῶν ἐπειράθημεν ἀκολουθῆσαι γραφαῖς.

<hr>

VI. xi. — ΠΩΣ ΔΕΙ ΝΟΕΙΝ ΛΥΤΑΣ ΚΑΙ ΣΧΗΜΑΣΙ ΓΕΩΜΕΤΡΙΚΟΙΣ

Transcrit sur M, f. 124 r. — *Collationné sur* B, f. 111 r.; — *sur* A, f. 105 v.; —
sur K, f. 13 v.; — *sur* E, f. 29 r.; — *sur* Lb, p. 97. — *Contenu dans* C, f. 78 *(copie
directe de* B). — *Chap.* 22 *de la compilation du Chrétien dans* Lb.

Ἐπειδὴ τετραμερές ἐστιν τὸ ὑλικὸν αἴτιον τῶν ἀποτελεσμάτων τῆς
ἐπιστήμης, ἔστω τὸ μὲν ὀστρεῶδες αὐτοῦ μόριον πρῶτον, τὸ δὲ ὑμενῶδες
15 δεύτερον, τὸ δὲ θρομβῶδες τρίτον, τὸ δὲ ξανθῶδες καὶ λεκιθῶδες
τέταρτον. Διαγεγράφθωσαν δὲ ὡς ἐν ἐπιπέδῳ τὰ σχήματα, καὶ γενέσ-
θωσαν αἱ ἀπὸ τοῦ παντὸς οἰκονομίαι ὀρθογωνίοις σχήμασιν, τετραγώνοις
τε ⟨καὶ⟩ ἰσοπλεύροις ἐσχηματισμέναι γραμμαῖς · αἱ δὲ ἀπὸ τῶν τριῶν
μοιρῶν τριγώνοις διακείσθωσαν σχήμασιν πολυτρόπως τῶν στοιχείων τὰς

<hr>

1. εἰδεῖν M. — ὦ πᾶσι M. — τοῖς τὰ
τοιάδε E Lb. — 2. ἡ om. E. — 4. ἡμῶν
E p. corr. Lb, f. mel. — 5. εἰώθα-
σιν. Ταύτας οὖν οὐ μ. δὲ ᾽ οἰκον. E p. corr. Lb.
— 6. τὴν] τῶν B etc. — μίαν οἰκ. κ. εἶδος
ἐπεξεργάζονται E Lb. — 7. μεληδωνεὺς M;
μελωδὸς BAK Lb ; μελλωδός E. — ὡς ἡ
μέλιττα...] Cp. III, viii, 3, p. 143, l. 11.

— 8. ἡμετέρων om. BAK; add. E mg.
— παλαιγενῶν B etc. — 9. τὴν πενίαν Lb.
— ἀνίατον B etc. — 10. γραφάς M; γραφῇς
AK. — 11. περὶ τοῦ πῶς... E par addition
Lb. — 15. θρομβῶδες] θερμῶδες B etc.
— λεκυνθῶδες BAKE; λεκυθῶδες Lb. —
19. τῶν om. B etc. — πολυτρόπως E p.
corr. Lb.

γωνίας μετερχομένων πρὸς τὴν διάφορον ποίησιν · αἱ δὲ ἀπὸ μόνων δύο
μοιρῶν ἡμικυκλίοις καὶ γραμμῇ ἐπιπέδῳ εὐθείᾳ γραμμῇ κάθετον ἐχούσῃ
μέσῃ δεικνύσθωσαν, τῶν στοιχείων ὡς ἐν ταῖς ἀνωτέρω μετερχομένων,
πολυμερῶς · ἐπὶ δὲ τῶν ἀπὸ μέρους ἑνὸς γινομένων τάξεων, κυρίως
5 (f. 124 v.) ἐστὶν ὁ διαγραφόμενος μόνος, ἢ γραμμοειδές. Καὶ εἰ μὲν διὰ
μόνου πυρὸς ἀποτελοῦσί τε διάστημα πυραμίδους ἐχούσῃ παρακείμενον
χαρακτηρίζον αὐτὰς ὅσαι διὰ τοῦ πυρός · εἰ δὲ ἄνευ τοῦ πυρός, ὀκτάεδρον
ἕξει παρακείμενον σχῆμα τὸ ἀνῆκον ἀέρι, μέσον δὲ ἔχοντι φύσιν τε καὶ
θέσιν ὕδατος καὶ ἀέρος · ἔστωσαν δὲ τὰ διαγράμματα οὕτως.

10 **VI. XII. — ΤΙΣ Η ΕΝ ΑΠΟΚΡΥΦΟΙΣ ΤΩΝ ΠΑΛΑΙΩΝ
ΕΚΔΙΔΟΜΕΝΗ ΤΑΞΙΣ**

*Transcrit sur M, f. 124 v. — Collationné sur B, f. 111 v.; — sur A, f. 106 r.; — sur
K, f. 13 v.; — sur E, f. 29 v.; — sur Lb, p. 99. — Chap. 23 de la compilation du
Chrétien dans Lb.*

1] Ἀρκτέον ἔνθεν λοιπὸν τῆς ἐξ ἀδύτων πιστῆς οἰκονομίας.
Λαβὼν τὴν ὀρνιθείαν γονὴν σῶαν, ἀμόλυντον, ἄσπιλον, δίελε ταύτην
ὡς ἐπὶ τῶν καρυκίων. Χρειώδης γὰρ ἡμῖν ἐν πολλοῖς ἡ μαγει-
15 ρικὴ τέχνη καθέστηκεν. Εἶτα ἐν δυσὶ χυτριδίοις μέρος ἑκάτερον τῶν
ὑγρῶν ἐμβαλών, ποίησον τὴν διὰ τῶν μασθωτῶν ὀργάνων ἐκμύζησιν

---

2. μοιρῶν] μερῶν E Lb. — ἡμικυ-
κλίοις E ; ἡμικυκλίων Lb. — γραμμὴ ἐπι-
πέδω M ; γραμμικῇ ἐπ. BAK ; — ἐν γραμ-
μικῇ ἐπ. Lb. — εὐθεῖα γραμμὴ K. — εὐ-
θεῖα γραμμὴ K ; εὐθεῖαν γραμμὴν E par
corr. Lb. — κατέθεντο B etc. — ἔχουσαν
E p. corr. Lb. — 3. μέσῃ...] ἐν μέσῳ τὴν
ἀπόδειξιν τ. στ. Lb. — ἀνωτέραις μετῆλ-
θον E p. corr. Lb. — 4. ἐπεὶ δὲ (mot
souligné E) om. Lb. — τῶν δὲ E Lb. —
5. ὁ διαγρ...] Réd. de E Lb : ὁ διαγρ.
μόνος κύκλος τῇ γραμμοειδῇ κατθέσει (καταθέ-
σει Lb). — καὶ αἱ μὲν E ; καὶ τινὲς μὲν τάξεις
Lb. — 6. ἀποτελοῦται E Lb. — πυραμί-
δους M. — ἔχουσι E ; καὶ ἔχουσι Lb. —
παρακ. τὸ πῦρ τὸ γαρ. Lb. — 7. εἰ δὲ —
πυρός om. BAK. — τινὲς δὲ ἄνευ τ. π. ὁ.
ἔχουσι παρακ. Lb. — 8. ἀνῆκον M. — ἔχον
BAK ; ἔχουσι Lb. — 9. Figures dans BC
AELb. (Voir Introduction de M. Ber-
thelot, p. 160. fig. 36). — 11. ἐκδιδομένη
B etc. — 12. ἀδύτων] ὑδάτων B etc. —
13. τὴν ὀρν. γονήν] Espace blanc M. —
ἄσπιλον M. — 14. καρυκιῶν B etc.

ἄχρι μηκέτι ἄνεισιν ἀτμός · ἀλλὰ πᾶσα ἡ λειπομένη ἐν τοῖς πατελλίοις
ἐντέριον γίνεται μέλαν καὶ ἄψυχον, καὶ νεκρὰ, καὶ ὡς εἰπεῖν ἄπνους.

2] Μάλιστα οἱ ἀπὸ τῶν σκολιῶς ἐκδέδωκαν, ἵνα μὴ γυμνοῖς
θηράσαντες οἱ τοῦ φθόνου συνήθεις μόνοι παρ ' ἑαυτοῖς εὐδαιμονοῖεν
5 τὴν γραφὴν ἀπαλείψαντες. Ἔνθεν οὐ μόνον διὰ πολλῶν ὀνομάτων
καὶ εἰδῶν τοῖς ἀκροαταῖς αὐτὴν διεχάραξαν, ἀλλά γε καὶ τάξεων
ἀναριθμήτων ἐργασίαν παρέδω- (f. 125 r.) καν, μιᾶς τῆς αὐτῆς
οὔσης κυρίως τῆς ὕλης, καὶ μίας ἐνεργείας · γυμνάσαι θέλοντες
φρένας τῶν νέων ὑπολείμματά τε καὶ σπέρματα ταύτης, τῷ βίῳ
10 καταλιπεῖν. Χαμαιρεπῆ δὲ καὶ ἰλυσπώμενον ἔχοντες ἄνθρωποι λογισ-
μὸν ᾠήθησαν εἶναι κατὰ τὸ πρόχειρον τὰς γραφὰς τῶν ἀρχαίων,
καὶ μᾶλλον δι ' αὐτῶν ὑλομανεῖς ἐγενήθησαν. Εὐσεβέστερον δὲ κινη-
θέντες οἱ μετ ' ἐκείνους διδάσκαλοι διὰ μιᾶς ὕλης καὶ χειρουργίας
τὴν [ὕλην] ἐπιστήμην παρέθηκαν ἑτέροις, οὐδὲ τὸν φθόνον τὴν αὐτῆς
15 ποιησάμενοι κρύψιν, ὧν ἐστιν Πετάσιος καὶ Συνέσιος οἱ θαυ-
μάσιοι. Τούτων γὰρ ὁ μὲν τοῦ ἀρσενίκου ποιησάμενος μόνου καιρίαν
τὴν μνήμην, πολυσχιδῶς αὐτοῦ παραδίδωσιν τὰς οἰκονομίας, αὐτὸ
πρὸς αὐτὸ καλῶς μετρήσας τε καὶ συμπλέξας, ἵνα σαφῶς ἐπιδείξῃ
τοῖς πᾶσιν ὅ τι τοῖς φυσικοῖς ἔπεται, καὶ αὐτὸς φιλοσόφοις βοῶσιν ·
20 « Ἡ φύσις τῇ φύσει τέρπεται, καὶ ἡ φύσις τὴν φύσιν νικᾷ. » Ὁ δὲ διὰ
τοῦ ποντίου ῥᾶ ῥάστας ποιήσεις τῶν ὑδάτων ἐνέφηνεν κυρίας εἶναι
μόνας τῆς ἀληθοῦς ἐπιστήμης.

1. πατελλίοις MBAKE : E mg. : alias
πιταλλίοις (adopté par Lb qui aj. ὕλη καὶ.
— 2. ἐντεριώνη, γένηται μέλαινα καὶ νεκρὰ καὶ
ἄψυχο; B etc. — ὡς εἶπον E Lb. —
3. A mg. : σημείωσαι. — Καὶ τοῦτο μάλιστα
E p. corr. Lb. — οἱ] ἡ M. — σκολιῶν
BAKE; σκολιῶν Lb. — οὕτως add. E. —
ἐκδεδώκασιν B etc. — B mg. : σημείωσαι.
— γυμνοῖς τοῖς τρόποις E, p. add. Lb. — 5.
τῇ γραφῇ BAK. — ἀπολείψαντες (-λιπόντες sur
-λειψ.) E; ἀπολιπόντες Lb. — 7. παραδεδώκασι
B etc. — μιᾶς κ. τ. α. B etc. — 8. ἐνερ-
γείας] ἐργασίας AKE Lb. E mg. : alias
ἐνεργείας. — θέλωντας M ; θέλων τὰς BAKE;
θέλοντες οὖν οἱ παλαιοὶ τὰς φρένας;... Lb. —
10. καταλείπειν ἠβουλήθησαν Lb. — χαμερπῆ
M. — ὕλη σπώμενον M. — οἱ ἄνθρ. τὸν
λογ. Lb. — 12. ἐγένοντο B etc. — 14.
ἑτέροις ἐστήσαντο B etc. — τὴν] τοῦ M. —
οὐδὲ...] μὴ τῷ φθόνῳ τὴν (αὐτὴν add. Lb)
αὐτοῖς ποιησ. κ. B etc. — 15. ὧν εἰσι B etc.
18. μετρίσας M ; μαρίσας B (?) A etc. Corr.
conj. — 19. τοῖς βοῶσιν ὅτι Lb. — 20.
M mg. : ὡρ. ὅλον. — 21. ῥᾶ B etc. ici et
plus bas. — ποιήσας τὰς τάξεις ἐνερ. E Lb.
— κυρίας αὐτὰς E Lb.

3] Ἀλλ᾽ ὅμως καὶ οὗτοι κατὰ μὲν τὰς μεθόδους ἕνεκεν σαφηνείας εὐδοκιμοῦσιν, κατὰ δὲ τὴν ὕλην βραχὺ συσκιάσαντες ἐλύπησαν τοὺς ἀκροατάς. Πῶς γὰρ, οἴονται, ἢν κατὰ τὸ πρόχειρον, εἰ τὸ πόντιον ῥᾶ, ἢ τὸ ἀρσένικον τὰς τηλικαύτας ἐπαγγελίας ποιῆσαι, τῆς ὀρνιθείας γονῆς
5 μόνης κατεργαζομένης τὸ (f. 125 v.) πᾶν, ὡς ἐν τῇ κατὰ πλάτος δογματικῇ πλουσίως ἐδείξαμεν;

4] Ἀλλ᾽ ὁ μὲν τὸ ἀρρενογόνον καὶ τὸ καθεκτικὸν, τουτέστι τὸν χαλκὸν καὶ τὸ χρυσαυγὲς ἠνίξατο διὰ τῆς τοῦ ἀρσενίκου προσηγορίας · ὁ δὲ διὰ τοῦ ποντίου ῥᾶ τὸ καθεκτικὸν ὕδωρ καὶ γόνιμον τῆς τέχνης · κατάρρυτος
10 γὰρ ὁ πόντος καὶ πλῆθος ἰχθύων καὶ παροικίαν βαρβάρων, φονικὸν δέ τι χρῆμά ἐστιν χαλκὸς ἀναιρῶν τοὺς ἀπείρους αὐτῷ προσιόντας. Ὅθεν καὶ πρὸς κοίμησιν βίου ποιεῖ, διδόμενος ὀρόβου ἢ σησάμου τὸ μέγεθος, ὡς οἱ ἀρχαῖοί φασιν.

5] Ἵνα μὴ οὖν ἄπειρος ἡ τέχνη καὶ πάντη ἄληπτος δόξῃ τοῖς πᾶσιν,
15 πλατεῖά τις οὖσα κατὰ ἀλήθειαν καὶ οὐκ ἄπειρος, ἀναγκαίως ἐπὶ τὸ γράφειν ὡρμήσαμεν · καὶ ταῦτα πολὺ τῆς ἐκείνων συνέσεως ἀπολιμ- πανόμενοι καὶ ἀμελῶς τοῖς αὐτῶν ἐντυγχάνοντες πόνοις. Τὸ φιλάνθρω- πον δὲ καὶ σκοτεινὸν τῶν εἰρημένων πραγμάτων μιμήσασθαι θέλοντες, τῆς μὲν γνησίας ὕλης ἐπεδραξάμεθα, πλείοσι δὲ χειρουργίαις αὐτὴν
20 ἰατρεύσαμεν, ἃς ἐμφρόνως ἀναγινώσκοντες, οὐκ ἔξω τοῦ σκοποῦ τῆς ἀληθείας ἐν πάσαις ὀφθήσονται. Μίαν γὰρ καὶ τὴν αὐτὴν διαγράφουσι μέθοδον, μέλανσίν τε καὶ λεύκωσιν, ξάνθωσίν τε καὶ ἴωσιν, μερικὴν τοῦ συνθέματος τὴν συγγάμησιν ἔχουσαν τοῦ παντός, ὧν ἄνευ γενέσθαι τι τῶν χρησίμων τῶν ἀδυνάτων ἐστίν.
25 6] Ἵνα μὴ δὲ τὰ αὐτὰ καὶ ἡ-(f. 126 r.) μεῖς τοῖς ποιοῦσι πάθοιμεν,

---

3. οἴονται] οἷόν τε BAKE; οἷόν τε ἐστὶ Lb. Guillemets jusqu'à τῆς τέχνης (l. 9). — 3. ἢ τὸ πόντιον ῥᾶ Lb, f. mel. — 4. ὀρνιθείας M. — 5. M mg. inf. : ἀρσένικον διὰ τὸ ἀρρενογόνον. πόντιον ῥᾶ διὰ τὸ καθεκτικὸν καὶ γόνιμον τῆς τέχνης (xvᵉ siècle). — 7. ἀλλὰ γὰρ τὸ ἀρρ. E Lb. — χαλκόν] signe de ἰὸς χαλκὸς BAKE. — 10. ὁ πόντος; ἐστὶ E p. add. Lb. — 11. M mg. : ὡρ<αῖον>. — χαλκός] signe de ἰὸς χαλκὸς BAK; ἐστιν ὁ λίθος ἀναιρῶν E Lb. — ἀπείρους καὶ θρα- σέως αὐτῷ B etc. — αὐτὸ M. — 12. F. 1. προσκοίμησιν. — σισάμου M. — 14. πάντη᾽ M. — 16. ἀπολειμπ. M. — 18. σκοτεινόν MK. — 19. ἀπεδραξάμεθα B etc. f., mel. — 20. οἱ ἀναγιν. E Lb. — 23. ὧν] οὗ E; ἧς Lb.

ἄπειρον εἰσηγούμενοι ποιήσεων ὄγκον, καὶ τοῖς ὁμοίοις ἐγκλήμασι περιπέσωμεν, ἐπὶ τὴν παροῦσαν ἥκομεν συγγραφὴν, πασῶν τῶν πράξεων
ὑπάρχουσαν σύλοψιν, ἐν ᾗ τὰς γενικωτάτας αὐτῶν, ὡς εἰπεῖν, ἐνεθήκαμεν,
δι'ὧν αἱ κατ'εἶδος καὶ ὅτι ἀληθεῖς εὑρεθήσονται · διαιρετικῷ δὲ τρόπῳ
5 συνήθως διὰ τὸ σαφὲς καὶ ἐνταῦθα χρησώμεθα. Τὴν γὰρ τοιαύτην μέθοδον οὐδὲν καυχήσεται φυγών, ὡς Πλάτωνι τῷ σοφῷ καὶ τῇ ἀληθείᾳ
δοκεῖ. Καταληπτικὴ γάρ ἐστιν ἀληθείας καὶ ψεύδους. Καὶ τὰ χωλεύοντα δὲ σκέλη τῆς διαιρέσεως τοῖς ἐρρωμένοις συντάττεται, διὰ τὸ
ταύτης ἀνελλειπές.

10 7] Μετὰ δὲ τὴν διαιρέσεως τῶν τάξεων ἔκθεσιν γραμμικαῖς δείξεσι, καὶ αὖθις τὸν λόγον κοσμήσαντες, τὸ ἀκριβὲς ὑμῖν καὶ τοῖς
νοήμοσιν ἑκατέρωθεν παραστήσομεν, τὴν ἐν ἀδύτοις ἢ ταμείοις ἱεροῖς
τῶν ψυχῶν ἐμφανίζοντες ποίησιν. Τὰς μὲν οὖν κατ'ἀριθμὸν ἀπείρους τῇ ταυτότητι τῶν εἰδῶν συνεροῦμεν · τὰς δὲ κατ'εἶδος πολλὰς
15 τοῖς γένεσιν συλλαμβάνομεν, καὶ ταύτας ταῖς γε ἀπὸ λεκίθων, ἥν
τινα σπόδιον οἱ τῆς τέχνης ὀνομάζουσιν συγγραφεῖς.

8] Ταύτην βαλὼν ἐν θυείᾳ, λείωσον εὐτόνως, καὶ χωνοποιήσας καὶ
πλύνας ὕδασι θαλαττίοις λευκοῖς, ἕως οὗ ἀφέλῃ τὴν τοῦ κεκαυμένου
ἰοχάλκου μελανίαν, ἥ ἐστιν αὐτῷ λεύκωσις πρώτη καὶ ἀπομελανισμὸς
20 τῶν [f. 126 v.] εἰδῶν. Οὕτω γὰρ δεκτικὰ γίνεται τῶν χρωμάτων ·
ὥσπερ δὲ χοοποιηθεὶς ὅ ἐστιν λάχιον ὅ καλοῦσιν λαχὰν οἱ λαχωταί,
τουτέστιν οἱ ἰνδικοβάφοι. Λοιπὸν εὐμόρφως διὰ νίτρου καὶ θερμοῦ
ὅλον ἀφίεισιν ἑαυτοῦ τὸ εἶδος τὸ αἱμωπὸν, καὶ ἐν ἀσκαλωνίτιδι γάσ

---

4. αἱ κ. ε. πράξεις E p. add. Lb. — καὶ
ὅτι E ; om. Lb. — εὑρεθήσεται B etc. (ον
sur σι E). — 5. χρησόμεθα B etc. — 6.
καυχᾶται B etc. — φυγόντων E ; φυγόν Lb.
— BA mg. : σήμ. Cp. Platon, 1ʳᵉˢ pages
du Politique. — 10. διὰ γραμμικῶν E p.
corr. Lb. — δείξαιον E p. corr.; ἀποδείξεων Lb. — 12. νοήμασιν E Lb. — 18. ἰοχάλκου en signe M ; signe de χάλκος
BAKE ; χαλκοῦ Lb, mel. — Cp. III,
xxxix, 5. — 20. M mg. inf. : εὐτόνως ;

ἤγουν ἡ χόνι (l. χώνη) αὐτοῦ μεσι (l. μέση)
μετὰ πυρᾶς λεπτις (l. λεπτῆς) καὶ (en signe)
μι (l. μὴ) σφοδρῶς καὶ οὕτος ἀνεῖι (l. ἀνέθη).
(de la même main que le lemme précédent). — 20. γίνεται τὰ εἴδη E p. add. Lb.
— 21. λειοποιηθεὶς E, et mg. : alias χοοποιηθεὶς (corrigé en χοοποιηθέντα). — χοοποιηθέντα καὶ λειοποιηθέντα Lb. — E, audessus de ὅ ἐστι : ἐξ ὧν γίνεται τὸ λάχειον,
leçon adoptée par Lb. — 22. νίτρου θερμοῦ Lb. — 23. ἀφίησιν B etc.

τρᾳ λίαν ἀνατριβόμενος ταῖς χερσὶν, ὡς ἐπὶ τῶν πλυνομένων ὀσπρίων.
Γενόμενος δὲ λευκὸς, μᾶλλον δὲ ἄχρους, οὕτως ἐλαύνεται σφύραις
παιόμενος ἐπὶ μυλικῶν λίθων ἐν τῇ γῇ πεπηγότων, πυκνὰ μετασ-
τρεφόμενος ἅμα τῷ ξυλαρίῳ ἐν ᾧ ἐνεπάγη, προθερμανθείς. Εἶτα καὶ
5 χρωΐζεται παρ᾽ αὐτὰ ζωγραφικῷ εἴδει λαμβάνον, αὐτόθι σφυροκο-
πούμενος, ἵνα μὴ ψυγεὶς, ἀμάλακτος γένηται [ψυγεὶς] ἐκ τοῦ ἀέρος,
καὶ ἀνέλπιδος γένηται τῶν βαμμάτων. Αἱ γὰρ πυκναὶ τῶν νεανιῶν
καὶ συνεχεῖς αὐτῶν πληγαὶ προσφερόμεναι μαλακίζονται πρὸς τὴν
εἴσκρισιν τῶν χρωμάτων καὶ τῆς κολοφωνίας τῆς ἀντικατόχου καὶ
10 κόλλης αὐτῶν παραλαμβανομένης.

9] Οὕτω καὶ ὁ χαλκὸς ὁ πανώνυμος · οὕτως ἐκλειωθεὶς, τοῖς
ὠκεανείοις ἐν χρυσοκόλλᾳ πλυνόμενος ὕδασι καθ᾽ ὃν πολλάκις εἰρή-
καμεν τρόπον, ἢ γερανείοις οὔροις, ἢ δρόσοις οὐρανίοις (ταὐτὸν γὰρ
εἰσιν τὰ εἰρημένα πάντα, μίαν ἔχοντα ἐνέργειαν), ἀπόλυσιν τὴν ἀπὸ
15 τῆς νεκρώσεως τοῦ πυρὸς μελανίαν. Καὶ γίνεται λοιπὸν δεκτικὸς
τῶν χρωμάτων τῆς τέχνης, σειρωθέντος παντὸς τοῦ ὑγροῦ, λευκού-
μενος μὲν ἐν θυείᾳ τοῖς ὕδασι τοῖς λευ- (f. 127 r.) κοῖς πρὸς γένε-
σιν ἀσήμου καὶ μαργάρων καὶ λίθων καὶ πορφύρας, ξανθούμενος δὲ
μετὰ τὴν λεύκωσιν, πρὸς γένεσιν χρυσοῦ καὶ σηρικῆς καὶ δερμάτων,
20 πορφυρίου τε χρώματος εἶδος λαμβάνει μετὰ τὴν λεύκωσιν, ἐπεί-
περ πορφύρας βασιλικῆς ἀπὸ φύκους τε καὶ ἀγχούσης.

10] Καθόλου δὲ χωρὶς τῆς μελανώσεως, ἤτοι ἐβενώσεως, ἐπὶ παν-
τὸς χρώματος, ἤτοι γενέσεως ξηρίου καὶ φαρμάκου, τὸ σπόδιον πλύ-
νεται καὶ λευκαίνεται τοῖς ὁμοειδέσιν τῶν ὑποκειμένων ὑγροῖς ·

---

2. εὔχρους E Lb. E mg : *alias* ἄχρους.
— οὕτως ἔπειτα μελανεύεται E p. corr. Lb.
— σφύραις M. — σφ. δὲ Lb. — 3. πεπ. καὶ
μεταστρ. Lb. — 3. ποικνὰ M. — 5. παρ᾽
αὐτὰ παραυτίκα B etc., f. mel. — ζωγρα-
φικὸν εἶδος E p. corr. Lb. — λαμβάνων
B etc., mel. — σφυροκοπ. M. — 6. [ψυγεὶς]
om. B etc. — 7. ἄνελπις B etc. F. l.
ἀνέλπιστος. — 8. καὶ αἱ συνεχεῖς E Lb. —
F. l. αὐτῷ. — 9. κωλοφωνίας M. — 10. F.

1. ⟨ἐξ⟩ αὐτῶν. — 11. οὕτως] οὗτος BAK ;
οὗτος γὰρ E p. add. Lb. — 12. ὠκεανοῖς
M. — χρυσοκόλλᾳ] χρυσῷ Lb, mâle. —
13. γερανίοις M ; γεράνοις B etc. — 14.
ἀπόλλυσι BAK ; ἀπόλυσι E Lb, f. mel. —
15. γενήσεται Lb. — 16. λευκούμενος] F. l.
λειούμενος. — 17. F. l. γένησιν. — 20.
πορφύρου BAKE ; πορφυροῦ Lb. — ἐπεί-
περ] ἐπὶ E p. corr. Lb. — 22. ἐβαινώσεως
M. — 23. F. l. γεννήσεως.

λευκὸν ἔχουσι μέλος ἐν χρυσοκόλλῃ ἢ λουτρῷ, ἢ ἄλλῃ τινὶ ἀσινεῖ
θέρμῃ λουσαμένη καλῶς, ἕως ἂν μὴ ἐπιπολάσῃ τῶν ὑδάτων ἡ μελα-
νία, ἣν καλοῦσι καὶ γραῦν. Ἐρρωμένης δὲ πάσης μορφῆς σποδοειδοῦς,
ἑξῆς ἀπογραϊσθὲν τὸ κασσίτερον. Ἐὰν δὲ μηκέτι ἄνεισιν μελανία,
5 ξηραίνεις ἐν ἡλίῳ τὸ σύνθεμα καὶ λειοῖς ἐν θυείᾳ, καὶ χρωΐζεις αὐτὸ
λευκοῖς ὕδασι, καὶ γίνεται σφόδρα λευκότατον κηρίον, καθά φησιν
ὁ τρισμέγιστος Ἑρμῆς. Τότε λοιπὸν εἶπεν · « Εἰς ἀσήμου κρᾶσιν
ἡ σύνθεσις ἄγεται, ⟨καὶ⟩ τοῦτο διγάζεται · καὶ τὸ μὲν αὐτοῦ σαπὲν μετὰ
πλειόνων ὑγρῶν διοργανίζεται ὑδραργυριζόμενον, τὸ δὲ φυλάττεται
10 ἄσηπτον, ᾧ τινι συλλειοῦται τὸ σεσηπὸς ὕδωρ. Καὶ γίνεται ξηρίον
τὸ ζητούμενον ἀπ᾿ αἰῶνος.

11] Εἰ δὲ πρὸς ποίησιν χρυσοῦ μετάγειν τις ἐθέλοι, προλευκάνας
ἐφ᾿ ὧν πρὶν διέλοι, τοῦτο ξανθοῖ, βαλὼν ὕδατα ξανθὰ, καὶ ποιεῖ
κηρίον ξανθὸν, ὡς δοκεῖ τῷ Ἑρμῇ · καὶ τοῦτο δίχα τεμών · « ἐᾷς
15 κάτω, καὶ γίνεται · » ὅπερ ἰοποιηθὲν ἄναγε δι᾿ ὀργάνου, καὶ μίσγεται
τῷ ἀσήπτῳ · καὶ δείκνυσι τέλειον τὸ ξηρίον. Ἐ- (f. 127 v.) πὶ δὲ
τῶν μαργάρων · « λευκῷ γὰρ ὕδατι ὕδωρ λευκὸν προσβαλών, χαλᾷς
ἐν ἄγγεσιν ὑελοῖς ἅμα τοῖς μικροῖς μαργάροις, ἢ ἀφροσελήνῳ, ἢ
ἄλλῃ τινὶ ὕλῃ προσφόρῳ · καὶ παραπηλώσας στεατώσας δὲ τὰς
20 συμβολὰς, κρύπτεις ἐν ἱππείᾳ ἢ ὁμοίᾳ τινὶ θερμασίᾳ · καὶ λύεται
πάντως ὁ λίθος. Πήγνυται δὲ πάλιν ἐν τῷ αὐτῷ ὕδατι ἐν ἡλίῳ τοῖς
ὑπὸ κύνα καύμασιν. » Ἐπὶ δὲ λίθων · « βαφῇς τὸ χρῶμα ὃ βούλει
τῷ ὕδατι συνενοῖς ἅμα τῷ προσφόρῳ ἰοχάλκῳ, καὶ θερμαίνεις ἐν
ἡλίῳ · χαλᾷς ἐν τῷ βαμματίῳ, καὶ βάψεις. » Ἐπὶ δὲ πορφύρας καὶ

<hr>

1. μέλος] F. l. μέρος. — χρυσοκόλλη (en
signe) MB; signe de l'or et du soleil
A p. corr. K; ἡλίῳ E Lb. — 2. λουσα-
μένος E p. corr. Lb. — 3. ἐρρωμ.] αἰρο-
μένης BE; αἱρομένης AK. — 4. F. l. ἕξεις.
— ἀπογραϊσθέντος E p. corr. Signe de
κασσίτερος et au-dessus : ἀπογραΐζεται ἡ
ὑδράργυρος, leçon adoptée par Lb. — ἐὰν
δὲ ἐστ᾿ ἄν M (στ sous pointillé). —
ἄνεισιν] ἀνέρχεται Lb. — 5. αὐτὸ M. — 6.

M mg. : guillemets jusqu'à la ligne 16.
(Cp. II, iii, 8.) — 12. προσποίησιν E Lb, f.
mel. — 13. διέλοι, ἐλεύκανε E Lb. — ὕδατος
M. — 14. ἐᾷ E p. corr.; ἐᾷ Lb. (ἔα κάτω
dans Stephanus, p. 247, éd. Ideler). —
15. ἀνάγεται B etc. — μίγνυται B etc. — 17.
ὕδωρ λευκόν] ὕδατι λευκῷ M. — 18. ὑελοῖς M;
ὑαλίνοις B etc. — 19. παραπηλώσας B etc.,
mel. — δὲ] F. l. τε. — 21. M mg. ὥρ.
— BA mg. : σῆαι. — 24. καὶ χαλᾷς B etc.

τῶν λοιπῶν βαμμάτων · « βάλλεται καὶ ἄγχουσα καὶ τὸ φῦκος ἐν
ὕδασι τοῖς λευκοῖς ἀπὸ λευκῶν τυγχάνουσιν. Καὶ ὅταν τὴν χροιὰν
ἐξεμέσωσιν, διχάσας αὐτὸ καὶ ἰοποιήσας ἅμα τῇ στερεᾷ οὐσίᾳ ·
πᾶς γὰρ ἰόχαλκος ἀπὸ στερεῶν καὶ ὑγρῶν ἔχει τὴν γένεσιν · μίξον
5 δὲ ἑτέροις ὕδασιν ὁμοχρόοις, καὶ βάψεις.

VI. xiii. — ΑΝΕΠΙΓΡΑΦΟΥ ΦΙΛΟΣΟΦΟΥ ΠΕΡΙ ΘΕΙΟΥ ΥΔΑΤΟΣ ΤΗΣ ΛΕΥΚΩΣΕΩΣ

Transcrit sur M, f. 78 r. — Collationné sur A, f. 162 r.; — sur E (partie écrite par le copiste de La, b, c), f. 3 v.; — sur La, p. 169. — A moins d'indication spéciale, la leçon de E se retrouve dans La.

1] Ὁ πρῶτος τῆς ταριχείας τρόπος ἐστὶν ὁ τῆς τοῦ θείου λευκώσεως
καθόσον ἡ χρεία καλεῖ, τοσοῦτον προδίδοται · τὸ μὲν γὰρ πολὺ
10 τοῦ ὑγροῦ διαχεῖσθαι αὐτὸ ποιεῖ · τὸ δὲ ἐλλείπειν οὐκ ἐᾷ κατεργά-
ζεσθαι. Οὐκοῦν χρὴ τὰ ὑγρὰ ἐπιβάλλειν καθόσον ἡ χρεία ζητεῖ
τοῦ κατεργάζεσθαι τὸ σύνθεμα, καὶ μὴ διαχεῖσθαι μηδὲ συγκεκλεῖσθαι.

2] Ὁ δεύτερος τῆς ταριχείας τρόπος κανονίζεται ἕως τελείας
ἀποπλύσεως καὶ ἀποκαθάρσεως. Ὥσπερ γὰρ τὰ ῥυπαρὰ ἱμάτια πλύ-
15 νεται ἕως μηκέτι ἀποβάλλει ῥύπον, ἀλλὰ καθαρὰ διαχεῖται τὰ
σκάμματα, οὕτως καὶ τὸ καθ' ἡμᾶς σύνθεμα ἐπὶ τοσοῦτον πλύ-
νεται ἕως μηκέτι ῥύπον ἐκφέρει. Πέφυκε γὰρ ῥυπαίνεσθαι ἐκ τῆς
ἔσωθεν ἀναδόσεως τῆς γεωδεστέρας καὶ παχυτέρας περιουσίας τοῦ
σώματος, ἐπεὶ καὶ κρίνεται, καὶ διαφορεῖται κατὰ τὴν θέρμην τοῦ

---

1. ἄγχουσα] ἔχουσα M. — 3. διχάσας...
ἰοποιήσας E Lb. — αὐτῶ M ; αὐτὴν Lb.
Corr. conj. — 4. πᾶν γὰρ τὸ ἀπό... Lb.
(Confusion de τό et du signe de ἰόχαλ-
κος.) — ἔχον E Lb. — μίξῃς E Lb. — 6.
Titre dans E La : ἀνεπ. φιλοσ. περὶ τῆς
τοῦ θείου ὕδ. λευκώσεως. — 8. Les mots Ὁ
πρῶτος — λευκώσεως manquent dans M

(Ὁ om. A). — 9. ἐνδίδοται καὶ προδίδοται
E. — 10. διαχύσθαι A, ici et plus loin.
— ἐλλείπειν] λοιπόν A : ὀλίγον E. — F. l.
ἐλλειπον. — 12. συγκλύζεσθαι E. — 14.
καθάρσεως E. — δεῖ πλύνεσθαι E. — 16.
ἐκπλύνεσθαι δεῖ ὥστε E. — 19. ἐπεὶ καὶ κρ.|
ἐπικρίνεται (γὰρ add. E) AE. — τὴν θέρ-
μην] τὸ θερμόν AE.

πυρὸς, καὶ ἐντεῦθεν ῥυπαίνεται. Πλύνεται οὖν ἕως ἀποκαθαρθῇ πᾶς
ὁ ῥύπος.

3] Ὁ δὲ τρίτος τρόπος τῆς ἀσκήσεως κανονίζεται ὡς οἷόν τε · ὠὰ
λελυμένα ὕδατι, βαλλόμενα ἐν τρουλλίῳ · τοιοῦτον γὰρ διαλελυμένον,
5 γινόμενον τὸ σύνθεμα ἐκ τῆς ταριχείας ἀναλαμβάνεται, ὡς καὶ ἐν
τρουλλίῳ τῷ ὑελώδει πλώματι · καὶ σφαιροῦται καὶ συνίσταται, καὶ
κατ' αὐτὸ ἀφίεται ὥρας ἕξ, σημειουμένων ἡμῶν, ἵνα μὴ καπνισθῇ.
Ὅθεν καὶ ἐν τόπῳ πολυφώτῳ ὁ βωμὸς τῆς ἀσκήσεως γίνεται, ἵνα
μὴ διαλανθάνῃ, καπνίζων. Ἔστι δὲ καὶ ὁ βωμὸς σωληνοειδής,
10 ὄρθιος, διπλοῦς (f. 78 v.) πρὸς τὰ κάτω μὲν τοὺς ἄνθρακας ὑπο-
φυσῶν, πρὸς τὰ ἄνω δὲ τὸ σύνθεμα ἐπιδεχόμενος ἐπὶ διπλώματος
ἐγκείμενον, τὰ ἐν μέσῳ δὲ διαπνεόμενον, ἵνα μὴ ἐκπυρωθῇ. Καὶ
πρότερον ὀρθρίζοντες, τὴν λείωσιν ἐπιτείνομεν ταύτην ἕως ὡρῶν ἕξ ·
καὶ οὕτως πλύνοντες τὰς ἄλλας ἓξ ὥρας ὀπτῶμεν. Καὶ περιψύχεται
15 κατὰ τὴν νύκτα ἕως ὄρθρου · τοῦτο γὰρ διηρμηνεύθη, ὡς ἔλεγεν
Ἑρμῆς · « ὅσα δύνῃ ταριχεῦσαι καὶ πλῦναι, ἕως ἀφεὶς αὐτὰ ἐν
ἄγγεσιν ἀποκείμενα, ὅσα δύνασαι ποιῆσαι, ποίησον. »

4] Ταριχεύεται οὖν ἀπὸ χεομένων τῶν ῥείθρων κατὰ τὰς πλύσεις,
καὶ ἀφίεται ἐν ἄγγεσιν ἀποκείμενα κατὰ τὴν ἄσκησιν, διὰ τὸ περι-
20 ψύχεσθαι αὐτὸ ἔτι. Εἴπομεν γὰρ τοῦ ζωτικοῦ καὶ ἐμπύρου τὸ θερ-
μὸν καὶ ψυχρόν. Καὶ ὥσπερ ἡ γέννησις τοῦ ὀρνιθίου φαίνεται ἐκ

---

1. ἕως ἂν E. — 3. M mg. : γ΄. — ὡς
οἷόντε ὠὰ λελυμένα] ἕως οὗ ἰοῦται διαλελυμένον
A; ἕως ἂν ἰῶται διαλ. E. — 4. βαλλόμενον
E. — τρουλίω M (ici et partout avec
un seul λ.) — 5. γινόμενον om. AE. — ὡς
καὶ ὥσπερ γὰρ καὶ A; καὶ E. — 6. τῷ ὑέλῳ
διπλάσιον καὶ κατ' αὐτῶ A. — καὶ (ὡς om.)
ἐν ὑελίνῳ ἀγγείῳ διπλασίῳ σὺν τῷ αὐτοῦ
τρουλλίῳ τίθεται καὶ ἐν αὐτῷ ἀφίεται E. —
F. l. ὡς καὶ ἐν τρ. ὑελῷ δίπλωμά τι. —
σφεροῦται M. — 7. σημ. ἡμῶν] σημειού-
μενον δὲ A; σημείωται δὲ ἵνα E. — 8. γίνε-
ται] γίνεσθαι A; γίνεσθαι ὀφείλει E. — 9.
ἔστω E. — σεληνοειδὴς A; σεληνοειδὴς E.

— 10. ὑπὸ φυσσὸν M. — 11. ἐπιδεχόμενον
M. — τὸ ἐπὶ διπλ. E. — 13. ἐπιτηδεύομεν
AE. — ταύτην om. E. — 14. καὶ περι-
ψύχεσθαι (ἐῶμεν περιψ. E) AE. — 15. F.
l. τούτῳ γὰρ διηρμηνεύθη, ὃ ἔλεγεν ὁ Ἑρμῆς.
— 16. ὅσα ἂν AE. — ἕως ἂν ἀφῇς AE. —
17. ὅσα ἂν δύνῃ A; ἤγουν ὅσα ἂν δύνῃ E.
Cp. Olympiodore, § 1, ci-dessus, p. 70,
l. 1. — 18. ταρίχευε AE. — ἀποχεομένων
E, f. mel. — ἐρύθρων (κατὰ om.) A; ἐρυ-
θρῶν τῶν πλύνσεων E. — 19. ἄρες αὐτὰ E.
— 20. αὐτὰ E. — 21. καὶ τὸ ψυχρόν] καὶ
τὸ ξηρὸν καὶ (τὸ add. E) ψυχρὸν AE. — καὶ
ὥσπερ] ὥσπερ γὰρ E.

θερμοῦ κατὰ τὸ πυρρὸν ἀποτελουμένη, διὰ δὲ ψυχροῦ [διὰ] τοῦ κατὰ
τὸ λευκὸν τρέφεται, οὕτως καὶ τοῦτο τὸ σύνθεμα, ...ν καλοῦμεν
τῶν φιλοσόφων), τῷ θερμῷ τὸ κατὰ τὸ πυρρῶδες ἄμφω τῆς κρά-
σεως καὶ συνασκήσεως γεννᾶται καὶ συνίσταται· τρέφεται δὲ τῷ
5 ψυχρῷ τὸ κατὰ τὸ λευκὸν καὶ ἀερῶδες διαπνεόμενον. Οὐδὲ γὰρ
ἀγνοεῖν χρὴ ὅτι κατὰ τὴν σύγκρασιν, ὡς θερμὸν μὲν τὸ πυρρῶδες
στερεὸν σῶμα προτεθεώρηται, ὡς ψυχρὸν δὲ τὸ ἄστηγον λευκὸν ἔν
τε τῇ μολίβδῳ καὶ τῇ ἐτησίῳ, καὶ ὁμοίως τὸ θερμὸν ἔν τε τῷ θερ-
μαίνεσθαι καὶ περιψύχεσθαι κατὰ τὰς διαστάσεις τῆς ἡμέρας καὶ
10 τῆς νυκτός.

5] Ὅρα οὖν πόσης φιλοσοφίας γέμει τὸ παρὸν ἔργον, καὶ ὅτι
μετὰ τῆς τοιαύτης θεωρητικῆς καὶ ἐμφιλοσόφου παρατηρήσεως γί-
νονται τὰ πάντα· ἀπαρατηρήτως δὲ καὶ καταφρονητικῶς οὐδὲν οὐ
μὴ γένηται. Φιλεῖ δὲ (f. 79 r.) καὶ Θεὸς τὸν σοφῶς συζῶντα· ἡ
15 ἀμέλεια κατὰ τὴν θεόπνευστον γραφήν· « Ἀνὴρ κατοιόμενος καὶ κατα-
φρονῶν περανεῖται οὐδέν. » Ταῦτα μὲν ὡς ἡμετέραν ἀνάμνησιν ἀνα-
γράψαντες, τανῦν σφραγίζομεν, δοξάζοντες καὶ εὐχαριστοῦντες καὶ
εὐλογοῦντες τὸν πάντα τῇ αὐτοῦ σοφίᾳ σοφῶς γενέσθαι εὐδοκήσαντα,
καὶ ἡμῖν δὲ δωρησάμενον διανοεῖσθαι ἐν τούτοις Θεόν, ἐν πατρί, υἱῷ
20 καὶ ἁγίῳ πνεύματι προσκυνούμενον, λατρευόμενον ὑπὸ πάσης τῆς

---

1. τοῦ ψυχροῦ ΑΕ. — διὰ om. Ε. — 2. σύνθημα. ὦ ἄνθρωπε ΑΕ (ὦὸν lu ὦ ἄνε?). — 3. κατὰ μὲν τὸν φιλοσ. Α; κατὰ τοὺς φιλοσόφους Ε. — τὸ θερμὸν ΑΕ. — τὸ κάτω πυρῶδες ΑΕ. — ἄμφω] F. l. ἀπό. — ἐκ τῆς αὐτῆς κράσεως συνίστανται Ε. — καὶ συν. γενν. om. ΑΕ. — 4. τρέφεται δὲ τὸ λευκὸν τὸ κάτω (κάτωθεν Ε) τὸ (om. Ε) ἀερῶδες ΑΕ. — 5. F. l. τῷ κατά... — οὐ γὰρ ἀγνοεῖσθαι χρή Ε. — 6. ὑπάρχει καὶ ὡς 0. Ε. — 7. καὶ τὸ στερεὸν σ. προθεωροῦνται Ε. — ἄστηγον (f. l. ἄπτογον?) κάτογον λευκαίνεται ΑΕ. — 8. ἐτησίῳ ΑΕ. — τὸ θ. καὶ τὸ ψυχρὸν Ε. — 10. νυκτὸς φαίνεται Ε. — 11. φιλ. τὸ πρᾶγμα τό π. ἔ. ΑΕ. — ἔργον ἐπεκτείνει Ε. — 12. τοιαύτης διασ-τάσεις (διαστάσεως Ε) θεωρ. ΑΕ. — 13. οὐδεὶς οὐδὲν Ε. — 14. γένηται] ποιήσει ΑΕ. F. l. γεγένηται. — ὁ Θεὸς ΑΕ. — τὸν σ. σ.] τὸν τῆς σοφίας Α; τὸν τῇ σοφίᾳ Ε. — σοφίζοντα Α; σοφιζόμενον Ε. — F. l. τὸν ⟨τοὺς⟩ σοφοὺς συζῶντα. Cp. Proverbes, XIII, 20. — 15. ἡ ἀμέλεια] καὶ μὴ ἐν ἀμελείᾳ τὰ πάντα ἔχοντα Ε. — ἀνὴρ — οὐδὲν om. Ε. Habacuc, II. 5. — 16. καὶ ταῦτα τοίνυν ὡς εἰς ὑμετέραν ἀνάμ. La. — ἀνάμνησιν om. Ε seul, qui a peut-être été copié sur La. — 17. εὐχ. καὶ ὑμνοῦντες τὸν τοὺς βουλομένους εἶναι σοφοὺς σοφίζοντα καὶ ἡμῖν δωρούμενον διαν. Ε. — 18. F. l. αὐτοῦ. — 19. καὶ υἱῷ ΑΕ. — 20. λατρ. — κτίσεως om. Ε.

αὐτοῦ κτίσεως, νῦν καὶ ἀεὶ καὶ εἰς τοὺς αἰῶνας τῶν αἰώνων · ἀμήν.

VI. xiv. — ΤΟΥ ΑΥΤΟΥ ΑΝΕΠΙΓΡΑΦΟΥ ΦΙΛΟΣΟΦΟΥ ΚΑΤΑ ΑΚΟΛΟΥΘΙΑΝ ΧΡΗΣΕΩΣ ΕΜΦΑΙΝΟΝ ΤΟ ΤΗΣ ΧΡΥΣΟΠΟΙΙΑΣ ΣΥΝΕΠΤΥΓΜΕΝΟΝ ΣΥΝ ΘΕΩ

Transcrit sur M, f. 79 r. — *Collationné sur* A, f. 163 r.; — *sur* K (*copie directe de* A), f. 44 r.; — *sur* E (*partie écrite par le copiste de* La, b, c), f. 214 r.; — *sur* La, p. 183 (*mêmes variantes que dans* E).

1] Ἐπεὶ δὲ περὶ τῶν τῆς χρυσοποιίας συνεπτυξάμεθα θεωρημάτων πρότερον, περὶ τῶν αὐτῆς διαληψόμεθα τοὺς κορυφαίους τινὰς εἶναι φάσκοντες. Πρῶτος τοίνυν Ἑρμῆς ὁ Τρισμέγιστος προσαγορευόμενος ἀναφέρεται, προσενεγκάμενος τὴν ἐπωνυμίαν διὰ τὸ κατὰ τρεῖς τινας τῆς
10 δυνάμεως ἐνεργείας τὴν παροῦσαν ποίησιν γινομένην, ἀλλὰ καὶ τῶν ἔξω ταύτης κατὰ τρεῖς διεστώσας τῶν ὄντων οὐσίας ἀνακρῖναι, οὗτος πρῶτος γενόμενος συγγραφεὺς τοῦ μεγάλου τούτου μυστηρίου, ἀκόλουθον ἔσχεν Ἰωάννην ἀρχιερέα γενόμενον τῆς ἐν εὐαγίᾳ τυθίας καὶ τῶν ἐν αὐτῇ ἀδύτων.

---

2. E (seul) après ἀμήν : — αἷμα ἀνθρώπου παρηνοῦ (f. l. παροίνου ?), χολὴν μέλανος βοὸς μὴ ἔχοντος σύστημον, καὶ τραχίδος βοτάνης ὀπόν · ἐξ ἴσου τὰ τρία ἔχων, εἰ πυρώσεις σίδηρον καὶ βάψεις, μάλα ἐπιτύχης (f. l. ἐπιτύχοις) ἂν. (Cp. VI, xx. fin de l'Appendice.) Ἐκ τοῦ M^r ρηγός : τραγὶς *barba de bouc* : — 3. Titre dans E. Ἀνεπιγ. φιλ. κ. ἀκ. χρ. λόγος ἐμφαίνων τὸν τῆς χρυσοπ. λόγος καὶ τρόπον συνεπτ. σὺν Θεῷ. — τοῦ αὐτοῦ om. A et mg. : λόγος bis (1re main. — 6. Ἐπεὶ δὲ — Ἀριστοτέλους (p. suiv., l. 5). Réd. de E : Ἐπειδὴ τὸν τῆς χρ. συνεπτ. λόγον, φέρε καὶ περὶ τῶν αὐτῆς διαλεξόμεθα ποιητῶν · καὶ πρῶτος μὲν οὖν αὐτῶν ἐστιν ὁ προσαγ. τρ. Ε., ὃς κατὰ τρ. δυν. καὶ ἐνεργείας, τὴν παρ. ποίησιν γενέσθαι φησίν. Εἶτα ὁ Ἰωάννης ὁ ἀρχιερεὺς ἐν Εὐαγείᾳ (Εὐαγείᾳ La) καὶ Δημόκριτος, καὶ Ζώσιμος, καὶ Ὀλυμπιόδωρος, καὶ Στέφανος, καὶ ἄλλοι πολλοὶ (ἄπειροι La) μετὰ ταῦτα οἵτινες ὡς ὑποφῆται ἐξηγήσαντο τοὺς παλαιοτέρους αὐτῶν. Ἑρμῆν φημι, καὶ Δημόκριτον, καὶ Πλάτωνα καὶ Ἀριστοτέλην. Le rédacteur de E La, dans ce morceau, semble avoir utilisé de temps à autre les variantes de AK, dont le relevé n'offrirait qu'un intérêt purement paléographique. — 8. καὶ προσαγ. AK. — 13. τῆς ἐνευαγίας τῆς θείας AK. Cp. ci-dessus, p. 25, l. 7, et la note.

Μετὰ τοῦτον Δημόκριτος τρίτος ἀνεφάνη περιβόητος φιλόσοφος ἐξ
Ἀβδήρων μὲν, τῶν δὲ πρὸ αὐτοῦ ὑποφητῶν ἀγαθώτατος.

Μετὰ τοῦτον Ζώσιμός τις πολυμαθέστατος ἐπιφημίζεται.

Οὗτοι οἰκουμενικοὶ πανεύφημοι φιλόσοφοι καὶ ἐξηγηταὶ τοῦ Πλά-
5 τωνος καὶ Ἀριστο-[f. 79 v.] τέλους, διὰ διαλεκτικῶν δὲ θεω-
ρημάτων, Ὀλυμπιόδωρος καὶ Στέφανος, οἵ τινες ἔτι σκεψάμενοι
καὶ τὰ περὶ τῆς χρυσοποιίας μεγάλα ὑπομνήματα μετὰ μεγίσ-
των ἐγκωμίων συνεγράψαντο, πιστωσάμενοι τοῦ μυστηρίου τὴν
ποίησιν.

10   2] Τούτων ἡμεῖς ἐντυχόντες τὰς πανσόφους βίβλους, ἐκ πείρας
καὶ τριβῆς κατανοήσαντες, τὴν τῶν ὄντων λεγομένην περίνοιαν ἀνα-
μιμνήσκομεν ἑαυτοῖς ὡς ἀναγκαῖα καὶ ἀληθῆ εἰσιν. Ὥσπερ εἰ μο-
λιβδάσημός τις χαλκοῦ ἐμυσταγώγησαν · σύμφωνοι γὰρ ἅπαντες
κατέστησαν, τὰ περὶ μολιβδοχάλκου διαγεγραφότες, καὶ ἐπεκκλησίᾳ
15 τὰ περὶ μολιβδοχάλκου δὲ κηρύξαντες · ἐν οἷς μετὰ πεῖραν καὶ τρι-
βήν, καὶ τὴν τῆς ὕλης διάκρισιν ὑπόμνησιν ποιούμεθα, παρακελευό-
μενοι ἑαυτοῖς ἀπέχεσθαι πάντων ὁμοῦ τῶν τὴν καυστικὴν δύναμιν
ἐχόντων, ἀπό τε πυρὸς καὶ θείου · καὶ πάντων ἀρσενίκων ἡ ἐπιμιξία
καὶ σφοδρότης πᾶσαν βλάβην καὶ ἀποτυχίαν ἐργάζονται · προσδέχεσ-
20 θαι πάντα εἰ μὴ ἐξιδιάζοντος ὑγρὰν δύναμιν ἔχοντα, πρός τε μίξιν
καὶ στοιχείωσιν καὶ τὴν τοῦ μολίβδου σύγκρασιν · σύγκρασιν γὰρ
φασιν ἣν καὶ συνουσίωσιν ἡμεῖς καλοῦμεν, πρῶτον μὲν διὰ χωνευ-

---

5-9. διὰ διαλεκτικῶν — τὴν ποίησιν] Réd.
de E : Οὗτοι γὰρ ἐπισκεψάμενοι καὶ ἐξερευ-
νήσαντες (ἐξερευνοῦντες ΑΚ) πάντα τὰ θεωρη-
τικὰ καὶ μέγιστα ὑπομνήματα ταύτης τῆς
τέχνης (ces deux mots soulignés dans E,
omis dans La) τῆς χρυσοποιίας μετὰ μεγ.
ἐγκ. συν. περὶ ταύτης πιστ. ἡμῖν. τοῦ μυστ.
τούτου τὴν ποίησιν. — 10-16. τούτων — ποιού-
μεθα] Réd. de E : Ὅθεν καὶ ἡμεῖς ἐντυ-
χόντες τοῖς πανσόφοις αὐτῶν βίβλοις μεγίστῃ
πείρᾳ καὶ τριβῇ κατανοήσαμεν τὴν ὄντως λεγο-
μένην περίνοιαν. Διὸ καὶ ἀναμιμνήσκομεν ὑμᾶς

καὶ λέγομεν ὡς ἄν. καὶ ἀληθὴς ὑπάρχῃ αὐτῇ,
ἡ (om. La) τέχνη τῆς χρυσοποιίας. — 13.
μολιβδάσημός Μ. — 14. ἐπεκκλησία Α ; ἐπε-
κλήσια Κ. — 16-18. παρακελευόμενοι — ἐχόν-
των] Réd. de E : Παρακελευόμεθα τοίνυν
ὑμᾶς, ἐκ τῶν φιλοσόφων, ἀπέχεσθαι (Ce der-
nier mot est répété dans E seul) πάντων
τῶν τὴν καυστικὴν δύναμιν ἐχόντων. — 20-22.
πάντα — πρῶτον μὲν] Réd. de E : πάντα τὰ
ὑγρὰν δύναμιν ἔχοντα καὶ ἐξιδιάζοντα, καὶ πρός
μίξιν στοιχοῦντα, καὶ τὴν τοῦ μολίβδου σύγ-
κρασιν καὶ συνουσίωσιν, τὴν πρῶτον μὲν...

τηρίου γενομένην, ὕστερον δὲ καὶ ματτομένην καὶ πλυνομένην. Ἐπείπερ
καὶ μαγνησίαν ταύτην ἔνθεν ἐτυμολογοῦσιν ἐκ τοῦ ἀναμίγνυσθαι καὶ
μάττεσθαι κατὰ μίαν οὐσίαν καὶ συνουσίωσιν γινομένην τῆς συγ-
κράσεως. Μάξις δὲ καὶ παντὸς καὶ πάσης καθ᾽ ὑγρῶν καὶ ἐν ὑγροῖς
5 γίνεται, ὡς καὶ τὰ πλυνόμενα μάττεσθαι λέγεται, ἢ πηλὸς ὁμοίως
καὶ ὡς αὔτως, ἢ λίνα καὶ μετάξια λευκαινόμενα.

31 Διὸ καὶ ὁ μέγας Ὀλυμπιόδωρος ἐν μεγάλῃ καταφάσει ἀποφηνά-
μενος ἀναγράφει ὡς τοῖς ὑγροῖς ἐπιστεύθη (f. 80 r.) τὸ μυστήριον τῆς
χρυσοποιίας, καὶ ἐν παραδείγμασι μυρίοις καὶ ὑποτυπώσεσι πλείοσι
10 διὰ ῥείθρων καὶ ῥεύματων καὶ ῥεύσεων, καὶ ἀπορροιῶν καὶ πλύσεων τῆς
καλουμένης ταριχείας καὶ ἀσκήσεως. Ἀναγράφουσι τὴν τοῦ μυστηρίου
οἰκονομουμένην τελετὴν εἰς μίαν μὲν ἤτοι καὶ τὴν αὐτὴν ἀναστρέφοντες
διάνοιαν τοῦ γίνεσθαι τὰς οὐσίας ἰὸν χρυσοῦν, ὃν ποιῶν φασὶ ποιεῖ, ὁ δὲ
μὴ ποιῶν ἰὸν οὐδὲν ποιεῖ. Παχέων γὰρ ὄντων τῶν οὐσιῶν, ἀραιώδη καὶ
15 πνευματικὰ γίνεται, εἰς λεπτὸν μεταβαλλόμενα καὶ ἐξαλλοιούμενα διὰ
τῆς ἐν ἀλλήλοις περιχρίσεως, καὶ ἀλληλούχου κατοχῆς. Συγκιρνώμενα

---

1. καὶ ματτ.] καὶ καματομένην ΑΚ; καμα-
τομένην E. — 1-3. ἐπείπερ — οὐσίαν]
Réd. de E : ἢ καὶ μαγν. καλοῦσιν ὅτι μίγνυται
καὶ μάττεται καὶ βάπτεται κ. μ. οὐσίαν. —
3. γινομένης ΑΚ; om. E. — τῆς συγ-
κράσεως] τῆς συνουσιώσεως ΑΚΕ. — καὶ
τῆς συγκράσεως E. — 4. μίξις δὲ E. — καὶ
om. E. — 5-6. ὡς καὶ — λευκαινόμενα]
Réd. de E : ἤγουν δεῖ τὰ καταπλυν. μετά-
γεσθαι ὡς ὁ πηλὸς καὶ τὰ λινᾶ ἢ τὰ μετάξια
λευκαινόμενα. — 6. Entre λευκαινόμενα et
Διὸ καὶ ὁ μέγας Ὀλυμπιόδωρος κ. τ. λ., les
mss. ΑΚΕ La intercalent deux frag-
ments déjà publiés : 1° Ὅτι τρεῖς δυνάμεις
(Zosime, III. xxxi). Principales varian-
tes : p. 205. l. 2. Ὅτι (om. E La) τρεῖς
τρεῖς δὲ E La) δυνάμεις εἰσὶν τοῦ ἀλ. ξ. καὶ
τρεῖς ἐνέργειαι οἷον (βαφή ΑΚ et en sur-
charge εβαφ. κατ. καὶ στίλψις. (Nous repré-
sentons le point rouge de A par un
double trait.) = καὶ τρεῖς ἐνέργειαι, οἷον
(om. E La) ἀνθέων, πανθέων. = καὶ ὅλην
ὑποδεχόμενον. 2° III. xxxix, 4-5, p. 210,
l. 8 : = Ὅτι μεταξὺ μελάνσεως jusqu'à
χρωποίησις. = καὶ οὕτως ξανθώσεως καὶ ἰώσεως
— μέσος δέ ἐστιν πέρας εἰ (lire ἡ) διὰ τοῦ ὄργ. τοῦ
μασθ. οἰκ. (μελάνωσις omis) = αι τοῦ ἐνγωρισ-
θῆναι τὸ ὑγρὸν ἐκ τοῦ σπονδίου (l. σπολίου) ταρυ-
γεία. = 3ᵃ γὰρ (δὲ Lb, mel.) κ. τ. λ. l. 17 :
κύριον (comme A). = χιροποίησις; δὲ εν. l.18 :
ἢ λεύκωσιν φέρουσαν, ἢ ξάνθωσιν. = 4° δὲ l.
19 : Ζ᾽ δὲ κ. τ. λ. jusqu'à la fin du § 5. —
7-8. διὸ καὶ — ὑγροῖς] Ὁ δὲ μ. Ὀλ. ἀνα-
γράφει ὅτι ἐν τοῖς ὑγροῖς. — 11-13. ἀναγρά-
φουσι — ὁ δὲ] Réd. de E : ἅπαντες γὰρ
ἀναγρ. μίαν εἶναι τὴν οἰκονομίαν καὶ τὴν τε-
λευτὴν τοῦ μυστ. καὶ εἰς τὴν αὐτὴν ἀναστρέ-
φονται διάνοιαν, καὶ ἐν γίν. τὰς οὐσίας φασὶν·
ὁ γὰρ ποιῶν ἰὸν χρυσὸν ποιεῖ, φασίν, ὁ δὲ...
— 12. τελετὴν] τελευτὴν ΑΚ. F. l. τελετήν.
— 14. παχεῶν γὰρ οὐσῶν E, mel. — ἀραιώ-
δη, ἀραιώδη ΑΚ ; ἀεροῦδη. E. — 15. γίνωνται A ; γίνονται ΚΕ. — 16. ἐν om. E. —
ἀλλ. κατ. | ἀλληλοχροούμενα ΑΚΕ.

γὰρ καὶ ἐν ἀλλήλοις περιχριόμενα, ἑαυτά τε διαφθείρει, καὶ ἄλληλα πάλιν ἀναγεννᾷ, ὥσπερ καὶ αὐτὸς Δημόκριτος, ὡς πρὸς ἡμᾶς καὶ βασιλέα προσφωνῶν, φησί · « τοῦτο δὲ γίνωσκε, βασιλεῦ, καὶ ἡμεῖς ἄρχοντες, καὶ ἱερεῖς, καὶ προφῆται, ὅτι εἰ μή τις τὰς οὐσίας καταμάθοι,
5 καὶ τὰς οὐσίας κεράσοι, καὶ τὰς εἴδη νοήσει, καὶ τὰ γένη συνάψει τοῖς γένεσιν, εἰς μάτην κάμνει καὶ εἰς ἀνόνητα μοχθεῖ · ἀλλήλαις γὰρ αἱ φύσεις χαίρουσιν, καὶ ἀλλήλαις τέρπονται, καὶ ἀλλήλας φθείρουσι, καὶ ἀλλήλας ἀποστρέφονται, καὶ ἀλλήλας πάλιν γεννῶσιν.

4] Πρὸς ἅ καὶ νῦν ἡμᾶς δεῖ ἀναστρέφοντας συννοεῖν ὅτι τὰς οὐσίας
10 ἐκελεύετε μαθεῖν, καὶ τὰς οὐσίας κεράσαι, ἀντὶ τοῦ εἰπεῖν αὐτὰς τὰς ἀρχικὰς καὶ ἀκατεργάστους τῶν χυτῶν φύσεις, ὡς γένη τῶν εἰδῶν προϊσταμένας αὐτὰς δεῖ κεράσαι, καὶ οὐχὶ τὰ πάντων παράγωγα εἴδη. Τὰ γὰρ εἴδη, φησίν, δεῖ νοεῖν ὅτι ἅπαξ κατεργασθέντα τοῦ εἶναι γένη ἐξέπεσαν, ἀπολέσαντα τὴν οὐσιώδη αὐτῶν ἰδιότητα δικαίως ἐν ἐπανα-
15 λήψει · μετὰ τὸ εἰπεῖν τὰς οὐσίας κεράσαι, ἐπιφέρει λέγων · [f. 80 v.] « καὶ τὰ γένη συνάψαι τοῖς γένεσιν ».

5] Οὐκοῦν τὰ μὲν εἴδη νοοῦντας παρατρέχειν, τὰ δὲ γένη λαμβάνοντας αὐτὰ συνάψαι κατὰ τὰς πρωτουργοὺς αὐτῶν καὶ ἀκατεργάστους οὐσίας συγκιρνωμένας. Ἡ γὰρ φύσις, φησί, τῇ φύσει χαίρει,
20 καὶ ἡ φύσις τῇ φύσει τέρπεται, ὡς μιᾶς πρὸς μίαν σύνδρομον ἐχούσης τὴν σύγκρασιν, καὶ ἀνεμποδίστως ἀναπτομένης καὶ συνου-σιωμένης · τὰ γὰρ παράγωγα ἤδη διαγενόμενα παρεμποδίζεται ἐκ τῶν προσυμμίξεων συνουσιοῦσθαι, καὶ ἐντεῦθεν συγκιρνᾶσθαι οὐ δύναται,

---

2. καὶ ὁ Δημ. πρός τινα βασιλέα γράφων, φησί E. — 3. ὦ βασιλεῦ AKE. — καὶ ἡμεῖς — προφῆται om. E. — 4-6. εἰ μή τις — μοχθεῖ] Réd. de E : εἰ μὴ τὰς οὐσίας κατα-μάθῃς, καὶ τὰς οὐσίας κεράσῃς, καὶ τὰ εἴδη νοήσῃς, καὶ τὰ γένη συνάψῃς τοῖς γένεσιν, εἰς μάτην κάμνεις καὶ εἰς ἀνόνητον οἱ μόχθοι. E. — 5. κάμνεις E. — μοχθεῖ] οἱ μόχθοι AKE. — ἀλλήλαις γάρ...] αἱ φύσεις ἀλλήλαις χαί-ρουσι E. — 9-23. πρὸς ἃ — οὐ δύναται]

Réd. de E : Δεῖ δὲ νοεῖν ὅτι τὸ εἰ μὴ τὰς οὐσίας καταμάθῃς σημαίνει τὴν κατεργασίαν τούτων πρὸς τὴν ἡμῶν τέχνην · τὰ γὰρ ἄλλα πάντα εἴδη, τὰ παράγωγα ἅπαξ κατεργ. ἐξέ-πεσαν · διὸ καὶ ἀπώλεσαν τὴν ἑαυτῶν οὐσιώδη, ἰδιότητα καὶ παρεμποδίζεται (ligne 22) ἐκ τῶν προσμίξεων καὶ συνουσιοῦσθαι καὶ συγ-κιρνᾶσθαι οὐ δύναται. — 10. F. l. ἐκε-λεύετο. — 11. κατεργάστους AK. — 22. ἤδη εἴδη, AK, f. mel.

οἷον ἡ λεπὶς τοῦ χαλκοῦ ἢ ὁ ἰὸς τοῦ χαλκοῦ καλούμενος ἰατρικῶς
κεκαυμένος, χαλκοῦς ἴδιος ὢν τοῦ χαλκοῦ καὶ ἐκ τοῦ γένους αὐτοῦ
κατεργασθεὶς παρεμποδίζεται καὶ συγκιρνᾶσθαι καὶ συνουσιοῦσθαι οὐ
δύνανται. Τοιοῦτον δὲ καὶ ἡ λιθάργυρος καὶ ἡ καδμία καὶ τὸ ψι-
5 μύθιον, ἴδια ὄντα τῆς μολίβδου, καὶ αὐτὰ ἕκαστον παρεμποδίζεται
συγκιρνᾶσθαι καὶ συνουσιοῦσθαι οὐ δύνανται καὶ τὰ ἀπὸ μολίβδου
γενόμενα. Μόλιβδος δὲ πρὸς μόλιβδον οὐ παρεμποδίζεται συγκιρνᾶσ-
θαι, οὐδὲ μὴν μόλιβδος κατὰ χαλκοῦ ἐπιβαλλόμενος.

6] Κἀντεῦθεν μεγάλην διάγνωσιν ηὕραμεν, ὅτι τῶν οὐσιῶν ἡ
10 σύγκρασις γίνεται καὶ τῶν γενῶν ἡ συναφή, οὐχὶ δὲ καὶ τῶν εἰδῶν,
ὡς κατὰ τόπον ὄντας ἡμέτερον εἰδέναι ὅτι οὐσίας καὶ γένη καὶ
φύσεις καθ᾽ ἑνὸς σημαινούσας ἤγαγεν ὁ φιλόσοφος. Διὰ γὰρ τοῦ
λέγειν « τὰς οὐσίας κεράσαι », καὶ « τὰ γένη συνάψαι τοῖς γένεσιν »,
καὶ ὅτι « ἀλλήλαις αἱ φύσεις χαίρουσιν », παραδίδωσιν ὡς καθ᾽ ἓν
15 σημαινόμενόν ἐστιν οὐσία καὶ γένος καὶ φύσις · ὡς ἐξ ἀνάγκης δεῖ
μαθεῖν πρῶτον τὰς φύσεις, τὰ γένη, τὰ εἴδη, τὰς συγγενείας, τὰς
συμπαθείας, τὰς ἀντιπαθείας, τὰς (f. 81 r.) κράσεις, τὰς διαστάσεις,
τὰς φιλιώσεις, τὰς ἔχθρας, τὰς ἀποστροφάς, καὶ εἴ τι τοιοῦτον, καὶ
οὕτως ἐπὶ τὸ προκείμενον σύνθεμα ἐλθεῖν, ὡς ὁ ἀγαθώτατος Δημό-
20 κριτος ταῦτα συγκεφαλαιούμενός φησιν.

7] Οὐδὲν γὰρ ἀγνοεῖν χρὴ ὅτι κατὰ συμπάθειαν φυσικὴν ὁ μαγ-
νήτης λίθος τὸν σίδηρον ἕλκει πρὸς ἑαυτόν, οὐδὲ ὅτι κατὰ ἀντιπάθειαν

1-3. ἢ ὁ ἰὸς — παρεμποδίζεται] Réd. et
disposition de AK : ἢ ὁ ἰὸς τοῦ
τοῦ γένους αὐτοῦ κατεργαστῆς ὁ καλ.
ἰατρικῶς κεκαυμένος signe de χαλκός. οἴδιος (ἴδιος
K) ὢν τοῦ γ. καὶ ἐκ τοῦ γ. αὐτοῦ κατεργασ-
τῆς παρεμποδίζεται. — 1.-16. ἢ ὁ ἰὸς τοῦ
χαλκοῦ — τὰ εἴδη] Réd. de E : ὁ ἰὸς τοῦ
γ.. ὁ κα. χαλκός, ἡ λιθάργυρος, ἡ καδμία,
τὸ ψιμύθιον · ταῦτα πάντα καὶ τὰ ὅμοια
παράγωγα μέν εἰσιν ἐκ τῶν μετάλλων, ἀλλ᾽
οὐ δύν. συγκίρν. καὶ συνους. · εἴδη γάρ εἰσι
τῶν μετάλλων · τὰ δὲ γένη τούτων συνουσιοῦν-
ται καὶ συγκιρνῶνται, ὡς ὁ χαλκὸς τῷ ἀργύρῳ

καὶ ὁ ἄργυρος τῷ χρυσῷ καὶ τὰ ὅμοια. Διὰ
τοῦτο ἄρα ἔλεγεν ὁ φιλόσοφος · εἰ μὴ τὰς φύ-
σεις καὶ τὰ γένη, καὶ τὰ εἴδη καταμάθῃς, καὶ τὰ
ἑξῆς. — 15. ὡς — τὰς φύσεις om. AK. — 16-
19. τὰς συγγενείας — οὕτως] Réd. de E :
Δεῖ οὖν γινώσκειν τὰς συγγ. τούτων καὶ τὰς
συμπ., καὶ τὰς ἀντισυμπ., καὶ τ. κρ. καὶ τὰς
διαστ., κ. τ. ἔχθρας, κ. τ. φιλ. κ. τὰς ἀποστρ.
καὶ εἴ τι ἄλλο τοιοῦτον · καὶ οὕτως... — 21.
F. l. οὐδὲ. — οὐδὲν δὲ χρὴ νοεῖν ὅτι E, qui
met un point d'interrogation après ἐνεργ-
γείας (p. suiv., l. 2). — 22. κατὰ φυσικὴν
ἀντιπάθειαν.

τὸ σκόροδον προστριβόμενον κατὰ τὸν μαγνήτην κωλύει αὐτὸν τῆς
τοιαύτης φυσικῆς ἐνεργείας. Εἰ δὲ καὶ σύγκρασις γίνεται ὕδατος πρὸς
οἶνον ἀναγεομένου, ἐλαίου δὲ πρὸς ὕδωρ διάστασις, οὐ τὰ κατὰ συμ-
πάθειαν φυσικὴν ἔχοντα πρὸς ἄλληλα καταλιμπάνοντες, τὰ κατὰ
5 ἀντιπάθειαν ἐλαμβάνομεν.

8] Κατὰ συμπάθειαν οὖν φυσικήν, καὶ κατὰ συγγένειαν οὐσιώδη
πάντα τὰ χυτὰ συγκιρνᾶται καὶ συνουσιοῦται φιλικῶς περιχαροῦντα
ἐν ἀλλήλοις, καὶ σώζοντα τὴν οἰκείαν συνύπαρξιν. Καὶ κατὰ ἀντι-
πάθειαν καὶ ἔχθραν καὶ ἀποστροφήν · πάντα δὲ τὰ θετὰ φυσικῶς, εἰ
10 καὶ πάντα τὰ χυτὰ διαφθείρει τῶν τοιούτων τὴν ὕπαρξιν · ὃ καὶ
προείπομεν πάντων τούτων ἀπέχεσθαι. Προσλαμβάνει δὲ · « τὰ χυτὰ
σώματα ἀλλήλοις χαίροντα, καὶ ἐν ἀλλήλοις ἐπισπώμενα » · ἐπείπερ
καὶ ὡς ἐν ἀφορισμῷ ὁ πολυμαθέστατος Ζώσιμος ἐκφανέστατά φησιν.
Αὐτὸ γὰρ τὸ μυστήριον τὸ τῆς χρυσοβαφῆς, σώματα ὄντα, πνεῦμα
15 γίνεται, ἵνα ἐν ταῖς καταβαφαῖς τοῦ πνεύματος βάψῃ, καὶ μὴ ἐπε-
νέγκῃ ἐπισταθμίαν.

9] Ὡς ἐμάθομεν ἤδη ὅτι σώματα κατὰ τὴν σύγκρασιν τοῦ μολιβ-
δοχάλκου ὑδραργύρῳ κατηγλαϊσμένα πνεῦμα γίνεται, ἀνθ᾽ ὧν καὶ
πρότερον ἐξυδατοῦται, καθεψεῖται καὶ διὰ ῥεύσεως τῆς κατὰ τὴν
20 ταριχείαν καὶ ἄσκησιν τῆς κατ᾽ αὐτὸ ἅμα γενομένης, μεταβάλλει

2-8. εἰ δὲ καὶ — ἀλλήλοις] Réd. de E :
Ὅρα δὲ πῶς καὶ ὁ οἶνος ἀνέχεται τὸ ὕδωρ καὶ
γίν. σύγκρ. καὶ συνουσίωσις καὶ φιλίωσις, τὸ δὲ
ἔλαιον πρὸς τὸ ὕ. οὐκ ἀνέχεται συγκερασθῆναι,
οὐδὲ συμπ. ἔχουσι φυσικὴν πρὸς ἄλληλα, ἀλλὰ
διάστασιν ἐχθρικήν · χρὴ τοίνυν νοεῖν ὅτι τινὰ
τῶν ὄντων καταλαμβανόμενα πρὸς ἄλληλα κατὰ
συμπ. φυσ. κ. κατὰ συγγ. οὐσ. συγκιρνῶνται
καὶ συνουσιοῦνται φιλ.. περιχαίροντα ἀλλήλοις.
— 8-13. καὶ κατὰ — Ζώσιμος] Réd. de E :
τινὰ δὲ κατὰ ἀντιπ., κ. ἔ. κ. ἀπ. ἐναντιοῦνται
ἀλλήλοις καὶ διίστανται, ἀντιμαχόμενα. Ὅθεν
καὶ ὁ πολυμ. Ζώσιμος... — 9. θετὰ K. —
11. προσλαμβάνειν M. — 13. ἐκφαν. om.
E. — 14. τὸ ἐν τῇ χρυσοβαφῇ ΑΚΕ. —

πνεύματα γίνονται ΑΚΕ. — 15. βαρῶσι E.
— ἐπενέγκωσιν E. — 16. Ἐπισταθμίαν γάρ,
ὡς ἐμάθομεν ἰδιότητα σωμάτων K (d'après
A corrigé). — 17. ὡς ἐμάθ. ἤδη σώματα]
Réd. de E : Τί γὰρ ἄλλο σημαίνει ταῦτα, ἢ
ὅτι τὰ σώματα... — μολυβδοχάλκου en signe
avec la finale κου ΑΚ. — 18. ὑδραργύρῳ
om. M ; en signe ΑΚ : en toutes lettres
E. Cp. ci-après, VI, xviii, 4. — πνεύ-
ματα γίνονται ΑΚΕ. — ἀνθῶν M. — ἀνθ᾽
ὧν καὶ om. E. — 19. πρ. γὰρ ἐξυδατοῦνται
καὶ καθεψοῦνται E. — διαρύσεως M. —
Réd. de E : καὶ διὰ ῥεύσεως καὶ ἀσκήσεως
τῆς κατ᾽ αὐτὸν ταριχείας, καὶ μεταβάλλουσι
καὶ ἐξαλλοιοῦνται E. — 20. καθαυτό M.

καὶ ἐξαλλοιοῦται ἐκ τοῦ σώματος πεφυκέναι εἰς ἀσώματον ὑπερ-
[f. 81 v.) φύιαν, ἐκ τοῦ μολιβδοχάλκου χρώματος, ἐπὶ τὸ χρύσοπτον
πάντα γίνεται.

Οὕτω γὰρ καὶ περὶ τούτου τρανότερον ὁ θεῖος Ὀλυμπιόδωρος
5 ἐκ τῶν ἡνῶν εὐμαρῶς τοῦ χρυσορυχήτου περιάγων τὸν ῥοῦν, ἐν μικρο-
λόγῳ φησί · « χαλκός, μόλιβδος, ἐτήσιος λίθος » ἐξ ἧς οὖν ὁμο-
ρευστήσαντος ποιεῖ τούτοις τὴν διὰ πυρός · δι᾽ ὧν καὶ νῦν σημειού-
μεθα ὅτι διὰ τοῦ λέγειν τὸ « ⟨χαλκὸς⟩ μόλιβδος, ἐτήσιος λίθος »
παραδίδωσιν δι᾽ αὐτῶν γίνεσθαι τὸ πᾶν τοῦ μυστηρίου, καὶ αὐτὸ
10 διὰ πυρός · τὸ γὰρ « ἐξ ἴσου ὁμορευστήσαντα », οὐχ ὕλης προσθή-
κην ὑποβάλλει, ἀλλὰ τὴν τῆς ὕλης ῥεῦσιν · διὰ γὰρ τοῦ λέγειν
« ὁμορευστήσαντα », δείκνυσιν ὅτι τῶν τριῶν ἅμα καὶ κατ᾽ αὐτὸ
γινομένων ῥεῦσαι ποιεῖν δεῖ. Καὶ πρότερον τὸ ἐξ ἴσου προκείμενον
συγκεφαλοίωσιν ἔχει, ὅτι οὐχὶ τὸ μὲν ἓν ῥεῦσαι ποιεῖν χρή, ἢ τὰ
15 δύο μόνα, ἀλλ᾽ ἐξ ἴσου ὁμοῦ τὰ τρία ἐν μιᾷ συγκράσει γενόμενα.
Διὰ γὰρ τοῦ λέγειν « ὁμορευστήσαντα », τοῦτο δείκνυσιν, τὸ ὁμοῦ
καὶ κατ᾽ αὐτὸ ἅμα ἑξῆς δεῖ ποιεῖν ῥεῦσαι αὐτά · τότε γὰρ καὶ
χρύσοπτα πάντα ποιεῖ, ἐν οἷς ἐπιβληθήσεται ἢ ἐπιχρισθήσεται.

10] Καὶ μὴ ἀπιστῆν τοῦτο, ἀλλ᾽ ἐπισημειώσασθαι ὅτι ὡς μίαν
20 κατὰ φύσιν τὴν ὕλην, καὶ τὴν μέθοδον τῆς οἰκονομίας ἀπεφήνατο. Ἐπὰν

---

1. πέφυκεν γὰρ εἰς ἀσώματα ἐπὶ τὸ χρύσοπ-
τον E. — 4-6. οὕτω γὰρ — ὁμορευστή-σαντος]
Réd. de E : Ὁ δὲ Ὀλ. φησιν · ὁ μολυβδό-
χαλκος αἰτήσιος λίθος ἐστίν · ἑξῆς οὖν ὁμορ-
ρευστήσαντα. — 5. οἴνων AK. — εὐμαρῶς] ἐν
μαρ᾿δᾶς A : ἐν μαραβᾶς K. — χρυσορυχή-
του] χρυσορυχήτου K. F. l. χρυσορυχήτου,
dérivé supposé du verbe connu χρυσο-
ρυχέω. — ἐν μικρῷ λόγῳ AK. — 6. ἐξ ἧς]
F. l. ἑξῆς (leçon de E). — ὁμορευστ.] Lire
ὁμορρευστ. ici et partout. — 7. διὰπυρός
M, ici et plus loin. — δι᾽ ὧν καὶ νῦν]
ἡμεῖς δὲ ἐν τούτοις E. — 8. διὰ τὸ λέγειν τὸν
μολυβδόχαλκον αἰτήσιον λίθον E. — 9. δι᾽
αὐτῶν] καὶ αὐτὸ E. qui omet καὶ αὐτό. —
11. ὑποβάλλει ἐπίβαλλεν AK ; ἐπέβαλεν E.

— διὰ γὰρ — δείκνυσιν] om. AKE. — 12.
καὶ om. KE. — κατ᾽ αὐτῶν AKE. — 13.
συγκείμενων AKE. — 14. καὶ συγκεφάλα-ιων
AKE. — ἓν om. M. — 16. Cp. Olym-
piodore, Appendice III, ci-dessus, p.
106. — τοῦτο om. AKE. — τὸ om. AK.
F. l. ὅτι. — 18. χρυσόπτα A ; χρύσωπτα
A. F. l. χρυσωπά (ici et partout)? — ἐν
οἷς γὰρ ἐπιβληστήσεται, ἢ ἐπιχριστήσεται AK.
— 19. ἀπιστῇ AK ; ἀπίσται E. F. l. ἀπισ-
τεῖν. — ἐπισημ. χρῇ E, f. mel. — 20. κατὰ
φ. τὴν ἐνέργειαν ἔχει, τὴν ὕλην AKE. — τῆς]
τοῖς M. — 20 et p. suiv., l. 2 : ἐπὰν γὰρ —
ὑπογράφει] Réd. de E : ὥσπερ ἀπεφήνατο
ἀρχαῖοι οἵ τινες τὸν χαλκομόλυβδον ἤγουν
τὸν καὶ μολυβδόχαλκον ὡς ὁ. ὑποκ. γράφουσι.

γὰρ « χαλκὸς, μόλιβδος » τὸν μολιβδόχαλκον, ὡς ὕλην ὑποκειμένην
ὑπογράφει. Καὶ γὰρ, ὥς φησιν ὁ Δημόκριτος, « πολλὴν συγγένειαν
ἔχει ὁ μόλιβδος πρὸς τοὺς ζωμούς. » Καὶ πάλιν · « ἐπὰν γὰρ τῆς φύσεως,
φησὶ, τῆς μολίβδου μετάσχῃ, ἄφευκτον εὑρίσκεται · ὡς κἀντεῦθεν
5 ἐπίμνησιν δεῖ λαμβάνειν ὅτι διὰ τοῦτο φεύγει ἡ διὰ μόνου τοῦ χαλκοῦ
κατασκευαζομένη βαφὴ, διὰ τὸ μὴ μετέχειν τῆς φύσεως τῆς μολίβδου
οἰκονομίας. » Διὰ τοῦ λέγειν « χαλκὸς, μόλιβδος », τὴν ὕλην γινομένην
ὑποβάλλει. Διὰ (f. 82 r.) δὲ τὸ ἐπιφέρειν « ἐτήσιος λίθος », τὴν δι᾿ οὗ
γίνεται περιουσίαν δηλοῖ. Πᾶν γὰρ γινόμενον δι᾿ ἄλλου πάντως γίνεται ·
10 κατ᾿ αὐτὸ γὰρ οὐδὲν γίνεται · γενόμενον δὲ δι᾿ ἄλλου πάντως γίνεται.
Καὶ οὐκοῦν ὁ ἐτήσιος λίθος « δι᾿ οὗ γίνεται ὁ μολιβδόχαλκος » προστί-
θεται. Τί δὲ οὗτός ἐστιν; κατ᾿ οὐσίαν. Καὶ διὰ τί « λίθος » νῦν ἐπισκέ-
ψασθαι χρή, ἵνα μὴ λήθης βυθοῖς περιπίπτοντες, διαλάθοιμεν τὸ σημαι-
νόμενον.

15 11] Εἰώθασι τοίνυν οἱ ἀρχαῖοι τὰ πολλὰ ἐκ παραθέσεως ἐξαγγέλλειν ·
ὡς καὶ ὧδε κατὰ παράθεσιν διαγορεύουσι, λίθον καλοῦντες, διὰ τὸ λιτὸν
μὲν εἶναι αὐτόν. Οὐδὲ γὰρ ὡς δένδρον τι δρᾶν καὶ ἐκφύειν δύναται ·
ἀλλ᾿ ὅτι ἀεὶ λιτὸς μένει οἷον ἁπλοῦς κατὰ τὴν τῆς φύσεως περιουσίαν ·
καὶ ἀναβάλλει ταύτην λίθος, διὰ τὴν ἁπλὴν αὐτοῦ ἰδιότητα. Οὐ γὰρ
20 καθ᾿ αὑτὴν μένουσα ἡ φύσις τοῦ θείου ὕδατος δρᾶν τι δύναται, ἀλλὰ
μετὰ ἄλλων συντιθεμένη τῶν σύνθετον ἐχόντων τὴν οὐσίαν, τότε δρᾷ
καὶ ποιεῖ, καὶ τὰ μεγάλα ταῦτα ἐργάζεται · Ἔοικε γὰρ τὰ στερεὰ
σύνθετα εἶναι, καὶ εἰ μὴ ταῦτα συμπλακείη τοῖς ὑγροῖς, οὐδὲν ποιεῖν

---

2. φησὶ γὰρ ὁ Δημόκρ. E. — 3. καὶ πάλιν
— μετάσχῃ] ἐπειδὴ τῆς φ. τοῦ μολύβδου
μετέχει E. — 4. ἄφευκτος γὰρ AKE. —
εὑρίσκεται] ἐστιν E. — 4-8. ὡς κἀντεῦθεν —
ὑποβάλλει] Réd. de E : ὁ δὲ χαλκὸς διὰ
τοῦτο φεύγει, ὅτι οὐ μετέχει τῆς φύσεως τῆς
τοῦ μολύβδου οἰκονομίας. Διὰ τὸ λ. οὖν τὸν
χαλκομόλυβδον τὴν ὅ. τὴν γινομένην ὑποβάλ-
λει. — 8. αἰτήσιον λίθον E. — 9. δι᾿ ἄλλου]
δι᾿ ὅλου E. — 10. κατ᾿ αὐτὸ — πάντως
γίνεται om. AKE. — 11. διοῦ M. — 12.

καὶ διὰ τί λίθος] οὐκ ἄλλο ἢ λίθος E. puis :
νῦν δὲ χρὴ περὶ λίθου ἐπισκέψασθαι. — 15.
τοίνυν] γὰρ E. — 16. ὡς καὶ ὧδε — παρά-
θεσιν] ὅθεν καὶ τοῦτον λίθον κατὰ παράθεσιν
E. — λίθον δὲ καλοῦσιν αὐτὸν E. — διὰ
τὸ λιτὸν (ἄλλως λιτόν) εἰς αὐτὸν E. —
17. οὐδὲν γὰρ, AKE. — ὡς om. E. —
ἐκφύειν AKE. — 19. λίθος] λυθὲν AK;
λυθεὶς E. — 20. τοῦ ὕδατος τοῦ θείου E. —
21. τῶν συνθέτων γὰρ οὕτως ἐχόντων εἰς
συνουσίαν τότε ποιεῖ E.

δύναται, τοῦ δημιουργοῦ θείου τὸ σόφισμα τοῦτο ἐξευρόντος, ἵνα τὰ στερεὰ διὰ τῶν ὑγρῶν γίνωνται.

12] Οὐκοῦν ὁ ἐτήσιος λίθος διὰ τὸ λιτὸν τῆς ἁπλῆς αὐτοῦ περιου-σίας, λίθος λέγεται, κατὰ τροπὴν τοῦ Θ στοιχείου εἰς τὸ Τ γραφό-
5 μενον · καὶ διὰ τὸ ὁρᾶν καὶ ποιεῖν μέλλειν, ὑγρᾶς εἶναι φύσεως προφέ-ρεται, ἵνα καὶ διαλύσῃ καὶ ὁμορευστήσῃ, καθὼς εἴρηται, ὅτι ὁμορευσ-τήσαντα χρύσοπτα πάντα ποιεῖ. Ἐὰν γὰρ καί, ὡς αὖθις εἴρηται, αὐτὰ καθ' ἑαυτὰ τὰ στερεὰ φύσει ἄρευστά εἰσι, ῥεῦσαι οὐ δύνανται ἐὰν μὴ τοῖς ῥευστοῖς διαλυθῇ, ἢ ἐξυδατωθῇ. Συνήκατε πάντως ὑμεῖς ὅτι
10 κατὰ παράθεσιν καὶ ἀντίφρασιν λίθος ἑρμηνεύεται ὁ ἐτήσιος, ὁ σίδηρος, ὁ ἄργυρος καταφαινόμενος; Τοῦδε (f. 82 v.) τοῦ ἐτησίου ὄνομα καὶ Συνέσιος πρὸς Διόσκορον διερμηνεύων σαφῶς τὸ θεῖον ὕδωρ ἐξεφώνησεν.

13] Καὶ ἀναστρέψαι χρὴ πρὸς τὰ ὁμορευστήσαντα λέγειν τὸν φιλόσοφον [καὶ] διασκοπῆσαι ὅτι ὁμορευστῆσαι θέλει ῥευμάτων χρείᾳ
15 δυναμένων ἀποχρῆσθαι · ἐπεὶ καὶ πλύνεσθαι συντεθεώρηται, ὡς ἐκεῖνος ὁ Τρισμέγιστος Ἑρμῆς ἀναφέρεται παρὰ τοῖς μεγάλοις ἐκείνοις ἐξη-γηταῖς, ἀπ' αὐτῆς τῆς ῥήσεως ἀναγράφουσιν. Ὡς καὶ μᾶλλον Ὀλυμπιόδωρος λέγων · « Ἄρχεται ἡ ταριχεία ἀπὸ μηνὸς μεχεὶρ εἰκάδος πέμπτης ἕως μεσωρὶ εἰκάδος πέμπτης » · καὶ συναπτόμενος
20 πάλιν · « ὅσα ἂν δύνῃ ταρίχευσαι καὶ πλῦναι ὡς ἀρῆσαι αὐτὰ ἐν ἄγγεσιν ἀποκείμενα · ὅσα δύνασαι ποιῆσαι ποίησον, ποίησον διὰ τοῦ ἀναδιπλασιάζειν τὰς καταρατικὰς ἀποφάσεις, πιστούμενοι ὅτι οὕτως

---

1. δύναται ποιεῖν · δημ. δὲ τὸ σόφ. τοῦτο AKE. — A mg.: σύ. — 2. γίνεται M. — 3. ἁπλῆς om. AKE. — 4. (·)] ἐννάτου AKE. — 5. καὶ δι' αὐτοῦ ὁρᾶ κ. ποιεῖ μέλη, καὶ ὑγρ. ὢν φύσ. E. — προσφέρεται AKE. — 6. τὰ χρύ-σοπτα AK. — ὁμορρευστήσας γὰρ τὰ χρ. E. — 7. — ὡς αὖθις] συνθὴς ὡς AK. — ἐὰν γὰρ — εἴρηται om. E. — 9. συν. τούτων πάντες La. — 10. παρὰ κατάθεσιν AKE. — 11. τοῦ δὲ AK; τὸ δὲ E. f. mel. — 12. ἑρμηνεύεται E. Ce passage ne se retrouve pas dans le texte de Synésius (ci-dessus, II, n·). — 12-20. τὸ θεῖον ὕδωρ — ὅσα δύνηται] Réd. de E : τὸ θ. ὕ. εἶναι ἐν τῷ ὅτι ὁμορ. θ. ῥεύμ. γὰρ γρ. τῶν δυν. ἀπογρ. ὁ δὲ Ὀλ. φη-σιν. ὅσα ἂν δύνῃ... — 18. M mg. : 3o signes zodiacaux, planétaires et autres, d'une main du XIVe ou XVe siècle (scolie en cryptographie?). — 20. ὅσα δύνηται M. — ταριχεῦσαι καὶ πλῦναι mss. — ἕως ἀρῆς A. — 21. ὅσα ἂν δύνῃ AKE. — 22. πιστού-μενος AKE. mel. — 22 et p. suiv., l. 7 : πιστούμενοι — συνεκφράσεως;] Réd. de E : πισ-τούμενος ὅτι ἀναφέρειν δεῖ ἕως ἂν περιφυγῇ διὰ τὴν τοῦ ἀέρος ἐνέργειαν. Τὸ δὲ ταριχεύειν ἐκ τοῦ τὰ ρ. χέειν γίνεται, ἤγουν πλύνειν.

δεῖ ποιεῖν, καὶ ταριχεύειν, καὶ πλύνειν, καὶ ἐναφῆναι τοῖς ἄγγεσιν
ἀποκείμενα, καὶ μὴ προαρπάζειν ἀπὸ τῆς ταριχείας, καὶ ἔτι θερμὸν
ἀποκενοῦν, ἀλλὰ ἐναφίειν ἕως περιψυχθῇ διὰ τὴν τοῦ ἀέρος συνερ-
γίαν.

5 14] Καὶ ἐξ ἐτυμολογίας τὰ πολλὰ λέγει ὁ ἀρχαῖος, ἐπισυρόμενος
τὴν ἀνάπτυξιν. Κἀνταῦθα γὰρ τὸ ταριχεύειν ἐκ τοῦ τὰ ῥεῖθρα χεύειν
ἀναπτύσσεται · ἐπεὶ καὶ συνπακούει τὸ πλύνειν, δηλούσης τῆς σηνεκ-
φράσεως, ὅτι κατὰ τὰς πλύσεις τὰ ῥεῖθρα χεῖται, ἵνα καθαίρηται τὸ
σύνθεμα ἐκ τῆς ἀσκήσεως τοῦ κατὰ τὸν φιαλοδωμὸν ῥυπαινόμενον ·
10 τόπον γὰρ τῆς λεγομένης ταριχείας καλεῖ Ζώσιμος ἐν τῇ περὶ ἀρετῆς.

VI. xv. — LA MUSIQUE ET LA CHIMIE
ΑΝΕΠΙΓΡΑΦΟΥ ΦΙΛΟΣΟΦΟΥ

Transcrit sur M, f. 181 r. — Collationné sur K, f. 90 r.; — sur E (partie écrite par le copiste de La, b, c.), f. 180 v. — Contenu aussi dans le Vaticanus 1174, f. 35. (Voir A. Berthelot, Rapport sur les manuscrits alchimiques de Rome, dans les Archives des missions sc. et litt., 3e série, t. XIII, p. 824.) — Texte à rapprocher de III, xliv, ci-dessus, p. 219.

1] Τὸ ᾠὸν τετραμερές ἐστιν κατὰ φύσιν ἐκ τῶν εἰρημένων συγ-
κείμενον μορίων. Εἰσὶν οὖν αἱ πᾶσαι διαφοραὶ τῶν γενικῶν ποιήσεων
ρλε', ὧν οὔτε πλείονας, οὔτε ἥττονας τῶν ἐνδεχομένων ἔστιν ἰδεῖν
15 ἐπὶ τῆς τῶν εἴδει ἢ γένει μιᾶς ἀληθεστάτης ὕλης τῆς κατὰ τῶν
τεσσάρων ἢ ε' βιβλίων χωρούσης τιμιωτάτων τῆς ἐπιστήμης ἀργύ-
ρου, χρυσοῦ, μαργάρων, λίθων τε καὶ πορφύρας. Εἰδικαὶ δὲ ὑπάρ-

5. τὰ πολλά...] τί πάλιν λέγει ὁ ἀρχαῖος A. — 9. τοῦ κατὰ τ. ρ.] τοῦ φιαλοδωμοῦ ῥυπαινόμενον. Τέλος E. — 10. τόπον — ἀρετῆς om. E. — 11. Titre dans E : Ἀνεπιγράφου φιλοσόφου περὶ τῆς θείας καὶ ἱερᾶς τέχνης τῶν φιλοσόφων. — Dans le Vaticanus : Ἀνεπιγράφου φιλοσόφου πρὸς ...δόσιον τὸν μέγαν (sic) βασιλέα. — 14. ρλε'] Cp. VI, x, 9, ci-dessus, p. 413. — 15. εἰδῶν καὶ γενῶν E. — 16. βιβλίων τιμιά-των E. — τιμιωτάτων — πορφύρας] Réd. de E : τὰ δὲ τιμιώτατα ταύτης τῆς ἐπιστη-μονικωτάτης ὕλης εἰσὶν ὁ ἄργυρος καὶ ὁ χρυ-σός, καὶ οἱ μάργαροι, καὶ ἡ πορφύρα.

χουσι μέθοδοι πλείους, πρὸς τὴν τῶν μετιόντων εὐμέθοδον ἢ καὶ
ἀμέθοδον · ὧν ἔνιοι καὶ παρ' ἡμῶν ἀνεγράφησαν · αἱ δὲ καθ' ἕκαστα
καὶ ἄτομοι πάντως καὶ ἄπειροι, καθὼς ἔστιν εὑρεῖν ἀπειρίαν ἀτόμων.

2] Ὥσπερ δὲ τεσσάρων ὄντων μουσικῶν γενικωτάτων στοχῶν,
5 Α Β Γ Δ. γίνονται παρ' αὐτῶν τῷ εἴδει διάφοροι στοχοὶ κδ΄, κέντροι
καὶ ἴσοι καὶ πλάγιοι, καθαροί τε καὶ ἄηχοι ⟨καὶ παράηχοι⟩ · καὶ
ἀδύνατον ἄλλως ὑφανθῆναι τὰς κατὰ μέρος ἀπείρους μελωδίας τῶν
ὕμνων ἢ θεραπειῶν, ἢ ἀποκαλύψεων, ἢ ἄλλου σκέλους τῆς ἱερᾶς
ἐπιστήμης, καὶ οἷον ῥεύσεως ἢ φθορᾶς ἢ ἄλλων μουσικῶν παθῶν
10 ἐλευθέρας, τοῦτο κἀνταῦθα ἔστιν εὑρεῖν τὸν δυνατὸν ἐπὶ τῆς μιᾶς καὶ
ἀληθοῦς κυριωτάτης ὕλης, τῆς ὀρνιθογονίας.

3] Καὶ τὸ αὐλούμενον ἅπαν ἢ κιθαριζόμενόν ἐστιν ἢ ἀπὸ τῶν
τεσσάρων συγκείμενον στοχῶν, ἢ ἀπὸ τῶν τριῶν, ἢ ἀπὸ τῶν δύο
μόνων, ἢ ἐξ ἑνός. Καὶ ὅταν ἐκ τῶν τριῶν ὑπάρχῃ συγκείμενον, ἐξ
15 ἀνάγκης ἐστὶν ἢ ἀπὸ ἑνός, καὶ δύο, καὶ τριῶν, ἢ ἀπὸ δύο καὶ
τεσσάρων καὶ ἑνός · ἢ ἀπὸ τεσσάρων καὶ ἑνός, καὶ δύο. Καὶ ὁπό-
ταν ἢ ἀπὸ δύο συγκείμενον τὸ μέλος πάντως, ἢ ἀπὸ ἑνὸς καὶ δύο

---

1. πλείους] πλεῖσται E. — Réd. de E :
μετιόντων τοῖς μὲν ἀμαθέσιν ἀμέθοδον, τοῖς δὲ
εὐμαθέσιν εὐμέθοδον τέχνην. — 2. ἔνιαι καὶ
παρ' ἄλλων ἀναγρ. καὶ παρ' ἡμῶν αὐτῶν.
— 2-3. ἀνεγράφησαν — ἀτόμων] déjà im-
primé d'après A, ci dessus, p. 219, l. 3.
— 3. ἀπ. ὑπάρχουσι καθὼς E. — 4. στοχῶν]
στοίχων ΑΚ ici et partout. — Réd. de
E : ὥσπερ δὲ οἱ τέσσαρες τόνοι ἢ ἦχοι οἱ γενι-
κώτατοι εἰσί, καὶ θεμέλιοι τῆς μουσικῆς ἐπισ-
τήμης, ὁ πρῶτος ἦχος δηλαδή, καὶ ὁ δεύτερος,
καὶ ὁ τρίτος, καὶ ὁ τέταρτος γεννῶσιν ἐξ ἑαυτῶν
ἄλλους κδ΄ ἤχους καὶ τόνους διαφόρους τῷ εἴδει
οἵ τινες καλοῦνται κέντρα, καθαροί τε καὶ ἄη-
χοι, καὶ ἴσοι, καὶ ἀδύνατον... — 5. Α Β Γ Δ]
Lire πρώτου, δευτέρου, τρίτου, τετάρτου. —
8-10. Réd. de E : ἄλλου σκέλους τινός τῆς
ἱερᾶς ἐπιστ. τῆς μουσικῆς, καὶ οἷον ῥ. ἢ φθ.
ἢ ἄ. μ. π. ἐλ. εἰ μή διὰ τούτων, οὕτω καὶ ἐν
ταύτῃ τῇ θείᾳ τέχνῃ καὶ φιλοσοφικῇ ἐπιστήμῃ,

δυνάμεθα εὑρεῖν τὸ δυνατόν... — 10. καὶ
κυριωτάτης E. — 11. Après ὀρνιθογονίας]
τοῦ ᾠοῦ E (glose insérée dans le texte).
— 12-14. Καὶ τὸ αὐλούμενον — ἐξ ἑνός]
Réd. de E . πᾶσα δὲ φωνή καὶ πᾶν μέλος
γίνεται ἢ διὰ λάρυγγος, ἢ διὰ αὐλοῦ, ἢ διὰ
κιθάρας, ἢ ἄλλου ὀργάνου · πᾶν δὲ μέλος σύγ-
κειται ἢ ἐκ τῶν τεσσάρων ἤχων, ἢ ἐκ τῶν
τριῶν, ἢ ἐκ τῶν δύο, ἢ ἐξ ἑνός. — 14. τῶν
om. E, mel. — 15. ἐστίν] σύγκειται E. —
15-16. Lire ἢ ἀπὸ πρώτου, καὶ δευτέρου, καὶ
τρίτου, ἢ ἀπὸ δευτέρου, καὶ τετάρτου, καὶ
πρώτου, ἢ ἀπὸ τετάρτου, καὶ πρώτου, καὶ
δευτέρου. — 16. καὶ ὁπόταν...] ὅταν δὲ τὸ
μέλος ἢ συγκ. ἀπὸ δύο π. E. — 17 et page
suiv., 2 : ἀπὸ ἑνός...] Lire : ἀπὸ πρώτου καὶ
δευτέρου ἐστίν, ἢ ἀπὸ δευτέρου καὶ τρίτου, ἢ
ἀπὸ τρίτου καὶ τετάρτου, ἢ ἀπὸ τετάρτου καὶ
πρώτου, ἢ ἀπὸ πρώτου καὶ τρίτου, ἢ ἀπὸ δευτέ-
ρου καὶ τετάρτου, ἢ ἀπὸ πρώτου καὶ δευτέρου.

ἐστὶν, ἢ ἀπὸ δύο καὶ τριῶν, ἢ ἀπὸ γ΄ καὶ δ΄, ἢ ἀπὸ τεσσάρων καὶ
ἑνός, ἢ ἀπὸ ἑνὸς καὶ γ΄ ἢ (f. 181 v. ἀπὸ δύο καὶ τεσσάρων, ἢ ἀπὸ
ἑνὸς καὶ δύο. Καὶ ὅταν δὲ ἀπὸ μόνου συντεθῇ στοχοῦ ἑνός, ὁμολο-
γούμενον ἢ ἀπὸ ἑνός ἐστιν ἢ ἀπὸ δύο ἢ ἀπὸ τριῶν ἢ ἀπὸ τεσσά-
5 ρων · καὶ ἄλλως εἶναι ἀδύνατον καὶ ἐξ ἑνὸς τῶν εἰρημένων σκελῶν ·
καὶ παρὰ ταῦτα οὐκ ἔστιν. Οὕτω κἀνταῦθα λογιστέον ἐπὶ τῆς καθ᾽
εἱρμὸν ἐπιστήμης · καὶ τὸ ἀδύνατον ἐκδέχεσθαι δεῖ ἐξ ἀνάγκης ἐν
ταῖς παρατροπαῖς.

4] Καὶ ὃν τρόπον ἐπὶ τῶν μουσικῶν τὸ σόλοικον ὁρᾶται καὶ τοῦ
10 μέλους τὸ πάθος, εἴ τις ἀπὸ ἑνὸς στοχοῦ ἀρξάμενος ἀθρόως ἐπὶ τῶν
τριῶν ἢ τῶν ἐπέκεινα δράμοι, καὶ τοὐναντίον, ἢ ἀπὸ δύο πρὸς τέσ-
σαρα, εἰ τύχοι, καὶ ἀνάπαλιν καὶ τούτων ἀπὸ καθάρου πρὸς κέντρον ·
καὶ τὸ ἐναλλὰξ τῶν πλαγίων καὶ τῶν ἴσων ὑπεριδὼν, ἢ ἀπὸ ἑνὸς
κέντρου πρὸς δύο, ἢ γ΄ ἢ δ΄ κέντρου, ἢ ἀπὸ ἴσου πρὸς ἴσον, ἢ ἐκ
15 πλαγίων πρὸς πλάγιον, ἢ ἀήχου πρὸς ἧχον, ἢ παράηχον ἑαυτῷ, ἢ γ΄
ἢ τινος τῶν λοιπῶν ⟨ἢ⟩ τοὐναντίον · πολλὴ γὰρ ἐπὶ τούτων ἁπάν-
των καὶ τῶν ὁμοίων ἐστὶν ἡ διάστασις καὶ ὑψηλοταπεινότης, καὶ
φθοραὶ καὶ νεκρώσεις ἐν ἅπασι ταῖς ἐπηρείαις εὑρίσκονται ταῖς τοι-
αύταις.

20 5] Διότιπερ οἰκεῖα οἰκείων ὑπερέχειν ἔφασαν οἱ διδάσκαλοι τῆς

---

3. ἑνὸς καὶ δύο] D'après la progression
suivie dans cette énumération, il faut
peut-être lire : ἢ ἀπὸ γ᾽ καὶ δευτέρου. —
καὶ ὅταν] καὶ om. E. — ἀπὸ μόνου ἑνὸς ἤχου
συντ. ὁμολ. ἔστιν E. — 4. ἐστιν] εἶναι E. —
Lire ἢ ἀπὸ πρώτου... δευτέρου... τρίτου...
τετάρτου. — 5. καὶ ἄλλως...] Réd. de E :
ἄλλως δὲ ἀδύν. γενέσθαι · πᾶν γὰρ μέλος ἐξ
ἑνὸς τούτων τῶν εἰρ. σκ. γίνεσθαι δεῖ καὶ παρὰ
τ. οὐκ ἔστιν ἄλλος τρόπος. — 6-8. οὕτω —
παρατροπαῖς om. E. — 6. καθειρμόν MK.
F. l. καθ᾽ ἡμῶν. — 9. § 4] § 3 de III,
XLIV. — Réd. de E : καὶ καθάπερ ἐπὶ τῶν
μουσ. τὸ σόλοικον. — 10. εἴ τις] οἷον εἴ τις
E. — ἑνός] lire πρώτου. — στοχοῦ] ἤχου

E. — ἐπὶ τῶν τριῶν] F. l. ἐπὶ τοῦ τρίτου ἢ
τοῦ ἑπάκ. — 11. ἐκ τοῦ ἐναντίου E. — F. l.
ἀπὸ δευτέρου πρὸς τέταρτον. — 12. τούτων]
F. l. οὕτως. — 13. ἐναλλὰξ MK. — Lire ἢ
ἀπὸ πρώτου κέντρου πρὸς δεύτερον ἢ τρίτον, ἢ
τέταρτον κέντρον. Réd. de E : ἢ ἀπὸ ἑ. κ.
πρὸς δύο ἢ τρία ἢ τέσσαρα κέντρα. — 15.
πλαγίων] πλαγίου E, f. mel. — ἢ ἐξ ἀήχου
E. — F. l. πρὸς ἄηχον. — ἢ πρὸς παράη-
χον E. — ἢ γ΄ — τοὐναντίον om. E. —
17. καὶ ἡ ὑψ. E. — 18. καὶ φθ. δὲ E. —
ἅπασι; ταῖς τοιαύταις ἐπηρείαις εὑρίσκοντα
E. — 20. § 5] § 4 de III, XLIV. — διότι
παρακαὶ K : διότι παροικίαν E. — οἰκειῶν
M ; οἰκιῶν E.

ἐπιστήμης ἐκείνης ἐπὶ παντὸς στοχοῦ τῶν κυρίως κέντρων τοῦ ἑαυ-
τοῦ μεσοκέντρου καὶ τῶν ἐπέκεινα καθαρῶν τοῦ ὑστερουμένου κέν-
τρου, καὶ τὸν τρίτον τοῦ δευτέρου ὁμοίως, καὶ τὸν τρίτον τοῦ
τετάρτου. Καὶ μεγίστας καὶ ἀτάκτους τὰς ἐμβάσεις καὶ ἀποβάσεις
5 τῶν στοχῶν ποιούμενος ἐπὶ τῶν μελῳδιῶν γέλωτα πλεῖστον ἕνεκεν
τῶν εἰρημένων καρπίζεται παθῶν, καὶ παρὰ τῶν ἐπιστημόνων ἀξίως
ὅσοι περὶ παθῶν ἡμᾶς ἐκδιδάσκουσιν λόγοις f. 182 r.) σαφῶς.
Οὕτω κἀνταῦθα φυλακτέον τὴν ἀταξίαν ἐν πᾶσι τοῖς εἰρημένοις.
Εἰ γὰρ τῆς ἀπομελανώσεως ἢ ξανθώσεως ὀστράκων ἅψεται, τῆς τῶν
10 λεκίθων ἰώσεως ἢ ἄλλης αὐτῶν οἰκονομίας, μὴ κατὰ πόδα βαδίσας
ἢ πρὸ λευκώσεως α΄ ἢ β΄ ἢ γ΄ τῶν μερῶν ἢ τοῦ παντὸς ἄρξηται
τῆς ἰώσεως αὐτῶν, ἢ τῶν ὁμοτεριζόντων, ἢ ἀπὸ τῶν ἠλέκτρων
ἀρχόμενος, ἀθρόως ἄρξηται τοῦ ξανθοῦ ἢ τὴν α΄ ὑδράργυρον ὑπερι-
δὼν τὴν διὰ τῶν ἀμβύκων ἐπὶ τὴν μέσην ἢ τὴν ἐσχάτην βαδίσοι,
15 ἢ τὰς λειώσεις τελῶν τὰς πρώτας, εὐθέως τὰς τελευταίας ἐργά-
σαιτο, ἢ τὸ ἐναλλὰξ τῶν εἰρημένων ἁπάντων, ἢ ἄλλο τι δράσοι
παρὰ τὴν δέουσαν τάξιν, ἐπιζήμιον ἕξει τῆς αὐθαδείας τὸ ἔργον,
καὶ λέγωτος ἄξιον.

5 bis) Déjà imprimé ci-dessus, III, xliv, 5.

6] [Οὐχ] ὥσπερ δὲ ἐπὶ τῶν μορίων τῆς ὕλης ἔφαμεν τὰς εἰρη-

1. στοχοῦ] ἦχου E. — καὶ τοῦ ἑαυτοῦ
μεσοκ. E. — 3. Réd. de E : καὶ ἐπὶ τοῦ
τρίτου τοῦ δευτέρου ὁμ., καὶ ἐπὶ τοῦ τρίτου
τοῦ τετάρτου ὡσαύτως. — 4. καὶ μεγ.] μεγ.
δὲ E. — M mg. : ὡρ<αίον>. — ἐμβά-
σεις] ἐνάσεις M. — 5. στοχῶν] ἦχων E.
— ποιούμενος] ταῖς ποιούμενα E. — 6.
Réd. de E : τῶν εἰρ. παθῶν καρπίζονται
καὶ κινοῦσι, καὶ παρὰ τ. ἐπ. ἀξ. ἐνυβρίζονται
καὶ χλευάζονται, οἵ τινες π. π. ἡ. ἐκδ. —
7. σαφῶς E. — 8. οὕτω — εἰρημένοις]
Réd. de E : οὕτω καὶ ἐν ταύτῃ τῇ ἡμε-
τέρᾳ τέχνῃ, τῇ θείᾳ γίνονται ἀταξίαι καὶ πα-
ρατροπαὶ, καὶ φθοραὶ, καὶ νεκρώσεις εἴπερ
ἀμαθῶς καὶ ἀτέχνως (sic) κατασκευάζεται.

Διὸ καὶ προφυλακτέα ταῦτα πάντα τοῖς νέοις
ἐπιμελῶς. — 9. Εἰ γάρ τις ἀπὸ μελ. E. F.
l. εἰ γάρ τις τῆς ἀπομ. — 10. λεκίθων M ;
λεκύθων KE. — M mg. : 3 points en
triangle. — 11. α΄ ἢ β΄ ἢ γ΄] Lire πρώ-
της, etc. — Réd. de E : ἢ εἴπερ ἐκ τῆς
προλευκ. ἀφέλοιτο ἓν, ἢ δύο, ἢ τρία τ. μ.
ἢ εἰ τοῦ παντὸς ἄρξεται. — 12. ὁμοτερι-
ζόντων E. F. l. ὁμοσταιριζ. — ἢ εἴπερ
ἀπὸ τ. ἠλέκτρων E. — F. l. ἐλύτρων. —
13. ξανθοῦ] χαλκοῦ E. — τὴν α΄] Lire τὴν
πρώτην. — 15. τελῶν M. — 16. ἢ εἴπερ
ἄλλο τι E. — 17. ἐπιζήμιον M — 18. καὶ
γέλωτος ἄξιος ἔσται E. — 19. οὐχ] F. l.
καὶ. — ὕλης] τέχνης E.

μένας διαφορὰς τῶν ποιήσεων ἕνεκεν τῆς αὐτῶν διαιρέσεως, οὕτω
καὶ ἐπὶ τῶν οἰκονομιῶν δυνήσεταί τις μέν · τοὐναντίον γὰρ ἔστιν
ἰδεῖν ἐπὶ τῆς καθ ' εἱρμὸν οἰκονομίας ἕν τὸ εἶδος καὶ μίαν οὐσίαν
τὴν φύσιν αὐτῆς. Ἔνθεν ὁ ἱερώτατος Ζώσιμος ὑπομνηματίζων τὸ
5 « μιᾶς φύσεως νικώσης τὸ πᾶν », καὶ « ἑνὸς ὄντος τοῦ φυσικοῦ,
ἀλλ ' οὐκ εἴδους, ἀλλὰ τέχνης ». Εἰ δέ τις καλεῖν ἐθέλοι τὰ εἴδη
τῶν κδ´ στοχῶν ἐξ ἔχειν καὶ μόνον γενικά, καθαρόν, πλάγιον, ἴσον,
κέντρον, ἤ ἄηχον, ἤ παράηχον, ὡς διαιρούμενα εἰς α´ καὶ β´ καὶ γ´
καὶ δ´ καλείτω. Περὶ γὰρ τῶν τοιούτων οὐ πρόκειται λέγειν ἡμῖν
10 ἀρτίως. Ὁμοίως καὶ περὶ γυμευτικῆς ὕλης καὶ εἴδους τὰ παρα-
πλήσια τοῖς βουλομένοις ἔξεστιν ἐννοεῖν, ἐνικωτάτην μὲν ὕλην, τὸ
ἁπλῶς, γυμευτικὸν δὲ εἶδος, τὴν ἁπλῶς οἰκονομίαν ὡς τὸν ἁπλῶς
στοχόν, ἤτοι ἁπλῶς ὄργανον μουσικόν · ὑποδεβηκυῖαν δὲ καὶ γενι-
κὴν ὕλην τὸ τῶν χηνείων καὶ τὸ τῶν κατοικιδίων, καὶ εἴδη ὑποδε-
15 βηκότα, τὸ διὰ πυρός, τὸ ἄνευ πυρός, τὸ διὰ τῶν ἀμφοτέρων.
Ταὐτὸν γὰρ καὶ ὑπάλληλα γένη τυγχάνουσιν · ὡς αὕτως καὶ ἐπὶ
τῆς μουσικῆς γενικὰ μὲν καὶ εἰδικά εἰσιν ὄργανα καὶ μέρη τῆς
ἐπιστήμης, τό τε ναυστὸν καὶ τὸ αὐλητικόν, καὶ τὸ κιθαρικὸν καὶ
ἡ τετρακτὺς τῶν στοχῶν. Εἴδη δὲ τούτων καὶ γένη τῶν ὑποδεβη-

---

2. οἰκ. ταύτης τῆς ὕλης E. — τις κ ἐν M ; τις ἐν K ; τις εἰπεῖν E. — 3. καθ ' εἱρμὸν] καθ ' ἡμᾶς E. mel. — 4. ἔνθεν καὶ E. — καλῶς ὑπομνηματίζει E. — 6. ἀλλ ' οὐκ] ἀλλ ' om. E. — καλεῖν ἐθέλοι] εἰπεῖν ἐθέλει E. F. 1. λαλεῖν ἐθέλοι. — 7. στοχῶν] ἤχων E. — γενικὰ εἴδη, ἤγουν E. — ἴσον, κέντρον] ἰσόκεντρον mss. Corr. conj. — 8. ἤ ά., ἤ παρ.] ἤ om. E. — παράηχον καὶ ἴσον E. — 8-9. ὡς διαιρούμενα — περὶ γὰρ] Réd. de E : διαιρεῖσθαι δὲ εἰς τέσσαρας γενικωτάτους ἤχους, εἰς πρῶτον, καὶ δεύτερον, καὶ τρίτον, καὶ τέταρτον, εἰπάτω, ὡς βούλεται · περὶ γὰρ. — 9. γὰρ] F.1. δὲ. — 10. ὁμοίως καὶ] ἄλλα. E. — γυμμευτ. MK, ici et plus loin. — εἴδους· ἔστιν ἡμῖν ὁ λόγος E. — 10-13. τὰ παραπλήσια — μουσικόν] Réd. de E : Διὸ καὶ φαμὲν μίαν καὶ μόνην καὶ ἐνικωτάτην εἶναι τὴν ὕλην τῆς ἡμετέρας θείας τέχνης. τὸ δὲ ἁπλῶς γυμευτικὸν εἶδος τὴν ἁπλ. οἰκ. φαμὲν, ὥσπερ λέγομεν τὸν ἁπλῶς ἤχον, καὶ τὸ ἁπλῶς ὄργανον τὸ μουσικόν. — 13. Dans A, le §7 et dernier de III, XLIV vient après le mot ὄργανον. — 13-16. ὑποδεδηκυῖαν — ταὐτὸν γὰρ] Réd. de E : ὑποδ. δὲ κ. γεν. ὕλην, τὴν ὕλην λέγομεν τὴν ἐκ τῶν χηνείων καὶ τὴν ἐκ τῶν κατοικιδίων ὀρνίθων ὀὸν, ἤ καὶ κόπρον γινομένην · εἴδη δὲ ὑποδ. λέγομεν τὰ διὰ π. καὶ τὰ ἄνευ πυρός, καὶ τὰ δι ' ἀμφ. · ταὐτὰ γὰρ... — 16. ὡσαύτως δὲ καὶ E. — 18. τῆς ἐπιστήμης αὐτῆς E. — κιθαριστικὸν E. — 19. στοχῶν] ἤχων E. — εἴδη, — ἐξ μὲν] Réd. de E : τὰ δὲ γένη, καὶ τὰ εἴδη, τούτων τῶν ὑπ. αὐτοῖς ὑπάρχουσιν, ἐξ μὲν...

κότων ἓξ μὲν ἐπὶ τῆς ἐπιστήμης, ἅτινά εἰσιν καθαρός, πλάγιος,
ἴσος, κέντρος, ἄηχος καὶ πα-(f. 183 r.) ράηχος.

7. Ὄργανα μὲν κιθαρικὰ τὰ πολλὰ τοῖς εἴδεσιν διαφέροντα· ἔστι
γὰρ πλινθίον τὸ διὰ τῶν λϛ', λύρα ἡ διὰ τῶν ἐννέα, ἀχιλλιακόν, τὸ
5 διὰ καʹ ἐπαγωγῆς, ψαλτήριον τὸ διὰ τῶν ιʹ ἢ ἔλαττον, ἢ λʹ ἢ μʹ ἢ
πλεῖον, τὸ ἀπὸ γʹ ἢ δʹ ἢ εʹ. Καὶ τὸ διὰ τῶν λϛ' τό τε οἰκεῖον τῶν
θείων δυνάμεων πλινθίον, ὅπερ κυρίως ἁρμόττει ψυχαῖς, καὶ πρὸς
σωματικῶν δυνάμεων φιλίαν, ὅπερ ἀνήκει μᾶλλον τοῖς σώμασιν·
αὐλητικόν, διὰ χαλκοῦ μὲν, τὸ καλούμενον μέγιστον ὄργανον ψαλ-
10 τήριον, καὶ χειρόργανον, καὶ καβιθακάνθιον ἑπτὰ δακτύλων, καὶ
πανδούριον, τὸ νάβιόν τε καὶ σάλπιγξ, καὶ κορνίκες· ἄνευ δὲ χαλ-
κοῦ, μονοκάλαμον, δικάλαμον, πολυκάλαμον, καὶ ῥὰξ τετρώρεον καὶ
τὸ πλάγιον. Ναυστὰ δὲ καλοῦμεν ἢ κύμβαλα χειρῶν, ἢ ποδῶν,
ὀξύβαφά τε χαλκὰ καὶ ὑέλινα. Καὶ τὸ σύνθεμα τὸν ἐκ πλειόνων
15 μετάλλων· ὅπερ ὁ ἐννοῶν τὴν τῶν κδʹ ⟨στοχῶν?⟩ ἐνέργειαν οἶδεν
ἀποτελεῖν.

---

1. εἰσὶ ταῦτα· ἦχος καθαρός... E. — 3. M mg. : Figure formée de 3 lignes horizontales parallèles dont la 1re et la 3e sont bordées de petits traits verticaux alternant avec des points. — ἔστι] signe douteux MK; οἷόν ἐστι τὸ πλ. E. — ἔστι γὰρ] espace blanc K. — 4-10. διὰ τῶν λϛ' — καὶ χειρόργανον] Réd. de E : διὰ τῶν τριάκοντα δύο χορδῶν συγκείμενον ὑπάρχον, καὶ ἡ λύρα ἡ διὰ χορδῶν ἐννέα συνισταμένη, καὶ τὸ ἀχιλλιακόν, τὸ διὰ εἴκοσι χορδῶν συνιστάμενον καὶ μιᾶς ἐπαγωγῆς καὶ τὸ φ., τὸ διὰ δέκα χορδῶν ἢ ἔλαττον... ἢ πλεῖον συνιστάμενον. Ἔτι δὲ καὶ ἄλλο ψαλτήριον τὸ διὰ [διὰ] τριῶν ἢ τεσσάρων, ἢ πέντε χορδῶν συνιστάμενον· καὶ ἄλλο τὸ διὰ τριάκοντα δύο συνιστάμενον, τὰ δὲ καλούμενα ὄργανα κατ' ἐξοχὴν παρ' ἡμῶν νῦν, οἱ ἀρχαῖοι ἐκάλουν ταῦτα πλινθίον ἄχορδον καὶ αὐλητικόν· ἔστι δὲ οἰκεῖον τ. θ. δυν. καὶ ἁρμόζεται κυρίως ταῖς ψ. καὶ πρὸς [πρός] φιλίαν τῶν σωματικῶν δυνάμεων ἐστιν ἐπιτή-δειον, καὶ πρὸς κατάνυξιν ψυχῆς καὶ πρὸς φιλίωσιν (-ιεος) θελκτικόν. προσήκει γὰρ ἔτι καὶ τοῖς σώμασιν, αὐλητικὸν ὑπάρχον· γίνεται δὲ διὰ χαλκοῦ, καὶ καλεῖται μεγ. ὄργ., καὶ μέγα ψαλτ. κ. χειρόργανον. — 10. καὶ ἑπταδάκτ. E. — 11. τονάδιόν τε K. — καὶ τονάδιον καὶ κορνίκιον, καὶ μεγάλη, σάλπιγξ E. — 10-11. ἄνευ δὲ χαλκοῦ — πολυκάλαμον] τὸ δὲ διὰ καλάμων καλεῖται μονοκ. καὶ δικ. καὶ πολ. E. — 12. καὶ ῥάξ, καὶ τετρ. καὶ πλάγιον· ἔστι δὲ ἡ σύριγξ. E. — 13. Ναυστὰ δὲ — ἢ ποδῶν] Réd. de E : ναυστὰ δὲ καλοῦμεν τὰ κύμβ. τὰ διὰ τῶν χειρῶν κτυπούμενα ἢ τῶν ποδῶν. — 14-16. ὀξύβαφα — ἀποτελεῖν] Réd. de E : ὥσπερ δὲ ἐν τῇ μουσικῇ, εἰσὶ πολλὰ τὰ γένη, καὶ τὰ εἴδη, καὶ τὰ ὄργανα, οὕτως εἰσὶ καὶ ἐν ταύτῃ τῇ θείᾳ τέχνῃ τῇ χυμευτικῇ γένη, καὶ εἴδη, καὶ διαφοραὶ οἰκονομιῶν καὶ συνθέσεων καὶ ἀργεῖα καὶ ὀξύβ. καὶ χαλκᾶ καὶ ὑέλ. καὶ ὀστράκινα· ὅστις δὲ οἶδε ταύτας πάσας καὶ ἄλλας ἄλλων τὰς διαφοράς, οἶδεν ἔτι ἀποτελεῖν τὸ ζητούμενον.

8] Καὶ ἔτι ἄλλο Ξενοκράτης ὁ θεῖος δέδωκεν · τῶν δὲ χηνίων
καὶ τῶν ἡμεροπόρων τέσσαρα πάλιν εἴδη, καὶ ὑποβεβηκότα τυγχάνουσιν,
λευκὸν καὶ ξανθόν, ὑμὴν καὶ τὸ ἔλικτρον. Κἀντεῦθεν αἱ κατ᾽ εἶδος
διαφοραὶ τῶν ποιήσεων ἐδείχθησαν μιγεῖσαι τῇ ἐπιστήμῃ, καθὼς αἱ
5 εἰρημέναι διαφοραὶ τῶν στοχῶν καὶ τῶν μελωδιῶν τὰ εἰδικώτατα εἴδη.
Ὥσπερ γὰρ τοῖς μέρεσι τῆς χυμευτικῆς ὕλης ἡ τέχνη συγγενομένη καὶ
πολλὰ καὶ διάφορα τῶν ποιήσεων τὰ εἴδη ἀπέδειξεν, οὕτω καὶ τὸ τῆς
μουσικῆς θεοδώρητον ἀγαθόν, τοῖς ὑλικοῖς μιγνύμενον εἴδεσιν, πλείονας
εἰδῶν διαφορὰς ἀπεκύησεν.   ·
10   9] Ὅτι οὐ μόνον ξηρίον εἰσὶν αἱ εἰρημέναι διαφοραί, ἀλλὰ τοσαῦται
κατ᾽ εἶδος καὶ ὑγρῶν καὶ ξηρῶν καὶ μέσων ἀπογεννῶνται ποιήσεις.
Πα- [f. 183 v.] σῶν γὰρ τῶν εἰρημένων ἐν ξηρίοις κατ᾽ εἶδος δια-
φορῶν ἰσαρίθμους εὑρήσομεν ἐξ ὑγρῶν καὶ μέσων φαρμάκων διαιρέσεις,
ἀνασπωμένων δι᾽ ὀργάνων, καὶ μὴ ἀνασπωμένων, ἀλλ᾽ ἢ διὰ ῥάκους
15 ἐκθλιβομένων ἢ ἑτέρως πως ἐξυδαρουμένων · ὡς καὶ τοῦτο τοῖς ὑλικοῖς
ἑνούμενον στερεοῖς καὶ μέσην ἀποτελοῦν τὴν κρᾶσιν μετὰ τὴν ἴωσιν,
αὖθις ἐκλεισούμενον, καὶ λίαν ὑγρὰν ἔχει τὴν ὕπαρξιν. Οὐ γὰρ μόναι αἱ
δύο μοῖραι τῶν ὠῶν ὑδραργυρίζεσθαι δύναιντο, ῥευστῆς ὑπαρχούσης
φύσεως, κατὰ τὸ πλέον τῆς οἰκείας γενέσεως, ἀλλὰ καὶ αἱ πρῶται δύο
20 ξηραί, κατὰ τὸ πλεονάζον ὑπάρχουσαι φύσεως, ὑδραργυρίζεσθαι οὐκ
ἀδυνατοῦσιν · ὡς καὶ πᾶν σῶμα φυσικὸν ἐκ τῶν τεσσάρων στοιχείων
κεκραμένον ἔχον τὴν ὕπαρξιν, ἀνίσως ἢ ἴσως.
     10] Ἐκμυζοῦνται οὖν καὶ ἀπὸ τῶν στερεῶν οὐσιῶν τὰ ὑγρά, ὡς κἂν

1-3. Καὶ ἔτι — ἔλικτρον (f. l. ἔλυτρον)]
Réd. de E (qui continue la phrase pré-
cédente) : ὡς φησιν ὁ θεῖος Ξεν., τῶν δὲ χ.
καὶ τῶν ἄλλων τῶν ἡμερ. ὀρνίθων τὰ διὰ τέσ-
σαρα εἴδη καὶ ὑποβ. ἔχουσι, ἤγουν τὸ ἔλικτρον
τὸν ὑμένα, τὸ λευκὸν καὶ τὸ ξανθόν. — 4. ἀνε-
δείχθησαν E. — καθὼς] ὥσπερ καὶ E. — 5.
στοχῶν] ἤχων E. — τὰ εἰδικ. εἴδη πανσόφως
ἀνεδείξαντο E. — 7. καὶ διαφ.] καὶ om. E.
— ἀνέδειξαν E. — 10. ὅτι] ὅθεν E. — ξη-
ρίον] F. l. ξηρῶν. — ἀλλὰ καὶ E. — 11.

Après ποιήσεις, E ajoute : ὥστε δοκεῖν
τοῖς ἀμυήτοις, καὶ ἀμαθέσιν ἀδύνατα ἐπιχει-
ρεῖν ἀπεργάζεσθαι. — 13. ἐξ ὑγρῶν καὶ ξηρῶν
καὶ μέσων E. — 14. M mg. : ὡρ<αῖον>.
— ἀλλ᾽ M. — ῥάκκ. M, ici et partout.
— 15. πῶς MK. — 16. καὶ μετὰ E. —
17. ἰχόντων ὑπ. E. — μόνον E. — 18.
δύνανται E. — ὑπάρχουσαι E. — 21. ὥστε
καὶ E. — 22. κεκραμμένον MK ; κεκραμένην
E. — ἢ καὶ ἴσως δύνανται ὑδραργυρίζεσθαι.
Ἐκμυζοῦνται... E.

εἴσφορα ἐλάχιστα ὦσιν, ἢ διὰ τῶν ἀμβύκων, ὁμοίως τοῖς κατὰ τὸ μᾶλ-
λον ὑγροῖς ἐκ χυδαίου κεκραμένοις, ἢ σβεννύμενα τοῖς κατὰ φύσιν
ὑγροῖς, καὶ χρόνῳ σηπόμενα καὶ ἀναλυόμενα, ἅπερ καὶ διχαζόμενα
οἰκονομοῦνται διὰ τοῦ γερανίου ἢ ἄνευ τοῦ μασθωτοῦ · καὶ μίγνυν-
5 ται ἀλλήλοις τὰ μέρη τὰ συμφυῆ, τό τε σεσηπός φημι καὶ τὸ
ἄσηπτον. Καὶ εἰ μὲν ἐξ ὑγρῶν μόνων ἐθέλοι καταβαφὴν κατεργάσασθαι
τῇ σήψει τούτων, οὐκ ἐπάγει τὴν λείωσιν, ἀλλὰ ὕδωρ ὕδατι μιγνὺς τε-
λειοῖ τὸ φάρμακον, τὰς ἀποκαθημένας στερεὰς οὐσίας αὐτῶν ἀποδιελών,
καθὼς ὁ μέγας Συνέσιος διεσάφησεν.

10   11] Εἰ δὲ διὰ τὴν φύσιν μίξας τε πάλιν ὁμοειδέσιν ὑγροῖς διχάζει
καὶ σήπει, καὶ ἀνασπᾷ καὶ σωματοῖ τὰ μέρη, καὶ τὸ ζητούμενον ἕξει
[184 r.] σαφῶς. Εἰ δὲ τούτων ἑτεροῖον βούλεται φάρμακον ἐκτελεῖν,
πάντα τελέσας τὰ ἐπὶ τῶν ξηρίων, ἐπ᾽ ἔσχατον δεῖ σε τὸ χωνίδιον
ἐπαίροντα τῇ λαβίδι διὰ τῶν πλευρῶν ἰσχυρῶς, καὶ ἐκκαλύπτοντα τὸ
15 πῶμα σιδήρῳ τῷ εἰς τοῦτο φιλοτεχνηθέντι, καὶ ἀποφυσήσαντα πάντα
ἐκ τοῦ χωνιδίου τῶν αἰθαλῶν καταρρίπτειν κατὰ τοῦ καθαρωτάτου
ὕδατος ἀποκαλύπτοντα τὸν κρατῆρα, δηλαδὴ σπόγγῳ ἢ ῥάκει
καθαρῷ κάτωθεν πρὸ δακτύλου τοῦ πυθμένος ἀντεχόμενον, ἐὰν
ῥάκος ἢ ἀποκρεμώμενον ἐκ τῶν τεσσάρων οὐάτων τῆς ὑελῆς ἢ ὀστρα-
20 κίνης κρατηρίης. Ἔστω δὲ καὶ τὸ ὕδωρ καθαρόν, ἢ ὑέτιον, ὑλιστόν ·
ἐπὰν γὰρ τὸ ὕδωρ ἀκάθαρτον ᾖ, εὐθὺς ὁ λίθος μιαίνεται. Δεῖ οὖν
καὶ τὸ ὕδωρ καὶ τὰς χεῖρας πάντοτε καθαρὰς ἔχειν, διὰ τὸ τοῦ λίθου
ἐλευθέριον.

12] Ἔπειτα ἀνασπάσαντες αὐτὸν ἐκ τοῦ ὕδατος χερσὶ καθαραῖς,
25 οἱ μὲν διὰ τοῦ ἑαυτῶν στόματος ἀναρροφῶντες αὐτὸν ἐφέλκονται, ὃ
κατέπιεν ὑγρόν. Εἶτα σπόγγῳ ἐπάνω καὶ ὑποκάτω συγκαλύψαντες
θερμοβάριον μικρὸν τιθέασιν, ἵνα τῇ ἰδίᾳ ἑαυτοῦ φύσει ὁ σπόγγος ἐφελ-

1. εἴσφορα M ; εἰσφοράν E. — 2. τούτων
sur φύσιν E. — 4. μασττοτοῦ E. — 6. ἐθέλοι
τις E. — 10-12. Les mots εἰ δὲ — σαφῶς
entre parenthèses dans E, qui ajoute :
hoc non est ἐν τῷ τοῦ εὐλαβοῦς· ὅτι μ᾽ ἔφυγε.

— 11. ἔχει M, ici et presque partout. —
βούλεταί τις E. — 13. σε] αὐτὸν E. — 17.
F. l. ἐπικαλύπτοντα. — 19. οὐάτων] ὠτίων
E. — ὑελῆς MK ; ὑαλίνης E. Corr. conj.
— 20. κρατηρίας E.

χύση ἐκ τοῦ λίθου τὸ ὑγρὸν, δηλονότι τοῦ σπόγγου χειμῶνος ὥρῃ
εὐκράτῳ θερμαίνοντες. Ἔπειτα λαβόντες αὐτὸν, τιθέασιν κατὰ τοῦ
χωνιδίου τοῦ αὐτὸν ἀραιώσαντος, προφυσήσαντες ἀκριβῶς τὴν αἰθάλην ·
καὶ ἐῶσι κεῖσθαι μέχρις ἂν ἀποψυγῇ, δηλαδὴ τῆς θέρμης τοῦ χωνιδίου
5 ἀνιμωμένης τὸ ὑπολειφθὲν τοῦ ὕδατος.

13] Αἱ δὲ ἀρχαιότεραι γραφαὶ τὸ ἐπάνω τοῦ χωνιδίου ὑποκάτω κε-
λεύουσι τίθεσθαι, δηλονότι τοῦ ἔχοντος τὸν λίθον (? τοῦ ὑποκάτω. Ἄλλοι
δὲ ἑνὶ τῶν τριῶν μόνον ἀνιμῶνται (f. 184 v.) τὸ ὑγρὸν τοῦ λίθου ἢ
στόματι, ἢ σπόγγῳ ἢ τῷ ἰδίῳ χωνιδίῳ.

10 14] Ἐπ' ἂν δὲ πάλιν ἄλλους ἀραιῶσαι βούλωνται, ἐκκακκαβίζουσι
τὴν κρατηρίαν πάντα τὰ σύνεγγυς ἀσφαλισάμενοι διὰ τὴν ἀριπταμένην
αἰθάλην · καὶ οὕτως ἰσχυρῶς ἀποφυσῶσιν ἐκ τῆς κρατηρίας πᾶσαν τὴν
εἰς τὸ βάθος αἰθάλην, καὶ καθάραντες καὶ ἀναζωπυρήσαντες πάντας
τοὺς ἄνθρακας καὶ προσαναπληρώσαντες ἐς ἄλλων προκεκαθαρμένων
15 τοὺς λείποντας. Δεῖ σε γὰρ καὶ τούτους ἔχειν ἐν ἑτοίμῳ, μάλιστα ἐν
ταῖς ἀραιώσεσιν καὶ βαφαῖς, ἵνα μὴ ὁ χρόνος παρασυρόμενος ἐν τῇ τού-
των ἀπεκπυρώσει ἀνωμάλως, ὥσπερ ἔφην, ἐνέγκῃ τὸν λίθον. Ὅταν
οὖν ἀναπληρώσωσι καλῶς, τὸ τηνικαῦτα ἀραιοῦσι μέχρις ἂν αὐτοῖς
ἀρεστὸν ᾖ. Καὶ οὕτως μὲν ἡ ἀραίωσις.

20 15] Ἀλλ' ἐρεῖ τις · « Δεῖξόν μοι καὶ ἐκ τῶν ἀρχαίων γραφῶν ὅτι
οὕτως ἔχει. » Ἄκουσον πρώτου γυμναστοῦ. « Λαβὼν, φησίν, λιθοπυ-
ρίτην, πύρωσον ἐπ' ἀνθράκων, ἕως, φησί, γένηται τῷ πυρὶ ὅμοιος ·
καὶ ἀνελόμενος, κατάβαψον εἰς ὕδωρ ψυχρὸν, καὶ βάλε αὐτῷ τῷ δακ-
τύλῳ σου σίαλον · καὶ ἐὰν αὐτὸ ἀναπίῃ, καλῶς ἐπυρώθη · καὶ τότε
25 εἰς τὴν βαφὴν κατάθες. »

---

1. F. l. τὸν σπόγγον. — δηλονότι — θερμαίνοντες om. E. — 2. F. l. εὐκράτως. — 4. ἀποφυγή M. — 7. δῆλον ὅτι M. — δηλονότι — ὑποκάτω om. E. — λίθον] signe de λίθος ? MK — 8. τῶν τριῶν τούτων μόνων E. — 10. ἐπὰν E. — ἐκκακκαβ. KE. — 13. ἀναζωπυρ. E. — 14. καὶ προσαναπλ. | προσαναπληροῦσιν E. — 15. σι om. E. — μάλιστα δὲ E. — 16. βαφαις] γραφαις billé βαφαις E. — 21. Ἀκ. δὲ τοῦ πρ. γρμ. ἢ φησιν E. — γυμναστοῦ M — φησιν om. E. — λιθοπυρίτην] πυρίτην E. — 22. φησὶ ἂν E. — 24. σίαλον MK. — 25. Après κατάθες; τέλος τοῦ μουσικολίθου E.

VI. xvi. — ΕΡΜΗΝΕΙΑ ΤΗΣ ΕΠΙΣΤΗΜΗΣ ΤΗΣ ΧΡΥΣΟΠΟΙΑΣ ΙΕΡΟΜΟΝΑΧΟΥ ΤΟΥ ΚΟΣΜΑ

Transcrit sur A, f. 159 r. — *Collationné sur* B, f. 181 (*écriture du* xv° *siècle*); — *sur* C, f. 124 v.; — *sur* K (*copie de* A), f. 41 r. — *Contenu aussi dans* Laur., f. 280 r.

1] Ἡ ἀληθινὴ αὕτη καὶ μυστικὴ χυμία κόπου μόνου δεῖται, ἐξόδου δὲ οὐδεμιᾶς · ἐν γάρ ἐστι τὸ πᾶν, καὶ δι' οὗ τὸ πᾶν · καὶ εἰ μὴ γένηται
5 τὸ ἓν τρία, καὶ τὰ τρία ἕν, οὐδέν ἐστι τὸ πᾶν · καὶ τοῦτό ἐστιν ἡ λύσις τῆς κακοστχόλου νόσου τῆς πενίας. Διὰ γοῦν τὴν σὴν ἀγάπην γράφω σοι, ὅστις ἐφόδιον καὶ τίποτες μικρὸν ἐκ ταύτης τέχνασμα.

2] Βάλε χρυσοῦ καθαροῦ Ꙅ γ', ὑδράργυρον Ꙅ α', καὶ ποίησον μίγμα, ὡς ποιοῦσιν οἱ χρυσοχόοι. Εἶτα ἀπόκλυσον τὸ μίγμα ὕδατι,
10 ὡς ἐκφυγεῖν τὴν μελανίαν · εἶτα ἀποπίασον τὸ μίγμα πανίῳ λινῷ καλῶς, ὡς ἐκφυγεῖν τὴν ὑδράργυρον · εἶτα ἕνωσον τὸ μίγμα ἴσῳ ἰῷ καλῷ, καὶ τζαπαρίκῳ, καὶ ὀλίγῳ τιτάνῳ ὠοῦ · καὶ τρίβε καλῶς τὰ ὅλα ἐπὶ μαρμάρου. Εἶτα ἕνωσον αὐτὰ ὠοῦ λεκίθῳ μιᾷ · εἶτα βάλε πάντα ἐν κελύφῳ ὠοῦ στερεοῦ ἐκ μιᾶς ὀπῆς · ἔστω δὲ τὸ κέλυφον καινὸν καὶ
15 καθαρόν · καὶ γύψωσον καλῶς τὴν ὀπὴν καὶ ὅλον τὸ ὠόν, καὶ χῶσον ἐν ἱππείᾳ κόπρῳ θερμῇ ἡμέρας ζ'. Εἶτα ἐξελὼν ἴδε ἐκ τῆς ὀπῆς τοῦ ὠοῦ τὸ σύνθεμα · καὶ εἰ μὲν γέγονεν ὅλον ἰός, καλόν · εἰ δ' οὔ, (f. 159 v.) πάλιν χῶσον ὁμοίως, ἕως γένηται ὅλον ἕν, ἤγουν ἰὸς καλός. Τότε ἀνάψας ἄνθρακας θαμινὰ θαμινά, ἤγουν συχνὰ συχνά, φρύξον
20 ὅλον τὸ ὠόν · εἶτα ἐξελὼν τὸ μίγμα, τρίψον ἐπὶ μαρμάρου, καὶ ἔχε ξηρίον, καὶ λύσας μήνην καθαρωτάτην ἐν τῇ χώνῃ, βάλε ἐξ αὐτοῦ

---

1. B mg. : *Vide codicem* 3184, fol. 124 v". (3184 était le numéro de notre ms. C dans le classement de 1682.) — Le ms. C, dans ce morceau, n'est pas la copie de B. — A paraît être celle de C. — 7. ὅστις, F. l. ὥς τι. — τίποτα (pour τί ποτε) B. — 8. Βάλε] F. l. λάβε. (Confusion fréquente dans ce morceau.) — 9. ἀπόκλυσον CAK. — 13. μαρμάρου mss. Cp. ci-dessous, l. 20. — λακύθω CAK. — 17. εἰ δ' οὖν mss. — 19. θαμινὰ AK. — συχνὰ AK. — φράξον mss. — 21. λείσας mss. F. l. λύσας. — χώνη, ἤγουν ἄργυρον καθαρόν, βάλε B. — ἐξ αὐτοῦ τοῦ ξηρίου B.

μέρος ἕν, καὶ ἴδῃς χρυσὸν ὑπέρρωτον · εἰ δὲ θέλεις ὠδρυζώτερον
ποιῆσαι, δευτεροτρίτωσον τὴν πρᾶξιν ὡς πρῶτον, ἕως ἀρέσῃ σοι.

3] ΤΟΥΤΟ ΜΕΝ ΕΣΤΙΝ ΕΚ ΤΙΝΟΣ ΠΑΛΑΙΟΥ ΖΩΣΙΜΟΥ ΤΙΝΟΣ · ΤΟ
Δ᾽ ΕΤΕΡΟΝ ΕΣΤΙΝ ΕΚ ΤΗΣ ΜΕΓΑΛΗΣ ΤΕΧΝΗΣ ΤΩΝ ΠΑΛΑΙΩΝ · ΚΑΙ
5 ΔΟΚΙΜΑΣΟΝ ΑΥΤΟ ΟΥΤΩΣ. — Λάβε ὡὰ τέσσαρα · ἐν ἀγγείῳ βαλὼν
ὀστρακίνῳ εὐρυχώρῳ · καὶ φυράσας ὀλίγον σεμιδάλεως μετὰ μέλιτος,
κατάθου πέριξ τῶν ὠῶν ἐν τῷ ἀγγείῳ, καὶ φιμώσας ἀσφαλῶς, χῶσον
ἐν κοπρίᾳ ἡμέρας ρκ', ἕως ἡ φύσις γένηται αἵματος ψυχῆς · ἔπειτα
ἀνακαλύψας, ἐπίθες τὸν ἔνοικον ἐν ὀστρακίνῳ καινῷ, καὶ διαπύρους
10 ἀνάψας ἄνθρακας, τούτους ῥιπίζων, φέρε τὴν τῶν ἀνθράκων αὔραν
ἐπὶ τὸν προκείμενον ἔνοικον · καὶ ὅταν φρυγῇ, βάλε ἐν θυείᾳ, τῆς
χειρός σου μὴ ἀναψαμένης · καὶ τρίψας ἔχε ἐν βησσίῳ · καὶ χωνεύ-
σας ἄργυρον καθαρὸν λίτραν μίαν, ἐπίβαλε ἐκ τοῦ ξηρίου μέρη γ'
ἢ ϛ', καὶ θαυμάσεις · τοῦτό ἐστιν τὸ θεῖον καὶ μέγα μυστήριον τὸ
15 ζητούμενον, καὶ δυνάμενον πενίαν νικῆσαι καὶ ἐχθροὺς ἀπώσασθαι ·
εἶεν αὖθις.

4] ΕΤΕΡΑ ΕΡΜΗΝΕΙΑ. — ⟨Λαβὼν⟩ σανδαράχην, καλακάνθην,
ἀρσενίκην, τεάφην καὶ Γ. 160 r.' κιννάβαριν, ταῦτα ἔνωσον ὁμοῦ,
καὶ τρίψας καὶ λειώσας, καὶ γλοιῶδες τὸ μῖγμα ποιήσας, εἰς καθα-
20 ρὸν ἔμβαλε ὕελον, τοῦτο ἔναι ἐπιβαλτάριον. Ἔστω οὖν τὸ στόμα
αὐτοῦ στενώτερον τῆς κοιλίας αὐτοῦ, ὁποῖα δῆτά εἰσι τὰ θυροκύ-
κλια. Καὶ τὸ στόμα ἐμφράξας μετὰ πηλοῦ, θέρμανον μεθ᾽ ἡμέραν
πυρήν · εἶτα δὲ ἀφελὼν τὸν πηλὸν, εὑρήσεις ξηρὸν τὸ μῖγμα, ποττη-
τὴν σύστασιν ἐοικός. Τοῦτο οὖν αὖθις λειώσας, διὰ κεράμειον ἄγγος

---

1. εὐριζότερον mss. — 3. τοῦτο μὲν χ.
τ. λ.] Dans B, ce morceau fait suite au
précédent, sans titre en vedette. — Dans
C, espace blanc pour quelques lettres.
— 10. Le ms. B termine son fol. 181
avec ἀν, de ἀνθράκων, et commence son
fol. 182 avec ἄμφω (ci-dessous, p. suiv.,
l. 4). Depuis ce dernier passage jusqu'à
λαβὼν χαλκὸν (p. suiv., l. 23) le texte
de B devient, à part quelques mots,
absolument illisible, l'encre ayant pâli
et même disparu. De plus, lors de la
restauration du ms., on a recouvert
ou enlevé les mots du bord extérieur.
12. ἀλαμάνης; C. — βησίω C.A; βυσίω K.
Corr. conj. — 13. γ' ϛ' C; γ' ἢ ϛ' A
(ἢ de 2ᵉ main). F. l. γ' ϛ' (3 1 oἱ? — 14.
θαυράκης CK. — 17. Lire σανδαράχη, καλα-
κάνθη, etc. — 23. F. l. πεττοτήν. — 24.
ἐοικός mss. F. l. ἔχον?

μετάγγισον · καὶ ὅλον περιλαβὼν, θὲς ἐγγύθεν πυρός · ἀνακαλύψας
εὑρήσεις ξανθόν.

5] Καὶ μαγνησίαν δὲ εἰ λάβῃς λευκὴν, καὶ οἷον ὄγκον τοῦ ψήγ-
ματος εὕρῃς τὰ προοικονομηθέντα · εἶτα δὲ ἄμφω χλιάνας ῥεφανίνῳ
5 ἐλαίῳ πέψιας · ἔστω σοι τῷ εἰς τῆς γωνίας ὑπέρξανθον · εἰ δὲ μὴ
στίλβει τῷ χρώματι, ἅλατι χρίσας καὶ μίσυι καὶ σιδήρου ἰὸν συνω-
ξιλιανθεῖσα, καὶ τὰς δυνάμεις κοινώσασοι τῶν ἐκ τοῦ πατελοῦ ψήγ-
μάτων, τέλειον γενήσεται.

6] Εἰ δὲ χρυσὸν ἔχεις, διπλάσαι τὸν ὄγκον θελησείας, μηδὲν
10 ἀφέλῃς τῆς ποιότητος, τοῦτον διασταθμίσας, ἀντιστάθμισον διπλά-
σια φάρμακα μίσυ καὶ ἐβένινον ῥίνισμα, ὡς οἰκείων τὸ ἐξ ἀμφοτέρων
τοῦ χρυσοῦ τετραπλάσιον. Ταῦτα μίξας ἢ ἀνακράσας, περίπλασον τὸν
χρυσόν · καὶ οὕτως εἰς χώνην ἐμβαλὼν καὶ πυρώσας, ἐξένεγκε, καὶ
εὑρήσεις τὸν χρυσὸν διπλοῦν.

15 7] Κιννάβαρις καὶ f. 160 v. ὁ χρυσίζων ἰὸς τοῦ χαλκοῦ,
ὥσπερ τινὰ φυσικὰ εἴδη, σεληναίᾳ ὕλῃ ἐπιβληθέντα, σῶμα ποιοῦσιν
χρυσοῦν.

8] Μόλυβδον ἀναλύσας πυρὶ, ἐπίρρανον τούτῳ τεάφην · καὶ χρῶ τῷ
πυρὶ μέχρις οὗ ἡ ἀποφορὰ ἐξαθμηθῇ · εἶτα σχιστῆς στυπτηρίας καὶ
20 κινναβάρεως ἐπὶ ἰσομέτρους ἄγγους λαβὼν, καὶ μίξας ἐν ὀξυμέλιτι,
τηκομένῳ τῷ μολύβδῳ ἐπίρραινε, ὁμοίως τοῦτο τῷ θείῳ ἀπύρῳ ἵνα
στερρὸς γεγονὼς ἐκ πάντων ἀποτελεσθῇ ὁ χρυσός.

9] Λαβὼν χαλκὸν, ἐξελάμνησον καὶ κόψον κομμάτια τετράγωνα, καὶ
βάλε αὐτὰ εἰς τζουκάλην πήλινον, πάτον ἀπὸ τὸν χαλκὸν καὶ πάτον
25 τριμμένην τεάφην, καὶ φράξας ἄνω τὸ στόμα καλῶς, ἤγουν μετὰ
πηλοῦ, καὶ μετὰ τοῦτο βάλε τὸ τζουκάλιον αὐτὸ εἰς ἕτερον τζουκάλιον
μέγα · καὶ ἃς ἔχει τρύπας νὰ σε βαίνει τὸ πῦρ, καὶ ἀπὸ τὸ στόμα καὶ
ἀπὸ τὰς τρύπας · καὶ βάλε πῦρ ἰσχυρὸν καὶ ἃς βράσῃ ὥρας δ' · καίεται

5. F. l. πέψεις. — F. l. τὸ εἰς τὴν χώνην.
— 6. μίσοι mss. — Lire ἰῷ σὺν ὄξει λειαν-
θεῖσι? — 7. F. l. κοινώσας. — παντελοῦ BC.
— ψημάτων B : CAK. — 9. F. l. θελήσεις.
— 10. διασταθμίσας BCA. — ἀντιστάθμη-
σον mss. — 11. βένηνον (B?) CAK. — 12.
F. l. ἀνακεράσας. — 18. F. l. ἀναχύσας. —
τοῦτο mss. — 20. ὄγγους; C.

γὰρ τὸ χάλκωμα καὶ γίνεται τοιοῦτον ὅ τι τρίβεται ὥσπερ ἅλας ·
γίνεται δὲ τὸ λεγόμενον ῥασούχτην.

10] Εἶτα βάλε ῥασούχτην οὐγγίας πέντε ἥμισυ, σαλόνιτρον ἤγουν
σκευοβότανον οὐγγ. γ΄, ὑδράργυρον οὐγγ. δύο, καὶ ἀνακάτωσέ τα ὅλα
καὶ τρίψε τα ψιλὰ ὡς ἄλευρον. Τρίβε οὖν ταῦτα ἕως ὅτου νὰ μηδὲν
φαίνεται ὁ ὑδράργυρος. Εἶτα εὑρὼν πινάκια δύο ὥστε στουμπόνεσθαι
ἡρμοσμένα, καὶ μηδὲν ἐξέργεσθαι εἰ δυνατὸν ἐξ αὐτῶν, οὐδὲ ὕδωρ. Εἶτα
(f. 161 r.) χρίσον αὐτὰ μετὰ πηλοῦ ἐξ οὗ ποιοῦσι τὰ χωνία, ἤ, ἂν οὐχ
εὑρίσκεται ἀπ᾽ αὐτοῦ, ἃς ἔναι ἀπὸ τὸν πηλὸν ὅπου γίνονται τὰ πινάκια.
Καὶ ἀφ᾽ οὗ ἁρμόσῃς τὰ πινάκια καλῶς, ὅπου νὰ σέβῃ τὸ ἕναν εἰς τὸ
ἄλλον μόνον τὰ χείλη των, τότε χρίσε αὐτὰ καλῶς · καὶ τὸ ἐν καυκίον,
ἤγουν τὸ πινάκιον, χῶσαι το πάλιν εἰς τὸν πηλὸν αὐτόν, καὶ στεγνώσαντος
τοῦ πηλοῦ, ἄλειψον αὐτὸ εἰς τὰς ἁρμονίας, καὶ ὅλον τὸν γῦρον ἀ⟨πὸ⟩ τοῦ
αὐγοῦ λευκόν. Εἶτα τρύπησον τὸν πάτον τοῦ ἐπάνω καυκίου με τίποτας
ὅπου νὰ ποιήσῃς τρῦπαν ὅσον σακκοράφης, ἢ καὶ μικροτέραν, ὅσον
βελόνης χοντροῦ. Εἶτα ποίησον φουρνόπουλον, καὶ ἀνάβασε αὐτὸ
στενὸν ἀπάνω, ὅσον νὰ χωρεῖ τὰ καυκία ἐπάνω ἡ τρῦπα, τὸ δὲ κάτω,
ἃς ἔναι πλατύτερον, καὶ βάλε τὰ καυκία ἐπάνω εἰς τὸ φουρνάκιν, καὶ
ἀποκάτω βάλε πῦρ ὀλίγον ἐν ἰσότητι · ἐπίθες δὲ εἰς τὴν τρῦπαν τοῦ
ἐπάνω καυκίου μάχαιραν, ὅπου νὰ ἔναι ἡ μύτη τῆς ξυντή, καὶ ἃς
βράζει ἀγάλια · σήκονε δὲ τὴν μάχαιραν συχνῶς, καὶ βλέπε · καὶ ὅταν
ἴδῃς ὅτι ἀναβαίνει ὡς ἀσήμην, τότε πάλιν ἃς βράζει κάλια. Πρῶτον
γοῦν θέλει ἀναβαίνει σὰν θολὸς καπνός, καὶ ὕστερα ὁ ὑδράργυρος ὡς
ἀσήμην.

11] Ὅταν γοῦν ἴδῃς τοῦτο, ἄφες τὸ πῦρ, καὶ στούμπονε τὴν τρῦ-
παν τοῦ καυκίου μετὰ πηλοῦ, καὶ ἄφες αὐτὰ ψυχρανθῆναι ⟨τῆς

---

1. χάλκομαν CA, ici et presque partout. — 3. βάλε] F. l. λάβε. — 4. ἀνακάτωσέ τα]. — La plupart des impératifs qui seraient en αι ou en ον dans le grec classique sont en ε dans ce texte. — 5. ναμη δὲν C. — 6. F. l. εὕρε. — 7. ἐξ αὐτῶν

om. B (addition de C?). — 8. ἐξ οὗ] ὅπου B. — 11. ἐν] F. l. πρῶτον. — 12. χῶσαι AK. — 13. γῦρον mss. — 14. τίποτα B : τίποτας K. De même plus bas. — 15. σακκοράφης mss. — 23. ἀναβαίνην B; ἀναβαίνη C. F. l. ἀναβαίνη.

νυκτός⟩ · καὶ ἐπὶ τὴν αὔριον, ἔκβαλε αὐτὰ, ἀπογρίσας τὰ καυκία .
καὶ τὸ μὲν τοῦ ἐπάνω καυκίου κράτει · τὸ δὲ ἄλλον πάλιν ἔχε καὶ
(f. 161 v.) αὐτό · καὶ μάζωξε τὸν ὑδράργυρον ὅλον μὴ δὲν ἀφήσῃς
ἀπὸ τοῦ ἐπάνω καυκίου τίποτας · ἔναι γὰρ κολλημένος εἰς τὸ
5 ἐπάνω καυκίον · καὶ ξύσε τον ὅλον, καὶ ἔπαρέ τον · καὶ τότε
βάλε ἀσήμην οὐγγίας δ΄, καὶ χάλκωμα οὐγγ. η΄, καὶ ἀνάλυσε
πρῶτον τὸν χαλκὸν, καὶ ἀφ᾽ οὗ ἀναλύσῃ καλῶς, βάλε καὶ τὸ ἀσή-
μην, καὶ τότε ἀφ᾽ οὗ ἀναλύσῃ καὶ αὐτὸ, καὶ γένωνται τὰ δύο ἕν,
τότε βάλε ἀπὸ τοῦ ξηρίου, ἤγουν ἀπὸ τοῦ ὑδραργύρου ὁποῦ ἐμά-
10 ζωξες ἀπὸ τοῦ καυκίου ἕως μισῆς οὐγγίας · καὶ ἔσται σοι ὅλον
καθαρὸς ἄργυρος καὶ τέλειος. Ὅταν γοῦν τὸ χύσῃς εἰς τὸν χύτην,
βάνε το ἀπάνω με τζαπάρικον · εἰ δὲ καὶ κάλλιον θέλεις, βάλε καὶ
ἄλλην μισὴν οὐγγίαν ἀπὸ τοῦ κασσιτέρου, οὕπερ ἐμάζωξες ἐκ τοῦ
καυκίου, καὶ ἔναι κρεῖττον.

15　　VI. xvii. — Ο ΛΙΘΟΣ ΤΗΣ ΦΙΛΟΣΟΦΙΑΣ

*Sous ce titre, il existe dans plusieurs manuscrits (A, f. 215 v.; K, f. 104 r.; E, f. 2 r.;
Lc, p. 341), une compilation de morceaux déjà imprimés dans cette collection et
tirés pour la plupart du traité de Zosime sur la Vertu et l'Interprétation (III, vi).
Un premier paragraphe reproduit le texte d'Olympiodore (II, iv, 1) et le texte
VI, xiv, 13, avec des variantes sans importance. Les autres paragraphes résument
les textes de Zosime (III, vi, 1, 2, 5, 12) déjà imprimés. On donnera seulement le
texte suivant :*

1] Ζώσιμος · Κἀγὼ δὲ κόμαριν μέλλω ἑρμηνεῦσαι ὑμῖν. Ἡ κό-
μαρις μεμιγμένη μαργάρους ἀποτελεῖ. Ἐπεί γε αὐτὸν λίθον ἐκάλεσαν,

4. κολημένος Β; κολωμένος CAK. — 6.
ἀνάλησε mss. F. l. ἀνάχυσαι. — 10. μισῆς]
μησὴν BC; ὁμισὴν Α; ἥμησην K. Corr.
conj. — 12. βάνε πάναι Β. — ἐπάνω AK.
13. ἄλλην μισὴν Β; ἑτέραν ἥμισυν C; ἑτέραν
ἥμισυ AK. — ἀπὸ τὸν κασσίτερον τὸν ἐμάζωξε
ἀπὸ τοῦ καυκίου Β. — ἐμάζωσα; C. — 14.

K mg. : *Hucusque* (main du xviiie siè-
cle?). — 15. Titre dans E Lc : Ἀναπιγρά-
φου φιλοσόφου περὶ τοῦ φιλοσορικ.. λίθου. —
16. Ζώσιμος] καὶ πάλιν ὁ αὐτός (sc. Ζώσιμος)
E. — μέλλω ἑρμ. ὑμῖν AK; βούλομαι ὑμῖν
ἑρμηνεύειν E Lc. — ἡ κόμαρις γὰρ E Lc. —
17. ἐπί γε AK. — ἐπεί γε — ξηρίου om. E Lc.

πᾶν δὲ (ms. A, f. 216 r.) πνεῦμα τεύει τῇ δυνάμει τοῦ ξηρίου· οὐδεὶς οὖν
τῶν προφητῶν ἐτόλμησεν μυσταγωγῆσαι τῷ λόγῳ · ἀλλὰ καὶ αὐτοῖς
νοήμοσιν παρέδωκαν ἀπέχεσθαι τὴν θηλυκὴν δύναμιν προτιμοτέραν
αὐτῆς · αὕτη γὰρ καὶ μόνη λευκότης σεβασμία γέγονεν παντὸς προ-
5 φήτου ἑρμηνείαι σὺν ἡμῖν καὶ τοῦ μαργάρου τὴν δύναμιν ἐργασίαν ἔχει
τῷ ἐλαίῳ ἑψούμενος.

   2] Λαβὼν μαργαριτάριν τὸ ἀττικὸν, ἕψε ἐλαίῳ οὐχ ὑπορίμῳ, ἀλλ᾽
ἀπώμῳ, ἐπὶ ὥρας γ΄, ἐπὶ μέσοις φωσί · καὶ λαβὼν ῥάκος ἐρίου ἔκθλιβε
τῇ μαργάρῳ, ἵνα ἀποβάλλῃ τὸ ἔλαιον, καὶ ἔχε εἰς τὰς χρείας τῶν
10 καταβαφῶν · ἡ γὰρ τελείωσις τοῦ ἐλαίου διὰ μαργάρων ἐστίν.

Puis viennent les reproductions d'axiomes déjà imprimés III. III et III, IV.

VI. XVIII. — ΠΕΡΙ ΤΟΥ ΛΙΘΟΥ ΤΩΝ ΦΙΛΟΣΟΦΩΝ

*Transcrit sur A, f. 216 r. — Collationné sur K, f. 104 v.; — sur E, (partie écrite
par le copiste de La, b, c), f. 191 r.; — sur Lc (copie de E; mêmes variantes
sauf indication contraire), p. 153. — Contenu aussi dans Laur., art. XXIII, f. 177 r.*

   1] Ὁ περιβόητος φιλόσοφος ἐξ Ἀβδήρων, καὶ Ζώσιμος, καὶ
Ἰωάννης ἀρχιερεὺς, Ἑρμῆς ὁ Τρισμέγιστος, καὶ Δημόκριτος,
Ὀλυμπιόδωρος καὶ Στέφανος ἐν τῇ τῆς χρυσοποιίας παραινέσει
15 τὸν μολιβδόχαλκον ἐμυσταγώγησαν καὶ συμφωνήσαντες κατέστησαν
ἀπὸ μολιβδοχάλκου, ἐν οἷς μετὰ πεῖραν καὶ τριβὴν καὶ τὴν τῆς ὕλης
διάκρισιν ὑπόμνησιν ποιούμενοι παρακελεύουσιν ἀπέχεσθαι πάντων τῶν

---

1. τεύει AK. Cp. III, II, 2. — οὖν] δὲ
E Lc. — 2. ἐτόλμ. ταύτην μυστ. E Lc.
Cp. III, II, I. — τοῖς K. — ἀλλὰ μόνον τοῖς
E Lc. F. l. ἀλλὰ καὶ αὖ τοῖς. — 3. νοήμο-
σιν] νεύμασιν mss. — προτιμ. αὐτῆς οὖσαν
E Lc. — F. l. προτιμοτάτην. — 4. ἡ λευ-
κότης E Lc. — 5. ἑρμηνείαι – fin] om. E
Lc, qui continuent avec la phrase μετὰ
(γὰρ add. Lc) — βεβαία ξάνθωσις (impri-
mée p. 127, l. 19) et aj. : τέλος. — 6. ἐψού-

μενον K. — 7. μαργαριτάρων K. — Après
ἐλαίῳ] F. suppl. ἐν ἀγγείῳ. — 10. Les
mots ἐλαίου et μαργάρων semblent avoir
été transposés. — 11. Titre dans E : περὶ
λίθου ἀνωνύμου τινός. — 13. καὶ Ἑρμῆς E,
qui om. καὶ Δημόκριτος. — 14. καὶ Ὀλ. E.
— 16. ἐν οἷς κ. τ. λ.] Déjà imprimé dans
VI, XIV (= *) § 2. — ἐν οἷς καὶ τὴν τῆς ὕλης
ὑπόμν. π. E. — 17. ποιούμενοι παρακ.] ποιού-
μεθα παρακελευόμενοι*; — παρακελεύονται E.

τὴν καυστικὴν δύναμιν ἐχόντων, ἀπό τε πυρὸς καὶ θείου καὶ πάντω
ἀρσενίκων · ἐπεὶ ἡ ἐπιμιξία καὶ ἡ σφοδρότης πᾶσαν βλάβην καὶ
ἀποτυχίαν ἐργάζεται, προσδέχεσθαι δὲ πάντα τὰ ἐξιδιάζοντα καὶ ὑγρὰν
δύναμιν ἔχοντα, πρός τε μίξιν στοιχοῦντος καὶ τὴν τοῦ μολίβδου
⁵ σύγκρασιν · f. 216 v.) σύγκρασιν γὰρ καὶ συνουσίωσιν καλοῦσιν,
πρῶτον διὰ χωνευτηρίου, ὕστερον δὲ καυματουμένην καὶ πλυνομένην,
ἐπείπερ καὶ μαγνησίαν ταύτην καλοῦσιν ἐκ τοῦ ἀναμίγνυσθαι καὶ
μάττεσθαι καὶ βάπτεσθαι κατὰ μίαν οὐσίαν τῆς συνουσιώσεως γινομένην
τῆς κράσεως · μίξις δὲ παντὸς καὶ πάσης καθ᾽ ὑγρὰς καὶ ἐν ὑγροῖς
¹⁰ γίνεται, ὡς καὶ καταπλυνόμενα μετάγεσθαι λέγεται, ἢ πηλὸς, ὁμοίως
καὶ ὡσαύτως ἢ λίνα καὶ μετάξια λευκαινόμενα.

2] Διὸ καὶ Ὀλυμπιόδωρος γράφει · « Ἐν τοῖς ὑγροῖς ἐπιστεύθη τὸ
μυστήριον τῆς χρυσοποιίας, διὰ ῥείθρων καὶ ῥευμάτων καὶ πλύνσεως
τῆς καλουμένης ταριχείας καὶ ἀσκήσεως τὴν τοῦ μυστηρίου οἰκονομου-
¹⁵ μένην τελευτήν. Ταριχεία δὲ εἴρηται ἐκ τοῦ τὰ ῥεῖθρα χέειν καὶ
ἀνάπτειν καὶ ἐπισυνυπακούειν ταῖς πλύνσεσιν δηλούσης ὅτι κατὰ τὰς
πλύνσεις τὰ ῥεῖθρα γύνεται, ἵνα καθαίρηται τὸ σύνθημα ἐκ τῆς ἀσκή-
σεως τοῦ φιαλοβώμου. »

3] Ὁ Δημόκριτός φησι πρὸς τὸν βασιλέα · « Εἰ μὴ τὰς
²⁰ οὐσίας καταμάθῃς καὶ τὰς οὐσίας κεράσῃς, καὶ τὰ εἴδη νοήσῃς, καὶ
τὰ γένη συνάψῃς τοῖς γένεσιν, εἰς μάτην τοῦ κόπου ἐπιχείρισας, ὦ
βασιλεῦ. »

---

2. τῶν ἀρσενίκων E. — ἐπεὶ om. *. —
3. ἐργάζονται * E. — πάντα τὰ στοιχεῖα τὰ
ἐξ. E. — 4. στοιχ. om. E. — 5. γὰρ] δὲ
E. — καλοῦμεν *. — 6. πρῶτον τὴν διὰ χων.
γινομένην σύγκρασιν (om. Lc) E Lc. — καὶ
ὕστ. διὰ τῆς καύσεως πλυν. E. — χωνευστη-
ρίου A. — καυμ.] καὶ ματτομένην *. — 7.
ἐπείπερ] μετα E. — καλοῦσιν] ἔνθεν ἐτυμολο-
γοῦσιν *. — 8. καὶ βάπτ. om. *. — καὶ κατὰ
Lc seul. — τῆς συν.] καὶ συνουσίωσιν *. —
9. συγκράσεως * : καὶ τῆς συγκράσεως E. —
μίξις δὲ παντὸς] μίξις δὲ καὶ π. * — καθ᾽
ὑγρῶν *. — 10. τὰ πλυνόμενα *. — λέγεται δὲ
καὶ ὁ πηλός E. — 12. § 1] § 3 * (écourté
ici). — Ὀλ. ἐν τῇ μεγάλῃ καταράσει ἀπογη-
νάμενος ἀναγράφει ὡς τοῖς ὑγροῖς…* — 14.
κατὰ τὴν E. — οἰκον. καὶ ἀναγραφεῖσαν τελευ-
τὴν E. — 15. τελεῖν * (F. l. τελετήν). La
suite de notre §2 manque dans *. —
16. ταῖς] τῆς A ; τοῖς K. — ταῖς πλ. δηλούσα
E. F. l. τοῖς πλύνειν δηλοῦσιν ὅτι. — 17.
γύνται AK ; γέονται E. — ἐκ τῆς ἀσκ. om.
E. — 19. ὥσπερ καὶ αὐτὸς ὁ Δημ. K ; ὁ
Δημόκριτος δέ φησιν E. — 21. τῷ κόπῳ E.
— ἐπιχειρήσας K ; ἐπαχρεῖς E. F. l. ἐπι-
χειρίσας.

4] Καὶ ὁ Ζώσιμός φησιν · « Αὐτὸ γὰρ τὸ μυστήριον τῆς χρυσο-
βαφῆς · σώματα ὄντα, πνεύματα γίνονται, ἵνα ἐν τῇ καταβαφῇ τοῦ
πνεύματος βάψει » · ἤγουν τὰ σώματα κατὰ τὴν σύγκρασιν τοῦ
μολιβδοχάλκου, ὑδραργύρῳ κατηγλαϊσμένα πνεύματα γίνονται · ἀνθ'
5 ὧν καὶ πρότερον ἐξυδατοῦνται καὶ καθέψηται διὰ ῥεύσεως τῆς κατ' αὐτὸ
ταριχείας, καὶ ἀσκήσεως μεταβολῆς, καὶ ἐξαλλοιοῦνται ἐκ τοῦ σώματος.
Πέφυκεν (f. 217 r.) γὰρ εἰς ἀσώματα ὑπερφυῶς ἐπὶ τὸ χρύσοπτον
πάντα γίνεται.

5] Ὁ δὲ Ὀλυμπιόδωρός φησιν · « Χαλκομέλιβδος αἰτήσιος
10 λίθος · ἑξῆς οὖν ὁμορρευστήσαντα ποιεῖ τούτοις τὴν διὰ πυρός · τὸ δὲ
μόλιβδος περιδίδοται, καὶ τοῦτο τοῦ πυρός ». Τὸ γὰρ « ἐξίσου ὁμορρευσ-
τήσαντα » οὐχ ὕλης προσθήκην ἐπέβαλεν, ἀλλὰ τὴν τῆς ὕλης ῥεῦσιν,
ὅτι τῶν τριῶν ἅμα κατ' αὐτῶν γινομένων ῥεῦσαι ποιεῖν δεῖ · καὶ
πρότερον τὸ ἐξίσου συγκείμενον · καὶ ὅτι οὐχὶ τὸ μὲν ἓν ῥεῦσαι ποιεῖν
15 χρὴ ἢ τὰ δύο μόνα, ἀλλ' ἐξίσου ὁμοῦ τὰ τρία ἐν μιᾷ συγκράσει
γινόμενα. Τὸ δὲ « ὁμορρευστήσαντα » δηλοῖ τὸ ἅμα ἑξῆς δὴ ποιεῖν
ῥεῦσαι.

6] Λίθος δὲ καλεῖται διὰ τὸ λιτὴν ποιεῖ τὴν αὐτοῦ περιουσίαν · οὐ
γὰρ κατ' αὐτοῦ μένουσα ἡ φύσις τοῦ ὕδατος τοῦ θείου δρᾶν τι δύναται,
20 ἀλλὰ μετάλλων συντεθειμένων τῶν τὴν σύνθεσιν ἐχόντων εἰς συνου-
σίαν, τοῦτο ποιεῖν καὶ τὰ μεγάλα ταῦτα ἐργάζεται. Ἔοικε γὰρ τὰ
στερεὰ σύνθετα εἶναι, καὶ εἰ μὴ ταῦτα συμπλακῇ τοῖς ὑγροῖς, οὐδὲν
δύναται ποιεῖν, ὁμορρευστὴ δὲ τὰ χρύσοπτα πάντα ποιεῖν · αὐτὰ γὰρ

1. §4] Cp. * §9, et Pélage, ci-des-
sus, IV, 1, 9, p. 258. — ἐν αὐτῷ γὰρ τῷ
μυστηρίῳ E. — 3. βάψωσιν E. — 5. καθε-
ψοῦνται E. — κατ' αὐτὸ ταρ.] κατὰ τὴν
ταριχείαν *. — 6. μεταβάλλει *. — ἐξαλ-
λοιοῦται AK. — 7. πέφηκεν AK ; παρακένα *.
— εἰς ἀσώματον ὑπερφυΐαν *, qui aj. : ἐκ τοῦ
μολυβδοχάλκου χρώματος. — 8. γίνεσθαι E.
— 9. § 5] Cp. *, suite du §9. — 10. λίθος
ἐστίν · E. — ἐξίσου οὖν E. — ὁμορρευστή-
σαντος *. — ἐν τούτοις E. — τὴν] τὸν E.
— ὁ δὲ μόλ. E. — 11. περιδίδοται] F. l.
παραδίδοται. Cp. * : παραδίδωσιν, dans la
phrase correspondante. — καὶ οὗτος ἐκ τοῦ
πυρός E. — 12. ἐπέβαλεν] ὑποβάλλα *. —
13. καθ' αὐτῶν E. — 15. χρὴ] δεῖ E.
— 16. γινόμενα E. — δὴ] δεῖν E. — 18.
§ 6] Cp. *, § 12. — λιτὴν] λιτόν *. —
19. κατ' αὐτοῦ] καθ' ἑαυτὴν
E ; καθ' αὐτὴν Lc. — 20. μετ' ἄλλων E.
— συντεθειμένων, E. — 21. ποιεῖ E. — 23.
ὁμορρευστοῦσι E. — ποιεῖν om. E.

καθ᾽ ἑαυτὰ στερεὰ ὄντα εὑρίσκεται ἄρρευστα, καὶ ῥεῦσαι οὐ δύναν-
ται, ἐὰν μὴ τοῖς ῥευστοῖς διαλυθείη ἢ ἐξυδατωθείη.

7] Ὁ Ζώσιμος δέ φησιν · « Μὴ φοβηθῇς κ. τ. λ. (Reproduction
d'un passage déjà donné, III, vi, 13, page 129, lignes 5 à 15).

8] Ἐξάτμησις οὖν τοῦ ὕδατός ἐστιν ἡ ἐκλέπτησις. Ἐγὼ δὲ θαυ-
μάζω πῶς τὸ ἡμέτερον σπούδασμα, ἢ ἄρα ἐκ τῆς ἀναδόσεως καὶ
αἰθάλης τοῦ θείου ὕδατος δύναται ἕψεσθαι καὶ χρωΐζεσθαι τὸ ἡμέ-
τερον σύνθημα.

9] Ὁ Στέφανος λέγει · Ὅρος φιλοσοφίας κ. τ. λ. (Voir III, vi, 23,
p. 136, l. 10.

*Viennent ensuite une suite de morceaux déjà publiés, tirés de Zosime, de Jean
l'Archiprêtre, de Stephanus, de Comarius, d'Olympiodore, etc., avec des portions
abrégées et des lacunes.*

VI. xix. — ΙΕΡΟΘΕΟΥ ΠΕΡΙ ΤΗΣ ΙΕΡΑΣ ΤΕΧΝΗΣ

*Transcrit sur K, f. 94 r. — Contenu aussi dans les mss. de Vienne med. gr. 51 et
52, art. xxviii.*

1] ⟨Λαβὼν⟩ σιδήρου στομωμένου μέρος α΄, στίμεως ἰταλικοῦ μέρος
α΄, πάντα λείωσον καὶ νιτρελαίῳ, κατασπῶν ἔχε καὶ ἴσῳ αὐτοῦ χαλκῷ
ἰταλικῷ χώνευε · καὶ ῥινίσας ποίει μάλαγμα σὺν χρυσῷ, καὶ ἔασον
ἡμέρας γ΄, καὶ λάβε θείου μέρος α΄, μύσεως μέρος α΄, λείωσον · καὶ
λαβὼν τὸ μάλαγμα, στρῶσον, ἐπίστρωσον αὐτό, καὶ κατάσπα · καὶ τοῦ-
τον λαβὼν μέρη γ΄, χρυσὸν μέρος α΄, χώνευσον καὶ εὑρήσεις ὃ ζητεῖς.

2] Εἰ δὲ βούλει βέλτιον γενέσθαι, οἰκονόμησον τὸ μάλαγμα καὶ
ταρίχευσον ἀφρόνιτρον, ἕως οὗ γένηται ῥευστὸν ⟨ὡς⟩ ὑδράργυρος ·
τοῦτο αἰθάλιζε ζ΄, καὶ διχοτόμησον εἰς δύο μέρη · καὶ τὸ μὲν ἓν μέρος

---

2. ἤ, καὶ Ε. — 4. ἐκλέπτωσις Ε, mel. —
5. σπούδασμα γίνεται, εἰ ἄρα Ε, f. mel.
— 6. F. l. αἰθαλώσεως. — 9. Fabricius
(éd. Harl., t. XI, p. 636) distingue cet
Hiérothée de l'alchimiste, auteur du

poème iambique publié par Ideler. —
10. στομωμένου] στ. K. Lecture con-
jecturale. — 13. λάβε] F. l. λαβών. —
17. ἀφρόνιτρον] Φε Νε Κ. — 18. ζ΄] Lire
ἑπτάκις.

εἰσάγαγε ἐν τῇ σήψει, ἕως οὗ γένηται ὕδωρ, τὸ δὲ ἄλλο ἥμισυ σύμμιξον αὐτῷ χρυσῷ τὸ τρίτον αὐτοῦ μέρος καὶ χαλκοῦ ἰταλικοῦ καὶ σιδήρου κατασπασθέντος κατὰ τῆς πρώτης συντάξεως τὸ Ϛον μέρος. Ταῦτα πάντα λειῶν, πότιζε τῷ ὕδατι τῆς ὑδραργύρου ὁ ἕλυσας, καὶ πα-
5 ρόπτα. Οὕτω ποίησον ἕως οὗ ἀναλωθῇ τὸ ὕδωρ, καὶ σύμμιξον αὐτῷ ὀλίγον θεῖον, ἵνα διαδύῃ τὸ φάρμακον, καὶ εἴσκρινε. Οὕτως οἰκονόμει ἕως οὗ γένηται κιννάβαρις.

3] Τοῦτο χρῶ, συνεργοῦντος Ἐμμανοὴλ τοῦ ζωαρχικοῦ, τοῦ Θεοῦ λόγου, καὶ ἀπαύγασμα τοῦ ἁγίου πνεύματος · αὐτὸς γάρ ἐστιν ὁ
10 σωτὴρ καὶ δοτὴρ καὶ αἴτιος πάντων ἀγαθῶν. Δι᾽ αὐτοῦ τελεῖται τοῖς πιστοῖς καὶ ἀξίοις τοῦτο τὸ θεῖον μυστήριον, τὸ ψυχῆς ἴαμα, καὶ παντὸς μόχθου λύτρον. Ἄλλος τις τοῦτο εὑρηκὼς καὶ δοθεὶς παρὰ Θεῷ, καὶ οἰκονομῶν, καὶ τυχῶν τῶν ἐφιεμένων, δέδεται ὑπὸ τοῦ ὑψίστου Ἐμμανουήλ, ὑπουργὸς καὶ οἰκονόμος αὐτοῦ γενήσεται ἐν ταύτῃ τῇ
15 θείᾳ τέχνῃ, καὶ ἐν ἅπασι, καὶ τὸ δέκατον μέρος εἰς οἰκοδομὴν τῶν ἁγίων ἐκκλησιῶν, καὶ εἰς περιποίησιν πτωχῶν, ὑπέρ τε αὐτοῦ καὶ ὑπὲρ τῶν ἐμῶν ἀναγκῶν ἐγκλημάτων ποιήσαντος καὶ μέσον βίου διάγεσθαι, ἵνα ἀφθόνως ἡ ὕπαρξις αὐτοῦ γενήσεται, καὶ μήτε χρημάτων καὶ ὑψαυχίαν καὶ δαψιλῶν πραγμάτων κομίσειεν, μηδὲ πενίαν αὖθις ἐνδεί-
20 ξηται, τὸ χαλεπὸν πάθος καὶ ἀνίατον, μᾶλλον δὲ λάμπων καὶ πλουτῶν ἐν θείαις ἀρεταῖς καὶ ἁγναῖς πράξεσιν, ἐν ταπεινοτορροσύνῃ καὶ ἐλεημοσύνῃ, καὶ ἀγαπῇ ἀνυποκρίτῳ λιταῖς ποιούμενος ὑπὲρ ἐμοῦ τοῦ ταῦτα ἀφθόνως καὶ ἁπλῶς ἐκθήσαντος, ἵνα τύχωμεν ἄμφω τῆς ἀκηράτου καὶ αἰωνίου βασιλείας Χριστοῦ τοῦ Θεοῦ ἡμῶν · ἧς γένοιτο τυχεῖν πάν-
25 τας ἡμᾶς δι᾽ ἐντεύξεων καὶ λιταῖς τῆς παναμώμου καὶ Θεοτόκου Μαρίας, καὶ Ἰωάννου τοῦ τρισμάκαρος καὶ προδρόμου, ἅμα τε καὶ τῆς ἀκηράτου ὁμηγύρεως τῶν θείων ἀποστόλων προφητῶν τε αὖθις καὶ πάντων τῶν ἁγίων γένοιτο · ἀμήν.

4. λειῶν] signe de λείωσον et de τρῖε K. — τὸ ῦ K. — 7. κιννάβαρις] signe du cinabre (et quelquefois du soleil ou de l'or) K. — 9. Θεοῦ en signe K. F. 1. θείου λόγου? θεολόγου? — 12. καὶ δοθεὶς παρὰ Θεῷ] F. 1. ὡς δοθὲν παρὰ Θεοῦ. — 17. F. 1. ἐγκλήματα. — 18. καὶ ὑψ.] F. 1. τὴν ὑψαυχίαν. — 22. F. 1. λιτάς.

VI. xx. — NICÉPHORE BLEMMIDÈS. — CHRYSOPÉE

ΠΕΡΙ ΤΗΣ ΘΟΧΡΥΣΟΠΟΙΑΣ
ΗΣ ΜΕΤΗΛΘΕΝ Ο ΣΟΦΩΤΑΤΟΣ ΕΝ ΦΙΛΟΣΟΦΟΙΣ ΚΥΡΙΟΣ
ΝΙΚΗΦΟΡΟΣ Ο ΒΛΕΜΜΙΔΗΣ ·
ΚΑΙ ΗΥΜΟΙΡΗΣΕ ΤΟΥ ΣΚΟΠΟΥ ΤΗ ΣΥΝΕΡΓΕΙΑ ΤΟΥ ΠΑΝΤΑ ΕΞ ΟΥΚ ΟΝΤΩΝ
5   ΕΙΣ ΤΟ ΕΙΝΑΙ ΠΑΡΑΓΑΓΟΝΤΟΣ ΧΡΙΣΤΟΥ ΤΟΥ ΑΛΗΘΙΝΟΥ ΘΕΟΥ ΗΜΩΝ.
Ω ΠΡΕΠΕΙ ΔΟΞΑ ΕΙΣ ΑΙΩΝΑΣ ΑΙΩΝΩΝ · ΑΜΗΝ.

*Transcrit sur le ms. de Paris 2509 (= F), f. 137 r. — Collationné sur E (copie
directe (?) de F faite par le copiste de L a, b, c), f. 159 r. — Scolies à la marge,
de première main. Nous les rejetons en note au moyen d'un astérisque.*

1] Λαβὼν σὺν Θεῷ λίθον οὐ λίθον, ὃν λέγουσι λίθον τῶν σοφῶν,
ἐν ᾧ εἰσι τὰ δ´ στοιχεῖα, γῆ, ὕδωρ, ἀὴρ καὶ πῦρ, τουτέστιν ὑγρὸν,
θερμὸν, ψυχρὸν καὶ ξηρὸν, λαβὼν οὖν τὸ ἓν τῶν δ´ στοιχείων, ἤ-
10 τοι τὴν γῆν, τὸ ψυχρὸν καὶ ξηρὸν, ὅπερ ἐστὶν ὁ φλοιὸς τῶν ᾠῶν,
πλύνας καὶ καθάρας, ψύξας καὶ τρίψας καλῶς, ἔμβαλε εἰς χύτραν·
καὶ φράξας τὸ στόμα τῆς χύτρας μετὰ πηλοῦ πυριμάχου, ⟨θὲς⟩ εἰς
κάμινον βελοφοῦ· καῦσον ἡμέρας η´*, ἄχρις ἂν λευκάνῃ· καὶ ἔχε
πεφυλαγμένον· αὕτη γάρ ἐστι ἡ περιώνυμος ἄσβεστος. Φύλαξον.

15 2] Μετὰ δὲ ταῦτα, λαβὼν τὸ ἐνδότερον λευκὸν, θὲς αὐτὸ ἐν κλο-
κίῳ· καὶ ἐν στόματι τοῦ κλοκίου ἐπίθες ἄγγος μασθωτὸν ὅπερ λέγε-

—

* Σημ. ⟨εἰωται⟩ ὅτι ἀδύνατον ἵνα καυθῇ ἡ ἄσβεστος νὰ γένῃ ψιμμύθιον χωρὶς
νὰ καυθῇ ἡμέρας η´ εἰς τὴν κάμινον τοῦ βελοφοῦ.

1. Titre dans E : Νικηφόρου τοῦ Βλεμ-μύδου περὶ χρυσοποιίας. — 4. ἐξ οὐκ ὄντων] ἐξουκόντων F. Corr. conj. — 7. L'initiale de chaque paragraphe est en rubrique dans F. — λίθον τὸν οὐ λίθον E. — 8. καὶ om. E. · τουτέστιν ξηρόν, ὑγρόν, θερμόν E. — 10. τὸ ξ. καὶ ψ. E. — 11. καὶ πλύνας E. — καὶ ψύξας E. — τρίψας] signe de τρίψας dans F, et au-dessus : ἄγγον τρί-ψας, à l'encre rouge. — 12. θὲς add. E. — 13. βελοφοῦ E, ici et partout. On ne connaît que βελέφης, βελέφου. — καὶ καῦτον E. — *] Ce 1er renvoi a pour signe, dans F E, le sigle de ὅτι. E, entre ce signe et la scolie, ajoute : σχόλια ἐν πεζῇ φράσει, comme si le corps du texte était en vers. — 14. φύλαξον écrit toujours en rubrique F; omis dans E, ici et presque partout. — 15. κλοκ.] κλοκ. E, ici et partout. On ne connaît que κοχλίον (en grec ancien, coquille) et κοκλίον, κοκλί (en néo-grec, vase de nuit). — 16. μαστωτόν E.

ται ἄμβυξ · ἔστω δὲ πεφραγμένον καλῶς, καὶ συντεθειμένον μετὰ
γύψου · * καὶ ἀνάσπα τοῦτο ὡς ῥοδόσταγμα · καὶ ἔχε πεφυλαγμέ-
νον ἐν φιάλῃ. Φύλαξον.

3] Εἶτα λαβὼν ἀπὸ τῆς ἀσβέστου ** μέρος ἕν, καὶ ἀπὸ σταχθέντος
5 ὕδατος μέρη ἐννέα, ἑνώσας, ἔμβαλε. Καὶ φράξον ἀσφαλῶς ὡς τὸ
πρότερον · καὶ ἀνάσπα τοῦτο ὡς ῥοδόσταγμα. Ἔστω δὲ κλοκίον
τοῦτο ὑέλινον · τὸ γὰρ πρῶτον ὀστράκινον ὀφείλει εἶναι. Καὶ τὸ
ἀποσταχθὲν στρέψον πάλιν εἰς τὴν αὐτὴν τέφραν · καὶ ἔξελε καὶ
βάλε πάντα ὁμοῦ εἰς φιάλην ὑέλινον · καὶ τὸ στόμα αὐτῆς φράξον
10 μετὰ πανίου καὶ γύψου καλῶς · καὶ χῶσον ἐν κόπρῳ ἱππείᾳ ἡμέρας
μ' · εἰ δ' ἔστι σποδός, ἡμέρας κα'. Φύλαξον.

4] Εἶτα ἐκβαλὼν τοῦ κόπρου, ἔμβαλε τῷ κλοκίῳ, καὶ ἀνάσπα ὡς
πρότερον, καὶ πάλιν ὁμοῦ πάντα λαβών, τό τε ὕδωρ καὶ τὴν ὕλην
βάλε εἰς φιάλην ὑέλινον, καὶ σῆψον ἐν κόπρῳ ἱππείᾳ ὡς τὸ πρό-
15 τερον · (f. 137 v.) καὶ ἐξελὼν τῆς κόπρου, θὲς αὐτὰ ὁμοῦ ἐν κλο-
κίῳ, καὶ ἀνάσπα ὡς τὸ πρότερον, καὶ ἔχε ἐν φιάλῃ. Φύλαξον. ***

5] Τοῦτο λέγεται ὕδωρ θεῖον, καὶ ὕδωρ ἀσβέστου, καὶ ὕδωρ
θαλάσσιον, καὶ ὄξος, καὶ ὑδράργυρος, καὶ γάλα παρθένου, καὶ οὖρον
παιδὸς ἀφθόρου, καὶ ὕδωρ στυπτηρίας, καὶ ὕδωρ σποδοκράμβης, καὶ
20 ὕδωρ νίτρου, καὶ ὕδωρ πρωτοστάκτου, καὶ ἕτερα ὀνόματα. Τοῦτο
ὑπάρχει τὸ θεῖον ὕδωρ δι' οὗ λευκαίνεται τὸ σῶμα τῆς μαγνησίας,

---

* Ὁ γύψος ὀφείλει εἶναι παλαιὸς, ἀπὸ ἐκκλησίας.

** Ἡ ἄσβεστος ἐνταῦθα ὀφείλει εἶναι οὐγγίας δ'. καὶ τὸ ὕδωρ τὸ ἅπαξ ἀνασπασθέν. οὐγγ. λ ϛ'.

*** Ἔχεις ἐνταῦθα καὶ ἄσβεστον σεσημμένην (σεσημένην F) · τὸ δὲ ὕδωρ ὀφείλει εἶναι διὰ τὰς ἀνασπάσεις καὶ τρίψεις, καὶ ἐπαρδεύσεις οὐγγίας λα'.

2. E om. la scolie. — Les signes de renvoi à partir de celui-ci, sont les signes du zodiaque (1. Bélier, 2. Taureau, etc.) jusqu'à la Balance inclusivement. (Mêmes figures que dans V, xx.) — 4. καὶ ἐνώσας E. — 7. τὸ γὰρ — εἶναι entre parenthèses E. — 9. σελήνην E (mel.); plus bas (l. 14) : σελήνην. — 10. εἰς κόπρον ἱππείαν E. — 11. φύλαξον est en marge de F. — 12. ἐκ τῆς κόπρου E, mel. — 13. ὁμοῦ en signe tachygraphique F : om. E, ici et plus loin. — 14. ὡς καὶ τὸ πρότ. E. — 17. τοῦτο λέγεται κ. τ. λ. Cp. III, xxv, 1. — Après ὕδωρ θεῖον (n° 1), le ms. E donne les corps dans l'ordre suivant : 8, 10, 9, 11, 4, 5, 6, 7.

ὅπερ λέγουσι χαλκὸν κεκαυμένον, ὅπερ ἐστὶν ἡ τέφρα ἡ μέλλουσα γενέσθαι ἀπὸ τοῦ κροκοῦ τῶν ὠῶν.

6) Ὀφείλει δὲ λαβεῖν ἕτερα φροῦστρα ἄκαυστα ὠῶν,* καὶ τρίψαι καλῶς, καὶ βαλεῖν αὐτὰ ἐν κλοκίῳ ὑελίνῳ, καὶ ὕδωρ ἀνάσπαστον χωρὶς ἀσβέστου ἅπαξ. Ἔστω δὲ ἀπὸ ὕδατος τούτου ὅσον μέρη τρία, οἱ δὲ φλοιοὶ μέρος ἕν. Καὶ τοῦτο στάξον πάλιν τρίς, χωρὶς σήψεως· καὶ κατὰ μίαν στάξιν, ῥίψον τοὺς φλοιούς, καὶ βάλε ἑτέρους τὸ αὐτὸ ποσόν· τῆς δὲ τρίτης φορᾶς ἔχε ἐν φιάλῃ ἀποτιθέμενον.

7) Εἶτα λαβὼν ἄσβεστον νεαράν,** μίξον ταύτην μετὰ ὕδατος τούτου καλῶς. Ἔστω δὲ τὸ ὕδωρ τοῦτο μέρη τρία, καὶ ἡ ἄσβεστος μέρος ἕν· καὶ τοῦτο θὲς ἐν φιάλῃ. Καὶ φράξον τὸ στόμα τῆς φιάλης καλῶς, καὶ σῆψον εἰς κόπρον ἱππείαν ἡμέρας μ'· εἰ δέ ἐστι σποδός, κα'.

8) Εἶθ' οὕτω λαβὼν κροκὰ τῶν ὠῶν, θὲς αὐτὰ ἐν κλοκίῳ ὀστρακίνῳ, καὶ στάξον ταῦτα ὡς ῥοδόσταγμα μετὰ πυρὸς δυνατοῦ· τῶν γὰρ προειρημένων τὸ πῦρ ἔστω μαλακώτερον. Ἔστω δὲ τὸ περίφραγμα καλῶς ποιηθέν· καὶ δέχου ἐπ' αὐτῶν ἔλαιον κόκκινον.

9) Τοῦτο τὸ ἔλαιον*** λαβών, ἔνωσον μετὰ τῆς σεσημμένης ἀσβέστου**** τῆς εἰρημένης τῶν φλοιῶν· ἔστω δὲ ἀπὸ τῆς λελεγμένης ἀσβέστου μέρος α', καὶ ἀπὸ τοῦ ἐλαίου μέρη γ'· καὶ τοῦτο ποίησον ὡς τὸ τῆς ἀσβέστου ὕδωρ, τουτέστι στάξον καὶ σῆψον· καὶ πάλιν στάξον καὶ σῆψον· καὶ (f. 138 r. στάξας, ἔχε τέλειον. Φύλαξον.

10) Τὴν δὲ ἀπομένουσαν τέφραν τῶν κρόκων λεύκανον μετὰ τοῦ αου θείου ὕδατος τῆς ἀσβέστου· αὕτη γάρ ἐστιν ἡ μαγνησία.

---

* Ταῦτα ὀφείλουσιν εἶναι οὐγγίας ιη' εἰς γ' φοράς, καὶ τὸ ὕδωρ οὐγγίας ιη'.

** Ὀφείλει εἶναι αὕτη ἡ ἄσβεστος οὐγγίας ς'. ἐπειδὴ μέλλει φυράτειν τὸ νερὸν εἰς τὰς τρεῖς φοράς, νὰ γένωνται οὐγγίας ιη'.

*** Τοῦτο τὸ ἔλαιον ὀφείλει εἶναι οὐγγίας ιε'.

**** Ἡ τοιαύτη ἄσβεστος, ὡς εἶμαι, ὀφείλει εἶναι αἱ ε' οὐγγίας [οὐγγίαι E, f. mel.] αἱ εἰσαχθεῖσαι εἰς τὰς ιε' οὐγγίας τὸ νερὸν τὸ ἀνάσπαστες [ἀνάσπαστος E) τρεῖς φορὰς μετὰ τῶν ἀκαύστων ἄκαυστον. sic. F) φλοιῶν.

2. ἑτέρα — ...] ἑτέρους φλοιοὺς τῶν ὠῶν ... τοῦ ὕδατος τούτου E. — 13. κρόκους E. — ἀ-
ἀκαύστους E. — 4. αὐτὰ] αὐτοὺς E. — 9. μετὰ ... τοὺς E. — 14. αὐτοὺς E. — 16. ἀπ' αὐτῶν E.

11] Ταύτης τῆς μαγνησίας λαβὼν μέρη δ΄, * καὶ ἀπὸ τῆς
ἀσβέστου ** τῆς ἀπομεινάσης ἐν τῷ κλοκίῳ μέρος α΄, ἤγουν τὸ ε΄',
τρίψον καλῶς ἀμφότερα ἐν μαρμάρῳ ὥστε ἀραιωθῆναι καὶ λεπτυνθῆναι
τελείως μετὰ ὀλίγου ὕδατος τοῦ ἀπὸ τῆς ἀσβέστου, καθὼς ποιοῦσιν οἱ
5 ζωγράφοι · καὶ ψύξας, βάλε ἀπ' αὐτοῦ ἐν κλοκίῳ μέρος ἕν, καὶ ἀπὸ
τοῦ ὕδατος τῆς ἀσβέστου μέρη γ΄. Ἔστω γοῦν ἐνταῦθα τὸ κλοκίον
ὑέλινον · καὶ ἀνάσπα τοῦτο ὡς ῥοδόσταγμα, καὶ δέχου τὸ σταχθὲν ἅπαν
ἐν ἀγγείῳ ὑελίνῳ.

12] Εἶθ' οὕτω τὸ ἐναπομεῖναν ξηρὸν ἐν τῷ κλοκίῳ πάλιν βάλε ἐν
10 μαρμάρῳ · καὶ τρίβε τοῦτο ὀλίγον πρὸς ὀλίγον μετὰ τοῦ ἀποσταχθέντος
ἐξ αὐτοῦ · καὶ ἔασον τοῦτο ξηρανθῆναι ἐν σκιᾷ · καὶ τοῦτο ποίει ἄχρις
οὗ δαπανηθῇ ἅπαν τὸ σταχθὲν ὑγρόν.

13] Εἶτα τρίψας αὐτὸ τὸ ξηρίον, θὲς ἐν κλοκίῳ, καὶ μετ' αὐτοῦ
ἕτερον ὕδωρ ἀσβέστου. Ἔστω δὲ τὸ ὕδωρ μέρη τρία καὶ τὸ ξηρὸν μέρος
15 α΄ · καὶ ἀνάσπα τοῦτο, καὶ τρίβε, ὡς εἴρηται, ἄχρι φορῶν ε΄.

14] Τὴν δὲ ε΄' φορὰν λαβὼν ἅπαν τὸ σταχθὲν ὑγρόν, ἕνωσον μετὰ
τοῦ ἐναπομείναντος ξηροῦ · καὶ λαβὼν ἀμφότερα ἐν βικίῳ ὑελίνῳ, χῶ-
σον εἰς κόπρον ἡμέρας μ΄, ἢ ὅσον βούλει.

15] Εἶτα πάλιν στρέψον αὐτὸ ἐν τῷ κλοκίῳ τῷ ὑελίνῳ, καὶ ἀνάσπα
20 ὡς πρότερον · καὶ ὅταν ἀποσταχθῇ τὸ ἥμισυ τοῦ ὑγροῦ, ἀνοίξας τὸ κλο-
κίον, στρέψον πάλιν τοῦτο ἐν αὐτῷ · καὶ τοῦτο ποίησον ἄχρι φορῶν ε΄.

16] Εὑρήσεις δὲ τοῦτο τὸ σημεῖον ἐν αὐτῷ, οὐχ ὡς πρότερον ἀποσ-
τάζον, ἀλλ' ἀνειμένως καὶ βραδέως.

17] Μετὰ δὲ τὴν ε΄' φορὰν δέχου ἅπαν τὸ (f. 138 v. σταχθὲν ἐν
25 βικίῳ · καὶ τὸ ἐναπομεῖναν ξηρὸν ἐν τῷ κλοκίῳ θὲς ἐν μαρμάρῳ · καὶ
τρίψας τοῦτο μετὰ τοῦ ἐξ αὐτοῦ σταχθέντος ὑγροῦ, καὶ ἔασον ψυγῆναι

---

* Στ δ΄ κε = κεράτια κ΄. Στ α΄ κε ς΄.

** Ἡ τοιαύτη ἄσβεστος ἐν (ἐστιν Ε) ἢ κ(αὶ) ἡ ἀπὸ θείου ὕδατος τοῦ λευκοῦ. ἐπεὶ ἐπειδὴ
Ε) βούλει λευκᾶναι τὴν μαγνησίαν.

9. τὸ ἐναπομ. πάλιν Ε. — ξηρόν] F. l. ξη-
ρίον. — 10 et 15. τρίβε] F. l. λείωσον. — 13.
τρίψας en signe, et au-dessus, en toutes
lettres. F. l. λείωσον. — 17. λαβὼν F. l. βαλών.

ἐν σκιᾷ · καὶ τοῦτο ποίει ἕως ἂν πίῃ ἅπαν τὸ ὑγρόν · καὶ ἐν τῷ τρίβειν
καὶ ποτίζειν αὐτὸ εὑρήσει ὅτι λευκάνεται · καὶ ἡ λευκότης αὕτη ὑπάρ-
χει σύμβολον τῆς ἐρυθρότητος.

18] Δεῖ δὲ τοῦτο λευκανθῆναι καλῶς. Εἶθ᾽ οὕτω θὲς αὐτὸ τὸ λευ-
κανθὲν ἐν βικίῳ ὑελίνῳ · καὶ θὲς πάλιν εἰς αὐτὸ ἀπὸ τοῦ ὕδατος τῆς
ἀσβέστου ὅσον μέρη γ΄ · τοῦτο δὲ ἔστω μέρος α΄. Καὶ ἑνώσας καλῶς,
χῶσον ἐν κόπρῳ ἡμέρας ἑτέρας.

19] Εἶθ᾽ οὕτως ἐκβαλὼν, ἀνάσπα, καὶ δέχου τὸ ὑγρὸν, καὶ στρέ-
φον τοῦτο ἐν αὐτῷ, καὶ ἀνάσπα ἐκ δευτέρου · καὶ δέχου ἅπαν τὸ ὑγρὸν,
καὶ φύλαξον. Τὸ δὲ ἐναπομεῖναν ἐν τῷ κλοκίῳ εὑρήσεις τοῦτο λευκὸν,
μαρμάρῳ παρεμφερές. Τοῦτο λαβὼν, ὁμοίως φύλαξον.

20] Εἶτα λαβὼν ἀπὸ τοῦ μαρμάρῳ παρεμφεροῦς εἴδους μέρος α΄,
καὶ ἀπὸ τοῦ ὕδατος τοῦ ἐξ αὐτοῦ σταχθέντος ἕτερον μέρος α΄, καὶ
ταῦτα ὁμοῦ ἑνώσας καλῶς, θὲς εἰς ὑέλινον κλοκίον μὴ ἔχον ἄμβικα,
ἀλλὰ σφραγίσας καὶ ἐμφράξας αὐτοῦ τὸ στόμα μετὰ σκεπάσματος
μολυβδίνου καλῶς, καὶ τὸ ῥηθὲν ὑέλινον κλοκίον ἀλείψας μετὰ
πηλοῦ πυριμάχου λεπτὸν ἄλειμμα.

21] Εἶθ᾽ οὕτω σέρισον αὐτὸ, καὶ κτίσον εἰς φουρνάκιον ὡς τὸ
τοῦ ῥοδοστάγματος · καὶ ἀντὶ πυρὸς ἀνθράκων, ἄψας λύχνον, θὲς
ὑποκάτω αὐτοῦ. Καὶ εἰ μέν εἰσι τὰ ἔνδον ἀνὰ οὐγγίαν α΄ τὸ καυ-
θὲν, ἤγουν ἐξ ἀμφοτέρων οὐγγ. δύο, χρεία ἐστὶν ἅπτειν τὸν λύχνον
ἡμέρας ζ΄, ἤγουν νυχθήμερα ζ΄. Καὶ εἰ μὲν τὸ εἶδος ὑπάρχει ὅσον
τὸ ἥμισυ, λοιπὸν ἀψάσθω ἡμέρας δ΄, εἰ δὲ δ̄ον, ἡμέρας ϛ΄. Καὶ
μετὰ τὰς ζ΄ ἡμέρας, ἀνοίξας τὸ ἄγγος, καὶ τὸ εἶδος ἰδὼν πησσό-
μενον, ἐπίθες πάλιν ἀπὸ τοῦ πεφυλαγμένου ὕδατος ἑτέραν οὐγγίαν
α΄ ὡς τὸ πρότερον. Εἶτα ἄψας τὸν λύχνον ἡμέρας ὅσας εἴρηται,
οὕτως ἔστω ποιῶν ἄχρις θ΄ φορῶν.

2. F. l. ἐρήσεις. — 7. ἡμ. ἑτ. μ᾽ ἡ ὅσον βούλει E. — 14. ὁμοῦ en signe F: πάλιν E. — κλοκεῖον corrigé en κλοκίον F. ici et plus loin. — μὴ ἔχον] F. l. μὴ ἔχουν? — 16. F. l. ἄλειψαι. — 20. καθ᾽ Ἓν F. F. l. καθ᾽ Ἓν. — 21. οὐγκίας E, presque partout. — 22-24. ἤγουν — τὰς ζ΄ ἡμέρας om. E. — 23. τὸ ἥμισυ] τὸ δ" F. — 24. εἶτα ἀνοίξας E. — 27. ἴσω E, f. mel. — ἄχρι καὶ ἐννέα φορῶν E.

22] Εἶτα ἀνοίξας, εὑρήσεις τὸ γεγονὸς ξανθὸν πεπηγμένον ἔχοντα σταθμὴν τῆς προσθήκης πάσης ἧς ἐξ ἀρχῆς ἔθηκας εἰς φορὰς θ΄, ἕως τέλους, οὐγγ. ι΄.

23] Τοῦτο λαβών, ἔχε · καὶ ἐξ αὐτοῦ λαβὼν μέρος α΄, ὅσον
5 οὐγγ. α΄.

24] (f. 139 r.) Εἶθ᾽ οὕτω κατασκευάσας διὰ τοῦ πυρός, ἤγουν διὰ τῆς τοῦ λύχνου θερμάνσεως, πότισον αὐτὰ θ΄ φοράς, καὶ πάλιν διὰ τοσαυτῆς στάθμης μετὰ τοῦ θείου ἐλαίου ὡς ἐποίησας μετὰ τοῦ θείου ὕδατος. Εἰς δὲ τὴν ὑστάτην φοράν, ἤγουν τὴν θ᾿ⁿ, μέλλεις λαβεῖν
10 ἔλαιον ἐπὶ τοῦ διπλοῦ · καὶ ἄψητον λύχνον δυνατώτερον.

25] Εἶθ᾽ οὕτως εὑρήσεις τὸ ξηρίον τετελειωμένον, τῇ χροιᾷ ὀξυπόρφυρον. Τρίψας δὲ αὐτό, φύλαξον καλῶς.

26] Ὅτε δὲ Θεοῦ εὐδοκοῦντος θελήσεις τὴν αὐτὴν πεῖραν εἰς φῶς ἀγαγεῖν, λαβὼν ἄργυρον καθαρὸν ὅσον οὐγγ. α΄, καὶ τοῦτον χωνεύσας
15 ἐν πυρί, θὲς ἀπὸ τοῦ ῥηθέντος ξηρίου εἰς αὐτὸν ὅσον στάθμην κο. ἑνός, καὶ εὑρήσεις χρυσόν, λάμποντα καὶ φωτίζοντα τῆς οἰκουμένης τὰ πέρατα.

---

1. ἔχον σταθμὸν E. F. l. ἔχον τε στάθμην. — ἦν E. — 3. ἕως τέλους, ἤγουν ὀγκίας δέκα E. — 4. F mg. : φύλαξον (en rouge). — 7. καὶ πάλιν δ. τοσ. στ.] πάλιν διὰ τοσούτου σταθμοῦ E. — 9. μέλλεις λαβεῖν] λάβε. — 10. ἆραι τὸν λ. E, mel. — 12. καὶ τρίψας αὐτὸ E. — F mg. : φύλαξον, en rouge. — 15. θὲς] ἐπέβαλε E. — σταθμὸν E. — κο.] abréviation de κοτύλου (synonyme de κοτύλη)? κοκκίου (grain) E. f. mel. — 16. χρυσόν] signe de l'or et du soleil, puis : ἤγουν χρυσόν F. — F. l. χρυσόν, ἤγουν ἥλιον…? — Réd. de E : καὶ εὑρήσεις τὸν ἄργυρον χρυσὸν γεγενημένον. χρυσὸν λέγω λάμποντα… — 17. Après πέρατα, E ajoute: Τέλος τῆς χρυσοποιίας τοῦ Νικηφόρου τοῦ Βλεμμύδου, et continue ainsi : Ἀνωνύμου τινός… (voir p. suiv.).

BLEMMIDÈS. — APPENDICE

ΑΠΕΡ ΧΡΗΖΕΙ Η ΠΑΡΟΥΣΑ ΚΑΤΑΣΚΕΥΗ

Suite du texte précédent. — Transcrit sur F. — Collationné sur E.

Ἀρχήν, ὠὰ καθαρὰ, μετὰ σπερμάτων φ'..............................α'.

Σκεύη · δύο ὀστράκινα κλοκία μετὰ καπασίων ὑελίνων..........β'.

Ὁμοίως καὶ ὑέλινα τρία, ἵνα χωρῇ τὸ ἐν καρτελοῦρον............γ'.

5 Τὸ ἄλλο καρτελοῦρα β', καὶ τὸ ἀλλὸ καρτελοῦρον C″, καὶ καπάσιν

αὐτοῦ ....γ'

Ἰγδίον.

Μάρμαρον πόρφυρον ·

Καὶ τριβαδὶ ζωγράφου.

10 Γύψου παλαιοῦ ἀπὸ ἐκκλησίας.

Τζουκάλι πυρίμαχον καὶ κύθρους δύο ὡσὰν γαβαγίον ·

Καὶ πηλὸν πυρίμαχον.

Ὡσαύτως χρήζει ἀρχὴν νερὸν λευκὸν ἅπαξ ἀνασπασθὲν οὐγγ. λϛ',

ὁμοίως καὶ δεύτερον ἅπαξ ἀναβασθὲν οὐγγ. ιη', καὶ ἔλαιον κόκκινον

15 ἅπαξ ἀναβασθὲν οὐγγ. ιε'.

Γίνωσκε γοῦν ὅτι τὰ λϛ' αὐγὰ ἀπολοῦσι νερὸν οὐγγ. θ'.

---

1. Titre ou lemme dans E : Ἀνωνύμου τινός, τοῦ ποιήσαντος τὰ ἄνωθεν σχόλια, ἔκθεσις κοινῇ, διαλέκτῳ περὶ πάντων ὧν χρήζει ἡ παροῦσα κατασκευὴ πρὸς τὸ γενέσθαι. Ἄλλος δέ τις γράφει ἐν τελίδι οὕτως · ὡς ἐμοὶ δοκεῖ οὐδὲ ἡ παροῦσα κατασκευή ἐστι τελεία, ζήτει δὲ τὴν ἑτέραν καὶ μεγάλην κατασκευήν, εἰς τὸ ἕτερον βιβλίον τοῦ αὐτοῦ Νικηφόρου τοῦ Βλεμμίδου : — ταῦτα δέ ἐστιν, ὧν χρήζει ἡ παροῦσα κατασκευή. — 2. F mg. : Ζήτει δὲ τὴν ἑτέραν καὶ μεγάλην κατασκευὴν εἰς τὸ ἕτερον βιβλίον τοὺς αὐτοὺς βλέψη μηδὲν (f. l. τοῦ αὐτοῦ Βλεμμίδου). — φ' F. l. λ ϛ'. Cp. ci-dessous, l. 16. — 3.

F. mg. : ὡς ἐμοὶ δοκεῖ οὐδὲ ἡ παροῦσα κατασκευὴ τελεία. — 5. τὸ ἄλλο καρτ. β'] τὸ δὲ ἄλλο κοτύλας β' E. — καὶ τὰ καππάκια αὐτῶν γ' E. — 7. ἰγδίον ἓν E. — 8. πορφυροῦν ἓν E. mel. — 9. καὶ τριβίδιον ζωγρ. ἓν E. — 10. γύψου παλαιόν E. — 11. τζουκ. πυριμ. κ. κ. δύο] χύτρας πυριμάχους δύο E. — F. l. γαβάθιον. — 12. καὶ om. E. — 13. νερὸν λευκόν] ὕδατος λευκοῦ E. — ἀνασπασθέντος E. — 14. Réd. de E : δευτέρου ἑτέρου ἀπ. ἀνασπασθέντος οὐγκίας ιη', καὶ ἐλαίου κοκκίνου ἅπ. ἀνασπασθέντος οὐγκίας ιε'. — 16. γοῦν] δὲ E. — αὐγὰ ὠὰ E. — ἀπολύουσιν ὕδατος E.

Καὶ καρτελούρα τὸ νερὸν ἔχει λίτρας ϛ'.

Ὡσαύτως χρήζει καὶ ἄσβεστον, μετὰ τῶν ὑμένων ὁμοῦ, οὐγγίας θ',
καὶ φλοιοὺς τριμμένους ἀκαύστους, οὐγγίας ιη', καὶ μαγνησίαν, ἤγουν
κεκαυμένους κροκοὺς, ⟨ἵ⟩ δ' κο κ' · καὶ ζύγιν, καὶ ξύλα, καὶ φουρ-
5 νάκιν, καὶ νοῦν λεπτὸν καὶ ἀπέραντον.

Τοῦτό ἐστι τὸ περιεκτικὸν καὶ ὅλον μυστήριον f. 139 v. · αἷμα
ἀνθρώπου παρηνοῦ, χολὴν μέλανος βοὸς μὴ ἔχοντος τὸν σύσσημον,
καὶ τραγίδος βοτάνης ὀπόν · ἐξίσου τὰ τρία ἔχων, εἰ πυρώσεις σίδηρον
καὶ βάψης, μάλα ἐπιτύχοις.

---

1. Réd. de E : ἡ δὲ κοτύλη τοῦ ὕδατος ἔχει
λίτρας β'. — 2. ἄσβεστου E. — ὁμοῦ (en signe)
om. E. — 3. φλοιοὺς τετριμμένους ἀκαύστων
E. — μαγνησίας E. — 4. κεκαυμένων κρόκων
οὐγκίας δ' κοκκία κ' E. — ζύγιον E. —
5. Après ἀπέραντον, E aj. : τὸ θεμέλιον τῶν
ὅλων. Τέλος. — 6. Τοῦτο — fin. en
rubrique F. — αἷμα — ἐπιτύχοις om. E.
(Phrase insérée dans ce ms., f. 4 r.
— Cp. p. 424. l. 21. — 7. παρηνοῦ F.
l. παρθένου. — βοὸς F. — 9. ἐπιτύχῃς
F; ἐπιτύχῃς (pour ἐπιτύχοις) ἂν E (l. c.)

COLLECTION

DES

ALCHIMISTES GRECS

......

TRADUCTION

TROISIÈME LIVRAISON

QUATRIÈME PARTIE

LES VIEUX AUTEURS

IV. 1. — PÉLAGE LE PHILOSOPHE

SUR L'ART DIVIN ET SACRÉ [1]

1. Les anciens philosophes, amoureux (des sciences) et remplis (de zèle), disaient que tout art a été inventé à cette fin (de profiter) à la vie. Ainsi l'art du constructeur a pour objet essentiel de fabriquer un siège, une boîte, ou un navire, au moyen de la seule nature de la (matière) ligneuse (2). De même l'art tinctorial (3) a été inventé en vue de fabriquer une certaine teinture et de produire une certaine qualité (4) : c'est là aussi la fin de l'art. Il faut savoir

---

(1) Cet article porte le nom de Pélage, l'un des vieux alchimistes (Cp. *Olympiodore*, p. 96 et 194); mais il renferme des additions et gloses plus modernes. Le texte est fort obscur et il est difficile d'en garantir le sens exact. Toutefois il semble se rapporter à la dorure et à l'argenture des métaux, tels que le cuivre et le fer : ces métaux doivent être préalablement oxydés ou sulfurés à la surface, puis décapés et rendus brillants; on étend ensuite à leur surface l'or ou l'argent « atténués » : c'est-à-dire amenés à un grand état de division (poudre ou coquille d'or), ou d'amincissement (feuilles d'or et d'argent) ; sinon même rendus plastiques et mous par leur amalgamation au mercure ; ou bien encore dans certains cas, divisés, et peut-être rendus solubles (« spiritualisés ») par l'action préalable d'un sulfure métallique et d'un sel alcalin. — Tout ceci doit donc, à l'origine, avoir exprimé le fait que l'on dore ou l'on argente un métal au moyen de l'or ou de l'argent divisés, ou d'une composition renfermant ces corps: puis on a ajouté l'idée de la transmutation du fond même du métal.

(2) Cp. Synésius, p. 67.

(3) Appliqué aux métaux, c'est-à-dire l'art de la transmutation.

(4) Qualité ou couleur d'or ou d'argent.

que les anciens rapportent un fait exact lorsqu'ils disent : « Le cuivre ne teint pas, mais il est teint, et lorsqu'il a été teint, il teint (1) ». C'est pour cette raison que tous les écrits exposent dans des termes pareils le travail du cuivre, et montrent comment on le teint : et s'il est teint, alors il teint ; mais s'il n'est pas teint, il ne peut pas teindre, ainsi qu'on l'a (déjà) dit. Voilà pourquoi l'on recommande de rendre le cuivre exempt d'ombre, afin que devenu brillant il puisse recevoir la teinture.

Par l'ombre du cuivre, il faut entendre la teinte noire qu'il produit dans l'argent. En effet, tu sais que le cuivre soumis au traitement (2) et projeté sur l'argent le noircit au dedans et au dehors : ce noircissement produit dans l'argent, les écrits le nomment ombre. C'est pour cela qu'il faut traiter le cuivre (3 jusqu'à ce qu'il ne puisse plus produire de noircissement, lorsqu'il est projeté sur l'argent.

2. Ainsi il faut traiter le cuivre, aussi bien que l'or naturel, jusqu'à ce qu'il ne produise plus le moindre noircissement dans l'argent. C'est pour cette raison que Démocrite, lui aussi, a dit dans son livre sur l'argent : « Vérifie si le cuivre est devenu sans ombre ; car si le cuivre n'est pas devenu sans ombre, ne t'en prends pas au cuivre (de ton insuccès), mais à toi-même (4). »

3. On traite le cuivre par l'eau divine, lorsqu'il a éprouvé la décomposition, qu'il a été délayé, cuit et lavé. « On le lave, dit-il, jusqu'à ce que tout son ios soit expulsé. » Souviens-toi, à cet égard, de ce que disent les philosophes : « Après que le cuivre a été affiné, noirci et ultérieurement blanchi ; alors (seulement) la teinture est solide. »

Comprends bien les six opérations. L'iosis se fait au moyen de l'eau divine ; l'affinage a lieu dans le lavage ; le noircissement s'éxécute lorsque le chrysolithe est mélangé (avec le cuivre brûlé), avant le lavage ; l'atténuation, lorsqu'il est délayé dans le chrysolithe ; le blanchiment, lorsqu'il est desséché après délaiement avec le chrysolithe ; enfin le jaunissement se fait lorsque les substances pouvant teindre en jaune sont appliquées et introduites pendant la durée de la digestion dans de petits amas de fumier.

---

(1) Cp. p. 170 et *passim*.
(2) C'est-à-dire brûlé, changé en protoxyde par un premier traitement ? Cp. *Introd.*, p. 233 ; *Traduction*, p. 154.

(3) C'est-à-dire réduire complètement à l'état métallique le protoxyde, formé d'abord à la surface du cuivre ?
(4) Cp. p. 133.

Telles sont les six transformations qui se font dans le cuivre, afin de (le) teindre. Si elles ne sont pas toutes effectuées, rien n'est fait ; attendu que si le cuivre ne devient pas jaune et brillant, rien n'est fait.

4. Ainsi (il faut) d'abord teindre, transformer, couper en morceaux le cuivre ; de cette façon on obtient une iosis parfaite au moyen de l'eau divine, entends par iosis parfaite la dorure (qui a lieu) dans la décomposition. Or, c'est cette iosis que le vieux Zosime avait en vue lorsqu'il disait : « Celui qui fait de l'ios fait de l'or ; et celui qui n'en fait pas, ne fait rien (1). Lorsque tu verras la dorure parfaite avec le soufre (2), alors comprends que tu as accompli une rouille parfaite, en colorant le métal par le soufre, non seulement à la surface, mais aussi dans la profondeur. »

Il y a (là) l'indication du commencement de l'iosis, ainsi que de celle qui est produite à l'intérieur, c'est-à-dire de la véritable iosis, laquelle est aussi désignée comme l'ios de l'or. Veille donc à ce qu'elle soit effectuée dans la profondeur. Si elle ne l'est pas, il n'y a pas d'iosis. Cette opération est aussi appelée jaunissement par le Philosophe, qui dit : « Prenant de la pyrite, traite-(la) jusqu'à ce qu'elle devienne jaune. » Il appelle pyrite le cuivre, à cause du caractère igné de sa nature ; et aussi parce qu'il faut qu'il devienne tel que l'iosis s'accomplisse.

5. De la même façon, il arrive à l'affinage, qu'il indique aussi dans ces termes : « jusqu'à ce que l'opération inverse de l'iosis soit effectuée. Qu'il y ait d'abord noircissement et la réduction suivra. Prenant donc une partie de chrysolithe, trois parties de magnésie (3), délaie en l'absence de tout liquide ; délaie jusqu'à ce que les substances se pénètrent mutuellement et se combinent. Alors, il ne subsiste plus aucune apparence du soufre blanc et (le mélange) devient tout à fait noir comme de l'encre à écrire. Laisse-le reposer pendant trois jours ; puis, le jetant alors dans le bassin, verse dessus le liquide avec lequel on a coutume de laver ; délaie de nouveau et fais cuire avec du soufre répandu tout autour ».

Comment se fait le traitement ? comment le produit a-t-il une nature

---

(1) Cp. p. 145.
(2) Ou bien plutôt avec l'eau divine.
(3) Signe du cinabre sur le mot ma-gnésie, dans M ; le mot cinabre est écrit à la suite de μαγνησία dans L.c.

incombustible? Ce qu'on appelle chalcopyrite, c'est le plomb (traité par le)
soufre apyre. Lave le chrysolithe étésien, dit-il, jusqu'à ce que son ios en
sorte. De cette façon rien n'est perdu, le cuivre demeurant uni au plomb.
C'est là ce qu'on appelle la grande purification ; on l'appelle aussi affinage et
noircissement : noircissement à cause de la couleur noire du mélange ;
affinage, à cause de la transformation et de la dissolution (du produit) pro-
venant de l'ios. C'est cette opération que l'on nomme aussi grand lavage.
Après avoir recueilli ce produit dans des vases, laisse-le déposer. Et après avoir
clarifié la liqueur, fais sécher le sédiment : tu trouveras qu'il ressemble à
de l'encre à écrire. Broie ce produit jusqu'à ce qu'il se développe un jaune
parfait. Modifie le produit en y versant ce qui suit : produit décanté (1),
quatre parties ; matière jaune, une partie ; plomb, une partie ; puis mouille
un peu, de façon à former une sorte de boue, et délaie jusqu'à ce que le
plomb disparaisse. Enlève et réduis à l'état de pâte ; expose au soleil et laisse
sécher, en arrosant peu à peu, jusqu'à ce que le plomb ait disparu ; puis
laisse sécher. Alors projette le produit amené à l'aspect convenable.

6. Le vieux Zosime disait (2) : « Je connais une classe unique, qui comporte
deux opérations : la première pour que la fluidité soit produite par l'extrac-
tion ; la seconde pour que l'humidité du plomb soit desséchée. » Agis de cette
manière, en desséchant ; puis ajoute une quantité égale de coupholithe et
délaie avec du vinaigre (fabriqué) au moyen du géranium, jusqu'à blan-
chiment. Veille donc à ne pas manquer (l'opération) au moment du blanchi-
ment (3). On la manque, lorsqu'on ne voit pas apparaître la beauté du cuivre
sans ombre, développée au moyen du blanchiment, après que le cuivre a
perdu toute sa substance terrestre excédante et sa grossièreté matérielle. Si
donc le cuivre sans ombre est blanchi, il devient un être spirituel, et dès lors
aucune autre chose ne manque ; il n'y a plus d'autre retard, si ce n'est en
raison de la nécessité de le sécher et de le blanchir.

7. Comprends ici (que) toutes les choses déversées sont rejetées et que rien
ne reste (4), sinon l'or, le plomb et la pierre étésienne, nommée chryso-

---

(1) ἔξης; MAK. ἰωτῆς; l.c. Cp. III, vi,
2, p. 128 et III, vii, 5, p. 143.
(2) Cp. III, vii, 5, p. 143.

(3) Cp. III, vi, 20, p. 136.
(4) Ce paragraphe traite d'un autre
sujet que le précédent.

lithe (1 . Donc, après avoir édulcoré la poudre solide et après l'avoir dessé-
chée, mets avec cette poudre trois parties de couperose, une partie de
magnésie, une partie de cuivre. Ajoutes-y une partie de poudre solide. Délaie
au soleil, en arrosant avec du vinaigre blanc pendant sept jours ; plus tard,
après avoir desséché, fais digérer dans du fumier et laisse cuire pendant
deux ou trois jours. Lorsque tu retireras (le vase), tu trouveras l'or teint en
rouge comme du sang. Tel est le cinabre des philosophes et le cuivre jaune
une couleur sans ombre. Souviens-toi à ce propos que le vieil auteur disait :
« Le cuivre devenu sans ombre teint toute espèce de corps » (2). C'est aussi
pour cette raison que le Philosophe disait : « Pourquoi parlez-vous de
la matière multiple ? le produit naturel est un, et une, la nature qui
domine le Tout. » Comprenons que par le produit naturel il entend l'or
conforme à la nature ; car cet or naturel domine le Tout, étant formé par les
corps subordonnés. Ainsi, par exemple, si on l'étale sur le fer ou le cuivre,
il domine la surface de ces (corps), qui se trouve revêtue d'or naturel.

8. C'est ainsi que l'on opère : le produit est dissous au moyen de l'eau
divine, fermenté comme le levain du pain (3) ; ensuite le chrysolithe étant
délayé avec ce produit, à parties égales, l'eau agit conformément à la nature
du produit, avec le concours de la décantation (4) ; puis le chrysolithe est
mis en œuvre, après le mélange de (l'or) naturel (5).

Zosime dit : « L'or naturel, étant changé en esprit au moyen du chryso-
lithe (6), teint conformément à sa nature ; l'argent, si nous le dissolvons au
moyen de l'eau divine et si nous le changeons en esprit au moyen du chryso-
lithe, teint le cuivre en blanc. » Il disait aussi cela en d'autres termes : « En effet
les deux teintures ne diffèrent en rien l'une de l'autre, si ce n'est par la cou-
leur, c'est-à-dire qu'elles comportent un seul et même mode de traitement 7 ,
d'après lequel (les corps sont) d'abord dissous au moyen de l'eau divine et plus
tard la poudre solide est changée en esprit au moyen du chrysolithe.
Or elles diffèrent par la couleur. Chacune d'elles teint suivant sa nature

---

(1) Au-dessus, signe du cinabre, M.
(2) Cp. DÉMOCRITE, p. 49.
(3) Le ajoute : « il vainc toute na-
ture ».
(4) Ou de la liquéfaction.

(5) Le ajoute : « Le mystère est
traité. Et Zosime dit » :
(6) S'agit-il ici de la dissolution de
l'or, au moyen d'un sulfure métallique ?
(7) Cp. p. 136.

propre : l'or teint l'or, et l'argent teint l'argent. N'entends-tu pas le vieil au-
teur disant : « Celui qui sème du blé fait naître et récolte le blé; l'or aussi
fait naître l'or : pareillement l'argent fait naître l'argent (1). »

9. Pour la même raison le vieux Philosophe s'exprimait ainsi (2) : « Nous
emploierons des (éléments) naturels. » Or il est nécessaire de savoir que l'or
teint naturellement, après avoir été d'abord dissous au moyen de l'eau divine
et plus tard changé en esprit au moyen du chrysolithe. Il est appelé aussi,
d'après sa nature, corps solide; et il faut qu'il soit d'abord dissous et plus
tard changé en esprit : de cette façon il teint toutes choses naturellement.
Car les deux autres éléments (3) étant, d'après leur nature propre, volatils
et combustibles, sont dissipés dans le feu. De là vient que le vieux Zosime
disait : « Le mystère de la teinture d'or (4), c'est de changer les corps (tincto-
riaux métalliques) en esprits, afin de teindre dans l'état de spiritualité; confor-
mément aux descriptions, et sans arrêt dans l'opération (5). En effet, lorsqu'ils
sont à l'état solide, ils ne peuvent teindre; ils doivent être d'abord atténués et
spiritualisés. Or l'eau divine d'abord les atténue, et plus tard le chrysolithe
les spiritualise (6). Ainsi notons qu'il y a deux teintures, selon la spé-
cialité des deux corps (or et argent). Quant aux autres (corps), ils interviennent
et transforment la teinture, en s'y associant et en y coopérant. Les agents de
transformation dissolvent et spiritualisent; les agents coopérateurs sont ceux
que l'on projette au moment de la fusion. Il faut noter d'ailleurs que
l'or ou l'argent, simplement disposé en enduit superficiel, ne domine
pas le fer ou le cuivre : il faut que ces métaux soient traités d'abord par des
mordants. De même, dans la transmutation, ni l'or ni l'argent n'ont de
puissance, s'ils n'ont pas été d'abord traités par des mordants. Il convient
donc d'arroser la poudre sèche avec les mordants liquides, afin que la teinture
rendue astringente et pénétrant jusqu'au fond, se fixe et agisse dans la pro-

---

(1) *Isis à Horus*, ci-desssus, p. 33; et
III, xvi, 6.

(2) Le : « Le vieux Philosophe s'é-
criait : Employons, employons des élé-
ments naturels. »

(3) Le plomb et l'étain, opposés à l'or
et à l'argent.

(4) Ces mots sont précédés dans A.

par la glose suivante : « La poudre
sèche devient apte à fixer la couleur,
lorsqu'elle est arrosée avec les liquides;
ce qui développe la teinture, par la
décomposition opérée dans ceux-ci. »

(5) Lu comme A Lc : ἐπισταθμίαν, étape.

(6) Sur le sens de ce passage, voir la
note 1 de la p. 243.

fondeur du corps, la poudre de projection étant dissoute. Pour cette raison la nature est charmée par la nature, etc.

10. Conçois donc que l'on fait absorber par le corps métallique l'eau divine, le chrysolithe et les mordants. N'est-ce pas ainsi que la nature du corps (métallique) se réjouit? Elle se réjouit de la nature de l'eau, étant par elle alimentée, épaissie et augmentée. Est-ce que le cuivre, qui est sans charme et sans éclat par essence, n'est pas charmé et rendu brillant lorsqu'on lui associe la nature brillante de l'eau divine? Est-ce que la nature du corps épais et terrestre n'est pas vaincue par la nature spirituelle et aérienne du chrysolithe? Est-ce qu'il n'est pas dominé par les liqueurs astringentes, comme il arrive à l'or et l'argent fixés à la surface du fer ou du cuivre? Il faut convenir en général que, si le fer ou le cuivre n'a pas été traité par les mordants, il n'est pas dominé par l'or ou l'argent, étendu à sa surface (1). Mais s'il a été ainsi traité et qu'alors il soit enduit, il est dominé. en vertu de la puissance du mordant (2).

11. Mais on objectera : Si l'or ou l'argent constituent des poudres de projection, capables de produire deux teintures, comment effectuer l'opération de l'iosis, et la réduction, et l'atténuation, et le noircissement, puis le blanchiment? C'est qu'alors le jaunissement sera solide, selon ce qui a été dit précédemment. Nous disons en effet que toute chose se trouve en puissance et se développe ensuite dans les deux teintures. En effet, il a été dit (3) que l'on appelle iosis la dissolution effectuée dans l'eau divine, parce que l'iosis réside en puissance dans l'eau (divine). Il en est de même pour la réduction, l'atténuation, le noircissement et le blanchiment, qui suit la transformation. Puis vient le jaunissement solide, non seulement en puissance, mais aussi en acte. Toutes ces choses sont exécutées avant que l'or soit blanchi, et plus tard jauni solidement, jusqu'à ce que (l'or) spirituel et parfait soit achevé et accompli. Le Philosophe a raison de dire : « O natures célestes, démiurges des natures créatrices (4) » : en effet, c'est à la façon d'une création que les deux natures des soufres, suivant le caractère liquide

---

(1) C'est-à-dire le fer ou le cuivre ne peuvent être argentés ou dorés que s'ils sont décapés à la surface, avant que l'on y étende la composition des-tinée à la dorure ou à l'argenture.

(2) Signe du cinabre, A.

(3) Cp. § 3 et 4.

(4) DÉMOCRITE, p. 50.

du mélange (de la magnésie) et le caractère sec de l'essence (du cinabre), transforment par leur vertu créatrice les natures terrestres des corps, en natures spirituelles et tinctoriales. Les natures célestes de ces soufres doivent être entendues comme des natures qui ne peuvent être enlevées par la suite (1). C'est pourquoi il dit aussi : « Rien n'a été oublié, rien ne fait défaut, sauf le brouillard et la montée de l'eau »; au lieu de dire : Rien d'autre n'est attendu. Il dit encore : « Mais si le corps est réduit au dernier degré d'atténuation, comme le brouillard de l'eau (divine), et que l'eau à son tour soit évaporée sur ce corps, voici que le Tout est ramené à ses éléments. »

12. La montée de l'eau est interprétée comme un allègement, parce qu'on fait monter et qu'on allège l'infusion de l'eau, combinée au corps... Il nous suffira de nous rappeler que l'on opère avec le mortier et le pilon, dans le cas des deux teintures... S'il s'agit du cuivre, on emploie la coupe en forme d'autel. Zosime parlait aussi de cet (appareil) : (il disait) que l'arbre (est une plante cultivée, arrosée et qui fermente en raison de l'abondance de l'eau : grandissant, en raison de l'humidité et de la chaleur de l'air, il porte des fleurs; enfin, grâce à la grande douceur et à la qualité favorable de sa nature, il porte des fruits (2).

IV. ii. — LE PHILOSOPHE OSTANÈS A PETASIUS
SUR L'ART SACRÉ ET DIVIN (3)

1. La nature du corps inaltérable (l'or) se plaît dans une petite quantité de liquide (4); car c'est par le mercure que les mélanges se dépouillent de la

---

(1) C'est-à-dire que la transmutation a changé l'essence du métal.

(2) Ceci complète le texte des p. 123 et 124.

(3) Ce fragment est le seul qui porte le nom d'Ostanès, auteur apocryphe souvent cité aux iii⁰ et iv⁰ siècles de notre ère, et dont Zosime nous a conservé des phrases énigmatiques (p. 129). Le traité arabe, attribué au même écrivain, est évidemment pseudonyme (*Introd.*, p. 219). Le morceau actuel est écrit dans une langue symbolique dont le sens nous échappe : cette langue rappelle la nomenclature du Papyrus de Leide et des prêtres égyptiens, cités dans Dioscoride (*Introd.*, p. 10 et 11). Les signes du mercure et du cinabre, etc., placés au-dessus de certains mots, dont le sens littéral est tout différent, confirment cette manière de voir.

(4) Signe du mercure au-dessus, dans M.

matière qui leur sert de support. C'est au moyen de l'eau précieuse et divine
que cette maladie (1) est traitée. (Par là) les yeux des aveugles voient; les
oreilles des sourds entendent ; ceux dont la langue est embarrassée parlent
clairement.

2. Voici la préparation de cette eau divine : Prends les œufs du serpent
du chêne (2) qui au mois d'août habite (3) dans les montagnes de l'Olympe,
du Liban ou du Taurus. Prends ces œufs frais, mets-en une livre dans un
vase de verre. Jettes-y de l'eau divine, toute chaude; fais monter quatre
fois dans la région céleste, jusqu'à ce que l'huile distillée devienne cou-
leur de pourpre. Prends : amiante, 13 onces ; sang de coquillages (de pourpre),
9 onces ; œufs d'éperviers aux ailes d'or, 5 onces. Ces œufs se trouvent près
des cèdres du Liban, dans la montagne. Délaie dans un mortier de pierre ces
espèces, (savoir) l'amiante, le coquillage et les œufs, jusqu'à ce que le tout soit
unifié. Puis fais distiller sept fois, dans un alambic de verre; et mets de
côté. Réunis la première composition avec la seconde (4), et délaie pendant
trois jours. Après accomplissement de l'opération (5), jette dans un (vase)
de verre toutes les matières délayées ensemble, et plonge le vase dans de
l'eau de mer, pendant un jour et une nuit. (Alors) l'eau divine aura été
complètement préparée.

3. Cette eau divine ressuscite (6) les morts et fait mourir (7) les vivants ;
elle éclaircit (8) les choses obscures et obscurcit (9) les choses claires ; elle
s'empare de l'eau de mer et fait disparaître le feu. Quelques petites gouttes
de cette eau donnent au plomb l'aspect de l'or, avec le concours du Dieu
invisible et tout-puissant, qui pratique la sagesse et la puissance, et qui
ordonne que du non-être toutes choses soient amenées à l'être, qu'elles
prennent la naissance et soient douées de forme. C'est à celui-là seul qu'il
faut attribuer la force, au Dieu unique, universel et véritable. A lui et au

---

(1) La pauvreté. Cp., p. 163.

(2) Signe du mercure au-dessus, dans M ; à côté, dans A.

(3) Au-dessus de ce mot, signe du cinabre, dans M.

(4) Au-dessus de ce mot, dans M, un signe que l'on peut traduire par magnésie.

(5) Au-dessus de ce mot, Iosis, dans A.

(6) Au-dessus de ce mot, dans M, le même signe, qui a été traduit dans la note (4) par magnésie.

(7) Au-dessus, le signe du cinabre, M.

(8) Même signe, dans M.

(9) Même signe, dans M.

souverain de notre vie et de notre salut, Jésus-Christ, ainsi qu'au Saint-Esprit, intelligence directrice (du monde), gloire et magnificence dans la série indéfinie des siècles! Amen (1).

IV. III. — JEAN L'ARCHIPRÊTRE EN ÉVAGIE
SUR L'ART DIVIN

1-9. Reproduction des §§ 15 à 24 et dernier du Traité de Zosime sur la Vertu et l'Interprétation (p. 135 à 139), sauf ces premiers mots :

Observons et voyons, si nous philosophons, en définissant de préférence cette expression énigmatique : « Lorsque quelque chose manque aux qualités, on ne réussit à rien de ce que l'on attend. »

10. Voici des renseignements plus abondants sur la façon dont se forment les effluves lunaires : Rends-toi dans la grotte d'Ostanès, vois les vases des eaux préparées en nombre par lui, et remplis-les d'eau potable ; ou bien encore, te rendant au fleuve du Nil, opère comme il a été écrit, comme l'a déclaré Hermès par ces mots : Ce qui tombe du déclin lunaire, où cela se trouve-t-il ? où cela se traite-t-il ? et comment cela a-t-il [une nature incombustible ? Tu trouveras la réponse chez moi et chez Agathodémon (2). Le produit de ces effluves, on le voit tomber dans des récipients qui le reçoivent ; il est doué d'une nature incombustible, jaune comme la couleur d'or. Adouci par les eaux douces et potables, il est dépouillé de toute matière étrangère. Parmi les couleurs, on désigne le chrysanthème, la chrysolithe, la coquille d'or, la liqueur d'or et toutes les substances dont le nom est formé au moyen de l'or et se rapporte à l'or. Tel est le nom de la pyrite ; cette pierre étant convenablement blanchie dans l'eau divine, puis soumise à l'évaporation, se trouve jaunie de cette façon et débarrassée (de

---

(1) Cette finale est due à un moine chrétien. Mais le début semble le débris, devenu inintelligible, d'un vieux morceau symbolique ; ainsi que le montrent d'ailleurs les signes placés au-dessus de certains mots dans les manuscrits.

(2) Cp., p. 132.

son principe étranger). L'ios desséché est désigné sous le nom de l'or. Celui qui produit l'or produit l'ios et celui qui n'en produit pas, ne produit rien.

11. Tout cela, tous les écrits (alchimiques) l'ont révélé et l'ont érigé en doctrine pour la seule extraction, lorsqu'ils disaient : Extrais la nature et tu trouveras ce qui est cherché. Car la nature est cachée à l'intérieur : là se trouve contenue la nature. Lorsque tu veux opérer, procède en suivant la marche indiquée dans toutes les inscriptions sur stèle, et ainsi que Démocrite l'a écrit sur une stèle (1) : « Observe, en prenant l'ios, que tantôt il adhère à l'alun, tantôt à l'ocre, tantôt à la chélidoine (2), en t'appliquant différemment, suivant les circonstances, et en ouvrant ton esprit. Observe aussi que l'ios lui-même a la faculté de se dissoudre. En le soumettant à un traitement énergique, il est dissous, ou bien il est (absorbé) et pénètre dans le cinabre (3). C'est pourquoi il ne faut pas le projeter, vu qu'il devient esprit. On doit dès-lors éviter un feu violent : car autrement on ne pénétrerait pas jusque dans la profondeur du cœur du corps fondu ». Rappelons que tous ces préceptes sont donnés sur une seule stèle, le philosophe s'exprimant ainsi : « Prenant la rhubarbe du Pont, délaie-la dans du vin d'Amina desséché ; donne (au mélange) la consistance de la cire ; enduis-en les feuilles d'argent, avec une couche de l'épaisseur de l'ongle, ou plus mince. Enduis ainsi la moitié (l'une des faces de la feuille) ; mets-la dans un vase neuf ; et lutant tout autour, chauffe simplement, jusqu'à ce que la préparation soit absorbée. Fais aussi cela pour l'autre moitié (c'est à dire l'autre face), jusqu'à ce que la feuille se soit amincie : puis fais fondre.

---

(1) Il semble prouvé par ce passage que les plus vieux textes, même ceux du Pseudo-Démocrite, ont été inscrits sur des stèles, ou peut-être sur des inscriptions gravées par colonnes sur les parois des chambres secrètes des temples, telle que celle où l'on lit encore de nos jours la formule sacrée du Kyphi. — Cp. *Origines de l'Alchimie*, p. 38., *Introd.*, p. 200, et le récit de l'Evocation, dans DÉMOCRITE, *Physica* et *Mystica*, p. 45 ; voir aussi p. 39.

(2) *Ios* semble représenter ici le principe de la coloration en jaune, plutôt qu'une matière jaune déterminée.

(3) Ou bien dans l'or, d'après Le ; ce qui indique que ce dernier copiste (XVIe siècle) a admis que le signe du cinabre représente ici l'or. — Cp. *Introd.*, p. 122.

12. Exposant ces choses aux Perses (1), il dit : « Cet homme a accompli cela par sa propre sagesse ; ayant employé des espèces convenables, il enduisait extérieurement les substances, et il les imprégnait profondément par l'action du feu. Il dit que c'est l'usage chez les Perses de procéder ainsi. C'est pourquoi, dans toutes les inscriptions sur stèles, il transmet au vulgaire le précepte de teindre à fond par enduit ; il montre aussi comment on évite les insuccès. Car souvent, la préparation étant surabondante, les enduits n'étaient pas absorbés entièrement et ne produisaient pas leur effet spécifique. Nous avons dit que le feu, lorsqu'il est activé par le soufflet avec une trop grande force, détermine la déperdition de l'esprit et, par suite, ne produit pas l'effet (2) cherché.

13. Ostanès emploie aussi le même procédé, en disant à la fin de son traité : « Il faut teindre les lames métalliques dans les liqueurs et enduire ainsi la préparation ; car de cette façon elle recevra facilement la teinture. » Mais, moi je vous dis à mon tour, et je rappelle à votre attention quelle est la pratique des orfèvres et de tous ceux qui savent teindre l'or avec la couperose, le sel et l'ocre (3). En procédant chacun à sa façon, ils purifient l'or, d'après les moyens précités et de mille autres manières. En saupoudrant et délayant, ils font disparaître l'éclat de certains bijoux. Leurs espèces sont soumises à l'action du soufflet ; ils en épuisent l'action et ils s'efforcent de faire pénétrer la teinte convenable dans toute la profondeur.

14. De même que l'aimant attire à lui le fer par sa nature ; de même aussi la couperose attire à elle, par sa nature propre, toute nature fusible contenue dans l'or (4). De même qu'il existe, dit-on, une pierre noire sacrée qui, par

---

(1) Cp. p. 61.

(2) Dans tout ce passage, il semble qu'il s'agisse d'une opération effectuée à l'aide de la kérotakis, dans le but de teindre un métal, après l'avoir enduit de soufre, d'arsenic sulfuré, ou d'autres sulfures jaunes : ce qui le dissout à la surface et l'amincit peu à peu. Mais il faut ménager le fondant, pour qu'il ne détruise pas tout le métal. Il faut aussi chauffer doucement, afin que le fondant puisse pénétrer le métal ; tandis qu'il serait évaporé ou brûlé par l'action d'un feu trop énergique.

(3) On voit qu'il s'agit ici de donner à l'or une couleur convenable, conformément aux pratiques des orfèvres (voir dans l'*Introduction,* Papyrus de Leide, p. 56 et 58).

(4) C'est la purification de l'or par le sulfate de fer et le sel marin (voir *Introduction,* p. 14).

sa nature, donne l'habileté aux praticiens qui la portent ; de même aussi nous voyons agir tous les fondants par leur nature propre. Telle est la propriété astringente (1), pour les corps employés à purifier l'or, et la propriété rectificatrice (?) de la matière appelée *thénacar*, celle du natron, et des substances semblables, prises isolément ou mélangées deux à deux, lorsqu'elles exercent naturellement leur puissance spécifiques sur les feuilles métalliques qui en sont enduites.

15. Il a été trouvé bon par les anciens de faire aussi les enduits des feuilles au moyen de corps gras, par exemple avec les jaunes d'œuf (2). C'est pourquoi il (Démocrite) fait entendre (par énigmes) [que l'on opère] au moyen de l'huile de ricin, de l'urine des impubères, et des sels, c'est-à-dire des corps qui ont une puissance astringente. Il a été aussi érigé en doctrine qu'il faut préférer le vinaigre blanc, pur, bien préparé, et très fort (3). On dit qu'il attaque les corps métalliques et les acidifie, à cause de sa propriété astringente. En les délayant avec la couperose, jusqu'à consistance visqueuse, ils prennent une consistance cireuse et mettent en jeu les actions spécifiques qui font réussir les traitements.

16. Il faut surveiller avec soin les accouchements, afin que l'avortement n'ait pas lieu (4). Les avortements de la chair se produisent et donnent lieu à des êtres qui ne participent pas à la lumière du monde, à cause de l'imperfection (du fœtus ?) et parce que l'on n'a pas observé le moment favorable pour l'enfantement. De même [dans] notre fabrication, lorsque (le travail) n'est pas accompli suivant ses règles propres, on ne réussit pas à obtenir les produits annoncés dans l'écrit. Certaines plantes et semences, soumises à l'action sidérale, dans les moments où l'atmosphère se trouve dans un certain désordre, sont gâtées par le vent, et privées de leur fécondité, et il en est souvent de même dans les actions chimiques génératrices. C'est

---

(1) De la couperose.

(2) Ce mot semble employé ici dans un sens symbolique (voir sur les parties de l'œuf philosophique, p. 18 et 21).

(3) Le mot vinaigre, dans la langue de nos auteurs, désigne toute liqueur acide, alcaline, ou généralement douée d'activité chimique. Cependant il semble que, dans le passage actuel, il s'agisse en particulier de l'acide de la couperose, c'est-à-dire de l'acide sulfurique, plus ou moins impur.

(4) Ce paragraphe n'a qu'une relation éloignée avec ceux qui précèdent. Cp. p. 198.

pourquoi si les premiers composants sont mélangés convenablement, sans excès ni défaut des contraires; si la liaison des enduits a lieu en bonne proportion, le tout viendra à bon terme. On sait qu'il faut veiller à ce que le moment de l'enfantement n'arrive pas avant 9 mois; (autrement) l'avortement aura lieu. De même la (durée) de la cuisson pour toutes les feuilles, (métalliques) n'est pas moindre de 9 heures; car ce procédé est conforme à celui de l'enfantement (1).

17. Quant au moment (convenable) pour le fonctionnement de l'autel en forme de coupe, juges-en suivant le degré de la macération. En effet, considère qu'il y a trois procédés d'opération et de mélange. Le premier procédé, entends-moi bien, comporte les choses pétries et fermentées, ainsi qu'on fait pour le limon et pour la farine. De même que le (corps) liquide ne doit pas être vaporisé outre mesure, mais seulement jusqu'au degré voulu; de même aussi, pour la composition, le vase de terre cuite qui recouvre la coupe placée sur la kérotakis a une ouverture, afin que l'on puisse voir si la composition blanchit ou jaunit.

La suite de ce morceau reproduit un texte déjà donné, à la page 142 (2), jusqu'aux mots : « Le vieux Zosime ».

IV. IV. — ENIGME DE LA PIERRE PHILOSOPHALE
D'APRÈS HERMÈS ET AGATHODÉMON [3]

J'ai neuf lettres et quatre syllabes; entends-moi. Les trois premières syllabes ont chacune deux lettres. L'autre syllabe contient le reste des lettres : cinq sont muettes (consonnes). Le nombre total exprimé renferme seize centaines, plus trois; plus quatre fois treize : sachant qui je suis, tu seras initié à la divine sagesse que je contiens.

---

(1) Le Traité de Jean se termine ici dans le manuscrit Lc. La suite fait partie d'un traité de Zosime.

(2) Cp. p. 230.

(3) Cette énigme se trouve aussi dans les livres Sibyllins, L. I, vers 141-146 — Cp. *Origines de l'Alchimie*, p. 136 et ZOSIME, p. 135.

IV. v. — AGATHODÉMON, HERMÈS ET DIVERS

ORACLE D'ORPHÉE
EXPLICATION ET COMMENTAIRE D'AGATHODÉMON SUR L'ORACLE D'ORPHÉE (1)

Agathodémon à Osiris, salut !

1. J'écris dès ce moment pour toi ce quatrième livre, d'après l'oracle antique ; or si tu comprends, si tu interprètes avec intelligence, viens ici près de nous, toi-même, en quittant (2) cette ville de la sottise ; viens nous entendre directement : nous te prescrivons de venir à Memphis, en t'éloignant de la sottise. Je t'exposerai les commentaires de l'oracle, je t'expliquerai ce qui s'y rattache et tout ce que les auteurs en ont dit, et je le commenterai.

2. Sache, Osiris, que l'oracle commence par le jaunissement, laissant de côté le blanchiment. Mais il n'a pas négligé le jaunissement. Pourquoi ? On doit l'interroger avec réflexion sur ce qu'il a voulu dire, et c'est d'après les dispositions de son esprit qu'on interprète l'oracle. Or Orphée se proposait d'opérer le blanchiment. Toutes les eaux sont préparées par lui avec l'appareil distillatoire) et la kérotakis, ainsi que toutes les parties de l'opération du jaunissement, je veux dire l'eau du soufre natif, et les autres préparations convenables ; il cherche à accomplir l'opération par le seul mélange de la scorie formée ultérieurement (3).

---

(1) L'alchimie se trouve rattachée par ce texte aux oracles orphiques, comme le sont la magie et les croyances mystiques des premiers siècles de notre ère. Les oracles d'Apollon et autres produits de la même littérature sont d'ailleurs cités à plusieurs reprises, notamment par Olympiodore (p. 86, 94, 96, 103, et p. 152, 170, etc.).

Ajoutons que l'article présent semble résulter de la réunion incohérente de plusieurs morceaux dissemblables : les premiers tirés des prétendus oracles or-phiques ; d'autres relatifs à la transmutation. Certains semblent de pures recettes pour la coloration superficielle des métaux, analogues à celles des Papyrus de Leide ; mais le copiste, ne comprenant plus le sens des textes, les a tellement défigurés qu'il n'est guère possible d'en tirer un sens net.

(2) S'agit-il d'Alexandrie ?

(3) Voir OLYMPIODORE, p. 95, 99, 101, 107, 113, et plus loin le morceau V. XXIV.

3. Ainsi ce qu'on cherchait, l'oracle l'a exposé. Ce qui manquait aux sages pour accomplir l'œuvre, l'oracle l'a complété : il a rendu arsénical (1) le mélange en le tournant vers le jaune, et il a agi sur les autres produits, chacun d'après son mode propre. Quant au blanchiment, personne n'a daigné le mentionner, excepté moi. Je l'ai décrit de bien des manières, et je le décris encore une fois, en commençant par la consultation de l'oracle (2). Voici ce texte : « Il convient d'obtenir le pouvoir précieux que tu recherches, par la force des prières, et la chaleur des supplications adressées, ô prêtre, à ton propre nourricier : pour obtenir la puissance du livre et être maître de la force de l'or, grave mes discours sur des tablettes ».

4. « (Emploie) le cuivre brûlé ; il doit être fortement lavé, et brûlé de nouveau. Après ce second traitement, mets-le en petits morceaux et projette-le sur de très bel argent (3). Fais pénétrer chaque corps volatil, autant que possible. Prends en quatrième lieu la terre de Sinope, la coquille de l'œuf, la cadmie, l'or, la terre de Macédoine et le misy (je parle de celui d'Asie) : Tu fais fondre ensemble et tu obtiens l'or. »

Ainsi (s'exprime) l'oracle très ancien, contenu dans le grand livre déposé par terre (?). Ce livre transmet les commentaires de la voix vénérable, et sa tradition montrera, ainsi que l'expérience, la bonne manière d'agir dans la projection, l'information mystérieuse (à cause des jalousies), l'information opportune, les moments propices et tout ce qui concerne l'art.

5. Ainsi le premier précepte de l'oracle (concerne) le blanchiment du cuivre, tiré des minerais lévigés, broyés et brûlés, jusqu'à ce qu'ils prennent la consistance de la cire. Or (ce que nous appelons) l'os (4) du cuivre se compose des quatre corps suivants : cuivre, fer, étain, plomb. A ces métaux

---

(1) L'auteur semble jouer ici sur le double sens du mot arsenic, qui veut dire aussi mâle. Ce corps avait un rôle essentiel dans la teinture des métaux : la même équivoque existe dans l'axiome alchimique : par le mâle et la femelle l'œuvre est accomplie (*Introd.*, p. 163, 165).

(2) Le texte de l'oracle consiste en une suite de mots, séparés par la ponc-

tuation, et formant probablement des vers iambiques, avec des passages interlinéaires à l'encre rouge. On a cherché à tirer du tout un sens ; mais l'interprétation est fort incertaine.

(3) Ces lignes semblent le débris de quelque vieille recette, altérée par les codistes successifs.

(4) Cf. Les ossements des Perses, p. 201.

essentiels, on ajoute le soufre blanc. Ces (substances) demandent une macération préalable, depuis le mois de méchir jusqu'au 15 du mois pharmouthi, 41 jours (1) ; puis le lavage, l'ébullition, l'édulcoration, la clarification, le mélange en proportion voulue, la purification. Les quatre
corps seront purifiés, jusqu'à ce que tu les obtiennes dans un état parfait.
Ensuite ils seront mélangés, suivant la proportion de poids convenable.
Voici ces poids : cuivre, 4 livres; fer, 1 livre ; étain, 2 livres 1/2 ; plomb,
2 livres 1/2. Pour cette dose de cuivre (?), prends 1 livre d'argent : c'est
l'agent fixateur.

6. Dans les autres écrits on trouve divers poids, mélanges et opérations ;
mais celles-ci sont bonnes ; elles ne sont nullement inutiles ou vaines. En
effet, les uns mélangent tous les corps métalliques (de façon à les réunir) en
un seul ; ils obtiennent de la scorie et font alors l'opération... Les autres
obtiennent des (résultats) convenables, en s'y prenant d'une autre façon : ils
commencent par purifier le cuivre, autant que possible, et ils y mêlent ensuite
l'argent, après avoir fait agir l'arsenic sur le fer, en opérant comme avec le
cuivre ; et après l'avoir ramolli, ils opèrent le mélange. Ils fondent (alors)
l'étain et le plomb ; ils projettent les métaux dans un fourneau à désagrégation. Après avoir fait griller, ils pulvérisent et lavent : de cette façon ils
obtiennent le sidérochalque (2). D'autres encore opèrent sur le plomb, et
l'emploient pour désagréger les métaux : ils opèrent un mélange intime avec
l'étain, et projettent le produit ; ils délaient semblablement, le plomb
et l'étain ; puis ils mélangent et lavent. On délaie préalablement (dans) une
assiette, puis on opère dans les autres (récipients). En effet, si la couleur
noire n'est pas enlevée au plomb par lavage et décantation, il n'y a rien ; or
elle disparaît par décantation, lors du lavage et de l'ébullition effectuée avec
ce métal ; puis vient la fixation ; puis les séparations, puis la décomposition,
puis l'extraction.

7. Ainsi le plomb, uni avec les espèces essentielles, est projeté une seconde
fois avec l'argent, pour le jaunissement. Tantôt on désagrège les métaux ;
tantôt on les délaie ensemble ; on les soumet à l'extraction, et on recourt

(1) Voir OLYMPIODORE, p. 75. | addition d'arsenic, d'étain et de plomb ;
(2) Alliage de fer et de cuivre, avec | à ce qu'il semble d'après ce passage.

34

aux mille moyens indiqués dans les écrits (des auteurs , car l'art est vaste. Toutes les parties, les scories, et les matières appelées efflorescences (sont employées). Le plomb est travaillé au moyen de la liqueur acide et de la la liqueur d'or : entends tout ce qui convient, au sujet du précepte inscrit dans cette ligne. Quant à la chrysocolle, à la terre de Sinope, à la cadmie, ce sont là, avec le plomb, ce que j'ai appelé les espèces essentielles. Cela signifie le misy asiatique, l'eau divine préparée avec le soufre natif : tantôt une partie (du liquide distillé), tantôt la totalité. La portion dont il s'agit est celle qui renferme les herbes (1), celle obtenue au moyen de la chaux et qui dissout tout, ainsi que la partie grillée des (substances) jaunes, la partie décomposée. Quant à la portion (qui reste et qui est) tirée de la totalité, après que tu as délayé la portion transformée par l'action préalable du cuivre, et que tu l'as extraite, lorsque tu as fait agir la vapeur sublimée et la gomme, puis mis à part, en faisant écouler l'amalgame (liquéfié), de façon à obtenir cette matière jaunie dont j'ai déjà parlé, alors fais bouillir cette portion ; répète l'opération par trois fois ; puis projette le produit.

8. Les anciens écrits contiennent toutes les recettes assemblées confusément ; or toutes ces choses vont t'être expliquées en bloc : voici ce que c'est. Prenant une marmite de terre crue, fais la sécher au soleil, pendant dix jours ; puis, prenant de l'ocre et du bleu, une partie de chaque, délaie dans du vinaigre pur, en consistance de miel : enduis-en la marmite à l'intérieur. Fais-y cuire de la sandaraque, en quantité convenable ; puis, prenant de la rouille de cuivre, délaie-la dans l'urine d'un enfant impubère et enduis de nouveau la marmite, à sa partie supérieure. Lute et fais cuire pendant trois jours. En retirant (le contenu), tu trouveras un produit pareil à de l'orge grillé. Projette-le sur de l'argent noirci, ou sur de l'or noirci, avant qu'il soit refroidi. Une partie d'ocre, et une partie d'étain produisent la même apparence, lorsqu'on les applique sur le fer en proportions égales. La magnésie produira aussi le même effet ; — on la mêle par moitié avec le soufre apyre ; — ce mélange fait par moitié, est mis (en digestion) dans une marmite, pendant deux jours. Ensuite, délaye avec de la couperose et de

_____

(1) C'est à-dire la liqueur colorée, renfermant le polysulfure alcalin (voir *Introd.* p. 47 et 69).

l'écume d'huile de ricin, pendant trois jours; fais cuire et projette l'or.
Cette matière noircit ainsi une partie d'argent.

IV. vi. — L'ESPÈCE EST COMPOSÉE ET NON PAS SIMPLE

ET QUEL EN EST LE TRAITEMENT (1)

1. S'agit-il d'une chose simple ou composée, quant à sa nature, dans l'art
appelé chez les maîtres l'art naturel ? Par nature, la soudure d'or (2) est une
chose simple, un genre simple, d'après le divin Hésiode et d'après Aratus ;
c'est elle qui est désignée comme une tête d'or, d'après le prophète divin Da-
niel ; comme un chœur d'or, d'après Hermès Trismégiste ; mais ce n'est pas
là ce que l'on doit entendre par l'unité cherchée (3). L'art en réalité ne doit
avoir ni un objet simple, ni un objet composé de parties ; car si les parties
comportaient un seul et même traitement, et ne différaient en rien les
unes des autres, elles ne seraient pas les parties d'un tout complet. En
effet, toute partie naturelle ou artificielle apporte à l'œuvre complète quelque
chose qui lui est spéciale ; sans elle, le Tout se trouverait incomplet, comme
il est facile de le voir dans les parties du corps, dénommées *lieux* chez
Galien. C'est ainsi qu'on peut l'entendre dire : « on nomme lieux les parties
du corps ». Si quelqu'une de ces parties spéciales fait défaut, la composi-
tion sera trouvée incomplète ; soit qu'elle ait subi seulement) le délaiement,

---

(1) Cet article a été transcrit ici, parce
qu'il semble faire partie des chapitres
attribués à Agathodémon dans le n° 31
de la vieille liste de Saint-Marc
(*Introd.* p. 175) — manuscrit de Saint-
Marc actuel, fol. 95 verso et suivants.
Dans Lb, il fait partie de la compila-
tion du Chrétien, qui sera donnée plus
loin. Il paraît d'ailleurs appartenir
simplement à un commentateur de
Zosime. C'est un mélange singulier de
notions métaphysiques et de notions
chimiques, mélange qui se présente
fréquemment chez les chimistes théori-
ciens de tous les temps.

(2) Ce mot désigne à la fois une opé-
ration et une matière. — Cp. *Introd.*,
p. 243. Dans E le signe de la chryso-
colle est corrigé et changé dans le signe
de l'or, lequel est adopté dans Lc : on sait
que ce manuscrit est la mise au net des
corrections écrites en marge de E.

(3) Glose ajoutée par E, à la marge :
« car l'objet que l'on cherche est un ;
par sa nature, il n'est pas simple, mais
composé ». Lc adopte cette addition.

ou la cuisson, ou la calcination, ou la décomposition opérée dans le bain-marie, chauffé avec un feu de sciure de bois; ou bien dans le vase à bec d'oiseau (1); ou bien (lorsqu'elle est déposée) sur la kérotakis; ou dans l'alambic chauffé à feu nu; et cela, qu'il s'agisse de la diplosis opérée au moyen du mercure, selon le procédé de Marie, ou de toute autre sorte de traitement.

2. Si donc toute partie naturelle, ou artificielle apporte quelque chose à l'œuvre complète, il faut aussi qu'elle l'apporte au Tout (2) ; car la préparation exécutée sur les parties (séparément) ne répond pas aux proportions que doivent exister dans le traitement (complet). Le Tout en diffère ; de même que l'arbre haut de deux coudées n'est pas changé en un (arbre) de trois coudées, par un simple accroissement (de sa hauteur?). Mais si chacune des parties profite au Tout, examinons leur relation réciproque. C'est le mercure qui, en s'élevant dans les chapiteaux des récipients, produit le Tout par l'*iosis*; de même que le mélange des couleurs sur la kérotakis (palette) des peintres est nécessaire à l'art pour reproduire l'animal entier. De même aussi la magnésie (3), exposée sur la kérotakis à l'action désagrégatrice et dissolvante (4), s'écoule dans les récipients inférieurs, le soufre étant mêlé au soufre, lequel amène à la perfection la matière sulfureuse qui le reçoit (5).

---

(1) On appelle encore aujourd'hui *Pélicans* certains vases distillatoires. — Dans Lb, le mot oiseau est appliqué, non à la forme du vase, mais au mode de chauffage : « avec de la fiente d'oiseau ». Lb remplace aussi le mot kérotakis de BAE par celui d'un « vase de terre cuite ». Ces corrections ne me paraissent pas bonnes.

(2) Le mot Tout paraît s'appliquer à l'alliage formé des quatre éléments, autrement dit molybdochalque, dont la préparation précédait la transmutation. Quant à la distinction de ὅλον (complet) et de πᾶν (tout ou total), voir PROCLUS, *in Platonis theologiam*, éd. (unique) de 1561, in-fol., l. III, 20, p. 157.

(3) C'est-à-dire le métal de la magnésie (voir *Introduction*, p. 255).

(4) Lb ajoute : « du mercure »; correction très douteuse ; car on faisait aussi agir sur les objets déposés sur la kérotakis les sulfures d'arsenic, dont l'emploi s'accorde mieux avec la fin de la phrase.

(5) Tout ce passage paraît signifier que le métal obtenu par transmutation est un, quant à sa nature, quoique formé par l'union d'éléments multiples; lesquels ne s'ajoutent pas simplement les uns aux autres, pour former un ensemble, par simple assemblage ou mélange, mais un tout unique et complètement combiné, quant à sa nature. Pour cela, ils doivent éprouver une suite de traitements, destinés à modifier chacun d'eux et à amener leur ensemble à l'unité finale.

Cette dernière est accomplie par l'ac-

3. Certains prennent le texte dans un autre sens. En effet, Hermès, disent-ils, désigne les soufres comme combustibles; Démocrite regarde les matières sulfureuses comme tinctoriales et fugaces. Elles sont retenues par le mercure qui leur est congénère. (C'est pourquoi) les maîtres appellent le mercure le tombeau d'Osiris (1) : ce qui signifie l'amortissement (du mercure et des métaux), causé par la macération (2). Il est nécessaire que l'eau de soufre mercurifiée, c'est-à-dire le liquide sulfureux, soit évaporée par la digestion dans le fumier de cheval. En effet Zosime dit : « Dans tout l'art, ce qu'il y a d'essentiel, c'est le catalogue des espèces liquides. »

4. Après la décomposition, il n'y a plus rien à faire, selon quelques-uns; le Panopolitain dit que quelques-uns ne s'occupaient plus de rien après l'*iosis*, tandis que lui parle (encore) du soufre, de l'eau de soufre et du mercure. Quant à nous, nous demandons : Pourquoi le grand Zosime, dans son traité inscrit sous la lettre S, en répondant à cette objection, a-t-il prescrit d'avoir recours au cuivre? « Le cuivre a été apporté; il était parfait de tout point, il était pénétré (par le principe colorant) et n'admettait plus rien. » Voulant éveiller leur esprit, il leur présentait la chrysocolle (3) et les teintures, appelant or l'*iosis*, laquelle est appelée aussi jaunissement. Il s'agissait encore de la composition qui produit la couleur blanche (l'argent); car il en est aussi question : mais ce qu'il y a de préférable, c'est l'or (ou la chrysocolle). En effet, (l'or est comparable au) soleil, dont la lumière éclaire les sphères supérieures et les sphères inférieures : c'est-à-dire les sphères supérieures en tout temps, mais les sphères inférieures par intermittence; attendu que l'ombre du cône de la terre s'étend jusqu'à la sphère de la planète Mercure. Or il en est ainsi de l'or produit par l'opération de l'iosis ou du jaunissement, et la sphère où s'exerce

---

tion de la vapeur (mercure, arsenic, sulfures arsénicaux), qui désagrège l'alliage métallique (molybdochalque ?) posé sur la kérotakis, qui le rend fusible et en détermine l'écoulement dans le récipient inférieur : là se trouve encore du soufre, ou un sulfure métallique, lequel accomplit la transmutation. —

Voir dans l'*Introduction*, les figures de kérotakis et le commentaire des opérations, p. 143 à 151.

(1) OLYMPIODORE, p. 103.

(2) D'après AEl.b. — M. et B disent « la cuisson ». Il s'agit sans doute de l'opération exécutée sur la kérotakis.

(3) D'après l.b : « l'or ».

l'action du mercure est préférable à celles qui sont situées au-dessus ou au-dessous (1).

5. Pourquoi donc n'introduisait-il pas une autre opération? En effet, ce n'est pas sur l'or naturel que porte l'explication des anciens, ainsi qu'il est évident d'après leur langage. Car en quoi l'or a-t-il besoin d'être teint? Et pourquoi ajoutait-il : « Un grand nombre ayant trouvé du cuivre amené à perfection dans les temples, ne le teignaient pas, attendu qu'une autre opération avait eu lieu dès le principe. » Et encore, en d'autres termes : « Le sens de tous les écrits n'a été réalisé que dans l'appareil (2) pour traiter le cuivre. » Au sujet du traitement opéré au moyen de cet appareil, le même auteur s'exprime ainsi, en vue du but que l'art se propose.

IV. vii. — FABRICATION

PRINCIPALEMENT CELLE DU TOUT (3)

1. Maintenant, comme l'obscurité de la question soulevée de part et d'autre n'a pas été dissipée, il convient de vous décrire, dès l'abord et par ordre, la fabrication du Tout, (et celle) de la gomme d'or (4). La partie jaune, le jaune d'œuf bouilli (5), est délayé exactement dans la gomme d'or (prépa-

---

(1) On remarquera ces assimilations astrologico-alchimiques entre la sphère de la planète Mercure et l'atmosphère des vapeurs du métal.

(2) Ici dans M, en marge et au dessus du mot appareil, se trouve un petit dessin ; mais il est trop sommaire pour être interprété.

(3) Chapitre attribué à Agathodémon, dans la vieille liste du manuscrit de St-Marc (*Introduction*, p. 175; n° 31). — Voir la note placée en tête de l'article IV, vi. — L'article IV, vii, renferme une suite de morceaux de dates diverses, sur la dorure et la transmutation. —

Dans AKE le mot Tout est suivi de ceux-ci : « la pierre philosophale. » Dans I.b, le titre est : « fabrication de l'or, principalement de toute la pierre philosophale » ; ce qui est un vrai contre-sens par rapport au titre original.

(4) J'ai interprété tout ce passage comme se rapportant à une opération de dorure par vernis (voir *Introd.*, p. 60), ou peut-être de dorure exécutée au moyen du mercure, dont le nom n'est pourtant pas prononcé.

(5) Ces mots doivent être entendus dans un sens mystique (voir la *Nomenclature de l'œuf*, p. 19 et 22).

rée par) notre art (1). On n'opère pas dans un mortier et avec un pilon, mais dans des appareils à digestion, en forme de mamelles (2), où l'on soumet à l'action de la chaleur la gomme d'or. Or les (matières) délayées avec cette substance s'unissent à celles dont on a enlevé l'ombre (?). Ces choses, une fois unies entre elles, sont nettoyées à deux reprises. Quant à ce qui reste à la partie inférieure, on le fait réagir de nouveau sur le (contenu) de la partie supérieure. Cela ne se fait pas dans les appareils de digestion, munis de tubes (distillatoires) ; mais dans les appareils terminés par des parties arrondies (3). On opère à une chaleur douce, pendant 40 jours, plus ou moins, jusqu'à ce que la réaction amène le produit à une apparence invariable.

2. Le cinabre, torréfié dans des marmites (4) lutées de tous côtés, produit le mercure (5), lequel s'appelle l'eau divine, l'eau blanche, le liquide argentin. Il accomplit par là les oracles d'Apollon :

Pareil à un laurier vierge, il s'élève lui-même dans les couvercles des marmites.

On l'y trouve, après le feu éteint, et on le recueille ; car il fuit le feu. On obtient de même le mercure avec du cinabre artificiel, matière rare, c'est-à-dire trouvée rarement : je veux parler du cinabre obtenu par voie sèche et torréfaction convenable ; aussi peut-il être appelé vraiment sec. Il s'agit surtout de celui que l'on appelle desséché et facilement volatil, employé dans l'épreuve des âmes. Étant devenu un esprit éthéré, il s'élance vers l'hémisphère supérieur ; il descend et remonte, évitant l'action du feu, jusqu'à ce que, arrêtant son essor de fugitif (6), il soit parvenu à un état de sagesse.

---

(1) Signe de la chrysocolle dans MBAKE. E en marge et Lc, au lieu de la gomme d'or, disent : « le soleil », c'est-à-dire l'or. De même au mot gomme d'or, trois lignes plus bas.

(2) Appareils à kérotakis (voir la note suivante).

(3) C'est-à-dire que l'on n'emploie pas les alambics, tels que ceux des fig. 14. 15, 16 (p. 138, 139, 148 de l'*Introd.*) ; mais les appareils à kérotakis, tels que ceux des fig. 20, 21, 22, etc. (p. 143, etc. de l'*Introd.*).

(4) Ce paragraphe n'a, ce semble, aucun rapport avec le précédent ; à moins que ce dernier ne se rapporte à la dorure au mercure.

(5) Signe de l'argent, B.

(6) De là le *servus fugitivus* des Arabes (*Introd.*, p. 217 et 258 ; — voir aussi OLYMPIODORE, p. 104 et 105).

Tant qu'il n'est pas arrivé à ce terme, il est difficile à retenir et il est mortel (1). C'est de lui qu'Apollon dit dans ses oracles :

Et un esprit plus noir, humide, pur (2).

3. Le mercure, étant fixé, fixe ; étant retenu, il retient ; or il est dit que telle est la fin de l'art. Le savant Zosime l'a proclamé : « Il est fixé par une vapeur semblable. » C'est aussi ce dont parle le Philosophe naturaliste (disant) : « Les matières sulfureuses teignent et se volatilisent ; mais elles sont retenues par le mercure, leur congénère ; car le soufre demeure jusqu'à ce qu'il soit combiné, jusqu'à ce que les matières sulfureuses soient dominées par leurs semblables, les matières liquides par le liquide correspondant. » Voilà pourquoi Zosime disait, dans son livre des *Clefs :* « Ainsi la vapeur est retenue par une autre nature et lui obéit, attendu que la nature domine la nature ».

4. Ceux qui contemplent ces choses, dit Démocrite, s'écrient : « O natures célestes, créatrices des natures ! O natures grandioses, qui triomphez des natures par les transmutations ! » Il nomme natures célestes les appareils sphériques, dans lesquels on opère la décomposition et la distillation des eaux : je ne parle pas seulement des premières eaux séparées (par distillation), mais aussi des dernières, qui ne sont plus conformes à la mesure (3), étant mélangées nécessairement aux (matières) non décomposées. Soit que tu en rejettes une (quantité) égale, ou bien un peu moindre, ou bien un peu plus grande, il n'y aura pas préjudice.

5. Il vaut mieux projeter en moindre quantité le cuivre dans la composition restante, attendu que Démocrite dit : « Mais il faut qu'elle contienne aussi un peu de soufre apyre, afin que la préparation pénètre à l'intérieur ». Il entend par ces mots : « un peu de soufre apyre », le produit incombustible, c'est-à-dire le cuivre. Et encore lorsqu'il dit qu'un quart d'argent suffit pour purifier le cuivre, il appelle asèm le cuivre, à cause de son caractère in-

---

(1) C'est une description poétique de la distillation du mercure, préparée au moyen du cinabre. Le caractère délétère de la vapeur de mercure est rappelé ici (voir *Origines de l'Alchimie*, p. 172 et 231 ; —

voir aussi le présent volume, p. 174).

(2) Cp. p. 152, 170.

(3) C'est-à-dire qui ne sont plus pures et claires, à cause des projections et altérations qui surviennent à la fin de l'opération (?).

connu (1). Il appelle aussi cuivre, la première eau, qui communique une teinte
sombre et fugace, en l'assimilant au cuivre obscurci. En effet, le cuivre ne
se produit jamais sans ombre, comme le dit Marie; à moins que l'on n'en
fasse disparaître l'ombre, en la détruisant par un traitement convenable (2).

IV. VIII. — AUTRE TRAITEMENT [3]

1. Quelques-uns se sont illustrés en opérant ainsi ; d'autres faisaient bouil-
lir ou torréfiaient le Tout ; ils cassaient et divisaient (les œufs) avec leurs
coquilles ; enlevant les enveloppes, et jetant dans un mortier le blanc et le
jaune, ils les délayaient ensemble, et ajoutaient une nouvelle partie de
jaune d'œuf par-dessus le jaune, ou bien, au contraire, par-dessus le blanc.
Ainsi Zosime dit : « Pour le blanc, prends deux parties de chaux, et pour
le jaune, le double aussi de safran et de chélidoine. Car si nous rendons
κροκὸς oxyton et que nous ne le rendions pas baryton (κρόκος), c'est-à-dire
si nous ne le rendons pas paroxyton, nous entendrons clairement ce qui est
expliqué (4). »

---

(1) Jeu de mots sur ἄσημον.

(2) Cet article est difficile à entendre
et rendu plus confus encore par des
substitutions voulues entre les mots
cuivre, asèm, eaux, etc.

Il paraît s'appliquer à la coloration
du cuivre par les composés sulfurés et
arsénicaux, dans les appareils sphéri-
ques à kérotakis. On peut mettre plus
ou moins de sulfure d'arsenic (appelé
eau, à cause de sa fusibilité), parce que
l'excédent s'en va par sublimation. Il
vaut même mieux en mettre plus, pour
que la teinture du métal s'effectue à
une plus grande profondeur. Le métal
ne doit pas être du cuivre pur, mais
du cuivre mélangé avec son quart
d'argent.

(3) Ces recettes sont exposées avec
un symbolisme trop compliqué, pour
être entendues clairement.

(4) C'est-à-dire si nous accentuons
κροκός sur la dernière et non sur la pre-
mière syllabe. — Ce jeu de mots est
difficile à comprendre. Cependant il
semble se rapporter à la différence
entre le safran, κρόκος, et le jaune
d'œuf, accentué parfois κροκόν d'après
le *Thesaurus* d'Henri Estienne. —
Ces deux mots sont pris d'ailleurs
l'un et l'autre dans un sens symbo-
lique, pour exprimer des sulfures et
autres composés métalliques, colorés
en jaune et destinés au jaunissement du
métal.

2. Après avoir exécuté ensuite, suivant les mêmes proportions, la composition des eaux, dans les appareils en forme de mamelles (1), on délaie convenablement dans un mortier. Puis, après avoir donné la consistance de l'huile, ou du vin, ou de la bière, on partage en deux, et, sans recourir au feu, on laisse déposer, se rappelant la (formule) : « Laisse en bas, et il se fera » (2). Après le temps prescrit, on opère la distillation des eaux natives. C'est là le comaris scythique et le cuivre rouillé.

3. Pétasius leur rend témoignage, en écrivant : « Or quelques-uns ont opéré l'iosis dans les appareils » ; au lieu de (dire) : Ils ont extrait le cuivre au moyen des appareils. Après avoir mélangé les unes et les autres (matières), je veux dire la feuille altérée et la feuille non altérée, ils les ont exposées deux ou trois fois à la chaleur du fumier (3). Ils ont obtenu l'objet désiré, nous dit-il, soit de cette façon-ci, soit de celle-là, soit autrement. L'expérience l'enseignera. Porte-toi bien, dans le Seigneur.

IV. ıx. — QU'EST-CE QUE LA CHAUX DES ANCIENS ? (4)

1. La chose étant ainsi et la nature fixant (le mercure ?), arrivons à la fameuse chaux des anciens. A la différence du calcaire des pierres converti (5) en chaux, celle-ci ne blanchit pas ; au contraire, elle noircit. En effet, cette espèce étant délayée, et le liquide naturel étant mis à part, la matière qui reste au fond dans le plat est torréfiée et noircie ; c'est alors qu'on la nomme chaux.

On la reprend et on l'unit avec sa propre âme (6). On la place (alors) pendant 15 jours (7), sur un fourneau en bon état, soumis à une chaleur mo-

---

(1) Voir la note 3 de la p. 265.

(2) Voir Stéphanus dans Ideler, t. II, p. 247. — *Introd.*, p. 179 et suiv.

(3) S'agit-il du fumier au sens propre ; ou bien au sens mystique, c'est-à-dire désignant une autre substance employée pour chauffer le fourneau ?

(4) Suite des chapitres attribués à Agathodémon, Hermès, Zosime, etc.

(*Introd.*, p. 175, nᵒˢ 31 et 32 de la vieille liste de St-Marc).

(5) L.c. dit : « Les minerais de cuivre convertis en chaux ».

(6) C'est-à-dire avec le produit volatil que l'on en a tiré.

(7) Ou 15 heures : glose marginale, Lb.

dérée : elle s'élève par sublimation en dehors du fourneau et se sépare des vapeurs retenues dans l'appareil. Elle produit ainsi l'eau divine tirée de la chaux, si le sublimé est blanc ; mais s'il est jaune, c'est l'eau divine native. En effet, les deux liquides (qui en dérivent) ne diffèrent entre eux que par la couleur ; ils pénètrent, teignent et fixent de la même façon (1).

Suivant la quantité du premier feu, les produits varient, surtout s'ils dérivent d'une matière unique, jaune ou blanche. En effet, Hermès, le grand dieu, dit que la chrysocolle (2) opère tout dans les premiers (feux) ; tandis que la grande chaleur du feu exerce sa puissance dans la première réduction en mercure pour parfaire le Tout. Si cette première (chaleur), n'opère pas, la seconde n'a aucune influence appréciable. Celle-ci expose à un grand insuccès, non seulement parce qu'elle est la mère (cause génératrice) des vapeurs fugitives, mais aussi parce qu'elle n'amène pas toujours la couleur cherchée (3).

IV. x. — SUITE DU MÊME TEXTE

Quelques-uns soumettent à la sublimation la rouille du cuivre, jusqu'à ce qu'ils aient consommé presque toute la scorie, en l'épuisant à plusieurs reprises : ils pulvérisent, projettent et subliment, conformément à la parole d'Agathodémon disant : « Prends des vapeurs et encore des vapeurs » (4).

---

(1) Toute cette description est obscure : cependant il en ressort que le nom de chaux a été appliqué dès cette époque reculée à des oxydes métalliques ; signification que ce mot a gardée pendant le moyen âge, et jusqu'à la fin du xviiiᵉ siècle. Ici il s'agit du produit de la torréfaction et du grillage de ces scories, dont il est question dans Olympiodore (p. 95, 97, 101, 107, 113), et dans Zosime (p. 207, 215). Le grillage produisait des oxydes métalliques, de cuivre, plomb, zinc, etc. ; et ces oxydes, soumis à l'action du feu dans des vases analogues aux aludels (*Introd.*, p. 172), produisaient des cadmies (*Introd.*, p. 239). Avec ces cadmies, on obtenait, soit par voie de dissolution, soit par voie de fusion, point qui reste incertain, les liquides destinés à teindre les métaux en or ou en argent.

(2) Var. le Soleil ; Lb ; Cp. p. 156 et 174.

(3) Ceci semble vouloir dire que si la première action du feu a déterminé la déperdition des produits volatils, sans opérer la teinture du métal fondu, réduit en un liquide pareil au mercure, l'opération est compromise.

(4) Des soufres, Lb.

On trouve que le premier (produit) est jaune ; le second, blanc, et le troi-
sième, noir.

IV. xi. — AUTRE TRAITEMENT DE LA CHAUX

1. Quelques-uns emploient l'eau jaune dans les iosis ; ou bien ils extraient
l'eau blanche en une fois, suivant la nature des produits, ils exposent la
première substance aux vapeurs (1) ; puis la seconde séparément, après l'io-
sis. Car il disait qu'il n'est pas avantageux de réitérer l'introduction du
mordant et celle des produits additionnels dans les liquides : ce qui
importe, c'est la combinaison des corps, la spécialité des appareils, le
changement produit au moyen de la kérotakis, et le nombre des jours
(employés) pour la décomposition.

2. Il arrive que la rouille de cuivre, en raison de l'excès des vapeurs subli-
mées, non seulement est noircie, et teinte de la couleur des corps solides,
mais se trouve complètement consommée. Dans ce cas, les opérateurs
mélangaient aussitôt le produit avec d'autres sublimés, de couleur semblable
au cinabre, et le mettaient à part. La vapeur précédente, mélangée à la
vapeur du mercure, en assure la fixation ; et par suite elle peut à son tour
être retenue par une autre nature (2).

IV. xii. — AUTRE PROCÉDÉ DE FABRICATION DE LA CHAUX

D'autres ont employé seulement la chaux blanche (3) pour la décomposi-
tion. Sur le comaris blanc ils projetaient les eaux blanches, provenant des
appareils ; sur le comaris jaune, ils projetaient les eaux jaunes. Après avoir

---

(1) Il paraît s'agir ici des cadmies su-
blimées.

(2) On associe l'action des cadmies
sublimées à celle du mercure (ou de
l'arsenic), afin de rendre la teinture du
métal plus stable.

(3) Au lieu de ce signe, celui de l'or,
qui résulte d'une altération. AB.

fait digérer dans le creuset, pendant trois jours, ils enlevaient le produit et l'appliquaient à des matières fraîches de même espèce ; de même que ceux qui opèrent après le trente-deuxième (jour) pour la pourpre. En effet Hermès disait que les anciens connaissaient une pourpre et une pierre de couleur pourpre (1) : c'était la rouille du cuivre (2). Ainsi Hermès, écrivant à Pausiris, lui disait : « Si tu trouves la pierre couleur de pourpre (3), sache que c'est celle (dont je parle) ; or tu en possèdes la description, ô Pausiris, gravée avec soin dans ma petite Clef (4). » Cependant Hermès n'a point composé d'ouvrage spécial sur la teinture des pierres (5), ou de la pourpre ; mais sa « petite Clef » traite du comaris, selon les deux formules ; elle servait à éclaircir la difficulté de la rouille. Il s'est d'ailleurs beaucoup occupé de la chaux.

IV. XIII. — AUTRE ARTICLE SUR LA CHAUX

Quelques-uns mélangeaient la chaux (6) avec des eaux semblables, pendant une heure environ ; ils l'enlevaient (ensuite) et l'emportaient, en disant que c'était là la teinture du plomb de Marie, qui opère en un jour (7). Ils trouvaient ceci exposé dans le passage de Zosime : « Mais la partie utile de la pierre...». Et ils pensaient que c'était là la décomposition et l'iosis. Voilà pourquoi Démocrite écrit : « Or quelques-uns opéraient l'iosis dans les appareils...» ; paroles que Pétasius interprétait ainsi : « Au lieu de dire : ils faisaient de la rouille de cuivre au moyen des appareils » ; et, prenant cette eau, ils l'unissaient à une autre eau, qui en était aussi extraite, et dans laquelle il y avait de la chaux ostracite (8) ; ils en employaient une quantité égale à celle-ci ; car le Philosophe dit : « Prends une partie de ce qui te sera indiqué par la suite et autant de la liqueur d'or, c'est-à-dire de la fleur d'or et de

---

(1) La chalcite, Lb.
(2) Protoxyde de cuivre, ou cuivre brûlé. — Voir *Introd.*, p. 233.
(3) La pierre de la couperose, E.
(4) Traité du Pseudo-Hermès, Cp. *Introd.*, ·p. 244.

(5) Des pierres de la couperose, Lb.
(6) En marge de A : « ce que l'on projette s'appelle le second produit ».
(7) Cp. p. 191.
(8) Variété de cadmie ; *Introduction*, p. 240.

la coquille d'or ». Hermès parlait de la même (matière), comme d'une chose
précieuse aux noms multiples : « Ainsi, en prenant une partie, et en y ajou-
tant de l'eau de soufre natif et un peu de gomme, tu teindras toute sorte de
corps ». Il suivait la même marche pour les deux eaux (blanche et jaune).

IV. xiv. -— AUTRE ARTICLE

D'autres, unissent la cendre (1) des premières eaux avec les vapeurs
sublimées qui en proviennent, dans la proportion environ d'une cotyle à
une once ; puis ils partagent le produit en deux ; ils arrosent pendant une
heure environ et enlèvent l'eau. Ils ajoutent encore une autre (propor-
tion de cendre) ; ils arrosent et enlèvent. Une troisième fois, mélangeant le
produit avec de la cendre, ils reprennent les vapeurs (ainsi traitées) et (les
mélangent aux sublimés restés dans l'appareil, sublimés blancs ou jaunes ou
d'autre sorte, sans s'occuper de la proportion. En agissant (ainsi), ils suivent
le grand Zosime (2), qui dit : « De toute façon, en en employant plus ou moins,
tu ne feras jamais mal ; car c'est là la marche de la fabrication, la seule
chose cherchée depuis des siècles ».

IV. xv. — AUTRE ARTICLE

Quelques-uns filtraient les scories, comme on le fait dans la fabrication
du savon. Ils répétaient l'opération deux et trois fois en un seul jour, les
unissant aux eaux de même espèce et de même couleur. Car ils disaient
qu'il suffit de la première action du sublimé.

(1) C'est-à-dire le dépôt formé dans les premières eaux (voir ce qui est relatif aux cendres ou scories dans la note 1 de la page 269).

(2) Démocrite, d'après E. Lb.

IV. XVI. — AUTRE ARTICLE — LA FABRICATION

Certains opéraient, non en un jour, mais en neuf jours, distillant par tiers les eaux employées. Ils mettaient en œuvre une proportion égale et pareille d'eaux, et ils gardaient pour employer au moment de la teinture.

IV. XVII. — AUTRE TRAITEMENT

D'autres procédaient ainsi : ils extrayaient les vapeurs du troisième produit ; alors ils prenaient deux parties (onces?) du résidu qui en provenait et ils y ajoutaient un cotyle (de la vapeur) ; ils conservaient cette préparation.

IV. XVIII. — CONCLUSION DE LA FABRICATION

Quant à moi, ayant recueilli les travaux de tous, je dis que Zosime n'avait pas tort de dire, en écrivant à Théosébie : « En effet, c'est un grand maître que l'expérience ; elle indique toujours aux gens de sens les choses avantageuses, d'après les résultats démontrés ».

Tel est le discours (1) sur la chaux, sur le tout-puissant calcaire (2), le corps invincible et le seul utile : celui qui l'aura trouvé, d'après la méthode exposée plus haut, triomphera de la maladie incurable de la misère. — Portez-vous bien, amis et serviteurs du Christ notre Dieu.

(1) C'est la conclusion de toute une série de recettes pratiques sur la chaux des anciens chimistes : nous en avons donné l'explication plus haut, p. 269, note 1. Ces morceaux ont passé finalement dans la compilation du Chrétien ; mais dans l'ancienne liste de M, ils en étaient distincts (*Introd.*, p. 175, nos 31 et 32).

(2) On remarquera que le mot calcaire (τίτανος) se trouve finalement assimilé au mot chaux (ἄσβεστος), contrairement à ce qui est écrit au début de l'article IV, IX. — Cp. ἀσβέστωμα dans THÉOCTONICOS, *Introd.*, p. 210.

IV. xix. — PROCÉDÉS DE JAMBLIQUE [1]

1. Teinture de Jamblique. — Sel de Cappadoce, 2 drachmes ; cinabre d'Italie, 1/2 once ; arsenic, 1 once ; chalcite grillée, 6 drachmes ; spodos (ou scorie) c'est-à-dire écailles d'ocre, 6 scrupules [2]. Quelques-uns ajoutent : sidérochalque, 12 dr. ; spodos fine, 1/2 once ; ios, 3 onces ; chrysocolle, 6 drachmes ; cadmie de Thrace, 1/2 once. Après avoir broyé séparément, tu mêleras ensemble. Ajoute du suc de mandragore, jusqu'à consistance visqueuse, et délaie jusqu'à dessiccation. Ajoute du sang de lièvre marin (3), jusqu'à ce que la même consistance se reproduise. Remplis-en la cavité d'un roseau (4) jusqu'au quatrième nœud, et, après avoir obturé avec un chiffon de laine, abandonne pendant 14 jours. En reprenant le produit, tu trouveras du fer (5).

Broie le produit avec du vin aromatique, jusqu'à consistance visqueuse, et conserve le dans le vase en forme de coquille. Ensuite, après avoir fait fondre un poids égal d'or pur, jette dans la coquille, et fais fondre, jusqu'à ce que la fumée n'ait plus de force et produise simplement une odeur de soufre. Après avoir enlevé, laisse refroidir (6).

2. Délaie et ajoute de la bile d'ichneumon, ou de renard, ou de coq aux pieds noirs ?) ; ainsi qu'un trochisque de pyrite. Fais sécher à l'ombre, et après avoir broyé, transvase dans un vase de verre.

Mets dans une boîte avec du plomb, ou de l'étain ; enfouis dans (le fumier) de cheval pendant 15 jours, reprends le produit, et opère ainsi : Jette dans du vinaigre un poids égal à 3 oboles de la préparation précédente, et de la bile de chameau en quantité égale ; délaie et donne aux morceaux la grosseur des grains de sésame. Tu peux laisser reposer tranquillement pendant 7 jours ; si c'est pendant 10 jours, (donne aux grains) la grandeur de la len-

---

(1) *Origines de l'Alchimie*, p. 144.

(2) C'est une série de recettes tout à fait analogues à celles du Papyrus de Leide, du Pseudo-Démocrite et du Pseudo-Moïse, probablement aussi anciennes.

(3) Aplysie, mollusque.

(4) Vivant (?), ou de peintre (?).

(5) C'est-à-dire un produit couleur de fer (?).

(6) Recette de diplosis fort compliquée, avec emploi de mercure, d'arsénic et de minerais divers. (Voir les recettes du Papyrus de Leide et autres, *Introd.*, p. 45, 61, 62).

tille. Ensuite pratique une ouverture à la boîte, et délaie ce qui s'en écoule avec le lait d'une femme, mère d'un enfant mâle ; réitère l'enduit (à la surface du métal) pendant 7 jours ; ne lave pas (l'objet verni) pendant 36 jours (1).

3. Pour la teinture, prends du safran, du misy cru, de la couperose, du bleu, de la chélidoine, 1 drachme de chaque, et projette sur une livre d'argent, pris à point. Ensuite prends du ferment antérieur contenu dans la boîte, 3 statères ; et, selon d'autres, 2 onces 1/2 ; le tout est mélangé ensemble et on en saupoudre la matière, jusqu'à ce que l'argent soit saturé et cesse d'être modifié : ce que l'on reconnaît à ce que cette matière se trouble et dépose.

4. Fabrication de Jamblique. — Prenant une marmite neuve, place au-dessus une fiole et jette dans la fiole : mercure 1 once 1/3 ; cuivre, étain pur en limaille, 1 once 1/2 ou 2, avec un peu d'huile ; fais chauffer jusqu'à ce que le tout devienne homogène. Ensuite, ayant pris le produit, délaie-le avec ce qui suit : alun lamelleux, 1 once 1/2 ; misy cru, 1 once 1/2 ; arsenic, 1 once 1/2 ; mets dans un matras neuf, en délayant ces (matières) avec de l'eau de soufre et un peu de gomme. Puis, lutant avec soin, tu feras cuire sur un feu doux, jusqu'à ce que tu penses que les espèces se sont combinées. Ensuite, enlève ; arrose avec du vinaigre et de la saumure crue, pendant 7 jours. Après avoir fait sécher, pulvérise et projette dans l'huile sulfureuse bouillante (2), jusqu'à ce que le produit devienne comme de la cire, puis aussitôt durcisse comme de la pierre. Pulvérise encore une fois le produit desséché. Mélange avec de la pierre pyriteuse, 1 once 1/2 ; et avec de la cadmie ostracite : un autre auteur dit avec de la cadmie olympique, celle qu'emploient les teinturiers et qu'ils appellent aussi placitis (3). Délaie ensemble : projette dans l'argent, quand il est à point, jusqu'à saturation et refus. Prenant de cet argent, 1 partie ; de l'or, 3 parties, et de la vapeur sublimée (mercure), le double, fais un amalgame. Place dans une fiole de verre, après y avoir mis une quantité égale de sinopis et de couperose. Délaie ensemble et bouche bien ; fais cuire pendant un jour et une nuit. Après avoir retiré, délaie avec de l'huile de raifort et de la litharge blanche, et, après avoir arrondi en

(1) Il semble qu'il s'agisse ici d'un vernis couleur d'or, appliqué à la surface des métaux (voir *Introd.*, p. 59 et 60).

(2) C'est-à-dire dans l'amalgame décrit plus haut ?

(3) *Introd.*, p. 239

boules, extrais la matière ; incorpores-y (un peu d'or) pur et tu obtiendras (avec le tout) de l'or pur (1).

5. Fabrication de l'or. — Prenant du cuivre pur et rouge, réduis-le en lamelles minces ; place-le sur un feu de charbon ; souffle avec des soufflets et saupoudre de sel rouge et commun. Ensuite ajoute de l'ocre, puis du sel ; retourne la lamelle, répète la même opération autant qu'il te plaira, jusqu'à ce que l'ouvrage prenne l'apparence de l'or. Il en fait l'emploi et en possède l'apparence, même dans son épaisseur.

6. Ayant pris de cet or, 1 scrupule, et de l'argent préalablement décapé, 3 scrupules, fais fondre et réduis en feuilles ; enduis-les avec du fer préparé suivant le procédé hébreu, 2 scrupules, en opérant sur les deux faces : et le métal prendra l'apparence de l'or noir. Fais fondre de nouveau. Répète cela une 3° fois et tu obtiendras de l'or artificiel. Tu y ajouteras : or véritable, 1 once, et métal de la magnésie, 1 once, et tu auras de l'or à l'épreuve (2).

7. Doublement de l'or. — Fais bouillir le sublimé (mercure) dans l'huile de raifort. Ensuite, fixe et délaie avec le vinaigre, l'alun lamelleux et le sel, pendant 7 jours ; après avoir édulcoré, fais sécher et garde (3).

Prenant de la couperose, 1 partie, et du soufre apyre, une partie, délaie ensemble et fais cuire dans une marmite ou dans un flacon luté, pendant 3 jours, et garde.

Prends du cinabre ; colore avec l'huile de raifort ; opère la fixation dans des flacons, après avoir luté l'orifice, pendant 6 heures. Lave ; mets dans le mortier de l'alun et du sel, et délaie, pendant 7 jours ; après avoir bien lavé avec de l'eau, édulcore, fais sécher et garde.

Après avoir pris de la chrysocolle, traite par l'urine de génisse pendant 7 jours. Ensuite teins en roux, dans l'huile de raifort, pendant 7 ou 8 jours. Fais bouillir dans l'huile de raifort, et garde.

Prenant du misy, traite par l'urine d'un enfant impubère, pendant 7 jours, ou même davantage ; après avoir fait sécher, garde.

Après avoir pris de l'arsenic, pulvérise-le et arrose de vinaigre, à plusieurs

---

(1) Cp. Papyrus de Leide, recette 57, *Introd.*, p. 46.

(2) C'est un procédé de *Diplosis* (*Introd*, p. 56, 61).

(3) Série de petites recettes pour teindre en rouge ou en jaune, avec du cinabre et divers autres corps.

reprises, pendant 7 jours; fais bouillir la liqueur dans laquelle (le mélange)
a baigné pendant longtemps. Ensuite, après avoir lavé jusqu'à ce que la
liqueur cesse d'être trouble, fais sécher. Ensuite, fais digérer 7 jours avec
de l'urine de vache, et avoir lavé, fais sécher et garde.

8. Opère de cette manière le mélange des espèces, c'est-à-dire le sublimé,
une once; le cinabre, une once; la chrysocolle, 2 onces; le misy, 6 drachmes
et 1 scrupule. Délaie ensemble, avec un peu de vinaigre; amène en consis-
tance de pâte et fais cuire au four, jusqu'à ce que le vase soit incandescent. Au
produit cuit, mêle de l'arsenic, 2 drachmes; de la sandaraque, 2 drachmes; de
la gomme, 2 drachmes. Délaie ensemble dans l'eau divine (obtenue au moyen
de l'urine), pendant 7 jours, jusqu'à consistance visqueuse, et mets en
œuvre. Avec ce produit, enduis les feuilles et elles seront transformées (1).

9. Maintenant, si tu veux obtenir la poudre de projection elle-même, fais
sécher. Quand tu veux faire emploi, ajoute l'eau obtenue par l'urine et le soufre
et enduis-en les feuilles formées par le mélange du cuivre, de l'argent et de
l'or. Or, la formule de ce mélange est celle-ci : Argent pur, 1 partie; cuivre
de Nicée supérieur, 1/2 partie. Partage en deux portions le cuivre et fais
fondre avec la moitié l'argent, par trois fois, jusqu'à ce que l'alliage soit ac-
compli. Après avoir réduit en feuilles, saupoudre avec de la pyrite traitée
par la saumure, pendant 7 jours, puis édulcorée et cuite dans un vase luté
pendant.... jours. Prends, fais fondre: ajoute l'autre partie du cuivre, le
vinaigre, l'argent, et répète trois fois cette fusion.

10. Ayant réduit en feuilles et saupoudré à plusieurs reprises de pyrite,
fais cuire un jour et une nuit, et après avoir délayé avec du sublimé d'Italie
(celui qui est employé pour les maladies des yeux (2), moitié en poids; fais
fondre une seconde fois; alors incorpore de l'or en quantité égale, et, après
avoir réduit en feuilles, teins en roux, en immergeant dans la liqueur (3)
que voici : safran, fleur de carthame. chélidoine, cadmie zonitis (4), 1 partie
de chaque. Délaie le tout ensemble dans le vinaigre d'Égypte, pendant
7 jours et teins en rouge. Et alors, prenant la feuille, enduis-la d'abord

---

(1) C'est un procédé pour teindre en
couleur d'or. Cp. Papyrus de Leide,
recettes 25, 55, 67, 69, etc. *Introd.*,
p. 35,40 et 42.

(2) Le mot « sublimé » paraît vou-
loir désigner ici l'oxyde d'antimoine.

(3) A en marge : « liqueur de la tein-
ture ignée ».

(4) *Introd.*, p. 239.

avec cette préparation, au moyen d'une plume; après avoir fait sécher, fait cuire dans un vase chauffé avec des lampes (1), pendant 2 jours et 2 nuits. Après avoir enlevé, plie les feuilles; puis les mettant dans un creuset, bien luté, fais fondre au four, et tu trouveras de l'électrum sans ombre.

Prends de la (pierre) étésienne, 1 partie; batitures du fer, 1 partie; métal de la magnésie, 1 partie; délaie ensemble. Fais cuire pendant 5 jours et tu trouveras du noir bien homogène. Prends-en 2 parties; orichalque de bonne qualité, 2 parties; fais fondre jusqu'à mélange parfait, et il se forme (une substance) supérieure à l'électrum.

IV. xx. — COMARIUS

LIVRE DE COMARIUS, PHILOSOPHE ET GRAND-PRÊTRE ENSEIGNANT A CLÉOPATRE L'ART DIVIN ET SACRÉ DE LA PIERRE PHILOSOPHALE

1. Seigneur, Dieu des puissances, démiurge de toute la création, auteur et artisan des (êtres) célestes et supracélestes, être bienheureux et demeurant à toujours, nous célébrons, nous bénissons, nous louons, nous adorons la sublimité de ton règne; car tu es le principe et la fin ; toute la création visible et invisible t'obéit, parce que tu as tout créé. Comme ton serviteur a été créé, (et que) ton règne (est) éternel; nous te supplions, Seigneur très miséricordieux, au nom de ton ineffable amour des hommes, éclaire notre esprit et nos cœurs, afin que nous te glorifiions (comme) notre seul vrai Dieu et père de Notre-Seigneur Jésus-Christ, avec ton Saint-Esprit bon et vivifiant, maintenant et toujours et dans les siècles des siècles. Amen (2).

2. Je commencerai ce livre par l'écrit relatif à l'or et à l'argent, au sujet

(1) Cp. p. 299.

(2) Ce début est l'addition d'un moine byzantin, qui a commenté le livre de Comarius. Puis vient l'extrait proprement dit de ce livre, avec explications et interpolations du commentateur. Il est difficile de démêler la trame des fragments du vieil auteur gnostique, des déclamations enthousiastes du commentateur. Ce dernier écrit d'une façon fort analogue à Stephanus, s'il n'est Stephanus lui-même : identification qui expliquerait la confusion faite dans le manuscrit de St-Marc entre ce Traité et la 9e leçon de Stephanus. Cp. p. 123, note. Les symboles placés

de l'entretien entre Comarius le Philosophe et Cléopâtre la Savante. Le livre que nous avons ici ne comprend pas les démonstrations de notre autre livre, relatif aux feux et aux substances. C'est celui du maître Comarius, philosophe et grand-prêtre, livre adressé à Cléopâtre la Savante.

3. Le philosophe Comarius enseigne à Cléopâtre la philosophie mystique ; il est assis sur un trône, et il s'est attaché à la philosophie secrète. Il a parlé pour ceux qui comprennent la science mystique et il a indiqué de sa main la Monade qui embrasse le Tout (1) ; il s'est exercé sur les quatre éléments et il a dit :

4. « La terre a été solidifiée au-dessus des eaux ; et les eaux (se sont élevées sur la cime des montagnes (2). Prenant donc, ô Cléopâtre, la terre qui est au-dessus des eaux, formes-en un corps spirituel, (avec) l'esprit de l'alun (3). — Ces choses ressemblent à la terre et au feu, les unes au feu par la chaleur, les autres à la terre par la sécheresse. Les eaux qui sont au sommet des montagnes ressemblent à l'air par leur froidure ; par leur humidité, à l'eau, ainsi qu'au feu.

Voici que d'une seule perle et d'une autre (encore), tu tires, ô Cléopâtre, toute la teinture (4).

5. Cléopâtre, ayant pris l'écrit de Comarius, commença à mettre en pratique les prescriptions des autres philosophes et à étudier la belle philosophie, partagée en quatre parties (5), qui enseigne et découvre la matière provenant des natures, et la diversité des opérations « Ainsi, (disent-ils), en recherchant la belle philosophie, nous la trouvons partagée en 4 parties ; c'est ainsi que nous avons découvert (l'idée) générale de la nature de chaque chose. Dans la première partie, il s'agit du noircissement ; dans la seconde,

---

dans M au-dessus de certains mots, donnent l'interprétation des allégories ; mais cette interprétation a été ajoutée par une main plus moderne que celle du copiste primitif.

(1) Voir *Introd.*, p. 17, la Monade de Moïse. — Cette phrase indique que le Traité originaire de Comarius était une œuvre gnostique : ce qui répond en effet au caractère et à l'époque de Cléopâtre l'alchimiste.

— *Origines de l'Alchimie*, p. 61, 64.

(2) Phrase mystique rappelant la création biblique ; mais elle est détournée dans un sens alchimique. Ceci rappelle encore les gnostiques.

(3) C'est-à-dire combine le corps métallique fixe avec un élément volatil dérivé de l'arsenic.

(4) Allusion à l'histoire des deux perles de Cléopâtre. V. aussi *Zosime*, p. 122.

(5) Cp. p. 212.

du blanchiment; dans la troisième, du jaunissement, et dans la quatrième,
de l'iosis (1). Maintenant, chacune des (parties) susdites n'existe pas d'une
façon générale, en dehors des (éléments), c'est-à-dire si nous ne prenons partout ces éléments, comme un point central, à partir duquel nous procédons
par ordre. Ainsi, comme intermédiaire entre le noircissement, le blanchiment, le jaunissement et l'iosis, existent la macération et le lavage des espèces; entre le blanchiment et le jaunissement, existe la pratique de la fusion
de l'or; entre le jaunissement et le blanchiment, existe le partage en deux
de la composition.

6. L'œuvre s'accomplit (2) par le traitement au moyen de l'appareil en
forme de mamelle; on s'y propose de séparer les liquides (volatils) des résidus fixes, opération de longue durée.

En second lieu, vient la macération, où l'on mélange les eaux et les résidus humides (?).

Puis vient en troisième lieu la décomposition des espèces, qui sont brûlées
sept fois à l'aide du feu, dans une jarre d'Ascalon. C'est ainsi que l'on opère
le blanchiment et que l'on fait disparaître la teinte noire des espèces par
l'action du feu.

La quatrième opération, c'est le jaunissement, dans lequel on mélange
(le produit) avec les autres eaux jaunes : on en forme une matière cireuse
pour le jaunissement, afin d'atteindre le but cherché.

La cinquième opération, c'est la fusion, qui amène (les matières) de la
teinte jaune à la coloration en or.

Pour le jaunissement, il faut, comme il a été dit, partager en deux de
la composition : l'une des deux parties est mélangée avec les liquides jaunes
et blancs. Puis tu fonds, en vue de ce que tu veux obtenir.

Ajoutons encore que la décomposition est une iosis; c'est l'iosis des espèces; c'est-à-dire que par l'iosis et la décomposition, (on réalise) la transformation finale de la composition pour la dorure (3).

7. Il faut, mes amis, (4) opérer comme il suit, lorsque vous voulez aborder

---

(1) Teinture en pourpre et en violet ?
(2) C'est le début de l'opération.
(3) Cette description des opérations
successives résume ce qui est dit en

divers endroits de Zosime; p. 212, etc.
(4) Fin de Stephanus dans M. (Voir
Introd., p. 181, 7°.)

ce bel art (1). Voyez la nature des plantes et leur origine. Les unes descendent des montagnes et naissent de la terre ; les autres montent des vallons ; d'autres viennent des plaines. Voyez comment elles se développent ; car c'est dans des moments et en des jours particuliers que vous devez les récolter ; vous les tirez des îles de la mer, aussi bien que de la région la plus élevée. Voyez l'air qui les nourrit et leur fournit l'aliment (nécessaire) pour qu'elles ne dépérissent ni ne meurent. Voyez l'eau divine qui les arrose et l'air qui les gouverne, après qu'elles ont été pourvues d'un corps dans une essence unique (2).

8. Ostanès et ses compagnons dirent à Cléopâtre : « En toi est caché tout le mystère étrange et terrible. Eclaire-nous, en répandant ta lumière au loin sur les éléments. Dis-nous comment le plus haut descend vers le plus bas, et comment le plus bas monte vers le plus haut (3) ; comment l'élément moyen s'approche du plus élevé, pour arriver à s'unifier avec lui, et quel est l'élément qui agit sur eux ; comment les eaux bénies descendent d'en haut pour visiter les morts étendus, enchaînés, accablés dans les ténèbres et dans l'ombre, à l'intérieur de l'Hadès (4) ; comment le remède de vie leur parvient et les éveille, en les tirant de leur sommeil, dans leur séjour particulier ; comment pénètrent les eaux nouvelles, produites au commencement de l'alitement et pendant sa durée, et venues par l'action du feu. La nuée les soutient : elle s'élève de la mer, soutenant les eaux!

9. Or, les philosophes considérant les choses ainsi manifestées sont remplis de joie. Et Cléopâtre leur dit : « Les eaux en arrivant réveillent les corps et les esprits emprisonnés et impuissants. » En effet, dit-elle, ils sont de nouveau accablés ; et de nouveau ils seront renfermés dans l'Hadès. Mais peu à peu ils se développent, remontent, revêtent des couleurs variées et glorieuses, comme les fleurs au printemps (5) ; le printemps lui-même est joyeux et se réjouit de leur beauté.

---

(1) Le ajoute : « Puis Cléopâtre dit aux philosophes. »

(2) Tout ce langage semble être allégorique et cacher un sens alchimique secret.

(3) C'est un tableau allégorique de la distillation, ou plutôt de l'évaporation et de la condensation qui l'accompagne : les liquides condensés réagissant à mesure sur les produits exposés à leur action.

(4) Cp. Zosime, p. 118 et 127.

(5) Cp. Zosime, p. 122, 123.

10. Or, je vous le dis, à vous qui êtes des gens sensés : les plantes (1), les éléments, les pierres, lorsque vous les enlevez de leurs places (naturelles) paraissent en état de maturité. Ils ne le sont pas cependant, avant que tout n'ait subi l'épreuve du feu. Lorsqu'ils auront revêtu la gloire qui vient du feu, et la couleur éclatante (qui en résulte), alors se manifestera leur gloire cachée, la beauté tant cherchée et la transformation divine produite par la fusion. Car ils sont nourris dans le feu, comme l'embryon, nourri dans le ventre de la mère, s'accroît peu à peu. Lorsque le mois réglementaire, approche, (l'embryon) n'est pas empêché de venir au jour. C'est ainsi que procède cet art admirable. Les vagues et les flots successifs désagrègent les produits dans l'Hadès, dans le tombeau, où ils sont déposés. Mais lorsque le tombeau aura été ouvert, ils remonteront de l'Hadès, comme l'embryon sort du ventre (de sa mère).

Les philosophes, contemplant la beauté de leur œuvre comme la tendre mère (contemple) le fruit de ses entrailles, cherchent alors (comment ils la nourriront ; de même que la mère, pour son enfant. C'est là ce que cet art accomplit en employant au lieu de lait les eaux (qu'il prépare). Il imite le développement de l'enfant, la façon dont il est formé et amené à perfection. Tel est le mystère caché sous le sceau.

11. Maintenant je vous dirai, en vous éclairant de loin, où se trouvent les éléments et les plantes. Je commencerai par parler en énigmes. Monte au sommet le plus élevé, vers la montagne touffue, au milieu des arbres, et vois : (il y a) une pierre tout en haut ; prends l'arsenic (tiré) de cette pierre et sers-t'en pour blanchir divinement.

Voici que, au milieu de la montagne, au-dessous de l'arsenic, se trouve son épouse (2), à laquelle il s'unit, avec laquelle il obtient le plaisir : la nature se réjouit dans la nature, et sans lui, il n'y a pas d'union. Descends vers la mer d'Egypte et rapportes-en le minerai de la source, celui qui est appelé natron. Unis-le avec ces matières ; puis ramène au dehors la belle teinture universelle : en dehors d'elle, l'union n'a pas lieu ; car

(1) Au-dessus, signe du mercure, M.

(2) Le mercure, féminin en grec, ou plutôt l'arsenic jaune (sulfuré), appelé femelle, qui se trouve en bas du vase ; opposé à l'arsenic blanc (oxydé par grillage), appelé mâle, lequel se trouve amené en haut par la sublimation.

l'épouse est la mesure (de la teinture). Voici que la nature correspond à la nature ; et lorsque tu as assemblé toutes choses dans une proportion égale, c'est alors que les natures triomphent des natures et se complaisent entre elles.

12. Voyez, philosophes, et comprenez : voici l'accomplissement de l'art, opéré par les conjoints, fiancé et fiancée, qui sont devenus un. Voici les plantes et leurs variétés. Je vous ai dit toute la vérité, et je vous dirai encore : Voyez et comprenez que de la mer remontent les nuées qui soutiennent les eaux bénites ; elles arrosent les terres et font pousser les semences et les fleurs. Semblablement opère notre nuée, sortant de notre élément, soutenant les eaux divines et arrosant les plantes et les éléments ; elle n'a besoin de rien de ce qui provient des autres terres.

13. Voici le mystère étrange, ô frères, le mystère tout à fait inconnu ; voici que la vérité vous a été manifestée. Voyez comment vous arrosez vos terres, comment vous nourrissez vos semences ; c'est ainsi que vous ferez fructifier le fruit arrivé à maturité.

Ecoutez donc, comprenez et considérez avec exactitude les paroles que je prononce.

Pour la suite de ce paragraphe, voir Zosime, depuis le bas de la page 122, le § 2 *bis* en entier.

14. Voilà le mystère des philosophes ; c'est celui que nos pères vous ont juré de ne pas révéler, ni divulguer ; c'est celui qui concerne l'espèce divine et l'action divine. En effet, cela est divin qui, par l'union de la divinité, rend les substances divines (1) ; ce par quoi l'esprit prend un corps, les êtres mortels acquièrent une âme, et, recevant l'esprit qui sort des substances, sont dominés et se dominent entre eux. L'esprit ténébreux, rempli de vanité et de mollesse (2), lorsqu'il domine les corps, les empêche d'être blanchis et de recevoir la beauté et la couleur que leur fait revêtir le créateur. De même le corps, l'esprit et l'âme sont affaiblis, à cause de l'ombre étendue sur eux.

15. Mais lorsque l'esprit ténébreux et fétide est rejeté, au point de ne laisser ni odeur, ni couleur sombre, alors le corps devient lumineux et l'âme

---

(1) L'auteur joue sur l'identité du mot grec qui signifie soufre et divin.

(2) Cp. p. 106.

se réjouit, ainsi que l'esprit. Alors que l'ombre s'est échappée du corps, l'âme appelle le corps devenu lumineux (1), et lui dit : Éveille-toi du fond de l'Hadès et lève-toi du tombeau ; réveille-toi en sortant des ténèbres. En effet, tu as revêtu le caractère spirituel et divin ; la voix de la résurrection a parlé ; la préparation de vie s'est introduite en toi. Car l'esprit (2) se réjouit à son tour dans le corps (3), ainsi que l'âme dans le corps où elle réside. Il court avec une joyeuse précipitation pour l'embrasser ; il l'embrasse et l'ombre ne le domine plus, depuis qu'il a atteint la lumière (4) ; le corps ne supporte pas d'être séparé de l'esprit à tout jamais, et il se réjouit dans la demeure (5) de l'âme, parce que, après que le corps a été caché dans l'ombre, il l'a trouvé rempli de lumière (6). Et l'âme s'est unie à lui, depuis qu'il est devenu divin par rapport à elle, et qu'il habite en elle. Car il a revêtu la lumière de la divinité (et ils ont été unis), et l'ombre s'est échappée de lui, et tous ont été unis dans la tendresse (7) : le corps (8), l'âme (9) et l'esprit (10). Ils sont devenus un ; c'est dans cette (unité) qu'a été caché le mystère. Par le fait de leur réunion le mystère s'est accompli. La demeure a été scellée, et (alors) s'est dressée une statue pleine de lumière et de divinité. Car le feu (11) les a unis et transmutés, et ils sont sortis de son sein (12).

16. (Ils sont sortis) pareillement du sein des eaux (13), ainsi que de l'air qui les entretient (14) ; lui aussi les a transportés de l'ombre à la lumière, et du

---

(1) Cp. l'homme lumineux, p. 224 et 225.

(2) Au-dessus du mot esprit, on lit en rouge le signe du cinabre, M. Dans A, c'est le signe du cuivre. Dans Lc, on lit « L'esprit du cuivre ».

(3) Au-dessus du mot corps, on lit l'abréviation du mot plomb dans M. — Au-dessus du mot âme : signe de l'argent, M. — Entre ἐν (dans) et ῷ (le corps) : au-dessus, signe de l'or, M. — Dans A, après le mot âme, signe du mercure : « ce qui est aussi l'or ». — Lc interprète ces signes, en disant : « L'âme, c'est-à-dire le mercure ; elle court à l'or pour se fixer dans son embrassement, etc. ».

(4) Au-dessus de lumière, signe du soufre natif, M.

(5) Au-dessus, signe de l'or, M.

(6) Au-dessus, signe du soufre natif, M.

(7) Dans A, en marge : le mercure exprimé par son signe, surmonté d'un μ. Il semble qu'il s'agisse d'un amalgame de plomb.

(8) Au-dessus, signe de l'or, M.

(9) Au-dessus, signe du mercure, M.

(10) Au-dessus, signe du cinabre, M.

(11) Au-dessus, signe du soufre natif, M.

(12) Au-dessus, signe de l'ios du cuivre, M.

(13) Au-dessus, double signe du mercure, M.

(14) Au-dessus, signe de l'ios du cuivre, M.

deuil à la joie radieuse ; de la maladie à la santé, et de la mort à la vie ; il les a revêtus d'une gloire divine et spirituelle, qu'ils n'avaient pas auparavant. En effet, c'est en eux qu'est caché tout le mystère et que subsiste une chose divine (1) et inaltérable. En raison de leur virilité (2), les corps se pénètrent entre eux ; sortant de la terre, ils revêtent une lumière et une gloire divine, dès qu'ils ont crû, suivant leur nature propre, qu'ils ont changé d'apparence, qu'ils sont sortis du sommeil et ont quitté l'Hadès (3). Car le sein du feu (4) les a enfantés : c'est en en sortant qu'ils ont revêtu la gloire ; et il les a amenés à une même unité. Aussi leur figure a été achevée, pour le corps, pour l'âme et pour l'esprit, et ils sont devenus un.

Le feu (5) a été subordonné à l'eau (6), et la terre (7) à l'air (8). Semblablement aussi l'air (9) a été subordonné au feu, et la terre (10) à l'eau (11), le feu (12) et l'eau à la terre (13), et l'eau (14) à l'air (15), et ils sont devenus un. Des plantes et des vapeurs (16) s'est formée la substance unique : de la nature et du soufre s'est formée la substance sulfureuse (17), qui poursuit et domine toute nature. Voici que les natures ont dominé les natures et les ont vaincues ; à cause de cela, elles changent les natures et les corps et tout (ce qui provient) de leur nature. Dès que la substance fugace (18) a pénétré dans celle qui n'est pas fugace (19), et la substance dominante (20),

---

(1) Ou un soufre, le mot grec ayant le double sens.

(2) Allusion à l'arsenic, dont le nom grec signifie *mâle*.

(3) Sur le sens de ce mot qui symbolise certains appareils, voir ZOSIME, p. 123, note 4.

(4) Au-dessus, signe du soufre natif, **M.**

(5) Signe du soufre, **M.**

(6) Au-dessus, signe du mercure, **M.**

(7) Au-dessus, signe de l'Écrevisse, M. Cp. ZOSIME, p. 142, notes 4 et 7 ; et formule de la figure 28, *Introd.*, p. 152. Il s'agit donc du molybdochalque.

(8) Au-dessus, signe du mercure, M.

(9) Même signe au-dessus, M.

(10) Au-dessus, signe de l'Écrevisse, M. — Molybdochalque.

(11) Au-dessus, signe du mercure, **M.**

(12) Au-dessus, signe du cinabre, **M.**

(13) Au-dessus, signe de l'Écrevisse, M.

(14) Au-dessus, signe du mercure, **M.**

(15) Au-dessus, signe du cinabre, **M.**

(16) Au-dessus, signe du cinabre : ce signe est donc appliqué successivement au feu, à l'air et à la vapeur sublimée.

(17) Ou divine.

(18) Au-dessus, signe du mercure, **M.** Cp. le *servus fugitivus*, *Introd.*, p. 217, et ZOSIME, p. 146 et 201.

(19) Au-dessus, signe de l'or, **M.**

(20) Au-dessus, signe du soufre natif, **M.**

dans celle qui n'est pas dominante (1), alors elles ont été unies entre elles (2).

17. Tel est le mystère ; nous l'avons appris, frères, de Dieu et de notre père Comarius, le philosophe et l'archiprêtre. Voici que je vous ai exposé, ô frères, toute la vérité cachée, d'après beaucoup de sages et de prophètes.

Or, les philosophes lui disent : tu nous as transportés, ô Cléopâtre, par ce que tu nous as dit. Bienheureux le sein (3) qui t'a portée !

Cléopâtre leur dit à son tour : C'est des corps célestes et des divins mystères que je vous ai parlé. En effet, par leur transformation et leur altération, ils transmutent les natures, ils leur font revêtir une gloire inconnue et suprême qu'elles n'avaient pas auparavant.

Et le Sage (lui) dit : Explique-nous encore ceci, ô Cléopâtre : pourquoi a-t-on écrit : « c'est le mystère du tourbillon ; les corps sont l'art, pareil à la rotation d'une roue. Ne peut-on pas comparer le mystère à la course de la roue, et au pôle supérieur du monde, autour duquel tournent les habitations, les tours et les camps glorieux ? (4) ».

Cléopâtre dit : Les philosophes ont placé (l'art) dans ce rang convenable, où il a été mis par l'auteur et le maître de toutes choses. Voici que je vous dis que le pôle tournera, en partant des quatre éléments, et qu'il ne s'arrêtera point. Ces choses ont été fabriquées dans la terre d'Éthiopie, notre pays, où sont pris les plantes, les pierres et les corps divins : celui qui les y a placés, c'est un Dieu et non un homme. En chacun (d'eux) le démiurge a fait germer la puissance ; l'un (5) (d'eux) verdit (6), et l'autre ne verdit (7) pas ; l'un (est) sec, l'autre humide (8) ; l'un est susceptible

---

(1) Au-dessus, signe de l'or, M.

(2) Ces phrases vagues et symboliques avaient pour les adeptes un sens, qui nous est révélé par les signes placés au-dessus des mots dans M. Leur date est incertaine ; mais elles semblent remonter, au moins comme origine, jusqu'aux vieux gnostiques, commentés plus tard par Stephanus et par les Byzantins contemporains d'Héraclius. En tout cas, elles sont le point de départ du galimathias mystique des Alchimistes arabes et latins. — Cp. Ostanès, *Introd.*, p. 217 — Avicenne, *Introd.*, p. 258. — Zosime, p. 146, etc.

(3) Signe du mercure surmonté d'un μ. A. — Allusion alchimique à un texte de l'Évangile.

(4) Ceci rappelle certains passages de Lucrèce. Cependant le texte de Comarius implique la rotation de la terre sur son axe ; tandis qu'elle est supposée immobile par la plupart des philosophes anciens.

(5) Au-dessus, signe du mercure, M.

(6) Au-dessus, signe du plomb, ou plutôt du molybdochalque (?) M.

(7) Au-dessus, signe du mercure, suivi de celui du plomb mal fait, M.

(8) Au-dessus, signe du mercure, M.

de réunir (1), l'autre de séparer (2) ; l'un domine, l'autre est subordonné ; dans leurs rencontres mutuelles, ils se dominent les uns les autres, et l'un s'incorpore dans un autre, et communique l'éclat à un autre. Ils deviennent une nature unique, poursuivant et dominant toutes les natures. L'unité (3) elle-même triomphe de toute nature ignée (4) et terrestre (5) et en transforme toute la puissance. Voici que je vous expose le terme de l'œuvre: lorsqu'elle est achevée, on obtient une préparation meurtrière, qui parcourt le corps. De même qu'elle parcourt son propre corps, elle pénètre dans les autres corps. En effet, par la décomposition et l'action de la chaleur, on obtient une préparation qui court sans obstacle à travers toute sorte de corps (6). Ainsi a été accompli l'art de la philosophie. — Fin.

IV. xxi. — SUR L'ART DIVIN ET SACRÉ DES PHILOSOPHES

C'est le texte donné plus haut sous le nom d'Ostanès, p. 250.

IV. xxii. — CHIMIE DE MOÏSE

BONNE FABRICATION ET SUCCÈS DU CRÉATEUR ; SUCCÈS DU TRAVAIL ET LONGUE DURÉE DE LA VIE (7)

1. Et le Seigneur dit à Moïse : Moi j'ai choisi le prêtre nommé Béséléel, de la tribu de Juda, pour travailler l'or, l'argent, le cuivre, le fer, toutes les

---

(1) Signe du mercure, M.

(2) Au-dessus, signe du soufre natif, M.

(3) Au-dessus, signe du mercure, M : il s'agit donc du mercure des philosophes.

(4) Au-dessus, signe du soufre mal fait, M.

(5) Au-dessus, signe de l'or, ou plutôt de sa limaille (or divisé ou quintessence de l'or).

(6) M finit là. La phrase suivante est tirée de A Lc ; et le mot « fin » de Lc.

(7) Sous le nom de Moïse, il existait un grand nombre d'ouvrages apocryphes, cités notamment dans le Papyrus

pierres bonnes à travailler et les bois bons à façonner, et pour être le maître de tous les arts.

2. Prenant du mercure, de la couperose et du misy, à parties égales, délaye-les ensemble; fais-en sublimer la vapeur, depuis la 1ʳᵉ heure jusqu'à la 10°; puis, rejetant la matière, redistille le mercure 3 fois; arrose-le avec l'urine d'un impubère pendant 7 jours, au soleil; mets dans un récipient (1), après avoir luté avec du sel et de la terre résistant au feu. Puis place le vase sur sa tête dans une marmite neuve. Prépare des feuilles de plomb. Ferme la marmite : après l'avoir recouverte de tous côtés avec un lut résistant au feu, chauffe sur un feu de bouse de vache, pendant un jour et une nuit, et garde le mercure ainsi fixé (2).

3. TRAITEMENT DU MERCURE. — Prenant du mercure, fais bouillir avec de l'huile de raifort. Ensuite, fixe-le et délaye avec du vinaigre, de l'alun lamelleux et du sel, pendant 7 jours. Après l'avoir édulcoré, fais sécher et garde.

Prenant du cinabre, donne la couleur du cinabre à l'huile de raifort placée dans un flacon, en opérant avec soin. Mets celui-ci dans une marmite, pendant 10 heures. Reprends, lave dans un mortier, ajoute du vinaigre, de l'alun lamelleux, du sel, et délaye pendant 7 jours. Après lavage dans l'eau édulcorée, fais sécher et garde.

4. Prenant du mercure fixé, du sandyx (3), du cuivre brûlé et du vinaigre

---

W de Leide (*Introd.*, p. 16) ; le traité actuel se rattache à la même tradition. C'est une vieille collection de recettes positives, tout à fait analogues à celles du Papyrus X de Leide, et probablement contemporaines, au moins pour la plupart des articles. Elle est citée en divers endroits, à côté des œuvres de Chymès, de Pebichius (p. 180 et p. 209 au bas).

— Dans la chimie de Moïse, on retrouve un certain nombre de recettes, reproduites textuellement du Pseudo-Démocrite. Il est probable que c'étaient-là des recueils de procédés pratiques, formés de différentes sources, par des orfèvres et artisans, qui se les trans-

mettaient comme une tradition secrète, en les grossissant de temps en temps de recettes nouvelles. Le Papyrus de Leide, le Pseudo-Démocrite, les procédés de Jamblique, la Chimie de Moïse représentent quelques-uns de ces cahiers venus jusqu'à nous. Le traité d'orfévrerie que nous publions dans la Vᵉ partie est un traité analogue : à côté de recettes écrites en grec byzantin, il reproduit une portion considérable du Pseudo-Démocrite.

(1) *Rogé ou rogion*, sorte de récipient (voir p. 143, 144 et 59).

(2) Fabrication d'un amalgame de plomb ?

(3) *Introd.*, p. 262.

rectifié, filtre ; prenant du soufre pur, fais bouillir avec le produit filtré. Reprenant cette eau, délayes-y les jaunes des œufs (1), et fais évaporer au moyen de l'alambic. Après avoir bien arrosé, mélange avec l'eau celle de l'alambic et mouille les poudres sèches pendant 10 jours. Lorsque le produit est convenablement refroidi, jette dans un vase de verre, et après avoir mis au feu une marmite, fais-y cuire la poudre sèche ; puis regarde ce qui se produit. Ensuite prenant 2 carats (?) de la poudre sèche, projette-les sur (une) once d'étain et tu auras de l'argent.

5. Prenant de l'urine d'impubère, solidifiée en façon de pierre blanche, et du mercure fixé, broye ensemble, jusqu'à ce que le mercure soit absorbé ; prenant de l'aphrosélinon, mouille au soleil pendant 3 jours, et garde le produit ainsi préparé.

6. Prenant de l'aphrosélinon, place-le dans une toile et plonge dans le vinaigre tout un jour ; délaye avec les mains. Laisse déposer la matière, et après avoir épuisé, déverse le vinaigre ; fais sécher, plonge dans (le produit) des blancs d'œufs, soumis à la distillation dans l'alambic ; et plaçant dans un récipient, garde l'aphrosélinon.

7. Prenant des limailles de cuivre jaune et blanc, du fer, de l'étain, de l'arsenic et de la sandaraque, ainsi que du mercure fixé et du sel de Cappadoce, (mêle) en quantités égales avec du sang de bouc ou de porc, et jetant dans une marmite neuve, remue convenablement ; mets sur un feu de bouse de vache. Après l'avoir allumé, fais cuire une nuit et un jour et garde la poudre (de projection) d'argent.

8. Pour faire sortir la rouille du cuivre (2). — Prenant de l'alun lamelleux, du savon, du vinaigre, mets au feu le cuivre, et trempe.

9. Prenant du mercure fixé, broie avec du sel ammoniac, du cuivre brûlé et de la couperose, en quantités égales ; jette dans un récipient et, après avoir recouvert convenablement, fais cuire dans du crottin de cheval humide, jusqu'à ce qu'il se forme du vin d'Amina (3).

10. Traitement du molybdochalque. — Prenant du misy, fais cuire avec de l'huile de raifort ; et emploie ainsi. Fais cuire 3 heures.

---

(1) Sens symbolique.
(2) Ἔξωσις a ici en réalité le sens de Ἴωσις.

(3) Nom mystique désignant une liqueur ressemblant à ce vin.

11. L'alun lamelleux est traité comme il suit : il est mis au feu et éteint dans le vinaigre; ensuite on le pulvérise. Il est poussé au roux (1) sept fois.

12. Traitement de la pyrite. — Après l'avoir fait bouillir dans l'eau de mer tout un jour, et après avoir fait sécher, emploie-la ainsi.

13. Traitement de la chalcite. — Après l'avoir coupée en morceaux, reprends avec du miel, amène en consistance d'emplâtre, et place dans une petite marmite, en la fermant entièrement. Recouvre-la d'un lut convenable, et fais cuire sur un feu de charbons de bois; fais cuire une bonne heure. Puis enlevant, fais sécher. Délayant de nouveau, en suivant la même marche, broie dans un mortier et donne la consistance du miel. Fais cela trois fois et emploie ainsi.

14. Traitement de la pyrite. — Après l'avoir fait bouillir dans l'eau de mer, après l'avoir broyée pendant un jour et l'avoir fait sécher, traite-(la) comme il suit pour l'amortissement du mercure, à quantités égales, si tu veux blanchir. Broyant du soufre apyre dans l'urine d'un enfant avec de la saumure, de l'eau de mer et de l'alun lamelleux, fais bouillir sept fois, puis abandonne le mélange à lui-même : tu trouveras le mercure fixé comme de la céruse. Mélange le surplus à volonté et avec le produit que tu voudras, jusqu'à trois fois. Après avoir fait sécher, garde.

15. Rouille du cuivre. — (Prenant) de la pierre couleur d'or, de la terre de Samos, du sel efflorescent, du suc de figuier, donnant au tout une consistance visqueuse, enduis-en les feuilles métalliques et elles seront dépouillées de leur corps.

Suivent trois alinéas tirés de l'Œuf philosophique, I, iii, 8-10, p. 20.

16. Eau extraite par distillation. — Prenant des œufs, casses-en autant que tu voudras; réunis deux blancs et deux jaunes; après les avoir brouillés, extrais au moyen de l'appareil. L'eau blanche qui passe en premier lieu s'appelle « petite eau de pluie; » en second lieu, « huile de raifort »; en troisième lieu, « ricin verdâtre ».

---

(1) C'est-à-dire que le sulfure d'arsenic rouge est jauni par des grillages successifs.

17. Fabrication de l'eau extraite par distillation. — Prenant des blancs d'œufs, jette dans une livre de blancs 1 once de notre chaux, et après avoir brouillé, casse des œufs entiers à volonté et laisse jusqu'à ce qu'ils s'écoulent par en bas, pendant 7 jours. Le 7e jour, après avoir enlevé de la masse (la partie la plus pure), place dans l'appareil distillatoire prescrit par l'art, avec du vinaigre, à proportion des œufs. Lute le fond (du vase) avec soin, fais cuire et fondre sur un feu de crottin de cheval. Lute le fond pour la distillation. Cette eau est « l'eau plus noire, pure » (1).

18. Soufre apyre blanc. — Prenant parmi les œufs restants qui auront été distillés, 1 partie, délaie avec l'eau filtrée et, mettant dans un alambic, lute avec soin; laisse 7 jours, et chaque jour secoue l'alambic; le 7e jour, après avoir décanté toute la partie pure, garde-la. Quant à la partie sèche, fais-la cuire sur un feu doux pendant 6 heures ou plus, jusqu'à dessiccation. Ensuite, broyant le dépôt décanté pendant une 1/2 heure, (et) le jetant dans la marmite que tu sais, extrais au moyen de l'appareil, et broyant de nouveau, extrais avec l'eau. Fais cela trois fois et garde.

19. Fabrication du soufre jaune avec le soufre blanc. — Prenant le soufre décrit précédemment, provenant du blanc, c'est-à-dire du liquide évaporé, ainsi que de celui qui a été changé en poudre sèche, délaie l'un et l'autre avec l'espèce excédente, provenant du soufre apyre susdit. Mets le blanc dans l'appareil et fais monter. Puis, de nouveau, délaie dans l'espèce correspondante et fais monter. Enlève-le lorsqu'il sera solidifié, et tu auras de très bel or.

20. Jaunissement du mercure. — (Prends) de l'alun, jusqu'à ce qu'il soit transformé, tu sais comment. Projette sur de l'argent (sur du mercure ?). Cache cela.

21. Traitement de l'arsenic. — Broie le sublimé, jette-le dans la saumure et après avoir pilé une heure par jour pendant 12 jours, rince ensuite avec de l'eau édulcorée, jusqu'à ce qu'il n'ait plus l'odeur du vinaigre, puis fais dessécher. Fais cela jusqu'à trois fois, de façon à ce qu'il perde son goût aigre, et emploie ainsi.

(1) Paroles attribuées à l'oracle d'Apollon (III, xii, 4, p. 152, 170; et IV, vii, p. 266).

22. Fabrication du cuivre jaune (1). — Prenant du cuivre de Chypre ductile à chaud, fais-en des lames, dépose sur les faces supérieures et inférieures de la cadmie blanche broyée avec soin, celle qui est produite en Dalmatie et dont se servent les ouvriers du cuivre. Après avoir luté, fais fondre pendant un jour, en évitant soigneusement qu'elle ne s'évapore. Après avoir ouvert (le vase), si le métal est en bon état, emploie-le ; sinon, fais chauffer une seconde fois avec de la cadmie, comme ci-dessus. Si le résultat est bon avec le cuivre de Chypre ductile à chaud, on mêle au cuivre couleur d'or (ainsi obtenu), 4 onces de cuivre couleur de sang, et 6 onces de déchet d'étain. Ajoute à l'étain 2 onces de magnésie, et fais fondre le cuivre. Ajoute l'étain, et opère l'alliage. Ensuite, ajoute le métal de la magnésie et opère l'alliage. Après refroidissement, tu trouveras un produit friable et facile à broyer. Broie-le, ajoutes-y 2 onces de chalcite, et fais cuire dans des plats lutés : tu trouveras le métal jaune, presque rose. Mélange bien et garde. Après avoir enlevé ces matières, fais-les fondre pour l'usage indiqué. Pour obtenir le métal verdâtre, on laisse pendant un temps prolongé.

23. Fabrication de l'or. — Prenant la pyrite femelle et celle qui est couleur d'argent, que certains appellent pierre sidérite, traite comme tu sais, de manière à la rendre fluide. Si c'est au cuivre que tu l'ajoutes, tu blanchiras comme tu sais, et si c'est à l'argent, tu jauniras par la cuisson du soufre que tu sais. Puis projette le métal jaune sur l'argent et tu le teindras. La nature jouit de la nature (2).

24. Autre fabrication. Blanchiment de l'arsenic. — Délayant de l'absinthe en quantité égale, avec un peu d'eau, garde (à l'état de) poudre sèche. Fais fondre le cuivre seul; ajoute, et le produit devient friable. Broyant, fais cuire avec un poids égal de sel pendant 2 heures, et après avoir enlevé, tu trouveras le produit jaune et friable. En le transformant d'après la même marche, tu auras du cuivre; avec de l'or noirci une partie, et de l'or, une partie, il se forme un bel or pur.

25. Comment il faut fabriquer l'or a l'épreuve. — Prenant de la

<hr>

(1) *Introd.*, p. 175, n° 42. C'est une préparation de laiton.

(2) Cp. Démocrite, p. 47. Il y a des variantes considérables.

pierre magnétique 2 drachmes, du bleu vrai 2 drachmes, de la myrrhe
8 drachmes, de l'alun exotique 2 drachmes, broie au soleil avec du vin
excellent.

26. Il y a certaines personnes qui, ne croyant pas à l'utilité des (matières)
liquides, ne font pas les démonstrations nécessaires. Comprends l'utilité
des matières liquides. Les soufres ont des effets merveilleux lorsqu'il
s'agit d'amollir. Après avoir fait un mélange intime, on fond le tout ensem-
ble sur un fourneau d'orfèvre, on souffle et on recueille l'alliage qui en
provient.

27. TRAITEMENT DE LA DIVINE MAGNÉSIE. — Après l'avoir broyée, ajoutes-y
un ferment et fais cuire. Fais cela sept fois. Après l'avoir fait fondre, tu
trouveras de très bel argent. Elle amollit tout, blanchit tout; même le verre,
elle le fait blanchir (1).

28. TRAITEMENT DE LA SANDARAQUE. — Prenant de la sandaraque, fais-la
bouillir dans l'urine par sept fois, et après dessiccation au soleil, emploie.

29. TRAITEMENT DE LA PYRITE. — Prenant de la pyrite couleur d'or (elle
est produite en Libye, dans les montagnes d'Égypte, surtout dans l'Augasie;
or l'Augasie, c'est Tribouthis). Prenant, dis-je, la pyrite de couleur d'or,
traite-la ainsi. Après l'avoir broyée, lave-la bien dans le vinaigre de sau-
mure, par trois fois, et fais sécher. Prends-en deux parties, du plomb
deux parties. Après avoir délayé le plomb, saupoudre avec la pyrite, et
lorsqu'il s'est formé une mousse, mets dans un vase de terre cuite ; lute avec
soin, fais cuire avec une flamme indirecte, pendant deux jours ; après avoir
enlevé, garde. Nous appelons cela fleur (du cuivre). Prends-en trois par-
ties, et du satyrion (2) une partie; met en œuvre, en délayant dans du vin
âpre au goût pendant un jour ; fais sécher, reprends, garde.

30. TRAITEMENT DU SOUFRE. — Prenant de la pierre jaunâtre et raboteuse,
(on la trouve partout), ayant la couleur de la pierre phrygienne et la gros-
seur de la petite racine de l'élydrion; prends-en (dis-je, et traite ainsi. Après
l'avoir mise dans un vase, lave avec le vinaigre, trois fois ; et, mettant dans
un vase de verre, arrose avec de la saumure en juste mesure, pendant deux

____

(1) Ceci pourrait s'appliquer à l'oxyde   (2) Nom de plante.
de manganèse, *Introd.*, p. 256.

jours. Ensuite après avoir épuisé. lave à plusieurs reprises dans l'eau édulcorée. Prends-en six parties, et du métal qui coule de lui-même. une partie; après avoir fait sécher. reprends et garde.

Ceci est ce que l'on nomme chrysolithe.

31. (Prenant) de la pierre couleur d'or, de la terre de Samos, du sel efflorescent, et du suc de figuier ; mets en consistance visqueuse, enduis-en les feuilles ; le cuivre est ainsi dépouillé de sa nature corporelle.

31 *bis*. Sur l'argyropée (1).

32. Matière de la chrysopée. — Prends du mercure (extrait) du cinabre, le métal de la magnésie, de la chrysocolle, c'est-à-dire de la renoncule (elle se trouve dans les pierres vertes), du claudianos. de l'arsenic jaune, de la cadmie, de l'androdamas, de l'alun écrasé, du soufre apyre rendu incombustible, de la pyrite, de l'ocre attique. du minium pontique, de l'eau divine native (soit que tu entendes par là celle qui provient du soufre seul. ou celle qui a été préparée avec le soufre traité par la chaux), de la vapeur sublimée, du sory jaune, de la couperose jaune et du cinabre.

33. Matière des liqueurs. — Les liqueurs. — Voici ce que contiennent les liqueurs : le safran de Cilicie, l'aristoloche, la fleur de carthame, l'élydrion, la fleur de mouron, celle des plantes bleues ; le bleu, la couperose. la gomme d'acanthe égyptienne, le vinaigre, l'urine d'impubère, l'eau de mer, l'eau de chaux, l'eau de cendre de choux, l'eau de lie, l'eau d'alun lamelleux, l'eau de nitre, l'eau d'arsenic, l'eau de soufre, l'urine, le lait d'ânesse, le lait de chienne. Telle est la matière de la Chrysopée ; ce sont là les choses qui transforment la matière, celles qui résistent au feu. En dehors d'elles, il n'y a rien de sûr. Si tu es intelligent et que tu opères comme il a été écrit, tu seras bienheureux (2).

Jette du cuivre sur l'or par les moyens que voici : je veux dire à l'aide du corail d'or (3). Tantôt tu changeras l'argent en or, tantôt le cuivre en

---

(1) C'est le § 20 de Démocrite, p. 53. — La chimie de Moïse renferme un certain nombre de fragments du traité de Démocrite ; ce qui montre qu'elle a été tirée des mêmes sources. — V. p. 288, note.

(2) Une partie de ce morceau se trouve dans Synésius (§ 5, p. 64), qui l'attribue à Démocrite.

(3) Ou coquille d'or. — Cp. p. 46, note 6.

électrum, tantôt le plomb en argent (1). Telle est la matière expliquée dans la Chrysopée (2).

34. Matière de l'argyropée. — Le mercure provient de l'arsenic, ou de la sandaraque, ou de la céruse, ou de la magnésie, ou de l'antimoine d'Italie.

Voici son emploi : Il agit pour l'effet que tu désires, en produisant la transformation. Si tu traites le cuivre comme il convient, tu en extrais (la) nature.

Terre de Chio, cadmie blanche, terre astérite, terre cimolienne, arsenic blanc, misy cuit, misy cru, litharge blanche, céruse, natron jaune c'est-à-dire purifiant (3), sel de Cappadoce, magnésie blanche, aphrosélinon pour le verre bleu, calcaire cuit.

35. Traduit dans Démocrite, II, 1, fin du § 2, page 44 ; puis :

Car la nature triomphe de la nature, et la nature domine la nature.

36. Traitement de la pyrite. — Traduit dans Démocrite, § 6, p. 47.

37. Traitement de la pyrite d'argent. — Traduit dans Démocrite, § 5, p. 47.

38. Fabrication du soufre noir brûlé. — La plus vieille des choses qui proviennent de l'eau divine, c'est-à-dire celle qui existe dans ce dépôt, délaie-la avec son eau propre, c'est-à-dire avec l'urine d'un impubère, pendant un jour, et arrose de nouveau avec l'huile de ricin, jusqu'à consistance de miel. Mets dans un récipient large et spacieux, rempli seulement à moitié (de sa hauteur), afin qu'il y ait place pour l'ébullition pendant que l'on chauffera. Lute ce (récipient), pour qu'il n'y ait pas d'évaporation ; mets-le au fond d'une marmite. Après avoir luté la marmite, place-la sur un fourneau de verrier, dans la flamme d'en haut, jusqu'à dessiccation. Puis enlevant, délaie dans l'urine d'un impubère et, après nouvelle dessiccation, garde : c'est le noir provenant de l'huile de ricin brûlée.

39. Fabrication de l'eau jaune. — (Prends) cinabre 2 parties, misy cru 1 partie, — c'est le safran, — délaie avec de l'urine d'impubère 1 livre, et de l'eau de cuivre, 1 once. Après avoir épuisé, délaie dans la même eau : elle purifiera. Délaie avec le cinabre précédent et le misy et extrais-en l'eau jaune... ce sont les sucs, car une seule fois...

---

(1) Le texte dit en plomb.
(2) Un morceau analogue se trouve dans Démocrite, § 8, p. 48.

(3) Cp. *Lexique*, p. 14. — Introd., p. 39.

40. Blanchiment de la magnésie. — Prenant de la magnésie, et une quantité égale de sel de Cappadoce, mets dans un vase de terre cuite; (laisse) à partir du soir jusqu'au matin. Or, si elle est noire, fais cuire jusqu'à ce qu'elle blanchisse; mais il vaut mieux la faire cuire sur un fourneau de verrier. Cache ce mystère, car il contient tout ce qui concerne le blanchiment par décoction.

41. Traitement de la très divine magnésie. — Même texte que § 27, p. 293, sauf légères variantes.

42. Traitement de la sandaraque. — Prenant de la sandaraque, celle qui n'a pas la couleur du fer, ni l'apparence pierreuse, mais qui est rousse et couleur de sang; après l'avoir broyée, saupoudre avec. La (sandaraque) ainsi choisie et répandue avec la limaille de cuivre ne se liquéfie pas.

43. (Procédé pour) purifier le plomb. — (Prends) de l'alun et du natron; nettoie avec de l'eau froide, du vinaigre; soumets à l'action du feu et le produit devient blanc.

La suite est conforme au § 30, à partir de la troisième ligne.

44. Autre fabrication du cuivre brulé. — Prends de la sandaraque, du soufre apyre, du corail et du safran; mets dans un mortier, broie pendant 40 jours avec l'urine d'un enfant impubère. Après 40 jours, tu ajoutes l'eau de safran et tu broies pendant 20 autres jours, jusqu'à ce que les espèces se mêlent et se marient avec la limaille de cuivre. Après cela, tu mets la préparation dans un vase de terre cuite, bien luté, et tu fais chauffer la marmite sur un fourneau pendant 7 jours. Si le produit est trop blanc, fais chauffer pendant 3 autres jours, jusqu'à ce qu'il devienne jaune.

45. Blanchiment du cuivre. — Prends du cuivre de Chypre; il faut le forger. Ensuite, après l'avoir mis au feu, teins-le avec la terre de Cimole, délayée dans le vinaigre de saumure. Fais cela à plusieurs reprises; après l'avoir mis au feu encore une fois, forge-le. Pour avoir du cuivre blanc, prends-en 1 partie, et argent 1 partie. Le tout devient blanc.

46. Diplosis de l'argent. — Comme nous avons trouvé décrits dans un livre très sacré les alliages de l'argent au moyen de l'étain, il est nécessaire d'en exposer les mystères et les purifications, afin que tu ne puisses te tromper.

Prenant de l'alun, du sel de Cappadoce, mêle-le avec de la magnésie; il prend la couleur, lorsque l'amour tyrannique (?)..... (1) la trempe, au moyen de l'huile, le rend brillant et inodore.

47. Noircissement de l'argent (2). — Prenant du soufre natif, fais cuire sur un feu doux, produit avec de jeunes branches. Répands dans l'urine fraîche d'un enfant impubère; fais une décoction et donne deux bouillons. Ensuite, mets dans du vinaigre très fort; place avec d'autre vinaigre dans un vase, amène à consistance visqueuse, et fais cuire une nuit et un jour, après avoir délayé avec du jaune. Ensuite, ajoute de l'argent et tu as un métal qui est à l'épreuve.

48. Vérification de l'or. — Prenant de l'alun 1 partie, du sel ammoniac de Canope, celui qu'emploient les orfèvres, 1 partie; après que l'or est fondu, mélange.

49. On traite ainsi la sandaraque (Cp. § 42). — Prenez de la sandaraque, celle qui n'est ni couleur de fer, ni pierreuse, mais la rousse couleur de sang, 10 onces. Après l'avoir très bien broyée, mets dans un vase de verre. Ajoute vinaigre très fort, 2 cotyles; sel commun, 5 onces; couvre le vase avec un chiffon de laine, pose dessus un plat à rebord et laisse macérer pendant 7 jours; ensuite transfère dans un matras et mets sur le feu, pendant 3 heures. Enlève l'écume et lave dans de l'eau édulcorée : tu trouveras la (composition) devenue rouge comme du sang. Ensuite, fais sécher au soleil. Mets de nouveau dans le vase. Puis, ajoute de l'urine de vache, conservée pendant 7 jours, afin qu'elle devienne plus forte et plus piquante. Ajoute alors la sandaraque lavée, et laisse macérer pendant sept jours, de façon à ce que l'effet devienne plus intense. Ensuite, lave dans l'eau édulcorée, fais sécher au soleil. Après avoir enlevé, tu peux employer pour les usages que réclament les teintures.

50. (Sur) le cuivre rouillé. — Prenant de l'androdamas, enduis les feuilles (métalliques) en dessus et en dessous, et après avoir luté projette dans le verre blanc.

51. Liqueurs de la Chrysopée. — Traduit dans Démocrite, § 25, p. 56.

52. Amollissement de l'or, de façon a pouvoir lui communiquer des

---

(1) Ici une phrase incompréhensible. (Voir *Origines de l'Alchimie*, p. 85.)

(2) *Introd.*, p. 69.

EMPREINTES. — Après avoir mélangé : natron roux 2 drachmes, cinabre 3 drachmes, délaie dans le vinaigre ; ajoute un peu d'alun et laisse sécher. Puis, après avoir broyé, mets à part. Prends de l'or, une demi-obole ; de l'arsenic couleur d'or, 1 drachme ; mêle le tout ; délaie, en ajoutant de la gomme pure arrosée d'eau. Reprends, applique le sceau que tu voudras ; laisse 2 jours : l'empreinte sera fixée (1).

53. TRAITEMENT DE L'OR AVEC L'HUILE. — Prenant : litharge, 4 drachmes : or, 2 drachmes ; cuivre jaune (pyrrhochalque), 1 drachme ; alun, 1 drachme ; cadmie, 1 drachme ; broie avec la limaille d'argent ou d'or ; mélange... Lorsqu'il s'est formé (une pâte de) consistance cireuse, alors (mélange) la chélidoine et l'arsenic, puis la cadmie et l'alun. Mettant dans un matras, fais chauffer sur un feu doux de charbon, en projetant du safran cru et du vinaigre de première qualité ; opère ainsi.

54. TEINTURE DE L'OR. — Misy métallique, 4 parties ; racine de chélidoine, 1 partie ; broie en consistance de miel ; fais macérer dans l'urine d'un impubère et trempe dans l'eau froide.

Le cuivre brûlé 7 fois et l'or modifié sont ce qui vaut le mieux. L'or est chauffé ; pendant qu'il est chauffé, il se transforme, et après transformation, il teint toute sorte de corps.

55. Prenant de la sandaraque, du soufre, de la litharge, de l'alun, du sel, de l'eau, du sublimé, 1 partie de chaque ; broie, jusqu'à ce que le mercure soit absorbé dans le vinaigre ; après avoir fait sécher, fais monter les vapeurs, jusqu'à blanchiment ; projette de cette poudre sèche, 1 drachme sur du cuivre de Chypre purifié, et garde.

56. Prenant : mercure, 1 partie ; misy, 1 partie ; mélange l'un et l'autre jusqu'à ce qu'ils soient unifiés ; puis, fais sublimer. Prenant cette vapeur, mélange avec la scorie ; renouvelle la sublimation et fais ainsi par trois fois. Après 3 jours, prends le mercure sublimé et mouille-le avec de l'urine, pendant 7 jours, en l'exposant à un soleil bien chaud. Puis, après l'avoir fait refroidir, mets-le dans une bouteille ; achève de remplir le vase avec du sel, et place-le dans une marmite dont l'orifice sera bouché. Ajoute du plomb jusqu'à ce que le vase (intérieur) soit caché ; lute le couvercle de la marmite.

____

(1) L'empreinte se fait sur un vernis épais déposé à la surface du métal.

Lorsqu'elle est refroidie à point, mets-la sur un feu de fumier, pendant une nuit et un jour; ensuite retire et garde.

57. Fusion de la pierre incombustible. — Place cette pierre dans l'appareil à fondre et mets au-dessus de l'huile de lin, jusqu'à ce que tu voies la pierre couleur de feu; puis, retire et broie bien. Prends un peu de magnésie, du sel ammoniac, un peu de natron, broie-les avec la pierre; fais fondre, et apporte de l'eau alcaline; mets cette eau dans le creuset, ainsi que les autres poudres avec la pierre; souffle jusqu'à ce que le produit soit fondu. Ajoute une très petite quantité de sel broyé, retire, garde.

Prenant de la magnésie, fais blanchir; ajoute de la pyrite et du cuivre brûlé, en parties égales, et du mercure amorti. Quand tu voudras, prends un certain poids d'argent, projette de cette poudre sèche calcinée sur l'étain, et tu auras de l'asèm blanc.

58. Prenant: mercure, 3 livres; arsenic, 1 livre; sandaraque, 1 livre; natron d'Alexandrie, 1 livre; misy, 1 livre; couperose, 1 livre; mettant le tout dans un mortier, broie avec soin. Mets ensuite dans une marmite neuve, place sur un pot à pieds. Après avoir enduit tout autour avec un lut mêlé de poil, avoir fait de même pour le contour du couvercle, à la hauteur de 4 doigts; et après avoir plâtré les bords (du vase), afin de rendre la clôture plus solide, pose un chapiteau renflé à la partie supérieure. Lute minutieusement les jointures, fais cuire sur un feu léger une première fois, à une flamme de chandelles, pendant une nuit et un jour. Pour augmenter graduellement le feu, chauffe à une flamme de lampes (1), pendant un autre laps d'une nuit et un jour; laisse refroidir, et, découvrant, enlève avec une plume (2) un peu de ce qui est à la surface pour t'assurer si la matière est blanchie. Retirant ce qui est au fond, mélange de nouveau, jette dans un mortier et broie avec soin. Remets dans la même marmite, lute avec un soin égal le couvercle, et fais cuire sur un feu léger et progressif, encore une nuit et un jour. Laisse refroidir, et découvrant de nouveau, fais comme précédemment, jusqu'à ce que (la composition) n'émette plus l'odeur du soufre et jusqu'à ce qu'elle devienne pareille à du plâtre. Après l'avoir enlevée, jette-la dans l'eau séparée de la chaux (par distillation) et extraite

(1) Cp. p. 278. | (2) Cp. la même page.

au moyen de l'alambic. Ajoute l'eau avec la composition et donne la consis-
tance du miel. Broie minutieusement dans le mortier ; laisse sécher
et garde.

5g. Prends de l'urine non corrompue, de la chalcite, du cuivre, et des enve-
loppes (?) d'œufs, 6 onces ; broyant ces (matières) jusqu'à production de mousse,
tu mets en décoction avec de l'urine, jusqu'à ce que le soufre natif soit
dissout.

Prends de l'étain, 1 partie ; du mercure, 2 parties [purifie l'étain, en le faisant
fondre et le versant dans l'eau de mer, et en changeant trois fois (l'eau) en
masse] ; ajoute dans le creuset de la poix et de l'alun lamelleux. Ensuite, il
faut que tu frottes (tais ce mystère), jusqu'à ce que le soufre se sépare du
mercure.

Maintenant, éprouve ainsi le mercure. Prends-en ; mets-le dans un vase
de verre ; broie dans le mortier, jusqu'à ce que la surface (tourne) au jaune.
Ensuite, prends-le ; renferme-le dans un vase de verre, en remplissant le vase
suivant l'usage, (après l'avoir) luté étroitement (garde ce mystère) par-des-
sous, afin que le vinaigre ne puisse s'échapper du vase ; puis laisse une nuit
et un jour. Aussitôt après ce délai, tu trouveras le mystère du mercure et la
manière dont nous le combattrons. Car le philosophe a écrit sur ce mercure :
« Lorsque tu fixeras le mercure, le produit qui s'écoule de lui-même. » Or,
ce qui s'écoule de soi-même, c'est le vinaigre ; et le vinaigre, c'est la
magnésie.

60....... Saupoudre ainsi dans le mortier, à la surface du cuivre. Que le
cuivre soit acidulé préalablement avec du vinaigre fort, de l'alun et du
savon jusqu'à 3 fois, par ordre. Après l'avoir introduit, fais fondre. Ajou·
te les mélanges susdits ; saupoudre plus épais avec les mélanges ; ceux-
ci rendent (le produit) plus blanc. On verra à chaque fonte le métal devenir
manifestement plus brillant que dans le moment qui précédait l'addition de
la préparation. Lors donc que le produit sera fondu convenablement,
verse dans un vase enduit au préalable de terre de Samos et laisse l'œuvre
d'ensemble s'accomplir. Cache encore une fois, suivant l'usage.

Ajoute de l'argent de première qualité, de l'argent d'Adrumète ; pendant
la fonte, projette sur la terre de Samos le cuivre, afin qu'il se transforme,
et teins : répète cela plusieurs fois, mélange, garde.

61. Sur le cuivre ductile, étiré jusqu'a devenir très mince. — Procédé.
— Il est très bon pour l'usage, et pour la trempe.

Prenant du cuivre blanc, une mine, fais fondre. Saupoudre avec du sel blanc, de l'alun en quantité égale : ces corps auront été mis à l'avance avec du vinaigre et desséchés. Ensuite, ces (matières) étant triturées, saupoudres-en le mortier, à la surface du cuivre. Lors donc qu'il aura été fondu convenablement, verse dans le liquide, jusqu'à ce qu'il le dépasse de 2 doigts, laisse refroidir. Ensuite, enlève, enduis; puis, après avoir mis sur un feu tout à fait doux et convenable, éteins dans l'eau. Lorsque la matière sera refroidie, ne la dépose plus dans un liquide, mais recouvre-la dans un vase, avec du sel et de l'alun. Ensuite, (prenant) du sel 2 parties, et de l'alun 1 partie, mélange, laisse refroidir dans ces (matières). Quand le produit sera refroidi, enlève. Lorsque le produit sera très blanc, étire le reste comme tu voudras : il obéira, si tu l'étires chaud; mais s'il est froid, et que tu veuilles en arracher violemment une partie, tu ne le pourras, tant est grande la bonté et la ténacité du métal. C'est là un métal excellent; on en a fait l'expérience. Le cuivre de Chypre est plus propre à ces usages; tu dois le comprendre.

62. Rendre le safran infaillible par la fonte. — (Prends) arsenic lamelleux, 4 parties; sandaraque rousse et pure, 4 parties; métal de la magnésie, 4 onces; noir scythique, 1 once; natron vitreux couleur de cochenille, 6 onces; broie l'arsenic en apparence de mousse; mélange le noir scythique et délaie ensemble; le tout devient vert. Ensuite ajoute de la sandaraque, broie ensemble de nouveau avec le natron, le métal de la magnésie, jusqu'à apparence de mousse, ou de sublimé. Mélange le tout avec chaque produit et délaie; ajoute du vinaigre égyptien fort et de la bile de taureau; délaie en consistance pâteuse. Après avoir fait sécher au soleil, pendant 3 jours, broie; transvase dans un petit flacon et fais-y cuire cette matière pendant 5 jours. Ensuite enlève, broie, ajoute de la gomme ; broies-en 10 onces et projette... Donne la consistance pâteuse ; fais fondre le safran; ajoute la préparation, lorsque le safran devient vert et friable. (Prenant) de l'or divisé 1 partie, fais fondre et tu trouveras de l'or. Et si tu en veux de 1re qualité et bien fabriqué, (prends) de l'or travaillé 4 parties et du... 1 partie; faisant fondre ensemble, tu trouveras

de l'or éprouvé et très beau. Cache cela. Tel est le mystère divin et non communiqué de la teinture de l'or.

63. Voici l'explication du corps (métallique) de la magnésie.

Prenant de la magnésie femelle, broie avec soin ; mets dans un plat 2 onces de sel, recouvre avec un autre plat, de façon que le métal de la magnésie ne puisse s'échapper et se dissiper. Mettant donc dans le plat du soufre en (quantité) à peu près semblable, place très près de la petite colonne (?) pendant deux jours. Ensuite, prenant le plat et le découvrant, racle le tour ; jette dans un mortier, broie ; mets dans le second plat. Après avoir luté de nouveau les jointures tout autour, mets sur le fourneau le soufre au milieu du vase, vers la droite ; opère pendant 3 jours ; chaque jour, retire, broie, et lute à l'entour, jusqu'à ce que la matière devienne blanche. Prends de cette (composition) 4 parties, et du natron naturel et vitreux 1 partie, délaie ensemble et projette. Prends, fais une pâte, dépose dans le creuset le métal de la magnésie.

Bonne fabrication du créateur ; succès du travail et longue durée de la vie !

IV. xxiii. — LES HUIT TOMBEAUX

SUR L'ART DIVIN ET SACRÉ DES PHILOSOPHES [1]

1. Quant à nous, ayant écrit en énigmes, nous vous laissons, vous qui avez en main le présent livre, travailler assidûment et rechercher le sujet du mystère. En effet le Philosophe dit que les hommes ont écrit, mais que

(1) Morceau singulier que l'on a cru devoir placer ici, à cause de la mention de Cléopâtre. On peut le rapprocher du texte d'Olympiodore sur le tombeau d'Osiris (p. 103) ; des mythes égyptiens sur les quatre doubles tombeaux d'Osiris, et sur les huit dieux élémentaires assemblés par couples ; ainsi que de l'ogdoade mystique des gnostiques (*Origines de l'Alchimie*, p. 63. — *Introd.*, p. 17). On retrouve dans le Papyrus W de Leide, un procédé analogue pour rattacher le nombre huit au nombre sept, par l'addition d'une unité d'une autre espèce. Voir aussi les quatre étoiles à huit rayons, figurées dans la Chrysopée de Cléopâtre (*Introd.*, p. 133).

les Démons en sont jaloux (1). C'est sans doute dans le royaume des cieux.
que se trouvent ceux qui ont été jugés dignes (de comprendre). Quant à
toi, en te conformant à la courte explication de Cléopâtre, tu porteras à la
lumière l'objet obscur de la découverte et tu rendras service : « Monte, dit
celle-ci, au plus haut de la maison » (2). J'ajouterai qu'il s'agit de l'objet ailé
formé par les quatre éléments (3), et qui se trouve entre les deux luminaires.
je veux dire le soleil et la lune : là existe l'œuf à l'apparence d'alabastron. Ce
n'est certes pas un œuf d'oiseau ; mais sa forme rappelle celle de l'œuf.

2. Ote la peau, ouvre avec précaution, broie sans ménagement. Puis
délaie, et prenant un vase de verre, mets-y le comaris ; il a plusieurs noms .
Après avoir luté à l'intérieur une autre marmite, mets-y le comaris bril-
lant. Immerge-la et tiens-la très chaude dans le crottin de cheval, pendant
40 jours, en renouvelant le crottin tous les 7 jours. Après ce délai précis,
prends le vase, ôtes-en le contenu, délaie bien dans le tombeau de pourpre
et conserve le mort. C'est la première fabrication et le premier tombeau.

3. Ensuite prenant le mort, qui naturellement a de l'odeur, mets-[le] dans
l'alambic et fais cuire sur un feu violent, en faisant monter l'eau, sans
mélanger : la première (portion), mets-la à part, ainsi que la seconde, dans
des vases de verre. Retire le dépôt, broie-le pendant 7 jours avec la seconde
eau, dans le tombeau de pourpre ; garde la première eau ; ensuite ensevelis
le corps, comme plus haut, dans du crottin de cheval, pendant 40 jours, en
changeant le crottin tous les 7 jours. Tel est le second tombeau et la
première calcination.

4. Après ce délai précis, retirant le produit du crottin, broie-le de nou-
veau dans un mortier) de marbre, avec la première eau conservée plus haut :
mets dans des alambics, et fais monter les eaux comme précédemment.
Garde l'une (des deux portions), et quant à l'autre, la délayant avec la cen-
dre, mets-la encore dans du crottin de cheval, semblablement pendant 40 jours.
en changeant le crottin tous les 7 jours. Le troisième tombeau est ainsi
devenu naturellement la seconde calcination.

(1) Cp. p. 92, et p. 76 note 1.
(2) Cp. p. 282, § 11.
(3) Allusion à l'uræus ailé, et à l'œuf du monde, créé par Phtah, d'où sortent le soleil et la lune.

5. Ensuite, prenant l'objet enfoui, après le délai de 40 jours, délaie avec l'eau mise à part, place de nouveau dans des alambics et fais monter les eaux comme plus haut ; garde l'une (des 2 portions) et quant à l'autre, délaie-la dans la composition ; enfouis pendant 21 jours dans du crottin de cheval, en changeant le crottin tous les 7 jours. C'est le quatrième tombeau et la troisième calcination.

6. Après le délai précis de 21 jours, prends la composition et délaie-la avec l'eau conservée ; fais cela pendant 7 jours comme précédemment, et fais monter l'eau au moyen d'un alambic ; garde la première portion, et quant à la seconde, délaie-la dans la composition, enfouis pendant 21 jours, changeant le crottin tous les 7 jours. Le cinquième tombeau se trouve naturellement être la quatrième calcination.

7. Après le 21ᵉ jour, retirant, broie avec l'eau conservée, et place dans des alambics ; fais monter les eaux et garde l'une (des 2 portions) ; délaie l'autre et ensevelis pendant 21 jours : c'est le sixième tombeau, excellent (ami), et la cinquième calcination.

8. Ensuite, séparant de la portion décomposée la partie incorruptible, délaie avec l'eau conservée et fais monter les eaux ; garde l'une (des 2 portions) et délaie avec l'autre, comme précédemment, puis ensevelis pendant 21 jours. C'est le septième tombeau et la sixième calcination.

9. Enfin, retirant la composition du vase, délaie pendant 7 jours avec l'eau conservée ; et, prenant la composition, arrose-la, délayant dans (un mortier) de marbre..... toutes les eaux, pendant un nombre de jours suffisant pour que la composition absorbe les eaux : laisse refroidir au soleil et après cela sublime, et garde l'esprit : c'est le huitième tombeau et la septième calcination (1).

IV. XXIV. — POUR BLANCHIR LE CUIVRE (2)

1. Prenant de l'arsenic couleur d'or et folié, mélange avec une égale quan-

---

(1) « Fin » dans E.

(2) Ce morceau, placé à la suite du précédent dans A, est d'un tout autre caractère et rappelle plutôt les petits articles de la Chimie de Moïse.

tité de sel; broie bien dans un mortier; mets dans un (vase) de marbre et broie avec du vinaigre, comme pour préparer des peintures; mets sécher au soleil. Broie de nouveau avec du vinaigre; fais cela pendant 3 jours. Ensuite, prenant un vase neuf résistant au feu, mets-y la composition qui s'est formée et colorée..... en enduisant tout autour les jointures, de façon à éviter l'évaporation; car elle détruirait toute la teinture. Il faut sublimer avec soin, de façon à ce qu'il n'y ait pas le moindre dépôt de noir. Mettant de nouveau dans un (mortier) de marbre, broie avec du vinaigre et sublime encore une fois. Puis prenant du cuivre rouge de bonne qualité, forme des lames larges et minces; après avoir fait chauffer, plonge (les) dans le vinaigre par deux fois; ensuite, faisant fondre le (cuivre) par trois fois, jette dans le vase 4 carats de cuivre, et tu verras le métal devenir blanc.

2. On jette un hexage pour mille milliers de poids purs, c'est-à-dire divins: il faut une unité de poids pour chaque millier, et à partir de mille (on compte) de nouveau un pour un (mille). Dans quelques (ouvrages) il a été écrit..... et il semble être plus vrai que le vinaigre divin et l'air, laissés de côté par suite du travail, sont mis un nombre égal de fois dans la coloquinte (composition?) et sont traités par un appareil spécial, afin qu'ils fassent mieux briller le métal; de cette manière et avec ces (matières), la composition est délayée une seconde fois et est parachevée.

CINQUIÈME PARTIE

TRAITÉS TECHNIQUES

V.i. — SUR LA TRÈS PRÉCIEUSE ET CÉLÈBRE ORFÈVRERIE

Ce traité est un cahier d'artisan praticien, analogue au Papyrus X de Leide (*Introd.*, p. 19), aux recettes techniques du Pseudo-Démocrite (p. 46), aux procédés de Jamblique (p. 274), et à ceux de la Chimie de Moïse (voir la note au bas de la page 288). D'après la langue, ce texte appartient au grec populaire du moyen âge. Le manuscrit A qui le renferme est une copie écrite en 1478; mais la langue en est à peu près la même que celle de deux articles analogues, contenus dans le Ms. M. écrit au XIᵉ siècle, l'un concernant les moulages en creux et en relief (φούρμας καὶ τύπους); l'autre, le plomb et l'or en feuilles; ces morceaux seront donnés dans la suite de la Vᵉ partie. Ce sont là des indications propres à fixer la date de notre traité, ou plus exactement une limite de la date des textes relatifs à ce genre de pratiques. En effet la date de rédaction originelle n'est certainement pas la même pour les divers articles que le traité renferme : les uns étant plus anciens et remontant parfois jusqu'à l'antiquité gréco Égyptienne; tandis que les autres reproduisent des recettes postérieures et des additions peut-être contemporaines du dernier copiste. En tous cas, ce traité continue la vieille tradition de l'orfèvrerie alchimique, qui remonte aux anciens Égyptiens. Le nom de l'asèm y figure parfois comme distinct de celui de l'argent, et avec le sens qu'il possédait à l'origine (*Introd.*, p. 621; quoiqu'il y ait souvent confusion, ce mot ayant fini par désigner l'argent à titre variable des orfèvres. De même le mot de διάργυρος y désigne parfois un alliage analogue à l'argent et comparable à l'asèm (v. p. 26); mais il s'applique dans d'autres passages au mercure lui-même, comme dans le néogrec : c'est encore là un mot dont le sens s'est modifié dans le cours des âges. L'ouvrage se termine par la reproduction de divers textes de Zosime : ce qui montre bien la connexité

traditionnelle de la vieille alchimie grecque avec les procédés techniques des orfè-
vres du moyen âge. Tout ceci, je le répète, est conforme aux faits et aux idées
développés dans mon *Introduction*, à l'occasion des recettes du Papyrus X de Leide.

---

1. POUR AFFINER L'OR. — Prends du sel marin, mets avec de la lie solide;
ferme le vase (marmite?) à la partie supérieure, et place-le dans le foyer.
jusqu'à incandescence. Ajoute, pour une livre de ce métal, 2 parties de sel
tamisé, et le tiers de brique pilée et tamisée. Mets dans deux pots, alter-
nativement, une couche de sel, et une couche d'or, aminci au marteau
autant que possible. Enduis tout autour avec le lut de l'art. Mets alors le
(vase) dans le fourneau, de façon que (la flamme) le lèche. Or le fourneau
est disposé comme il suit. Prenant une marmite, perce-la à partir du centre
vers les côtés, de trous en forme de croix: ajoutes-y deux ferrements. Place
les pots qui contiennent l'or, au milieu de la croix, et dans la couche infé-
rieure de la marmite pratique un trou, afin que la scorie puisse s'échap-
per. Alors, remplis (le fourneau) de charbon et tâche de fondre l'or. Si l'or
(n'est pas) rassemblé au centre, recommence le jour suivant : amollis la
brique pilée avec du sel et répète l'opération, jusqu'à ce que tu voies le
métal fondu (1).

2. POUR AFFINER L'ARGENT. — Prépare un creuset avec de la cendre et de la
brique tamisée ; mets 1 livre d'asèm dans le creuset ; coupe en morceaux
1 livre de plomb ; mets-en une partie dans le creuset, et fais chauffer. Laisse
refroidir spontanément. Alors, prépare un autre creuset neuf avec de la terre:
place de nouveau l'asèm au milieu ; porte à l'incandescence et laisse refroidir
spontanément. Enlève le métal et place-le dans un creuset; fais-le fondre
au feu, et coule comme tu voudras.

3. EXPLICATION DE LA DORURE. — Prends de l'or, 1 hexage ; bats-le
sur une enclume, de façon à l'amincir ; coupe-le en morceaux et mets-le
dans un creuset sur le feu, jusqu'à incandescence. Alors, à l'heure du
pater noster, au milieu de l'or mets le mercure dans le creuset: mélange et
ôte le creuset du feu.

Mets de l'eau dans une aiguière: prends l'objet et lave-le bien dans ta main.

(1) Voir *Introd.*, p. 15, le cément royal.

Prenant d'autre part du mercure, mets-le dans l'eau contenue dans la coquille (1) et amalgame l'asèm, jusqu'à ce qu'il prenne une couleur orangée. Dore alors avec le mélange destiné à dorer (2).

Après avoir mis (l'objet) au feu, enlève-le et frotte-le avec une brosse de soie de porc. Puis mets de nouveau au feu, cinq ou six fois ; lorsque tu verras que la couleur apparait au dehors, fais chauffer plus fort, et mets dans l'eau. Puis, frotte encore, chauffe de nouveau et mets dans l'eau.

4. AUTRE DORURE POUR L'OR FILÉ. — Coule de l'argent dans une lingotière, de façon que la coulée soit amenée à une longueur septuple. Puis, expose la barre au feu, en la chauffant dans toute sa longueur deux ou trois fois. Ensuite lime la surface avec une petite lime en acier de Damas, et bats (d'autre part) l'or très mince, afin que l'union soit intime. Ensuite dispose la feuille d'or sur l'argent ; enroule-la autour, de façon à pouvoir opérer la soudure ; mets sur le feu et fais rougir. Puis enlève du feu et frotte avec de la cendre d'olivier : là où manque l'or, mets-en avec la pierre à aiguiser ; place de nouveau l'objet au milieu du feu, puis enlève et frotte : répète cela par trois fois. Alors, mets la barre coulée dans la filière.

5. EXPLICATION POUR LA CUISSON (3). — Prends deux parties d'argent affiné ; mets-les dans un creuset, au milieu du feu ; garnis le creuset avec la (cendre des os) de pieds de mouton. Ajoute le soufre à l'intérieur, par petites quantités, de façon que la vapeur s'échappe. Projette ainsi dans le creuset. Broie une autre portion (de métal avec du) soufre ; mets-la dans un creuset, jusqu'à ce qu'il soit rempli à moitié et recouvre bien. Fais fondre cette moitié, et alors bats sur l'enclume. Mets (ensuite) dans la coquille (aiguière) et lave bien. Ensuite, mets un peu de matière vitreuse dans un vase de plomb, et fais bouillir. Puis place dans un autre vase ; dispose l'objet d'argent ou d'or ciselé, avec du savon et du sel de soude (4). Mets (l'objet)

---

(1) Aiguière, ou vase en forme de coquille.

(2) C'est-à-dire avec l'amalgame d'or préparé plus haut.

(3) Il s'agit sans doute d'une opération d'émaillage, désignée par le mot ἔγχοψιν, ἔγχαψιν ou ἔγκαυσιν. — Voir le Commentaire de *Reiske* sur Constan-

tin Porphyrogénète, *de Cerim. Aulæ byzantinæ* (coll. Byzantine de Bonn), t. III, p. 205. — *Saglio*. Dictionn. des Antiquités grecques et romaines, art. *Cælatura*.

(4) Le mot savon doit être entendu ici comme signifiant un fondant alcalin. (Quant au « sel de soude » je tra-

au feu (1). Après l'avoir ôté du feu, polis avec la pierre ponce ; puis frotte avec une plume et chauffe encore, avec du charbon, dans un vase de terre.

. 6. Explication de l'émail (2). — Broie menu l'émail sur l'enclume et place-le dans la coquille; puis lave bien. Ensuite dépose-le sur l'objet ciselé. Mets celui-ci au feu sur un fourneau de fer, la préparation pour émailler étant placée à l'intérieur du fourneau. Dans ce fourneau, il doit y avoir une feuille de fer cintrée et percée de trous. Comprime et frotte jusqu'à ce que tu voies l'argent couler avec le plomb sur le bois (du foyer). Mets de nouveau l'objet au feu sur le fourneau, de façon que l'émail se fixe la seconde fois.

7. Explication du nettoyage. — Broie du sel, et mêle du savon (3) au vinaigre. Délaie bien, et mets au feu, de façon à faire cuire le produit avec de la lie solide. Mets de nouveau la lie au feu, jusqu'à bonne cuisson. Ensuite pèse le produit et mets 2 parties de lie brûlée et 1 partie de sel marin. Jette dans la coquille, délaie avec de l'eau, et nettoie l'asèm avec.

8. Explication d'un autre nettoyage. — Prenant du savon, délaie bien avec beaucoup de sel. Ensuite, mets au feu avec de la lie solide, et humecte. Puis, calcine; non pas complètement, mais de façon que l'intérieur du vase commence à rougir. Alors, ôte-le. Après avoir broyé, délaie avec de l'eau et emploie ce savon. Mets le fondant vitreux (4) par dessus.

D'autres se bornent à nettoyer avec le fondant vitreux la surface de l'ouvrage qu'ils veulent dorer.

---

duis ainsi le mot τζαπαρικόν. — En effet du Cange traduit à la fois τζαπαρικόν par *fossicius* et ἅλας τζ. par sel ammoniac. C'était sans doute au début le sel ammoniac de Pline (*Introd.*, p. 45 et 237), variété de natron ou carbonate de soude. Mais j'ai exposé comment le même mot a fini par désigner aussi, dans le cours du moyen âge, notre sel ammoniac moderne : le sens du mot byzantin ayant changé de la même façon que celui de la vieille dénomination « sel ammoniac », qu'il avait remplacée.

(1) Sans doute après l'avoir garni d'émail. Il y a ici, comme dans toute description technique, des omissions que le praticien suppléait, mais qu'il est difficile de deviner aujourd'hui.

(2) Pour incruster ou vernir un objet métallique.

(3) Le mot savon signifie ici une matière alcaline, propre à nettoyer les métaux (voir la note 4 de la page précédente).

(4) βοράχην : ce mot est l'origine du nom de notre borax; mais dans la langue des anciens auteurs ce n'était pas la même chose.

9. EXPLICATION DE LA SOUDURE ROYALE. — Prenant : or trois parties, et une partie d'argent, provenant d'une vieille monnaie (1); coule dans la lingo-tière. Si le métal à travailler est mince, réduis (la soudure) en poudre fine; mais si l'ouvrage est épais, fais-en une feuille (2). Soude le fil chauffé avec 2 parties de cette soudure et un tiers de fondant vitreux.

10. SUR LA SOUDURE ROYALE DE L'ARGENT. — Prenant de l'argent, provenant d'une vieille monnaie, 3 hexages; du cuivre rouge 1 hexage; mêle-les dans un creuset et mets au feu. Verse dans la lingotière. Si l'ouvrage est mince, emploie de la poudre et soude; s'il est épais, fais une feuille, soude et nettoie.

· D'autres mettent 3 parties d'asèm et 1 de cuivre.

11. AUTRE EXPLICATION DE LA SOUDURE D'ARGENT. — Prends de l'argent 3 hexages, de tel argent que tu voudras, et du cuivre, 2 hexages. Mets-les au feu dans un creuset, de façon à les fondre. Alors ajoute de l'étain, 1 hexage; mets-le au milieu du creuset; laisse imbiber et verse sur le fil placé au-dessous; aplatis sur une plaque de marbre. Ensuite bats sur l'en-clume ; nettoie et soude.

12. AUTRE SOUDURE TRÈS PROMPTE OU ALAMARSA. — Prenant du cuivre rouge, du minium du Pont, environ 2 (parties), et de la lie de vin, pas (tout à fait) autant; prends toutes ces espèces; étale sur le cuivre le minium pontique et la lie; broie sur le marbre. Lute le creuset, en y pratiquant une cavité rectangulaire; ou bien pratique un trou au milieu. Le cuivre devra être très menu. Le trou sera de la grandeur du chas d'une aiguille : il est destiné à permettre à la fumée de s'échapper par en haut. Ensuite enlève; verse dans la lingotière, et lorsque tu souderas, mets avec le cuivre le quart des espèces ci-dessus. Pour l'argent, tu en prend le tiers; place ensuite dans un creuset, afin de faire fondre; verse dans la lingotière. Prépare de la (soudure en) poudre. Lorsque tu voudras souder, nettoie, et mets cette pou-dre.

13. EXPLICATION POUR DONNER A UN OBJET LA COULEUR D'OR. — Prenant (la terre) appelée ocre, mets-la sur le feu, jusqu'à ce qu'elle rougisse ; alors,

---

(1) C'est donc de l'argent allié.
(2) De façon à la rouler à la sur- | face de l'objet que l'on veut dorer. Cp. | § 4.

enlève, et délaie dans l'eau avec du sel ammoniac. Enduis-en l'objet à dorer ; mets-le au feu, et retourne, jusqu'à formation de fumée et apparition de la couleur ; puis mets dans l'eau.

14. POUR DONNER LA COULEUR D'OR A UN OBJET D'ARGENT : DORURE. — Broie du soufre, de l'ail et de la lie, à parties égales ; ajoutes-y de la lie sèche, avec de l'urine et du sel ; fais chauffer au feu, et mets l'objet travaillé au milieu, jusqu'à l'heure du *pater noster*. Puis ôte-le et mets-le dans l'eau froide. Répète cela 5 à 6 fois, de façon que la couleur pénètre dans l'épaisseur de l'objet que l'on dore.

Pour la cuisson (1), broie ensemble : 3 parties de métal de vieille monnaie et un quart de plomb ; mets dans un creuset ; fonds dans un excès de soufre, en couvrant (le creuset).

15. POUR (OTER A) L'ARGENT SON ÉCLAT. — Prenant du sel ammoniac et du vert de gris, délaie dans du vinaigre ; enduis au soleil l'asèm : aussitôt il noircit. Si ces choses ne sont pas à ta disposition, enfume l'asèm avec un flambeau.

16. OBSERVATION. — Le cuivre est blanchi par l'astriopsiaké, et par le jus du plantain, je veux parler du plantain à larges feuilles L'argent est blanchi et adouci par le salpêtre. Mets l'argent dans le creuset avec cette liqueur, en y ajoutant le savon tiré de la lie solide ; le sel ammoniac adoucit l'argent dans le creuset.

17. RECETTE MYSTÉRIEUSE. — Prends de l'argent et un peu d'ios, jusqu'à ce qu'il y ait autant d'argent que tu en as besoin, et broie-les ensemble ; projette dans le creuset, soit sur l'étain, soit sur le cuivre, et il se produit un or véritable.

18. SUR (LA MANIÈRE DE) FAIRE DES EMPREINTES. — Fais une fusion ou une coulée avec des métaux ; fais-les fondre là où se trouve le moule. Égalise bien la place, c'est-à-dire la tête du moulage, soit avec une lime, soit au moyen du tour. Applique un enduit sur sa tête, là où tu dois faire l'empreinte, avec une couche légère de cire, et fais une petite couronne avec la cire à l'entour, afin qu'elle garde le liquide au milieu. Alors prends une aiguille fine, et indique les marques de l'empreinte sur cette cire, les lettres

(1) Opération d'émaillage.

par exemple, en prenant soin que l'aiguille pénètre bien dans le moule.
Alors broie de l'argent et du vert de gris dans du jus de citron, et verse sur
le moulage, sur les lettres tracées au pourtour de la pièce de monnaie, en
opérant de façon que rien ne s'échappe au dehors. Si tu veux obtenir une
impression profonde, laisse une nuit entière. Mais si tu ne tiens pas à ce
qu'elle soit profonde, laisse une demi-journée. Après avoir enlevé, tu
trouveras l'empreinte marquée convenablement ; car ce procédé attaque
convenablement le métal fondu.

19. AUTRE (RECETTE) POUR L'ÉCRITURE EN LETTRES D'OR. — Broie le bol (des-
tiné à l'opération), par exemple le cinabre ; ensuite ajoute du blanc d'œuf et
mets dans un vase. Places-y de l'eau, mêle bien ; fais mousser et attends que
toute la mousse soit tombée. Ensuite, prenant de cette eau qui provient de
l'œuf, mélange-la avec le bol. Mets où tu désires, et, dès que le tout aura été
desséché, place de nouveau, par-dessus le bol, le reste de l'œuf. Expose les
lettres d'or à l'air, et dès que l'écriture sera séchée, nettoie et polis avec la
pierre.

20. SUR (LA MANIÈRE DE) FAIRE DES LETTRES CAPITALES DANS LES LIVRES. —
Prends de l'or pur et fin, et mélange-le avec de l'argent ; mets au feu dans un
creuset. Ensuite, prends du soufre et mélange sur un porphyre ; broie autant
que tu pourras, afin que le tout devienne fin, comme de la fleur de farine.
Dispose le tout sur une tablette polie en argile ; et mets sur un feu doux,
en recouvrant avec une poterie propre ; veille à ce que la matière soit
chauffée jusqu'au rouge. Ensuite, laisse refroidir et délaie sur un porphyre,
avec beaucoup d'eau et une éponge. Réunis, mets dans un vase propre ; et
abandonne un peu (de temps), jusqu'à ce que le produit purifié se dépose.
Ajoutant de l'eau, lessive jusqu'à purification (par départ) des matières
étrangères.

Lorsque tu voudras écrire, mets, à partir du soir, de la gomme avec de
l'eau et fais cuire avec cet or. Ensuite, trace d'abord les capitales ; puis,
emploie un autre produit, obtenu en mélangeant avec de l'ocre, de la gomme,
de l'orcanette (?) et du cinabre. En te plaçant au-dessus des lettres capitales,
écris avec un pinceau de peintre, comme c'est l'usage, et confectionne les
(lettres) d'or.

21. SUR (LA MANIÈRE DE) TRACER DES ANIMAUX DORÉS SUR UNE COUPE, OU SUR

UN RAMEAU, OU SUR TOUTE AUTRE CHOSE NON DORÉE. — Prenant des os de mouton, fais-les calciner, jusqu'à ce qu'ils soient incinérés. Ensuite, mélange un peu de plâtre avec de la céruse et broie bien, jusqu'à ce que le tout soit bien incorporé, ajoutes-y de la colle de poisson. Applique aux endroits où tu (ne) veux (pas) dorer et jusqu'à dessiccation. Ensuite dore le reste.

22. SUR LA COLORATION AU FEU. — 2 parties d'argent, provenant de vieilles monnaies, et 3 parties de cuivre.

23. POUR DORER DES ANIMAUX SUR UNE COUPE ET QUE LE FOND RESTE BLANC. — Prends du blanc d'œuf et de la brique pilée et tamisée, sans humecter ; enduis le fond, et mets au soleil, afin de faire sécher. Ensuite, dore les animaux.

24. POUR LA SOUDURE D'OR. — Mets de l'alamarsa, 1 partie, et de l'or, 2 parties. Pour la (soudure) d'argent, mets 1 partie d'alamarsa et 2 parties d'asèm.

25. SUR LA MANIÈRE DE DORER LE CUIVRE AVEC DE L'ARGENT. — Broie de l'argent fin et coupe-le en petits morceaux. Ensuite, fais comme (pour) l'or, lorsqu'on ajoute du mercure, amalgame et dore. Ajoute de la lie solide ; place dans l'huile et fais bouillir. Ensuite, mets la coupe au milieu, et qu'elle y reste un peu de temps. Alors ajoute du coton (?) et délaie ; puis, mets dans l'huile et délaie, jusqu'à ce que le mercure soit réuni au milieu de l'huile (1).

26. SUR LA DORURE DU BRONZE AMALGAMÉ (?). — Pour amalgamer, prends de l'asèm beau et pur, avec (de la couleur) de citron ou d'orange ; mets-le dans de la lie pour le rendre brillant. Ensuite ajoute le bronze amalgamé (?) et place-le sur l'asèm. Presque aussitôt l'or se dissout dans le mercure. Mets alors sur une plaque de fer large et propre, et polis au-dessus du feu. Frotte avec une patte de lièvre. Ensuite lorsque tu verras que la couleur est adhérente, emploie la dent de loup pour frotter (2) ; polis au-dessus du feu, et dore.

27. SOUDURE..... — Au début, fais une soudure, en mettant 2 parties d'étain et 1 de plomb dans le creuset. Lorsque le tout sera fondu ensemble, ajoute un peu de sel ammoniac, puis de petits morceaux de limaille, de

---

(1) Recette peu intelligible.

(2) Les anciens polissaient avec des dents d'animaux.

façon à faire la soudure. Mets le tout sur le marbre ; apporte rapidement les morceaux (qu'il s'agit de souder) et place-les (aussi) sur le marbre, afin de les souder ensemble.

28. Lorsque tu dores de l'argent et que la dorure ne prend pas, prends une plume avant de chauffer, et étale avec un peu de cire pure sur l'argent ; ensuite, dore.

29. POUR DORER LES ANIMAUX SUR LE FOND DE LA COUPE (SANS QUE LE FOND SOIT DORÉ). — Prends de la colle de peau et un peu de chaux ; fais fondre sur le feu. Puis enduis le champ avec une plume. Lorsque le métal (du fond) est recouvert, frotte les animaux avec le mercure.

30. SUR (LA MANIÈRE DE) DONNER UNE TRÈS BELLE COULEUR À L'ARGENT DORÉ. — Prends : soufre, 3 parties ; lie de vin de Malvoisie, 2 parties ; sel, 1 partie ; broie bien ; fais bien bouillir avec de l'eau. Puis place l'argent au milieu, (et laisse) jusqu'à l'heure du *Pater noster*. Ensuite enlève, mets dans l'eau froide et brosse.

31. LORSQUE L'ASÈM EST DÉFECTUEUX. — Mets dans un creuset de la brique pilée grossièrement ; fais chauffer, jusqu'à ce que le métal bouillonne. Souffle d'en haut sur le creuset avec un chalumeau : le plomb est absorbé. Si le métal n'est pas purifié, répète l'opération. Frappe alors avec le marteau, et si (le métal) est défectueux, place à sa surface du mercure et de la brique, et remets au creuset.

32. SUR LA SOUDURE DE L'ÉMAIL. — Prends : argent fin, 10 parties et 1 partie de cuivre. Mets un peu de soudure vitreuse et opère à ta volonté : broie finement, nettoie et soude.

33. SUR (LA MANIÈRE DE) FAIRE DU FIL (D'ARGENT MINCE). — Prends de l'argent fin ; bats-le, coupe-le en morceaux et mets-le dans un vase de fer à fond arrondi. Ensuite, mets-le dans la filière et étire-le une fois. Coupe à la lime ; ...... mets de la soudure vitreuse blanche (?) et soude.

34. SUR (LA MANIÈRE DE) FAIRE LA CUISSON. — (Opération d'émaillage.) (1) Prends de l'argent fin, 1 hexage ; du cuivre, 1 hexage, et du plomb, 1 hexage ; fais fondre dans un creuset ; ajoute une grande quantité de soufre broyé et mets dans un pot neuf : laisse à l'état fondu tant que la vapeur s'échappe. Après

_____

(1) Voir la note 3 de la p. 309.

refroidissement, coule la barre dans la lingotière avec du soufre. Ensuite, broie et lave, et mets où tu voudras.

35. Sur la manière de donner une très belle couleur a l'argent doré. — Prends du curcuma jaune. Broie bien et mets avec de la lie sèche dans l'eau, sur le feu : je veux dire de la lie de (vin de) Malvoisie et un peu de sel; fais bouillir. Laisse l'objet dans la liqueur, jusqu'à l'heure du *Pater noster*. Ensuite, prends-le et mets-le dans l'eau froide : répète cela 2 et 3 fois.

36. Sur la manière de recoller les petites marmites; bain pour assembler les tuyaux (de poterie). — Arrose de la chaux tamisée et humecte-la bien pendant plusieurs jours. Ensuite ajoute (sur l'objet) la fleur de cette chaux ; fais bouillir aussi des pieds et des têtes de mouton ; jettes-en le jus sur la chaux. Fais bouillir encore un extrait fait avec l'écorce d'orme (?) ; ajoute-y du blanc d'œuf et assemble ce que tu désires.

37. Pour faire briller une perle fine. — Prends une pastèque, ou un concombre ; ouvre-le par le milieu ; places-y la perle fine et mets le concombre sur le fourneau, jusqu'à ce qu'il se désagrège : par là les perles reprennent leur éclat.

38. Autre (recette). — Fais macérer la perle fine dans un oiseau ou dans un pigonneau, et qu'elle y soit tenue (jusqu'à) l'heure du *Pater noster*; alors presse, afin de la faire sortir.

39. Sur les fils métalliques des orfèvres. — Prenant de l'argent pur, ramollis-le avec le septuple de son poids de plomb, (jusqu'à ce) qu'il devienne mou comme de l'or. Ensuite nettoie-le et coule-le en barreau; amène-le à une longueur double par le battage. Puis, fais-en des fils, des feuilles, des rameaux, des étoiles, des roses, des réseaux tordus et entrelacés, des animaux, des oiseaux, et tout autre objet que tu voudras. Dispose une lame de fer mince et d'épaisseur uniforme. Prenant de la gomme adragante, mets-la dans un vase avec de l'eau, et laisse tremper pendant une nuit; le (lendemain) matin déverse l'eau : pour t'en servir, mets au feu, et amène en consistance de colle. Ensuite prends une pince à cheveux, saisis un à un les fils ou les feuilles et dépose-les dans la colle. Ensuite reprends-les, pour les poser sur la lame de fer, et fais ce que tu veux. Dès que tu l'auras exécuté, expose au feu, jusqu'à ce que la colle soit un peu brûlée.

Alors, ajoute de l'argent fin, 1 hexage; mets-le dans le creuset, et fais fondre.

Pour souder, aplatis au marteau aussi finement que tu peux; coupe en morceaux menus, avec de petits ciseaux; et place cette soudure sur les fils, au moyen d'une plume mouillée. Ensuite, tu feras une limaille grossière; mets-la (sur les fils), et, au-dessus, mets de la soude vitreuse, broyée finement; soumets à l'action du feu. Ensuite, blanchis et polis ce qui n'a pas été travaillé. Alors affine, (en ajoutant) environ 2 carats de minerai de cuivre lavé, ou de misy.....

Là où il n'y a pas l'émail, on peut employer cette soudure ; on peut l'exécuter avec de vieilles monnaies, ou bien partout où il s'agit d'alamarsa.

40. AUTRE MÉTHODE MYSTÉRIEUSE. — Prenant de la chaux vive, mêle de l'huile avec la chaux et arrose bien, une fois ou deux . Mets alors dans l'alambic. Ajoute aussi de la lessive, en la versant tout autour et au-dessus, jusqu'à (une épaisseur) de deux doigts. Mets cette eau divine dans un autre flacon. Prenant alors une étoffe de lin, mouille-la dans cette eau ; expose au feu, et si l'étoffe s'enflamme, sache qu'elle n'est pas bien préparée. Ajoute de nouveau le liniment calcaire avec d'autre chaux; opère comme précédemment, jusqu'à réussite, c'est-à-dire jusqu'à ce que l'étoffe ne s'enflamme pas dans le feu (1). Alors, prenant l'huile, mets de l'étain dans le creuset ; et il se forme de l'or.

41. AUTRE EAU DIVINE. — Prends de la couperose, 1 livre; du sel de nitre, 1 livre: et du cinabre (2), 4 onces; broie bien dans un mortier de pierre, et jetant dans l'alambic, mets sur le fourneau : lute avec de la pâte de levain et du blanc d'œuf. Mets à part la première eau. Quant à la seconde eau, celle qui coule ensuite de l'alambic, après avoir été condensée dans le chapiteau, c'est là ce qu'on appelle l'eau forte (3).

Alors, prends de ces eaux 2 onces, et du mercure 2 onces: mets le tout

---

(1) C'est un procédé pour rendre une étoffe incombustible; mais la phrase finale paraît une addition de quelque copiste, préoccupé de transmutation : car elle n'a aucun rapport avec ce qui précède.

(2) Ce doit-être plutôt de l'oxyde de fer (?). — INTROD., p. 261.

(3) Acide azotique.

dans un matras (placé) sur de la cendre chaude ; et il se forme de l'eau de mercure (1).

Ensuite prenant de l'eau qui reste, 1 once, et de l'argent pur, 1 once; place le tout dans un autre matras sur de la cendre chaude; et il se forme de l'eau d'argent (2.

Alors mêle les deux eaux ensemble, l'eau de mercure et l'eau d'argent, dans un autre matras, à découvert; et place sur de la cendre chaude : il se forme un produit blanc comme du cristal. Puis, prenant de ce cristal ce que tu voudras, de l'huile calcaire une quantité égale, et du mercure une autre quantité égale; place dans un autre matras, et humecte bien, jusqu'à ce que le mercure soit dissous. Alors jette le tout dans un alambic ; fais un feu léger, rejette 3 fois l'eau qui sort de l'alambic et ajoute toujours de l'huile, en arrosant avec. Lorsque tu auras fait cela 3 fois, tu verras qu'il s'est formé, à l'intérieur de l'alambic, une sorte de pierre. Prends alors de cette espèce, 1 once, et du mercure 1 once; il se produit ce que tu veux (3).

42. EAU POUR EXTRAIRE L'OR DE L'ASÈM. — Prenant 2 parties de sel ammoniac, et 3 parties de sel de nitre; broie bien dans un mortier. Ensuite, mettant dans l'alambic, lute avec de la cendre, de la brique pilée et des œufs; place sur un fourneau, fais bouillir pendant trois heures. Ensuite ouvre pour retirer la préparation; et de nouveau replace sur le feu et fais bouillir jusqu'à l'aurore, pendant la durée d'une bonne veillée. Le laps est de soixante-cinq heures, et le feu doit être ajouté peu à peu. (En opérant) ainsi, l'eau divine (4) aura été confectionnée complètement.

Quand tu voudras retirer l'or de l'asèm, coupe l'asèm en morceaux et le jetant dans le matras, bouche bien. Ensuite épuise l'action de l'eau divine et mets à part l'or : on obtient ainsi un métal en poudre. Agglomère-le avec l'outil à dorer 5 .

---

(1) Azotate de mercure impur.

(2) Azotate d'argent.

(3) Les premiers alinéas se rapportent à des préparations faciles à comprendre ; le dernier est une recette de pierre philosophale. Toutes ces recettes sont relativement modernes, l'eau forte n'étant pas connue d'une façon si claire avant le XIIIe ou XIVe siècle.

(4) Acide azotique.

(5) Cette recette est relative à l'attaque d'un alliage contenant de l'or par l'acide nitrique. L'or reste comme résidu.

43. AUTRE (RECETTE) PAREILLE. — Prenant de l'alun, 2 litres; du sel de nitre, 1 livre; du vitriol romain, une livre et demie; broie, mets dans un alambic et, plaçant sur un fourneau, ferme bien. Ajoute en bas une fiole, pour recevoir l'eau forte. L'eau divine est ainsi confectionnée en 24 heures.

Quand tu voudras retirer l'or de l'asèm, place l'eau forte à l'intérieur (d'un vase) de verre, posé sur de la cendre chaude : l'argent se dissout, et l'eau (forte) l'attaque en écumant. Ensuite, prenant l'eau qui contient l'argent et la mettant sur le fourneau dans l'alambic, fais un feu léger et reçois l'eau qui distille par les becs : l'argent (1) reste au fond.

44. AFFINAGE DE L'OR. — Prenant de la marcassite, 8 onces ; du soufre, 4 onces; fais fondre ensemble dans le creuset : il se forme de l'antimoine (sulfuré) (2).

Lorsque tu voudras affiner l'or en grains, mets l'or dans un creuset au milieu du feu. Ensuite projette de l'antimoine (sulfuré), au milieu du creuset, à ta volonté, jusqu'à ébullition. Pour (obtenir un) refroidissement (régulier), place le creuset sur une brique de Grèce, au milieu du feu, jusqu'à refroidissement (3).

45. AUTRE (RECETTE) SEMBLABLE POUR L'ASÈM. — Extrais l'or en poudre de l'asèm, et place la poussière dans le creuset. Ensuite délaie avec de l'antimoine, au milieu du creuset, et fais chauffer. Après cela, place sur une brique de Grèce, afin d'affiner et de laisser refroidir : on obtient ainsi de l'or fin.

46. LORSQUE L'ARGENT OU L'OR SONT DÉFECTUEUX. — Mets dans le creuset du mercure neuf et de la brique pilée, fais chauffer et le métal s'adoucit. Plus tu en mets, plus le produit devient beau.

47. FIXATION DU MERCURE. — Mets du mercure, la quantité que tu voudras, et du plomb, une quantité égale; place-les dans un tesson de marmite, sur le fourneau. Ajoute un peu de bronze à canon, et il se forme un asèm de choix (4).

---

(1) C'est-à-dire le composé formé par l'argent.

(2) Cette recette, de même que les précédentes, est relativement moderne. C'est une purification du sulfure d'antimoine, appelé au début marcassite et, après sa purification, *antimoine* : le nom moderne de cette substance apparaît ici pour la première fois dans les traités de notre collection.

(3) Sur ce procédé d'affinage de l'or par l'antimoine, v. *Introd.*, p. 264.

(4) C'est bien là une formule analogue au vieil asèm du Papyrus de Leide.

48. Autre (recette). — Mets du mercure dans un pot, avec du jus d'oignon et du bronze à canon ; place sur le fourneau. Prends de l'axonge et fais chauffer, de façon à obtenir une lessive. Projette cette lessive sur l'asèm, dans le creuset, et il se forme de l'or.

49. Sur la manière de faire des lettres d'or (1). — Prends du bronze couleur d'or : broie sur un porphyre ; ajoute un peu de miel et broie beaucoup. Ensuite place dans la coquille et lave bien avec de l'eau, de façon à te débarrasser du miel. Ensuite prépare avec du blanc d'œuf et écris. Lorsque (les lettres) seront séchées, polis avec une petite pierre ponce, ou une dent de loup, et (le produit) devient beau. Presse le blanc de l'œuf avec une éponge à plusieurs reprises, de façon à rendre la masse bien fluide, qu'elle n'épaississe pas. Mets aussi de la litharge blanche et broyée. Lorsque l'or est devenu adhérent, lave le blanc d'œuf, de façon à l'enlever.

50. Sur (la manière de) rendre le cuivre brillant comme de l'or (2). — Prenant de la tutie volatilisée, 1 once ; semblablement de l'excrément, 1 once ; des figues sèches et noires, 1 once ; broie le tout dans un mortier et mélange. Apprête 1 once d'étain, et après l'avoir aplati, coupe-le en morceaux. Mélange (le cuivre) avec cette espèce ; place dans un creuset ; lute par en haut avec de l'argile, souffle et fais chauffer. Lorsque tu penseras que le métal est entré en fusion, recouvre et complète la fusion. Mélange de nouveau les espèces, et opère comme précédemment, de façon à employer la totalité de cette espèce, et elle devient pareille à de l'or.

51. Sur le savon. — Prenant d'abord du savon, mélange, et broie avec du sel. Ensuite agite.

52. Autre (recette). — Prenant du sel ammoniac, du sel et de l'eau, broie bien. Ensuite sers-t-en pour rendre le cuivre brillant.

53. Le verre. — C'est la soudure vitreuse, qui agit avec le sel ammoniac l'alun et le sel.

54. Sur (la manière de) blanchir l'étain. — Prenant du minium du Pont couleur de citron, autant que tu voudras, et du sel de nitre, une

---

(Introd., p. 66), dont la formule est ainsi reproduite vers la fin du moyen âge. La date relative de cette recette est fournie par le mot « bronze à canon ».

(1) Cp. Introd., p. 62 ; Papyrus X de Leide.

(2) Cp. Introd., p. 58 à 60 ; Papyrus X de Leide.

quantité égale, broie bien. Ensuite mélange. Puis mets avec le fondant précédent, sur un feu de charbon, et fais chauffer jusqu'à absence de fumée. Le produit devient blanc comme de la neige. Ensuite retire et broie bien ; et jetant de l'étain dans le creuset, (le poids de) 4 onces, joins-y l'opsiastiké (1), 1 once. Mets à part 6 parties. Lorsque l'étain apparaît au milieu du creuset, projettes-y une première partie (de la préparation précédente) : recouvre avec des charbons, et fais chauffer jusqu'à ce que la vapeur sorte. Puis de nouveau, mets une autre partie, en opérant comme la première fois, et en projetant. Verse alors dans une petite coupe en fer, et le traitement sera réalisé.

Lorsque tu voudras dorer de l'argent, dispose suivant l'emploi, et à ta volonté ; projette. Et lorsque tu auras mêlé le produit avec l'argent, ajoute aussi un peu de lie dans le creuset, je veux dire le quart.

55. Sur la manière de rendre le cuivre pareil a de l'or. — Prenant de la tutie, 3 parties ; du curcuma, 1 partie ; des raisins secs et des figues sèches rousses, du miel, des fèves de......... (?) (2), 1 partie, de l'enveloppe intérieure des amandes, de la réglisse, du jaune d'œuf et du safran, 1 partie, de la bile de bœuf roux desséchée, 1 partie. Broie la tutie, comme on broie le cinabre avec de l'huile et fais-en une pâte ; alors broie les autres espèces et unifie. Prenant 3 onces de cuivre, réduis en lames minces sur l'enclume ; humecte avec les espèces précédentes ; mets dans le creuset ; ferme avec le lut de l'art, mets au feu ; souffle bien avec l'appareil à souffler . Quand le produit est fortement chauffé, tu projettes ces espèces et le cuivre devient beau comme de l'or.

56. L'eau du traitement assuré. — Prenant la progéniture d'oiseaux vivants (3), nette et sans tache, partage (en deux , comme pour des ragoûts : l'art culinaire nous est profitable en beaucoup de circonstances. Ensuite mets dans deux marmites, une partie de chaque liquide ; fais une grande extraction, avec les appareils à mamelon. Quand tu verras le produit couler au milieu de la bouteille et se figer à la surface comme de la cire. ·

---

(1) Cp. § 16, p. 312.
(2) Voir le § 50.
(3) C'est-à-dire l'œuf philosophique : c'est une description d'opérations chimiques. avec expressions allégoriques, à la façon des anciens alchimistes.

alors enlève-le et laisse refroidir. Casse le vase : tu trouveras au milieu un produit très précieux, pour ton usage.

Cette plante (1) purifie le plomb au moyen du mercure ; elle affine l'or, le rendant pur et à toute épreuve. Fonds d'abord le plomb, pris sous le poids de 8 livres ; lorsque le plomb est fondu, ajoutes-y du mercure traité suivant l'art, 8 autres livres, et laisse chauffer, jusqu'à ce que le produit fume. Alors, ajoute une livre de cette plante et fais chauffer jusqu'à pleine ébullition. Remue avec un bâton enflammé pendant 4 heures. Ensuite porte au dehors et laisse l'enduit se refroidir ; alors le métal devient noir. D'autres fois, il se colore en rouge garance (2).

Voici la préparation : fonds du plomb traité suivant l'art, 8 livres, et lorsqu'il est bien fondu, ajoute du mercure, 8 autres livres. Ajoute en second lieu, de la seconde plante, 1 livre ; fais bien chauffer pendant 1 heure 1/2, et laisse refroidir. En outre, fonds 8 livres de plomb, et, après la fusion, traite-le convenablement, à cinq reprises, comme nous l'avons dit précédemment ; la dernière fois, attache un morceau d'or au bout (du bâton) (3). Avec ce seul morceau d'or, les 8 livres de plomb et les 8 livres de mercure, joints avec cette plante, se changent en bel or.

57. Un autre dit : . . . .

Vient ensuite un morceau emprunté à Zosime (4) et qui se trouve imprimé III, viii, p. 143-144.

V. ii. — TRAVAIL DES QUATRE ÉLÉMENTS [5]

1. Ici commence l'explication détaillée de l'œuvre. — **Prends** le blanc et le jaune des œufs, et malaxe-les ensemble avec ta main, de façon à former

---

(1) Sens symbolique pour la pierre philosophale.

(2) Cela veut-il dire qu'il se forme un oxyde, ou un sulfure, tantôt noir, tantôt rouge ?

(3) On voit ici l'origine de l'une des fraudes ordinaires des alchimistes charlatans.

(4) Le nom du Pseudo-Démocrite a été substitué à celui de Zosime, par inadvertance, à la fin de la note transcrite au bas de la page 288.

(5) La date de ce morceau ne peut être précisée : il semble postérieur aux auteurs du viie siècle, et assez moderne :

un mélange en consistance pâteuse ; mets-le dans une marmite neuve ; ferme, et plonge (la marmite) dans du fumier, ou dans de la cendre chaude, ou dans de la paille (pourrie), pendant 7 ou 14 jours. Ensuite, enlève, place dans l'alambic sur un feu très bas. Prends l'eau blanche qui en provient. Or, quand tu verras que le produit passe trouble ou noir, arrête et mets ce produit à part. Prends l'huile ; augmente la force du feu, et après avoir recueilli le produit, mets-le à part. Quant à la matière qui reste dans le matras, recouvre-la : c'est là le cuivre brûlé et la magnésie asiatique (1).

2. Premier élément : l'eau. Premier travail, celui du vinaigre divin. — Aussitôt après avoir distillé, au moyen de l'appareil, l'eau divine, jusqu'à trois fois ; mets chaque fois, pour une livre, une once de chaux divine.

Ensuite distille de nouveau avec des feuilles de myrte, par 7 fois. Opère de cette manière, jusqu'à ce que l'eau devienne transparente et brillante. C'est là ce qu'on appelle le vinaigre divin.

3. En suivant la première marche, conformément à ce que nous avons dit, aie soin, à chaque distillation, d'opérer la réaction dans l'alambic, pendant un jour, soit dans la fiente, ou dans la paille (pourrie), ou dans la cendre chaude. On y fait digérer l'alambic qui contient l'eau, avec une once de chaux nouvelle. Ensuite distille ; ajoute chaque fois de la chaux nouvelle : retire la précédente. Aussi, chaque fois que tu distilleras, chaque fois tu produiras un résultat utile.

4. Nomenclature du vinaigre divin et de l'eau divine (2). — Voici ce que disent les philosophes : Eau divine, vinaigre divin, magnésie blanche,

---

— Cp. *Zosime*, p. 211, § 16. — On doit en rapprocher spécialement le Traité de Comarius, où figure un symbolisme analogue, p. 285. — D'après les interprétations de M, dans le dernier traité, l'eau signifierait le mercure ; l'air signifierait tantôt le mercure, tantôt l'ios de cuivre, tantôt le cinabre ; le feu serait pris pour le soufre ; et parfois pour le cinabre ; la terre, pour le molybdochalque. Mais ces interprétations sont plus étroites que celles du morceau actuel, données dans les §§ 4, 7, 8, 11 ; lesquelles se rattachent elles-mêmes à la nomenclature de l'œuf philosophique. Le vague indéfini de ces nomenclatures rend l'intelligence précise de ces morceaux fort incertaine.

(1) D'après E ; tandis que d'après A, c'est : « l'aimant d'Asie ».

(2) Cf. *Nomenclature de l'œuf*, p. 19 à 22, et Introd., p. 215. — L'eau ou le vinaigre divin signifie non seulement le mercure, mais un grand nombre de liquides actifs, d'après la liste ci-dessous.

eau de chaux, urine (d')impubère, mercure, eau de mer, lait virginal, lait d'ânesse, de chienne, de vache noire, eau d'alun, de cendre de choux, de natron, matière occidentale, vapeur. C'est là ce qui blanchit le corps de la magnésie, c'est-à-dire le cuivre brûlé; c'est là ce qui transporte au dehors la nature cachée à l'intérieur. C'est là la nature qui triomphe de la nature, celle qui transmute les natures, celle qui délaie, celle qui enchaîne, celle qui fait concevoir et qui enfante, celle par qui le Tout est accompli.

5. (Second élément : l'air). Ici commence le travail de l'air. — Prends de l'huile; mets pour une livre d'huile, 1 once de chaux; laisse réagir, en faisant digérer dans du fumier pendant un jour.

Ensuite distille et opère de même une fois chaque jour. Répète jusqu'à 20 ou 30 fois; distille avec des feuilles de myrte, jusqu'à ce que (la préparation) devienne très pure, blanchâtre, jaune.

6. Quant au feu, je n'ai pas à te dire ce que doit être (celui) du fourneau : opère à ton gré, sur une lampe, ou sur un feu de paille, ou bien sur un feu très doux de fiente (desséchée), et pour ainsi dire sans feu. Que l'alambic soit entouré d'étoupe, ou plongé dans l'eau bouillante, ou bien dans le fumier, ou dans la lessive. Le mieux, c'est dans l'eau : ce qui est appelé fourneau humide (1). Quelques-uns rectifient jusqu'à 50 fois; et à chaque dixième fois, (la préparation) apparaît plus brillante en couleur.

Voici à quel signe (on reconnaît) que l'opération est achevée. Après avoir fait rougir au feu des feuilles de fer à cheval laminées, trempe-(les) jusqu'à 7 fois dans l'huile divine, et vois si la feuille blanchit, s'adoucit, change d'essence, devient parfaite et plus belle que l'or (2). Sinon, travaille-la de nouveau; c'est-à-dire recommence le traitement par l'huile divine.

7. Ici commence la nomenclature (de l'air) (3). — Son safran est appelé jaune d'œuf, sphère d'or, cinabre (4), safran de Cilicie, ocre attique, terre de Sinope, nitre roux, natron d'Egypte, (bleu) d'Arménie, couperose, huile. L'huile qui en provient, lorsqu'elle a été décomposée et qu'elle a passé par

---

(1) Notre bain-marie.

(2) D'après E : « devient de l'argent parfait; il est beau. Sinon, etc. »

(3) Cp., la *Nomenclature de l'œuf.* t. III, IV, p. 19 à 22, et *Introd.,* p. 215.

— Le mot « air » paraît signifier ici le principe colorant qui teint en jaune dans la transmutation.

(4) Ce mot est omis dans E.

l'appareil distillatoire, est appelée huile divine, vin d'Amina, cinabre des philosophes, comaris, soufre natif, (huile) de raifort, huile de ricin, liqueur d'or, pierre de Mélos, huile de lin, soufre apyre, sandaraque, arsenic, gomme, huile d'aristoloche, huile de mandragore, de rhubarbe, de chélidoine ; eau de pourpre, eau de fleur de cuivre, eau brillante comme de l'or, eau incombustible, alun décomposé, mercure. matière orientale.

8. (Substances) d'une autre nature. — Les mêmes esprits et (les mêmes) eaux ont été appelés par les philosophes perles (1) et pierres précieuses; ils sont doués d'une grande puissance. En effet si tu les travailles, de façon à transporter au dehors la nature cachée à l'intérieur, tu parviendras au mystère des philosophes. C'est là le résumé du mystère. De cette façon, la préparation est blanchie, puis jaunie ; le cuivre de Chypre devient le cuivre brûlé, ou le corps de la magnésie, celui dont ils disent : La magnésie, traitée suivant l'art, ôte aux corps (métalliques) leur fragilité; elle blanchit le cuivre, elle amollit le fer, elle ôte à l'étain sa mollesse, elle convertit le mercure en or (2).

9. Troisième élément, le feu. Ici commence le travail du feu. — Ensuite prends le feu, c'est-à-dire le cuivre brûlé (3), ce qui reste dans le plat. Après l'opération des œufs brûlés, broie finement, d'une façon continue et au soleil, pendant un jour entier. Le produit s'humecte peu à peu et émet de la fumée.

Alors arrose-le, broie et fais sécher au soleil, ou sur la cendre chaude, ou sur un fourneau, (en arrosant) avec du vinaigre divin, trois fois par jour. Tu feras cela jusqu'à ce que tu observes le signe suivant : l'argent prend une surface brillante dans le creuset. Projette-le en dehors de celui-ci. S'il est coloré en or, c'est bien; sinon, réitère ton travail.

10. Quatrième élément, la terre. Ici commence le travail de la terre, c'est-à-dire de la chaux toute puissante. — Pulvérise les coquilles des œufs, et broie-les avec du natron et de l'eau, pendant un jour.

Ensuite, arrose-les à plusieurs reprises avec un liquide édulcorant. Puis dessèche et réduis à l'état de poudre fine.

---

(1) Cp. p. 122.
(2) Cp. p. 55. — Dans A, signe de l'argent, au lieu de celui du mercure.
(3) Cp. IV, x, p. 269.

Ensuite, projette dans une dose d'eau égale au poids des œufs, et laisse dans un four de boulanger, ou sur un bain de cendre chaude, jusqu'à dessiccation, pendant 7 jours.

Ensuite, enlève; pulvérise encore, et, mêlant avec une quantité d'eau égale au poids des œufs, referme de nouveau (le vase). Laisse dans le four pendant 7 jours; et opère ainsi jusqu'à trois fois.

Ensuite pulvérise, après avoir fait sécher à plusieurs reprises au soleil, et après avoir arrosé pendant 3 jours, etc. Broie ainsi ; mets dans un vase; ferme-le et soumets-le à l'action d'un fourneau de verrier pendant 2 jours et 2 nuits. Après avoir retiré (le vase), tu trouveras de la (terre) cimolienne verte.

Après l'avoir pulvérisée encore et arrosée plusieurs fois par jour, fais cuire sur un feu de fiente (desséchée). Après avoir répété cela 3 ou 5 fois, tu la trouveras (convertie en) céruse très blanche. Le produit sera accompli, si tu trouves le cuivre blanchi dans le creuset. Sinon, recommence ton travail.

11. NOMENCLATURE DE LA TERRE (1). — Les sages nommaient ces choses : chaux divine, terre de Chio, terre astérite, alun lamelleux, litharge blanche, (terre) cimolienne, (terre) stibienne, aphrosélinon, gomme, couperose, urine non fluide, céruse, androdamas, alabastron, suc de figuier et de tithymale.

12. L'UNION DES QUATRE ÉLÉMENTS. — Fais attention, mon ami : si tu n'as pas traité convenablement les quatre éléments, suivant le procédé qui t'a été exposé, il ne faut pas entreprendre leur union. Il n'y aurait pas lieu de t'énorgueillir et tu en serais pour ta peine.

FAIS ATTENTION. — Prends (du produit préparé plus haut sous le nom de) feu, 1 partie, et (du produit désigné sous le nom de) terre, 4 parties. Après avoir pulvérisé, mets dans un vase et place au-dessus (du produit désigné sous le nom de) l'air, le double (de la matière appelée) feu. Suspends le vase au milieu d'un autre vase de grande dimension, contenant du vinaigre

---

(1) Voir les notes de la page 323. Le mot terre est pris ici dans un sens générique; la terre est assimilée notamment à diverses chaux, c'est-à-dire aux oxydes métalliques, que nous appelons aujourd'hui même des terres dans certains cas. — Cp. note 1 de la page 269.

piquant; ferme le vase, et laisse pendant quelques jours, jusqu'à ce que (le contenu) devienne comme de la pâte fermentée.

13. Sache (1) que quelques-uns mettaient 2 parties du (produit appelé) terre et 1 partie du (produit appelé) feu; d'autres, 3 parties de terre et 1 partie de feu; d'autres encore, 4 parties et plus (de terre) et 1 partie de feu. Toutes ces (proportions) sont convenables; mais la meilleure est celle qu'on a exposée ci-dessus.

14. Voilà ce que nous avons écrit pour toi, mon ami, sans aucun sentiment d'envie, afin que tu ne t'égares point. Après que la composition est devenue pareille à une pâte fermentée, enlève et fais cuire sur un feu léger, afin qu'elle sèche. Ensuite pulvérise-la de nouveau sur un marbre romain, puis mets-la dans le vase; mets-y aussi (du produit appelé) air, une quantité double (du produit appelé) feu, et suspends, comme tout à l'heure, le vase au milieu du vinaigre. Opère d'après le procédé ci-dessus jusqu'à 7 fois; et chaque fois, mets l'air en quantité double du feu. Après la 7e fois, enlève, dessèche et pulvérise, avec de l'air employé en quantité double de la terre, et laisse le vase dans le fumier, pendant un jour et une nuit. Ensuite retire; observe la couleur du produit : si elle est changée, c'est qu'il a commencé à parcourir le chemin prescrit; sinon, soumets-le de nouveau au même travail, jusqu'à ce qu'il change d'apparence. Alors enlève-le de la même façon; pulvérise à part et séparément de l'air; fais un mélange avec l'air et le soufre, c'est-à-dire délaie le vinaigre divin (2) avec l'air, plusieurs fois par jour. Ensuite exécute de nouveau la réaction dans un vase, comme nous l'avons dit plus haut, avec du vinaigre piquant pendant deux jours. Le produit devient ainsi liquide comme de l'eau. Après l'avoir travaillé de cette façon, retire-le du vinaigre, et fixe-le sur un feu doux et convenable, jusqu'à ce qu'il se solidifie en une pierre (offrant l'apparence d'une) cire très consistante. Garde le produit obtenu par la grâce généreuse de Dieu, pour son honneur et pour ta (propre) délivrance de l'état de pauvreté.

---

(1) Le § 13 est entre parenthèses dans Lc, c'est-à-dire regardé comme une glose.

(2) Le jeu de mot ordinaire entre le double sens de soufre et de divin, pour le mot θεῖον, est ici manifeste.

V. III. — SUR LA TREMPE DU FER

1. La trempe du fer, pour presque tout le monde, est utile à connaître; elle est multiple, quant à la pratique.

Prends de la corne de chèvre; fais la brûler et broie (la cendre) de façon à l'unir avec le double de sel, non en poids, mais en volume. Ajoute avec l'eau que tu connais (1), et pétris de façon à former une pâte liquide. Avec cela il t'est facile d'obtenir une épée de telle qualité que tu voudras. Tu en nettoies le tranchant; tu la mets sur des charbons, et tu la fais rougir au point voulu. Après cela, en la jetant dans l'eau que tu connais, tu auras une épée rendue tranchante par la trempe (qu'elle a reçue). Cette trempe est, comme on l'a dit, commune et presque universellement connue. La projection dans l'eau ne doit pas être quelconque, mais réglée suivant la forme et la destination de l'épée.

Pour les instruments destinés à tailler la pierre et généralement pour tous ceux qui ne possèdent pas un tranchant très aigu, on se borne à les plonger simplement dans l'eau après le chauffage. Mais les outils qui sont dans le cas contraire, comme par exemple les coutelas et les glaives, ne doivent pas être travaillés d'une façon quelconque : on les refroidit avec un linge mouillé, ou bien avec un morceau de laine humecté; tel que ceux que l'on emploie contre la pluie. On opère dans le sens du fil, en recouvrant le tranchant qui doit être trempé. Telle est cette trempe.

2. Deuxième trempe. — Il y a aussi une autre espèce de trempe; elle est destinée non seulement aux fers en général et susceptible de les rendre plus polis et plus brillants encore que la trempe précitée; mais c'est aussi elle qui rend encore plus tranchant le fer appelé indien. Quelques-uns décapent le haut de l'épée avec de la terre blanche, d'autres avec des œufs d'oiseaux, ou bien avec d'autres (matières), soit simples et tirées de la nature, soit composées et obtenues par l'art. Parmi les décapages accomplis avec des matières artificielles, on peut citer l'espèce de trempe qui est obtenue au moyen du

---

(1) L'auteur garde secrète la composition de la liqueur pour tremper, suivant un artifice très ordinaire parmi les praticiens.

bois, avec la cendre de toute (espèce de bois) et l'huile (1) et quelques autres
matières. Ce que je dis là est exempt d'obscurité pour la plupart.

Prends donc cette matière ; fais-la chauffer, comme il est d'usage dans la
pratique du fondeur d'or ; unis-la avec le tiers de son poids de sel ; ou bien,
si le fer est tout à fait de bonne qualité, avec la moitié ; après avoir décapé,
le tranchant du fer, fais rougir au feu. Ensuite, en suivant la marche qui t'a
été indiquée précédemment, et en tenant compte de la diversité de la forme
et de l'usage des instruments, projette dans l'eau. Or n'ignore pas que si
le fer trempé vient à être rendu cassant à cause de sa dureté, il faudra le
projeter dans l'huile, ou dans une graisse qui n'ait pas été cuite, ni mélangée
à autre chose. En opérant et en travaillant ainsi, tu obtiendras pleinement le
résultat voulu.

3. Troisième trempe. — Je vais parler d'une trempe garantie par la philo-
sophie mystique. C'est une chose étrange à connaître, surprenante à com-
prendre, une chose difficile à trouver, et (pourtant) connue de tous ; elle est
recherchée avec ardeur, en raison de sa nature et bien qu'elle soit facile à con-
naître pour la plupart des hommes (2). La terre n'engendre pas ce produit
pour tous ; ce n'est pas le fruit d'un mauvais destin, mais celui d'un destin
favorable, manifeste et tourné vers le ciel (3). (C'est ainsi que la terre) coopère
à la confection du plus sérieux des êtres, l'or ; en l'engendrant, elle ne le
repousse pas au dehors ; mais elle le conserve dans son sein, elle le nourrit.

Suit un passage mystique et inintelligible.

Telle est la trempe très mystique, la trempe du fer indien (4). Main-
tenant observe : si le fer qui doit être rendu tranchant était trop dur, ne
l'emploie pas dans cet état. En effet, ainsi que nous l'avons dit, en parlant

---

(1) Cp. Pline, *H. N*, xxxiv, 41.
(2) Cp. p. 19, note 1 ; et p. 122.
(3) Cp. p. 222.
(4) Le texte reprend ici, en faisant
suite au § 2 et en revenant sur la fin.
Il semble que ce qui précède, depuis le
début du § 3, est une intercalation due
à un ancien commentateur, préoccupé
de transmutation ; intercalation ame-
née par le mot « mystique », mais qui
n'offre aucun sens pratique relative-
ment à la trempe du fer. — Peut-être
existait-il à l'origine, dans un manuscrit
antérieur au nôtre, une troisième
recette analogue à la seconde, et qui
a été remplacée par le verbiage du
glossateur. En tout cas la transcription
de ces recettes est fort confuse dans
les manuscrits. Les §§ 2 et 3 manquent
dans A et B.

du mystère, il est détruit et brisé par tout ce qu'on lui présente. Mais, en le reprenant convenablement, par l'huile ou par l'eau de pluie, tu pourras ensuite l'employer, après avoir opéré suivant la mesure qu'enseignent aisément la pratique et l'expérience.

4. Quatrième trempe. — Quant à la quatrième trempe, comparée aux précédentes, elle est encore meilleure, moins connue et plus admirable que celle-là. En outre, elle est plus simple. L'homme étant un animal supérieur à tous, vois quelle gloire lui est échue parmi les (êtres) mortels ; on pourrait énumérer bien des choses venant de lui qui sont remplies de merveilles. Parmi elles, il faut citer cette chose-là qui a reçu (en partage) la puissance de tremper et de rendre tranchant.

Le passage qui suit est un pur galimatias (1).

La sécrétion liquide, entre autres propriétés, a celle de tremper le fer et de le rendre tranchant ; c'est par (elle) seule que le fer devient excellent. Or la trempe s'opère, comme on l'a dit dans ce qui précède, suivant la diversité d'emploi et de forme (des instruments) de fer ; mais pour tous, ainsi qu'on l'a dit en commençant, ce qui occupe le premier rang dans la trempe, c'est la sécrétion liquide (2).

V. IV. — TEINTURE DU CUIVRE TROUVÉ CHEZ LES PERSES

DÉCRITE SOUS LE RÈGNE DE PHILIPPE (*)

1. Prenant de la tutie la plus haute (3), ce que tu voudras ; broie et passe au tamis très fin ; mets dans un vase de terre cuite. Ajoute sur elle de l'huile

---

(1) Le début du § 4 donne lieu aux mêmes remarques que celui du § 3. Il semble qu'il y avait à cette place, dans un vieux manuscrit, une recette technique, qui a disparu pour faire place à la vaine déclamation d'un commentateur.

(2) S'agit-il d'une trempe opérée avec le lait ou l'urine ?

(3) C'est-à-dire la partie qui s'est sublimée à la partie supérieure du fourneau : c'est surtout de l'oxyde de zinc. — Introd., p. 239 et 240.

(*) BCA, etc., ajoutent : « roi de Macédoine ; tel que ce cuivre existe sur les portes de Sainte-Sophie », et au-dessous : « Fabrication du cuivre

de telle qualité que tu voudras, soit de l'huile commune, soit de l'huile de sésame. Reprends avec les mains, mélangeant et broyant l'huile avec la tutie dans le vase de terre, jusqu'à ce que la tutie soit imprégnée d'huile et qu'elle n'en absorbe plus. Lorsque tu verras qu'elle en a absorbé suffisamment, ajoute de nouveau et mélange une nouvelle dose de la même huile, jusqu'à ce qu'il se forme une pâte. Puis prenant de la couleur de palmier, je dis du rouge appelé *natef* chez les Arabes (1), un poids égal au cinquième de la tutie; ajoute-le au-dessus de la tutie, dans le mélange opéré au préalable dans le vase de terre cuite, et après l'avoir réduit en morceaux qui ne soient ni trop petits ni trop gros. Puis, après avoir fait chauffer un four avec un feu très fort, mets le vase dans le four, en lutant l'ouverture du four jusqu'au lendemain. Ainsi la tutie sera brûlée et rendue noire. Retire-la le lendemain, broie et passe au tamis fin.

2. Lorsque tu voudras teindre le cuivre précité, ainsi qu'on ne teint pas mieux en Perse, prends 2 parties de beau cuivre de Chypre, et 1 partie de la poudre sèche préparée à l'avance au moyen de la tutie. Casse le cuivre en autant de menus morceaux que tu pourras : mêles-y la poudre, et plaçant les 2 substances dans un creuset, souffle fort jusqu'à ce que le cuivre bouillonne avec la poudre. Lorsqu'il bouillonnera, ajoute encore du charbon, en soufflant énergiquement jusqu'à ce que les deux corps soient unifiés. Si tu veux connaître la beauté de la couleur, prends une baguette de fer à bout recourbé, retire (la matière) qui adhère au bout, et regarde : si la couleur te plaît, cesse de souffler : mais si elle ne te plaît pas encore, continue de

---

jaune ». Ce morceau a été rédigé à l'époque byzantine, entre le viie et le xie siècle, comme l'indiquent la citation des Arabes et le mot de tutie, qui ne figure pas chez les anciens alchimistes. Cette observation s'applique aussi au numéro suivant. Mais le fond des recettes doit être plus ancien, et remonter, d'après le titre, à une époque antérieure à l'ère chrétienne. — Voir aussi la note suivante. — On trouve cité dans le traité de *De mirabilibus* (ch. 49) attribué à Aristote, un cuivre indien, provenant des trésors de Darius et doué de propriétés spéciales qui le faisaient confondre avec l'or ; INTROD , p. 261. — Cp. *Origines de l'Alchimie*, p. 227. et le présent volume, p. 297. — Le roi de Macédoine cité ici doit être l'un des successeurs d'Alexandre.

(1) C'est probablement une préparation arsénicale, identique peut-être au rouge des cobathia, sulfure d'arsenic (réalgar) que l'on assimilait déjà à la cendre des palmiers, au temps de Zosime (voir p. 185). Cp. *Plinianæ exercitationes Salmasii*, 936 b C, 937 b F, 938 a A.

souffler et ajoute du charbon. En effet, plus l'on souffle le feu de charbon, plus le résultat que l'on se propose d'obtenir est satisfaisant (1).

V. v. — TREMPE DU FER INDIEN, DÉCRITE
A LA MÊME ÉPOQUE

1. Prenant du fer doux, 4 livres, coupe-le en petits morceaux ; puis prenant de l'écorce des fruits de palmier (2), nommée *elileg* chez les Arabes, 15 parties en poids, et 4 parties en poids de *belileg* (3), pareillement nettoyé à l'intérieur, c'est-à-dire l'écorce seule ; ainsi que 4 parties d'*ambileg*, semblablement nettoyé, et de la magnésie des verriers ci-dessus mentionnée (magnésie,femelle) 2 parties (4). Broie le tout ensemble, pas trop menu, et mélange avec les 4 livres de fer. Puis mets dans un creuset et égalise bien la place du creuset, avant de chauffer ; car si tu ne prends pas ce soin, de façon à éviter que celui-ci (le creuset) ne soit déplacé, tu trouveras des difficultés dans l'opération de la fonte. Ensuite mets les charbons et pousse le feu jusqu'à ce que le fer soit fondu, et que les espèces (susdites) soient unies avec lui. Or les 4 livres de fer demandent 100 livres de charbon.

2. Observe que si le fer n'est pas très doux, il n'a pas besoin de magnésie, mais seulement de toutes les autres espèces ; car la magnésie le rend sec au plus haut degré et il devient cassant. Mais s'il est doux, il n'est besoin que d'elle seule, ainsi qu'il a été dit plus haut ; car celle-ci accomplit tout.

3. Telle est la première et royale opération, celle que l'on étudie aujourd'hui, et au moyen de laquelle on fabrique des épées merveilleuses (5). Elle a été découverte par les Indiens et exposée par les Perses, et c'est de ceux-ci qu'elle nous est venue.

(1) Cette préparation devait fournir un alliage de cuivre et de zinc arsénical,analogue au tombac.— Cp. Introd., Papyrus X de Leide, p. 60 à 62.

(2) Ou plutôt de myrobolans, fruits du *Terminalia*. Voir la note suivante.

(3) Sur ces mots arabes, Cp. Saumaise, *Plinianæ exercitationes*, 930 b C, 931 a B et C etc.

(4) *Introd.*, p. 255 et 256 : Oxyde de fer ou de manganèse.

(5) Cp. p. 40.

V. vi. — FABRICATION DES VERRES

1. Prenant des œufs (1), le nombre que tu voudras ; lave-(les) dans de l'eau saumâtre, puis essuie-(les). Lave-(les) de nouveau dans de l'eau de natron ; puis après les avoir cassés, sépare les coquilles de leurs membranes (intérieures), dépose les jaunes isolément et le blanc isolément. Après avoir égorgé de petits oiseaux noirs, recueilli leur sang et l'avoir mis dans l'appareil, retires-en l'eau, soit au moyen d'un feu doux, soit d'un feu immatériel qui ne brûle pas (2).

Garde le résidu et l'eau. Si l'on obtient aussi de l'huile, mets-la à l'ombre. Quant au blanc d'œuf, soumets-le à l'extraction au moyen du feu ; tires-en l'eau et l'huile séparément, ainsi que le résidu, et garde ensemble à l'ombre.

Broyant les coquilles avec les membranes, mets-(les) dans deux creusets, lutés avec de la terre broyée et feutrée avec des poils. Chauffe fortement au moyen de deux soufflets de peau, jusqu'à effervescence et jusqu'à ce que tu n'entendes plus le bouillonnement ; car lorsque (la matière) se trouve à point à l'intérieur, le bouillonnement cesse : dès que tu reconnaitras à ce signe que le produit est cuit, laisse refroidir, en déposant (le creuset) sur le fourneau ; puis, en cassant (le creuset), tu trouveras du verre vert.

2. Semblablement, prenant aussi le résidu du blanc, et le mettant dans deux creusets, bien calfeutrés, fais chauffer le tout ensemble et tu trouveras du verre couleur citron, dit de Bérénice.

3. (Prenant) les jaunes, mettant leurs résidus dans deux creusets et chauffant, tu trouveras du verre blanc.

---

(1) C'est là une formule sacramentelle, qui se trouve en tête de recettes très diverses. Cp. Zosime, III, viii, p. 143. — Ces expressions ont donc un caractère symbolique : elles désignent des produits minéraux, que l'on soumet à des sublimations et à des calcinations, avant de s'en servir pour fabriquer les verres des quatre couleurs désignés plus loin. Après cet exposé qui semble purement technique, un commentateur alchimique a ajouté une recette mystique, d'après laquelle ces quatre verres, associés avec les huiles mystérieuses, obtenues par la distillation ou la dissolution des corps métalliques, constituent le ferment d'or, ou pierre philosophale.

(2) D'après M. — Etait-ce la flamme d'un gaz sans combustible visible ?

4. Semblablement, faisant chauffer les résidus du sang, tu trouveras du verre bleuâtre, celui qu'on appelle bleu.

5. Lorsque (1) tu auras fait chauffer ainsi isolément ces quatre corps, et que tu auras fabriqué isolément ces verres ; alors prends ces (matières) en proportion égale, mélange-les et broie-les toutes ensemble. Mets le tout dans deux creusets, l'un au-dessus, l'autre au-dessous ; fais fondre. Toutes ces (matières) doivent avoir été chauffées auparavant fortement. Lorsqu'elles auront bouilli et qu'elles seront à point, laisse le produit digérer, puis refroidir. Retire le tout des vases et broie finement.

Alors, reprend les huiles tirées de tous les corps (2), mélange-les ensemble et sers-t'en pour arroser (la poudre) ; de façon à donner à la composition la consistance d'une pâte fermentée épaisse, en délayant l'huile avec les verres. qui en représentent les corps. Laisse ensuite dans le mortier et expose au soleil dans le mortier même, pendant 3 jours. Lorsque ce ferment aura été exposé au soleil, il devra être cuit légèrement, et il produira du cinabre (ou de l'or ?) (3).

V. vii. — COLORATION DES PIERRES, DES ÉMERAUDES, DES ESCARBOUCLES ET DES AMÉTHYSTES

D'APRÈS LE LIVRE TIRÉ DU SANCTUAIRE DES TEMPLES (*)

1. Prends de la comaris (4), difficile à trouver, matière que les Perses et les Égyptiens nomment *talac*, et d'autres talc, une demi-once ; du soufre, une

---

(1) Sous-titre de A 1, 2, 3 K : « la demeure qui réunit tout ».

(2) Produit de distillations ou dissolutions antérieures, lesquelles ont porté sur des produits (corps métalliques), désignés ici d'une façon symbolique.

(3) Signe du cinabre, confondu souvent avec celui du soleil et de l'or. Cp. *Introd.*, p. 122, note 1 et p. 244.

(4) On a regardé comme identiques dans la traduction les mots : *comaris* et *comaros*.

(*) Ce petit traité est une collection de recettes, remontant pour certaines parties à une haute antiquité ; ainsi que semblent l'indiquer ces mots : « d'après le livre tiré du Sanctuaire des Temples. » Il s'y trouve, à côté de ces vieilles recettes : des discussions théoriques plus récentes, du genre de celle de Zosime et des commentateurs by-

demi-once; et de l'eau de soufre natif, 18 onces. Délaie la comaris et incorpore-la avec le mercure. Puis mets dans un verre de forme courbe (fiole?), et conserve.

2. Lorsque tu voudras colorer une émeraude, prends de la rouille de cuivre et du vinaigre de première qualité ; broie dans un mortier de verre ; après avoir mélangé de la bile de taureau ou de vautour desséchée et après avoir unis (ces produits) dans un mélange homogène, formes-en des boulettes, laisse refroidir à l'ombre, et conserve.

3. Lorsque tu veux colorer une pierre, mets ces boulettes dans un mortier de verre, et après avoir broyé, forme un mélange homogène avec le produit retiré du vase de forme courbe.

Après avoir délayé le tout ensemble, fais une liqueur et mets dans une bassine de verre, enduite d'un lut qui résiste au feu. Prends les objets de verre, de telle forme que tu voudras ; introduis-les dans la bassine lutée qui contient la liqueur ; place des charbons, de façon à chauffer par dessous à une douce chaleur ; laisse prendre un seul bouillon, puis ôtant du feu, mets dans un lieu (frais), et laisse tremper pendant 3 jours. Après avoir retiré (les objets), tu obtiendras par la grâce de Dieu le résultat cherché (1).

4. En suivant la même marche, s'il s'agit de l'escarboucle (2), mets en boulettes du sang de serpent (sang dragon) (3) et du suc d'orcanette ; délayant avec

---

zantins ; des citations plus ou moins étendues de Marie, de Moïse et de Démocrite ; enfin des gloses beaucoup plus modernes, à en juger par la citation des Ismaélites, c'est-à-dire des Arabes.

C'était là sans doute un ouvrage technique, qui a passé de main en main, en étant enrichi d'additions successives. Il était primitivement en dehors de la collection alchimique; car il ne figure pas dans le ms. de St-Marc ; mais il devait faire partie d'une grande collection technique, dont le titre nous a été conservé (Voir III, xliv, § 7, p. 213 de la *Traduct.*, et p. 220 du *Texte*), titre dans lequel ce petit traité paraît formellement désigné. Le traité de la teinture des perles, donné plus loin (V, ix), en faisait aussi partie ; ainsi qu'un traité sur la trempe, la coloration et le moulage des métaux, d'où paraissent tirés les morceaux V, iii, iv, v, xvi et xvii. On reviendra plus loin sur ce dernier traité, à l'occasion des articles xvi et xvii.

(1) Il paraît s'agir dans ce passage, d'une teinture superficielle des objets vitrifiés; teinture opérée au moyen du talc, servant de support, d'un sel de cuivre, et d'une liqueur mélangée avec la bile, le tout formant un vernis adhérent.

(2) Ou rubis.

(3) *Introduction*, p. 244.

l'eau mentionnée plus haut dans (l'article de) l'émeraude, places-y l'objet de verre et tu le coloreras.

5. Semblablement aussi pour l'améthyste, délaie de l'azur avec du suc d'isatis et fais des boulettes, comme il a été expliqué plus haut; car il n'y a rien de meilleur.

6. QUELLES ESPÈCES PRODUISENT LA COLORATION DES PIERRES (PRÉCIEUSES) ET PAR QUEL TRAITEMENT (1). — Nous savons que l'agent commun dans les œuvres de cet art, c'est la comaris, et nous nous proposons de parler de la coloration des pierres. Voyons d'abord quelles espèces sont susceptibles de colorer les pierres; comment, unies à la comaris, elles colorent les verres, ou augmentent la teinte des (pierres) naturelles; quels (sont) les vases et les moyens du traitement.

En ce qui touche la fabrication des émeraudes, suivant l'opinion d'Ostanès, ce compilateur universel des anciens, (les espèces employées sont) la rouille du cuivre, les biles de toutes sortes d'animaux et matières similaires.

Pour les hyacinthes (améthystes), on emploie la plante du même nom (jacinthe) et la racine d'isatis, mise en décoction avec elle.

Pour l'escarboucle, c'est l'orcanette et le sang-dragon.

Pour l'escarboucle qui brille la nuit, et qui est appelé couleur (de pourpre) marine, ce sont les biles d'animaux marins, poissons ou cétacés; à cause de leur propriété de briller la nuit, et surtout de leur couleur plus ou moins glauque. C'est ce que manifestent leurs entrailles, leurs écailles et leurs os phosphorescents. En effet, Marie s'exprime ainsi : « Si tu veux (teindre) en vert, mélange la rouille du cuivre avec la bile de tortue; si tu veux (obtenir une couleur) plus belle, c'est avec la bile de la tortue d'Inde. Mets-y les objets, et (la teinture) sera tout à fait de première qualité. Si tu n'as pas de bile de tortue, emploie du poumon marin bleu (2), et tu feras une teinture plus belle. Lorsqu'elle est complètement développée, les objets teints émettent une lueur. »

Ainsi Ostanès, pour les émeraudes, a pris les biles des animaux et la rouille du cuivre, sans y ajouter la couleur marine. Pour l'hyacinthe, il a

---

(1) C'est un second article, analogue au précédent, avec des répétitions et des détails nouveaux.

(2) Méduse.

pris la plante du même nom, le noir indien et la racine d'isatis. Pour le
rubis, l'orcanette et le sangdragon, Marie a pris, de son côté, la rouille
du cuivre et les biles des animaux marins. Quant à la pierre qui brille la
nuit, c'est celle que les savants en matière de pierres appellent hyacinthe.
C'est pourquoi il continue en ces termes : « Lorsque la teinture est com-
plètement développée, les objets projettent une lueur pareille aux rayons
du soleil. »

7. Où les pierres prennent-elles cet éclat flamboyant ? car ni les biles, ni
la rouille du cuivre ne peuvent le leur donner, étant vertes par nature. Que
dirons-nous (à ce sujet) ? Est-ce qu'une opération si utile a échappé à Marie ?
Celle-ci, (parle) de la fabrication des rubis, qu'elle a exposée en détail plus
haut. Ostanès, lui, prend l'orcanette, le sang-dragon, et les agents colo-
rants pour d'autres pierres. Il a parlé d'abord de la teinture de la pierre en
rouge couleur de feu, mais qui ne brille pas la nuit. Dans ce passage, l'opé-
rateur expose que la pierre la plus précieuse qu'il convienne de préparer
et de teindre est celle qui émet des rayons lumineux la nuit : de telle sorte
que ceux qui la possèdent puissent lire et écrire presque comme en plein
jour. En effet, chaque escarboucle (teinte) peut être vue séparément de nuit,
en raison de sa grosseur propre et de sa pureté, que la pierre soit naturelle
ou artificielle. On peut se diriger à l'aide de la lumière, ainsi émise en vertu
de la propriété (de ces pierres) de briller la nuit. Car le mot employé ici
ne s'applique pas seulement à la pierre qui brille le jour, mais à celle qui
brille la nuit.

8. Les biles des animaux en perdant leur matière aqueuse, sont desséchées
à l'ombre. Dans cet état, on les incorpore à la rouille de notre cuivre, ainsi
qu'à la comaris ; on fait cuire le tout ensemble, suivant les règles de l'art.
Colorées par l'eau (divine), elles prennent une teinte stable. Cette eau
étant écartée, les pierres sont chauffées, et encore chaudes, trempées dans
la teinture, suivant les préceptes des Hébreux.

Si toutefois la couleur tirée des biles ne donne pas à la pierre un vert
suffisamment intense, on met celle-ci dans notre rouille, en ajoutant de la
rouille de plomb commun, un peu de couperose et toutes les matières
susceptibles de servir aux pierres que l'on veut surteindre, ou qui con-
tiennent des figures : cela se fait principalement pour les émeraudes.

9. Il faut savoir que les biles des animaux marins ajoutent la phosphorescence à la coloration propre de chaque pierre, lorsqu'on les introduit en proportion convenable dans les (matières) tinctoriales propres à chaque couleur, ou avec certaines autres espèces. Il faut que toute teinture soit exécutée dans des vases de verre clairs, et toute chose accomplie suivant la règle universelle. Tu comprends qu'il doit en être ainsi, et que ces choses ne doivent pas être négligées (1).

10. Procédé pour donner de l'éclat aux couleurs et pour fabriquer des pierres teintes (2). — Le Philosophe, nous enseignant quel est le procédé pour donner de l'éclat aux couleurs des pierres teintes, dans le (livre) qui traite des pierres teintes par le cuivre, s'exprime en ces termes : « Ainsi que je l'ai appris dans le livre traditionnel, on prend la bile d'ichneumon, la bile de vautour. Dans ces biles, on fait macérer la rouille du cuivre pendant 40 jours, afin que la matière décomposée fournisse la substance qui colore les pierres et que la rouille rende cette espèce inaltérable, suivant Agathodémon. » C'est de cela que parle Moïse le divin prophète, dans sa Chimie (3) : « Plaçant toutes choses dans un petit ballon de verre, fais cuire jusqu'à ce que le produit devienne couleur de cinabre et accomplisse le mystère divin. » Il fait entendre que la chaleur doit être inoffensive et proportionnée à la composition, en parlant de l'exposition au soleil. Il le montre clairement aussi par sa lettre en vers iambiques adressée à Sanis, où il disait avec clarté :

Et tu traiteras toutes choses comme (par l'exposition) à un soleil fort.

11. Sur l'art chimique. — Prenant de la rubrique, 3 livres; du verre pur, 1 livre; de l'étain, 2 hexages; délaie avec l'eau de soufre en consistance pâteuse. Mets ces matières dans un pot neuf et fais-les cuire sur du charbon, jusqu'à

---

(1) Voir dans le t. XIV de la 6ᵉ série des *Annales de Chimie et de Physique* (1888) les observations que j'ai faites sur ce procédé, destiné à rendre les pierres précieuses phosphorescentes.

(2) Ici commence un troisième petit traité ou chapitre, sur le même sujet que les précédents.

(3) Il s'agit sans doute du traité imprimé à la p. 287 (IV, xxii), traité désigné aussi sous le nom de la *Maza* de Moïse (p. 180 et 209). La phrase citée ici ne s'y trouve pas textuellement mais on y lit plusieurs textes analogues, notamment au § 3.

ce qu'il se forme du verre vert. Si le feu est de longue durée, la matière prend l'apparence de l'or; et si l'on poursuit encore davantage, elle blanchit comme du cristal.

12. Autre chapitre sur les pierres (1). — Parmi les pierres, les unes sont teintes (simplement); les autres le sont avec l'emploi d'un fixateur. Parmi les pierres teintes, les unes sont colorées après attaque, et les autres sont teintes à leur surface dans leur état d'intégrité. De même aussi, parmi les (pierres) teintes, celles qui sont attaquées, ne le sont pas toutes dans leur étendue totale, les unes étant hétérogènes et les autres homogènes. Nous parlerons d'abord des pierres) teintes à la surface, d'une façon uniforme, et ensuite des (pierres) teintes d'une façon hétérogène; enfin, de la fabrication des perles (2).

13. Il est nécessaire de connaître la préparation et la fabrication complète des pierres, au moyen d'une seule liqueur. Cherchons avant tout si une seule liqueur sert au travail complet; ou bien s'il en faut deux, ou trois. En effet, toute pierre a besoin d'être amollie (3), teinte et fixée.

Voici comment on opère la fixation. Il faut d'abord amollir la pierre, conformément à l'opinion du bon Philosophe; l'amollissement est nécessaire, afin qu'elle puisse recevoir la couleur. Puis vient la teinture, en vue de la beauté et de la fin désirée; enfin on opère la fixation, en vue d'amener (la pierre) à sa forme dernière. De même dans les préparations concernant l'or et l'argent, nous avons besoin d'opérer l'imbibition, la teinture et la fixation; car sans l'accomplissement de ces opérations le métal ne saurait éprouver l'action de la poudre de projection, qui doit le teindre. La même nécessité existe pour la teinture des pierres.

14. Quelques-uns ont travaillé au moyen de (deux ou) trois liqueurs : ce qu'ils ont exposé, non en parlant de la fixation, mais de la classe des liqueurs. Ils amollissent dans une liqueur; puis ils fixent (dans une seconde liqueur ?); enfin ils teignent et fixent tout ensemble, en opérant la teinture dans une autre liqueur. D'autres ont exécuté le tout au moyen d'une seule liqueur, amollissant, fixant et teignant du même coup. C'est là ce qu'ils ont exposé d'abord; puis ils ont expliqué que l'on opère la fixation comme

(1) Quatrième petit traité ou chapitre.

(2) Les sujets annoncés dans cet alinéa ne se retrouvent pas traités plus loin.

(3) C'est-à-dire attaquée superficiellement, de façon à permettre de fixer ensuite la matière colorante.

pour les perles. Entre mille auteurs qui ont donné cet enseignement, je cite-
rai Démocrite, Marie et Zosime, s'agit du traitement complet par une seule
liqueur. C'est là le procédé de la teinture à froid, suivi pour la pourpre (1) :
car la même (pourpre) peut-être fixée et teinte préalablement avec la coche-
nille, puis, surteinte en bleu. Il est possible de teindre et de fixer en même
temps, en recourant à un mordant pour la teinture, et en opérant de telle
sorte qu'une liqueur unique joue le rôle de mordant, parce qu'elle imbibe,
teint et fixe à la fois, ainsi que le dit le Philosophe, des liquides propres aux
deux premières compositions. De cette façon, non seulement l'artisan réus-
sira, grâce au concours de cette liqueur ; mais il sera sûr en tout du succès.

15. Il y a l'amollissement, le mordant (2), et la teinture. Quand même
tous les autres auteurs passeraient outre, il faut considérer dans divers cas
avec le Philosophe que si nous laissons les crevasses des pierres sans les rem-
plir auparavant, le travail demeure imparfait. Il expose la coloration et
tout ce qui concerne les pierres et les perles, en trois chapitres.

16. Comment on exécute le traitement pour teindre en pourpre au moyen
des matières précédentes ; quelle est la pourpre type ; quelle est la soudure
d'or ; et, en troisième lieu, quelle est la teinture des objets consacrés ; com-
ment on atteint la perfection des œuvres de l'art ; d'après le traité relatif aux
pierres, et les principes empruntés aux anciens, voilà ce que nous allons vous
développer. Je veux que vous sachiez que les pierres et les perles étaient
nommées par eux l'eau divine native (3), c'est-à-dire l'eau de pourpre, à cause
de son prix et de sa fixité ; car leur enseignement ne s'applique pas aux pierres
tirées de la terre. Le Philosophe le montre dans son exposé des travaux rela-
tifs à l'ios. En effet, il dit clairement qu'il ne s'agit pas de la pierre fixatrice,
ni de la partie sèche ou humide de la pierre; mais d'une méthode pratique,
dans laquelle concourent la qualité des parties, le mélange des liquides
et l'action propre de l'herbe tinctoriale. Or, ce qui est appelé *herbe* (4) chez

---

(1) On voit comment la teinture des métaux, celle des verres et celle des étoffes en pourpre étaient mises sur le même pied. Cp. *Origines de l'Alchimie*, p. 242, 243, 245, etc.).

(2) Nouveau fragments, ou plutôt suite de titres, de fragments et d'extraits, mis bout à bout, comme dans les Écrits de Zosime (III⁰ partie), notamment XLIII, *Chapitres à Théodore*.

(3) Ou l'Eau du soufre natif.

(4) Cp. la note 2 de la p. 159.

(les anciens), Pétasius (le) fait voir dans ses Mémoires Démocritains (1), en écrivant ces mots : « Il appelle herbes les jaunes des œufs ».

17. Il est permis aux gens studieux de prendre assurance sur cette question, d'après mille endroits des anciens, et d'apprendre que, dans toute espèce liquide ou sèche, l'art de la nature reconnaît deux (espèces de) soufres (2), savoir : non seulement celui qui est solide et jaune, mais encore les matières liquides et blanches (3). Des milliers d'auteurs habiles désignent chacun d'eux par de nombreuses dénominations (4), telles que chélidoine et aristoloche, rhubarbe du Pont, safran de Cilicie, thapsia, minéraux de toutes sortes, eau, vin, lait de tout genre, huile ; ils mentionnent en même temps toutes sortes d'herbes, toutes matières employées pour la composition des deux espèces (5) d'eaux (divines), suivant leur couleur, leur apparence, leur qualité et leur puissance ou énergie, naturelle ou artificielle ; en tenant compte (d'ailleurs) de la synonymie. Ainsi Démocrite dit : « La comaris, regarde-la comme la pierre ». Et Marie, parlant de toutes choses d'après les écrivains qui l'ont précédée, dans son exposé sur les perles : « Ce n'est pas en pensant ainsi, dans les fabrications de l'or, du plomb et de l'argent, au moyen de la comaris et en vue de son traitement, qu'ils disent : Ne t'énorgueillis pas outre mesure et ne te porte pas malheur à toi-même ».

18. Il a été montré clairement que les anciens, en mentionnant la pourpre, les pierres, les perles, veulent parler de la comaris; car elle sert dans un grand nombre d'opérations. Emploie-la, à ton tour, dans tes travaux; car elle sert à fabriquer la pierre Cythéréenne (6). C'est elle qui donne à la vapeur sublimée son efficacité; c'est la pierre par excellence : elle fixe les couleurs mélangées.

Vois comme le Philosophe expose les nombreux (attributs) de l'espèce unique (7) : « La perle de Cythère désigne la pierre par excellence; elle donne à la vapeur sublimée son efficacité ; elle détermine l'unité dans les mélan-

---

(1) *Origines de l'Alchimie*, p. 158.
(2) Ou eaux divines.
(3) Cp. la *Nomenclature de l'œuf*, p. 19.
(4) Cp. p. 173 et le *Lexique*, p. 8.
(5) Les deux espèces de soufres ou d'eaux divines, signalées plus haut.

(6) Ou pierre de cuivre : synonyme de la pierre philosophale. Le nom de Cythère semble indiquer l'intervention d'un nouvel auteur dans les fragments actuels.
(7) Cp. p .122, § 2.

ges de toutes les espèces, (laquelle a lieu) par le concours de cette pierre ;
et elle produit la fixation ». Pour nous résumer, c'est par elle que le prati-
cien accomplit toutes les opérations qu'il veut (1).

19. Mais quelle est cette espèce unique, ô Démocrite ? Il dit (que c'est) la
lie et le blanc de l'œuf. Or Zosime a dit que la lie, c'est l'aphrosélinon, et
que l'aphrosélinon, c'est la comaris ; il s'exprime ainsi, conformément à
Démocrite, sur la comaris et l'aphrosélinon : « Je dis que l'aphrosélinon
est une espèce unique ; cependant l'aphrosélinon est composé ». Quelques-
uns ont toujours exposé cette doctrine : que la lie dérive, soit du minerai de
Coptos (2), soit de l'effluve lunaire (3). S'il introduit l'aphrosélinon et la
comaris, c'est que l'action de ces choses est une et leur essence particulière ;
l'aphrosélinon et la comaris ont de toute façon une action unique et doivent
être quelque chose d'unique.

20. Démocrite, venant à parler de la comaris, fait une déclaration
en ces termes : « Enduis la pierre autant que tu veux, en la frottant, et ce
sera une perle ». Par là il indique la pierre universelle. Dans ses livres sur
les espèces convenables, il réunissait ces choses, en disant : « Délayer
ensemble l'aphrosélinon et la comaris, mélanger, fixer, teindre et amollir ».
Il indique par là la pierre universelle. Le même auteur dit encore : « Pre-
nant l'enveloppe des coquillages en forme de navires, et dissolvant les petites
perles ». Il expose partout que l'on fixe au moyen de l'aphrosélinon et de la
comaris. « Fixe, dit-il, l'eau avec l'aphrosélinon, etc. » Et Marie également :
« Une espèce unique sert pour toute opération ». Dans son enseignement
sur les pierres, elle a dit que l'héliotrope était la même chose que la bette (?).
Voulant désigner la rouille, elle écrit ce qui suit : « Produis l'amollisse-
ment d'une pierre quelconque, et son durcissement (4), au moyen de la
mandragore qui porte de petits tubercules ; car sans cette plante rien ne se
fait ».

21. Ils ont caché ce mystère, car ni la terre, ni la pierre (?), ni le verre ne peu-
vent être amollis sans la matière que nous cherchons ; cette matière domine

---

(1) Glose de l'alinéa précédent.
(2) Cp. *Lexique*, p. 9.
(3) Aphrosélinon. — Cp. p. 131, 132
et 133.

(4) Ou plutôt la fixation des couleurs
à la surface de la pierre, préalablement
attaquée.

toute chose. (Par elle) la teinture, jointe au durcissement, détermine une fixa-
tion durable. Tandis que si ce (produit) n'est pas employé, la teinture passe ;
elle est faible et fugace. Lorsqu'on la soumet à l'épreuve par les eaux chaudes,
ou par l'huile, elle disparaît. Voilà pourquoi le Panopolitain a dit :
« Délaie avec intelligence », dans ses écrits sur les pierres tinctoriales et
rendues fixatrices. En voulant parler du travail du liquide, il dit : « Voilà
comment les pierres fixatrices permettent à la couleur de résister au feu ;
car les liquides ont rendu la teinture stable ».

Comme l'assertion avancée plus haut était dépourvue de témoignage, il
était utile de ne pas négliger cette explication. Il faut écouter aussi l'ex-
posé des (auteurs) plus anciens, qui parlent des espèces analogues. En
effet, dans le livre de Sophé l'Égyptien, Démocrite ne parle pas seulement
de cela ; mais il ajoute que : « une composition unique produit plusieurs cou-
leurs ; un mélange unique agit (1) sur tous les corps ; une espèce unique
sert à opérer sur beaucoup de choses ».

22. Sur la coloration de l'émeraude. — Aie deux creusets sous ta main ;
et prenant une partie de rubrique. délaie-la dans du vinaigre et enduis de
cette composition les deux petits creusets. Puis. prenant du cuivre brûlé,
une partie, divise-le en très petits morceaux et fais en deux portions ; pro-
jette la poudre de l'une dans l'un des creuset et introduis-y le verre ; puis
remplis par-dessus ce creuset avec le surplus du cuivre broyé. Recouvre
ensuite avec l'autre creuset et assemble les jointures des deux creusets
avec un lut qui résiste au feu ; de peur que la poudre de projection ne
s'évapore, ou ne se déplace, et qu'une partie de la pierre ne soit mise à nu
et ne s'altère, pendant que l'on remue les creusets. Après avoir enduit
convenablement, depuis le haut jusqu'en bas, laisse sécher ; puis, fais
chauffer sur un feu léger, pendant 9 heures. En découvrant, tu trouveras
la pierre passée de l'état de cristal à celui d'émeraude (2).

23. C'est cette chose (3) que les philosophes ont appelée énigmatiquement
l'aphrosélinon et la comaris ; car l'aphrosélinon et la comaris appartiennent

---

(1) Cp. p. 51. Ce passage ne se
retrouve pas dans le livre de Sophé
(c'est-à-dire de Chéops), livre attri-
bué plus haut (205 et 206) à Zosime.

(2) Cp. Introd., p. 262, *cæruleum*
— procédé de Vitruve.

(3) Glose plus moderne qui paraît
applicable au § 21. Il semble que

à une science unique. Sous ces noms, c'est une chose difficile à entendre. Mais les savants parmi les Ismaélites (Arabes) en ont parlé clairement et ils l'ont interprétée, les uns par le nom *talc* ou *kalk*, les autres par le nom *chalk*; on l'appelle aussi *crainte* et *frayeur*. C'est pour cela qu'ils disaient : « Unis l'aphrosélinon avec la comaris, délayant, mélangeant, fixant et colorant ce (corps) (1). Fais fondre l'argent quand tu le retireras de la composition, tu verras l'argent transformé en or et tu seras étonné. La nature jouit de la nature, et la nature triomphe de la nature ». Ils disaient encore : « Délaie la chrysocolle dans l'urine (d'un) impubère, pendant 7 heures, et mélange avec celle-ci du soufre jaune. Projette sur le corps du cuivre, ou de l'argent, et tu auras de l'or ».

24. TRAITEMENT DU FER DESTINÉ AUX COLORATIONS DES PIERRES ET A D'AUTRES PRÉPARATIONS (2). — Prenant du misy, 1 livre, de la chalcite, 1 livre ; de la couperose, 1 livre ; du sel ammoniac, du natron d'Alexandrie, de l'alun lamelleux, 1 livre de chaque ; du vinaigre très piquant, 10 setiers ; délayant le tout avec soin, mets dans un vase de verre et laisse pendant 3 jours au soleil, en agitant chaque jour. Le 4e jour, laisse déposer ; puis, après avoir desséché, purifie et garde.

Prenant une marmite de verre, mets-y du vinaigre ; ensuite, prenant 1 livre de fer, mets-le dans le vinaigre ; place le vase, bien bouché, au soleil, et laisse-le pendant 40 jours ; puis, au jour fixé, mets (le produit) à part, pour les usages qui te sont indiqués.

25. TRAITEMENT DU PLOMB. — Prenant de la litharge, 1 livre ; de l'antimoine (sulfuré), 1/2 livre ; du natron d'Alexandrie, 9 onces ; délaie ensemble : fais tomber sur ces matières de l'huile goutte à goutte ; mets, dans un creuset et tu trouveras le plomb cherché. Lorsque tu verras de la fumée sortir par en bas du fourneau et du creuset, tandis que la composition produit un petit sifflement, comprends qu'elle est bonne à enlever (3).

---

des articles de diverses origines, mis bout à bout dans un vieux manuscrit, aient été l'objet de commentaires et d'additions marginaux, qu'un copiste plus moderne aura transcrits, en embrouillant l'ordre des morceaux.

(1) Cp. le § 20, plus haut.

(2) Il y a là deux préparations ferrugineuses, exécutées l'une avec la couperose, l'autre avec le fer métallique.

(3) Ceci doit produire un alliage de plomb et d'antimoine.

26. Sur l'amollissement du verre. — (Prenant) de la chaux, 1 partie, délaie avec de l'urine ou du vinaigre, et de l'alun, une partie ; puis, prenant la liqueur obtenue, mets-la à part. Prends une lampe, élargis-en le trou supérieur ; déposes-y les petits cristaux. Bouche la lampe avec un tesson, place-(la) sur un feu de charbons modéré, et chauffe. Lorsque tu verras la lampe incandescente, ouvre-la et projette le verre dans de l'eau de chaux et d'alun. Le verre est ainsi amolli (1). Lorsque (les matières) sont refroidies, essuie avec un chiffon.

27. Autre amollissement. — (Prenant) du soufre, de la chaux et de l'alun, fais digérer pendant 3 jours. Après avoir fait chauffer dans un four à charbon, teins pendant un jour, de préférence un jour après (la chauffe ?).

28. Autre. — Prenant du suc de poireau et du vinaigre, laisse digérer pendant 3 jours ; fais absorber aussi (à la liqueur) de l'alun rond (2). Puis mettant la pierre (dans la liqueur), donne deux bouillons et laisse passer la nuit ; le jour suivant, lave et emploie.

29. Autre. — Mettant les pierres dans une marmite, bouche-la par en haut et fais cuire légèrement. Ensuite débouche la marmite, verses-y du vinaigre et de l'alun ; et, tandis que la pierre est encore chaude, mets-la dans telle couleur que tu voudras.

30. Fabrication de la pierre aérite. — Prenant la pierre aérite, ramollis-la de la manière suivante. Prenant des aulx, broie et plonges-(y) la pierre pendant 7 jours ; puis dans l'excrément humain, pendant 3 jours. Ensuite, après avoir fabriqué un petit filet en crins de cheval, mets-(y) la pierre, et, prenant (de la pourpre) de coquillage, mets-(la) dans une marmite neuve, en la remplissant de ce coquillage ; amollis (avec cette liqueur la surface de) la pierre suspendue dans le liquide. Bouche bien par en haut ; mets (la marmite) sur un feu de cendres chaudes pendant 3 jours, sans discontinuer. Après avoir enlevé, tu trouveras la pierre, une fois refroidie, semblable à la véritable améthyste.

31. Fabrication de l'émeraude. — Prenant de la rouille de cuivre brûlé, de l'huile de pin et un peu d'indigo, ainsi que de la chrysocolle et de la ché-

---

(1) C'est-à-dire dépoli, attaqué superficiellement et prêt à être teint.

(2) Cp. p. 170.

lidoine 3 parties, mets (le verre) à l'intérieur du vase où est l'huile, et fais une décoction sur un feu doux de charbons. Ensuite, la chélidoine ayant agi, change, en filtrant au moyen d'étoupe, et place dans *l'automotarion*, puis laisse fondre pendant 6 heures. Après avoir retourné (?) (l'appareil), tu trouveras (l'émeraude) cuite.

32. Fabrication de la petite scorie d'après Marie (1). — Prends du cuivre brûlé, 1 partie; coupholithe, 1 partie; délaie ensemble; puis, prenant du plomb provenant de la litharge et l'antimoine, fais griller le plomb et délaie les deux corps avec de l'huile de natron. Puis, fais fondre jusqu'à ce qu'ils coulent ensemble (2). Puis, laisse solidifier le plomb et, après l'avoir enlevé, conserve-le. Tu obtiendras ainsi de l'écarlate (3). Ensuite : prends coquille d'argent, 4 parties; coquille d'or, 1 partie; fonds ensemble, laisse cuire et tu trouveras ce que tu veux.

33. Le cristal est amolli et ne se casse pas, en suivant le procédé que voici. — Prenant le blanc d'un œuf avec du coupholithe, délaie en consistance visqueuse; enduis les pierres, et mets dans un petit filet; laisse en suspension (dans le liquide) pendant 3 jours.

34. (Recette pour adoucir le cristal. — Prenant de la saumure de thons, du suc cyrénaïque et du vinaigre, mets-(y) la pierre et laisse pendant 5 jours. Ou bien, mets dans de la renoncule du vinaigre blanc ; puis, introduis les pierres dans un vase de verre.

35. Fabrication du béryl. (4). — Prenant le cristal, soutiens-le avec des crins et suspends-le dans un vase contenant de l'urine d'ânesse; il ne faut pas que le vase soit en contact avec le cristal. Qu'on le tienne donc en suspension pendant 3 jours. Que le cruchon soit bouché. Ensuite, plus tard, mets sur un feu doux fais bouillir et tu trouveras un béryl excellent.

Emploie comme mordant du soufre et de la chaux ; fais mordre, en mettant dans un creuset à demi rempli ; puis, ajoute au-dessus du cristal, dans le creuset, telle quantité que tu voudras, sans pourtant que le couvercle soit en contact avec le cristal ou la matière. Recouvre avec un autre vase et, après avoir luté solidement, fais cuire pendant une nuit et un jour.

---

(1) V. p. 99, 101. 114, etc.
(2) V. p. 78, 101. 103 (texte et note 1),
128, etc.

(3) Minium.
(4) Syn. de l'émeraude.

36. Si tu veux avec une améthyste faire un rubis, prépare comme il suit une poudre de projection : chalcite, 3 parties; misy, 3 parties; cochenille, 1 partie. Après avoir mélangé, mets en œuvre de la façon indiquée précédemment, en étendant sur les parois du creuset; fais cuire pendant 3 heures.

37. Purification de la pierre de cristal. — Prenant les pierres, mets dans un filet et place dans un bain de cuivre; laisse bouillir pendant 7 jours. Lorsque le produit est purifié, prenant du calcaire (chaux), pétris avec de l'urine et recouvre la pierre : puis laisse fixer pendant 3 heures; d'après d'autres, pendant 7 jours. Si le produit n'est pas purifié, recouvre de nouveau et après avoir laissé déposer, teins de la couleur que tu veux.

38. Amollissement des pierres. — Prenant de la cendre de figuier, de la cendre de chêne, de la fiente de porc desséchée, à parties égales; et pétrissant avec du blanc d'œuf, mets dans un petit creuset. Après avoir luté les jointures, mets au feu la pierre en quantité convenable. Puis, enlevant le produit chaud, jette-le dans la teinture.

39. Amollissement du cristal (1). — Prenant de la chaux 1 partie, dissous la avec l'eau de l'œuf, et, prenant de l'eau de chaux pure, gardes-en une partie. Ensuite, prenant de l'alun lamelleux, 1 partie, mêle à l'eau de chaux, et, après le mélange, garde une partie de cette eau. Ensuite, prenant une lampe, élargis-en l'ouverture supérieure, afin de pouvoir y placer les cristaux. Après avoir disposé le tout, recouvre avec un tesson la lampe et installe-la au milieu de charbons allumés. Lorsque tu vois la lampe incandescente, ouvre-la et déverse les petits objets sculptés dans l'eau qui provient du calcaire et de l'alun, en ayant soin de chauffer préalablement le vase de terre cuite. Ensuite, ajoutes-y de la rouille, après l'avoir bien pulvérisée, et agite, de façon que le tout forme un assemblage homogène. Ensuite, ajoute un peu d'indigo; puis, fais chauffer au feu, en tournant avec une pince épilatoire, et laisse digérer dans la préparation.

40. Autre procédé. — Prenant : alun, 1 partie; cuivre brûlé, 5 parties, délaie dans du vinaigre, en consistance de miel. Introduis les petites pierres, laisse digérer pendant 7 jours, et tu obtiendras ce que tu veux.

---

(1) Cp. plus haut § 26, et la note 1 de la p. 345.

41. Fabrication de l'émeraude. — Mouille avec de l'alun liquide pendant 3 jours ; après avoir pris un petit vase contenant du vinaigre, fais cuire sur un feu doux de bois de pin, puis laisse refroidir. Après avoir enlevé, mets dans l'huile, avec l'ios du cuivre de Chypre, et laisse pendant 6 jours.

42. Autre procédé. — (Prenant) de la chrysocolle d'Arménie, traite par de l'urine d'enfant impubère, pendant 2 jours, (on en prend la valeur d'une cotyle) ; ajoute : bile de taureau, 2 parties. Mets dans une petite marmite et après avoir luté, fais cuire sur un feu léger de bois de pin, pendant 6 heures. Or les pierres devront provenir du cristal.

43. Fabrication de l'améthyste. — Prenant de la fleur de jacinthe, mouille avec du lait de vache pendant 1 jour ; et, broie avec l'eau extraite des pepins de grenades, arrosés avec de l'eau de pluie ; puis, mélange à la chrysocolle.

44. Maintenant, si tu veux teindre en pourpre, délaie de la limaille de cuivre de Chypre. Si (tu veux) (teindre) en couleur d'or brillant, mélange avec du minerai de plomb, ou bien avec du suc de poireau et de la chrysocolle.

45. Comment on donne aux petites pierres blanches la teinte rouge. — Fais bouillir la pierre dans de l'eau avec de l'alun, de la cochenille et du vinaigre ; puis fais chauffer dans une marmite neuve. Après avoir laissé refroidir la pierre, pour la ramollir, introduis-la (dans la liqueur) suivante.

46. Ramollissement du cristal. — Emploie du soufre, de la chaux et un tiers d'alun lamelleux ; laisse pendant 9 jours, fais chauffer sur des charbons, et teins un jour après.

47. Autre procédé. — Arrose de la chaux avec du vinaigre pendant 7 jours : puis, prenant le suc du mouron qui porte une fleur bleue, de la chrysocolle et du tithymale, fais cuire sur un feu doux ; ensuite introduis la pierre.

48. Fabrication de la sélénite. — (Prends) de la bile de tortue marine, 4 onces : de la bile de chèvre, 2 onces ; de l'ios pur, 6 onces, ou 3 onces ; introduis les pierres séparées les unes des autres et lute la marmite. Fais cuire sur un fourneau. Ensuite, retire, laisse refroidir ; mets dans un vase avec de l'huile de troëne (?), pendant 15 jours. Emploie en général l'huile en petite quantité.

49. Préparation pour teindre la pierre en rouge. — Prenant de la limaille d'or pur, 1 parcelle ; de la belle magnésie, 1 partie ; de l'arsenic rouge,

1 partie; du sory couleur d'or, 1 partie; broie chaque (matière) séparément et agite ensemble dans une étoffe de soie. Puis, pétris dans de l'urine de vache concentrée à point; enduis-(en) la pierre précieuse, et laisse durcir. Ensuite, mets la pierre dans un petit creuset et, au-dessus de la pierre, un autre creuset; lute bien les jointures. Puis, pose le creuset sur un petit fourneau, et chauffe pendant 2 jours sans relâche. Que le feu brûle doucement. Ensuite, laisse refroidir jusqu'au jour suivant. Or, tu dois trouver (teint en) rouge ce que tu veux.

V. VIII. — MÉTHODE POUR CONFECTIONNER LA PERLE RONDE

PRÉPARÉE PAR LE CÉLÈBRE TECHNURGISTE ARABE SALMANAS [1]

1. Prenant des granules très fins, mets-les dans un vase de verre, et ajoutes-y du jus de citron, de façon à les recouvrir. Au-dessus de cette liqueur, répands une petite quantité de mousse de citerne (?) brûlée et bien broyée. Ensuite, bouche (le vase); enduis avec soin le bouchon qui le ferme avec le lut préparé; suspends ce verre, pour le faire chauffer au soleil dans les chaleurs de la canicule, pendant un jour. Toutes les heures, prends ce verre et agite continuellement, de façon à remuer en même temps les granules placés dans son intérieur. Le lendemain, après avoir ôté le bouchon du vase, filtre doucement le liquide, en prenant soin de ne pas déverser la composition résultant de ces granules. Mets dans ce vase une autre liqueur de même nature et opère de nouveau comme précédem-

(1) Ce petit traité traite de la fabrication des perles artificielles, au moyen d'une composition où entrent, ce semble, des sels de chaux, diverses matières organiques et du chlorure de mercure. On en forme des granules, qui prennent après ce traitement, d'après l'auteur, l'aspect des perles. Ces recettes semblent réelles; mais elles sont trop obscures pour être pleinement entendues. Le grec renferme d'ailleurs des mots modernes qui rappellent le traité d'orfévrerie (V. 1). — Observons que le traité de la perle ronde se trouve dans le ms. 2325, qui est du XIIIe siècle. Il est attribué à un auteur arabe. Il est purement technique et ne contient ni citation des vieux auteurs, ni phrase charlatanesque, ou mystique.

ment. Répète l'opération une troisième fois. Lorsque tu verras que la matière des granules s'est gonflée et a absorbé la liqueur, verse dessus une autre liqueur de même nature. Après que ces granules se sont dissous en totalité et qu'il s'est formé une composition unique, prends cette composition, mets-(la) dans une passoire, remplis celle-ci d'eau édulcorée, agite la composition avec cette eau et laisse déposer l'eau qui s'y trouve pendant une heure. Filtre doucement encore une fois, et répète ces opérations à plusieurs reprises, jusqu'à disparition complète du goût piquant du jus de citron qui s'y trouve.

2. Ensuite, prends cette composition et verse-la dans un petit bassin de verre ; recouvre ce bassin avec un autre à plus large ouverture, de façon que l'ouverture du second enveloppe celle du bassin inférieur. Que le bassin supérieur ait un trou dans le haut, afin que l'humidité de la composition s'évapore par là. Ce trou doit être recouvert avec une étoffe lâche, faite avec un tissu de poils. Expose au soleil, dans les chaleurs de la canicule ; et après avoir desséché la composition, garde-la.

3. Ensuite, prends 1 livre de mercure ; prends du sel ammoniac (?) traité par la chaux ; délaie pendant 2, 3, 5 ou 7 jours, et après avoir desséché, sublime et purifie. Une fois ce produit desséché, prends-en une demi-livre et incorpore-le avec la livre de mercure, en broyant doucement jusqu'à disparition et pour ainsi dire absorption de tout le mercure ; puis, opère l'extraction (1) dans des vases de verre, sur un feu faible, jusqu'à ce que tu voies (le produit mercuriel) blanc comme la neige. Prends alors 4 parties de la composition sèche obtenue avec les granules, ainsi que 6 parties du mercure susdit ; réunis le tout dans un bassin de verre épais. Broie et délaie bien avec un pilon de verre, et en arrosant avec le jus blanc de la plante appelée *çocare*. Que la masse fermentée soit épaisse comme du suif ; délaie convenablement et avec soin ; puis, prenant de ce ferment ce que tu voudras, mets-le dans une étoffe de soie blanche, et façonnes-en des granules de la grosseur que tu voudras. Quant aux outils pour la confection des granules,

---

(1) Est-ce une préparation de chlorure de mercure sublimé ? — En marge de cet article on lit dans AB : « Vois le procédé pour faire de l'or, et ne te trompe pas ». — Cette glose montre que les copistes voyaient partout des procédés de transmutation, même quand il s'agissait de toute autre chose.

il faut un pilon d'argent, une pince d'argent, des doigtiers d'argent. Au moyen de ces instruments, opère la confection des granules ; mais fais bien attention à ce que ta main ne touche pas le produit, et même ménage ta respiration, de crainte que la poussière soulevée (1) ne t'atteigne ; car elle empoisonne ; elle noircit d'ailleurs, et ne peut plus servir. Ensuite, après avoir fait bouillir l'étoffe de soie, enveloppe les boulettes dans des morceaux de soie blancs, convenablement enduits. En opérant de cette façon, mets chacun de ces granules dans un verre, agite, en les faisant rouler sans relâche et doucement. Lorsque tu verras que les granules sont bien arrondis, prends-les, troue-les avec un fil d'argent, et, après cette opération, agite-les encore dans le verre.

4. Après cela, prenant des *çocares*, mets-(les) dans un plat propre ; broie un peu de matière astringente (avec de l'eau) : fais tomber (le liquide) goutte à goutte sur les parties charnues (de ces plantes). Ces parties, étant contractées par l'agent astringent, laissent échapper leur matière visqueuse. Prenant une petite quantité de cette matière visqueuse et la versant dans un verre, roules-y chacun des granules sphéroïdes. Que chacun (d'eux) soit pourvu d'un fil d'argent ; sers-t'en pour le retirer adroitement. Prenant une passoire, autrement nommée crible, fais-y des trous fins, et fixe à ces trous, du côté intérieur, les fils qui portent les granules sphéroïdes.

Ensuite prends aussi une autre poële, ajuste-la à la première, remplis-la de coton, en pressant légèrement et appuyant tout autour. Prenant le vase qui contient les perles, dispose-les et laisse-les sécher à l'intérieur de cette passoire, pendant 10 jours.

Ensuite, mets chaque granule dans un vase de verre en forme de matras, faisant rouler (les granules) dans ce vase, jusqu'à ce que tu reconnaisses qu'ils résonnent comme des pierres. Puis, donne de l'éclat à ce produit, en opérant comme les lapidaires pour faire briller les pierres.

5. Ensuite, prenant des poissons d'étang ou de rivière, ayant la longueur du pélamyde (2), ou moins grands, fends-les du côté gauche et rejette leurs viscères. Lave bien la cavité où se trouvaient les viscères, de façon à n'y rien laisser de sanguinolent. Puis, prenant le gros intestin, perce-le, intro-

------

(1) Poudre de chlorure de mercure. | (2) Espèce de thon.

duis-y du natron broyé et ayant subi l'action de l'eau ; laisse séjourner pendant 1 heure. Ensuite, lave bien ces intestins avec ce natron, en les pressant avec ta main. Puis, nettoie-les avec de l'eau ; et après les avoir nettoyés, prends les granules sphéroïdes susmentionnés, introduis-les un à un dans l'intestin et attache-les avec un fil de soie bouilli dans l'eau, en fixant chaque granule avec un fil spécial.

Alors, introduis les intestins, avec les granules qu'ils contiennent, dans l'intérieur de la cavité des viscères de ces poissons ; recous avec de la soie la peau fendue, et dépose le tout sur un plat de terre.

Tiens prêt un petit fourneau et embrase-le bien, jusqu'à ce qu'il soit blanchi par la combustion intérieure. Introduisant alors dans ce petit fourneau les poissons placés sur le plat de terre, assujettis bien ce fourneau ; lutes-en l'ouverture, et laisse cuire pendant 3 heures. Après avoir tiré les poissons du fourneau, laisse refroidir ; puis, retires-en les intestins, avec les granules qui y sont contenus ; fends-les, retires-en les granules, mets-les dans un linge, et nettoie-les avec du savon, de l'eau chaude et la graisse des poissons. Tu trouveras des granules ronds parfaits, ne différant en rien des meilleures perles naturelles.

V. ix. — TRAITEMENT DES PERLES

1. Nettoyage des perles et procédé pour les rendre brillantes, que l'auteur dit avoir employé souvent. — Mettant d'abord de l'huile dans une coquille de moule, fais chauffer sur un feu de papyrus ou de paille ; lorsque le produit est tiède, déposes-y la perle. Ensuite, retire-la de l'huile, et enduis-la avec un liniment de pyrite et de céruse. Puis, lave bien dans l'eau, enduis de nouveau, et laisse sécher. Après avoir lavé encore une fois, enduis ; répète cela jusqu'à 7 fois. Après avoir traité et relavé, jette dans du suc d'oronge. Si l'on mêle ce suc au liniment, tout objet enduit éprouve un blanchiment. Si (la perle) est imbibée de vin, elle devient rugueuse. En général, si on y trace des lettres avec un poinçon et que l'on ajoute de l'encaustique préparé avec du noir et du vert, les lettres l'absorbent.

2. Dissolution des perles. — Broyant de petites perles très menu, mets

(la poudre) dans un vase de verre, avec du jus acide de citron, et dépose sur
un feu de sciure de bois pendant 3 jours et 3 nuits : elles seront bien dis-
soutes (1).

3. AUTRE (PROCÉDÉ). — Après avoir moulu de la bonne farine de froment,
pétris avec du jus acide de citron et du suc de chou sauvage. Ajoute de la
sève de saule et du jus d'oignon, mets-y la perle et laisse dissoudre : pour-
suis comme tu sais.

4. BLANCHIMENT DES PERLES. — Prenant de la scammonée, broie très
menu et agite ; prends une décoction d'orge pure ; délaie avec la scammo-
née, de façon à rendre le mélange plus fluide ; puis, mets dans une coupe de
verre. Suspends-y la perle, et recouvre avec une autre coupe. Après avoir
luté, laisse pendant 9 heures : (la perle) devient blanche.

Sans autre opération, expose pendant 7 ou 13 jours au soleil, ou à la cha-
leur du crottin de cheval. Dissous l'aphrosélinon dans du vinaigre très fort.

5. PRÉPARATION DE LA PERLE. — Prenant de la pierre sidérite et de la poudre
d'arsenic, de magnésie et d'aphrosélinon, délaie en quantités égales ; fais
cuire, en suivant le même traitement que pour le cinabre. Prenant l'aphroséli-
non et le trempant dans le miel, donne-le en pâture à un oiseau, sans lui fournir
autre chose à manger, et ne le laisse pas s'agiter, mais enferme-le dans une cage,
ou dans un panier. Place en dessous un *kerbion* et donne à l'oiseau la
(composition) délayée. Nettoie ses intestins, en lui donnant à manger des
sauterelles pendant 3 jours, et ensuite l'aphrosélinon : tu trouveras secrété
dans le kerbion un mystère divin (2).

6. AUTRE FABRICATION DES PERLES. — Prenant de petites perles, mets-les
dans un vase de verre, avec du vinaigre fort et du suc cyrénaïque blanc,
recueilli après avoir déposé pendant 16 jours (3). Bouche le vase, aban-
donne le tout dans un endroit chaud, pendant une nuit et un jour. Ensuite,
ajoute du jus acide de citron et, après avoir remué, abandonne un peu
de temps. Lorsque (les perles) seront attaquées, alors fixe l'empreinte
comme tu l'entendras : la fixation s'obtient au moyen de l'aphrosélinon.

7. BLANCHIMENT DES (PERLES) SOMBRES ET SALIES. — Mets (les perles) dans

---

(1) Voir le procédé de Salmanas,
§ 1, p. 349.

(2) Cette recette bizarre rappelle cer-

taines de celles qui figurent dans Pline
et dans les *Geoponica*.

(3) Cp. plus loin § 15.

un oignon, ou dans un bulbe analogue ; recouvre tout autour avec de la pâte de pain, et fais cuire sur un fourneau, ou dans un four : les (perles) seront blanchies.

8. Autre (procédé). — Prenant des petites perles, mets-les dans du jus de citron ; laisse la liqueur acide du citron s'imbiber ; et, après avoir décanté plusieurs fois, jusqu'à ce que la liqueur soit transparente, mets alors les perles dans un linge, de façon à les nettoyer. Lorsque le nettoyage aura été obtenu, lave pendant un jour, et introduis la masse pâteuse dans le cœur d'un oignon. Mets l'oignon sur un fourneau, jusqu'à ce que la pâte soit cuite. Après avoir enlevé et laissé refroidir, tu trouveras (les perles) blanchies. Nettoie et rends brillant à ta volonté, à la façon de l'artisan spécialiste.

(Quelques-uns après cela font boire un oiseau, depuis le soir jusqu'à 1 heure (6 heures du matin) ; puis ils laissent mourir de soif le petit oiseau en le privant de boisson. En le sacrifiant alors, ils trouvent (nettoyées) les espèces salies (1).

9. Blanchiment des perles jaunes. — Prenant des perles, dépose-les dans du lait de chienne blanche et abandonne pendant 7 jours, après avoir bouché. Enlève les perles, attachées (chacune) avec un cheveu, et regarde si elles sont devenues blanches. Sinon, dépose-les de nouveau (dans le lait), jusqu'à ce que tu aies réussi.

Si tu enduis ainsi un homme, il devient lépreux (2). Telle est la puissance de cette composition saupoudrée avec un poids d'une mine de terre de Samos humide.

10. Fixation des perles. — Dépose-les dans du lait de chienne noire, et lorsqu'elles deviennent de consistance cireuse, mets-les dans les moules (3).

11. Blanchiment des perles. — Prenant de chaque décoction d'orge deux cuillerées, broie ensemble et amollis la perle pendant 6 heures.

12. Sur les perles. — Dépose-les, pour les durcir, dans du lait de figuier, ou de tithymale, ou de calpasos, et laisse passer la nuit. Lorsqu'elles auront

---

(1) Ce dernier alinéa ne paraît pas faire suite à ce qui précède, mais plutôt à la recette du § 5.

(2) Phrase finale ne faisant pas suite à ce qui précède et inintelligible. Elle pourrait peut-être se rapporter à la recette de la fin du § 1er, le copiste ayant mélangé les articles (?) V. la note 3 de la p. 343.

(3) Cp. la fin du § 6. Il semble que l'on ramollissait les perles, et qu'on leur donnait ensuite une forme ou une empreinte.

été durcies, modelant chacune avec la matière visqueuse préparée plus
haut (1), laisse sécher pendant un mois. Mets alors dans de la chaux vive ;
fais tomber de l'eau goutte à goutte, et légèrement, jusqu'à ce que la chaux
soit délayée ; puis laisse jusqu'à refroidissement. En enlevant, tu trouveras
(les perles) durcies.

Que la matière destinée à être modelée soit pétrie avec de la gomme
liquide blanche. Fais sécher ainsi.

Pour qu'elles durcissent facilement, lorsque tu les introduis dans le
mélange de la chaux éteinte, et après qu'elles ont acquis la consistance
convenable, lave-les bien pendant une heure avec de l'huile blanche et pure,
en exprimant avec soin. Ensuite, si tu trouves qu'elles ne sont pas devenues
brillantes, mets-les dans une boule de pâte d'orge. Modèle comme pour la
pâte de pain ; puis fais cuire au four. De cette façon nettoie et rends
brillant : tu seras étonné du résultat. Attache avec des cheveux (chaque
perle) (2) avant de faire durcir.

13. Blanchiment des perles jaunes. — Prends les extrémités et la partie
blanche de la scille, au milieu des feuilles, ainsi que la plante saponaire :
délaie à parties égales. Après avoir fait la préparation, mets-y les perles et
recouvre-les avec ; si elles sont trop dures, ajoutes-y de l'urine de vierge et
un peu de miel blanc.

14. Nettoyage des perles. — Prenant des aulx, délaie avec de l'eau ;
mets dans un petit flacon, et, soutenant la perle au moyen d'un cheveu,
mets-la tremper pendant un jour et une nuit ; puis attends à ton idée. Si l'effet
n'est pas produit, alors délaie avec un peu de cendre très fine ; enveloppe
dans un morceau de toile de lin, et promène circulairement (le vase) au-
dessus du feu, jusqu'à ce que la cendre ait disparu et que la perle soit amenée
à point. Tu la trouveras blanche et nette ; elle doit être saine de tous les
côtés.

15. Nettoyage de la perle de Bretagne. — Prenant du suc cyrénaïque,
délaie avec de l'eau, et mets dans un petit flacon. Le suc ne se dissout pas,
mais il forme une couche séparée au fond de l'eau. Prenant la perle,
soutiens-la avec un crin de cheval. Que la perle n'ait pas de cassures. Mets-

____

(1) Cp. V. vii. § 4 (?). | (2) Cp. § 9.

la dans le suc et aussitôt le suc s'y allie. Laisse reposer un jour et une nuit;
retire-la, frotte-la et tu la trouveras nettoyée et devenue blanche. Si elle a
besoin d'être nettoyée davantage, laisse-la pendant une nuit et un jour;
répète au besoin l'opération et opère avec soin jusqu'à réussite.

16. Nettoyage, d'après un moine, des (perles) couleur de plomb (1). —
Prenant des aulx, délaie avec de l'urine d'impubère, et mettant dans un petit
flacon, introduis la perle au fond; laisse tremper pendant 3 nuits et 3 jours.
Puis, prenant du suc cyrénaïque et un peu d'huile, fais chauffer; suspends
la perle avec un cheveu; promène-(la) tout autour (dans le liquide), jusqu'à
ce que tu la voies devenue blanche. Ainsi, mets d'abord des aulx; puis,
mets dans l'huile, et reprenant les aulx en ébullition, emploies-en le suc.
Si le résultat n'est pas bon, emploie du baume, à la place de l'huile, et
tu réussiras.

V. x. — FABRICATION DES BIÈRES

Prends de l'orge blanche, propre, de bonne qualité, fais macérer pen-
dant 1 jour, épuise; ou bien encore laisse reposer dans un lieu à l'abri du
vent, jusqu'au lendemain matin; puis, fais macérer encore pendant 5 heures.
Mets dans un vase à anses, en forme de tamis, et arrose; sèche d'abord
jusqu'à ce que la masse devienne comme un tourteau. Arrivé à ce point, achève
de sécher au soleil, jusqu'à ce que la masse s'affaisse; la pâte est amère.

Tu moudras et tu fabriqueras des pains, en ajoutant du levain, pareil à
celui du pain; fais cuire plus fortement; et lorsque (ces pains) sont gonflés,
traite-les par l'eau sucrée. Passe à travers un filtre, ou un tamis fin.
D'autres, après avoir fait cuire les pains, les jettent dans un panier (?)
avec de l'eau, et en font une décoction légère, en évitant de faire bouillir,
ou de trop chauffer. Puis, ils retirent et filtrent; ils recouvrent tout autour,
font chauffer et mettent à part.

---

(1) Ou bien : « Nettoyage des perles, d'après le moine dit des Plombiers (?) ».

V. xi. — FABRICATION DE LA LESSIVE [1]

1. Quatre muids de cendres sont répartis entre deux cuviers, percés de trous au fond. Autour du trou le plus petit, du côté intérieur, mets une petite quantité de foin, pour que la cendre n'obstrue pas le trou. Remplis d'eau le premier des cuviers; recueille le liquide filtré qui en découle pendant toute la nuit et mets-le dans le second cuvier; garde ce qui filtre de ce second cuvier. Mets d'autre cendre (dans un troisième cuvier). Épuise-la et il se forme une liqueur pareille au nard couleur d'or. Verse-la dans un quatrième cuvier. La liqueur devient piquante et forte : telle est la lessive particulière.

2. Quelques-uns ont fabriqué une (lessive) universelle, en ajoutant de la chaux sulfureuse, de la lie, de l'alun, etc. C'est ainsi que les opérateurs des eaux divines fabriquaient l'eau blanche. Ils dissolvaient dans les muids (?) une grande quantité de décoction d'orge et de sucs d'arbres, (tels que ceux) du mûrier, du figuier, du calpasos, et de plantes, telles que le tithymale, ainsi que du sang de bouc et le ferment qui provient de ces liquides.

3. Pour la coloration des cristaux, on projette aussitôt que la matière est colorée ; car plus tard elle retiendrait du miel, de l'huile et du baume 2).

4. Afin de mieux épuiser la cendre pour la lessive, quelques-uns ajoutaient du vinaigre ; d'autres de l'urine. Quelques-uns, après avoir filtré l'eau, mélangeaient toutes choses une à une. Ils obtenaient un meilleur effet qu'en opérant avec l'urine et le vinaigre : et ils nommaient le tout *lessive*. Quelques-uns, mettant dans cette eau les plantes convenables et appelant (cela faire fermenter, ajoutaient du safran, de la chélidoine, des feuilles de pommier, et des matières similaires, qu'ils délayaient avec du vinaigre de natron. D'autres encore employaient de l'alun, du misy cuit, du bleu et de l'eau divine. Ils en faisaient un gâteau. Après avoir réuni ensemble et fait fermenter, ils trempaient dans l'eau jaune et faisaient cuire la composi-

---

(1) Ce mot a été traduit ailleurs par erreur : « huile aromatique ».

(2) Cette phrase ne semble pas faire suite à ce qui précède, ni être liée à ce qui suit.

tion. Ils y mélangeaient plus tard du miel, du baume et du vinaigre. En délayant de cette façon, (ils ajoutaient) au vinaigre un peu de levain plus fort et de la bile de veau. Quelques-uns ajoutaient aussi des aulx et des oignons. En ce point, (notre auteur) enseigne que les (matières) fugaces, mêlées aux (matières) non fugaces, opèrent la coloration à froid.

V. XII. — QUELLE EST LA PROPORTION AVANTAGEUSE DES LAINES TEINTES

QUELLE EST CELLE DE LA COMARIS, ET CELLE DES EAUX TINCTORIALES

Il faut que la proportion des eaux soit double de celle des laines. Or la mine (poids) d'eaux tinctoriales admet la 32e partie de comaris, pour que la matière teinte soit en rapport convenable, sans excès, ni manquement par rapport à la matière colorante. Il en est ainsi le plus généralement ; car la matière colorée ne supporte pas un excès de couleur ; par là, elle ne prendrait pas un (excès de) coloration véritable, c'est-à-dire non fugace.

V. XIII. — QUELLE EST LA PRÉPARATION DE LA POUDRE NOIRE

Pour la couleur d'ébène, ne lave pas la cendre, mais réunis-la aux eaux blanches, suivant une bonne proportion, et fais-en un enduit, (que l'on chauffe) au moyen du fumier, pendant la durée d'une semaine, (ou bien) de deux ou trois jours. A ce sujet, Zosime s'exprimait ainsi : « Ne te trouble en rien ; car cette composition développe la teinture noire, sans la posséder elle même ; et elle colore en un noir moins stable ».

V. xiv. — QUELLE EST LA COMPOSITION DE LA COMARIS

Le mélange de la préparation est composé avec un corps solide et un liquide; une once de comaris solide étant mélangée avec l'eau.

V. xv. — TRAITEMENT QUI SUCCÈDE A L'IOSIS

Expose à l'air la préparation après l'iosis, pendant 5 jours, suivant le conseil d'Isis. Si tu veux préparer la poudre sèche (de projection), mélange entre elles les diverses parties de la composition : je veux dire la partie macérée et la partie non macérée, le liquide et le sec. Puis délaie au soleil ou à l'ombre ; dépose dans (du crottin) de cheval. Si tu veux confectionner une préparation liquide, après avoir mêlé les deux eaux et les avoir déposées avec soin dans les vases, soumets-(les) à un feu de fumier, pendant 3 ou 5 jours seulement. Après avoir pulvérisé finement, tu possèdes la poudre parfaite.

V. xvi. — SI TU VEUX FABRIQUER DES FORMES EN CREUX ET EN RELIEF AVEC DU BRONZE,

OPÈRE COMME IL SUIT

La langue de cet article est contemporaine de celle du traité d'orfèvrerie (V. 1) : il est connexe avec le § 18 de ce dernier (p. 312). Comme le présent morceau se trouve dans le manuscrit de Venise M, ceci tend à reculer la date du dernier traité, au moins pour un certain nombre de ses paragraphes, jusqu'au xi⁴ siècle de notre ère (voir la notice qui le précède, p. 306).

On remarquera le nom du bronze, βροντήσιον, qui se trouve dans ce titre. La signification de ce mot ne donne lieu à aucun doute, car la composition du métal est définie au § 3. C'est le plus vieux texte connu où figure ce mot, qui a remplacé depuis une partie des sens de l'antique χαλκός : on voit qu'il remonte au moins au xi⁴ siècle. Quant à son origine, il parait difficile de la rattacher à son étymologie apparente, c'est-à-dire au mot βροντή = tonnerre : on ne comprendrait guère un semblable sens au xiᵉ siècle, avant l'invention des canons. S'agit-il d'un nom de lieu, comme la finale ήτιος porterait à le croire ? Ou bien est-ce l'application au métal, d'après sa couleur, du vieux mot *bruntus*, déjà employé au xᵉ siècle, dans le Glossaire d'Ælfricus, d'après du Cange ? on sait que de ce mot dérive le français *brun*.

En tout cas, nous trouvons ici la signification véritable d'un énoncé compris dans le vieux titre d'ouvrage inséré en haut de la page 213 de la traduction, et à la ligne 11 de la page 220 du texte : en effet les mots φούρμουσαι ἀπό βροτισίων y étaient demeurés inintelligibles. D'après ce qui précède, ce titre doit être rectifié de la manière suivante.

« Le présent volume est intitulé : Livre métallique et chimique sur la Chrysopée, l'Argyropée, la fixation du mercure. Ce livre traite des vapeurs, des teintures (métalliques), et des moulages avec le bronze, ainsi que (des teintures) des pierres vertes, des grenats et autres pierres de toutes couleurs, et des perles ; et des colorations en garance des étoffes de peau destinées à l'Empereur. Toutes ces choses sont produites avec les eaux salées et les œufs, au moyen de l'art métallique ».

On voit qu'il s'agit d'un manuel byzantin de Chimie. La composition même de l'ouvrage remonte à une époque ancienne, telle que le viiiᵉ ou le xᵉ siècle. Il devait comprendre à la fois :

1º L'art de fabriquer l'or et l'argent ;

2º La distillation, sur laquelle nous avons seulement conservé quelques débris dans les œuvres de Zosime (III, xlvii. xlix, § 14, l., lvi, etc.).

3º Le moulage et le travail des métaux en orfèvrerie, représentés par le présent article, par l'article V, xvii, ainsi que par le traité d'orfèvrerie (V, 1.), lequel renferme d'ailleurs des portions plus modernes ;

4º La trempe des métaux pour la fabrication des armes et outils, représentée à l'état de débris par nos articles V, iii, iv, v ;

5º La fabrication des pierres précieuses artificielles, représentée *in extenso* par nos articles V, vi, vii ;

6º Le travail des perles, représenté par nos articles V, viii, ix ;

7º La teinture des étoffes, ouvrage perdu, à l'exception des articles V. xii, xiii et du début du Pseudo-Démocrite.

8º Il devait s'y trouver en outre diverses applications techniques, telles que la fabrication de la bière (V, x.), de la lessive (V, xi), de la colle, du savon, etc.

De ce grand ouvrage, malheureusement perdu, sont tirés la plupart des articles de notre Vᵉ partie. Ces articles manquent en général dans le manuscrit de St-Marc et dans ses dérivés ; mais ils existent dans les manuscrits 2325 (xiiiᵉ siècle), 2327 et dans leurs dérivés. Ils répondent à une tradition plus ancienne que les textes alchimiques latins, traduits des Arabes, et que le traité de Théoctonicos ; ces derniers d'ailleurs en sont tout à fait distincts.

1. Prenant telle monnaie que tu veux, prends-en l'empreinte en creux avec du soufre commun fondu, en ayant soin d'enduire la monnaie avec de l'huile ; puis tu en prends la contre-empreinte : tu fondras le soufre à un feu doux, afin d'éviter de le brûler. Car si le feu est léger, le soufre

reproduit bien la gravure ; mais si le soufre brûle, il ne reproduit rien. Lorsque tu veux reproduire l'empreinte obtenue au moyen du soufre, celle de l'image qu'il a reçue, sers-toi de la double matrice du soufre ; avec elle tu peux reproduire la pièce de monnaie complètement (1).

2. L'opération de la fonte des moulages se fait comme il suit. Lorsque tu veux les fondre, prends un petit cercle de fer et mets (le moule) au milieu de ce cercle ; puis applique le pouce de la main gauche sur le moule de la pièce de monnaie ; verse de la cendre (2) tamisée et répartis-la avec ta main droite tout autour de la matrice. Pendant que tu l'y verses, tiens toujours ton pouce gauche sur la matrice, afin qu'elle ne soit pas recouverte par la cendre. Puis, lorsque la cendre est arrivée au niveau de la matrice, regarde, essuie bien la matrice et ôte avec soin les poils. Ensuite, avec de la cire noire, prends une empreinte ou deux.

Lorsque tu vois que la matrice du soufre est nette dans toutes ses parties, prends un os de sèche bien sec, presse-le sur la matrice de la monnaie et nettoie avec un petit couteau la surface de l'os de sèche, sans t'occuper du revers ; prends un marbre et aiguise (dessus) l'os de sèche avec soin. Place-le au-dessus de la matrice, en t'arrangeant de façon à bien recouvrir la matrice et la cendre. Mettant ton pouce, appuie doucement afin d'imprimer l'os de sèche sur la matrice. Alors mets de la cendre avec précaution sur l'os de sèche. Puis, avec les paumes de tes deux mains, exerce 4 ou 5 pesées sur la cendre. Achève de remplir, exerce une nouvelle pesée. Lorsque le petit cercle de fer est bien rempli et bien luté avec la cendre, soulève avec soin le cercle avec la matrice, et avec un petit couteau racle l'emplacement de la matrice ; tu la tires à toi avec tes doigts et tu la fais sortir du petit cercle de fer. Tu coules le bronze dans l'empreinte (ainsi préparée). Il faut transporter le moule après refroidissement, et non lorsqu'il est chaud ; car si la matrice est brûlante, la rouille sort en bouillonnant et le métal ne remplit pas la matrice.

3. Quant à l'alliage du bronze, on l'obtient ainsi : rouille de cuivre de Chypre, 1 livre ; étain pur, 2 onces.

---

(1) C'est un procédé de faux monnayeur.

(2) Ou plutôt de l'argile en poudre ?

4. Pour donner la couleur à la gravure, on emploie : couperose, 2 onces ; chalcite, 1 once ; alun, 2 onces ; ocre et sel, 7 onces. Après avoir broyé et tamisé, entasse, couche par couche, ces produits réduits en poudre, comme on fait pour les feuilles métalliques dans l'affinage de l'or (1). Recouvre la marmite ; fais chauffer l'automotarion pendant 3 heures ; puis enlève et laisse refroidir. En découvrant, tu trouves les objets colorés. Pour les détacher, mouille avec de l'eau pure ; broyant du soufre commun et le tamisant, mets de l'huile dans tes mains, et frotte les (objets) moulés ; ils se dégagent.

V. xvii. — DÉTAILS DIVERS SUR LE PLOMB ET SUR LA FEUILLE D'OR (2)

1. Le plomb marin est dur et grossier. Pour qu'il ne se casse pas, mêle à 5o livres de plomb sabyésin (?) (3), 1 livre d'étain blanc ; opère l'alliage à raison d'une livre pour 5o livres. Le plomb sabyésin (?) et dalmatique est pur et mou. Quand on le fond sans autre addition, on met pour 1o livres (de plomb), une livre d'étain : c'est là ce qui convient. Le plomb de Sardaigne est mou et contient du cuivre ; on le casse, pour le fondre avec le cuivre, ou le soumettre à la préparation : car le métal doit être allié avec du cuivre. La fusion dure 1 jour.

2. La proportion suivant laquelle il convient d'allier le cuivre avec l'argent est de 5 parties pour une d'argent ; c'est-à-dire que dans une opération, on fond 1oo livres d'argent avec 5oo livres de cuivre.

Pour ce travail, par livre d'alliage, on emploie 1 muids de charbon ; on met en œuvre 2oo livres ; ce poids se réduit après l'alliage à 166 livres.

On emploie : cire, 2o livres ; étain, 2o livres ; plâtre, 12o livres ; une voiture de bois à brûler ; minerai de cuivre, 67 muids ; oxyde de fer des bati-

---

(1) *Introd.*, p. 15.

(2) Ce sont des recettes d'atelier ; la plupart se rapportent à la dorure par application de feuilles minces. Le sens général est clair ; mais il y a bien des détails obscurs, par suite de l'insuffisance des données et des fautes du copiste. Ceci rappelle d'ailleurs le traité d'orfèvrerie, V, 1, §§ 4, 9, etc.

(3) De Sabine ?

tures, 20 livres; huile pour les moulages, 4 livres. Il faut des ouvriers capables de façonner, de fondre, de limer, et de faire le travail avec des pinces. 40 ouvriers souffleurs pour travailler les objets d'or et d'argent, à raison de 5 livres en 1 jour.

3. Pour étendre quatre pièces de monnaie blanche, à la longueur de 100 coudées et en tirer 40 feuilles, on prend une plaque carrée de verre, longue de 20 doigts, large de dix. De chaque morceau d'argent, on tire 10 feuilles; on en fabrique 120. L'artisan tire chaque jour 40 feuilles de 4 pièces de monnaie.

Pour l'objet d'or, on étend une pièce de monnaie, jusqu'à une longueur) de 7 coudées. On mélange du misy, du vieil étain, de l'armoise indienne.

4. Pour l'objet d'argent, l'artisan travaille comme pour l'objet d'or, (jusqu'à une longueur) de 20 (?) coudées. Il met sur la glace 110 parties de métal et 4 parties de matière additionnelle, afin d'obtenir 100 parties de produit pur.

On emploie une voiture et demie de bois à brûler. Il faut 22 grammata (poids) d'argent pour l'argenture.

Le doreur, pour la dorure, avec un lingot d'or massif, fait en un jour 150 feuilles; pour les feuilles dorées, par jour, 50 feuilles ; pour la dorure des extrémités, 100 feuilles. Pour la dorure complète d'un objet de... coudées, 42 feuilles; pour les objets à jours par coudée 16 feuilles 1/3 (?).

Pour la fabrication complète des feuilles, il faut 9 livres pour 72 monnaies d'or à l'épreuve ; cuivre de Chypre battu à froid, 3 livres; huile, un setier ; charbon, 25 muids. Les artisans pour la fabrication de feuilles (prennent) soufre, 1 livre; arsenic (?), 20 livres; vermillon, 10 livres.

5. Avec une livre d'or, voici les diverses proportions : S'il s'agit d'un seul modèle: 1.500 feuilles; 2 modèles, 2,000; 3 modèles, 2,250; 4 modèles, 2,500; 5 modèles, 3,000; 6 modèles, 4,000 (?); 7 modèles, 5,000; 8 modèles, 6,000; 9 modèles, 7,000; 10 modèles, 8,000; 11 modèles, 9,000; 12 modèles, 10,000 (?).

L'ouvrier en feuilles d'or, c'est-à-dire le batteur d'or, en vue du recuit de l'or et de la mise en feuilles, pour chaque livre de l'objet à dorer, prend 6 pièces de monnaies, chacune de 2 carats.

Quant au doreur, pour la seule dorure, et pour chaque livre de l'objet, il a besoin de 3 pièces de monnaie, chacune de 1 carat.

Quant à la parite inférieure, dans l'opération de la dorure, pour chaque livre de statuettes, il faut 3 pièces de monnaies, si ce sont des objets de bois ; si c'est de la pierre, 2 suffisent.

6. Si le doreur travaille immédiatement et opère comme il a été expliqué dans les tableaux de calcul, et s'il emploie des petites feuilles, il lui faudra une pièce de monnaie, par trois coudées. Mais s'il emploie des (feuilles) plus grandes, telles que celles du grillage à jour dans l'angle de l'oratoire (?) de sainte Marie, auprès du palais de Maron (palais de Marie) (1) ; la proportion par coudée sera de..... ; ou bien de..., s'il faut des feuilles plus grandes, comme pour le ciboire et pour les colonnes d'airain (2).

7. Prenez : 6 onces de plâtre; colle de taureau, 4 onces ; colle de poissons, 1 once; minium, 1 once; vermillon, 1/2 once; minium, 6 onces ; gomme, (colle de) poissons... ; bois de charbon à brûler, 1,200 livres.......

V. XVIII. — FABRICATION DE LA COLLE DE FROMAGE [3]

1. Prenant du vieux fromage, broie-(le) dans l'appareil à fromage ; puis, versant de l'eau, laisse reposer 3 jours ; puis retire, et change l'eau. Ensuite, mettant dans une marmite propre, fais bouillir jusqu'à ce que le fromage soit délayé et épaissi dans l'eau chaude. Puis, mettant le même fromage dans une autre eau, celle-ci tiède, pour le ramollir, fais bouillir jusqu'à ce qu'il se change en colle. Ensuite prends jusqu'à 4 parties de chaux vive ; mêle-la intimement avec la colle et colle ce que tu voudras; laisse reposer l'objet collé pendant 6 jours.

2. On fabrique aussi de la même manière la colle de peaux. Fais bouillir jusqu'à ce que les peaux soient bien dissoutes par l'ébullition, et évapore. Ensuite, laisse refroidir et sécher; puis, fais fondre et colle.

------

(1) Glose insérée dans le texte?
(2) Du sanctuaire de l'autel.
(3) Recette pour préparer une colle, destinée surtout à recoller le verre ou les poteries. Cp. ORFÈVRERIE, § 36, p. 316.

3. Broie de la corne de cerf et rejette la poudre grossière ; pulvérise, autant que possible, les (parties) blanches et laisse humecter avec de l'eau, pendant 10 jours ; puis, fais bouillir assez fort dans une bassine, jusqu'à ce que la substance déborde. Alors évapore et dessèche. Puis, mélange 2 parties de chaux avec 1 partie de la colle, et colle.

V. xix. — SUR LA FABRICATION DU SAVON D'AXONGE [1]

Mets autant de livres que tu voudras d'axonge finement écrasée dans une bassine ; procure-toi aussi de la lessive de bois d'ormeau. Mets-en dans plusieurs vases et place de l'eau dans ces vases ; ils doivent être tous percés de trous dans le fond, et les trous garnis d'un petit chiffon, pour que la lessive ne descende pas. Dispose au-dessous de ces vases d'autres récipients pour recevoir les eaux. Le premier liquide filtré, mets-le dans la bassine. Cette première eau de la lessive fournit ce qu'on appelle le savon de première qualité ; la seconde eau de lessive est plus faible, et les trois (eaux) font les trois charges du savon.

V. xx. — LES MOIS [2]

Le plomb est, de sa nature, froid et sec ; pendant 7 jours.
Le mercure (est), de sa nature, tempéré ; pendant 15 jours.

Le Bélier	(Mars)	chaud et humide.
Le Taureau.......	(Avril, ...	chaud et humide.
Les Gémeaux......	(Mai)..........	chaud et humide.
Le Cancer	(Juin)	chaud et sec.
Le Lion...........	(Juillet)........	chaud et sec.
La Vierge........	(Août).........	chaud et sec.

(1) Cp. le procédé de lixiviation : V. xi, p. 357.

(2) Texte en très petits caractères, intercalé par un copiste. C'est une formule magique, composée pour quelque empereur byzantin. — Cp. OLYM-PIODORE, p. 110.

La Balance........ (Septembre).... sec et humide.
Le Scorpion....... (Octobre)...... sec et froid.
Le Sagittaire...... (Novembre).... sec et froid.
Le Capricorne..... (Décembre).... froid et humide.
Le Verseau........ (Janvier)...... froid et humide.
Les Poissons...... (Février)...... froid et humide.

C'est pour toi, souverain lettré, légitime, qui n'a rien d'étranger ni d'irrégulier, que (nous), tes serviteurs, nous avons composé cette formule. Accepte-la donc avec bienveillance, ô prince; si elle est courte, elle con‑tient quelque chose d'utile.

V. XXI. — FABRICATION DE L'OR [1]

1. Prenant du cuivre naturel, fais-le fondre sept fois, et dans chaque fonte, projette ces matières-ci: dans la première fonte, du tartre délayé, à volonté; introduis-(le) dans le cuivre fondu. Dans la seconde fonte, mets de l'alun broyé en poudre impalpable; dans la troisième fonte, du sel ammo‑niac broyé; dans la quatrième fonte, du natron broyé; dans la cinquième fonte, pareillement de l'arsenic broyé; dans la sixième fonte, de l'aphro‑sélinon; pareillement dans la septième fonte, de la tutie d'Espagne vert clair, broyée préalablement, arrosée avec de l'urine d'impubère, exposée au soleil et amenée à l'état de poudre sèche. Avec la volonté de Dieu, tu devras voir apparaître l'or [2]. Marie dit: « tu tremperas sept fois, et tu trou‑veras des choses extraordinaires ».

2. Le tartre, le sel ammoniac, l'alun, le natron, la céruse, la tutie, l'arsenic, l'aphrosélinon et la magnésie des verriers, mélangés avec de l'urine et délayés sept fois, teignent le cuivre et lui donnent l'apparence de l'argent [3]. C'est là ce qu'on appelle « notre vinaigre ». c'est-à-dire le vinaigre de cuivre.

(1) La recette semble ancienne. mais les mots tartre, tutie et quelques autres sont d'une époque moins reculée.

(2) Cette préparation est celle d'un laiton.

(3) Préparation d'un alliage analogue au tombac.

V. xxii. — PRÉPARATION DE L'APHRONITRON

RECHERCHÉ POUR LES SOUDURES DE L'OR, DE L'ARGENT ET DU CUIVRE

Prenant du natron d'Égypte 1 livre, du savon d'axonge préparé sans chaux, 1 livre, divise exactement et mélange. Place ces matières avec le produit, soit au soleil, soit dans un endroit chaud ; le résultat est parfait pour souder l'or.

V. xxiii. — PRÉPARATION DU CINABRE [1]

1. Prends : mercure, 2 parties ; soufre vif pulvérisé, ... ; urine pure, 1 partie ; prends aussi une petite fiole propre, capable de supporter la force d'un feu sans fumée ; mets-y la préparation, sans remplir, mais de façon à laisser un vide de 2 ou 3 doigts ; mélange le tout. Dispose un fourneau pareil à celui du verrier.

Cette fiole aura une large ouverture ; dispose la place convenable pour faire entrer la fiole, en l'isolant à l'aide d'un roseau ; puis, allume le fourneau. Ménage une autre petite porte, pour que la flamme puisse tourner tout autour. Voici à quel signe on reconnaît que la cuisson est faite : observe l'espace resté vide dans la fiole et, si tu vois sortir une fumée ayant l'apparence de la pourpre, et que la matière échauffée soit couleur de cinabre, la préparation est effectuée. Ne chauffe pas davantage le vase de verre ; car une fois la préparation finie, si tu chauffes davantage, le vase de verre se brise.

2. Fais bouillir du mercure avec de l'huile de raifort additionnée de soufre, et avec de l'arsenic brûlé, dans un vase de verre. pendant 3 jours : le quatrième, laisse refroidir. Puis le mercure sera de nouveau mêlé avec du vinaigre très fort, et un poids de soufre égal à la moitié de celui du mercure. Mélange ces (matières) avec du natron, broie dans un mortier, et le produit deviendra jaune. On met dans un vase contenant du vinaigre

(1) Cp. p. 17.

très fort; on le bouche bien, pour qu'il ne s'évapore point. Laisse digérer pendant 5 jours ; le sixième, tu trouveras le mystère. Édulcore et fais sécher au soleil : conserve ce mystère.

3. Avec l'aide de Dieu, prends des œufs, casse-les, mets à part les jaunes, en rejetant les blancs; place dans un alambic et laisse pendant 7 à 8 jours. Retires-en l'eau ; chauffe la matière qui a pris l'aspect métallique, jusqu'à ce qu'elle soit passée à l'état de chaux : et conserve avec soin cette chaux, en la mettant à part. Cette chaux est dite terrestre (?)

V. xxiv. — PRATIQUE DE L'EMPEREUR JUSTINIEN [1]

1. Prenant des coquilles d'œuf, pile-(les) dans un mortier et sèche-(les). Lave à plusieurs reprises et lave encore avec du natron et de l'eau; édulcore avec de l'eau et du vinaigre commun, jusqu'à ce que la composition soit devenue blanche comme la céruse du plomb. Après avoir laissé sécher, conserve.

Prenant de cette coquille devenue blanche, 3 onces, et des blancs d'œufs, 6 onces, pile ensemble. Extrais-en les eaux au moyen de l'alambic ; garde à part la scorie.

Mets dans ces eaux des coquilles lavées, durcies, c'est-à-dire desséchées, et concentre. Épuise (l'action des eaux) sur les feuilles (de métal ?) et tiens prête la composition pour blanchir. Prenant la scorie susdite, délayée dans les eaux et blanchie, avant que l'eau ne soit montée, c'est-à-dire 2 onces... observe la préparation du second jus.

Mets la scorie dans un vase de terre cuite, ou de verre ; bouche-le ; fais cuire au moyen de la kérotakis sur un feu violent pendant 1 jour, jusqu'à ce que le produit n'ait plus d'odeur et devienne blanc.

Après avoir retiré, pile dans un mortier au soleil. Prends une portion de l'eau qui a monté, et amène en consistance visqueuse, pendant 1 jour. Puis, après avoir fait sécher au soleil et retiré, fais cuire au moyen de la

---

(1) C'est un fragment assez étendu des traités perdus qui portaient le nom de cet empereur (voir *Introd.*, p. 176, 214, 215).

kérotakis sur un feu violent, suivant l'ordonnance susdite, pendant 1 jour.

Enlevant de nouveau, délaie avec de l'eau et amène en consistance visqueuse, en exposant pendant 1 jour au soleil; puis, fais cuire. Réitère plusieurs fois, jusqu'à ce que tu voies la composition blanche comme la céruse.

2. Ensuite, fais jaunir de la manière suivante. Après avoir fait monter l'eau, suivant l'ordonnance susdite, tu ne l'emploies plus pour opérer la fixation de la couleur des œufs sur les feuilles ; mais tu ajoutes, dans un setier, 10 jaunes d'œufs, et tu les brouilles dans l'eau. Garde les eaux jaunes, et avec ces eaux, délaie la composition, de façon à l'amener en consistance visqueuse, pendant 1 jour. Après avoir fait sécher au soleil, chauffe et fais toutes choses suivant l'ordonnance susdite, ne te tenant pour satisfait que lorsque tu verras la composition devenue jaune comme de l'or.

Place cette composition dans un flacon, non bouché ; et mets dans un vase (de terre) du vinaigre commun très fort. Dispose le flacon (contenant) la composition, de façon à ce qu'il flotte sur le vinaigre. Lute tout autour le vase (qui contient) le vinaigre, avec son couvercle; conserve pendant 41 jours.

Puis, retirant la composition, mets-la dans un mortier; ajoute des eaux jaunes et amène en consistance visqueuse. Après avoir laissé sécher au soleil, garde : l'opération est accomplie.

3. Pour préparer une telle (composition), on emploie la macération, la cuisson faite à forte chaleur avec l'asèm, ainsi que le broiement (dans) le mortier, et l'arrosage avec les liquides. On l'amène à un point tel, qu'elle ne s'échappe pas par l'action du feu, mais qu'elle devienne susceptible de pénétrer les corps et d'y demeurer fixée, sans se volatiliser, ni être brûlée. C'est ce qui arrive lorsqu'on soumet l'asèm à une forte chaleur, la vapeur montant et descendant dans l'appareil sphérique (1), à l'état de brouillard opaque, jusqu'à ce que le produit ait acquis toute sa puissance de matière incombustible et fixe.

Les poudres sèches subiront aussi le même traitement, jusqu'à ce qu'elles soient tout à fait décomposées et privées de leur eau, et qu'elles soient mélangées, complètement unifiées avec les liquides, en ne formant plus,

(1) Cf. Zosime cité par Olympiodore, p. 105.

pour ainsi dire, qu'un seul corps inséparable, par l'effet de l'opération.

Les liquides, de leur côté, seront fixés au moyen d'espèces astringentes, complètement décomposés et réduits en ios, jusqu'à ce qu'ils aient acquis le pouvoir de demeurer sans se volatiliser et de résister au feu. Par l'effet de l'union indissoluble entre les poudres sèches et les liquides, on produit des couleurs douées de l'aptitude à pénétrer (les métaux) ; de même que toute matière extractive naturelle, mise à bouillir dans l'eau sur un feu doux, se délaie entièrement, en donnant sa couleur à l'eau, le tout étant amené à l'unité.

4. Après donc que toutes les eaux sont complètement montées (1), prends le sédiment sec et noirci qui reste, et blanchis-(le) de cette façon. Tu auras un vin préparé d'avance, avec de l'eau de chaux filtrée à travers de la cendre d'albâtre, suivant le procédé de la lessive pour savonner. Prends-en une portion et sers-t'en pour bien laver (la scorie), jusqu'à ce que l'eau soit noircie.

Ensuite reverse de nouvelle eau et, si tu veux, laisse digérer pendant quelques jours. Revenant (à la charge), lave encore, en suivant l'ordre indiqué précédemment. Transvasant l'eau noircie, mets-en de nouvelle sur les autres matières. Renferme ensuite celles-ci dans des vases, pendant le même nombre de jours ; puis, retire-les, relave : en opérant de cette façon, l'apparence noire se dissipe et il se forme un or de couleur blanche. Quant aux eaux noircies auparavant, mets-(les) dans un vase de verre ; après avoir luté le vase tout autour, laisse sécher et fais digérer pendant quelques jours, c'est-à-dire jusqu'à ce que le produit soit réduit en pâte, désagrégé, et parvenu à un blanchiment convenable. Qu'il se délaie et se désagrège. Expose-le au-dessus du vinaigre, de façon à ce qu'il subisse l'action de ses vapeurs piquantes et se désagrège ; le vase doit être fermé avec soin. Ainsi, sous l'influence de la vapeur piquante, le produit blanchit à l'air et devient comme la céruse provenant du plomb.

Il est possible de produire cet effet avec notre chaux, c'est-à-dire en exposant notre pierre à la vapeur acide du vinaigre, à la façon d'une feuille de

---

(1) A partir de ce mot, le texte représente une copie nouvelle d'un texte, déjà donné comme appendice à la fin d'Olympiodore (p. 113 de la *Traduction*).

Le texte actuel est plus correct et il offre des variantes importantes : ce qui nous a décidé à le reproduire ici.

plomb. Mais, pour donner à cette matière la coloration jaune, après que la préparation a été convenablement lavée et blanchie, il faut d'abord l'arroser avec des eaux jaunes, faire macérer et réagir, et ensuite dessécher.

Ainsi a été accomplie la pratique de l'empereur Justinien (1).

V. xxv. — DESCRIPTION DE LA GRANDE HÉLIURGIE

EXPOSÉE DANS LE TRAITEMENT DU TOUT (2)

Sachez que la grande héliurgie est exposée et décrite dans la création du Tout, à l'occasion de son créateur (démiurge), suivant l'allégorie que voici :

Le Tout se manifeste dans six choses : dans les quatre éléments, dans l'âme et dans Dieu même, l'artisan et le créateur de ces choses. Or, les quatre éléments sont les suivants : le premier, celui qui se porte en haut, c'est le feu ; le second, placé au-dessous, l'air ; le troisième, situé plus bas, la terre ; le quatrième, inférieur à la terre, l'eau ; tels sont les quatre éléments. En outre, il y a l'âme et Dieu, leur artisan et fabricateur. C'est dans ces six choses que le Tout se manifeste. Il y a aussi six choses dans la matière de la grande héliurgie, choses qu'ils ont exposées avec justesse ; ce sont : l'eau, la vapeur sublimée, le corps (métallique), la cendre, la vapeur humide, et le feu. Parmi ces choses, les quatre (premières) répondent aux quatre éléments. La cinquième, c'est-à-dire la vapeur humide, est assimilée à l'âme, et la sixième, c'est-à-dire le feu, est l'image de Dieu.

---

(1) Le texte porte : Justien. J'avais lu d'abord Julien ; mais le texte de M. et la tradition qui attribue à Justinien des traités alchimiques (*Introd.*, p. 176 et 214) ne laissent pas subsister de doute.

(2) Morceau mystique de date inconnue, mais qui pourrait ne pas être plus ancien que l'écriture correspondante, c'est-à-dire que le xve siècle. Le mot *héliurgie* est synonyme de *chrysurgie*, le signe de l'or et celui du soleil étant les mêmes.

V. xxvi. — BÉNÉDICTION DE LA RUCHE [1]

1. Salut, notre Seigneur (Christ ?), salut..... vie.......... (à l'abeille ?) bénie, qu'ont bénie le Père, le Fils et le Saint-Esprit. Par-dessus tous, tu as la bénédiction ; tu as adoucis (mon) cœur ; tu as (favorisé ?) le maître chanteur de l'église ; tu (l') as sanctifié avec ton produit. Rassemble tes petits, rassemble-les, et parcours les fleurs des montagnes, les (fleurs) aux mille douceurs, aux mille fruits que Dieu connaît, mais que l'homme ne connaît point. Je t'adjure (de chasser) la guêpe sauvage, et l'insecte venimeux, et le corbeau, et les serpents, et l'araignée, et la fourmi ; que rien de ce qui nuit à l'abeille n'ait la permission de s'approcher des abeilles du serviteur de Dieu N.........: au nom du Père et du Fils et du St-Esprit.

2. Fais une croix et écris cette prière sur la croix, ou sur un bâton (quelconque) et place-la au milieu de la ruche.

3. Sur un moyen à employer pour endormir un homme : Écris sur une feuille de laurier : C'est à Béthléem en Judée que le Christ est né. Reposetoi. Saint Eugène, donne le sommeil au serviteur de Dieu N.

4. Sur un moyen à employer pour que l'on ne s'endorme pas [2] : Fais cuire les testicules d'un lièvre dans du bon vin ; qu'on le boive et on ne s'endormira pas.

V. xxvii. — FABRICATION DE L'ARGENT [3]

Prends une partie de plomb, dix parties d'étain, fonds au creuset ; broie avec du vinaigre et du sel, de façon à blanchir le métal. Mets ensuite dans un creuset ? et nettoie trois fois avec de l'huile. Puis, sur cinq parties de cet

---

(1) Invocation d'une époque moderne, suivie de quelques formules magiques. Ce morceau indique le caractère moral des moines qui détenaient le manuscrit M.

(2) Ceci rappelle les recettes attribuées à Démocrite, dans Pline et dans les *Geoponica*.

(3) Écriture du xvᵉ siècle. Ce morceau a été ajouté après coup dans le ms. M. Sa date est indéterminée ; mais certaines expressions semblent assez modernes.

alliage, projette une partie d'argent; après mélange, fais fondre au feu. Ensuite, fondant cinq parties d'étain, ajoutes-y une partie de la composition précédente et tu verras l'argent en nature.

Autre procédé. — Prenant du mercure occidental et du mercure oriental, à parties égales; broie et mets dans un vase de verre; fais cuire sept fois. Le produit sublimé est pareil au cristal. Ensuite broie-le avec du blanc d'œuf; fais cuire de nouveau, et le produit sublimé sera pareil au cristal. Prends-le, suspends-le dans le vase du vinaigre, ainsi qu'il a été dit plus haut; fais descendre l'eau; mets-y les blancs (d'œufs?); enterre le vase de verre, suivant la méthode philosophique, dans de la fiente (de cheval), pendant 40 jours, jusqu'à ce que tout se liquéfie. Ce procédé est dû à Salomon le Juif, et tiré des temples du soleil.

V. xxviii. — SUR L'ORICHALQUE [1]

1. Prenant de la tutie d'Alexandrie, du tartre, de la farine, de la fiente, des figues et du raisin, fais fondre le cuivre : répète l'opération plusieurs fois, avec un nouveau traitement. De cette façon le cuivre devient comme de l'or.

2. Mets du safran, du curcuma, du miel et d'autres (substances) couleur de citron, à ton idée; des jaunes d'œufs et de la bile de bœuf roux desséchée.

V. xxix. — SUR LE SOUFRE INCOMBUSTIBLE

Prenant du soufre apyre, délaie dans de l'urine d'impubère; ensuite prenant de la saumure en quantité égale, fais bouillir jusqu'à ce que (le soufre) flotte à la surface, et (alors) il devient incombustible (2). Éprouve-le, en l'enlevant et l'examinant, jusqu'à ce qu'il devienne incombustible. c'est-à-dire jusqu'à ce que tu voies qu'il ne brûle plus. Prends la même

---

(1) Cp. p. 321, § 55, une recette pareille et plus développée.

(2) Cette recette a un sens précis, si l'on entend par le mot soufre, la pyrite ou tout autre sulfure métallique, conformément au § 6 du traité de Démocrite, p. 47.

eau (du soufre) incombustible; jette-(la) sur de la fleur de sel, délaie, en
agissant comme avec le soufre incombustible. Tel est le divin mystère.

D'autres délaient du plomb avec le soufre, en même temps que la fleur de
sel, et ils préparent (ainsi) le divin mystère.

V. xxx. — BLANCHIMENT DE L'EAU

AU MOYEN DE LAQUELLE EST BLANCHI, PENDANT QU'ON LE TRAITE, L'ARSENIC, AINSI QUE LA SANDARAQUE

Lorsque le cuivre brûlé est associé avec une partie d'alun lamelleux et
une partie de gomme blanche, dissous la gomme dans l'eau; lorsqu'elle est
dissoute, on obtient un liquide de consistance visqueuse. Mets l'alun dans
un vase et verses-y l'eau de gomme; fais cuire jusqu'à dessiccation et garde.
Le produit est délayé avec l'arsenic, la sandaraque et le cuivre; puis on
opère la coction.

V. xxxi. — SUR LE BLANCHIMENT DE L'ARSENIC LAMELLEUX [1]

Prenant de l'arsenic, délaie avec une égale quantité de vinaigre. Après
avoir repris, place au-dessus d'une kérotakis, en superposant une coupe à
une (autre) coupe. Après avoir luté tout autour à la partie supérieure, fais
un feu léger par-dessous, jusqu'à ce que tu voies la coupe devenir tiède.
Après avoir enlevé la vapeur sublimée, amène-la avec de l'eau en consistance
cireuse, et lute la coupe après addition de vinaigre. Laisse le soufre jus-
qu'à ce que le produit soit blanchi, et fais cuire dans la cendre chaude,
ainsi qu'il a été exposé plus haut; puis garde.

Prenant de la sandaraque, délaie avec du vinaigre. Dispose dans deux
boîtes, mets au four et après avoir enlevé la vapeur sublimée, garde

----

(1) Ce procédé paraît le même que celui d'OLYMPIODORE, p. 82.

l'arsenic et la sandaraque. La magnésie devient blanche comme de la neige,
et ensuite elle est jaunie.

V. xxxii. — DORURE DU FER [1]

1. Prenant du mordant, 1 demi-once; du sel gemme, 1 demi-once; du
tartre, 2 onces; du vitriol romain, 1 demi-once; de l'alun, 1 demi-once; du
vert-de-gris (?), 2 ou 3 hexages; du poivre, 1 demi-once; du sel commun,
1 once; broie bien tout cela très menu, séparément, puis ensemble, et agite.
Mets le mélange dans un vase étamé neuf, en ajoutant la valeur de deux
brocs (?) d'eau, fais cuire jusqu'à réduction de l'eau à son tiers, et, après avoir
fermé, tiens en garde.

2. Alors tu vernis le fer, tu le teins en rouge et tu le dessèches bien.
Ensuite tu l'histories et tu écris dessus ce que tu veux faire, par-dessus le
vernis, avec un poinçon (?) en fer. Prends une préparation blanche, c'est-à-
dire du sublimé, et broie-la très fin. Alors, mets (l'objet?) dans un vase; mets-y
aussi de l'urine humaine et agite bien. Puis, enduis les lettres avec une plume,
de façon à les obtenir écrites sur le fer; puis fais rougir au feu pour dessécher.
Enduis de nouveau et dessèche pendant trois bonnes heures; et lorsque tu
verras que la liqueur a attaqué et creusé le fer, fais blanchir très fortement,
afin d'expulser tout à fait la préparation et l'urine en dehors des lettres.
il faut essuyer avec un mouchoir blanc et propre, afin qu'il n'y ait pas de
crasse, et faire attention à ce que les lettres ne se salissent pas.

3. Procure-toi de l'or, provenant de ducats vénitiens et bats-le sur
l'enclume avec le marteau, de façon à ce qu'il devienne mince comme une
feuille de rose. Ensuite coupe-le en petites parcelles et garde-les.

Ensuite, filtre du mercure avec (une peau de) chamois serrée: (fais cela) une
et deux fois, pour ôter la crasse. Alors, mets le creuset sur le fourneau
d'un orfèvre, afin de le faire rougir. Puis, retire-le du feu: mets l'or dans
le creuset, et remue souvent le creuset; l'or est dissous et s'unit avec le
mercure; et alors, verse dans une coquille de spondyle.

(1) Recette moderne.

SIXIÈME PARTIE

COMMENTATEURS

NOTICE PRÉLIMINAIRE

Les traités des Alchimistes gréco-égyptiens ont été réunis en collection par
Zosime d'abord, au ɪɪɪᵉ siècle de notre ère, puis vers le ᴠɪɪᵉ siècle au temps d'Héra-
clius, ainsi qu'il a été exposé dans notre *Introduction* (p. 200 à 203). Ils sont deve-
nus aussitôt l'objet de commentaires multipliés, écrits par des praticiens d'une part, et
d'autre part, par des philosophes mystiques. En ce qui touche les développements
pratiques donnés à l'antique doctrine, nous rappellerons qu'ils ont été, depuis le
temps de Zosime jusqu'au xɪᵛᵉ siècle, et sur quelques points jusqu'à la fin du moyen
âge, consignés dans des traités et dans des mémoires, dont nos cinq premières par-
ties renferment les débris. Parmi les commentaires mystiques, les plus anciens, d'une
portée philosophique incontestable, ont été conservés dans les ouvrages de Synésius
et d'Olympiodore. Puis sont venus des glossateurs byzantins, étrangers à l'œuvre
expérimentale, qui ont disserté sur les vieux traités, avec une subtilité scolastique
mêlée d'exaltation. C'est à cet ordre de compositions qu'appartiennent les livres de
Stephanus, du Philosophe Chrétien, et du Philosophe Anonyme. Stephanus est un
personnage connu (1), à la fois philosophe, médecin, astrologue et alchimiste, con-
temporain et conseiller de l'empereur Héraclius (vers l'an 620). Ses ouvrages alchi-
miques, rédigés dans un langage mystique et enthousiaste, n'ont pas un grand intérêt
scientifique; le texte grec en a été publié par Ideler dans ses *Physici et medici
græci minores* (2 vol. in-8, Berlin 1841-1842, p. 199 à 237) d'après une copie de
Dietz, faite sur un manuscrit de Munich, et collationnée, paraît-il, sur le vieux
manuscrit de Venise, dont le manuscrit de Munich d'ailleurs est lui-même une copie
directe ou indirecte (2). Cette publication laisse fort à désirer, l'éditeur ayant trans-

(1) *Origines de l'Alchimie*, p. 199.   (2) Voir *Introduction*, p. 198.

crit les signes alchimiques purement et simplement, sans les comprendre, avec plus d'une erreur, et n'ayant donné aucune variante. Cependant elle permet de prendre une connaissance suffisante de l'œuvre de Stephanus ; surtout si on la complète par la lecture de la traduction latine de cet auteur, publiée en 1573 à Padoue, par Pizimentius, dans l'ouvrage qui porte le titre suivant : *Democriti de Arte magnâ*. Dans ces conditions, il ne nous a pas paru indispensable de faire une nouvelle édition de Stephanus, notre publication étant consacrée essentiellement aux œuvres originales et inédites.

Il en est autrement des ouvrages du Philosophe Chrétien et du Philosophe Anonyme, inédits jusqu'à ce jour. Ce sont des compilations, avec commentaires, faites d'après les vieux auteurs. L'étendue initiale de ces compilations n'est pas exactement connue, attendu que les copistes y ont rattaché successivement des morceaux qui n'en faisaient pas partie à l'origine, ainsi qu'il sera expliqué plus loin. Certaines confusions se sont même produites entre les deux compilations. Enfin, sous le nom de l'Anonyme, il semble que plusieurs auteurs différents aient été groupés. La date initiale du Chrétien et celle de l'Anonyme seraient déterminées, si l'on pouvait s'en rapporter aux indications du manuscrit du Vatican (1). En effet, le traité de l'Anonyme (2) qui débute par les mots Τὸ ὄον τετραμερὲς... est dédié dans ce manuscrit à Théodose le grand Empereur : sans doute Théodose II, auquel Héliodore a aussi dédié son poème alchimique.

Mais les chapitres sur les Soufres, sur les Mesures et sur la Teinture unique (III. xxi, xxii et xviii), que nous avons publiés dans les œuvres de Zosime, et qui font partie de la compilation du Chrétien dans les manuscrits, sont aussi dédiés au grand Empereur Théodose dans le manuscrit du Vatican. Dans le premier de ces chapitres, les deux premières lignes (Texte, p. 174, l. 11 et 12) sont supprimées, et l'auteur débute par ces mots : Ἰστέον, ὦ κράτιστε Βασιλεῦ, puis il continue par : ὅτι οὐ μόνον ὁ φιλόσοφος, etc., comme à la ligne 13, jusqu'à la dernière ligne du chapitre. Cette suppression et cette interpolation sont suspectes, et il est permis de supposer que le nom de Théodose a été ajouté après coup, comme il est arrivé trop souvent dans ce genre de littérature. Parmi les autres chapitres de ces mêmes compilations, ceux qui ne sont pas transcrits d'après les vieux auteurs roulent sur des subtilités d'une assez basse époque, et ils sont assurément plus modernes que Synésius et Olympiodose, contemporains effectifs de Théodose.

On trouve dans l'œuvre du Chrétien, telle qu'elle est transcrite dans le manuscrit de St-Marc, une autre mention qui paraît plus moderne et plus authentique, car elle ne s'en réfère pas au nom d'un empereur : c'est la dédicace à Sergius du traité sur l'Eau divine : il s'agit probablement de Sergius Resaïnensis, traducteur syriaque des Philosophes grecs, qui a vécu à la fin du vi⁰ siècle (3). Etait-il vraiment contempo-

---

(1) *Introd.*, p. 191. — Rapport de M. André Berthelot dans les *Archives des missions scientifiques*, 3⁰ série, t. xiii (1887).

(2) C'est le traité auquel nous avons donné le titre : « Musique et Chimie », VI, xv ; voir aussi III, xliv.

(3) *Origines de l'Alchimie*, p. 205.

rain du Philosophe Chrétien ? On pourrait en douter à la rigueur, si l'on s'attachait
à la citation du nom de Stephanus (1), reproduit dans l'un des chapitres du Chré-
tien : « Sur l'exposé détaillé de l'œuvre »; chapitre que nous avons publié dans les
œuvres de Zosime (III, xvi), en raison des indications qui y sont contenues et parce
qu'il renferme des fragments extraits de Démocrite. Mais tous ces textes ont été tel-
lement interpolés par les copistes que l'on ne doit pas attacher une signification trop
absolue à de semblables citations, ajoutées souvent après coup. En fait, je serais
porté à regarder cette citation de Sergius comme la seule tout à fait authentique,
et par conséquent à fixer la date du Chrétien à l'époque de cet écrivain, c'est-à-dire
un peu avant Stephanus. On serait également reporté vers une époque qui ne peut
guère être abaissée au delà du Vᵉ ou VIᵉ siècle, par les opinions relatives à la néces-
sité de la grâce divine, opinions exposées dans le morceau VI, 1, sur la Constitution
de l'or (p. 385).

Quant au Philosophe Anonyme, il cite aussi Stephanus, non en passant, mais
dans un développement historique relatif aux autorités alchimiques (VI, xiv), et je
pense dès lors qu'il doit être regardé comme postérieur. Mais il pourrait être con-
temporain avec les auteurs pseudonymes des Traités perdus, attribués à Héraclius
et à Justinien (2). L'attribution de certains chapitres à l'Anonyme offre d'ailleurs
diverses confusions, qui semblent indiquer plusieurs écrivains.

Entrons maintenant dans des détails plus circonstanciés sur la compilation du
Chrétien. La forme la plus moderne et la plus parfaite sous laquelle nous possé-
dions cette compilation est celle qui existe dans le manuscrit Lb (2251 de Paris), copié
vers le milieu du xviiᵉ siècle ; en vue, ce semble d'une publication qui n'a pas eu
lieu. Le copiste a pris comme base le manuscrit E (2329 de Paris), un peu plus
ancien, qu'il a d'abord complété par des additions marginales ; il a fait subir ensuite
aux textes des remaniements considérables, qui le plus souvent ne sont pas des
améliorations; enfin il a complété la compilation du Chrétien, en y intercalant des
morceaux qui n'en font pas partie avec pleine certitude dans les autres manuscrits
(sauf E).

Nous allons, pour préciser la discussion, donner un tableau comprenant les
53 chapitres attribués au Chrétien dans le manuscrit L et ceux qui lui sont attribués
dans le manuscrit E; avec l'indication des feuillets de M (manuscrit de St-Marc, xiᵉ
siècle), de B (2325 de Paris, xiiiᵉ siècle), et de A (2327 de Paris, xvᵉ siècle), où se trouvent
certains de ces chapitres; celle des feuillets du manuscrit du Vatican, qui en
renferment quelques-uns; les numéros correspondants de la vieille liste du manus-
crit de St-Marc (3); enfin les numéros de notre propre publication, où ces divers
chapitres sont imprimés. Cela fait, nous examinerons de plus près la composition
même de la compilation.

(1) Zosime, p. 162.   (3) Introd., p. 175.
(2) Introd., p. 176, 214; Trad., p. 368.

TABLEAU DES CHAPITRES DU PHILOSOPHE CHRÉTIEN

TITRES	L.b (1251)	E (2329)	M	A (2327)	B (2325)	Var.	VIEILLE LISTE de M	NOTRE PUBLICATION
	chapitres	chapitres	folios	folios	folios	folios	numéros	
Constitution de l'or	1er	1er	110 r.	92 v.	91 r.	manque	47	VI, i.
L'espèce est composée	2	2	96 r.	94 r.	94 r.	....	31?	IV, vi.
Fabrication du Tout	3	3	97 r.	suite du précéd	suite du précéd	....	31	IV, vii.
Autre traitement	4	4	98 v.	do	do	....	31	IV, viii.
La chaux des anciens, etc.	5 à 13	5 à 12	99 r à 101 r.	97 r.	98 r.	....	32	IV, ix à xviii
Les espèces de l'Eau divine	14	13	101 r.	99 r.	101 v.	....	48?	VI, ii.
Désaccord des anciens	15	14	suite	suite	suite	....	48	VI, iii.
Traitement de l'Eau divine en général	16	15	suite	suite	suite	....	do	VI, iv.
Fabrication de l'Eau mystérieuse	17	n° omis	103 r. et 119 r.(1)	do	do	....	do	VI, v.
Objection concernant l'Eau divine, etc.	18 à 20	17 à 18	119 r.	101 r.	105 r.	....	do	VI, vi à ix.
Variétés de la fabrication	21	n° omis	122 r.	103 v.	108 r.	....	do	VI, x.
Figures géométriques	22	do	124 r.	105 v.	111 r.	....	do	VI, xi.
Écrits secrets des anciens	23	do	124 v.	106 r.	111 v.	....	do	VI, xii.
Laines teintes	24	23	127 v.	109 r.	115 v.	133 r.	48	V, xii.
Poudre noire	25	24	suite	suite	116 r.	130 v.	do	V, xiii.
Comaris	26	25	do	do	do	do	do	V, xiv.
Traitement après l'iosis	27	26 (sic)	do	do	do	do	do	V, xv.
Les mœurs du Philosophe	28	26 (sic)	128 r.	109 v.	do	....	....	I, xiv.
Serment	suite	27	128 v.	109 v.	116 v.	....	?	I, xi.
La poudre sèche	29	28	136 v.	110 r.	do	....	?	III, xxxi.
L'ios, etc.	30	29	suite	suite	117 r.	....	....	III, xxxii à xxxv.
Lavage de la cadmie	31	30	137 r.	110 v.	....	....	?	III, xxxvi.
Sur la teinture	do	31	137 v.	111 r.	....	....	....	III, xxxvii.
Sur le jaunissement; l'Eau aérienne	32	32	137 v.	111 r.	117 v.	....	....	III, xxxviii. et xxxix.
L'écrit authentique de Zosime	33	33	manque	112 r.	118 r.	....	manque	III, xl.
Les quatre corps métalliques	34 et 35	34 et 35	141 v.	113 v.	119 v.	....	48	III, xii.
Diversité du cuivre brûlé	36	36	141 r.	115 v.	123 r.	128 v.	....	III, xiii.
L'Eau divine est composée	37	sans n°	144 r.	116 r.	123 r.	129 r.	do	III, xiv.
Choix du moment	38	38	141 v.	116 v.	124 r.	....	do	III, xv.
Exposé détaillé de l'œuvre	39	39	145 v.	118 r.	126 r.	à partir du § 13. f. 127	do	III, xvi.
Substance et non substance	40	40	149 r.	122 r.	132 v.	117 v.	....	III, xvii.
Teinture unique	41	41	150 r.	122 r.	133 v.	118 v.	do	III, xviii.
Les quatre corps aliments des teintures	42	42	150 v.	123 r.	134 r.	119 v.	....	III, xix.
Man rond	43	43	151 r.	123 v.	135 r.	....	do	III, xx.
Sur les soufres	44	44				114 v.	....	III, xxi.
Sur les mesures	45	45				113 v.	do	III, xxii.
Comment on brûle les corps	46	46	suite	suite	suite	109 v.	....	III, xxiii.
Mesure du jaunissement	47	47	jusqu'au	jusqu'au	jusqu'au	....	do	III, xxiv.
Sur l'Eau divine	48	48	161 r.	136 r.	152	112 r.	33	III, xxv.
Préparation de l'œuvre	49	49				1 r.	....	III, xxvi.
Traitement du corps de la magnésie	50	50				....	?	III, xxvii.
Corps de la magnésie	51	51	....	....	....	102	?	III, xxviii.
Pierre philosophale	52 et 53	52 et 53	manque	136 r.	manque	106 v.	manque	III, xxix.

(1) Traité coupé en deux par le relieur (*Introd.*, p. 184).

Si l'on examine cette liste de chapitres, on reconnaît aisément qu'elle se décompose en plusieurs groupes, qui étaient séparés dans les plus anciens manuscrits et attribués à des auteurs différents. Tels sont d'abord les chapitres 2, 3, 4 et 5, jusqu'à 13, lesquels paraissent répondre à nos numéros **31** et **32** de la vieille liste de St-Marc (*Introd.*, p. 175), désignés sous le nom de chapitres d'Agathodémon, Hermès, Zosime, Nilus, Africanus ; tandis que les chapitres véritables du Chrétien y figurent sous nos numéros **33**, **47** et **48** : le numéro **33** répond au chap. 48 sur l'eau divine : le numéro **47** représente le chapitre 5 (Constitution de l'or), qui est un traité spécial ; enfin le n° **48**, comprenant 30 chapitres sur la Chrysopée, d'après la vieille liste, répond sensiblement au groupe des 34 chapitres de Lb, compris depuis le ch. 14, jusqu'au chapitre 47 ; surtout si l'on en défalque l'écrit authentique de Zosime (ch. 23), qui manque dans M ; ainsi que les Mœurs du Philosophe et le Serment (ch. 28), qui appartiennent à un autre ordre d'idées. Les chapitres 49, 50, 51 ont le caractère d'extraits anciens, analogues aux ch. 2 à 13. Quant aux ch. 52 et 53 (Pierre philosophale), c'est une addition postérieure, manquant dans M et dans B.

Nous aurions donc un premier ensemble de la compilation du Chrétien, comprenant les chapitres 14 à 47 de Lb, et représenté dans la vieille liste de St-Marc par le n° **48**. Plus tard, dans le type qui a servi au copiste du manuscrit actuel de St-Marc, on aurait ajouté les chapitres d'extraits que nous comprenons sous les n°ˢ **31** et **32**, c'est-à-dire les chapitres 2 à 13 : la Constitution de l'or (ch. 11 répondant au numéro **47**, paraît avoir été toujours à part, de même que le chapitre 48, répondant au n° **33** sur l'eau divine. — Les n°ˢ **31** et **32** semblent, je le répète, ainsi que les chap. 49, 50, 51, représenter un groupe d'extraits plus anciens, qui sera venu se confondre avec la compilation du Chrétien. En tout cas, les chap. 52 et 53 ne faisaient pas encore partie de la collection copiée dans le manuscrit de St-Marc (xi° siècle), ni même dans le manuscrit B (xiii° siècle) ; mais ils y sont entrés dans le type qui servit au copiste du manuscrit A.

Dans le manuscrit du Vatican, il manque la majeure partie des chapitres du Chrétien ; deux groupes d'articles seulement s'y trouvent : l'un va du ch. 36 au ch. 51 : l'autre, du ch. 24 au ch. 27. Ce dernier groupe offre un caractère spécial, sur lequel nous allons revenir. Mais il est difficile de tirer des inductions trop absolues de ces lacunes.

Indiquons maintenant la nature des sujets traités et expliquons comment nous avons été conduit à démembrer la compilation du Chrétien, pour en reporter un certain nombre de morceaux dans les parties précédentes. Ce démembrement était tout indiqué par notre plan, dans lequel je m'efforçais de reconstituer les textes avec leur caractère le plus ancien. Or la compilation du Chrétien a été faite à l'origine en vertu du système général suivi par les Byzantins, du viii° au x° siècle, période pendant laquelle ils ont tiré des anciens auteurs qu'ils avaient en main des extraits et résumés, tels que ceux de Photius et de Constantin Porphyrogénète. Ce procédé nous a conservé une multitude de débris de vieux textes ; mais il a concouru à nous faire perdre les ouvrages originaux. Un semblable résultat a été particulièrement regrettable en ce qui touche les ouvrages scientifiques, que leurs abréviateurs comprenaient mal, négligeant la partie technique pour s'attacher aux morceaux mystiques et déclamatoires. Quoi qu'il en soit, les livres originaux n'existent plus et le problème est de les reconstituer autant que possible, à l'aide des fragments conservés par les abréviateurs. C'est le travail qui a été fait pour les historiens antiques et c'est celui que j'ai essayé d'exécuter pour les alchimistes.

Voilà comment j'ai restitué à Zosime et aux vieux auteurs les fragments, souvent altérés et modifiés par des commentaires ultérieurs, qui se retrouvent dans les compilations du Chrétien et de l'Anonyme; les chapitres 29 à 53 de Lb notamment, ont ainsi passé dans la IIIe partie de la présente publication; les chapitres 28 et 28 *bis* de Lb, qui ont une physionomie spéciale, ont été reportés dans la partie I. Les chapitres 2 à 13, que j'ai signalés plus haut comme extraits de vieux auteurs, d'après l'ancienne liste de St-Marc, sont rentrés dans la IVe partie. Les chapitres 24 à 27, qui se distinguent tout-à-fait par leur caractère techniqne, ont été maintenus dans la Ve partie.

Il ne faut pas se dissimuler que cette répartition prête un peu à l'arbitraire. Cependant elle me semble préférable au système qui consisterait à conserver en bloc ces compilations. Le tableau ci-dessus constate d'ailleurs l'état exact de celle du Chrétien dans les manuscrits, indépendamment de toute hypothèse.

Ce travail d'élimination terminé, il est resté encore un nombre considérable de morceaux, se rattachant plutôt à la classification générale de la compilation qu'à des sujets scientifiques déterminés; c'est ce résidu qui constitue les chapitres du Chrétien dans les manuscrits, transcrits dans la VIe partie.

On y a joint au Chrétien et à l'Anonyme plusieurs morceaux constituant des compilations analogues et plus récentes encore, telles que celles de Cosmas et de Blemmidès; la dernière remonte seulement au xiiie ou xive siècle. Quelques débris du même ordre, formés par un assemblage de vieilles citations, la plupart de seconde ou troisième main, et désignés dans les manuscrits sous le titre générique de « Pierre philosophale » ont été compris également dans cette VIe partie : observons à cet égard qu'un chapitre semblable figure déjà dans les œuvres dites de Zosime (III, xxix); nous en donnerons ici quelques autres, de façon à compléter la publication des textes de nos manuscrits.

VI. i. — LE CHRÉTIEN

SUR LA CONSTITUTION DE L'OR [1]

1. « Après avoir discouru tout à l'heure dans le second traité et avoir développé les procédés concernant les pierres, j'ai exposé dans le troisième

---

(1) Premier chapitre dans E, Lb. — A la marge de A, on lit : « Jacques, l'inspiré de Dieu : tu le trouveras (cité au milieu de ce discours ». Puis : « il faut savoir que Job a passé sept ans et demi dans son affliction » (voir plus loin).

traité ce qui convenait au sujet ; c'est-à-dire que les sulfureux sont dominés par les sulfureux et les liquides par les liquides correspondants (1). » Tel est le préambule (2) que le savant d'Abdère a placé dans son quatrième traité, voulant montrer par là qu'il y a identité entre le liquide opposé au liquide correspondant et l'élément sulfureux; c'est-à-dire que le point capital du traitement, c'est que « les sulfureux sont dominés par les sulfureux et les liquides par les liquides correspondants. En effet la nature jouit de la nature; et de même, la nature triomphe de la nature, et la nature domine la nature ». Il l'a dit lui-même, ainsi que son maître Ostanès (3).

2. Pour notre part, suivant leurs traditions, c'est avec ce même préambule que nous avons composé notre traité de l'or et de l'argent, sans nous écarter des quatre livres de Démocrite, ni de l'ensemble des livres relatifs à l'œuvre : ce qui ne serait pas possible. Nous placerons au milieu de notre démonstration la chose capitale (4). De même que le centre du cercle détermine les rayons égaux menés vers la circonférence ; de même aussi la source intarissable coulant au milieu du Paradis fournit à tous une onde potable et féconde ; de même encore le soleil de midi (5), étant au zénith de l'un des quatre centres (célestes), illumine sans ombre tout l'hémisphère supraterrestre. Il en est de même de la lune (6), éclairant la terre du haut du ciel, et faisant disparaître la tristesse de la nuit par la pleine lumière de son disque empruntée à la lumière du soleil (7). En effet, sans les liquides du Philosophe (8), il est impossible d'accomplir aucune des choses que l'on désire.

3. Nous nous souviendrons à l'occasion du discours relatif à sa pre-

---

(1) Cp. p. 20, 145, 183.

(2) Ce qui précède est tiré de l'un des quatre livres attribués à Démocrite, sur l'or, l'argent, les pierres et la pourpre. Dans les *Physica et mystica* nous possédons des fragments des deux premiers livres. — Cp. *Origines de l'Alchimie*, p. 77.

(3) Cp. p. 45.

(4) « C'est-à-dire que l'œuvre de tout le Traité consiste dans les sulfureux et dans les liquides. » Addition en marge de E, introduite dans le texte de Lb.

(5) Le texte de MB porte ici le signe de la chrysocolle, assimilée au soleil et corrigée dans ce sens par E.

(6) Signe de la lune (et de l'argent) M ; signe du mercure BAKE.

(7) Commentaire de E, introduit dans le texte par Lb : « Ces mots, les sulfureux sont dominés par les sulfureux et les liquides, etc., sont le centre, la source, la lumière de tout l'art ».

(8) Il s'agit de l'Eau divine ou eau de soufre, dont le nom comprend à la fois les « sulfureux » et les « liquides ».

mière classe ; puis, nous conformant à ses conceptions, nous dirons ce que nous avons pu (faire). « Prenant, dit-il, du mercure, fixe-le avec le corps métallique de la magnésie, ou avec le corps métallique de l'antimoine d'Italie, ou avec du soufre apyre, ou avec de la pierre calcaire cuite, ou avec de l'alun de Milo, ou comme tu l'entendras » (1). Le divin Zosime, interprétant ces choses, entend par le mercure, l'eau divine (2) déposée dans les bocaux. Quant au corps de la magnésie (3), il l'a appelé dans son livre de l'Action la composition blanche traitée par l'antimoine d'Italie, la chaux, l'alun de Milo et le reste ; tels que je les comprends, ajoute-t-il, c'est-à-dire « traités par l'eau divine ». Il a résumé par là toute la classe ; et de cette façon il a montré dès le début la fin de l'art. Nous lui demanderons : Pourquoi cette explication ? Parle, maitre ; dans quel but, alors que le Philosophe a dit dans sa première classe : « Prenant du mercure, fixe-(le) avec le corps de la magnésie »; veux-tu dire, toi, qu'il a montré par son explication la fin de l'art ?

.4. Pourquoi donc tant de livres et d'invocations au démon (4) ? Pourquoi tant de constructions de fourneaux et d'appareils ont-elles été décrites par les anciens, du moment que toutes choses sont, comme tu le dis, faciles à entendre et résumées par là ? C'est souvent, dit-il, ô disciple qui suis les ouvrages de (l'école de) Démocrite, afin d'exercer ton esprit; car si l'intelligence possède en elle-même la voie directrice, cependant elle ne connaît toutes choses que par un secours extérieur, et non d'après sa propre nature. En effet, l'homme n'est pas naturellement un dieu (5), mais il est l'image du Dieu qui a dit à son Fils et au Saint-Esprit : faisons l'homme à notre

---

(1) Cp. p. 46.

(2) Cp., p. 86, les sens multiples des mots : « Eau divine ». — Voir aussi p. 173.

(3) Cp. p. 186.

(4) D'après M; c'est-à-dire au (bon) Génie. « Agathodémon » (voir p. 87). C'était là sans doute le texte initial, qui répond à divers passages (p. 99, etc.); mais le mot Démon ayant été entendu par la suite dans un sens fâcheux, les autres mss. BAKE Lb. y ont substitué « invocations à Dieu ». On voit encore par là la nécessité des formules magiques pour la transmutation, formules qui ont à peu près disparu des manuscrits. — Cp. *Origines de l'Alchimie*, p. vi, 15, 17, 20, etc., et *Introduction*, p. 8, 13, 153, 207.

(5) C'est-à-dire ne possède pas par nature la connaissance universelle et divine. — Ce qui suit concerne plutôt la doctrine de la grâce divine, sans le don de laquelle l'homme ne peut rien.

image et ressemblance. « Que possèdes-tu que tu n'aies reçu ? dit le hérault de la piété, l'apôtre Paul (1). Lorsque tu as reçu, pourquoi te vantes-tu comme si tu n'avais pas reçu ? » Jacques, l'inspiré de Dieu (2), disait : « Tout bon présent et toute donation parfaite viennent d'en haut; ils descendent du Père des lumières». De même lui aussi, le Dieu de l'univers, notre maître et docteur Jésus Christ, nous instruisant, dit (3) : « Vous ne pouvez rien recevoir de vous-mêmes, à moins que cela ne vous soit donné par le Père qui est aux cieux. » Nous devons donc demander à Dieu, chercher et frapper (à la porte), afin que nous recevions. En effet : « demandez, dit l'oracle divin (4), et vous recevrez; cherchez et vous trouverez; frappez et il vous sera ouvert : car celui qui demande recevra, et celui qui cherche trouvera; à celui qui frappe, il sera ouvert ». Mais il faut que chacun, se gouvernant lui-même et par sa propre initiative, considère avec un cœur simple quel doit être l'objet de sa requête: de peur que, faisant une demande téméraire et vaine, il ne réussisse pas. Car l'oracle divin a dit : « si notre demande n'est pas faite avec un cœur simple, nous prenons une attitude téméraire vis-à-vis de Dieu ». Il dit encore : « vous demandez et vous ne recevez pas, parce que vous faites une mauvaise demande, et que vous proposez de dépenser les choses (demandées) dans les plaisirs (5). ô femmes adultères ». C'est donc avec une conscience pure, suivant une pratique et un mode purs, qu'il convient d'implorer Dieu (6).

5. Le philosophe Zosime disant ces choses (7), et nous donnant ces bons conseils, attachons-nous à la question (de savoir) ce qu'est le mercure, et le corps de la magnésie; car toutes les autres choses sont comprises dans le corps de la magnésie... (Il ne faut pas adopter ici la conjonction *ou* à la place de la conjonction disjonctive *et* (8). Il faut savoir s'il s'agit de 3, ou

---

(1) Cor. IV, 7.
(2) Épitre I, 17.
(3) Jean, III, 27.
(4) Matth., VII, 7, 8. Luc. XI, 9, 10.
(5) « Dans les adultères » BAE. — Jacques, IV, 3.
(6) Le sens mystique de la recherche de la grâce se confond ici avec le sens alchimique de la recherche de l'or, comme

il arrive fréquemment chez nos auteurs.
(7) Cp. p. 92 et 235.
(8) Glose intercalée dans le texte; elle s'applique à la phrase suivante, car 15 est la somme des nombres 3, 5 et 7 (voir p. 174). La phrase qui vient après semble également indépendante de celle qui la précède.

5 et 7 (jours), pour la durée totale de la macération correspondant à 15 jours...
D'après le (dire) de Démocrite, rapporté par le divin Zosime dans son dis-
cours sur les eaux divines : « les deux soufres sont une seule composition (1) ».

6. Les mercures et les corps étant au nombre de deux, incontestable-
ment la composition blanche et l'eau de soufre sont la même chose ; c'est
là aussi l'opinion de Démocrite. Ainsi, le soufre mélangé avec le soufre rend
les substances sulfureuses (2), à cause de leur grande affinité réciproque.
Mais si elles possèdent une grande affinité réciproque, il est évident qu'elles
sont de la même nature que lui ; et si elles sont de la même nature, il est bien
évident qu'elles sont les parties du même Tout, c'est-à-dire d'une seule
composition. Ainsi donc, il faut chercher l'unité dont les parties seraient
les deux soufres, ou les liquides sulfureux, ou toute espèce de liquides cor-
respondants.

VI. ii. — LE CHRÉTIEN, SUR L'EAU DIVINE

QUELLES SONT LES ESPÈCES
DE L'EAU DIVINE EN GÉNÉRAL ? — QUELLE EST (L'EXPLICATION)
RELATIVEMENT AU CALCAIRE ? —
QUELLES SONT LES DÉNOMINATIONS DE CES (MATIÈRES) ?

L'explication relative à l'eau divine a été donnée par plusieurs, excellent
Sergius (3) ; mais beaucoup ont peine à l'entendre, parce qu'ils sont in-
crédules et timorés. Tous les écrivains sur l'art regardent cette eau comme
divine, d'après le double sens de son nom (4) ; ils y ajoutent des désigna-
tions remarquables, la nommant tantôt eau native, tantôt eau tirée de la
chaux. Chacune de ces (dénominations) s'appliquait à l'eau jaune, à l'eau
noire, à l'eau blanche ; suivant les sens différents adoptés par les auteurs. En
effet, dans les catalogues des espèces, quelques-uns ont exposé clairement les
agents fixateurs, en traitant avec mesure les matières qui ne se fixent pas ;

---

(1) Cp. p. 162 note 1, et p. 157.
(2) Cp. p. 167, 173, 174.
(3) Sergius Resaïnensis, de Syrie,

vie siècle. — *Orig. de l'Alchimie*, p. 205.
(4) θεῖον veut dire divin et soufre. Cp
p. 174.

d'autres au contraire, parlant par énigmes des agents fixateurs, ont mentionné avec plus de détail les matières fugaces. D'autres encore, en mentionnant toutes les matières, les ont décrites en employant d'autres espèces et d'autres traitements, sans être retenus par la jalousie et avec bonne volonté.

VI. III. — DÉSACCORD DES ANCIENS

1. Ainsi ils ont agi avec bonne volonté (1), de telle sorte que celui qui trouvait, ne fît pas par jalousie disparaître le livre, et que le point capital de la science ne fût pas perdu. Car cette connaissance une fois perdue, l'art tout entier est perdu en même temps, suivant le très sage Zosime.

Mais la diversité (de leurs explications produit un grand embarras pour les lecteurs. En effet, étant donnée l'unité véritable de l'eau 'divine', naturelle et générale, ainsi que l'unité de l'art, voici que les hommes trouvent qu'elle comporte une multitude de traitements. Par là ils sont égarés, étant dominés par le respect et la confiance que leur inspirent les livres. Or s'ils ne réussissent en rien, ils seront amenés nécessairement à mépriser les livres, en même temps que l'art et les maîtres. Cependant les maîtres, qui avaient enseigné à leur propre point de vue, n'étaient pas cause de l'erreur des jeunes gens ; et les jeunes gens, de leur côté, qui n'arrivaient pas au résultat, ne faisaient point acte d'injustice en attaquant les anciens ; car la Nécessité est une grande déesse, suivant le mythe des poètes.

2. Que fallait-il donc que fît Zosime, cet ami de la vérité, lui qui voulait écrire en ami des hommes ? sinon distinguer entre les exposés des anciens ; rétablir l'accord entre leurs discordances et déclarer ceci hautement, en termes précis : Dans leurs écrits ils ont tous employé des mots vulgaires pour annoncer le sens caché de la science unique ; tandis qu'ils ont composé les catalogues des espèces (2) en mots symboliques, distinguant,

---

(1) Cette phrase fait suite à la dernière du morceau précédent.

(2) Cp. la nomenclature prophétique *Introd.*, p. 10. — En d'autres termes, ils désignent l'objet de la science en langage ordinaire ; mais ils emploient des mots symboliques pour les substances mises en œuvre.

comme il leur était permis, les gens intelligents et les gens dépourvus de
sens. Car l'intelligence n'est pas donnée à tout le monde, et tout le monde
n'est pas capable d'entendre simplement la science ; mais la plupart s'en
moquent, alors qu'on leur fait entendre la vérité.

3. Ainsi donc, nous aussi, guidés dans notre marche par le Panopolitain
(Zosime), nous enseignerons, d'accord avec lui, ce qui touche les préceptes
et la fabrication des eaux divines, ou plutôt de l'Eau divine : car il n'existe,
ainsi que nous l'avons dit, qu'une seule eau générale, laquelle embrasse
toute la fabrication.

VI. IV. — QUEL EST LE TRAITEMENT DE L'EAU DIVINE

EN GÉNÉRAL

L'eau qui figure dans les discours secrets de la science, ceux que ne con-
naissent pas les Égyptiens, c'est l'eau divine qui provient des cendres : c'est
là l'eau de soufre de première distillation, obtenue par la décomposition et
la montée (des vapeurs), et qui devient blanche, ou jaune, ou d'une autre
couleur.

VI. V. — FABRICATION DE L'EAU MYSTÉRIEUSE

1. L'eau blanche, ou jaune, ou d'une autre couleur.....

Puis viennent 8 lignes de blanc dans M. Ensuite l'auteur expose de pures subti-
lités, que nous n'avons pas cru utile de traduire.

2. Zosime l'a dit avec raison : « l'Eau divine) est une et comprend deux
unités, par le concours desquelles elle est composée ». L'oracle divin
s'exprime ainsi (1) : « Faisons un homme à notre image et ressemblance », et
l'écrivain ajoute: « il les fit mâle et femelle ». Il est impossible que, dans
le nombre ou dans l'espèce, toute eau soit à la fois sulfureuse et bitumi-
neuse, dérivée du natron, saline et potable : je parle des eaux qui se trouvent

(1) Genèse, I, 27.

dans les (régions) sublunaires; je parle de l'eau qui coule perpétuellement dans les fleuves et les torrents, les lacs et les mers, les fontaines, les nuées. Une, quant au genre, elle est multiple quant à l'espèce, et elle comporte des différences en nombre infini. De même ici, l'eau distillée qui provient du traitement de l'œuf, tout en étant une par le genre, diffère par l'espèce, c'est-à-dire par la (couleur) : je veux dire qu'elle peut être blanche, ou noire, ou rouge.

3. Hermès le vendangeur ne néglige pas de rougir les espèces blanches de sa grappe (1).

4. Voici ce que dit (Zosime) : De même que le nombre se développe en se multipliant, de même chacune des eaux dont j'ai parlé.

5. La cendre restée dans la coupe, après purification et lavage, est mêlée, puis partagée en deux portions. On forme aussi les deux unités composées : celle qui sera réduite en ios, et celle qui lui sera mélangée ensuite : lesquelles concourant ensemble, lors du délaiement et de la décomposition, se fixent mutuellement au moment du mélange, et amènent le Tout à perfection.

6. C'est pourquoi il est permis de dire que, d'une part, *l'eau de l'abîme*, celle qui provient de la fiole inférieure, est soumise à l'extraction ; et que, d'autre part, les deux unités qui concourent ensemble, fournissent les deux parties de la composition, savoir : la partie non décomposée, laquelle est solide ; et la partie décomposée, laquelle est liquide ; (je parle de) celle qui est extraite de la marmite, lorsqu'on l'a fabriquée au moyen de l'appareil, après le temps marqué pour l'iosis. De là vient que la prophétesse hébraïque s'est écriée sans réticence : « Un devient deux, et deux deviennent trois, et au moyen du troisième, le quatrième accomplit l'unité; ainsi deux ne font plus qu'un (2). »

Vois comment (l'eau divine est) une quant au genre, et non quant à l'espèce, ou au nombre; en effet, de l'unité procèdent les nombres deux et trois, qui à leur tour se contractent en unité. C'est pourquoi aussi elle ajoute encore : «l'un » (etc.), réitérant sa déclaration. Zosime la suit en disant : « En effet

---

(1) Sur la vendange d'Hermès, v. p. 119. 129, note 1, et p. 139.

(2) Axiome de Marie la juive. Tout ceci paraît vouloir dire que la transmutation s'accomplit par la combinaison successive de 3 ou 4 corps métalliques. d'abord distincts, puis identifiés à la fin de l'opération.

toutes choses procèdent de l'unité et se rangent dans l'unité ». Il a parlé
d'abord de l'unité générale, il a terminé par l'unité numérique (1) ; il
voulait indiquer ainsi la fabrication parfaite de la poudre de projection.

VI. vi. — LE CHRÉTIEN

OBJECTION SUR CE QUE L'EAU DIVINE EST UNE PAR L'ESPÈCE. — SOLUTION

1. Quelques-uns assurent que l'eau (divine) est une par l'espèce, faisant
intervenir Démocrite qui dit : « Une espèce unique produit l'action de
plusieurs, attendu que la multiplicité procède de l'unité naturelle ».
Et encore : « Une espèce unique, diversement traitée, aura des actions
diverses ». Nous leur répondrons que le Philosophe a eu raison d'écrire
(cela) ; car son explication en cet endroit ne porte pas sur le Tout, mais à
proprement parler et en réalité sur l'espèce unique. En effet les parties
blanches des espèces que l'on fait monter au moyen d'un feu doux peuvent
produire une eau (divine) blanche et blanchir leur propre résidu. Celui-ci,
étant mis en réaction avec la cendre blanchie, et étant ensuite épuisé, devient
susceptible de retenir la teinture. S'il est chauffé plus fortement, il produit
une eau jaune propre au jaunissement ; et le même résidu changé en ios fixe
les teintures (2).

2. Par suite, on comprend comment Démocrite rejetait le feu violent
pour l'œuvre du blanchiment, et disait : « il ne t'est pas utile pour le
moment, car tu veux blanchir les corps... » (3)

Coloré par l'orcanette et par le fucus, séparé en deux parties et
changé en ios, (ce produit) teint la pourpre qui ne passe pas, ainsi que
les perles. Mais s'il demeure blanc et sans teinture et s'il a subi l'iosis, alors
il amollit, il dissout et fixe à l'aide de la chrysocolle, qui forme un grand
ensemble en soudant plusieurs petits objets. Si l'on y ajoute des biles de
poissons et d'autres animaux, il colore les perles, quand elles ont été dessé-

---

(1) Au-dessus le signe du mercure
dans E ; et le mot mercure dans le
texte de Lb ; ce qui signifie le mer-
cure des philosophes, ou l'unité fon-

damentale de la matière métallique.

(2) Ici B et les autres mss répètent la
phrase : « car son explication, etc. ».

(3) Il y a là une lacune.

chées (1). De même le sang-dragon, ou quelque autre espèce, teint les pierres et verres, les cristaux, bien débarrassés de toute substance tinctoriale, ainsi que les émeraudes, les escarboucles et les autres espèces, placées dans un double creuset posé sur un feu de charbons, où elles sont chauffées jusqu'à ce qu'elles deviennent incandescentes et que, prises de soif, elles absorbent le liquide tinctorial, placé dans la bouteille où on les immerge.

3. De même le jaune d'œuf (2), selon l'intensité plus ou moins grande du feu qui chauffe les alambics, fournit une eau jaune, ou une eau blanche, et produit tous les effets dont on a parlé, avec plus de perfection et d'une manière plus durable.

Ainsi donc, ce n'est pas sur l'eau en général que porte l'explication actuelle du Philosophe, mais sur une eau spéciale, lorsqu'il dit : « En effet l'espèce unique diversement traitée… etc. » Zosime, louant les paroles de Démocrite, adressées aux jeunes gens, s'exprimait ainsi : « Que vous importe la matière multiple, étant donnée l'unité naturelle ; je ne parle pas de celle de l'espèce, mais de celle de l'eau ? Cet auteur qui l'approuvait et qui voulait toujours marcher sur ses traces, comment aurait-il pu émettre des assertions contraires aux siennes, en disant : « je ne parle pas de celle de l'espèce »; tandis que Démocrite parlait : « de l'espèce unique » ? Il est évident que Démocrite comprenait par là l'espèce en général ; tandis que Zosime exhortait les jeunes gens à s'écarter de l'espèce matérielle.

VI. vii. — AUTRE OBJECTION

ON VEUT MONTRER QUE L'EAU DE L'ABIME EST UNE QUANT AU NOMBRE : NOUVELLE SOLUTION

1. D'autres disent que l'eau est complexe, étant formée de deux monades composées, au même titre que sont composées les choses naturelles ou artifi-

---

(1) Cp. p. 335, 340, etc. Cette citation montre que les morceaux relatifs à la teinture des pierres (V, vii) sont antérieurs au vie siècle. Nous avons dit qu'ils remontent même bien plus haut [Note (*) de la page 334]. Mais il est intéressant de les voir cités ici.

(2) Sens symbolique.

cielles, un navire, par exemple, et une maison. De même aussi le monde est un par le nombre, tout en étant composé de plusieurs choses. Voilà pourquoi Hermès dit que la multiplicité est appelée unité. On parle ainsi pour se conformer à cette explication donnée par lui : « Un par le nombre, il a une triple signification ». En effet on appelle un par le nombre un objet continu, par exemple un madrier de 12 coudées ; il est un en acte, par la continuité des parties, et cependant multiple en puissance, attendu qu'il est divisible à l'infini. Il y a unité par le nombre, quand il y a homonymie, comme lorsqu'on dit : le chien céleste, le chien marin, le chien terrestre ; car tous trois ont une dénomination unique. Leur nom est un par le nombre. Il y a aussi (l'unité) simple et ne comportant pas l'accouplement, comme (par exemple) un esprit, une âme, un ange.

2. Ainsi l'eau très divine de l'art, celle qui est appelée « Eau de l'abîme » par le maître, est une, quant à la continuité, et cependant composée de deux monades, et non simple. Hermès ne l'ignorait pas, quand il disait que, tout en étant multiple, elle est dite une ; attendu qu'elle peut être divisée en plusieurs quant à l'espèce et quant au nombre, ainsi qu'il arrive pour l'unité de l'univers. Nous ne devons pas manquer de suivre ces opinions contraires, nous qui voulons apprendre la vérité cachée au moyen des symboles, et non au moyen des fables. En effet il n'est pas possible à la même eau d'être à la fois jaune, blanche et noire ; pas plus qu'il n'est possible au même homme d'être à la fois blanc, noir, gris ou d'une autre couleur.

Le § 3 continue à développer ces subtilités.

VI. viii. — RÉSUMÉ DU CHRÉTIEN

QUELLE EST LA RAISON D'ÊTRE DU PRÉSENT TRAITÉ

L'exposé de la science divine vous a été fait à plusieurs reprises et avec développement, dans les études précédentes ; parce qu'il est difficile à la plupart des hommes de se rendre maître de cette philosophie précieuse et excellente ; les anciens et les hommes de sens l'ont rassemblée sous une seule et même dénomination, sous laquelle il s'agit de découvrir la chose désirée.

Mais les règles des anciens savants sont difficiles à entendre, parce que la vraie nature est (voilée sous des symboles) tirés des œufs d'oie et (d'autres) oiseaux domestiques (1).

VI. ix. — DIVISION DE LA MATIÈRE

DE LA DIVISION DE LA MATIÈRE EN QUATRE PARTIES RÉSULTENT DIVERSES CLASSES DE FABRICATION, LEURS PARTIES ÉTANT TANTOT SÉPARÉES, TANTOT COMBINÉES ENTRE ELLES

1. L'ornithogonie (génération de l'œuf) est divisée en quatre parties, je veux dire la coquille et l'hymen, le blanc et le jaune, et l'on a établi avec raison diverses classes, tant générales que spéciales. Dès le début, on traite séparément des liquides provenant des solides, par la fabrication des eaux au moyen des alambics. Ensuite on s'occupe de leur union dans le mortier ; puis de nouveau, de la séparation (des matières) dans les lavages, jusqu'à ce que soit dissipée, d'après Démocrite, la coloration noire de l'antimoine. Après cela, vient la distinction des parties ; c'est alors que toute la préparation est partagée en deux. Mais il ne s'agit pas de la séparation en ses composants primitifs; car cela n'est plus possible après la combinaison formée par l'iosis emplastique et le mélange intime et réciproque.

2. Ensuite la (première) moitié de la préparation est associée avec divers liquides, dans la proportion d'une cotyle pour une once ; ce qui produit ce qu'on appelle la liqueur d'or, la liqueur d'argent, ou l'efflorescence noire. Tandis que l'autre moitié, mélangée avec les matières qui ont été broyées jusqu'au dernier degré d'atténuation, réalise le produit cherché. C'est ainsi que se manifestent les branches de l'art qui résultent de ces divisions et les parties de la matière, mises en harmonie par une loi nécessaire.

(1) Le texte correspondant à la dernière ligne (ou son équivalent) a été gratté dans le ms. de St-Marc. La même précaution a été prise dans ce manuscrit pour la plupart des passages où il est question de l'œuf philosophique : *Origines de l'Alchimie.* p. 16.

VI. x. — COMBIEN Y A-T-IL DE VARIÉTÉS DE FABRICATION

EN PARTICULIER ET EN GÉNÉRAL?

1. La matière comporte quatre parties, comme nous l'avons dit. Parmi les classes, les unes comprennent toutes ces parties; les autres, en comprennent trois, d'autres deux seulement; d'autres (enfin) une seule. Dans le nombre, les unes embrassent ce qui se prépare avec l'eau, comme lorsqu'il s'agit du fer liquide éteint dans l'eau (trempe du fer?). Les autres comprennent les matières sèches : tel est le cas des (poudres) sèches médicinales. D'autres sont de nature composée, comme il arrive pour les classes des matières ramollies, telles que les emplâtres, les onguents et (généralement toutes) les couleurs employées en peinture.

Les unes comprennent (encore) les espèces cuites au feu, ou passées à l'alambic, ou soumises à l'action du feu de toute autre manière, ainsi que les espèces complètement délayées sans le secours du feu, ou bien épuisées par l'action de l'eau; ou bien celles qui se sont déposées dans des lieux froids après leur épuisement; ou bien encore (les produits obtenus) lorsque la matière est délayée par action mutuelle, puis desséchée en la soumettant à l'action du feu, avec la chrysocolle (1); ou bien encore lorsqu'elle est macérée en un certain endroit, décomposée à plusieurs reprises, distillée au moyen d'un appareil (plongé) dans le crottin de cheval: de cette façon elle n'est pas séparée subitement par l'action du feu, et elle n'en subit pas le contact direct.

2. Or donc, il y a 9 classes générales (de traitement), provenant du tout : 3 classes, sans le secours du feu, accomplissent la préparation tout entière, qu'elle soit sèche, ou liquide, ou dans un état distinct de ces deux-là; 3 classes, avec le secours du feu, effectuent la préparation, qu'elle soit sèche, ou liquide, ou intermédiaire; 3 classes procèdent par voie mixte, pour obtenir une préparation sèche, ou liquide, ou autre.

3. Si l'on ne fait intervenir que trois parties de la matière (2), on voit qu'il

(1) L'or, Lb.
(2) C'est-à-dire en opérant avec 3 des 4 parties de l'œuf.

y a 36 classes générales de fabrication, effectuées au moyen des espèces crues ou cuites, ou prises dans un état intermédiaire.

En effet celles des classes que l'on traite sans faire intervenir les jaunes d'œuf (1), sont au nombre de 9. Sans le secours du feu, on accomplit 3 classes de préparations liquides, sèches, ou intermédiaires. Avec le secours du feu, on accomplit aussi trois préparations : la liquide, la sèche, ou l'intermédiaire ; enfin par une action mixte : 3 classes pareillement.

4. Il y a également 9 (classes) dans lesquelles on ne fait pas intervenir les blancs (d'œuf), savoir : sans le secours du feu, 3 classes de compositions sèches, liquides, ou intermédiaires ; avec le concours du feu, semblablement 3 classes ; enfin, 3 autres classes obtenues par une action mixte.

5. Lorsque les parties sont traitées sans faire intervenir les membranes (de l'œuf), il naît de là semblablement 9 classes de fabrications générales : 3 sans le secours du feu, savoir la préparation liquide, la préparation sèche, ou l'intermédiaire ; 3 avec le concours du feu ainsi qu'on l'a dit, et 3 par une action mixte.

6. Lorsque les espèces sont traitées sans faire intervenir les coquilles (de l'œuf), tu trouves 9 autres variétés de préparations sèches, ou liquides, ou intermédiaires, suivant qu'elles sont crues, cuites, ou intermédiaires. De telle sorte que ces classes de traitements sont en tout au nombre de 36.

7. Quant aux variétés générales de classes provenant de deux parties de la matière réunies, on en trouve 54 ; savoir : 9 provenant de la coquille et des membranes réunies ; 3 préparées au moyen du feu, 3 sans le feu, et 3 par un procédé mixte : ce qui fournit des compositions liquides, sèches, ou intermédiaires. Semblablement, 9 classes avec les produits provenant du blanc et du jaune, comme on l'a dit à plusieurs reprises ; semblablement, 9 classes provenant de la coquille et du blanc (réunis), suivant la recette indiquée ; 9 provenant des membranes et des jaunes ; et semblablement encore 9 provenant de la coquille et des jaunes ; 9 pareillement, provenant des membranes et des blancs. Les traitements généraux provenant de deux parties réunies de l'œuf sont donc en tout au nombre de 54.

8. Les traitements généraux provenant d'une seule partie de l'œuf sont au

____

(1) L'or, Lb.

nombre de 36 : pour chacune de ces parties, il y a 3 traitements avec le feu ;
3 sans feu ; 3 par voie mixte : ce qui engendre une préparation sèche,
liquide, ou intermédiaire, laquelle se trouve ainsi (provenir) des seules
coquilles, ou des (seules) membranes, ou des (seuls) blancs, ou des (seuls)
jaunes.

Conserve la composition à l'état liquide, sans la colorer avant la fin ;
lave dans l'eau, au moment de la teinture, enduis de nouveau les objets
et les lames d'argent et de cuivre. Après avoir soumis au feu, fais
pénétrer la préparation, ainsi que Zosime l'a exposé dans le discours
sur l'eau divine. Nous avons mentionné tout cela ou à peu près dans nos
études précédentes; seulement, que ce soit pour toi un précepte universel
pour toute substance dérivée du soufre apyre, corps naturellement solide ;
il faut la faire macérer préalablement au soleil et la laver dans du lait, sans y
ajouter d'espèces solides ou liquides. Il faut éviter surtout de recourir à une
chaleur immodérée pour produire l'iosis. Il faut que toute l'eau éprouve la
réaction et qu'elle s'unisse avec (la matière) non décomposée, soit que (la
composition) se trouve dans l'état liquide, ou bien au contraire dans l'état
sec, ou dans un état intermédiaire.

9. Ainsi donc les seules classes de la fabrication dont nous ayons parlé sont
démontrées être au nombre de 135 (1). Les procédés dans lesquels on em-
ploie l'œuf entier, sont au nombre de 9, suivant que l'on opère par le feu
seul, sans le feu, ou par voie mixte : de façon à obtenir une préparation sèche,
liquide, ou intermédiaire. Quant aux autres procédés spéciaux, (dans
lesquels on n'emploie pas l'œuf entier), ils sont au nombre de 126, et il est
impossible d'en trouver davantage. En effet, si l'on cherche à trouver d'au-
tres genres ou espèces de fabrication, en dehors des précédents, on ne pourra
sortir des genres et des espèces que nous faisons connaître en ce moment.
Alors même que tu t'apercevrais que ces classes comportent des variétés en
nombre infini, tu ne seras nullement pris de vertige, si tu reconnais à quel
genre ou à quelle espèce elles appartiennent. En effet, les opérations sont

---

(1) Ce nombre se décompose ainsi :   54 avec 2 parties ;
   9 avec les 4 parties de l'œuf ;   36 avec 1 partie.
   36 avec 3 parties de l'œuf :   135

indivisibles : lors même qu'il se trouve mille substances analogues (suscep-
tibles d'être substituées les unes aux autres), cela ne fait aucune opération
nouvelle. De même que pour chaque espèce, il existe un grand nombre de
variétés particulières ; de même dans le cas de cette belle philosophie. C'est là
un fait connu d'ailleurs de tous ceux qui philosophent sur ces sujets : la science
de la matière (en général) est unique quant à son objet. Si les maîtres lui
donnent des noms divers, suivant la variété des matières (spéciales), c'est pour
exercer nos esprits (1) et parce qu'ils ont pris l'habitude de la dénommer en
raison de la variété des traitements et des matières spéciales. Mais en réalité
le traitement est unique quant à l'espèce.

C'est ainsi que l'auteur vigilant et attentif, pareil à l'abeille, recueillant son
butin dans nos écrits et dans ceux des hommes éminents d'autrefois, vaincra
méthodiquement la pauvreté, ce mal incurab (2) : lenous aussi, nous nous
sommes efforcé de nous conformer aux écrits des savants, nos devanciers·

VI. xi. — RELATION ENTRE LES DIVISIONS
DE LA SCIENCE
ET LES FIGURES GÉOMÉTRIQUES

La cause matérielle (3) des résultats de la science se divise en quatre
parties, savoir : la première, la partie qui concerne la coquille de l'œuf ;
la seconde, la partie qui concerne les membranes ; la troisième, la partie
qui concerne le blanc ; la quatrième, la partie qui concerne la partie jaune,
c'est-à-dire le jaune d'œuf.

Supposons des figures décrites sur une surface plane, nous représen-
terons les traitements provenant du Tout, par un carré.

Les (traitements effectués) avec trois parties, on les représente par un
triangle, les éléments répondant aux angles de diverse façon, suivant les
diverses fabrications.

---

(1) Cp. p. 63.
(2) Var. de M : « Ce mal affreux. »

(3) Cp. l'article sur les diverses cau-
ses d'après Aristote, ci-dessus, p. 200.

Les (traitements effectués avec deux parties seulement), nous les représenterons par des demi-cercles fermés par un diamètre, avec un rayon perpendiculaire, représentant la descente des éléments les plus élevés (1).

Quant aux classes formées avec une seule partie, c'est à proprement parler le (cercle) seul, décrit en tant que résultant d'une ligne unique.

Si, d'une part, on opère par le feu seulement, on obtient un système pyramidal (2), qui caractérise les classes de préparations faites au moyen du feu.

Si, d'autre part, (on opère) sans le secours du feu, on aura une figure octaédrique, laquelle répond à l'air ; et, par sa partie centrale, elle répond à l'eau et à l'air. Voici ces figures (3).

VI. XII. — QUELLE EST LA CLASSE

EXPOSÉE DANS LES ÉCRITS SECRETS DES ANCIENS

1. Ici commence le traitement exact, originaire des sanctuaires (4). Prenant la matière engendrée par les oiseaux (l'œuf), intacte, immaculée, sans tache, partage-la comme pour les ragoûts ; car dans beaucoup de (cas) l'art culinaire nous est utile (5). Ensuite, mets dans deux marmites chacun des liquides ; opère l'épuisement au moyen des appareils à mamelon, jusqu'à ce que la vapeur ne monte plus. Toute la partie qui est laissée à l'intérieur des matras devient noire, inanimée, morte, c'est-à-dire privée d'esprit (*caput mortuum*).

2. Cela a été surtout expliqué d'une façon détournée ; de crainte qu'un exposé trop clair ne permît aux gens jaloux de réussir sans le concours de

---

(1) La perpendiculaire n'est pas figurée dans les dessins.

(2) Tétraèdre (?)

(3) Voir ces figures (*Introd.*, p. 160, fig. 36). La fin de ce texte rappelle un passage du Timée de Platon : *Origines de l'Alchimie*, p. 265.

(4) Le traitement des Eaux, ABKELb.

(5) Cp. p.85, note 3.

l'écrit. Voilà pourquoi ils ont décrit (l'œuvre) à leurs auditeurs sous des dénominations et des formes multiples (1) ; ils ont exposé le travail de classes innombrables, quoique la matière soit à proprement parler (toujours) la même et que l'opération soit unique ; ils voulaient exercer les esprits des jeunes gens, afin qu'ils amenassent à la vie les résidus et les semences de cette (matière). Mais ceux qui avaient un raisonnement terre à terre et qui se traînaient sur les textes, s'imaginaient avoir compris les écrits des anciens et, par là, ils tombaient dans l'égarement au sujet de la matière. Animés d'un sentiment plus bienveillant, les maîtres venus depuis ont présenté aux autres la science tout entière, comme consistant en une seule matière (2) et une seule manipulation ; ils n'en ont pas fait mystère par jalousie. De ce nombre sont Pétasius et Synésius, ces hommes merveilleux. En effet, l'un, faisant mention opportune de l'arsenic seul, en expose les traitements de diverses manières ; il en indique exactement les mesures et les combinaisons, afin de démontrer clairement la chose à tous les naturalistes. Il s'accorde avec les philosophes qui s'écrient : « La nature jouit de la nature et la nature triomphe de la nature ». L'autre, au moyen de la rhubarbe du Pont (3), a montré que les fabrications les plus faciles (4) des eaux sont les seules opérations maîtresses de la vraie science.

3. Quoique les méthodes de ces auteurs soient estimées à cause de leur clarté ; cependant ils abrégeaient et voilaient ce qui concerne la matière, mettant ainsi en peine leurs auditeurs. En effet, comment ceux-ci auraient-ils pu comprendre que l'arsenic ou la rhubarbe du Pont donnassent lieu à de telles déclarations, tandis que l'œuf accomplit le Tout, ainsi que nous l'avons montré en détail dans un exposé dogmatique ?

4. L'un (de ces deux auteurs), sous le nom de l'arsenic, a voulu faire entendre par énigmes la virilité (5), et, sous le nom du (corps) apte à retenir (la teinture), le cuivre et le métal doué de l'éclat de l'or. L'autre, sous le nom de rhubarbe du Pont, a désigné l'eau fixatrice et féconde de l'art. En

----

(1) Cp. *Introd.*, p. 10; et ce volume, p. 63, 86, 182, 196; 221, note 3, etc.

(2) Cp. p. 37 et note 4.

(3) Cp. p. 62.

(4) Il y a là en grec un jeu de mots intraduisible entre le mot qui veut dire rhubarbe et celui qui veut dire très facile.

(5) Jeu de mots sur le nom d'arsenic.

effet, la mer (1) se précipite, et avec elle la foule des poissons et l'agglomération des barbares; tandis que le cuivre est une chose meurtrière : il détruit les gens inexpérimentés qui s'approchent de lui. De là vient aussi qu'il est efficace pour endormir la vie, lorsqu'on en prend une dose égale à la grosseur de la lentille ou du sésame, d'après ce que disent les anciens.

5. Pour éviter que l'art manque d'expérience et paraisse insaisissable de tout point à tout le monde, tandis qu'il existe au contraire, avec son développement véritable et conforme à l'expérience, nous avons été conduit à l'exposer, en tirant parti des explications de ceux-là, et compulsant les travaux de ceux-ci. Voulant par philanthropie (écarter) l'obscurité du sujet, nous avons décrit la matière authentique et, nous l'avons médicamentée par plusieurs manipulations; les gens sensés qui les liront verront que la vérité est présentée dans toutes, sans s'écarter du but. En effet, elles décrivent, suivant une seule et même méthode, le noircissement et le blanchiment, le jaunissement et l'iosis, ainsi que le partage de la composition et l'union du Tout, opérations sans lesquelles il est impossible de produire rien d'utile.

6. Seulement, pour ne pas nous mettre nous aussi dans le même cas que ceux qui opèrent sans expérience, en exposant une quantité infinie de fabrications, et pour ne pas encourir les mêmes reproches, nous présenterons dans le traité le résumé de toutes les opérations, en exposant les plus générales d'entre elles (2). Par cette description, on pourra reconnaitre aussi la vérité des opérations spéciales; nous procéderons habituellement par divisions, pour plus de clarté. Celui qui rejetterait une telle méthode, n'aurait pas lieu de s'en vanter, ainsi qu'il résulte de l'opinion du savant Platon et de la vérité. Cette méthode manifeste à la fois la vérité et l'erreur : les parties faibles sont placées à côté des parties certaines, afin de ne rien omettre.

7. Après avoir exposé les classes conformément à notre division, et par démonstration graphique, dans un discours ordonné, nous vous présenterons à vous et aux gens intelligents, des (notions) exactes, mettant en lumière la fabrication des âmes, d'après les procédés contenus dans les sanctuaires

---

(1) Jeu de mots sur πόντος = mer, voir SYNÉSIUS, p. 62.

(2) Tout ceci semble le préambule d'un traité pratique, qui a été perdu; les copistes ne s'étant intéressés qu'aux déclamations du début.

et les dépôts sacrés. Les (classes) en nombre infini, nous les grouperons d'après l'identité des espèces ; les espèces, nous les réunirons par genres ; nous les dériverons des jaunes d'œuf ; c'est là ce que les écrivains en cet art nomment *spodios* (1).

8. Jetant cette scorie dans un mortier, broie fortement et, après avoir fait fondre, lave dans les eaux de mer blanches, jusqu'à ce qu'ait disparu la couleur noire de l'ios du cuivre (2). Tel est le premier blanchiment et la décoloration des espèces ; de cette façon elles deviennent aptes à recevoir les couleurs. C'est ainsi que l'on fait fondre le *lachium*, que les gens du métier appellent lachas (je veux parler des teinturiers en bleu). Ainsi donc lorsqu'on opère régulièrement, au moyen du natron et de la chaleur, le produit rejette toute son espèce sanguinolente. Il est fortement délayé dans une jarre d'Ascalon (3), avec les mains, comme pour le lavage des graines légumineuses. Devenu blanc, ou plutôt dépourvu de couleur, il est alors étiré (4), battu avec des marteaux sur des pierres meulières fixées en terre. On le retourne de temps en temps, ainsi que le morceau de bois dans lequel il a été encastré, après avoir été chauffé au préalable. Ensuite il est coloré par l'action d'une matière tinctoriale, et alors il est martelé, de peur qu'après refroidissement il ne cesse d'être malléable, et ne fasse désespérer des teintures. En effet, les coups répétés et continuels des jeunes hommes qui le battent, l'amollissent, de façon à y faire pénétrer les couleurs, quand il reçoit la colophane qui les retient, ainsi que la colle.

9. De même aussi ce cuivre si réputé sera délayé avec la chrysocolle dans les eaux marines, de la façon que nous avons souvent expliquée, ou bien dans les urines de grues, ou bien dans les rosées célestes : car toutes les (matières susdites sont la même chose, et ont la même efficacité, celle de détruire le noir (développé) par l'action mortifiante du feu. Le métal devient par là apte à recevoir les couleurs de l'art, après qu'on l'a dépouillé de tout élément liquide, en le blanchissant d'abord dans un mortier avec des eaux blanches : qu'il s'agisse de la génération de l'asèm, ou des perles, ou des pierres précieuses. ou de la pourpre (5). Le produit est jauni après le blanchiment, pour la gé-

---

(1) Cendre ou scorie. Cp. p. 107, 113, 196, 368, etc.

(2) Cp. III, xxxix, § 4 et 5. p. 230.

(3) Cp. p. 204. 280.

(4) Cp. p. 301.

(5) Un même système de préparations

nération de l'or, la production de la couleur rouge et la teinture des peaux. Il reçoit l'espèce de la couleur pourpre après le blanchiment, quand il s'agit de la pourpre royale, provenant du fucus et de l'orcanette.

10. En général, indépendamment du noircissement, c'est-à-dire de la coloration en noir d'ébène, lorsqu'on veut obtenir toute sorte de couleur, préparer la poudre de projection et la composition (cherchée), la scorie est lavée avec des eaux de même nature. On tient la matière blanche dans la chrysocolle (1), au sein d'un bain, ou bien en employant tout autre mode d'échauffement inoffensif. On lave bien, jusqu'à ce que cesse de surnager au-dessus des eaux, la matière noire que l'on appelle aussi *grau* (pellicule ?) (2). Tout ce qui ressemble à la cendre étant une fois enlevé, tu auras de l'étain purifié (3). Dès que la matière noire ne monte plus, fais sécher au soleil la composition ; broie dans un mortier et colore avec des eaux blanches : il se forme ainsi un rayon de miel extrêmement blanc, comme le dit Hermès Trismégiste (4).

C'est alors qu'il dit : La composition est dirigée de façon à obtenir l'asèm ; on la partage en deux portions : l'une est traitée par plusieurs eaux dans les appareils et mercuriñée ; l'autre est gardée exempte de toute réaction ; on y délaie l'eau transformée et il se forme de la poudre de projection, celle qui est cherchée depuis des siècles.

11. Si l'on veut poursuivre la fabrication de l'or, après avoir blanchi préalablement les (matières) sur lesquelles on a précédemment opéré un partage, on jaunit, en ajoutant des eaux jaunes, et l'on fabrique une poudre jaune, suivant l'opinion d'Hermès, en partageant ce produit en deux portions · « laisse au fond et c'est produit » (5).

Cette (préparation) étant devenue ios, fais-la monter au moyen de l'appareil ; mélange avec la matière non décomposée et tu auras la parfaite poudre de projection.

---

est appliqué ici à la teinture des métaux, des perles, des vitrifications et de la pourpre : Cp. *Origines de l'Alchimie*, p. 245. Mais il est probable que dans notre auteur le vague des descriptions générales est intentionnel : les matières employées étant différentes, suivant la nature des corps destinés à être teints.

(1) D'après MB. — dans A, signe de l'or (ou du soleil) — dans ELb : le soleil en toutes lettres.

(2) Cp. p. 219.

(3) Du mercure, ELb.

(4) Cp. p. 66.

(5) Cp. Stephanus, cité dans l'*Introduction*, p. 179.

Au sujet des perles, il est dit : « Mettant de l'eau blanche avec de l'eau blanche, tu amollis dans des vases de verre, en opérant sur de petites perles (1), ou sur de l'aphrosélinon, ou sur toute autre matière analogue. Lutant à l'entour et garnissant de suif les jointures, dépose dans du crottin de cheval, ou emploie quelque autre mode de chauffage semblable, jusqu'à ce que la pierre soit complètement dissoute. Elle est de nouveau durcie dans la même eau, en l'exposant au soleil pendant les chaleurs caniculaires ».

Au sujet des pierres, il est dit : « Prends telle couleur tinctoriale que tu veux, unis-la à l'eau en même temps que l'ios de cuivre, en proportion convenable, et fais chauffer au soleil. Tu amolliras dans le bain tinctorial et tu teindras ».

Au sujet de la pourpre et des autres colorations : « On met de l'orcanette et du fucus dans les eaux blanches, provenant des matières blanches. Lorsqu'elles ont pris la couleur, partage en deux portions et tu feras de l'ios, en même temps que de la poudre de projection. En effet tout ios de cuivre tire son origine des (matières) solides et liquides. Mélange avec d'autres eaux de même couleur, et tu teindras ».

VI. xiii. — LE PHILOSOPHE ANONYME

SUR L'EAU DIVINE DU BLANCHIMENT (2)

1. Le premier mode de macération, c'est celui de l'eau divine du blanchiment (3); autant qu'il en est besoin, on va l'expliquer. En effet un excès de liquide fait couler le produit; tandis qu'une quantité insuffisante ne permet pas d'accomplir l'opération. Ainsi il faut ajouter les liquides, autant qu'il est nécessaire pour effectuer la composition et ne pas laisser celle-ci couler, ni demeurer confondue (avec le liquide).

2. Le second mode de macération doit être réglé, de façon à obtenir une parfaite dilution et purification. De même que les vêtements crasseux sont

---

(1) Cp. p. 122, 325, etc.

(2) ELa : « sur le blanchiment de l'Eau divine », et de même plus bas. — C'est une mauvaise leçon.

(3) Cette phrase est tirée de AELa; elle manque dans M.

lavés jusqu'à ce qu'ils ne perdent plus de crasse, mais que les mousses (de l'eau de savon' s'écoulent pures ; de même aussi notre composition est lavée jusqu'à ce que l'eau n'entraîne plus de crasse. En effet il lui arrive naturellement d'être encrassée, par suite de la pénétration à l'intérieur du métal de la portion superficielle, devenue plus terreuse et plus épaisse après qu'elle a été extraite, raréfiée et expulsée de la masse par la chaleur du feu ; par suite, la surface se trouve ainsi encrassée. On lave donc jusqu'à ce que la crasse soit entièrement nettoyée.

3. Le troisième mode d'opération est réglé comme il suit : on délaie les œufs dans l'eau et on les met dans un matras. La composition ainsi délayée et formée par macération, est reprise après le lavage, dans un matras surmonté d'un second récipient de verre (1) ; elle est alors agglomérée en forme de boule et on l'abandonne à elle-même pendant 6 heures, en veillant à ce qu'il n'y ait pas de fumée. C'est pourquoi le siège de l'opération est établi dans un lieu bien éclairé, afin que la vue de la fumée ne puisse échapper. Or cet appareil est en forme de tube, droit et double. Par en bas on souffle sur les charbons, tandis que par en haut on reçoit la composition dans le double récipient ; par le milieu elle est rafraîchie, afin d'éviter qu'elle ne soit brûlée (2). Tout d'abord, en nous levant de bon matin, nous étendons la durée du délaiement jusqu'à 6 heures ; puis nous lavons ; on fait cuire pendant 6 autres heures. On laisse refroidir tout autour, pendant la nuit et jusqu'au matin. Ainsi s'explique ce que disait Hermès : « Toutes les matières que tu peux faire macérer, lave-les aussi, et laisses-les déposer dans des vases ; tout ce que tu peux faire, fais-le ».

4. Ainsi on fait macérer avec l'aide des courants liquides, pendant les lavages, et on fait déposer, en laissant encore refroidir durant l'opération.

Par le chaud et le froid, nous voulons parler de la vie et de l'action du feu. De même que la génération de l'oiseau s'accomplit par l'effet de la chaleur, agissant sur le jaune de l'œuf, et que celui-ci est transformé au moyen du froid provenant du blanc : de même aussi cette composition (c'est ce que nous ap-

---

(1) D'après E : « on la place avec son assiette dans un vase de verre de grandeur double ; puis on l'y laisse ».

(2) Cette vague description semble répondre à un appareil à distillation, ou à sublimation, tel qu'un alambic (dibicos), *Introd.* (p. 138, fig. 14). Elle rappelle certains textes de Zosime, p. 227, 228, etc.

pelons l'œuf des philosophes), est engendrée en vertu de la chaleur qui réside dans le jaune ; par suite du mélange et de la coopération (de ses diverses parties), elle prend consistance ; et elle est transformée par le froid qui réside dans le blanc et dans le souffle aérien.

Il ne faut pas ignorer que lors du mélange, le corps solide et jaune a été précédemment envisagé comme chaud ; tandis qu'on assimile au froid ce blanc sans fixité, qui est tiré du plomb et du métal étésien. Ceci s'applique aussi à l'échauffement et au refroidissement alternatifs, résultant de la succession des jours et des nuits.

5. Vois de quelle philosophie est rempli le présent travail ; avec quelle circonspection théorique et philosophique toutes choses sont produites ; rien n'est fabriqué à la légère et avec dédain. (En effet) Dieu aime celui qui vit avec sagesse. La négligence est condamnée par l'Écriture inspirée de Dieu ; l'homme présomptueux et dédaigneux ne viendra à bout de rien (1).

Après avoir décrit ces choses comme conformes à notre souvenir, maintenant nous les mettons sous notre sceau, glorifiant, remerciant et bénissant Dieu qui, dans sa sagesse, s'est plu à faire toutes choses sagement, et qui nous a donné de comprendre ces matières ; ce Dieu en qui l'on adore le Père, le Fils et le Saint-Esprit ; celui qui reçoit un culte de toute sa création, maintenant et toujours et dans les siècles des siècles ; ainsi soit-il (2).

VI. xiv. — DU MÊME PHILOSOPHE ANONYME :
(DISCOURS) SUR LA PRATIQUE DE LA CHRYSOPÉE,
DÉVELOPPÉ AVEC L'AIDE DE DIEU (3)

1. Nous nous sommes étendu précédemment sur les considérations théori-

---

(1) Habacuc, II, 5 (Septantes).

(2) E ajoute : «(Prends) du sang d'un homme aviné, de la bile d'un bœuf noir non marqué, et du suc de la plante, (appelée) *tragis* (barbe de bouc ?); prends ces trois choses en portions égales ; chauffe du fer et trempe : tu réussiras très bien ». — C'est une note marginale de quelque copiste ; elle est reproduite à la fin de VI, xx.

(3) Titre dans E et La (qui est la copie) : «Du Philosophe anonyme, discours sur la pratique, expliquant le procédé de la Chrysopée, développé, etc. » A ajouté en marge : « second discours ».

ques relatives à la Chrysopée (1), et nous allons en signaler les coryphées. Le premier, Hermès, appelé Trismégiste, nous est donné comme ayant reçu cette dénomination parce que la présente fabrication comprend les trois puissances de l'acte (2), en observant aussi, en dehors de l'acte, les trois essences distinctes des êtres. Celui-ci est le premier qui ait écrit sur le grand mystère ; il eut pour disciple Jean, devenu archiprêtre en Sainteté (Évagie) de la Tuthie et des sanctuaires qu'elle renferme (3).

Après celui-ci vint, en troisième lieu, Démocrite, célèbre philosophe d'Abdère, supérieur aux prophètes ses devanciers.

On cite ensuite le très savant Zosime.

Voici (maintenant) les fameux philosophes œcuméniques, les commentateurs de Platon et d'Aristote (4) : Olympiodore et Stephanus (5) ; ils ont approfondi encore davantage ce qui concerne la Chrysopée ; ils ont composé de vastes commentaires, dignes des plus grands éloges, donnant des règles assurées pour la fabrication du mystère.

2. Quant à nous, après avoir lu leurs très savants livres (6), et les avoir

---

(1) Rédaction de E : « Après avoir expliqué la question de la Chrysopée, parlons maintenant de ceux qui l'ont pratiquée. Le premier d'entre eux est celui qu'on appelle Hermès Trismégiste ; il a dit que la présente fabrication a lieu suivant les trois puissances et actes. Puis viennent Jean l'archiprêtre en Évagie, Démocrite, Zosime, Olympiodore, Stephanus, et beaucoup d'autres ensuite : lesquels, en qualité d'interprètes, ont commenté les auteurs plus anciens qu'eux, je veux dire Hermès, Démocrite, Platon et Aristote ».

(2) Cp. p. 119 : *sur la poudre sèche*.

(3) Cp. *Origines de l'Alchimie*, p. 118. Évagie peut signifier un lieu déterminé, ou bien représenter une désignation mystique : sainteté, c'est-à-dire archiprêtre de Sainte mémoire. Le mot Tuthie s'applique-t-il à un nom de lieu ? ou bien désigne-t-il la tuthie chimique, c'est-à-dire l'ancienne cadmie ou oxyde de zinc impur ? Peut-être le nom du lieu où l'on faisait la préparation a-t-il passé à la matière préparée. Le mot même, avec ce dernier sens, serait alors plus ancien qu'on ne l'a cru jusqu'ici (*Introd.*, p. 268 et 241).

(4) Réd. de E : « Ils ont examiné et approfondi tous les commentaires théoriques et fondamentaux de cet art de la Chrysopée ; ils ont écrit avec un grand mérite à son sujet, éclaircissant pour nous la fabrication de ce mystère ».

(5) Ce passage montre que l'Anonyme est postérieur à Stephanus.

(6) Réd. de E : « Quant à nous, après avoir lu leurs très savants livres, à force d'expérience et de pratique, nous sommes parvenus à comprendre (la nature) des êtres. Voilà aussi pourquoi nous avons reconnu par nous-même et nous exposons que cet art de la Chrysopée est nécessaire et réel ».

éprouvés par l'expérience et la pratique, nous nous rappellerons que leur exposition repose sur l'intelligence de ce qui existe, et qu'elle est nécessaire et véridique.

Ils ont révélé la fabrication du molybdasèm, au moyen du molybdochalque (1); étant tous tombés d'accord dans leurs descriptions officielles, relatives au molybdochalque. C'est ainsi que, d'après l'expérience, la pratique et les distinctions relatives à la matière, nous avons fait un commentaire; nous étant imposé cette règle (2), de nous abstenir de toutes les substances qui ont le pouvoir de brûler, par l'action du feu et du soufre ; de même, du mélange trop violent de tous les agens arsénicaux, qui causent des dommages de toute sorte et amènent l'insuccès. Mais il convient d'avoir recours à toutes les choses qui possèdent la puissance liquide et d'opérer par le mélange et l'action assimilatrice des éléments, avec le concours du plomb mélangé. Ce mélange est ce que nous appelons, nous, l'union des substances. On la réalise d'abord au moyen du creuset; puis on pétrit et on lave. C'est ainsi qu'on donne comme étymologie du mot magnésie (3), ce fait qu'elle résulte du mélange et du pétrissage, lequel a confondu en une substance et une existence uniques les composants du mélange. Or le pétrissage du Tout, celui de toute substance (4) s'opère au moyen des liquides et dans les liquides : les matières lavées sont pétries, comme on fait pour la pâte limoneuse et pour les étoffes de lin ou de soie que l'on veut blanchir 5,.

3. Voilà aussi pourquoi le célèbre Olympiodore, dans sa grande Exposition, a écrit que le mystère de la Chrysopée réside dans les liquides (6). Il en fournit mille exemples (7) et représentations typiques, au moyen des cou-

---

(1) C'est-à-dire la transformation d'un alliage de cuivre et de plomb (molybdochalque), en un alliage de cuivre et d'électrum ou d'argent (molybdasèm). — Voir la formule de l'Écrevisse, *Introd.*, p. 154.

(2) Réd. de E : « Nous vous prescrivons donc, d'après les philosophes, de vous abstenir de toutes les matières qui ont le pouvoir de brûler... »

(3) Réd. de E : « Ils donnent le nom de magnésie (à cette substance) parce qu'elle est mélangée (μίγνυμι) pétrie, teinte et amenée à une essence unique ».

(4) L'auteur oppose le masculin et le féminin du mot πᾶς (Tout).

(5) Ici AKELa intercalent plusieurs fragments déjà publiés dans Zosime : III, xxxi, p. 199. — III, xxxix, § 4-5, p. 203.

(6) Réd. de E : « Or, Olympiodore explique que c'est dans les liquides, etc. »

(7) Cp. Olympiodore, p. 93.

rants, des écoulements et des flux, des effluves et des lavages, de ce qu'on nomme macération et purification. (Les vrais auteurs) décrivent (1) le traitement qui accomplit le mystère. Ils reviennent sur cette pensée unique que les substances deviennent l'ios d'or; ils disent que celui qui fabrique de l'ios fait (de l'or), tandis que celui qui ne fabrique pas d'ios ne fait rien. En effet, les substances primitivement compactes deviennent atténuées et spirituelles, étant transformées en matières ténues et transmutées, par suite de leur imprégnation réciproque et de leur fixation commune. Étant ainsi mélangées et imprégnées entre elles, elles se détruisent elles-mêmes et se régénèrent de nouveau. Ainsi Démocrite, s'adressant à nous autant qu'au roi, dit : « Sache, ô roi ; sachons aussi, nous autres, prêtres et prophètes, que si l'on n'apprend pas à connaître les substances (2), et si l'on ne mélange pas les substances, et que l'on ne connaisse pas les espèces ; si l'on ne combine pas les genres avec les genres, on travaille en pure perte et l'on se fatigue pour un résultat sans profit. Car les natures jouissent les unes des autres ; elles sont charmées les unes par les autres ; elles se détruisent les unes les autres ; elles se transforment les unes les autres. et de nouveau elles s'engendrent les unes les autres ».

Les §§ 4, 5, 6 sont de pures subtilités, que l'on n'a pas cru utile de traduire. Le dernier se termine par ces mots :

6. .... Il faut apprendre d'abord à connaître les natures, les genres, les espèces, les affinités, les sympathies, les antipathies, les mélanges, les extractions, les amitiés, les haines, les aversions et tous les analogues, et de cette façon arriver à la composition proposée; ainsi que le dit Démocrite, en récapitulant ces points.

7. En effet il ne faut pas ignorer que c'est par l'effet d'une sympathie naturelle que la pierre magnétique attire le fer; tandis que, par l'effet d'une antipathie, l'ail frotté contre l'aimant le soustrait à cette action naturelle. Il y a mélange

----

(1) Réd. de E : « Car tous écrivent que le traitement est unique, ainsi que l'accomplissement du mystère. Ils reviennent sur cette pensée et disent que les substances sont amenées à l'unité ; car celui qui fait de l'ios fait de l'or, disent-ils, tandis que, etc. ».

(2) P. 50 et 51.

de l'eau versée dans du vin ; mais séparation de l'huile versée dans de l'eau :
les matières qui ont une sympathie naturelle se réunissent, tandis qu'il y a
séparation entre les matières antipathiques.

Il n'a pas paru utile de traduire les §§ 8 à 14, qui sont des subtilités byzantines.

A et K reproduisent ensuite le traité de Zosime sur la Vertu et l'Interprétation :
III, vi, p. 127.

VI. xv. — LE PHILOSOPHE ANONYME

LA MUSIQUE ET LA CHIMIE (1)

1. L'œuf est composé par nature de quatre parties, étant formé des parties
susdites (2). Or toutes les variétés de fabrications générales sont au nombre
de 135 (3) ; et il n'est pas possible d'en trouver un nombre plus grand ou plus
petit que celui-ci. Il s'agit des genres et des espèces de la matière unique
et véritable, décrite dans les 4 (ou 5) livres (4) précieux qui embrassent la
science, (c'est-à-dire) l'argent, l'or, les perles, les pierres et la pourpre (5).
Or il existe plusieurs voies spéciales (6), pour ceux qui poursuivent

---

(1) « Sur l'art sacré et divin des philo-
sophes : Traité dédié au grand Empe-
reur Théodose » ; Vat. Cp. p. 378.

(2) A rapprocher de III, xliv, p. 211.
Tout ce morceau paraît être une suite
de I, iii et I, iv, p. 18 à 22. Il a un
caractère singulier, en raison des rap-
prochements mystiques qui s'y trouvent
exposés entre la musique et la chi-
mie. On a essayé de traduire ces rap-
prochements le plus littéralement pos-
sible, mais sans prétendre en avoir
pénétré le sens exact, que l'auteur
ne comprenait peut-être pas bien lui-
même. D'ailleurs ce morceau fournira
sans doute aux spécialistes quelques
renseignements nouveaux sur la mu-
sique byzantine.

(3) Ce passage se rapporte à l'Écrit
du Philosophe Chrétien, VI, x, § 9,
p. 396.

(4) E : « corps », au lieu de « livres ».

(5) Les quatre livres sur l'or, l'argent,
les pierres et la pourpre sont les quatre
livres attribués à Démocrite. On voit
qu'on intercale ici un cinquième livre
sur les perles, qui paraît être l'ouvrage
transcrit dans la Vᵉ partie, ix (p. 352).
Ceci n'a pas été compris par le copiste
de E, qui donne la rédaction suivante :
« Or les parties les plus précieuses de
cette matière scientifique sont l'argent,
l'or, les perles et la pourpre ».

(6) E : « Voies spéciales à ceux qui
poursuivent un art dépourvu de mé-
thode pour les ignorants, quoique mé-
thodique pour les gens capables d'ins-
truction ».

[l'art] : les unes méthodiques, les autres non méthodiques. Parmi eux quelques-uns ont donné des descriptions que nous reproduirons ; tandis que d'autres manquent de tradition et d'expérience ; nous écarterons cette inexpérience et ces opinions individuelles.

2. Il en est de notre science comme de la musique. Les rangées musicales les plus générales étant au nombre de quatre (1), la 1re, la 2e, la 3e et la 4e, il s'en forme 24 autres, différant par les espèces, celles-ci (au nombre de six) appelées centrales, égales, plagales, pures, non-tonales (et détonnantes). Il est impossible de constituer autrement les mélodies qui sont indéfinies quant à leurs parties, telles que celles des hymnes, ou des offices, ou des révélations, ou de toute autre branche de la science sacrée, comme par exemple de l'écoulement (?), ou de la phthora (modulation), ou d'autres affections musicales. De même ici (en chimie), il y a lieu de définir ce qui est possible, quand il s'agit de la matière unique, véritable et fondamentale, (savoir) la fabrication du produit des oiseaux (2).

3. Tout ce qui est exécuté sur la flûte et ce qui l'est sur la cithare est composé, soit des quatre rangées, soit de trois, soit de deux seulement, soit d'une seule. Lorsque la composition est obtenue avec trois rangées, elle comprend nécessairement la 1re, la 2e et la 3e rangées ; ou la 2e, la 4e et la 1re ; ou bien la 4e, la 1re et la 3e (3). Lorsque le chant est composé avec deux (rangées), (il l'est) forcément de la 1re et de la 2e ; ou de la 2e et de la 3e ; ou de la 3e et de la 4e ; ou de la 4e et de la 1re ; ou de la 1re et de la 3e ; ou de la 2e et de la 4e. Et lorsque (le chant) est composé (avec une) rangée seulement, il l'est incon-

---

(1) E remplace partout στοχός (ou plutôt στοίχος, rangée, ligne), par ήχος (ton, mode). La musique byzantine, comme le plain-chant romain, se compose de 4 tons principaux (*authentes*) et de 4 tons plagaux : ce qui constitue *l'octo-échos* (C. E. R.).

E : « De même que les 4 tons ou modes les plus généraux, fondements de la science musicale, c'est-à-dire le 1er ton, le 2e, le 3e et le 4e, engendrent d'eux-mêmes 24 autres tons, lesquels diffèrent par l'espèce, et sont appelés centraux et purs, non-tonals et égaux, etc.

(2) C'est-à-dire de l'œuf philosophique.

E : « de l'ornithogonie de l'œuf ; or toute voix et toute sorte de chants sont produits soit par le larynx, soit par la flûte, soit par la cithare ou un autre instrument ; mais toute sorte de chants se composent de 4 tons, ou de 3, ou de 2, ou d'un seul ».

(3) L'auteur exclut 2, 3, 4 ; comme ne faisant pas une combinaison mélodique.

testablement, ou de la 1ʳᵉ, ou de la 2ᵉ, ou de la 3ᵉ, ou de la 4ᵉ ; et il est impossible (1) qu'il se forme dans d'autres conditions avec l'une des branches : il n'y a rien au delà. C'est de la même façon qu'il faut raisonner ici, quand il s'agit de notre science, et il faut nécessairement s'attendre à ne pouvoir atteindre le but, si l'on s'écarte des règles.

4. De la même manière que, dans les (matières) musicales, on voit que le chant est incorrect et inexact, si en commençant par la 1ʳᵉ rangée on court consécutivement sur la 3ᵉ ou au delà, et inversement ; ou bien si l'on va au hasard de la 2ᵉ à la 4ᵉ, et réciproprement ; ou bien si, négligeant l'alternance des tons plagaux et des tenues, (on passe) du ton pur au central, ou du 1ᵉʳ central au 2ᵉ, au 3ᵉ ou au 4ᵉ central, ou d'un ton égal à un (autre) égal, ou d'un plagal à un (autre) plagal, ou d'un non-tonal à un autre pareil, ou d'un détonant au précédent, ou bien au 3ᵉ (ton), ou bien à quelqu'un des autres, (ou) inversement (2). Car sur tous ces points et leurs analogues, il y a une grande distinction (à faire) ; et il se rencontre des hauts et des bas, des altérations et des mortifications, ou toute autre faute de cette sorte.

5. C'est pourquoi les maîtres en cette science ont dit que les (sons) propres (à un ton) surpassent les (sons) propres (à un autre ton) pour chaque rangée des centraux proprements dits : de même le central du milieu pour les sons purs situés au delà du central qui vient après ; de même le 3ᵉ (surpasse) le 2ᵉ, et le 3ᵉ (surpasse) le 4ᵉ. Celui qui rend très grandes et irrégulières les entrées et les sorties des rangées dans les chants excite un rire excessif, parce qu'il produit les effets susdits. Il est (surtout) critiqué à bon droit par les savants, par ceux qui nous instruisent clairement dans leurs discours sur les effets (mélodiques).

De même (3) ici (en chimie), il faut se garder de l'irrégularité dans toutes

---

(1) E : « Et il est impossible qu'il se forme autrement. Car toute sorte de chant doit se former de l'une des branches susdites et, en dehors de celles-là, il n'y a pas d'autre procédé ».

(2) Les six parties ou tons indiqués ici sont le pur (cathare ou authente ?) ; le central, le plagal, l'égal (ison), le non-tonal et le détonant ; chacun d'eux pouvant être pris avec quatre hauteurs (rangées) différentes.

(3) E : « De même, dans cet art divin qui est le nôtre, il se produit des irrégularités et des déviations, des altérations et des mortifications, si l'on opère avec ignorance et sans art. C'est pourquoi il faut que les jeunes gens se gardent avec soin de tout cela ».

les questions susdites ; car si (l'on) s'occupe du noircissement, du blanchiment des coquilles (d'œuf), de l'iosis des jaunes (d'œuf), ou de toute autre partie du traitement, sans marcher pas à pas ; ou bien, si, au lieu de procéder au blanchiment en 1re lieu, en 2º lieu ou en 3e lieu, en opérant sur les parties ou sur le tout ; si (disons-nous) l'on commence par l'iosis des parties séparées, ou brouillées ensemble ; ou bien encore si l'on débute par les coquilles, et si l'on passe subitement au jaune ; ou bien si, négligeant le 1er mercure (obtenu) par les alambics, on passe au (mercure) moyen (1) ; ou au dernier ; ou bien si, après avoir accompli les premiers délaiements, on passe aussitôt aux derniers, ou bien qu'on fasse l'inverse pour toutes les (opérations) susdites ; ou bien si l'on fait quelque autre chose contraire à l'ordre obligatoire : dans tous ces cas, le résultat se ressentira de pareilles erreurs et prêtera à rire.

5 *bis*. De même, etc. (2).

6. De même que, à propos des parties de la matière, nous avons parlé des diversités de fabrication, en vue de leur division ; de même aussi, on pourra (le faire) à propos des traitements. (Cependant) il est possible de voir au contraire, dans le cas de notre traitement, que sa nature est une ; l'espèce est une et la substance unique. C'est d'après ces principes que Zosime, ce saint auteur, commentait les mots : « une nature unique triomphant du Tout » ; et ceux-ci : « l'être naturel est un ; il ne s'agit pas de l'espèce, mais bien de l'art ».

Si l'on voulait rappeler que les espèces des 24 rangées comprennent seulement six catégories, (savoir) le pur, le plagal, l'égal, le central, le non-tonal ou le détonant, qu'on se rappelle aussi que chacune est partagée en 1re, 2e, 3e et 4e rangées (musicales). Mais il n'est pas dans notre plan de parler maintenant de ces sortes de choses.

Semblablement aussi, au sujet de la matière chimique et de l'espèce, il est permis à ceux qui (le) veulent, de concevoir des (idées) analogues, et d'admettre que la matière est tout à fait unique, absolument parlant. Dans l'espèce chimique, il s'agit du traitement, pris absolument ; de même qu'il y a la

----

(1) Le mot mercure semble ici synonyme d'eau divine, c'est-à-dire des liquides distillés employés pour l'opération. On trouve un sens mystique analogue dans Raymond Lulle : MANGET, t. 1, p. 824.

(2) Traduit, p. 212.

rangée prise absolument, ou l'instrument musical pris dans un sens absolu (?).
Tandis que la matière subordonnée et générique (1) est celle qui provient des
(œufs) d'oies et des (autres volatiles) domestiques.

Les espèces subordonnées sont celles qu'on obtient soit par le feu, soit
sans le secours du feu, soit par un procédé mixte; car les genres se trouvent
être alternatifs. De la même manière dans la musique, il y a des instruments
généraux et spéciaux, répondant aux parties spéciales de la science, (à savoir) :
le genre nauston (instruments à percussion ?), l'aulétique (instruments à vent)
et le citharique (instruments à cordes); tous correspondant au quaternaire
des lignes c'est-à-dire (aux quatre lignes musicales). Or les espèces exécutées
sur ces instruments et les genres secondaires sont au nombre de six dans la
science, savoir : le pur, le plagal, l'égal, le central, le non-tonal et le détonnant.
Les instruments cithariques sont nombreux et diffèrent par leurs espèces;
car il y a le plinthion (2), à 32 (cordes), la lyre, à 9 (cordes), l'achilléen, à
21 (cordes),......... le psaltérion, à 10 cordes au moins, ou à 30 ou à 40 au
plus, et celui qui n'en a que 3 ou 4, ou 5. Il y a aussi le plinthion (3), à
32 cordes, propre (à célébrer) les puissances divines, lequel convient princi-
palement aux âmes, ainsi qu'à leur conjonction avec les puissances corporelles.

L'instrument aulétique est tantôt en cuivre, tel que le très grand instrument
appelé psaltérion ou orgue à main, le cabithacanthion (?) pour sept doigts,
le pandourion, le tonadion, la trompette, et les trompes. Il peut être aussi
construit sans cuivre, (tels que) le chalumeau simple, le double chalumeau, le
chalumeau multiple, le rax, le tétroréon et le plagal.

(1) E : « tandis que par la matière se-
condaire et générique nous voulons par-
ler de la matière produite avec les œufs
des oies et des autres oiseaux domesti-
ques, ou avec bien des ..... (?) Or nous
appelons espèces secondaires celles
qu'on obtient par le feu (ou sans feu),
ou par procédé mixte ».

(2) E : « Le plinthion, composé de
32 cordes; la lyre, composée de 9 cordes;
l'achilléen, composé de 30 cordes avec
une corde additionnelle, et le psaltérion,
etc. ».

(3) E : « Il y a un autre plinthion, com-
posé de 32 cordes. Quant aux instru-
ments que nous appelons maintenant,
instruments par excellence (orgues ?).
les anciens les appelaient plinthion sans
cordes et aulétique. Cet instrument est
approprié aux puissances divines et il
s'accorde principalement avec les âmes;
il est apte à fortifier les puissances corpo-
relles; il possède un charme pour
combattre la douleur de l'âme, et pour
faire aimer Dieu. Ce qui convient encore
aux corps. c'est l'instrument aulétique
(à vent) : il est fait de cuivre. et on l'ap-
pelle grand orgue et grand psaltérion ».

Nous rangeons parmi les instruments (à percussion) les cymbales pour les mains ou pour les pieds, les aiguières (vases musicaux) en cuivre et en verre. Il y a aussi l'instrument composé (1) de plusieurs métaux, que l'on comprend quand on sait réaliser la mise en œuvre des 24 rangées.

8. Le divin Xénocrate (2) a exposé encore autre chose. Les espèces des (œufs) d'oies et des (autres volatiles) privés se trouvent de leur côté (3) comporter quatre subdivisions, (savoir) le blanc, le jaune, la membrane et la coquille.

Par suite, les variétés relatives à l'espèce des fabrications ont été exposées comme des portions de la science ; tout comme les variétés des rangées musicales susdites et des mélodies forment des espèces très spéciales (en musique). En effet, de même que notre art, opérant sur les parties générales de la matière chimique, expose en grand nombre et variété les espèces des fabrications ; de même aussi la musique, ce bien donné par Dieu, étant combinée avec les espèces matérielles, a engendré plusieurs variétés (4).

9. Non seulement les susdites variétés existent en chimie pour la poudre sèche : mais encore il existe des fabrications aussi nombreuses quant à l'espèce, suivant que l'on emploie des (matières) liquides, des matières sèches ou mixtes. En effet, pour toutes les variétés d'espèce, parmi les poudres sèches, nous trouverons des divisions en nombre égal, parmi les préparations liquides et mixtes ; parmi celles qui sont distillées au moyen des appareils, et non distillées, mais bien exprimées au moyen d'un linge, ou bien épuisées d'eau par tel ou tel autre procédé ; afin que (le liquide) soit uni aux solides matériels et réalise le mélange moyen après l'iosis : le tout est délayé ensuite, et possède une existence tout à fait liquide. Ce ne sont pas

---

(1) E : « De même que dans la musique il y a beaucoup de genres, d'espèces et d'instruments ; de même aussi dans l'art divin de la chimie, il y a des genres des espèces, des variétés de traitement et de combinaisons, et des vases, et des aiguières en cuivre, en verre et en terre cuite. Et quiconque connaît toutes ces variétés et celle des autres arts, sait encore accomplir ce qui est cherché ».

(2) E : « Comme le dit le divin Xénocrate, les œufs des oies et des autres oiseaux privés contiennent 4 espèces, savoir : le blanc, etc. ». — Xénocrate est compris dans la vieille liste des auteurs alchimiques donnée par le ms M (*Introduction*, p. 110, 111).

(3) Comme les tons musicaux.

(4) Les rapprochements entre la musique et la chimie ne se retrouvent plus dans les paragraphes suivants.

seulement les deux parties liquides de l'œuf qui peuvent être mercurifiées, en raison de leur nature fluide ; mais les deux (parties) sèches qui constituent le surplus de la nature (de l'œuf), sont aussi capables d'être mercurifiées ; attendu que tout corps naturel a une existence mélangée des quatre éléments, en proportion inégale ou égale (1).

10. Ainsi les liquides sont absorbés par les substances solides, ces ingrédients étant employés à dose minime, avec le concours des alambics. Ou bien on les mélange ; ou bien on les éteint dans les liquides naturels, en laissant s'opérer la décomposition avec le temps et la dissolution. Les produits obtenus sont partagés en deux, et traités par le pélican (appareil distillatoire), ou bien sans le secours de l'appareil à mamelon. Alors sont mélangées entre elles les parties de même nature : je veux dire la (partie) décomposée et la partie non décomposée. Si (l'on) veut, avec les liquides seuls, pratiquer une teinture à fond par leur décomposition, on n'a pas recours au délaiement ; mais en mêlant de l'eau avec l'eau, on accomplit la préparation, en partageant les substances solides amenées à l'état de dépôt, ainsi que l'a fait voir clairement le grand Synésius.

Les §§ 11, 12, 13, 14, concernent des opérations chimiques décrites d'une façon trop vague, pour que l'on ait réussi à donner un sens suffisamment précis à la traduction.

15. Mais on dira : « Montre-moi qu'il en est ainsi d'après les anciens écrits ». Écoute le premier des chimistes : « Prenant, dit-il, une pierre pyrite (2), fais la chauffer, jusqu'à ce qu'elle devienne incandescente. Après l'avoir enlevée (du feu), trempe-la dans l'eau froide ; (retire-la aussitôt) et mets-y de la salive avec ton doigt : si elle l'absorbe, c'est qu'elle aura été chauffée convenablement ; alors, dépose-la dans la teinture (3).

---

(1) Add. de E : « De sorte qu'il semble aux non-initiés et aux ignorants qu'il est impossible d'entreprendre d'opération ». — Mercurifié a ici un sens mystique, impliquant l'idée de distillation. — Cp. note 1 de la p. 412.

(2) Silex ? — C'est le sens de ce mot en néogrec.

(3) E : « Fin du livre de la pierre musicale ».

VI. xvi. — COSMAS

EXPLICATION DE LA SCIENCE DE LA CHRYSOPÉE
PAR LE SAINT MOINE COSMAS [1]

1. Cette chimie véritable et mystérieuse demande beaucoup de travail, mais peu de dépense, car Un est le Tout et par lui est le Tout, et si un n'est pas trois et trois un, le Tout n'existe point : c'est là la délivrance de la maladie importune de la pauvreté. Ainsi c'est par affection pour toi que je t'écris, pour t'adresser une sorte de viatique et un petit artifice contre elle.

2. Prends de l'or pur, 3 hexages; du mercure, 1 hexage; fais un mélange à la façon des orfèvres. Ensuite trempe le mélange dans de l'eau, pour que la couleur noire s'échappe. Puis presse bien le mélange dans un linge de lin, afin que le mercure s'échappe.

Ensuite unis le mélange avec de l'ios de bonne qualité, du sel ammoniac et un peu de la chaux tirée de l'œuf; broie bien le tout sur un marbre.

Ensuite unis ces (matières) à un jaune d'œuf; place le tout dans une coquille d'œuf dur, (percée) d'un trou. Il faut que la coquille soit fraîche et propre (2). Lute bien le trou, ainsi que l'œuf entier, et plonge dans du crottin de cheval chaud, pendant 7 jours.

Ensuite après l'avoir retiré, regarde par le trou de l'œuf (l'état de) la composition. Si elle est tout entière passée à l'état d'ios, c'est bien ; si non, répète l'opération jusqu'à ce que le Tout soit Un, c'est-à-dire changé en bel ios.

Alors, allumant des charbons, à plusieurs reprises et sans désemparer, fais rôtir l'œuf entier; puis, retirant le mélange, broie sur le marbre; garde cette poudre de projection.

En faisant fondre de l'argent très pur dans un creuset, et en y ajoutant une partie de cette poudre, tu obtiendras de l'or très brillant. Si tu veux le rendre encore plus fin, renouvelle 2 et 3 fois l'opération première, jusqu'à ce que (le résultat) te plaise.

---

(1) Traité d'une époque beaucoup plus récente, à en juger par la langue.

On le donne ici pour montrer la continuité de la tradition alchimique dans le moyen âge. C'est une suite de recettes de transmutation.

(2) L'œuf philosophique désigne ici un appareil, suivant la nomenclature alchimique.

3. Ce qui suit est tiré d'un certain auteur ancien, Zosime ; — l'autre (fragment) l'est du Grand Art des anciens. Fais l'épreuve que voici (1) :

Prends 4 œufs, mets-les dans un vase de terre cuite d'une grande capacité; après avoir pétri un peu de fleur de farine avec du miel, dispose ce mélange tout autour des œufs dans un vase. Bouche-le bien, plonge dans de la fiente pendant 120 jours, jusqu'à ce que se produise une nature rouge de sang (destinée à devenir l'âme du produit). Ensuite, découvrant, mets le contenu dans un (vase) de terre cuite tout neuf; porte à l'incandescence les charbons embrasés en les éventant, et dirige la vapeur des charbons sur le résidu disposé à l'avance. Lorsqu'il est grillé, mets-le dans un mortier, sans que ta main le touche. Après avoir broyé, garde-le dans un bocal. Fonds de l'argent pur, 1 livre; projettes-y de cette poudre sèche 3 ou 6 parties et tu seras surpris. C'est là le divin et grand mystère, celui que l'on cherche, celui qui peut vaincre la pauvreté et écarter les ennemis. Ainsi soit-il.

4. Autre explication. — (Prenant) de la sandaraque, de la couperose, de l'arsenic, du soufre et du cinabre, unis toutes ces matières ensemble. Après avoir broyé, délayé et formé un mélange visqueux, mets dans un verre propre, c'est-à-dire dans un ballon, qui devra avoir un orifice plus étroit que son ventre, tel que les paniers ronds des ruches (?). Après avoir garni l'orifice de lut, fais chauffer sur un feu doux. Ensuite, ôtant le lut, tu trouveras le mélange desséché, en consistance de poix. Après avoir encore délayé, transvase dans un pot de terre cuite ; et prenant le tout, place auprès du feu. Après avoir découvert, tu trouveras du jaune.

5. Prends de la magnésie blanche, et le même poids de limaille, ainsi que les (matières) traitées préalablement. Ensuite faisant tiédir les deux (corps) dans de l'huile de raifort, laisse digérer : tu obtiendras un jaune de qualité supérieure pour la fonte. Mais si la couleur n'est pas brillante, après avoir enduit de sel, de misy et de rouille de fer délayée avec du vinaigre, et après avoir fait intervenir la puissance de la limaille provenant du petit plat, (la préparation) sera parfaite.

6. Maintenant, si tu as de l'or, et que tu veuilles en doubler le poids, sans

---

(1) Ce morceau fait suite à l'article de Cosmas dans les manuscrits et semble en avoir fait partie. Est-il extrait réellement de Zosime ? C'est ce qu'il est difficile de décider.

en diminuer la qualité ; après avoir pesé cet (or), mets double dose de la
préparation précédente, obtenue avec le misy et la limaille de fer noircie,
en prenant de l'un et de l'autre un poids quadruple de l'or. Mélangeant ou
combinant ces choses, applique les autour de l'or ; après avoir mis
dans un creuset et fait chauffer, enlève : tu trouveras l'or (en quantité)
double.

7. Le cinabre et l'ios du cuivre couleur d'or, ainsi que certaines espèces
naturelles, projetés dans la matière lunaire (l'argent), produisent de l'or
métallique.

8. Après avoir fondu du plomb au feu, saupoudre-le de soufre et chauffe
jusqu'à ce que la mauvaise odeur soit évaporée. Ensuite mettant de l'alun
lamelleux et du cinabre dans les vases, en égale proportion, et mêlant avec
de l'oxymel, arrose avec le plomb liquéfié. Agis semblablement avec du
soufre apyre, jusqu'à ce que la matière durcie se change en or.

9. Prenant du cuivre, étends-le en lames, coupe-(le) en petits morceaux
carrés et mets ceux-ci dans un petit pot d'argile : une couche de cuivre, puis
une couche de soufre pilé ; bouche bien l'orifice à la partie supérieure, avec
du lut. Puis, mets ce petit pot dans un autre pot (plus) grand : celui-ci doit
avoir des trous. Laisse entrer le feu par ces trous ; emploie un feu fort et
fais cuire pendant 4 heures : le cuivre calciné devient ainsi pulvérulent, et
pareil à du sel : il se forme ce qu'on appelle du rasouchti (1).

10. Ensuite prends du rasouchti, 5 onces et demie ; du natron ou de l'ef-
florescence artificielle (?), 3 onces ; du mercure, 2 onces : mélange tout cela et
broie fin comme de la farine. Broie ces choses, jusqu'à ce que l'on ne voie
plus le mercure. Ensuite, procure-toi deux plats, agencés de façon à se
recouvrir exactement et que rien ne puisse en sortir, pas même de l'eau ;
ensuite, enduis-les avec de l'argile à creuset ; ou bien, si tu n'en trouves
pas, avec l'argile dont se font les assiettes. Dès que tu as bien disposé les
deux plats, de façon que leurs bords s'adaptent l'un à l'autre, enduis-les
exactement. Le vase inférieur, c'est-à-dire le plat, doit être plongé de
nouveau dans cette argile et luté, aux jointures et tout autour, avec du blanc
d'œuf. Ensuite, fais dans le fond du plat supérieur un trou capable d'ad-

____

(1) C'est la préparation de *l'æs ustum* de Dioscoride. *Introd.*, p. 255.

mettre une aiguille à coudre des sacs, ou même un trou plus petit, comme pour une grosse aiguille (ordinaire). Puis fabrique un petit fourneau et rétrécis-le par en haut, de façon que l'espace supérieur puisse contenir les plats, tandis qu'à sa partie inférieure il sera plus large. Dépose les plats dans la partie supérieure du fourneau, et, par en bas, mets un peu de feu, réparti également. Dispose sur le trou du plat supérieur un couteau, afin de pouvoir racler avec la pointe, et fais bien cuire. Retire souvent le couteau et regarde : lorsque tu verras monter quelque chose de pareil à l'argent, alors fais bien cuire. D'abord il montera une fumée épaisse, et, plus tard, du mercure (1) pareil à l'argent.

11. Lorsque tu verras cela, cesse le feu ; bouche le trou du plat avec du lut et laisse refroidir (pendant la nuit). Vers le matin, retire le produit, après avoir ôté l'enduit des plats. Saisis d'abord le plat supérieur, puis l'autre, et recueille tout le mercure, de façon à n'en rien laisser dans le plat supérieur ; car il adhère à ce plat : râcle-le entièrement et prends-le. Alors prends de l'argent, 4 onces, et du cuivre, 8 onces. Fais fondre d'abord le cuivre et, dès qu'il est fondu, ajoute l'argent. Quand tu l'as fondu également, et que les deux (corps) n'en forment plus qu'un, alors ajoute de la poudre sèche, c'est-à-dire du mercure recueilli dans le plat, jusqu'à concurrence d'une demi-once : le tout te fournira un argent pur et parfait. Lorsque tu l'auras fondu dans l'appareil, mets dessus du sel ammoniac ; et si tu veux qu'il soit plus beau, mets-y une autre demi-once du mercure recueilli dans le plat, et l'argent sera encore meilleur.

VI. xvii. — LA PIERRE PHILOSOPHALE

Compilation de morceaux déjà imprimés pour la plupart. On donnera seulement le suivant :

Zosime. — 1. Je vais vous expliquer la comaris (2). La comaris, par son addition, amène les perles à perfection. Sous ce nom on désigne la pierre

---

(1) Notre mercure, ou peut-être notre arsenic. — *Introd.*, p. 239.

(2) Cp. Zosime, p. 122. C'est une variante.

qui attire au dehors l'esprit, par la puissance de la poudre de projection.
Aucun des prophètes n'a osé exposer ce mystère dans ses discours ; mais ils
savaient que c'était ainsi qu'il convenait de fixer cette précieuse puissance
féminine ; car elle est la blancheur vénérable, d'après l'interprétation de
tous les prophètes. On obtient cette puissance de la perle en la faisant
cuire dans l'huile.

2. Prenant la perle attique, fais-la cuire dans l'huile, dans un vase décou-
vert et non clos, pendant 3 heures, au milieu du feu. Frotte la perle avec
un chiffon de laine, pour la débarrasser d'huile et conserve-la pour t'en ser-
vir dans les teintures. Car c'est avec l'aide de l'huile que l'on amène la
perle à perfection.

VI. xviii. — SUR LA PIERRE PHILOSOPHALE

1. Le célèbre philosophe d'Abdère, Zosime, Jean l'Archiprêtre, Hermès
Trismégiste, Démocrite, Olympiodore et Stephanus, dans l'exposition de la
Chrysopée, ont révélé le mystère du molybdochalque (1) ; ils se sont accordés à
le prendre comme point de départ. Dans leurs mémoires fondés sur l'expérience,
la pratique et la connaissance de la matière, ils prescrivent d'écarter tous les
agents qui possèdent le pouvoir caustique, tels que le feu, le soufre, et tous
les arsenics, parce que leur mélange et leur force sont la source de tous les
dommages et accidents. Mais d'après eux il convient d'employer les agents
doux, ceux qui possèdent le pouvoir liquéfiant, pour le mélange des éléments
et l'alliage du plomb. Ils appellent aussi cet alliage union des substances :
d'abord lorsqu'on le réalise au moyen de la fusion, et aussi (lorsqu'on opère)
par grillage et lavage. Ils désignent (le molybdochalque) sous le nom de ma-
gnésie, parce qu'on mélange, pétrit et trempe, afin d'amener l'alliage à l'état
d'une substance unique, par l'identification des substances composantes. Or le
mélange du Tout, la (fabrication de la) matière, s'accomplit entièrement par
voie humide et par les liquides ; de même que l'argile est pétrie avec les
matières lavées, telles que les étoffes et les soies blanchies.

(1) Ce § résume l'article VI, xiv, de l'Anonyme, p. 405.

2. C'est pourquoi Olympiodore écrit que le mystère de la Chrysopée réside dans les liquides. C'est par les écoulements d'eau, les courants, les lavages, la macération et le traitement que l'on accomplit l'opération mystérieuse.

(Suit une subtilité.)

3. Démocrite dit au roi (1) : Si tu ne connais pas les substances et leur mélange, si tu ne comprends pas les espèces et l'union des genres avec les genres, tu travailleras en vain, ô roi.

4. Zosime dit (2) : Dans le mystère de la teinture de l'or, les corps deviennent esprits, afin d'être teints par l'esprit dans la teinture ; c'est-à-dire que les corps (métalliques), unis au molybdochalque et modifiés par le mercure, deviennent esprits. Par ces agents ils sont d'abord liquéfiés, cuits, soumis à l'écoulement, en vertu de la macération qui en résulte et de l'opération de la transmutation, et ils changent ainsi de corps. Car ils passent naturellement à l'état incorporel, et ils arrivent d'une façon extraordinaire à l'état d'or cuit.

5. Olympiodore dit (3) : le molybdochalque ou pierre étésienne détermine ensuite l'écoulement simultané de ces produits par le feu. L'un des effets est dû au plomb et l'autre au feu. Ce n'est pas de l'une des matières isolées que dépend l'écoulement simultané ; mais on doit faire écouler la matière par l'association des trois produits. On les mélange d'abord à parties égales et pour les faire écouler, il ne faut pas ajouter l'un des produits aux deux autres, mais mélanger à la fois les trois dans un même alliage. Le mot écoulement simultané montre qu'il faut faire écouler l'ensemble d'un seul coup.

6. (Suivent des subtilités.)

7. Zosime dit : Ne craignez pas, etc. (reproduction d'un passage donné : III, vi, § 13, p. 135, jusqu'à la fin du §).

8. L'évaporation de l'eau est sa disparition. Je m'étonne du résultat de notre étude, et de voir comment l'émission et l'action de la vapeur de l'eau divine peuvent cuire et colorer notre composition.

---

(1) Cp. 408. – Cette forme axiomatique rappelle la *Turba philosophorum* et semble appartenir à une tradition analogue.

(2) Cp. Pélage, IV, I, § 9, p. 248, et VI, xiv, § 8 et 9, *Texte*.
(3) Cp. VI, xii, § 9. *Texte*.

9. Stephanus dit..... (III, vi, § 23 et 24, p. 138 et 139, avec diverses lacu-
nes indiquées dans le texte grec).

Viennent ensuite une série de morceaux déjà publiés, tirés de Zosime, de Jean
l'Archiprêtre, de Stephanus, de Comarius, d'Olympiodore, etc., avec des portions
abrégées et des lacunes.

VI. xix. — HIÉROTHÉE

SUR L'ART SACRÉ [1]

1. Prenant de la batiture de fer, 1 partie ; de l'antimoine d'Italie, 1 partie ,
délaie le tout dans de l'huile de natron. Après avoir opéré l'extraction, mets
à part et fais fondre avec une quantité égale de cuivre d'Italie. Après avoir
réduit, allie avec de l'or et laisse 3 jours. Prends du soufre, 1 partie ; du
misy, 1 partie ; délaie, puis prenant l'alliage, dispose-le par couches alterna-
tives, et opère l'extraction. Prends de ce produit, 3 parties, et 1 partie d'or ;
fais fondre et tu trouveras ce que tu cherches.

2. Si tu veux faire mieux encore, traite l'alliage et fais-le macérer avec la
fleur de natron, jusqu'à ce qu'il devienne fluide (comme) du mercure. Sublime
sept fois et partage en deux portions ; la première est soumise à la décomposi-
tion jusqu'à production d'eau ; quant à l'autre moitié, tu la mélanges avec le
tiers de son poids d'or et le 6° de cuivre d'Italie et de fer ayant subi le pre-
mier traitement. Broyant le tout, arrose avec l'eau du mercure dissous plus
haut, et fais chauffer. Opère ainsi jusqu'à ce que l'eau ait disparu ; mélange
un peu de soufre, de façon à ce qu'il pénètre la préparation, et s'y imbibe.
Opère ainsi jusqu'à ce qu'il se forme du cinabre (ou de l'or ?)

3. Emploie cette recette avec le concours d'Emmanuel (2), le chef des êtres

---

(1) Il existe sous le même nom un petit
poème alchimique, où il est question
de l'Empereur Nicéphore : son auteur
serait donc du ix° siècle de notre ère.
Si le texte présent est du même écrivain
que le poème, l'époque serait indiquée
par ce qui précède. Dans la vieille liste
de St-Marc, sous notre numéro **38**,

(*Introd.*, p. 175) on lit aussi : « Chapitres
d'Eugénius et d'Hiérothée » ; mais ces
chapitres ne se retrouvent pas dans le
Ms. M actuel.

(2) Cf. le livre d'Emmanuel, cité dans
le Pseudo-Aristote arabe, t. iii du *Thea-
trum Chemicum*.

animés, le Verbe divin, la lumière du St-Esprit. Car c'est lui qui est le sau-
veur, le dispensateur et la cause de tous les biens. C'est par son entremise
qu'est offert aux fidèles et aux gens qui en sont dignes ce divin mystère, le
remède de l'âme et la délivrance de toute peine. Celui qui a trouvé ce mys-
tère, celui qui a reçu ce don de Dieu, celui qui sait opérer les traitements et
parvenir au but désiré, le doit au très haut Emmanuel : celui-là deviendra
son ministre et son agent dans l'exécution de cet art divin. (C'est pourquoi)
en tout (il réservera) la dîme pour la construction des saintes églises et pour
le soutien des indigents. Il interviendra en ma faveur, secourra mes besoins
et me fera traverser la vie.

Pour que son existence demeure à l'abri de l'envie, il ne doit pas tirer
vanité de ses richesses, ni du soin qu'il donne à la prospérité de ses affaires ;
il ne doit pas non plus s'abandonner à la pauvreté, cette maladie fâcheuse
et incurable. Mais il doit plutôt resplendir de la richesse des vertus divines
et des actions pures, étant tout animé d'humilité, de pitié et d'amour sincère
(de Dieu). Il fera des prières pour moi, qui ai exposé ces choses libéralement
et simplement, afin que nous obtenions tous deux la pure et éternelle
royauté du Christ notre Dieu. Qu'il nous soit donné à tous de l'obtenir, par
les recommandations et par les prières de Marie, l'immaculée mère de Dieu,
et de Jean le précurseur trois fois bien heureux, ainsi que par (celles) de la
cohorte pure des divins apôtres et prophètes et de tous les saints. Ainsi soit-
il : amen.

VI. xx. — NICÉPHORE BLEMMIDÈS [1]

CHRYSOPÉE

Sur la Chrysopée de l'œuf qu'a traitée le très savant maître en philo-
sophie Nicéphore Blemmidès, lequel a atteint le but, avec le concours de
celui qui amène toutes choses du non-être à l'être, le Christ, notre Dieu

---

(1) On a aussi donné à cet auteur le nom de Blemmydas et on l'a identifié, à tort ou à raison, avec un personnage du xiii⁰ siècle, qui a refusé le Patriarchat de Constantinople.

véritable, à qui appartient la gloire dans tous les siècles des siècles : amen.

Prends, avec l'aide de Dieu, cette pierre non-pierre (1), que l'on nomme la pierre des sages, formée par les 4 éléments : la terre. l'eau, l'air et le feu ; c'est-à-dire par l'humide, le chaud, le froid et le sec. Prends donc l'un des 4 éléments, la terre, l'élément froid et sec, autrement dit, la coquille des œufs.

Après avoir lavé et purifié, refroidi et broyé exactement, mets dans une marmite ; bouche l'orifice de la marmite avec un lut qui résiste au feu, et mets-la dans un fourneau de verrier. Fais chauffer pendant 8 jours (2), jusqu'à ce que le produit blanchisse. Mets-le à part avec soin ; car c'est là la fameuse chaux. Attention !

2. Après cela, prenant le blanc intérieur (de l'œuf), dépose-le dans un vase en forme de coquille, à l'orifice du vase, adapte cet instrument en forme de mamelon, nommé *alambic*. Qu'il soit bien bouché et assujetti avec du plâtre (3). Fais monter cela comme l'eau de roses, et garde avec soin dans une fiole. Attention !

Ensuite prenant de la chaux (4), 1 partie, et de l'eau distillée, 9 parties ; mets ensemble ; introduis (dans le vase) et bouche avec soin, comme précédemment. Distille cela comme de l'eau de roses. La coquille doit être cette fois en verre ; la 1re était en terre cuite. Remets le produit distillé sur la même cendre ; extrais et mets le tout ensemble dans une fiole de verre. Bouches-en soigneusement l'orifice avec un linge et du plâtre, et enfouis dans du crottin de cheval pendant 21 jours. Attention !

4. Ensuite retirant du crottin, mets dans la coquille et fais monter comme précédemment. Puis, de nouveau, prenant le tout ensemble, mets l'eau et la matière dans une fiole de verre et fais digérer dans du crottin de cheval, comme précédemment. Puis, retirant du crottin, mets le tout ensemble

---

(1) Cp. p. 19.

(2) Scolie : « Noter qu'il est impossible de faire chauffer la chaux pour la changer en céruse, à moins de faire chauffer pendant 8 jours sur le fourneau du verrier ». Les signes de renvois successifs de cette scolie et des suivantes dans nos manuscrits sont les signes du Zodiaque, à partir du Bélier jusqu'à la Balance. (Cp. *Introd.*, p. 205.)

(3) Scolie : « Le plâtre doit être vieux, et (provenir) d'une église (?) ».

(4) Scolie : « La chaux, ici, doit être (du poids) de 4 onces et l'eau (distillée une fois) peser 36 onces ».

dans une coquille ; fais monter comme précédemment et garde dans une fiole. Attention ! (1).

5. C'est là ce qu'on appelle eau divine, eau de chaux, eau de mer, vinaigre, mercure, lait de vierge, urine d'enfant impubère, eau d'alun, eau de cendre de chou, eau de natron, eau de 1ᵉ filtration, et d'autres noms (encore). Cela constitue l'eau divine, au moyen de laquelle est blanchie le corps de la magnésie. Le cuivre brûlé, c'est la cendre qui doit être produite par le jaune des œufs.

6. Il faut prendre d'autres coquilles d'œufs non brûlés (2), (les) bien broyer et les mettre dans une coquille de verre avec de l'eau montée une fois sans l'emploi de la chaux. Qu'il y ait de cette eau la valeur de 3 parties et des coquilles, 1 partie. Distille cela encore 3 fois, sans digestion. A chaque distillation, rejette les coquilles et mets-en d'autres en même quantité. A la 3ᵉ fois, garde dans une fiole ce qui est déposé.

7. Ensuite prenant la nouvelle chaux (3), mélange-la bien avec cette eau. Qu'il y ait de cette eau, 3 parties, et de la chaux, une partie ; mets cela dans une fiole. Bouche bien l'orifice de la fiole et fais digérer dans du crottin de cheval pendant 40 jours, et s'il y a de la cendre, pendant 21 jours.

8. Ensuite, prenant des jaunes d'œufs, mets-les dans une coquille de terre cuite et distille cela comme de l'eau de rose, avec un feu (moins) énergique ; car il faut que le feu des (opérations) susdites soit plus doux. Bouche avec soin et recueille ainsi l'huile (couleur) de cochenille.

9. Prenant cette huile (4), réunis-la avec la chaux (5) tirée des coquilles. Qu'il y ait de cette chaux, 1 partie, et de l'huile, 3 parties ; opère avec cela comme avec l'eau de chaux, c'est-à-dire distille et fais digérer. Puis de nouveau distille et fais digérer, et après avoir distillé, garde le tout. Attention !

---

(1) Scolie : « Tu as ici la chaux décomposée ; or l'eau nécessaire pour les (extractions), délaiements et arrosages doit être (du poids) de 31 onces ».

(2) Scolie : « Ces coquilles doivent être (du poids) de 18 onces pour les 3 fois, et l'eau, du poids de 18 onces chaque fois ».

(3) Scolie : « Cette chaux doit être de 5 onces. Comme elle doit être gâchée avec l'eau par 3 fois ; le tout doit être du poids de 15 onces ».

(4) Scolie : « Cette huile doit peser 15 onces ».

(5) Scolie : « Une telle chaux, à ce que je crois, doit peser 5 onces, qui (sont) introduites dans les 15 onces précédentes ; l'eau, tu l'as fait monter trois fois, avec les coquilles non brûlées ».

10. La cendre des jaunes d'œufs qui se déposera, blanchis-la avec la 1re eau divine obtenue avec la chaux; car celle-ci est la magnésie.

11. Prenant de cette magnésie (1), 4 parties, et de la chaux déposée dans la coquille (2), 1 partie, c'est-à-dire de cette dernière le 5e (du tout); broie bien l'une et l'autre sur le marbre, de façon à rendre la matière très fine et ténue. Délaie complétement avec un peu d'eau (provenant) de la chaux, comme font les peintres. Après avoir laissé refroidir, mets dans une coquille 1 partie de ce mélange, et de l'eau de chaux, 3 parties. Il faut ici que la coquille soit en verre. Puis fais monter cette (eau) comme l'eau de roses et recueille tout ce qui distille dans un vase de verre.

12. Ensuite, prends la poudre sèche, déposée dans la coquille; mets-la de nouveau sur le marbre, délaie-la par petites portions, avec l'eau distillée qui en provient. Laisse sécher le produit à l'ombre; et opère ainsi jusqu'à ce que toute l'eau distillée ait disparu.

13. Ensuite, après avoir broyé la poudre sèche, mets-la dans une coquille, et avec elle une autre quantité d'eau de chaux. Qu'il y ait de l'eau, 3 parties, et de la poudre sèche, 1 partie; fais monter cela et délaie comme il a été dit. jusqu'à 5 fois.

14. Prenant la 5e fois toute l'eau distillée, rassemble la poudre sèche déposée. Après les avoir prises et mises toutes deux dans un alambic de verre, plonge celui-ci dans du crottin de cheval pendant 40 jours, ou autant de temps que tu voudras.

15. Ensuite remets de nouveau dans la coquille de verre, et fais monter comme précédemment. Lorsque la moitié du liquide aura été distillée, après avoir ouvert la coquille, remets-le de nouveau dans ce (vase), et répète cela jusqu'à 5 fois.

16. Or tu prendras cette précaution de ne pas distiller (vivement), comme précédemment, mais doucement et lentement.

17. Après la 5e fois, recueille tout ce qui a été distillé dans l'alambic. La poudre sèche déposée dans la coquille, mets-la sur le marbre; et après

(1) Scolie : « 4 hexages 25 carats, pour 1 hexage 25 carats ».

(2) Scolie : « Une chaux de cette na-ture est la première qui provient de l'eau divine blanche, lorsque tu veux blanchir la magnésie ».

l'avoir broyée et délayée avec le liquide distillé, comme ci-dessus, laisse refroidir à l'ombre. Fais cela jusqu'à ce qu'elle ait absorbé tout le liquide. Pendant que l'on broie et que l'on arrose, on trouvera le produit blanchi : cette blancheur constitue le signe (qui précède ?) la couleur rouge.

18. Or il faut que le produit soit bien blanchi. Ensuite, mets la (partie) blanchie dans un alambic de verre; ajoutes-y de nouveau la matière qui provient de l'eau de chaux, 3 parties contre 1 partie du produit. Après avoir bien mélangé le tout, enfouis dans du crottin pendant (40) autres jours.

19. Après avoir retiré, fais monter, recueille le liquide et remets-le dans ce (vase) : fais monter une seconde fois, recueille et surveille. Or la partie déposée dans la coquille, tu la trouveras blanche, semblable à du marbre. Prenant cela semblablement, opère avec soin.

20. Ensuite, après avoir pris de l'espèce semblable à du marbre une partie, et de l'eau distillée, une autre partie ; après avoir bien mélangé ces choses, mets dans une coquille de verre, si tu n'as pas d'alambic ; puis scelle et bouche convenablement son orifice avec un couvercle de plomb; étends un mince enduit sur ladite coquille de verre, en employant un lut qui résiste au feu.

21. Ensuite traite habilement (cette matière) et dispose-(la) sur un petit fourneau, pareil à celui de l'eau de roses. Au lieu d'un feu de charbon, place le au-dessus d'une lampe allumée. Si les espèces de l'intérieur sont dans la proportion d'une once (chacune), c'est-à-dire que le poids de l'une et de l'autre soit de 2 onces, il faut faire brûler la lampe pendant 7 jours, c'est-à-dire 7 jours et 7 nuits. Si ces espèces n'ont qu'un poids moitié moindre, fais brûler pendant 4 jours; si c'est le quart, 2 jours. Après les 7 jours, ayant ouvert le vase, et reconnu que l'espèce est compacte, ajoute encore de l'eau mise à part, une autre once, comme précédemment. Ensuite, faisant brûler la lampe autant de jours qu'il a été dit, opère ainsi jusqu'à 9 fois.

22. Après avoir ouvert, tu trouveras un produit jaune compacte, dont le poids répondra à celui de toutes les matières ajoutées successivement en 9 fois, jusqu'à concurrence de 10 onces.

23. Mets de côté et prends-en 1 partie, c'est-à-dire la valeur d'une once.

24. Ensuite, ayant opéré au moyen du feu, c'est-à-dire à la chaleur de

la lampe, arrose ces (matières) 9 fois ; en opérant au moyen d'un poids
égal d'huile divine, comme tu as fait avec l'eau divine. La dernière fois,
c'est-à-dire la 9°, tu prendras le double du poids d'huile, et (alors) tu feras
brûler la lampe plus fort.

25. Ensuite tu trouveras la poudre sèche complètement préparée, de
couleur pourpre vif. Après l'avoir bien broyée, garde-la avec soin.

26. Lorsque, avec l'aide de Dieu, tu auras obtenu ce produit, prends de
l'argent pur, la valeur d'une once ; fais-le fondre au feu et mets-y de la
poudre précédente, la valeur d'un grain : tu trouveras l'or brillant et
dont l'éclat s'étend jusqu'aux limites de la (terre) habitée.

NICÉPHORE BLEMMIDÈS. — APPENDICE

CE QUE RÉCLAME LA PRÉSENTE PRÉPARATION

D'abord des œufs propres avec leurs 36 (?) germes.

Appareils : Deux coquilles de terre cuite, avec des bouchons de verre.

Semblablement aussi 3 coquilles de verre, capables de contenir, l'une, une
pinte, l'autre, 2 pintes, et la dernière une demi-pinte, avec son chapeau.

Mortier en marbre ; — et porphyre.

Palette de peintre.

Plâtre vieux, provenant d'une église.

Un vase résistant au feu et deux marmites en forme d'écuelle (?)

Lut qui résiste au feu.

Il faut aussi, tout d'abord, de l'eau blanche distillée une fois, 36 onces.

Semblablement, en second lieu, (la même eau) montée une fois, 18 onces ;

Et de l'huile de cochenille, montée une fois, 15 onces.

Sache que les 36 œufs absorbent 9 onces d'eau.

La pinte comporte 2 mesures d'eau.

De même il faut aussi de la chaux (tirée des coquilles d'œuf, avec les
membranes), 9 onces ; des enveloppes d'œuf broyées et incombustibles,
18 onces ; de la magnésie, c'est-à-dire des jaunes (d'œufs) calcinés, 4 hexages
20 cotyles.

Des balances, du bois à brûler, un petit fourneau et un esprit subtil et sans limite.

Voici ce qu'il faut (pour compléter) le mystère dans son intégrité : Prends (1) le sang d'un homme aviné, la bile d'un bœuf noir non marqué, et le suc de la plante appelée barbe de bouc. Employant ces trois (matières) en proportion égale, chauffe du fer et trempe : tu pourras réussir.

----

(1) Cette formule finale se trouve déjà à la fin de VI, XIII, p. 405, note 2.

ADDITIONS ET CORRECTIONS

P. 9 et p. 40. — « Eau de Calaïs ; cuivre de Calaïs ». — Dans les dictionnaires grecs le mot καλλάινος est traduit par bleu turquoise. — Ce sens s'appliquerait bien à une eau bleue, renfermant un sel de cuivre ; mais nous n'en voyons pas l'application au métal lui-même.

P. 25, 6°. — Émeraude subordonnée au mercure. — Voir aussi Rulandus, *Lexicon Alchemiæ*, p. 436.

P. 59, l. 3, *rogé* ou *rogion ;* — p. 143, note 5 ; p. 144, l. 12. — Ce mot signifie le récipient d'un alambic; — p. 288, l. 6, il veut dire simplement récipient.

P. 82, dernière ligne du texte. Au lieu de : « Cuivre dur de Nicée » ; lisez : cuivre blanc (monétaire) de Nicée.

P. 83, note 2. — Le μιλιαρίσιον est une monnaie de Constantin, pesant $\frac{1}{72}$ de livre romaine et valant le millième d'une livre d'or.

P. 90, l. 3. — Au lieu : de « la queue de la vierge » ; il vaudrait mieux traduire : « l'urine de la vierge ».

P. 112, au bas et note. — Le mot : « Horus l'extracteur d'or », a été substitué à « Eros..., » du Ms. A. — Il convient d'observer que dans le syncrétisme des divinités alexandrines, Horus-Harpocrate et Éros sont parfois confondus (LAFAYE, *Divinités d'Alexandrie*, p. 259, 1884 : *Bibliothèque des Écoles françaises d'Athènes et de Rome*). Il existe au musée Guimet, à Paris, une collection de statuettes de bronze, où les attributs d'Horus passent par degrés à ceux d'Éros. — La leçon Eros (l'Amour, du Ms A, pourrait donc être maintenue, surtout si l'on remarque le rôle thaumaturgique de l'Amour dans les papyrus de Leide (*Orig. de l'Alch.*, p. 84, 85). — On trouve encore le nom de l' « Amour tyrannique », dans un autre des textes alchimiques (*Traduction*, p. 297, l. 1).

P. 165, l. 5. — Au lieu de : « l'eau divine » ; lisez : « l'eau de soufre ».

P. 167, l. 11 et 12 du texte. — Au lieu de : « l'emploi de la préparation fugace... jusqu'à disparaitre » ; lire : « La préparation fugace est détruite par le feu, ainsi que le jaunissement du molybdochalque ; attendu que le feu les fait disparaitre ».

P. 175, note 1. — Au lieu de : « Voir la note 2 de la page suivante et celle de la page 166 » ; lire : « Voir la note 1 de la page 177 et celle de la page 162 ».

P. 199. — Après le titre : « sur la poudre sèche » ; effacez l'indication d'une note (1).

P. 209. — Rapprochez la « masse inépuisable » de Moïse ; de celle du Papyrus de Leide (*Introd.*, recette 7, p. 29).

P. 213, l. 4. — Au lieu de : « les teintures qui proviennent des êtres vivants » ; lisez : « les teintures métalliques et les moulages avec les bronzes ». — Cp. p. 360.

P. 216, l. 4 du texte, en remontant. — Au lieu de : « udcoé » ; lisez : « coudé ».

P. 223 à 225. — Comparez avec les passages relatifs à Adam, celui des *Reconnaissances* pseudo-clémentines, où il est question de l'Adam immortel et homme type, prophète et christ toujours vivant (Renan, *Orig. du Christianisme*, t. VII, p. 83).

P. 247, l. 8 : « une couleur sans ombre ». — Effacez les mots : « une couleur ».

P. 251. — On peut rapprocher du texte d'Ostanès, les développements des Arabes sur l'élixir de longue vie, ou liqueur d'immortalité. Cependant on ne trouve aucun texte précis sur ce point dans les anciens Alchimistes grecs ; pas plus que sur la Toison d'or, autre légende alchimique, fort en honneur à la fin du moyen âge, mais qui n'apparaît pas avant Suidas (xe siècle).

P. 288. colonne droite des notes, l. 12. — Au lieu : « du Pseudo-Démocrite » : lisez : « de Zosime ».

P. 381, l. 8. — Au lieu de : « ch. 5 » ; lisez : « ch. 1er ».

TABLE ANALYTIQUE

DE LA TRADUCTION

Pages

Première Partie. — Indications générales

I. i. *Dédicace.* — Ce volume contient le trésor d'une science supérieure. Il est dédié à Théodore, le fidèle défenseur des princes. Note sur ce personnage........ 3

I. ii. *Lexique de la Chrysopée* par ordre alphabétique, avec notes (sur l'eau divine, le soufre, l'ios, les antimoines, le vinaigre, le mercure, Pétasius), et notice finale.................... 4

I. iii. *Sur l'œuf philosophique.* — Ses noms; ceux de ses parties, coquille crue et coquille calcinée; partie liquide; blanc et jaune; mélange avec l'eau de chaux; liqueur blanche et liqueur jaune; composition jaune; axiomes mystiques. — Note sur la pierre qui n'est pas une pierre.......... 18

I. iv. *Nomenclature de l'œuf.* — Variantes. — L'œuf formé des quatre éléments. — Noms de ses parties. — Préparation de la teinture.................... 21

I. v. *Le serpent Ouroboros.* — Symbolisme mystique. — Sacrifice du serpent. — l'homme de cuivre, d'argent, d'or.......... 22

I. vi. *Le serpent.* — Variante..... 23

Pages

I. vii. *Instrument d'Hermès Trismégiste.* — Méthode astrologique pour prévoir l'issue des maladies. — Tableau numérique.. 24

I. viii. *Liste planétaire des métaux.* — Les minéraux dédiés aux sept planètes (avec renvoi aux notes du texte grec). — Tradition astrologique. — Mots en caractères hébraïques. — Caractère métallique attribué anciennement à l'émeraude. — Addition du mercure. — Jupiter attribué à l'étain, au lieu de l'être à l'asem. 25

I. ix. *Noms des faiseurs d'or*, et des pays où l'on accomplit l'œuvre....................... 26

I. x. *Noms des villes.* — Sur la pierre métallique: en quels lieux elle est préparée (abrégé d'Agatharchide) 27

Traité des poids et mesures de Cléopâtre : déjà imprimé.......... 28

Liste des mois égyptiens, avec traduction latine grécisée et noms coptes modernes............... 28

I. xi. *Serment.* — Au nom de la Trinité... Je n'ai rien révélé... 29

I. xii. *Serment du philosophe Pappus.* — Suivi d'une recette pour préparer la pierre philosophale 29

I. xiii. *Isis à Horus.* — Isis la pro-

Pages

phétesse à son fils. — Signe de la lune et sens caché du morceau. — Elle est sollicitée par un ange du premier firmament, et elle obtient la révélation de l'ange Amnaël. — La combinaison assimilée à l'union de l'homme et de la femme. — Symbole du dieu lunaire. — Serment préalable par les éléments et par le Tartare. — Le mystère est celui de la génération......... 31

Recettes pour obtenir l'amalgame fusible et le blanchiment de tous les corps métalliques.—*Mélange de la préparation blanche.* — Interprétation. — Recettes pour dorer. — Variantes. — (Sublimation de l'arsenic)........... 34

I. xiv. *Les mœurs du philosophe.* — Qualités morales de l'adepte... 36

I. xv. *Sur l'assemblée des philosophes.* — Discussion sur l'unité de l'espèce et de l'œuvre. — Le but s'obtient gratuitement. — Recettes pour la pierre et le vinaigre des philosophes......... 37

I. xvi. *Sur la fabrication de l'asèm.* Trois recettes techniques et positives....................... 38

I. xvii. *Fabrication du cinabre.* — Sa préparation. — Régénération du mercure. — Magnésie du verrier.................... 39

I. xviii. *Diplosis de Moïse.* — Or à bas titre, allié au plomb et à l'arsenic.................... 40

I. xix. *Diplosis d'Eugénius.* — Procédé analogue................. 40

I. xx. *Le labyrinthe que Salomon avait fait construire.* — C'est l'image de la vie et de ses déceptions 41

Pages

SECONDE PARTIE. — TRAITÉS DÉMOCRITAINS

II. 1. DÉMOCRITE. — *Questions naturelles et mystérieuses.*......... 43
Teinture en pourpre avec l'orseille. — avec l'orcanette............. 43
(Teintures doubles). — Matières qui teignent en pourpre. 44
Évocation du maître après sa mort. — Inscription qui apparaît dans une colonne entr'ouverte. — Axiomes mystiques........... 45
Chrysopée. Fixation du mercure. — magnésie, ombre du cuivre, corail d'or. — Interprétation des procédés. 46
Traitements du minerai d'argent. — Fabrication de l'or jaune (avec le concours de l'arsenic) 47
Vernis couleur d'or et agents tinctoriaux....................... 48
Préparation du molybdochalque. — Bronzes et laitons. — Sory. — Teinture d'alliages — affinage...................... 49
Mélange pour la teinture en or.— Puissance de la matière. — Il faut connaître les actions spécifiques des substances.— Action du sel sur le cuivre............ 50
Préparation du vernis d'or. — Rhubarbe, chélidoine, safran.. 51
Recettes diverses.— Chrysopée de Pammènès. — Actions spécifiques en chimie et en médecine. — La multiplicité des espèces est inutile 52
Fabrication de l'asèm (argent). — Fixation du mercure......... 53
Préparation qui blanchit les métaux. — Magnésie blanche..... 54
Blanchiment du soufre. — Préparation semblable à du marbre. — Composition pour blanchir les métaux avec la litharge..... 55
Teinture superficielle en blanc. —

Pages

Recettes diverses.............. 56
Métal sans ombre. — Il ne reste
plus rien à exposer............ 57

II. II. *Démocrite à Leucippe.*— Ce
livre, écrit en dialecte vulgaire,
contient les énigmes mystiques
des Égyptiens.................. 57
Blanchiment du cuivre par l'arse-
nic. — Procédés divers........ 58
Le corail d'or, poudre de projec-
tion......................... 60

II. III. SYNÉSIUS *le Philosophe à
Dioscorus. — Commentaires sur
le Livre de Démocrite*........ 60
Démocrite d'Abdère, initié en
Égypte par Ostanès, a écrit qua-
tre livres de teintures sur l'or
et l'argent, les pierres et la pour-
pre........................... 61
Ostanès, auteur des axiomes mys-
tiques. — Les deux catalogues
de Démocrite, celui du jaune et
celui du blanc 61
Procédés Égyptiens par projec-
tions et procédés Persans par en-
duits. — Il faut atténuer, dis-
soudre les substances, les épui-
ser de leur partie liquide...... 62
La Rhubarbe du Pont. — Le ser-
ment et les initiés............. 62
Les métaux doivent être changés
en eaux, assombris, atténués.... 63
Noms multiples des opérations et
des substances 63
Corps naturels.— Les liquides dé-
rivent des solides ; la fleur ou
principe colorant. — Transfor-
me la nature ; elle est cachée à
l'intérieur.................... 64
Transporte la au dehors. — Le
mercure attire toute chose..... 65
Description de la distillation. —
Eau divine qui produit la trans-
formation, la dissolution des
corps métalliques. — Vinaigre ;
vin aminéen, etc. — Chrysopée

et Argyropée.................. 65
Le blanchiment et le jaunissement.
— Le mercure classé au début. 66
Mercure du cinabre et mercure de
l'arsenic. — Mercure des philo-
sophes. — Le rayon de miel
d'Hermès..................... 66
La matière première des métaux.
— La tétrasomie. —Les matières
des métaux sont leurs âmes. —
Le mercure prend toutes les for-
mes, étant fixé sur un corps for-
mé des quatre éléments........ 67
Mercure du cinabre et mercure des
métaux ; — libre et combiné... 68
Le corps de la magnésie signifie
le mélange des substances. 68
La chrysocolle ou batrachion. —
Passage de la couleur verte à la
jaune. 69
Opposition du masculin et du fémi-
nin. — La sécheresse des corps. 69
Alun décomposé. — Soufre apyre.
— Le Tout. — Minium du Pont.
— Passage du sec à l'humide. —
La chaux et l'eau de soufre. —
Sory et couperose. — (Note sur
le sory). — Jaunissement stable. 70
Substances formant des liqueurs.
— Fleur de mouron et ascension
de l'eau et des esprits. — (Les
fleurs ou matières sublimées)... 71
Rhubarbe du Pont, la mer.—Agents
de la dissolution des métaux... 72
Les laits (sens chimiques). — Sens
mystique des mots.—Traitement
des métaux par la projection d'un
métal plus précieux 73
Les deux mercures.—Blanchiment
des métaux. — Corps de la ma-
gnésie. — Corail d'or. — Néces-
sité du secours de Dieu........ 74
II. IV. OLYMPIODORE. — *Commen-
taire sur le livre sur l'Action de
Zosime, et sur les dires d'Hermès
et des philosophes.* — Pétasius,
roi d'Arménie 75

Pages

La macération. — (Traitement des minerais d'or naturels entendu dans un sens mystique). — (Les allégories des anciens. — (Symboles et secrets naturels). — La terre limoneuse et la lévigation. — Paillettes d'or et d'argent. — Allusion à l'énigme sybillin.... 76

Le mois de méchir. — Les digesteurs. — Nécessité d'une époque favorable et d'un laps de temps (mois philosophique). 77

Le minerai traité par le feu, après lessivage. — Le lessivage mystique exécuté par l'eau divine. — Paroels de bon augure........ 78

Matières qui s'écoulent ensemble; esprits et âmes des métaux.... 78

Le grand traitement d'Hermès... 79

Sur la soudure d'or. — Emploi de la chrysocolle. — Conservation de son esprit tinctorial. — Le feu doit être modéré pour que la vapeur tinctoriale ou mercure ne s'en aille pas en fumée et que les paillettes d'or ou de claudianos ne soient pas brûlées (note). 79

Sens du mot économie. — L'action manuelle ne suffit pas, il faut celle de la nature, supérieure à l'homme. — La fixation de la teinture représente celle de quelque mercure fugace.......... 80

Quelles sont les substances fugaces?.... 81

Les dires futiles. — Les trois teintures des anciens............ 81

1re *teinture,* celle qui se dissipe promptement, teignant le cuivre en blanc, au moyen de l'arsenic. 82

L'arsenic et les soufres. — Oxydation de l'orpiment. — Le vase dit Asymptoton d'Africanus. — Acide arsénieux appelé alun blanc.................... 82

Le cuivre blanchi se change en asèm 83

Pages

2e *teinture,* celle qui se volatilise lentement. — Cuivre brûlé. — Fabrication de l'émeraude artificielle.................... 83

3e *teinture,* celle qui ne se dissipe point. — Les trois teintures de Démocrite (note)............. 84

Les corps métalliques amenés à l'état de fixité. — Agent fixateur. — Nature indélébile. — Solidité. 85

Cet art ne se pratique pas avec un feu violent. — Le feu est le premier agent, celui de l'art entier, le premier des quatre éléments. 85

Démocrite la exposé d'abord les choses qui ont besoin du feu, puis les choses de l'air, les choses de l'eau, les choses ou êtres de la terre, séparés en classes, mâles ou femelles.............. 86

Multiplicité des discours. — L'auteur demande au lecteur de prier pour lui la justice divine. — Écrits des anciens — noms divers de l'eau divine. — Explications et serments des anciens....... 86

Les éléments et les principes. — Le principe premier. — Agathodémon ; le serpent Ouroboros ; les œufs. — Le livre de la Chimie.................... 87

Les quatre éléments. — L'œuf, le divin, l'intermédiaire, les atomes : principes des choses...... 87

Le principe, un ou multiple, immuable, déterminé, infini. — D'après Thalès, c'est l'eau (gloses alchimiques). — D'après Parménide, c'est le divin, un et déterminé. — Ce sont là des Théologiens... — L'eau féconde, plastique et mobile.............. 88

D'après Diogène, c'est l'air. — D'après Héraclite et Hippasus, c'est le feu. — La terre n'est pas un élément. — La terre vierge. 89

D'après Anaximène, le principe

Pages

c'est l'air. — D'après Anaximandre, c'est l'intermédiaire : vapeur humide et vapeur sèche...... 90

Zosime dit que l'art est un comme Dieu. — Il nous exhorte à chercher en lui notre refuge, dans le repos et le calme, loin des passions.................... 90

Axiômes de Chymès (Un est le Tout, etc.). — Agathodémon parle de l'air et de la vapeur sublimée, ainsi que Zosime ; Hermès parle de la fumée. — Magnésie et fumée des *Cobathia*. — Vapeur sublimée humide des alambics.......... 91

Doctrine des anciens. — Les éléments. — Le sec et l'humide ; le chaud et le froid ; le mâle et le femelle. — Deux éléments ascendants, feu et air ; deux éléments descendants, terre et eau...... 92

Il faut invoquer le secours de Dieu par des prières. — Obscurités et difficultés. — Entraves apportées par le démon Ophiuchus....... 92

Espèces et préparations multiples ; confusion qui en résulte...... 93

Rites et mesures des Égyptiens. — les points cardinaux ; mines d'or de l'Arsenoëton. — Temple d'Isis à Térénouthi.............. 94

Blanchiment, levant et commencement du jour. — Oracle d'Apollon : « dès l'aurore »........ 94

Jaunissement, couchant. — Notre plomb ; scories. — L'Énoncé des minerais est une allégorie...... 95

Le levant attribué au masculin et à Adam. — Terre vierge. — Bibliothèques de Ptolémée. — Couchant, élément féminin (Ève)... 95

Achaab le laboureur : qui sème le blé, produit le blé............. 96

Teinture. — Substances corporelles (métaux) et incorporelles (pierres). — Non substances (minerais qui n'ont pas été traités par le feu)... 96

Pages

La mer, élément hermaphrodite. — Terre prise dès l'aurore, imprégnée de la rosée que le soleil enlève. — Rosée, eau divine, eau aérienne.......... 96

La décomposition exige le concours des liquides. — Les minerais... 97

Les trois arts qui soutiennent le royaume d'Égypte — Art divin de la chimie.... 98

La manipulation du minerai appartenait aux rois, et les prêtres ou sages ne pouvaient communiquer la connaissance sans réserve..... 98

Les artisans par le feu : ceux qui traitaient les minerais travaillaient pour les rois............ 98

On ne devait pas divulguer ces choses par écrit. — Démocrite et les anciens n'ont pu les exposer. — Les Juifs les ont connues et exposées clandestinement... 98

Topographie des mines d'or par Théophile. — Description des fourneaux par Marie........... 98

Mercure et pierre etésienne (cadmie)............................ 98

Mercure des philosophes. — La magnésie, les minerais, etc., tranformés par l'huile de natron, etc., sont réduits à l'état de cendres. — Le plomb noir, le corps réceptif, les scories et les cendres de Marie. — Coloration en noir et décoloration............ 99

Le labeur du captif. — Clef du discours. — Les scories sont le mystère ; le fondement du blanchiment et du jaunissement... 99

Le blanc séparatif, le noir compréhensif. — Essence liquide. — Ame du plomb, argent et or. — Des couleurs................. 100

Le plomb noir dès le principe ; commun et fabriqué.......... 101

Pages

Axiomes de Marie : substances corporelles et incorporelles. — de deux tu fais un, etc.— (Note sur les alliages). — Molybdochalque et pierre étésienne. — Diplosis. — Traitement des deux scories (note) 101

Antimoine et plomb noir. — La lettre tue et l'esprit vivifie. — La transmutation 102

Tombeau d'Osiris. — Osiris principe de toute liquidité. — Le plomb matière première des métaux — le mâle de la Chrysocolle. — Or extrait par les fourmis en Éthiopie. — Femme de vapeur, eau divine. — Feuilles de Cypris. 103

La sphère du feu et la sphère du plomb. — Plomb possédé du démon 104

L'œuf, le plomb, les quatre éléments, les espèces, les minerais ; tétrasomie. — La vie de la tétrasomie. — Circulation des vapeurs, etc 104

Nécessité de l'intelligence. — Double sens du mot liquidité (note). 105

Qualités contraires, couleurs multiples, double traitement du plomb 106

L'art dans le plomb. — Corps de la scorie. — Quant tout est devenu cendre, tout va bien. — Lavage de la scorie. — Demeure des âmes des philosophes 107

Art rapporté au soleil et à la lune. — Macération des substances sulfureuses. — Faire bouillir la plante. — Deux compositions, sèche et liquide 108

Compositions et liqueurs jaunes et blanches. — Deux blanchiments et deux jaunissements. — Opération du délaiement dans une demeure consacrée 109

Le microcosme, ou l'homme, et le macrocosme 109

Pages

Les douze signes du zodiaque représentés chez l'homme 110

L'œuf image du monde — les Kyranides. — Le coq est un homme maudit par le soleil 110

La taupe est un homme maudit de Dieu, pour avoir révélé les mystères du soleil 111

Genre animal, espèce homme. — Union du mâle et de la femelle. — Feuille de la kérotakis 111

Feuille (note). — Motarion. — Préparation ignée. — Race d'Abraham 112

L'art est spécial et non livré à tous. — Horus extracteur d'or. 112

Les produits tirés de la terre et des plantes. — Ensemble de l'œuvre. 113

Appendice I. — Commentaire de la formule de l'Écrevisse. — Sédiment blanchi — Coloration jaune. — (Interprétation) 113

Appendice II. — Microcosme et macrocosme 114

Appendice III.—Les minerais, les liquides, l'ensemble de l'œuvre. 114

TROISIÈME PARTIE. — ZOSIME.

III. 1. *Le Divin Zosime.* — *Sur la vertu.* — *Leçon I.* — Système de la Chimie 117

Sacrificateur et autel en forme de coupe. — Voix d'en haut. — Le prêtre. — Il devient esprit. — Ses changements d'apparence. — La composition des eaux. — Hommes brûlés vivants 118

Symbole de la macération. — Homme de cuivre. — Eau divine 119

Temple monolithe; source; serpent gardien du temple. — Son sacrifice 120

Homme de cuivre, changé en argent, puis en or. — Symboles divers 121

Pages

La matière multiple et une —fabrication de l'or.... 121

III. ii. *La chaux.* — Pierre alabastron ; son traitement.... 121

Mystère. — Pierre non-pierre, etc. Les œuvres de la pierre. — La comaris et la perle. — Puissance féminine.... 122

Procédé de Stephanus. — Mystère des philosophes.... 122

Montée des fleurs. — Fleurs du cuivre 123

III. iii. *Agathodémon.* — Affinage — Noircissement. — Blanchiment. — Jaunissement.... 124

III. iv. *Hermès.* — Corporels et incorporels. (Note).... 124

III. v. *Zosime. Leçon II.* — Les sept degrés et les sept châtiments. — Le barbier consumé par le feu dans le lieu des châtiments. — C'est l'homme de cuivre. — Agathodémon, le vieillard blanc, embrasé, —c'est l'homme de plomb.... 125

III. vbis. *Ouvrage du même Zosime. Leçon III.* — Le prêtre des sanctuaires. — Le méridien du cinabre (signe). — L'homme au glaive. — Le sacrifice.... 126

III. vi. *Le divin Zosime.* — *Sur la vertu et l'interprétation.* — Esprit igné. — Autel en forme de coupe. — Hommes en ignition : ils perdent leurs corps et deviennent esprits. — Exercice à la vertu et à la macération.... 127

Démocrite parle de l'ios jaune devenant esprit ; ios appelé couleur d'or. — Liquéfaction et écoulement simultané. — Sidérite, désigne le molybdochalque. — Pyrite, signifie le cuivre. — Argyrite, ce qui reste après l'expulsion du mercure. — Cœur du fer.... 128

Traitement par des liquides qui ne demeurent pas. — Récit d'Ostanès sur Sophar. — Aigle d'airain (note), qui se baigne chaque jour. — La vendange. — Va vers le courant du Nil. — Cœur de la pierre qui a un esprit. — Minerais lavés.... 129

Reçois cette pierre qui n'est pas une pierre, etc. — Ses noms divers. — Elle fuit le feu et blanchit le cuivre. — C'est la vapeur du cinabre. — La pyrite débarrassée de son mercure, appelée pierre. — Sublimation du mercure.... 130

La pierre employée pour la fixation n'est pas la vraie pierre. — L'aphrosélinon, mercure et lune à son déclin (signe). — Electrum composé de trois métaux (note) 131

Argent, lune ascendante. — Opposition au mercure.... 131

Esprit et gardien d'esprits. — Défends le cuivre, combats le mercure, etc. — Expulsion du mercure, écoulement simultané.... 132

Ce qui tombe de la lune à son déclin a une nature qui résiste au feu. — Production de l'argent. — Eviter un feu trop violent. — Le cœur de la pierre ; l'ios et la couleur de l'or. — Le cuivre devenu comme la couleur d'or, agent tinctorial.... 133

La qualité or réside dans une matière qui teint en or et fait de l'or.... 134

Il faut blanchir avant de jaunir. — Durée du blanchiment, six mois, un an, etc. — Chauffe répétée du cuivre. — Concours des qualités des éléments, dans la transmutation.... 135

Unité de constitution et triade d'éléments. — Démiurge trismé-

Pages

giste. — Brûlez le cuivre dans la composition blanche. — On ne réussit pas avec le soufre ou l'arsenic. — Le blanchiment et le jaunissement se produisent dans une même opération. — Monade conjonctive, triade distinctive. — Le cuivre teint par sa combinaison. 136

L'huile de natron. — Éviter la fumée, qui fait disparaître la couleur. — L'action directe de la flamme doit être évitée. — Lutage des appareils. 137

L'opérateur comparé au Démiurge. — Seconde macération qui transforme la nature. — Le but de la philosophie, c'est la séparation de l'âme et du corps. — Enlèvement de l'eau, etc. 138

Nature morte et vapeur sublimée pressées dans un sac, etc. 139

III. VII. *Sur l'évaporation de l'eau divine qui fixe le mercure* 140

Opération du *structeur*. — Le *poxamos*. — Cuisson de l'oiseau (note). 140

Grillage de l'arsenic sulfuré. — Rôle de l'arsenic pour blanchir les métaux. 141

Emploi de l'Écrevisse. — Opération sur la kérotakis. 142

III. VIII. *Sur la même eau divine.* — Distillation des œufs dans l'alambic. — Éclairage des appareils. — Odeur du produit. 143

Les trois eaux successives et les scories. — Digestion. — Préparation de l'ios et de la poudre de projection 144

IV. IX. *Zosime de Panopolis.* — *Mémoires authentiques sur l'Eau divine.* — Le mystère. l'eau divine, le Tout, Érotyle. 146

III. X. *Conseils et recommanda-*

Pages

tions pour ceux qui pratiquent l'art. — Enfants de la tête d'or, gens des creusets, etc. 146

L'eau qui a deux couleurs; l'eau divine; ses actions : c'est un ferment. — En haut les choses célestes ; le mâle et la femelle, etc. . . 147

III. XI. *Zosime de Panopolis.* — *Écrit authentique.* — Abrégé sommaire. 148

Ame du cuivre; fleur d'or, liqueur d'or. — Eau de soufre. 148

Cuisson avec le soufre. — Bocal, etc. (Note sur les opérations). 149

Procédé du jaunissement. 150

III. XII. *Sur les substances qui servent de support et sur les quatre corps métalliques, d'après Démocrite.* 150

Citations de Pammenès et de Marie. — Feuille de deux métaux. — Grillage, insufflation, esprit tinctorial conservé. — *Sur les poids des substances crues et cuites.* — Perte de poids du métal et du cuivre par l'évaporation du soufre. 151

Matières tinctoriales unifiées. — On n'emploie pas celles qui sont tirées des plantes. — Les qualités seules agissent. — Esprit, substance volatile, vapeurs sublimées. — Vapeur de l'arsenic, âme de la matière dorée. — L'âme diffère de l'esprit, qui est l'élément tinctorial et qui ne doit pas être détruit en même temps que le corps. 152

Il faut savoir quand l'œuvre est à point. — Cuivre support. — Perd son corps et sa qualité (couleur pourpre). — Nécessité de l'insufflation. 153

Alliages du cuivre et de l'argent. — Magnésie blanche. 154

III. XIII. *Sur la diversité du cuivre*

Pages

brûlé. — Préparation avec le soufre, la pyrite et l'arsenic. — Molybdochalque et cuivre étésien. 154

III. xiv. *Sur ce point qu'ils donnent le nom d'eau divine à tous les liquides et que c'est une substance complexe et non pas simple.* 155
La liquidité, tous les liquides. l'eau divine. — Les espèces traitées par macération. — Action de la rosée et du soleil. — Plomb noir. — Lavage de la scorie............ 155
Lavage des feuilles oxydées ; éclat restitué ; teinture.............. 156

III. xv. *Sur cette question : Doit-on en n'importe quel moment entreprendre l'œuvre ?*........ 156
C'est l'œuvre du soleil. — Filtration et lavages. — Cribles. — Le moment opportun, celui de l'été. — L'eau divine signifie la vapeur du soufre et des arsenics sulfurés. 156
Elle blanchit, jaunit, noircit. — Un peu de soufre brûle beaucoup d'espèces. — Liqueur d'or. — Motaria de la sandaraque... 157
Partage de la composition en deux ; cuisson et iosis. — Feu graduel. — Moment opportun......... 158

III. xvi. *Sur l'exposé détaillé de l'œuvre ; discours à Philarète...* 158
Catalogue de Démocrite relatif aux espèces employées pour l'or et l'argent. — Espèces qui se délaient. — Espèces employées pour jaunir. — Opérations de l'iosis (noms symboliques). — Les deux bleus. — Ferment............ 159
Pour teindre en or et en argent, il faut une feuille d'or ou d'argent. — Teinture de la préparation. — Les ferments sont tenus cachés. — Les quatre corps qui servent de support. — Corps qui subissent la projection.............. 160

Affinage du cuivre (note). — Production du cuivre blanc et du cuivre jaune. — Amollissement du fer...................... 161
Rigidité — Préparation semblable à du marbre ; ses vertus. — Teintures fixes. — Substances solides, eau divine, soufres blancs (note). 162
La gomme. — Blanchiment par le soufre blanc. — Action du mercure...................... 163
Préparation par cuisson et kérotakis. — La scorie............... 164
Digestion. — Préparation du blanc. — Eau de soufre obtenue par la chaux. — Soufre jaune. — Eau de soufre. — Iosis. — Toutes les espèces sont communes aux liqueurs................... 165

III. xvii. *Sur cette question : Qu'est-ce que la substance suivant l'art, et qu'est-ce que la non-substance ?*..................... 167
Les quatre métaux ou substances subissent les deux teintures et proviennent du plomb. — Les non substances, matières ne résistant pas au feu. — Leur fixation par l'eau divine.............. 167

III. xviii. *Sur ce que l'art a parlé de tous les corps, en traitant d'une teinture unique.*.............. 168
Axiomes de Chymès sur l'Unité et le Tout. — Citations de Marie, etc. 168

III. xix. *Les quatre corps sont l'aliment des teintures.* — Comparaison entre le cuivre et l'homme. 169

III. xx. *Il faut employer l'alun rond : discours contradictoire.* — Le nom d'un corps comprend ses dérivés. — Les métaux seuls absorbent le mercure......... 170
Préparation du mercure avec le cinabre, à froid. — Il blanchit le cuivre................... 171

Pages

Arsenic substitué au mercure. — On opère sur les corps en puissance. ... 172

III. XXI. *Sur les soufres, ou eaux divines.* — Leur nécessité. — Sens multiples. ... 173
Le soleil opère par nature ce que le feu fait par artifice. — La feuille d'or joue le rôle du levain. — On doit opérer dans du verre, parce que les poteries absorbent la teinture d'or. — La teinture qui a dissous l'or est mortelle. ... 174
Iosis, soufre, mercure. — Le délaiement (note). — Dorure par enduit. 175

III. XXII. *Sur les mesures.* — Le saupoudrage. — Les pesées faites secrètement. — Préparation. ... 176

III. XXIII. *Comment on brûle les corps.* — Brûler c'est blanchir, etc. — Mesure nécessaire. 177

III. XXIV. *Sur la mesure du jaunissement.* — Procédé pour brûler. — Maza de Moïse. — Feuilles de laurier et soufre blanc. — Le cuivre brûlé avec le soufre. — Métal sans ombre. ... 179

III. XXV. *Sur l'eau divine.* — Elle est composée de tous les liquides. — Noms multiples ... 181
Matières à projection tirées de la chaux. — Les sulfureux dominés par les sulfureux. ... 183

III. XXVI. *Sur la préparation de l'ocre.* — Ses gisements. — Molybdochalque. — Cuivre brûlé. 183

III. XXVII. *Sur le traitement du corps métallique de la magnésie.* — Fumée des cobathia. ... 184
Reproches faits à Théosébie sur son commerce avec Paphnutia. — Erreur de Nilus. — Soufre blanc. ... 186

III. XXVIII. *Sur le corps de la magnésie et sur son traitement.* — Ses vertus. — C'est le molybdochalque ou le Tout. ... 188
Le plomb noir. — L'or cuit en puissance. — Propriété tinctoriale de la couperose. ... 189
Les pyrites. — Les corps. — Le mercure incorporel. — La chrysocolle. — Convertir et transmuter, c'est donner un corps aux incorporels. ... 190
Les biles. — Eau divine. — Préparation ignée. — Les corps et les incorporels, etc. ... 192
Combinaison des matières volatiles et des matières fixes. — Scories. — Magnésie ou molybdochalque. ... 193

III. XXIX. *Sur la pierre philosophale.* — Le plomb noir. — Quatre phases des opérations. — Teinture profonde. ... 194
Deux soufres et deux mercures. — Deux jaunissements, deux compositions, etc. — Macération. — Durée du feu. ... 195
Énoncés divers. — La scorie, etc. 196
Le mercure qui a dissous l'or est mortel. ... 197
Temps de la gestation. — Cinabre des philosophes et homme d'or. 198

III. XXX. *Sur la composition des matières premières* ... 199

III. XXXI. *Sur la poudre sèche (de projection).* — Trois puissances et trois actions, etc. ... 199

III. XXXII. *Sur l'ios.* — Puissances inséparables des substances. 200

III. XXXIII. *Sur les causes,* d'après Aristote et Platon. ... 200

III. XXXIV. *Enchaînement de la Vierge.* ... 201

Pages

III. xxxv. *Les hommes métalliques.* 201

III. xxxvi. *Lavage de la Cadmie.* 201

III. xxxvii. *Sur la teinture. — Ses variétés*.................... 202

III. xxxvii. *Sur le jaunissement*... 202

III. xxxix. *L'eau aérienne.* — Le roi d'Égypte. — L'image du monde. — Le mortier mystique. — La lyre d'Hermès. — Suite des opérations. 203

III. xl. *Sur le blanchiment.* — Blanchir, brûler, revivifier par le feu........................ 204

III. xli. *Livre véritable de Sophé l'Égyptien et du divin Seigneur des Hébreux et des puissances Sabaoth ; livre mystique de Zosime le Thébain*.......... 205

Feuille de Marie, formée de deux métaux. — Emploi de la composition et de l'ios. — Cuisson... 205

Teinture efficace................. 206

III. xlii. *Livre véritable de Sophé l'Égyptien, etc.* — Deux sciences et deux sagesses, celle des Égyptiens et celle des Hébreux. — Symbole de la Chimie. — Le cuivre, changé en or, devient un soleil terrestre........ 206

Liqueurs d'or et d'argent. — Temple de Vulcain. — Les cendres. — Cuivre blanchi, asèm teint, etc. 207

III. xliii. *Chapitres de Zosime à Théodore.* — Pierre étésienne ; teintures solides............... 208

Les soufres. — La matière fixatrice. — Noms de l'ios. — Masse inépuisable (note)............. 209

Bruits divers (note). — L'iosis. — Le feu s'élève. — Les éléments sont opposés par leur qualité, non par leur substance......... 210

III. xliv. *Sur les divisions de l'art chimique.* — Lignes musicales. 211

Le Livre de la Chimie........... 213

III. xlv. *Fabrication du mercure.* — Arsenic sublimé. — Extraction de l'or de ses minéraux par amalgamation............. 213

III. xlvi. *Sur la diversité du cuivre brûlé.* — Les scories sont le mystère........................ 215

III. xlvii. *Sur les appareils et les fourneaux*.................... 216

Fourneau du sanctuaire de Memphis. — Appareils distillatoires. — Le phanos................. 216

La fabrication des eaux distincte de la distillation. — Tribicos (note)...................... 217

Fabrication des eaux. — Eau jaune....................... 218

III. xlviii. *Fabrication de l'argent avec la tutie (recette plus moderne)* 220

III. xlix. *Du même Zosime sur les appareils et fourneaux. — Commentaires authentiques sur la lettre Ω*...................... 221

Élément Ω. — Zone de Saturne. — Nicothée, etc. — Langages multiples (note). — Critiques faites à Zosime.............. 221

Les philosophes supérieurs à la destinée. — Zoroastre magicien. — Hermès blâme la magie..... 222

Le fils de Dieu devenu Tout. — Tableau de Cébès. — Toth et Adam. — Bibliothèques des Ptolémées. — Traduction de la Bible en grec et en égyptien... 223

Adam et les quatre éléments et points cardinaux. — L'Adam charnel est appelé Toth ; son nom spirituel n'est connu que de Nicothée. — L'homme lumière et mortel. — Adam asservi à la destinée. — Prométhée,

Pages

Pandore ou Ève. — Images de l'âme, de l'esprit et de la chair. — Christ Adam, en réalité impassible. — Il faut que chacun tue son propre Adam........... 224
Le démon Antimimos, sorti de la Perse. — L'Adam terrestre, Epiméthée....................... 225
Utilité du livre des fourneaux. — Caractères divers des artisans. — Le prêtre et le médecin........ 226
Description d'alambics. — Fixation du mercure jauni par le soufre. — Emploi des vapeurs.. 227
III. L. *Sur le tribicos et le tube. Description*................... 228
Parties de la science cachées. — Fourneaux de Marie, Kérotakis.......................... 229
III. LI. *Le premier livre du Compte final de Zosime le Thébain*.... 231
Le royaume d'Égypte dépend de deux arts, celui des teintures et celui des minerais. — On ne fabriquait pas pour soi-même, mais pour les rois................. 231
Teintures convenables tenues secrètes. — Liste de Démocrite. Livre des teintures naturelles d'Hermès.................... 232
Les procédés gravés sur les stèles. 233
Deux genres de teintures convenables pour les toiles teintes. — Hostilité des gens qui fabriquaient par voie surnaturelle, et qui voulaient obliger à faire les sacrifices................. 234
Songes et promesses mensongères. Discours à Théosébie à ce sujet.. 235
Couleurs de l'œuf et procédés divers, par la cuisson ou avec les espèces crues.............. 236
III. LII. *Interprétation sur toutes choses en général et notamment sur les feux*................... 237
78 espèces. — Feux légers. — Eau

Pages

divine. — Elle joue le rôle du levain........................ 238
III. LIII. *La céruse*.............. 239
III. LIV. *Sur le blanchiment. —* Epreuve par le plomb........ 239
III. LV. *Explication sur les feux.* 240
III. LVI. *Sur les vapeurs.* — Vapeurs sublimées. — Scories, avec les âmes qu'on en a tirées...... 240
L'eau filtrée et la cendre. — Iosis. — Poudre de projection, etc... 241

QUATRIÈME PARTIE. — LES VIEUX AUTEURS

IV. I. *Pélage le philosophe. — Sur l'art divin et sacré.* — (Note interpretative). — Objet de l'art tinctorial 243
Le cuivre est teint et il teint ensuite. — Ombre du cuivre. — Il noircit l'argent. — Les six opérations 244
Iosis parfaite. — Affinage ou noircissement. — Chalcopyrite. — La grande purification, ou lavage...................... 245
Le cuivre sans ombre est blanchi. — Or teint en rouge. — Cinabre des philosophes. — Le cuivre sans ombre teint toute espèce de corps. — Le produit naturel est l'or. — Chrysolithe........ 247
Les deux teintures ne diffèrent que par la couleur. — Qui sème l'or, fait naître l'or............ 247
Mystère de la teinture d'or. — Les mordants, etc. — Toute chose est d'abord en puissance.. 248
Symbolisme de la végétation..... 250

IV. II. *Le philosophe Ostanès à Pétasius sur l'art sacré et divin* (note)....................... 250
L'eau divine préparée avec les

Pages

œufs du serpent. — Ses proprié-
tés merveilleuses.............. 251

IV. iii. *Jean l'Archiprêtre en
Evagie.* — Sur l'art divin...... 252
Les effluves lunaires. — Grotte
d'Ostanès. — Les couleurs d'or. 252
Ios. — Extraction de la nature in-
térieure (note sur les stèles). —
Les feuilles d'argent et leur en-
duit (note)................... 253
Coloration de l'or (note). — Action
de la couperose. — La pierre
noire sacrée. — Les fondants... 254
Les jaunes d'œuf et le vinaigre. —
(note sur ce mot). — Avorte-
ments, etc 255

IV. iv. *Enigme de la pierre
philosophale d'après Hermès et
Agathodémon*................. 256

IV. v. *Agathodémon, Hermès et
divers. — Oracle d'Orphée. —
Explication et commentaire d'A-
gathodémon sur l'oracle d'Or-
phée* (note).................. 257
Quitte la ville de la sottise pour
venir à Memphis. — Préceptes
de l'oracle. — Son texte....... 257
Blanchiment du cuivre. — Os du
cuivre, les quatre corps, etc.;
opérations diverses........... 258

IV. vi. *L'espèce est composée et
non pas simple, et quel en est le
traitement* (note).............. 261
Le Tout, la transmutation (note).
— Le mercure et sa sphère, les
soufres, l'or, l'iosis, etc... 262

IV. vii. *Fabrication, principale-
ment celle du Tout. —* Gomme
d'or. — Le mercure produit par
le cinabre.................... 264
Le fugitif. — Fixation du mercure. 265
Natures célestes, sont les appa-
reils sphériques de distillation.. 266
Le soufre. — Le produit incom-

Pages

bustible et le cuivre. — L'asèm.
— Le cuivre sans ombre....... 266

IV. viii. *Autre traitement.* — (Note
sur la teinture du cuivre.) — Le
jaune d'œuf et le safran (note). 267
Comaris scythique. — Iosis et cui-
vre...... 268

IV. ix. *Qu'est-ce que la chaux
des anciens ?* — Ce n'est pas le
calcaire. — Sa sublimation (note).
— Nature du feu employé..... 268

IV. x. *Suite du même texte*...... 269

IV. xi. *Autre traitement de la
chaux* (note)................. 270

IV. xii. *Autre procédé de fabri-
cation de la chaux.* — Comaris
et pierre couleur de pourpre... 270

IV. xiii. *Autre article sur la chaux.* 271

IV. xiv. *Autre article*........... 272

IV. xv. *Autre article*............ 272

IV. xvi. *Autre article. — La fa-
brication*.................... 273

IV. xvii. *Autre traitement*........ 273

IV. xviii. *Conclusion de la fabri-
cation.* — Le tout puissant cal-
caire 273

IV. xix. *Procédés de Jamblique.
— Teinture de Jamblique. —*
Recette de diplosis............ 274
*Fabrication de Jamblique. — Fa-
brication de l'or. — Double-
ment de l'or* (teintures)........ 275
Poudre de projection, etc........ 277

IV. xx. *Comarius. — Livre de
Comarius philosophe et grand
prêtre, enseignant à Cléopâtre
l'art divin et sacré de la pierre
philosophale.* — Préambule (note). 278
Discours mystique à Cléopâtre. —
Les quatre parties de la belle
philosophie. — Les opérations.. 279

446   TRADUCTION

Pages

Nature et développement des plantes. — Tableau allégorique de l'évaporation. — Résurrection des morts... 281

Développement de l'embryon. — L'arsenic, le mercure. — Leur union ... 282

Les substances divines et l'esprit ténébreux. — L'âme, le corps lumineux et l'esprit, etc. — Alliance des éléments... 283

Le mystère du Tourbillon. — Les produits de la terre d'Éthiopie, etc... 286

IV. xxi. *Sur l'art sacré et divin des philosophes*... 287

IV. xxii. *Chimie de Moïse.* — *Bonne fabrication et succès du créateur; succès du travail et longue durée de la vie* (note sur les ouvrages apocryphes de Moïse)... 287

Fixation du mercure. — *Traitement du mercure.* — Fabrication de l'argent... 288

Aphrosélinon. — *Pour faire partir la rouille du cuivre.* — *Traitement du molybdochalque*... 289

Traitement de la pyrite. — *Traitement de la chalcite.* — *Traitement de la pyrite.* — *Rouille du cuivre*... 290

Eau extraite par distillation. — *Sa fabrication.* — *Soufre apyre blanc.* — *Fabrication du soufre jaune avec le soufre blanc.* — *Jaunissement du mercure.* — *Traitement de l'arsenic*... 291

Fabrication du cuivre jaune. — *Fabrication de l'or.* — *Autre fabrication.* — *Blanchiment de l'arsenic*... 292

Comment il faut fabriquer l'or à l'épreuve. — *Utilité des liquides.* — *Traitement de la divine magnésie.* — *Traitement de la*

Pages

sandaraque. — *Traitement de la pyrite.* — *Traitement du soufre*... 293

Traitement du cuivre. — *Argyropée.* — *Matière de la Chrysopée.* — *Matière des liqueurs ; les liqueurs*... 294

Matière de l'Argyropée. — *Traitement de la pyrite.* — *Fabrication du soufre noir brûlé.* — *Fabrication de l'eau jaune*... 295

Blanchiment de la magnésie. — *Traitement de la très divine magnésie.* — *Traitement de la sandaraque.* — *Procédé pour purifier le plomb.* — *Autre fabrication du cuivre brûlé.* — *Blanchiment du cuivre.* — *Diplosis de l'argent*... 296

Noircissement de l'argent. — *Vérification de l'or.* — *On traite ainsi la sandaraque.* — *Sur le cuivre rouillé.* — *Liqueurs de la Chrysopée.* — *Amollissement de l'or, de façon à pouvoir lui communiquer des empreintes*... 297

Traitement de l'or avec l'huile. — *Teinture de l'or.* — *Du cuivre.* — Préparation du mercure... 298

Fusion de la pierre incombustible. — Traitements divers par digestion... 299

Mystère du mercure. — Traitement par le cuivre... 300

Sur le cuivre ductile, étiré jusqu'à devenir très mince. — *Rendre le safran infaillible par la fonte.* — Teinture de l'or. — Métal de la magnésie... 301

IV. xxiii. *Les huit tombeaux.* — *Sur l'art sacré et divin des philosophes* (note)... 302

L'œuf philosophique et les huit traitements successifs... 302

IV. xxiv. *Pour blanchir le cuivre, par l'arsenic*... 304

Pages

CINQUIÈME PARTIE. — TRAITÉS TECHNIQUES

V. I. *Sur la très précieuse et très célèbre orfèvrerie. — Introduction. — Cahier de praticien, renfermant des morceaux de diverses époques, continuant la vieille tradition gréco-égyptienne. — Sens divers de l'asèm, du ἀσήμου, etc.* 307
Pour affiner l'or. — Pour affiner l'argent. — Explication de la dorure 308
Autre dorure pour l'or filé. — Explication pour la cuisson (émaillage). — (Notes sur le savon et le sel de soude). — Explication de l'émail. — Explication du nettoyage. -- Autre nettoyage (borax) 309
Explication de la soudure royale. — Sur la soudure royale de l'argent. — Autre explication de la soudure d'argent. — Autre soudure très prompte ou alamarsa. — Explication pour donner à un objet la couleur d'or 311
Pour donner la couleur d'or à un objet d'argent : dorure. — Pour ôter à l'argent son éclat. — Observation. — Recette mystérieuse. — Sur la manière de faire des empreintes 312
Autre recette pour l'écriture en lettre d'or. — Sur la manière de faire des lettres capitales dans les livres. — Sur la manière de tracer des animaux dorés sur une coupe, ou sur un rameau, ou sur toute autre chose non dorée. 313
Sur la coloration au feu. — Pour dorer des animaux sur une coupe et que le fond reste blanc. — Pour la soudure d'or. — Sur la manière de dorer le cuivre avec de l'argent. — Sur la dorure

Pages

du bronze amalgamé (?). — Soudure 314
Pour dorer les animaux sur le fond de la coupe, sans que le fond soit doré. — Sur la manière de donner une très belle couleur à l'argent doré. — Lorsque l'asèm est défectueux. — Sur la soudure de l'émail. — Sur la manière de faire du fil d'argent mince. — Sur la manière de faire la cuisson (émaillage) 315
Sur la manière de donner une très belle couleur à l'argent doré. — Sur la manière de recoller les petites marmites : bain pour assembler les tuyaux de poterie. — Pour faire briller une perle fine. — Autre recette. — Sur les fils métalliques des orfèvres 316
Autre méthode mystérieuse (pour rendre une étoffe incombustible). 317
Autre eau divine (eau forte) — eau de mercure (azotate) — eau d'argent (azotate) 317
Eau pour extraire l'or de l'asèm (par l'eau forte). 318
Autre recette pareille. — Affinage de l'or (par l'antimoine). — Autre recette semblable pour l'asèm — lorsque l'argent ou l'or sont défectueux. — Fixation du mercure 319
Autre recette. — Sur la manière de faire des lettres d'or. — Sur la manière de rendre le cuivre brillant comme de l'or. — Sur le savon. — Autre recette. — Le verre. — Sur la manière de blanchir l'étain 320
Sur la manière de rendre le cuivre pareil à l'or. — l'eau du traitement assuré (pierre philosophale) 321

V. II. *Travail des quatre éléments. — Ici commence l'exposé*

Pages

détaillé de l'œuvre (symbolisme, note). — *Premier élément : l'eau : premier travail : celui du vinaigre divin* 322

Nomenclature du vinaigre divin (note) *et de l'eau divine* 323

Second élément : l'air. — Ici commence le travail de l'air. — Ici commence la nomenclature de l'air 324

Substances d'une autre nature : perles et pierres précieuses ; magnésie. — Troisième élément : le feu. — Ici commence le travail du feu. — Quatrième élément : la terre. — Ici commence le travail de la terre, c'est-à-dire de la chaux toute puissante 325

Nomenclature de la terre.—L'union des quatre éléments. — Fais attention. — Préparation 326

V. III. *Sur la trempe du fer. —* Instruments pour tailler la pierre. —Épées et coutelas. — *Deuxième trempe* qui rend le fer indien tranchant 328

Troisième trempe mystique. — Adoucir le fer trop dur 329

Quatrième trempe. — Sécrétion liquide 330

V. IV. *Teinture du cuivre trouvé chez les Perses, décrite sous le règne de Philippe* (portes de Ste-Sophie) 330

Emploi de la tutie et de l'arsenic. — Procédé 331

V. V. *Trempe du fer indien, décrite à la même époque* (avec mots arabes) 332

V. VI. *Fabrication des verres. —* Les œufs. — Verres vert, citron ou de Bérénice, blanc, bleu. — Leur mélange, etc., forme de l'or 333

V. VII. *Coloration des pierres,*

Pages

des émeraudes, des escarboucles et des améthystes, d'après le livre tiré du Sanctuaire des Temples (note) 334

Comaris ou talc. — Coloration de l'émeraude ; de l'escarboucle, de l'améthyste, par teinture superficielle 335

Quelles espèces produisent la coloration des pierres précieuses et par quel traitement. — Émeraudes d'après Ostanès. — Escarboucle qui brille la nuit, colorée avec les biles des animaux marins, d'après Marie 336

Procédé pour donner de l'éclat aux couleurs et pour fabriquer des pierres teintes 338

Sur l'art chimique. — Traitement du verre 338

Autre chapitre sur les pierres, teintes simplement, ou avec un fixateur après amollissement ; —avec une ou plusieurs liqueurs ;...... 339

De même pour la pourpre 340

Les perles et les pierres nommées : eau divine native —l'herbe tinctoriale, — les deux soufres 340

La comaris, la perle ou pierre de Cythère ; — la lie, l'aphrosélinon ; — fixation 341

Sur la coloration de l'émeraude par le cuivre brûlé ;—aphrosélinon, comaris, talc 343

Traitement du fer destiné aux colorations des pierres et à d'autres colorations. — Traitement du plomb 344

Sur l'amollissement du verre. — Autre amollissement. —Autre. — Autre. —Fabrication de la pierre aétite. — Fabrication de l'émeraude 345

Fabrication de la petite scorie, d'après Marie. — Le cristal est amolli et ne se casse pas, en suivant le procédé que voici. —Re-

*cette pour adoucir le cristal. —
Fabrication du béryl* 346
Fabrication du rubis avec l'amé-
thyste. — *Purification de la pierre
de cristal. — Amollissement
des pierres. — Amollissement du
cristal. — Autre procédé* 347
*Fabrication de l'émeraude. —
Autre procédé. — Fabrication
de l'améthyste. — Comment on
donne aux petites pierres la
teinte rouge. — Amollissement
du cristal. — Autre procédé. —
Fabrication de la sélénite. —
Procédé pour teindre la pierre
en rouge* 348

V. viii. *Méthode pour confection-
ner la perle ronde, par le célèbre
technurgiste arabe Salmanas*
(note) 349

V. ix. *Traitement des perles. —
Nettoyage des perles et procédé
pour les rendre brillantes* 352
*Dissolution des perles. — Autre
procédé. — Blanchiment des per-
les. — Préparation de la perle.
— Autre fabrication des perles.
— Blanchiment des perles som-
bres et salies* 353
*Autre procédé. — Blanchiment des
perles jaunes. — Fixation des
perles. — Blanchiment des perles.
— Sur les perles* 354
*Blanchiment des perles jaunes. —
Nettoyage des perles. — Netto-
yage de la perle de Bretagne* .. 355
*Nettoyage, d'après un moine, des
perles couleur de plomb* 356

V. x. *Fabrication des bières* 356

V. xi. *Fabrication de la lessive* ... 357

V. xii. *Quelle est la proportion
avantageuse des laines teintes,
celle de la comaris et des eaux
tinctoriales* 358

V. xiii. *Quelle est la préparation
de la poudre noire* 358

V. xiv. *Quelle est la composition
de la comaris* 359

V. xv. *Traitement qui succède à
l'iosis* 359

V. xvi. *Si tu veux fabriquer
des formes en creux et en relief
avec du bronze, opère comme il
suit.* (Notice préalable. — Le
mot bronze. — Livre de la Chi-
mie.) 359
Empreinte de la monnaie prise
avec du soufre 360
Fonte des moulages. — Alliage du
bronze. — Donner la couleur à
la gravure 361

V. xvii. *Détails divers sur le plomb
et sur la feuille d'or* 362

V. xviii. *Fabrication de la colle
de fromage* 364

V. xix. *Sur la fabrication du savon
d'axonge* 365

V. xx. *Les mois*, formule ma-
gique 365

V. xxi. *Fabrication de l'or. —
Les 7 fontes du cuivre. — Cui-
vre teint en argent* 366

V. xxii. *Préparation de l'aphro-
nitron, recherché pour les soudu-
res de l'or, de l'argent et du
cuivre* 367

V. xxiii. *Préparation du cinabre.* 367

V. xxiv. *Pratique de l'Empereur
Justinien. —* Préparation de la
composition blanche 368
Composition jaune. — Lavage de
la scorie 369

V. xxv. *Description de la grande
Héliurgie, exposée dans le Trai-
tement du Tout* 371

Pages

V. xxvi. *Bénédiction de la Ruche.* — Formules pour dormir et pour veiller... 372

V. xxvii. *Fabrication de l'argent.* — Autre procédé dû à Salomon. 372

V. xxviii. *Sur l'orichalque*... 373

V. xxix. *Sur le soufre incombustible*... 373

V. xxx. *Blanchiment de l'eau, au moyen de laquelle est blanchi, pendant qu'on le traite, l'arsenic, ainsi que la sandaraque*... 374

V. xxxi. *Sur le blanchiment de l'arsenic lamelleux*... 374

V. xxxii. *Dorure du fer*... 375

Sixième partie. — Commentateurs.

Notice préliminaire. — Les commentaires successifs. — Stéphanus et l'édition d'Ideler... 377
Date de la compilation du Chrétien. — Fausses dédicaces à Théodose. — Dédicace à Sergius. — Date du Philosophe Anonyme.. 378
Étude spéciale sur la compilation du Chrétien. — Tableau de ses chapitres... 379
Décomposition de cette compilation en plusieurs groupes. — Plan de notre publication.... 381
Autres compilations. — Cosmas. Blemmidès, etc... 382

VI. i. *Le Chrétien.* — *Sur la Constitution de l'or.* — Préambule de Démocrite sur les sulfureux. — La chose capitale, ce sont les liquides... 382
Le mercure, l'eau divine, le corps de la magnésie. — Invocation au démon... 384
Nécessité de la grace divine et d'une conscience pure. — Les

Pages

deux soufres et les liquides sulfureux... 385

VI. ii. *Le Chrétien.* — *Sur l'eau divine.* — Quelles sont les espèces de l'eau divine en général et quelle est l'explication relativement au calcaire. — Quelles sont les dénominations de ces matières... 386

VI. iii. *Désaccord des anciens.* — Mots symboliques... 387

VI. iv. *Quel est le traitement de l'eau divine en général*... 388

VI. v. *Fabrication de l'eau mystérieuse.* — Elle est une et multiple. — Vendange d'Hermès. — Partage de la cendre. — L'eau de l'abîme. — Deux et un... 389

VI. vi. *Objections sur ce que l'eau divine est une par l'espèce.* — Solution... 390
Teinture de la pourpre et des perles... 390

VI. vii. *Autre objection : on veut montrer que l'eau de l'abîme est une quant au nombre; nouvelle solution*... 391

VI. viii. *Résumé du Chrétien.* — Quelle est la raison d'être du présent traité... 392

VI. ix. *Division de la matière.* — De la division de la matière en quatre parties résultent diverses classes de fabrication, leurs parties étant tantôt séparées, tantôt combinées entre elles. — Les quatre parties de l'œuf. — Préparation partagée en deux... 393

VI. x. *Combien y a-t-il de variétés de fabrication, en particulier et en général*... 394

VI. xi. *Relation entre les divisions*

Pages

de la science et les figures géométriques...... 397

VI. XII. *Quelle est la classe exposée dans les écrits secrets des anciens*...... 398
Expositions détournées. — Parties voilées. — L'arsenic, le cuivre, la rhubarbe du Pont. — Branche suivie par l'auteur. — Traitement de la scorie et du cuivre. 399
Fabrication de l'asèm et de l'or... 402

VI. XIII. *Le Philosophe Anonyme. — Sur l'eau divine du blanchiment*...... 403
Traitements successifs...... 403

VI. XIV. *Du même Philosophe Anonyme : discours sur la pratique de la Chrysopée, développé avec l'aide de Dieu*...... 405
Les coryphées de l'art. — Hermès Trismégiste : pourquoi ce nom. — Jean l'Archiprêtre (note sur Evagie et Tuthie). — Démocrite, Zosime, etc...... 406
Molybdasèm et molybdochalque. Il faut s'abstenir des agents caustiques et employer les liquides. La magnésie...... 407
Il faut connaître les substances et leurs combinaisons. — L'aimant attire le fer, et l'ail lui ôte cette propriété, etc...... 408

Pages

VI. XV. *Le Philosophe Anonyme. La musique et la chimie* (note). Les cinq livres de la science... 409
Les rangées et tons musicaux et leur emploi, etc., assimilés aux opérations chimiques, — les classes d'instruments musicaux. 410

VI. XVI. *Cosmas. — Interprétation de la science de la Chrysopée par le saint moine Cosmas.* 416
Un est le Tout, etc. — Préparation de l'ios et de l'or...... 416
Ce qui suit est tiré d'un certain auteur ancien, Zosime; — l'autre fragment l'est du grand Art des Anciens. — Fais l'épreuve que voici. — Autre interprétation. — Diplosis de l'ios. — Cuivre brûlé. 417

VI. XVII. *La pierre philosophale. — La comaris et les perles*...... 419

VI. XVIII. *Sur la pierre philosophale. —* Molybdochalque ; agents caustiques ; les liqueurs, etc...... 420

VI. XIX. *Hiérothée. Sur l'art sacré* (note)...... 421

VI. XX. *Nicéphore Blemmidès. — Chrysopée* (note). — Traitements méthodiques...... 422
Appendice. — Ce que réclame la présente préparation...... 427

INDEX ALPHABÉTIQUE

DE LA TRADUCTION

Cet index ne comprend que des noms de lieux et de personnes. Il devra être complété par les indications de la Table analytique. — Les chiffres romains se rapportent à l'Avant-Propos.

A

A, lettre, 224.
Aah, 31, 32, 33.
Abdère, 61, 383, 420.
Abib, 28.
Abraham, 112.
Abime (eau de l'), 389, 391, 392.
Achaab, 33, 96.
Achaïe (fleur, couleur), 5, 11, 44.
Acharantos, 33, 96.
Achéron (bac et nocher), 33.
Acriboulos, 89.
Adam [95], 223, 225.
— charnel, 224.
— (esprit échangé avec celui d'). 225.
— individuel, battu, mis à mort, 225.
— (personnage). 224.
— terrestre, 225.
Adriatique (mer), 183.
Adrumète (argent d'), 300.
Africanus, xvi, 82, 168.
Agatharchide, 27, 28, 202.
Agathodémon, xvi, 26, 79,

[87], 125, 256, 257, et *passim*.
— (adeptes d'), 202.
Albert le Grand, xiii, 23, 106.
Albumazar, 25.
Alexandre, 19, 331.
Alexandrie, 26, 27, 60, 257.
— (natron), 299.
— tutie, 373.
Alycoprios, 27.
Amchir, 28.
Ammon, 32.
Amnaël, 32.
Amour, 112, 297, 431.
Anaximandre, 90, 91.
Anaximène, 90, 91.
Anges (voix des), 223.
Anonyme (le philosophe), 27, 377, (378), 403 et suiv.
Antimimos (démon), 225.
Anubis, 32.
Aphrodite, 27, 31, 103, 130, 131 (v. Vénus).
Apollinopolis, Apolenos, 27.
Apollon, 94, 96, 103, 193, 257.

Apollon (oracles), 152, 170, 265, 266, 291.
Arabes, vi, xii, xiii, 18, 20, 36, 38, 82, 146, 250, 265, 331, 360, *passim*.
Aratus, 261.
Arbogaste, 40.
Archélaus, 27.
Archimède, 230.
Aristote, 19, 26, 27, 76, 88, 89, 92, 135, 152, 200, 331.
— commentateurs, 27, 406.
— (pseudo) arabe, 76, 422.
Arménie (bleu), 18, 20, *passim*.
— roi, 75.
Arsenocton, 94.
Arsinoé, 94.
Ascalon (vase d'), 204, 280, 401.
Asenas, ou Asenan, 223.
Asie (magnésie d'), 40.
Athyr, 28.
Augasie, 293.
Avicenne, 38, 122, 144.
Avril, 28.

B

Babylone, xviii.
Babylonie (ocre de), 183.
Bachones, 28.
Bacon (Roger), 19, 76.
Barmhat, 28.
Barmudeh, 28.
Bawne, 28.
Bérénice (verre de), 333.
Berthelot (André), x, xii, 378.
Béséléel, 287.
Bethléem, 372.
Bible hébraïque, 223.
Bibliothèques des Ptolémées, 93, 223.
Blemmidès (Nicéphore), xii, 382, 423.
Bobeh, 28.
Bretagne (perle de), 365.

C

Cabbale, 41, 221.
Calaïs, 9, 40, 431.
Cancer, 110.
Canicule, 174.
Canope, 297.
Capricorne, 110.
Carie (terre de), 219.
Cébès, 223.
Cedrenus, 36.
Cerbère, 33.
Chaldée, xx.
Chaldéens, 25, 223.
Charmes (M.), viii.
Chéops, xvi, 27, 205, 207 (v. Sophe).
Chérubins, 30.
Chiak, 28.
Chrétien (philosophe), xvii, 127, 145, 273, 377, (378) et suiv.
Christianisme, vii.
Chymès, xvi, 91, 168, 171, 180, 181.

Chypre, 27.
Chypre (cuivre), 202, passim.
— (liqueur de), 103.
— magnésie, 188.
Cilicie (safran), passim.
Cimole (terre de), 19, 56, 109, 159, 195, 219, passim.
Claudien, 27.
Clément d'Alexandrie, vi, 76, 98, 223, 233.
Cléopâtre, xii, xvi, 26, 28, 146, 168, 186, 278 et suiv., 302, 303.
— (verre), 38.
Cléopolis, 27.
Cnouphion, Cnouphi, 10.
Comarius, xvi, 26, 123, (278) et suiv., 322.
Constantin, vi.
Constantin Porphyrogénète, vi, 4, 309, 381.
Constantinople, vi.
Contrefacteur, 225.
Coptos, 9, 19.
— minerai, terre, 176, 219.
Coq maudit, 110.
— symbolisme, 110.
Cosmas, 382, (416) et suiv.
Crète (terre de), 109, 195.
Cronammon, 112.
Cypris la blonde, 104.
Cythère (pierre de), 341.

D

D, lettre, 224.
Dalmatie (cadmie), 292.
Dalmatique, 362.
Daniel, 261.
Darius, 331.
Décembre, 28.
Démiurge, 126, 136, 138, 249, 286.

Démocrite, (43), (61), passim.
— a inscrit sur une stèle, 253.
— sphère, xix, 86.
Démocritains (mémoires), — traités, vii, 343, 384.
Démons, 45, 86, 96, 99, 225, 303, 384.
— dans le lieu bas, 90, 235.
Démon fugace, 201.
— (plomb possédé du), 104, 106.
Denderah, 94.
Denis, 76.
Destinée (la), 222, 224.
Dietz, xi, 377.
Dieu (fils de), 222, 224, 225.
Dieu partout, 235.
Dieu unique, 29, 90.
Dieux (les), 226.
Dioclétien, vi.
Diodore de Sicile, 98.
Diogène, 89.
Dionysios (pierre), 10.
Dioscoride, xx, 7, 10, 12, 14, 15, 16, 18, 19, 20, 22, 49, 154, 182, 185, 201, 250, passim.
Dioscorus, 26, 60 et suiv., 195, 205.
Docètes, 225.

E

Égypte (chorographie de l'), 233.
Égyptiens (écrits, poésies), 86.
— et Égyptiens, passim.
— (hiérogrammates), 203.
— (mer d') 282.
— (montagnes d'), 293.
— (mortier mystique), 203.

Égyptiens (pierre), 19.
— (prêtres), 52, 203.
— (procédés des), 206.
— (prophètes), 99, 158.
— (rois, royaume), 97, 203, 231.
Égyptien (traduction en) de la Bible, 223.
Égyptienne aux tresses d'or, 103.
Εἱμαρμένη, 225.
Éléphantine, 27.
Emmanuel, 422.
Énée de Gaza, 67.
Enfer, 33, v. Hadès.
Épibéchius, 26, 212 (v. Pébéchius.
Épiméthée, 222, 224, 225.
Épiphi, 24, 28.
Érotyle, 146.
Escurial, x, xix.
Espagne (tutie d') 366.
Éthiopienne (terre), 103, 286.
Eugène (saint). 372.
Eugénius, 40, 422.
Évagie, 26, 252, 406.
Ève, 224.
— ou la terre, 223.

F

Février, 28, 75.
Fils de Dieu (le), 29.
Fouets (les), 33.
Furies, 33.

G

Galatie (cochenille), 44.
Galien, 261.
Geber, 36, 55, 76.
Gémeaux, 110.
Geoponica, 353, 372.
Gnose divine, 3.
Gnostiques, vi, 210, 225, 278, 279.

Gotha, x.
Grec (traduction de la Bible en), 223.
Grecs, 225, 231.

H

Habacuc, 405.
Hadès, 44, 123, 281, 282, 284, 285.
Harpocrate, 31, 33.
Hathor, 31, 94, 103.
Hatur, 28.
Hébraïque (120).
— (caractères), 25.
— prophétesse, 289.
Hébreux, 205, 206, 223, 224, 225, 337 (v. Juifs).
Héliodore, 378.
Héracléopolis, 27.
Héraclite, 89.
Héraclius, 4, 27, 377, 379.
Her-Hor, 32.
Hermès, 233, 234, 252, 256, 268, 271, 281, 389, 392, 402, 404 et passim.
— (oiseaux d'), 140.
— (signe), 179.
— (vendange), 129.
— trismégiste, 261, (406), 420.
Hermétique (mercure), 140.
— (livres, traités), 98, 207.
Hermonthis, 31.
Héron, 207, 230.
Hésiode, 222, 224, 261.
Hésychios, 25.
Hiérothée, (422).
Hippasus, 89.
Horus, 26, 31, 33, 46, 96, 111, 207.
Horus extracteur d'or, 112,
Hultsch, xii, 28.

I

Ideler, xi, 132, 377.
Inde, (40).
Indiens, 332.
Ion, prêtre, 118.
Iris, 107.
Isidore, 27, 233.
Isis [31], 32, 33, 36, 46, 96, 111, 160, 359.
— temple, 94.
— (teinture), 207.
Ismaélites, 344.

J

Jacques, l'inspiré de Dieu, 382, 385.
Jamblique, (274) et suiv.
Janvier, 28.
Jean l'Archiprêtre, xvi, 26, 252, 406, 420.
— le précurseur, 423.
Jérusalem. 223, 235.
Jésus-Christ, 145, 252, 278, 385.
— ajouté à Adam, 224.
Job, 382.
Johnson, 18.
Judas (tribu de). 287.
Judée, 372
Juifs, 37, 98, 232, 233, (v. Hébreux).
- (livres), 140.
- (marche des), 205.
Juillet, 28.
Juin, 28.
Julien, 371.
Jupiter, 25, 131, 224.
- (les dons de), 225.
— Olympien, 222.
— ses présents repoussés, 222.
Justien, 371.
Justinien, x, 21, 371, 379.
— (pratique), 114, (368).

K

Klettre, 237.
Kerkoros, 32.
Kerkouroboros, 33.
Khons, 31, 32, 33.
Kitab-al-Fihrist, vi.
Kobalt, 10.
Kopp (H), ix.
Koyhak, 28.
Kyranides (livre des), 110.

L

Liban, 251.
Lexicon Alchemiæ, xx, 18, 71, 77, 95, 123, 431.
Leucippe, xv, [57], 60.
Leipsick, x.
Leemans, xiv.
Laodicée, 44.
Libye, 293.
— (coquillage), 44.
Libyque (montagne), 94.
Loynes (de), xi.
Lucifer, 225.
Lycopolis, 27.

M

M, lettre, 224.
Macédoine, 11, 50, 258.
— (pierre pourprée de),6.
— (roi), 330.
Macquer (dictionnaire de chimie), 75.
Mafek, 26.
Mai, 28.
Manichéisme, 225.
Malvoisie, 315.
Marie, xvi, 26, 37, et passim.
— (sainte), 364, 423.
Maron (palais de), 364.
Mars, 25, 28.
Maspero, vii.
Măza, 180, 209, 210, 338, v. Moïse.

Méchir, 28, 75, 77, 78, 135, 195.
Mèdes, 223.
Mélissus, 89, 90.
Membrès, 235.
Memnon, 27.
Memphis, 27, 61, 216, 257.
Ménos, 27.
Ménès, 27.
Mercure, planète (sphère de la), 263, 264.
Mesori, 28, 75, 78, 195.
Milésien (le), 89.
Milet, 88.
Mithriaque (mystère), 122.
Moïse, xvi, xviii, 30, 40, 61, 180, 181, 209, 274, 279, 335 (v. Măza).
— chimie, 52, (287), et suiv., 307.
— lettre à Sanis, 338.
Morienus, 76.
Monembasie (v. Malvoisie), 315.
Motaria 99, [112], 157, 158, 188.
Munich, x, xii, 377.
Muses, 3, 80, 92.

N

Naxos, 12.
Nécessité (la), 387.
Nécessités (les trois), 33.
Néoplatonicien, 62.
Nicée (cuivre de), 82, 277.
— (concile de), 203.
Nicéphore, 422.
Nicothée, 221, 224.
Nil (courant, eau), 129, 132, 182, 252.
Nilus, 186, 187, 190.
Novembre, 28.

O

O lettre, 221, 237.
Océan, 20, 90, 221.

Octobre, 28.
Olympe, 251.
Olympiodore, xv, 26, [75], 195, 196, 203, 406, 420, 421, passim.
Ophiuchus, 92.
Ormanouthi, 31.
Orphée (oracle), 257.
Orphica, 32, 94.
Orphique consubstantiel, 203.
Osiris, 12, 31, 36, 40, 95, 111, 257, 302.
— (tombeau), [103], 263.
Ostanès, xvi, 26, 61, (250), et passim.
— grotte, 252.
Ourse (nord), 93.

P

Pachon, 28.
Padoue, 378.
Pammenès, xvi, 52, 151.
Pandore, 224.
Panopolitain [le] (v. Zosime).
Paphnutia ou Taphnutia, 186, 187.
Pappoas, 29.
Pappus (serment), 29.
Parménide, 88, 89, 91.
Paradis (le), 224, 383.
Paros ou Poros (pierre), 52.
Parques, 33.
Parthes, 223.
Pasteur (le) ou Pœmandre, 236.
Paul, apôtre, 385.
Pausiris ou Panséris, xvi, 27, 96, 271.
Payni, 28.
Pébéchius ou Pébichius (v. Épibéchius), xvi, 20, 68, 99, 156, 158, 168, 178, 180, 182, 192, 197, 212.

Pélage, xvi, 26, 96, 194, (243).
Persans, Perses, 26, 61, 129, 201, 225, 254, 330, 334.
— prophètes, 57.
— ossements, 201.
Pétésis ou Pétasius, xvi, 15, 27, 75, 104, 106, 233, 268, 271, 341, 379, 399 (v. Isidore).
Pétosiris, xiii, xix.
Phamenoth, 28.
Phaophi, 28.
Pharmouthi, 28, 108.
Philarète, 158.
Philippe, 330.
Photius, vi, 4, 381.
Phta (temple de), 27, 207, 216, (v. Vulcain).
Piérides, 92.
Pierre ayant un esprit, 129, 130.
Pierret, 31, 32.
Pizimentius, ou Pizzimenti, 378.
Platon, 26, 27, 76, 135, 200, 262, 400, 406.
— trois fois grand, 223.
Platoniciens (néo), v. Néoplat., vi.
Pline, xx, 7, 10, 14, 16, 19, 39, 101, 106, 171, 310, 353, 372.
Pœmandre (v. Pasteur), 236.
Pont-Euxin, 62, 72.
Porphyre (auteur), vi, 26, 200.
Poxamos ou Paxamos, 140.
Précurseur (le), 225.
Proclus, 262.
Prométhée, 222, 224.
Psellus (Michel), xii.
Ptolémée, 26.
— Philadelphe, 94.

Ptolémées (bibliothèques des), 95, 223.
Pythagore, 102.
Pythagoricien, 29.

R

Reiske, 309.
Renan, Origines du Christianisme, 225, 432.
Rhazès, 76.
Rival (le), 225, 432.
Ruelle (Ch.-Em.), ix, xiii, xvii.
Rulandus, xx, 10, 18. (v. Lexicon).

S

Sabaoth, 205, 206.
Sabine, 362.
Sagittaire, 110.
Saglio, 309.
Salmanas, xvii, (349).
Salomon, xv, [41], 235, 373.
Sanis, 338.
Sardaigne, 362.
Saturne, 25, 102, 221.
Saturne (extrait de), 8.
Saumaise, 43, 44, 208.
Scorpion, 110.
Scythie, 10.
Seigneur (le), 102, 209.
Séléné, 130, 131.
Septantes (les), 223.
Septembre, 28.
Sérapéum, 223.
Sérapis, 26, 60.
Sergius, 27, 378, 379, 386.
Sextus Empiricus, 89.
Sibylle, 77.
Sibyllins (livres), 94, 236.
Sirius, 24.
Sophar, 26, 129, 197.
Sophé, xvi, 27, [205], 206, 343 (v. Chéops).
Sophie (Sainte), 330.

Stephanus, xi, xvii, 4, 26 et passim.
Suidas, 237.
Synésius, xv, 26, 45, [60], 98, 111, 195, 294, 377, 378, 399, 415.
Syrie, 44.

T

Taphnutia (v. Paphnutia).
Tartare, 32.
Taupe, homme maudit 111.
— remontant au jour, ne rentre pas en terre avant le soir, 111.
Taureau, 110.
Taurus, 251.
Terenouthi (Tentyris, Dendérah), 18, 94.
Tertullien, vi.
Thalès, 88, 89.
Theatrum, Chemicum, xiii, xx et passim.
Thébaïde, 27.
Théoctonicos, xiii, xix, 90, 273, 360.
Théodore, 3, 4, 208.
Théodose, vi, 40, 378, 409.
Théogène, 98.
Théogonie, 224.
Théophile, 193.
— fils de Théogène, 198.
Théophraste, xx, 27, 159, 183.
Théosébie, 90, 97, 140, 186, 190, 199, 202, 203, 221, 231, 237, 273.
Thrace, 27, 61.
Toth, 28, 223, 224.
Tribouthis, 293.
Tubch, 28.
Turba philosophorum, 19, 37, 139, et passim.
Tut, 28.

Tuthie, 407.
— et ses sanctuaires, 406 et note.
Tybi, 28.
Typhon, 31.

V

Vatican, x, xiii, xix. 378 et suiv.
Venise, v, ix, xi. xii, 377.
Vénus, 25, 31, 130, 131 (v. Aphrodite).
— (semence), 4.
Verseau, 110.
Vertu (hommes recherchant la), 127.

Vertu et Interprétation, 127.
Veuve, 96.
— (préparation de la), 36 (v. Isis).
Vierge, 110.
— enchainée, 201.
— (terre), 90, 223.
Vincent de Beauvais, xx.
Vitruve, 343.
Vulcain. 13 (v. Phta).
— (temples de), 207.

W

Weimar, x.

X

Xénocrate, 414.
Xénophane de Colophon, 89.

Z

Zéphir, 109.
Zodiaque, xiii.
— (douze signes), 110, 365, 424.
Zones (quatrième et moyenne), 224.
Zone (septième), 221.
Zoroastre, 222.
Zosime, vi, vii, xvi, 4, 23 et *passim*.

INDEX ALPHABÉTIQUE

DES

NOMS PROPRES

A

Ἀδήρα, 57, 395.

Ἀβραμαῖος, 103.

Ἀγαθοδαιμονῖται, 208.

Ἀγαθοδαίμων, personnage mystique, 80, 116.

Ἀγαθοδαίμων, auteur et praticien, 25, 73, 79, 80, 84, 94, 115, 125, 139, 150, 152, 156, 167, 169, 173, 177, 178, 180 à 183 (passim), 195, 202, 211, 226, 235, 238, 251, 263, 280, 353. — ἐν τῇ διδασκαλίᾳ τοῦ προδαφίου, 193. — αἴνιγμα..... τοῦ Ἀγαθοδαίμονος, 267 et 268. — εἰς τὸν χρησμόν Ὀρφέως ὑπόμνημα, 268-271.

Ἀδάμ, 89, 230, 232.

Ἄδης, 34, 242, 293, 295-297.

Ἀδριανόν (πέλαγος ?), 186.

Ἀθηναῖος, 403.

Αἰγύπτιος. — Αἰγύπτιοι, 80, 87, 88, 90 (var.), 168, 210, 213, 223, 350, 358. Αἰγυπτίων γραφαί, 79. Αἰγυπτίων προφῆται, 91, 159. Αἰγύπτιος κόγχος. — Voir κόγχος. Αἰγυπτία χρυσοδόστρυχος, 95. Αἰγύπτιοι βασιλεῖς, 240. Αἰγύπτιοι ἱδρύς, 401. Αἰγυπτιακὴ θάλασσα, 294.

Αἴγυπτος, 26, 29, 33, 57, 80, 90, 137, 209, 210, 221, 305. οἱ ἐν Αἰγύπτῳ ἱερεῖς, 49. οἱ ἱερογραμματεῖς Αἰγύπτου, 210. χωρογραφία Αἰγύπτου, 242.

Αἰθιοπὶς γῆ, 95, 299.

Αἰθίοψ, 403.

Ἀλεξάνδρεια, 26, 57.

Ἀλουκόπολις. (Voir Λυκόπολις ?).

Ἀμνατήλ, 29, 33.

Ἀνάγκη, μεγάλη θεός, 401.

Ἀναξίμανδρος, 83, 84.

Ἀναξιμένης, 83, 84.

Ἀνεπίγραφος ὁ φιλόσοφος, (nom propre ?) 26. Ἀνεπιγράφου φιλοσόφου περὶ θείου ὕδατος τῆς λευκώσεως, 421 et suiv., τοῦ αὐτοῦ Ἀνεπιγράφου τὸ τῆς χρυσοποιίας... 424 et suiv., Ἀνεπιγράφου φιλοσόφου (addition du ms. E) περὶ τῆς θείας καὶ ἱερᾶς τέχνης τῶν φιλοσόφων (la Musique et la Chimie), 433-441. Ἀνεπιγράφου φιλοσόφου (add. du ms. E.) περὶ τοῦ φιλοσοφικοῦ λίθου, 446-447.

Ἄνουβις, 30, 34.

Ἀπόλαυος (f. l. Ἀπολλινόπολις), 26.

Ἀπολλινόπολις. — Voir l'article précédent.

Ἀπόλλων, auteur alchimique, 88, 90, 91, 198. Ἀπόλλων ἐν τοῖς χρησμοῖς, 171, 276.

Ἄρκτος, 272.

Ἄρης, 24.

Ἀριστοτέλης, 25, 70, 150, 206. Ἐξηγηταὶ Ἀριστοτέλους, 26, 425.

Ἀρσενοίτης (f. l. Ἀρσενοίτης), 87, 103 (?).

Ἀρχέλαος, 25.

Ἀρχιμήδης. — τὰ πνευματικὰ Ἀρχιμήδους, 237.

Ἀσενὰς (?), 230.

Ἀσία, 38.

Αὐγάσεις, 305.

Ἀφρικανός, 75, 169.

Ἀφροδίτη, astre, 24, 123.

Ἀφροδίτης σπέρμα, 4.

Ἀφροδίτη, ville, 26.

Ἀχαὲ ὁ γεωργός, 89.

Ἀχαΐα, 42.

Ἀχάραντος, 30.

Ἀχέρων, 30, 34.

B

Βαβυλωνία, 186.

Βεθλεέμ, 389.
Βλεμμίδης. — Voir Νικηφόρος ὁ Βλεμμίδης.

Γ

Γαλατία, 42.
Γαληνός, 272.

Δ

Δανιήλ, 272.
Δελματία, 304.
Δημιουργός, 135.
Δημοκρίτειοι λόγοι, 397.
Δημόκριτος, 25. Dans Olympiodore, 69 à 106 (passim). Dans Zosime, 118 à 139 (passim); 148, 152, 153, 159 à 164 (passim); 167, 168, 169, 181, 183, 194, 199, 214, 223, 240, 241, 242, 248, 254, 264, 273, 277, 282, 355 à 358 (passim); 399, 405, 406, 407, 410, 425, 427, 431, 447, 448. Δημοκρίτου φυσικὰ καὶ μυστικά, 41-53. Δημοκρίτου βίβλος ε΄, προσφωνηθεῖσα Λευκίππῳ, 53-56. Συνεσίου εἰς τὴν βίβλον Δημοκρίτου, 56-69. Δημοκρίτου βιβλία τέσσαρα τῷ τῆς ἀφορμῆς ὀνόματι, 102. Δημόκριτος ἐν τῇ ὑστέρᾳ τάξει τῶν λευκῶν ζωμῶν, 155. — ἐν τῷ πατροπαραδότῳ ἀργύρῳ, 157. — ἐν ταῖς τῶν καταλλήλων εἰδῶν ⟨βίβλοις⟩, 357. — ἐν τῇ τῶν Αἰγυπτίων σοφῇ βίβλῳ, 358. — ὁ ἐξ Ἀβδήρων σοφιστής, 395. — Voir aussi φιλόσοφος (ὁ).
Διογένης, 82.
Διόσκορος, 57 et suivantes, 199, 211, 432. — Διόσκορος ὁ ἱερεὺς τοῦ μεγάλου Σαράπιδος τοῦ ἐν Ἀλεξανδρείᾳ, 25, 57.

E

Ἐδαγία (Voir Εὐαγία). ἐν Ἐδαγία, 263.
Ἑβραία προφῆτις (Marie la Juive ?), 404.
Ἑβραῖοι, 211, 215, 230, 232.
Ἑβραΐς (sc. γλῶσσα), 230.
Ἐλεφάντινα, 26.
Ἕλληνες, 232, 240.
Ἐμμανουὴλ ὁ ζωαργικός, 451.
Ἐπιδήμιος. — Voir Πηδέχιος.
Ἐπιμηθεύς, 229, 231, 232.
Ἑρμᾶν (?), 243. (F. l. ἑρμαῖον.)
Ἑρμῆς, dieu et astre, 25, 30, 34. — Ἑρμῆς βοτρυχίτης, 404.
Ἑρμῆς, auteur et praticien, 25, 62, 69, 72, 83, 84, 89, 99, 100, 101, 125, 128, 150, 156, 162, 169, 188, 198, 232, 263, 273, 279, 281, 282, 407, 420. Ἑρμοῦ ὄργανον, 23. ὁ μέγας Ἑρμῆς, 157. Ὁ μυριώνυμος Ἑρμῆς, 230. — Τρισμέγιστος, 23, 132, 272, 424, 447. — ἐν τῇ ἀρχαικῇ βίβλῳ, 101. — ἐν τῷ περὶ φύσεων, 229. — ἐν τῷ περὶ ἀνακυκλίας (f. l. ἀνακυκλίας ?), 230. Ἑρμοῦ βίβλος φυσικῶν βαφῶν, 242. Αἴνιγμα Ἑρμοῦ, 267. Ἑρμοῦ εἰς τὸν χρησμὸν Ὀρφέως ὑπόμνημα, 268. (Ἑρμῆς) ἐν τῷ κλαδίῳ, 281.
Ἑρμόπολος, 144.
Εὔα, 231.
Εὐαγία (ἐν), 25, 263, 424. (F. l. ἐν εὐαγίᾳ.) — Variantes : p. 25, Εὐαγία (mss. F. La) ; Εὐαγία (A); Ἐδαγία (A²). — P. 263, ἐναδειγία (A); ἐνευαγία (A²); ἐν Ἐδειγίᾳ (K Lc). — P. 424, ἐνευαγία (AK).
Εὐγένιος. — Εὐγενίου δίπλωσις, 39.

Z

Ζεύς, 24, 123, 231, 232. Ζεὺς Ὀλύμπιος, 220.
Ζωροάστρης, 229.
Ζώσιμος, 25, 129, 133, 137, 140, 143, 202, 252, 261, 274, 276, 278, 284, 355, 374, 403, 405, 406, 407, 446, 447, 449, 450. ὁ θεῖος —, 107, 118, 199, 202. ὁ Θηβαῖος, 211, 239. ὁ ἀρχαῖος —, 256, 258. ὁ Πανοπολίτης, 145, 274, 358, 401. ὁ μέγας —, 283. ὁ σοφώτατος —, 400. ὁ φιλαληθής —, 401. Ζώσιμός τις πολυμαθέστατος, 425. ὁ ἱερώτατος —, 437. Ὀλυμπιοδώρου... εἰς τὸ κατ' ἐνέργειαν Ζωσίμου, 69-106. Ζώσιμος ἐν τῇ κατ' ἐν. βίβλῳ τοῦ λόγου (var. : τοῦ καταλόγου), 89. — ἐν τῇ κ. ἐ. δ. τῷ δευτέρῳ λόγῳ, 100. — ἐν τῇ κ. ἐ. περὶ ἀρετῆς πραγματείᾳ, 124. Zosime se cite : ἐν τῇ ἐμῇ κατενεργείᾳ, 178. Ζώσιμος ἐν τῇ τελευταίᾳ ἀποχῇ πρὸς Θεοσέβειαν, 90. Ζωσίμου τὸ πρῶτον βιβλίον τῆς τελευταίας ἀποχῆς, 239-246. — περὶ ἀρετῆς πρᾶξις α΄, 107-113. — περὶ ἀσβέστου, 113-115. — πρᾶξις δ΄, γ΄, 115-118. — περὶ ἀρετῆς καὶ ἑρμηνείας, 118-138. Ζώσιμος ἐν τῷ περὶ ἀρετῆς, 433. — ἐν τῷ ἕκτῳ ⟨περὶ⟩ τῆς

ξήσεως, 139. Ζωσίμου γνησία γραφὴ περὶ τῆς ἱερᾶς καὶ θείας τέχνης... 145-148. Zosime annonce son traité ou chapitre περὶ κινναβάρεως, 164. Zosime se cite ἐν τῷ ἑβδόμῳ περὶ τῶν κωδαθίων τῶν φοινίκων, 188. Ζωσίμου πρὸς Θεόδωρον κεφάλαια, 215-218. — περὶ ὀργάνων καὶ καμίνων, 224-227. Ζώσιμος ἐν τῷ περὶ ποσότητος πυρός, 224, 238. — ἐν τοῖς γραφικοῖς χειροτμήτων (f. l. χειρο-κμήτων), 226. (Cp. 210, l. 17 et 230, l. 9.) Ζωσίμου περὶ ὀργάνων καὶ καμίνων γνήσια ὑπομνήματα, περὶ τοῦ Ω στοιχείου, 228-235. Ζώσιμος ἐν τῷ Ω στοιχείῳ, 246. — ἐν τῷ Κ στοιχείῳ, 246. — ἐν βίβλῳ κλειδῶν, 277. — ἐν τοῖς περὶ κομά-ρου καὶ ἀφροσελήνου, 357. — ἐν τοῖς περὶ λίθων τῶν βα-φικῶν, 358. — ἐν τῷ περὶ ζείου δάκτου λόγῳ, 399. — ἐν τῷ περὶ θείου δάκτου, 413.

Η

Ἡρακλεόπολις (ἡ), 26.
Ἡράκλειος ὁ βασιλεύς, 25.
Ἡράκλειτος, 82.
Ἡρῶν, 214.
Ἡρῶν différent du précédent ὃς τὰ πνευματικὰ... Ἥρωνος, 237.
Ἡσίοδος, 229, 231, 272.

Θ

Θαλῆς, 81 et suiv.
Θεογένης, 90.
Θεόδωρος, 4, 215.
Θεός, 27, 36, 39, 69, 85, 87, 105, 229, 230, 262, 351, 382, 384, 388. 423, 424, 451.
Θεοί. 233.
Θεοσέβεια. 84, 90, 204, 209, 228, 230, 284.
Θεόφιλος ὁ Θεογένους, 90, 240.
Θεόφιλος (différent du pré-cédent ?), 198.
Θεόφραστος, 25.
Θηβαΐς, 26.
Θράκη, 26, 57.
Θωΰθ, 231.
Θώυτος, 230.

Ι

Ἰάκωβος ὁ θεόπνευστος, 398.
Ἰαμβλίχος. Ἰαμβλίχου κατα-βαφή, 285. — ποίησις, 286.
Ἱερόθεος. Ἱεροθέου περὶ τῆς ἱερᾶς τέχνης, 450 et 451.
Ἱεροσόλυμα, 245.
Ἰησοῦς Χριστός, 143, 231, 290, 398. — Χριστός Ἰη-σοῦς, 262.
Ἰνδοί, 318.
Ἰουδαία, 389.
Ἰουδαῖοι, 90, 211, 240, 242.
Ἰουστινιανός. Ἡ χρῆσις Ἰου-στινιανοῦ βασιλέως, 384-387.
Ἵππασος, 82.
Ἰσίδωρος, 242.
Ἶσις, 214, 375. Ἶσις προφῆτις τοῦ υἱοῦ αὐτῆς, 28-33. Ἶσιδος περὶ τῆς ἱερᾶς τέχνης, πρὸς τὸν υἱόν, 33-35. Ἶσιδος ἱερόν, 87.
Ἰσμαηλῖται. οἱ σοφοὶ τῶν Ἰσ-μαηλιτῶν, 358.
Ἴων ἱερεύς, 108.
Ἰωάννης πρόδρομος, 451.
Ἰωάννης ἀρχιερεύς, 25, 424.
Ἰωάννου... περὶ τῆς θείας τέχνης. 263-267. — Voir l'art. εὐχὴ (ἀνά).

Κ

Κανώπη, 309.
Καρικός, 226.
Κέβης. Κέβητος πίναξ, 230.
Κέδρος, 34.
Κέρκωρος, 30.
Κλαυδιανός, 26.
Κλεόπολις. — Voir Ἡρα-κλεόπολις.
Κλεοπάτρα, 293, 298, 316. Κλεοπάτρα ἡ σοφή, 290. Ἡ Κλεοπάτρα ἡ γυνὴ Πτολε-μαίου τοῦ βασιλέως, 25. Κομάριος... διδάσκων Κλεο-πάτραν, 289.
Κλεοπατρινός, 37.
Κομάριος (alias Κομάριος), 290. Κομάριος ἀρχιερεύς, 289. Κομάριος ὁ ἀρχαῖος, 298. Κομάριος ἀπ' Αἰγύπ-του, 25. Κομαρίου φιλοσό-φου... τέχνη τοῦ λίθου τῆς φιλοσοφίας, 289-299.
Κοπτικός, 18, 178. 226.
Κοσμᾶς ὁ ἱερομόναχος ὁ —), Ἑρμηνεία τῆς χρυσοποιίας, 442-446.
Κρονάμμων, 103.
Κρόνος, 24, 228, 234.
Κυθήρη, alias Κυθρεΐη, 356.
Κύπρος, 26, 188.
Κομάριος. — Voir Κομάριος.

Λ

Λεύκιππος, 53.
Λίβανος (le mont Liban), 261, 262.
Λύδη, 305.
Λυκόπολις (in ms. Ἀλεκόπο-λις), 26.

Μ

Μακεδόνες, 46, 269.
Μαρία ἡ θεοτόκος, 451. —

Μαρία (ἁγία —). ἁγίας Μαρίας εὐκτήριον, 379.

Μαρία, auteur et praticienne. 25, 90 à 106 (passim); 146, 148 à 152, 157, 158, 160 à 176, 182, 187, 192 à 198, 200 201, 211, 224, 236 à 238, 240, 246, 277, 282, 351, 352, 355 à 357, 382. (Μαρία ἡ ἑβραία προφῆτις, 404. — ἐν ταῖς ποιήσεσι τοῦ προσωπιδίου, 157.

Μάρων. παλάτιον Μάρωνος, 379.

Μέλισσος, 83.

Μερβῆς, 245.

Μέμφις, 268. τὸ ἱερὸν τῆς Μέμφεως, 26, 57. — Μεμφίδος, 224.

Μένος ὁ φιλόσοφος, 36.

Μῆδοι, 230.

Μῆλος, 397.

Μιθριακός, 114.

Μιλήσιος, 81.

Μουσαία, 329.

Μοῦσαι, 3, 73, 85.

Μωσῆς. — Voir l'article suivant.

Μωυσῆς (alias Μωσῆς. — ὁ τρισεύμοιρος, 28. — Μωσέως δίπλωσις, 38. — μᾶζα, 182, 183, 216 (?). — Chimie de Moïse, 300-315. — Μωυσῆς ὁ προφήτης ἐν τῇ οἰκείᾳ χυμευτικῇ τάξει, 353. — ⟨Μωυσέως⟩ ἐπιστολὴ διὰ τῶν ἱερέων πρὸς τὴν Σάντην, 353.

N

Νεῖλος, le Nil, 125, 263.

Νεῖλος, le prêtre Nilus, 191.

Νικαγόρας, 76.

Νικηφόρος ὁ Βλεμμίδης, περὶ τῆς ὠοχρυσοποιίας..., 452-459.

Νικόθεος, 228, 231.

Ξ

Ξενοκράτης ὁ θεῖος, 439.

Ξενοφάνης, 82.

Ο

Ὀλυμπιόδωρος, 200, 425, 432, 447-449. Ὁ μέγας Ὀλ., 25, 426. Ὀλυμπιοδώρου... εἰς τὸ κατ' ἐνέργειαν Ζωσίμου..., 69-106. Ὁ θεῖος Ὀλ. ἐν μακρολόγῳ, 430.

Ὄλυμπος (lire Ὄλυμπος), le mont Olympe, 261. — Voir Ζεύς.

Οὐρανούθι, 29, 33.

Ὀρφεύς. χρησμὸς Ὀρφέως, 268.

Ὄσιρις, 12, 33, 268. Ὀσίριδος ταφή, alias τάφος, 94, 274.

Ὀστάνης (alias Ὀστάνης), 57, 121, 126, 128, 133, 197, 263, 265, 292, 351, 352, 306. — ἀπὸ Αἰγύπτου, 25. Ὀστάνους φιλοσόφου πρὸς Πετάσιον περὶ τῆς ἱερᾶς [ταύτης] καὶ θείας τέχνης, 261 et 262.

Π

Παρμενίδης, 49, 148.

Πανοπολίτης (ὁ). — Voir Ζώσιμος.

Πάνσηρις. — Voir Παύσηρις.

Πάξιμος (ou πάξιμος), alias πόξιμος (ms. M), 138.

Πάππος. Πάππου φιλοσόφου ⟨ὅρκος⟩.

Παράδεισος, 231.

Πάρθοι, 230.

Παρμενίδης, 81 à 84 (passim).

Παῦλος ὁ ἀπόστολος —, 397.

Παύσηρις (alias Πάνσηρις, Παυσήρης), 26, 89, 281.

Παχνουτία, alias Ταχνουτία, 190, 191.

Πελάγιος, 25, 89, 199. Πελαγίου τοῦ φιλοσόφου περὶ τῆς θείας [ταύτης] καὶ ἱερᾶς τέχνης, 253-260.

Πέρσαι, 58, 264 (alias Περσῆαι), 348, 350.

Περσῶν ὀστέα (?), 206.

Περσαί, 25, 232.

Πετάσιος, 15, 26, 95, 97, 98, notes, 278, 282, 416. — βασιλεὺς Ἀρμενίας, 26, n. — ἐν τοῖς δημοκριτείοις ὑπομνήμασι, 356.

Πεβίχιος (alias Ἐπιβήχιος, Πεβήχιος), 25, 63, 91, 155, 158, 169, 179, 182, 196, 201, 220. — ὁ φιλόσοφος Πεβίχιος, 184, 185.

Περσίδες (Μοῦσαι), 85.

Πλάτων, 25, 70, 206, 418. — ὁ τρισμέγας Πλάτων, 230. — ἐξηγηταὶ τοῦ Πλάτωνος, 26, 425.

Ποιμενάνης, 245, (F. l. Ποιμάνδρος).

Πόντος (ou πόντος), 58, 66.

Πόξιμος. — Voir Πάξιμος.

Πορφύριος, 25, 205.

Προκοννήσιος (?), 111.

Προμηθεύς, 229, 231.

Πτολεμαῖος. Πτολεμαίου βιβλιοθῆκαι, 89. Πτολεμαίων βιβλιοθῆκαι, 230.

Σ

Σαβαώθ, 211, 213.

Σαλμανᾶς ὁ Ἄραψ. Μέθοδος, etc., 364-367.

Σάνη, 343.
Σαραπεῖον, 230.
Σάραπις, 57.
Σαρδιανός, 377.
Σέργιος, 26, 399.
Σκύθης, 403.
Σολομών, 39. 245, 390.
Σόλυμα (?), 230, n.
Σοφάρ (alias Σωφάρ). θεῖος Σοφάρ, 121, 202. — ὁ ἐν Περσίδι, 25.
Σοφὲ ὁ Αἰγύπτιος, 211, 213.
Σπανία, 382.
Στέφανος, 25. 28, 127, 136, 137, 143, 162, 425, 447, 450.
Συνέσιος, 90, 102, 416, 432. ὁ μέγας —, 440. Συνεσίου πρὸς Διόσκορον εἰς τὴν βίβλον Δημοκρίτου, 56-69. Συνέσιος ἐν τῇ χρυσοποιίᾳ <βίβλῳ>, 199.
Συρία, 42.
Σωφάρ. — Voir Σοφάρ.

T

Τάρταρον, 30.
Ταῦρος (le mont Taurus), 261.

Ταρνουτία, Ταρνουτίη. —Voir Παρνουτία.
Ταρενοῦθι (nom géographique) 87. (ταρενοῦθιν, substance, 17.)
Τριβούθης, 305.
Τυθία καὶ τὰ ἐν αὐτῇ ἄδυτα, 424.
Τύφων, 28, 33.

Φ

Φιλάρετος, 159.
Φιλόσοφος (ὁ), c'est-à-dire Démocrite, 157. 164, 174, 179, 187, 189, 193, 224, 237, 248, 249, 252, 257, 260, 353, 397. ἡ (?) φιλόσοφος, 313. ὁ φιλόσοφος ἐν τῷ καταλόγῳ τῶν ζωμῶν, 147. ὁ φιλόσοφος εἰς τὸν ἀνδραδάμαντα, 157. 185. ὁ φιλ. ἐν τῇ ὑστέρᾳ <τάξει> τῶν ζωμῶν, 161. 163. ὁ φιλ. ἐν τῇ τάξει τῆς χρυσοκόλλης, 185. ὁ φιλ. ἐν ταῖς πλύσεσι καὶ λευκώσεσι (chap. περὶ τῆς λευκώσεως), 197. ὁ περιβόητος φιλόσοφος ἐξ Ἀβδήρων, 447.

X

Χαλδαῖοι, 230.
Χήμης (alias Χίμης, Χύμης). 84, 169, 172, 182. ὁ προφήτης Χίμης, 183.
Χίμης. — Voir l'article précédent.
Χριστιανός (alias Χριστιανὸς ὁ φιλόσοφος), 143. τοῦ Χριστιανοῦ περὶ εὐσταθείας τοῦ χρυσοῦ, 395-399. — περὶ τοῦ θείου ὕδατος, 399 et 400. — σύνοψις (titre général de la compilation du Chrétien ?), 400.
Χριστός, 4, 285, 388. 451. — Voir Ἰησοῦς Χριστός.
Χύμης. — Voir Χήμης.

Ω

Ὧρος, fils d'Isis, 28, 33.
Ὧρος ὁ χρυσουργίτης, 103 (cité aussi tacitement, p. 430, l. 5 ?).
Ὄσιρις, εως. — Voir Ὄσιρ[ις]

INDEX ALPHABÉTIQUE

DES

MOTS QUI MANQUENT DANS LES LEXIQUES

A

Ἀδύσσκτος, p. 403, l. 1; 404, 12 (note); 408, 4. (On connaît ἀδύσσιος.)

Ἀερίτης, 360, 13. (On connaît ἀερίτις, ιδος.)

Αἰθρίασις, 87, 3.

Αἱματόω (?), 22, 4, n. Voir εὐματόω.

Αἰνιγματοειδής, 241, 26. (On ne connaissait que l'adverbe αἰνιγματοειδῶς.)

Ἀκαυστόω, 166, 10; 175, 12. (Cp. Ideler, Physici et Medici, II, 212, 28.)

Ἀκμάδιον, 39, 1.

Ἀκρόλευκος (?), 387, 14.

Ἀκρόπυρον (f. l. ἀκρόπυρρον), 76, 12.

Ἀκροσκύλιος, 347, 4.

Ἀκρόχρουσος, 378, 17. 12.

Ἀλκαράσσα, 325, 331.

Ἀλάβριος (On connaît ἀλλάβριος) 156, 8.

Ἀμβακίζω, 411, 5.

Ἀμβακισμός (alias ἀμβακισμός), 273, 3.

Ἀμμόπλυτος, 37, 1.

Ἀνακέφαλον (?), notations alchim., pl. vi, l. 24.

Ἀνατήκω, 21, 13.

Ἀνδροδάμας, 5, 12; 12, 20; 45, 11. (Pline, *H. N.*), 37, 10.

Ἀνεπιγράφω, 219, 3.

Ἀντικάτοχος, 419, 9.

Ἀντιστάσιμος, 26, 17.

Ἀπαλάκιστος (?), 11, 2.

Ἀπαμαύρωσις, 146, 8, n.; 211, 1.

Ἀποκαχλάζω, 349, 20.

Ἀποκόλαστος, 241, 3.

Ἀπομφρολόγωτος, 207, 12.

Ἀποσκίωσις, 155, 19.

Ἀποστωμάτωσις, 107, 2.

Ἀποτελεστεύω, 266, 11.

Ἀποφρενόω, 136, 15.

Ἀπορρύττω, 238, 20.

Ἀραχμός (variante de βραχμός dans M). 119, 1.

Ἀργύρωσις (?), 214, 6.

Ἀσημάνθρωπος, 207, 3.

Ἀσκαλώνιτις, 210, 15; 418, 23.

Ἀσκιαστόω, 183, 3.

Ἀσκιάστωσις, 183, 19, n.

Ἀσκορύτιον, 349, 3.

Ἀστρόν (?), 20, 3.

Ἀσύμπωτος, 75, 19. (F. l. ἀσύμπτωτος.)

Ἀτελεότης, 245, 8.

Ἄτρηστος (ms. M), 51, 16.

Ἄτρηστος, 161, 8; 162, 16.

Ἀτρηστόω (ms. M), 167, 7.

Ἄτρητος (ms. A), 51, 16. Cp. 45, 26.

Ἀτρύπτωσις (ms. E, qui corrige en ἀτρύττωσις), 162, 7.

Ἄτρυτος (mss. BC), 51, 16; 161, 8; 162, 16.

Ἀτρυτόω (mss. BAK), 162, 7.

Ἀτρύτωσις (ms. Le), 162, 7.

Αὐτοματάριον, 91, 10.

Ἀφευκτότης, 77, 16.

B

Βαχόστομον (?), 224, 12.

Βοθύνιον, 222, 10.

Βοτρυχίτης, 404, 5.

Βόδκλα, ας, 165, 16.

Βουκλάνιον, 146, 22.

Βροντήσιον, 16, 6. Βροντήσινος, 376, 25.

Βροτίσιον, 220, 13.

Βωτάριον, 71, 16, 288, 25, etc. (Variante fréquente de βοτάριον, qui est connu.)

Γ

Γεράνειος, 419, 13.

Γναχμός (pour κναχμός),

notations alchimiques, pl. VI, l. 20.
Γοργάθιον, 360, 15. — On connaît γύργαθον. Cp. le néogrec γεργάθι.

Δ

Δαιμονοκλησία, 397, 15.
Δερματόκολλα, 380, 10.
Διάσβεστος ou ον (?) (dicalcique?), 104, 18; 208, 15; 227, 2; 403, 10.
Διαχείρος, 108, 17.
Δίνιξ, δίνυχος (?) (f. l. δοίδυξ), 176, 10.
Διπλωσίδια (?), 169, 17.
Δισσηγορία (?), 399, 19.
Διωποπτεύω, 208, 7.
Δίχυτος, 146, 16; 149, 2; 212, 1.
Διψάκιον, 20, 3.
Δυσηγορία, 399, 19. — Voir δισσηγορία.

E

'Εξένωσις, 419, 22.
'Εγκατεργάζομαι, 406, 7.
"Εγκαψις (?) ms. A (corrigé en ἔγκαυσις, 323, 7 et 22; 325, 24. Ἔγκαψις a pu exister : cp. dans le grec moderne ἀνάπαψις, qui existe concurremment avec ἀνάπαυσις.
'Εγκαίω, 338, 20.
'Εγκοσποιέω, 211, 8.
'Εξαφιστικός, 269, 14.
Εἶδος (ms. M ἴδιοςι, adj., 205, 8.
'Εκκαπνίζω, 73, 14.
'Εκσηπτόω, 65, 1; 72, 11, n.
'Εκτρυγάω, 376, 6. (Lire ἐκ τρυγάω, mot connu?)

'Εκτρογχίζω, 110, 15; 310, 8. (Lire ἐκτρογχάζω, mot connu?)
'Ελαίωσις, 215, 4.
'Ελύδριον, 8, 14, 16; 19, 2; 21, 18; 48; 49, 3, etc.
'Εμβάρεια, 313, 24.
'Εμβαρής, 309, 9.
"Ερριμος, 113, 14; 288, 24.
'Εναβύσσιος, 403, 1, note; 404, 12; 408, 4 n.
'Ενθαμίζω, 313, 22.
'Ευροή, 123, 17, n.
'Εξαθαλόω, 168, 22.
'Εξαθάλωσις, 288, 15.
'Εξαθρεύω, 375, 2.
'Εξυδατισμός, 197, 10.
'Εξυδραργυρόω, 120, 6; 123, 2.
'Εξυδραργύρωσις, 120, 5; 122, 3; 125, 4; 129, 14; 131, 8, 10; 132, 3, etc.
'Επιβάριος, 218, 6.
'Επίλογχος, 289, 6. (f. l. ἐπίλογχος.)
'Επιστοιχειόω, 200, 24.
'Επισφμάτωσις, 107, 3.
'Επίψυρος (?), 309, 23.
'Ερυθροδάνωσις, 220, 15.
'Εσφαχθός (?), 26, 14.
Εὐρατεύω (?), 22, 4, n.
Εὔρυζος, pour ὄρρυζος. (Voir Sophocles, Greek lexicon, art. ὄρρυζος.)
'Εφίπαα (?), 214.

Z

Ζηνύχια, 25, 3. (On connaît ζεύγια.)
Ζομίωσις, 216, 10. (On connaît ζύμωσις.)
Ζόκαρος, 365, 26.
Ζόμιος (ou ζόμιος?), adj. — χρυσός ζόμιος, 211, 2.

H

'Ηθμέω, 156, 11.
'Ηλεκτρόω, 180, 20.
'Ηλοδόν (?), 243, 14.
'Ηλιοκογχύλιον, 32, 6. — Voir χρυσοκογχύλιον.
'Ηλιοκόσμιος ou χρυσοκόσμιος, 32, 6.
'Ηλιουργία (pour χρυσουργία), 387, 22.
"Ηρος (?), 309, 8.
'Ησύχιος (?), 25, 2.
'Ηχουμένων (alias οἰχομένων), 7 et 15, dernière ligne des notes, col. 1, (f. l. οἰχόμενος.)

Θ

Θηνάκαρ (alias θυνακάρ), 265, 21. (Cp. Fabricius, Bibl. gr. XII, 752.)
Θολή (pour θολός?), 11, 20.
Θουθία. — Voir τουτία.
Θρακικός, 141, 16.
Θυρθάϊγα, 384, 2.

I

Ἰοποιέω, 278, 16; 405, 19.
Ἰοποίησις, 252, 1.
Ἰοχάλκιον, 20, 2.
Ἰόχαλκος, 281, 1; 282, 10; 418, 19.
Ἰσχνοφώνως, 108, 11.

K

Καγχρίον (?), 271, 19. (Lire κεγχρίον) On connaît κέγχρος.
Καθιγμός (?), 271, 12. (Lire καθισμός, mot supposé.)
Κάθπο, 51, 6.
Καταλαρικός, 208, 5.

Κατάθετος, 242, 23; 353, 14.
Καταμόσχευω, 364, 21. (Connu seulement par les glossaires.)
Καταποτίζω (?), 245, 12.
Κατασταθμός, 309, 16.
Κατενέργεια, 126, 22 (?); 130, 4 (?); 178, 3; 185, 23.
Κατέρασις, 270, 24.
Κατόχημα, 348, 15.
Κηρίζω, 215, 5.
Κηροπλάς, 113, 1.
Κλαυδιανός (?); κλαυδιανόν (?), 14, 6; 24, 3; 44, 21.
Κλαυδιανόν πέταλον, 73, 18.
Κοβάθιον. — Voir κωβάθιον.
Κόμαρις. — Voir κόμαρις.
Κορώνιον (?), 246, 10. (F. l. κορώνιον.)
Κογχοκογχύλιον τὸ λευκόν, 42, 16.
Κυρκανεύω, 374, 10. (On connait κυρκανάω.)
Κύρπας (?), 239, 5; 243, 6, etc. (ms. A).
Κωβαθοκαύστης, alias κωβαθοκαύστης, κωβαθοκαύστης, 191, 18.
Κωβάθιον (alias κοβάθιον), 31, 16; 51, 2; 85, 1; 188, 10, etc.
Κόμαρις (alias κόμαρις, 5, 15; 9, 13, etc.
Κώστης (?), 389, 1.

Λ

Λάκινα, 186, 12.
Λακτίσιον (?), 246, 7.
Λακόνιον (lire λακόνιον), 21, 22.
Λευκοποδέρης, 117, 16.
Λευκόχλωρος, 10, 21.
Λιθοσφύγιον, 241, 13.
Λιπότης, 367, 24.
Λυσίσωμος, 344, 20.

M

Μαξύγιον, 216, 19.
Μαξύς, 216, 20.
Μαλαγματίζειν, 164, 8.
Μαρμαριαός, 186, 2.
Μαρμαροειδής, 26, 12.
Μασθωτός, 199, 5; 220, 6; 291, 13, etc.
Μαθερμηνεία, 118, 14.
Μελάπους, 285, 20. (Lire μελανόπους, qui est connu ?).
Μεσουράνισμα, 118, 2.
Μεταβολήσκω ou μεταβιβλίσκω, 376, 22.
Μεταπαρασκευάζω, 246, 15.
Μετασκέπτομαι, 263, note préliminaire.
Μετασωματόω (ou μετασωματοῦμαι), 108, 17.
Μιλιάρισιον, 76, 6. (Lire μιλιαρήσιον, qui est connu ?)
Μολυβδόχαλκος, alias μολυβδόχαλκον, 5, 14, 16, 1; 18, 6; 19, 5; 46, 1, etc.
Μολυντικός, 411, 3.
Μονόμερος, 140, 13; 195, 13; 267, 12. — Revoir l'Introduction, p. 258. — Ce mot est aussi dans Alexandre de Tralles.
Μονόχλος, 112, 16.
Μυθόπλανος, 232, 15. F. l. μυθόπλαστος. (On connait μυθοπλαστία).
Μυρεψικός, 388, 21.
Μυριόμεγας, 230, 18.
Μωτάριον, 158, 2.

N

Ναύπλοιος, 357, 16. (Lire ναύπλιος, qui est connu ?)
Νιτρῶκον, 38, 8; 91, 10; 123, 5; 134, 5.

Ξ

Ξανθομήλινος (?), 243, 13.
Ξανθόχλωρος, 142, 8.
Ξυρουργός, 109, 6, n.

Ο

Ὀβρύζωσις, notations alchimiques, ms. A, f, 47 r. (ms. ὀβρύζωσις).
Ὀσμός, 216, 24.
Οἰχομένιον (?), 49, 3; 160, 1. — Voir ἡγουμένιον.
Ὁλοκάθαρος, 376, 7.
Ὁλοπράσινον, 142, 26.
Ὀμόλιθος, 31, 4.
Ὁμορευστέω, alias ὁμορρευστέω, 104, 5; 430, 6, etc.
Ὁμορέω, alias ὁμορρέω, 106, 25.
Ὁμοτερίζω, 144, 13; 436, 12. F. l. ὁμοσταρίζω (mot supposé).
Ὀνυχόπαχος, 48, 6; 264, 15 (ms. M. ὀνυχοπαχής, f. mel.).
Ὀνυχοποιέω, 270, 19.
Ὀξουγγοσάπουνον, 380, 18.
Ὀξυζώμιον, 160, 21. F. l. ὀξυζώμιον.
Ὀξυζώμιον (dans M, f. 90 v.), variante de ὀξὺς ζωμός, 137, 12.
Ὀξύνιτρον (dans M, f. 90 v.), variante de ὀξὺ νίτρον, 137, 18.
Ὀργανιστός, 281, 11.
Ὀρθίκιος, 265, 21.
Ὀστοθέτης, 233, 24.
Ὀστοθετικός, 233, 25.
Οὐροβόρος (δράκων), 21, 14.
Οὐρόγαλον, 226, 20.
Οὔστη, 222, 15.

Π

Παλιντροπή, 196, 1.
Πανσπέρμιος, 18, 14.
Παντόρρευστος, 344, 21. (F. l. παντόρρευστος).Connu seulement par les glossaires.
Παράηχος, 435, 15.
Παραθάπτω, 265, 12.
Παραμυζία, 265, 17.
Παροικονομέω, 287, 19.
Περιακονίζω, 118, 2.
Περιαργύρωσις, 378, 15.
Περιπήλωσις, 135, 13.
Πηλοκάρδαμον (?), 38, 1.
Πηξάς (?), 140, 15 ; 467, 14. (F. l. πυξίς.)
Πλακουντήριος, adj., 236, 5. (On connait πλακουντάριος.)
Πολύλεκτος, 107, 8.
Πολυτύλικτος, 107, 8, n.
Προατιμάζω (?), 105, 8.
Προβάριον, 193, 24 ; 212, 10.
Προεξύω, 161, 7.
Προιζάνω, 178, 9.
Προκαταχώννυμι, 387, 3.
Προμάλαξις, 161, 27.
Προμελανίζω, 105, 4.
Προοδοτέρος, 158, 15.
Προσκαταχώννυμι, 104, 22. F. l. προκαταχώννυμι (voir ce mot).
Προσμελανίζω 105, 4. F. l. προμελανίζω (voir ce mot).
Προσχεδής (?), 411, 11 (mss. E Lb.)
Προταριχεία, 270, 2.
Προϋφηγούμαι, 344, 5.
Πρόϊμος, 363, 25.
Πρωτοζύμιον, 113, 3.
Πρωτοποιητικός (?) 132, 22 (ms. AKE Le); mot décomposé dans le ms M.
Πυριήλατον (?), 304, 7, n.
Πυριμαχέω, 252, 8. (On connait πυρομαχέω et, poétiquement, πυρμαχέω.)
Πυρίρρυκτος, 19, 19.
Πυρόελατος ou πυροήλατος (leçon conj.), 304, 8.
Πυροσχεδής (?), 411, 11. (F. l. προσχεδής vel πολυσχεδής.)
Πυρροκαταδάπτειν, 289, 3 (?) et 5.

Ρ

Ῥάκινον, 185, 26. Connu seulement par les glossaires.
Ῥαττεραρίζω, 390.
Ῥογόον alias ῥογίον, 141, 23.
Ῥογίον. — Voir l'art. précédent.

Σ

Σάλλος (?), 135, 1.
Σιδηροφάγος, 344, 28.
Σιδηρωλάτης (?), 344, 27.
Σικαρίτης (οἶνος), 184, 16.
Σιλιγνοπώλιον (?), 221, 15 (F. l. σιλιγνοπώλιον).
Σκηνεργάτης, 40, 14.
Σκορπιστικός, 270, 16.
Σκοτεργάτης, 40, 15.
Σκοτορεγγής, 108, 6.
Σκορίδιον, 93, 23.
Σκωροποιία (?) (ms. A. σκωροποιίαι, 214, 14.
Σταθμία, ας, 270, 6.
Στερεόστρακον, 107, 6.
Στυλθάς (mss. A Le στυλθής), 18, 9 ; 226, 25.
Στυλθής, 341, 11.
Συμμαχόνω (ms. συμμαχόνοι, 21, 22.
Σύμφυρος, 287, 5.
Συσταθμίζω, 178, 6 ; 194, 19 ; 217, 16.
Συστάθμισις, 178, 8.

Τ

Ταλάκ, alias τάλκα, τάλκ, 350, 8 (texte et notes.)
Τχρώδης (f. l. τυρώδης), 304, 6.
Ταυλοειδῶς, 325, 7.
Τετραμερέω, 291, 1.
Τεχνοπαράδοτος, 138, 20 ; 236, 3.
Τρίβικος, 138, 20 ; 236, 1.
Τρισσόμοιρος, 28, 14.
Τρυχίζω, 370, 21.
Τυρόκολλα, 380, 1. (F. l. τυρόκολλον. Cp. Du Cange, App. Gl. p. 190.)
Τυφλιηγορέω, 232, 6.

Υ

Ὑδραργυρόπηξις (?), 220, 12.
Ὑδραργυροποιία, 220, 17, n.
Ὑδρογενάω (?), 244, 5.
Ὑδροκόμιον, 172, 12.
Ὑελοψικός, 246, 18.
Ὑπερδαπανάω (?), 137, 13.
Ὑπερουσία, 256, 24.
Ὑπόμονος, 114, 23.
Ὑπόφορος, 114, 17 ; 289, 7. etc.
Ὑπόψηξις, 379, 13.
Ὕπορος (?), 238, 15. (Lire ἄπορος?, comme 113, 15 ; 114, 17.)

Φ

Φωρικός (?), 29, 3.
Φοινικοπάτελλος, 346, 10. On connait φοινικοπάτελλος.
Φονοειδής, 216, 13.
Φουρνάκιον, 367, 19.
Φουρνοειδής, 173, 13 ; 238, 17.
Φυγχοδαίμων, 206, 9.
Φυλλάνθιον, 42, 11.
Φυσία, 305, 13.

X

Χαλκάνθρωπος, 110, 3; 111, 19; 207, 2.

Χαλκειώδης, 216, 15 (mss. MK, χαλκωώδης : ms. A, χαλκοιιδής, mot connu).

Χαλκιτάριν, 5, 8.

Χαλκομόλυβδος, 93, 18; 104, 4; 200, 17, etc.

Χαλκοπυρίτης, 16, 6.

Χάνδρα, 25, 3. (Lire ξανίγια (?) χονδρά (?).

Χειροδάκτυλος, 366, 2.

Χλιαροπαγής, 31, 2.

Χούτης, 293, 18.

Χοωποίησις, 199, 4; 220, 4.

Χρυσαίνω, 340, 18.

Χρυσάνθιον, 15; 21, 24.

Χρυσάνθρωπος, 22, 18; 112, 2; 207.

Χρυστηλάτης, 379, 8.

Χρυσοβαφή, 258, 20; 449, 1.

Χρυσοεψητός (?), 377, 1. (Lire χρυσοεψητής, mot connu?)

Χρυσοζύμιον, 16, 9; 160, 21.

Χρυσοκογχύλιον, 16. Écrit ἡλιοκογχύλιον, 32, 6; 44.

Χρυσοκόμιον (?), 275, 12.

Χρυσοκύσμιες ou ἡλιοκύσμιος, 32, 6. (F. l. χρυσοκόμιον ?)

Χρυσοπέταλον, 377, 7.

Χρυσόσπερμον, 216, 13.

Χρυσοχοωποίησις, 291, 11.

Χρυσωρυχίτης, 103, 16. (F. l. χρυσωρυχήτης). Voir l'art. suivant.

Χρυσωρυχίτης, 430, 5.

Χυμαῖος, 26, 16.

Χυτάργυρος, 16, 14.

Χωνοποιέω, 418, 17.

Χῶστρα, 271, 22; 287, 25, etc.

Ψ

Ψαμμουργία, 241, 1.

Ψαμμουργικός, 209, 15.

Ψωμάριον, 221, 13.

Ψωμή, 16, 7.

Ω

Ὠθιακά (?) (χρώματα), 245, 14. F. l. ὠοθιακά (M. B.).

ADDITIONS ET CORRECTIONS

RELATIVES AU TEXTE GREC

Page 2. *après la mention du ms.* E, *ajouter* : 2509 (de l'an 1462), F. — *Après celle du ms.* S, *ajouter* : 2447 de Paris (xvıᵉ s.), T.

P. 5, *après la note de la ligne* 16, *au lieu de* 5, *lire* 18.

P. 6, l. 9, *lire* Οὐσία.

P. 8, l. 14, (note), *ajouter aux variantes* : ἀμείνως (ms. M, f. 91 v.)

P. 11, l. 2. *ajouter en note* : F. l. ἀμαλάκιστον; — p. 11, l. 20. *lire* θολῇ.

P. 13, l. 22, *ajouter en note* : F. l. συρίτης.

P. 18, note préliminaire. *ajouter* : (collationné) sur T, f. 28 v. Principales variantes : p. 18, l. 6, σῶμα στερεόν; — p. 19, l. 11, λεγομένη] θελγομένη; — l. 12. ἀμιναίον; — l. 14. même réd. que A avec la leçon meilleure τόξωδες (pour τὸ ὀξῶδες). — (T est presque toujours semblable au ms. A.)

P. 20, note préliminaire. *ajouter* : consulté les mss. T, f. 29 r.; E, f. 3 v.; Le (copie de E, p. 379). Variantes : p. 21, l. 3, ὅπερ E; — l. 12. τρίβας E; — l. 18, τὸ λευκὸν θεῖον ὕδωρ, ἀπολελ. ὄξος TE.

P. 22, l. 7, *lire* ἀλλ ' αὐτῇ.

P. 26, l. 2, (note), *après* M. *ajouter* : mel.

P. 27, (I, xii. note préliminaire. *ajouter* : collationné sur B, f. 116 v. (mêmes variantes que dans A² E Lb.)

P. 28, l. 9, *ajouter en note* : τελειότητι] F. l. τελειότατις; — l. 16, *ajouter en note* : ὕδατι] lire ὕδατος.

P. 30, l. 9, *au lieu de* ailleurs, *lire* : dans Olympiodore (II, ıv, 32).

P. 32, l. 24, *ajouter en note* : F. l. στάχυος.

P. 45, l. 21, *ajouter en note* : ἢ ὕδατι] F. l. ἐν ὕδατι.

P. 50, l. 17, *supprimer la virgule.*

P. 52, l. 18. l'addition de γάρ est confirmée par le texte de IV, xxii, 51.

P. 53, (III. 11, *ajouter en tête du texte* : Δημόκριτος Λευκίππῳ τὸ ἕτερον (lire τῷ ἑταίρῳ) ἢ πλεῖστα χαίρειν.

P. 56, l. 3, *ajouter en note* : F. l. μοσχεία χολῇ. Cp. ci-dessus, p. 45, l. 7.

P. 57, *ajouter à la note préliminaire* : Lambécius dans son catalogue de la bibl. imp. de Vienne (cod. med. gr. 51) cite les l. 1 à 19 de ce texte et en mentionne une traduction latine datant du moyen âge et conservée dans cette bibliothèque. Variantes : l. 1. τοῦ ἐν Ἀλεξ., f. mel; — l. 12. χρυσοῦ καὶ ἀργύρου] ἡλίου καὶ σελήνης. Trad. latine : de sole et luna.

P. 75, les §§ 12 à 16 jusqu'à τὸ πῦρ ἐστιν (p. 78, l. 9) se retrouvent séparément dans le ms. A. f. 298 v. et suiv. Mêmes variantes que dans A, f. 200 et suiv. Nous noterons seulement : p. 75. l. 13. κενόταις] ἐνόται;; — p. 76. l. 3, après ἀφρόνιτρα] τὸ μολιαρίσιον add.

(F. l. μαλαχρίσιον ; — P. 77, l. 9, après σωμάτων] καὶ ἀσωμάτων add.

P. 78, l. 4, commencer le paragraphe 16 avec Ἴστε γὰρ : — notes, col. 1, l. 3 : *lire* ὑποστατά.

P. 86, l. 1, (notes), *ajouter :* Cp. ci-dessus, p. 316, l. 2.

P. 87, (notes), col. 2, l. 9, *lire* οὐσίαν.

P. 94, l. 10, *lire* συνάδειν.

P. 95, l. 16, *lire* συνάδει.

P. 97, l. 15, *ajouter en note :* τραχλόν] F. l. τραχαλόν, *friable*, en néogrec vulgaire (conjecture de M. le Dr Kosto-miris.) On propose aussi θραῦλον (V. Thesaurus grec d'H. Estienne, éd. Didot, et dictionnaire d'Alexandre, art. θραῦλος).

P. 103, l. 3, (notes), *lire :* Cp. le § 30.

P. 104 (II, iv bis), rapprocher de ce morceau le § 4 de la Grande héliurgie (V. xxiv), où le texte est presque identique, mais moins corrompu ; — l. 19, *lire* στάκτη.

P. 107 (note préliminaire), *ajouter, après* M² : sur B (§ 1 seul) f. 88 r. (Pas de bonnes variantes.)

P. 108, l. 2, *lire* ὁρῶ.

P. 110, l. 20, *lire* συγχαταρῷ.

P. 114, l. 17, (notes), *au lieu de* ἀπακταχῷ, *lire* στακτῷ, *et ajouter :* Cp. p. 447, l. 7 : — *ajouter en note :* après ἐλαίῳ] suppléer : ἐν ἀγγείῳ (disparu probablement à cause de l'assonance). Cp. ibid.

P. 115, l. 4, *ajouter en note*. Texte complété et rectifié par Pélage (IV, 12).

P. 118 (III, vi). Tout ce morceau se retrouve dans le ms. M, f. 83 et suivants, comme continuant le traité publié ci-après (VI, xiv). Principales variantes :

P. 119, l. 1, διηχόνους] διακοδηγήσας τοὺς ; τοῦ πυρὸς ἀραγμοὺς (ayant prêté l'oreille aux bruits violents du feu : — l. 2, καύσει. — ἄσσχ.] καὶ καιομένων add. ; — l. 7, διὰ τὸ εἶναι] τοῦ εἶναι ; — l. 14, συμβαίνον σημαίνει — l. 16, ἕξεις (conjecture confirmée) ; — l. 17, ῥεῦσις ; —

l. 18, τρέπει : — l. 19, φησίν, ῥεῦσις δὲ διὰ ῥύσεως, ὃ ἐρμ. διὰ ῥύσεως ὡς εἶπ. τοῦτο ; — l. 21, ὁμ. οἶόν] ὅμοιον.

P. 120, l. 1, σιδηρίτην] πορίτην, ἀργυρί-την ; — l. 4, ἤτοι τοῦ περισσῶς ἔκπυρον εἶ-ναι, τὸν χ. ; — l. 8, ἥτις] εἴ τις. — χρυσόπ-ταν, καὶ πρὸς ὑπακοήν ; — l. 9, σύνθεσιν ἢ σύγκρασιν. — συγκιρνούμεναι ; — l. 10, après ποιοῦσι] ὅμοιον ὄντα τῇ τοῦ σιδήρου καρδίᾳ add. ; — l. 12, ῥήσεως. — ῥῆσιν] σύγκρισιν. — τὰς ἀναλογούσας ῥήσεις ; — l. 13, κρυπ-τόν] χρύσοπτον ; — l. 15, ἢ οὔρῳ τοῖς ἄλλοις οἷς ἐπ᾽ ἄρχρο τὸν σύλλ. ἐπάγει, φάσκων ; — l. 16, ἢ ὡς...] εἰσὶ γὰρ ἐπινοητὰ ὑγρὰ δυνά-μενα ; — l. 17, ὑστέρον ; — l. 18, ἀπογεί-ται ; — l. 19, Καὶ τούτου ἕνεκεν ἐκεῖνος ἀρχ. Ὁ ἐν τ. ἑ. κατὰ παράδειγμα. Ἕτερον... ; — l. 20, Σόφαρ (partout).

P. 121, l. 1, ἔστησεν ἐκ. κ. ἀετὸν χαλκοῦν κατεργόμενον. — λουόμενον... — ἀνακουόμε-νον ; — l. 4, ὁ ἀετὸς α᾽ ἔτος (il veut que l'aigle se baigne chaque jour pendant un an) ; — ὑποβάλλει ; — l. 6, χρὴ γὰρ τοῖς (f. l. τοὺς) ἄκρ. ἐπὶ τὴν τῆς παρ. ἐργ. ἀφικο-μένοις (f. l. ἀφικομένους) φιλοσοφίαν ; — l. 9, αὐτὸς οὗτος Ὀστ. ἀπόβλεψιν σταφυλῆς ὑπο-γράψαι, ἥτις ῥεῦσις ; — l. 11, τὸν ἰὸν δ. νοεῖν om. (glose interpolée ?) ; — l. 12, καὶ νῦν] διὸ καὶ ; — l. 13, καὶ ἐκεῖ εὑρ. λίθον ; — l. 18, τοῦ ἡμ. λίθου] ἡμέτερον λίθον.

P. 122, l. 1, τὴν ἐκ μετ. ; — l. 3, ὃ ἐστι τρόπος qu'on avait suppléé, devient inutile) ; — l. 4, ἔδακρ. — φησιν] διαρρή-δην φησὶν λέγων. Δέδεξαι (tu as recueilli) — l. 7, πολυσύν, καὶ μονόνυμον ; — l. 8, ὥστε γὰρ] ὧν ; — l. 13, καὶ αὕτη. — χαλκόν om. (bourdon intercalé dans les autres mss.) ; — l. 15, ἐπισυγγ.] ἐπισημηνάμενος.

P. 123, l. 1, καὶ om. — πῶς οὐ σαφῆ παραδίδωσι ; — l. 3, ἤγουν om. (conj. conf.) ; — l. 4, συντέθειται : — l. 7, ἐνα-καθημένην. — δι᾽ ἣν : — l. 8, δι᾽ ἣν ; — l. 10, ἀνωτέρω λέγοντος. — Après μαγνη-σίας] εἰ οὖν ἐπάγη ἔτι ἐν τῷ σώματι τῆς μαγ-νησίας add. ; — l. 12, πάντας — ὅτι om. (bourdon des autres mss.) : — l. 13, οὐ κατὰ ἀναφ. τῆς Ἀφροδίτης καὶ σελήνης

(conj. conf.); — l. 14, ἡμῖν] ἤ; — l.
15, ἀστρολόγοι (conj. conf.) τὸν χαλ-
κοῦν. — ἀνατίθενται (conj. conf.); — l. 16.
παχύτεροι τὸν ἄργυρον. — οἱ δὲ (conj. de M.
B. conf.). — πνευματικώτεροι; — l. 17, ἐπεί-
περ ὡς ἡ σελήνη ἐν ῥοῇ καὶ ἀπορροῇ; — l. 18,
ἡ ῥεῦσις] ἐν ῥεύσει. — ἐνδικαίως] εἰ δὲ καὶ ὡς. —
τὰ ἄλλα πάντα; — l. 20, πρὸς τὸ ἤλεκτρον.

P. 124, l. 1, ὁ μὲν (conj. conf.); —
l. 2, après ἀναφοράν] τοῦ Διὸς ἁπλῇ προση-
γορίᾳ τετίμηται, ἡ δὲ ὑδράργυρος κατὰ ἀναφο-
ρὰν add.; — l. 3, ἐν τοῖς — ἔφρασεν] ἐκ
τῆς τῶν δύο προσηγοριῶν κατὰ μίαν ἐκφορὰν
ὡς ἔφρασεν; — l. 7, διαιρουμένης] διαιρο-
τομένη (f. l. διαιροτομένου); — l. 8, διὰ
Ζωσ.] Ζωσίμου; — l. 9, ὡς διερωτῶντος καὶ
λέγοντος · καὶ σὺ μὴ (?) καὶ φύλαξ...; —
l. 10, πνεῦμα γὰρ οὖσα; — l. 11, τοῦ ἔρω-
τος; — l. 12, αὐτὸ πν. λογχευόμενον; —
l. 13, ὃ ἔχει ὡς ψυχὴν ἐν καρδίᾳ, καὶ ὡς ὅραμα
ἐν στόμ. κατὰ τὴν ἑλκτικὴν αὐτῆς δύναμιν
ἑλκύσασα; — l. 15, πρὸς ἀλεκτικήν] κατὰ
τὴν ἀλλοιωτικήν. — κατάγει τὸν χ.] καὶ τὰ
ἄλλα τῶν χρυσῶν; — l. 16, καθελκτικήν; —
l. 17, κατεργαζομένην · ἢ οὐδὲ. — ὥς φασι;
— l. 18, ἀναπαξόντων · προμάχῳ χαλ-
κομάχῳ ὑδραργύρῳ.

P. 125, l. 1, καὶ ἀσωμ. — τέχνην om.;
— l. 2, τοῦτο. — πλὴν τοῦ ὑδρ.; — l. 3.
λαβὸν γὰρ; — l. 4, ὑδρ. πῆξον τῷ σώματι
τῆς μαγν.; — l. 6, ὥς φασιν om.; — l. 7,
πλὴν τοῦ διορατικοῦ; — l. 8, ὃ (f. l. ὅ) δυ-
νάμενος; — l. 11, ἀπορροίας, ici et par-
tout; — l. 13, Ἀγαθοδαίμονι; — l. 14,
ἀναπτύσσον; — l. 15, ἐκπίπτον. — Les
mots κατὰ τὴν τ. σελ. οὐσίαν placés après
τὸ σῶμα (l. 16); — l. 20, διορατικῶς διά-
θλεφον ὅτι δι' ἀπορροίας.

P. 126, l. 2, καινοῦν ἤ] καὶ οὐ νῦν; —
l. 5, βάλε; — l. 9, ὅ ἐστι; — l. 10, στέγγα
χρυσοῦ ici et partout. — περὶ τούτου γὰρ
καὶ πρὸς τὰ προκείμενα συναπτόμενος; — l. 12,
ἐὰν γὰρ μή; l. 13, σεαυτὸν (μέμψαι om.);
l. 14, ἕως ἄσκιον ξανθὸν ἄκουστον (f. l.
ἄκαυστον) γένηται · ὁ γὰρ χ.; — l. 15,
θάπτει, ὡς συνῆκεν ἡμῖν ὅτι τελεούμενον τὸ
πᾶν ξανθὸν γίνεται...; — l. 17, εἰ γὰρ μὴ

γέγ. ἄσκιον ξανθὸν ὡς στ. χρ.. οὔτε (f. l. οὐ-
δὲ) βάπτειν δύναται χρυσόν. Οὐ γὰρ μὴ ἔστι
χρυσὸς κ. ποιος; — l. 19, ποιεῖ] πᾶσαι. —
ξανθόν · καὶ γὰρ] ἀνθ' ὧν καί. — l. 20,
ἕτοιμ. ποιεῖν...] ἕτοιμ. ποιὸν ποιεῖ ἢ βάψει
κ. ποιότ. χρυσόν; — l. 21, γὰρ] δὲ. — αἱ
ἐνέργειαι: — l. 22, ὅθεν καὶ ὁ κατ' ἐνέργειαν
χρυσός, ἐπεί...

P. 127. l. 1, λευκήν] ἀλλά; — l. 5.
διὸ καὶ Στ.. ὁ κατὰ ἀλήθειαν στέφανος τῶν
φιλ. — ποιότης μόνη διαβᾶσα; — l. 6, παθ.]
πυθόμενος καὶ διερωτῶν ἑαυτὸν ἐπάγει; — l. 7,
ἡ συγκ.] ὁ συγκρινόμενος; — l. 8. après
ξηρίου] οὐκοῦν τὸ ξηρίον κ. ποιότ. χρυσός
ἐστιν; — l. 9, καὶ εἰ μὴ κ. ποιότ. γένηται
χρυσός; — l. 10, χρυσὸν ἔχον; — l. 11,
ἀσώματος ἰὸς ξ.; — l. 12, ὅ] πῶς; — l. 13,
βλεπόμενον] F. l. βλέπομεν; — l. 14, τοῦτο
μὲν εἰ νῦν ἐρῶμεν, ἐπικόπτομεν; — l. 15,
καὶ μέλλει λείπειν καὶ ἤ... κατ' αὐτήν οὐκ ἀπό-
δοσις; — l. 17, παραξ.] ἐξέθηκεν; — l. 18.
λευκὸν γενόμενον ξανθόν. — εἰς ἄκρον προ-
φανῶ... — l. 19, δι' ὧν. — τοῦ χ. ὅσων
καὶ ξξ. καὶ ἐξήγησεν (f. l. ἐξήργασεν)

P. 128, l. 2, ὃ λέγει: — l. 3, συστα(θ.
κατὰ τὸ σύνθεμα. καὶ ταύτην ἐκπλυθ.; —
l. 5, ταύτην ἀποτελευθῆναι, καὶ λευκὸν τέλεον
ἀποδειχθῆναι, τότε...; — l. 6, καθαιρομένη;
— l. 8, διαμαρτυρόμενος; — l. 10, αἴτιον
ταύτης, ἤτοι ταύτην τὴν ξ. γενέσθαι, εἰ λευκόν
ἐστιν; — l. 11, καὶ εἰ μὴ πρ. λεύκωσι; τ.
γεν.. ξανθ. τελ....; — l. 12, καὶ μὴν (comme
Laur.) — δεῖ γινώσκειν (conj. conf.); — l. 13,
καὶ καθ' ἕλλειπει...; — l. 14, ἐλλείπει; —
l. 16, ἐπιτείνειν] (conj. conf.) — ὥσπερ καὶ
Ε.; — l. 17, après μεγάλ.] ἄρχεσθαι κέλευε
καὶ διεξάγειν ὡς μεγάλ. add. — πλέον ἢ ξξ.
πλέον ἢ ξξ.; — l. 19, οἱ οἰκουμ...] οἱ οἰκ.
πανοῦργοι καὶ πανμίμητοι νέοι ἐξήγηταί καὶ
φιλόσοφοι τὴν ἐναρίθμησιν...

P. 129. l. 1, τρισκαιδεκάτης τέσσαρι (conj.
conf.; cp. le morceau IV, IV, vers 5..;
— l. 2, après ἑκατόν] καὶ δυνάκις ἑκατὸν καὶ
τεσσαρακοντάκις ἑκατόν; — l. 5, ἔλεγεν] λέγων,
et mg.: mrm; — l. 11, γίνεται] εὑρίσκεται; —
l. 16, κατ' αὐτὴν τὴν τ. π. σ.; — l. 17
αἱ ἀσώμ.; — l. 18, κατὰ μίαν οὐσιότ., τοῦ

μολυβδοχάλκου συνουσίωσιν; — l. 19. ἤ, deux fois; — l. 20, γῆν; — l. 22, ἐξεδιά-σαντο.

P. 130, l. 2, χρυσός. — εἰς τὸ κατὰ ποιό-τητα χρυσόν. καὶ εἰ μέλαν...; — l. 4, εἰς τὸ κατ ' ἐνέργειαν χρυσόν; — l. 5, ἀλλὰ ἀνα-σκιφ. καὶ ἰδ. ἤ φιλοσοφήσομεν (f. l. -σήσομεν) μᾶλλον ὁριζόμενοι. Εἰ ἄρα ἀπολ...; — l. 10, Διὸ καὶ καθ ' αὐτὸν ἀσύγκρατος οἰκονομηθεὶς ὁ πυρίτης ἐν τῇ ἀπορροίᾳ τῆς ῥεύσεως; — l. 12, καὶ εἰς κοινὸν ἰόν; — l. 13, εἰς ἄκρον ξανθόν; — l. 14. πρὸς τὸ ξηρόν; — l. 16, ἐν ταύτῃ. — γὰρ om. — εἰ δὲ οὖν] ὡς εἰ; — l. 18, ποιεῖς τὸ ξηρὸν συγκ.] καὶ καταπκαθή/ζεται τὸ γὰρ ὑγρὸν ἐρίσης (f. l. ἐπίσης) τῷ ξηρῷ συγκ. — εἰς μέλαν (conj. conf.); — l. 19, οὕτω τὸ καθ 'ἤ, φιλοσοφοῦμεν μυστ., μετρίως...

P. 131, l. 1, ἐρυθρόν (f. l. ἐρυθρὸν οἷον). — περ. δὲ κλίομ.; — l. 3, ῥεύσται. — ἃ ποιεῖ] ῥέπει εἰς μέλαν, καὶ ἐὰν τραπῇ, μέλανα ποιεῖ ἃ ποιεῖ; — l. 4, ὅπερ καὶ δαίμων ἂν (comp. la leçon de Lc* : δαιμονᾶν) ; — l. 5, παραφυλ. (conj. conf.). — ἵνα μὴ καὶ ἤ. δαίμονι π.; — l. 7, καὶ κατὰ π.; — l. 8, οὐσίαν] περιουσίαν; — l. 11, καὶ ἐὰν μὲν διαλ. καὶ ἐρυθ., μὴ θερμ. δὲ; — l. 12, ἐὰν δὲ καὶ διαλ.; — l. 14, ἐὰν δὲ πάντα κ. τ. τ. ; — l. 15, ἔκπ. εις τε; — l. 17, ὡς ἐν ἐνθου-σιώσει (f. l. ἐνθουσιάσει. conj. conf.); — l. 18, ἀναθοῇ σται (f. l. ἀναθοήσται); — l. 19, δὲ] γάρ.

P. 132, l. 1, ἐνεργούσαι; — l. 2, ἀσύγ-κρατος τοίνυν ποιότης ἢ ἔξωρ., καὶ κατὰ τὸ ποιόν...; l. 3, ἀσύγκρατος π. ἤ. τ. ἄ. π.; — l. 5, διαρρύει κ. τὰ ἀπὸ τῆς τοῦ π. ἰ.; — l. 6, ποιῶσιν om. comme*; — l. 7, πόσον comme*; — l. 9, αὔξησις καὶ συντήρησις τῶν ὄντων γίν. θερμότητι γὰρ καὶ ὑγρότητι τὸ ζωτικὸν συντηρεῖται; l. 10, ποιότ. om.; — l. 12, ἰσάκ. παρόντι συνλ. — τὸ στερεόν; — l. 13, τὸ ὑγρόν ; — l. 14, ἀποστρέφον; — l. 19, nouveau § dans les autres mss.]... Ἑρ-μῆ τὸ παρὸν σύνθ. κεν. (à rejeter?) ἄ. μον. καὶ μ. τρ. addition : ἱστάμενον μονὰς γὰρ τοῦ πυρίτου εἰς δυάδα τῆς συγκράσεως κατη-θεῖσα μέχρι τριάδος τῆς ἐξ. ἔστιν; — l. 20, ἐπὶ δυάδα; — l. 21, καὶ ἔτι; καίτοι; — l. 22,

προότου ποιητ. ; — l. 23, ἐστὶν καὶ καλ. ; — l. 24, τό τε ποιούμενον. — καὶ ποιούμενον μ. ἰ. χ.

P. 133, l. 1. ὡς μονὰς πρώτη, καὶ τριὰς διαιρετή, ὡς μονὰς δευ. διῃρημένη; — l. 4, θεωρίας ἐπειλημμένοι κατέστημεν · τὰς γὰρ ἀνακ. ; — l. 6, χαλκοῦν (à rejeter ?) ; — l. 8, Διεργ. — ἐμφιλοσόφων θεωρ. ἀναπιμ-πλώμεθα μυστ. κατ 'αὐτόν θ.; — l. 10, ἄγνοια σκ. κ. πᾶσιν ; — l. 11, τοῦ ἐντ. λέ-γειν; — l. 12, ἵνα ἀπ. ὑμᾶς] ἀπάγει ἡμᾶς ; l. 13, διελέγχει. — θείων ἤ ἀρσενίκων ; — l. 14, κατ ' αὐτάς] ποιοῦντας · οὐδὲ γὰρ λευ-κός ; — l. 15, μηδὲ τοῦ (f. l. τοῦτο) ; — l. 16, addition de * ; — l. 17, ἅμα τε λευκαίνεται. — ὡς προγέγρ.; — l. 18, ἐλευκ.] εἰ λευκανθῇ, ἐξ. — Ὄστ. ὅτι ; — l. 19, βλάπε δὲ ; — l. 20, κατὰ τὸ αὐτὸ ; — l. 21, οὐδὲ γ. πρ. μὲν λευκ. ὕστ. δὲ ξανθ. ; — l. 23, καὶ νῦν μὲν ἀδιαιρέτου μενούσης τῆς μονάδος, νῦν δὲ καὶ διισταμένης.

P. 134, l. 1, λευκοῦται κ. ξανθοῦται; — l. 2, δίσταται κ. ἀπογείται; — l. 3, καὶ ἐλ. κατὰ Δ. ; — l. 4, πρότερον ; — l. 6, ταῦτα. — εἴπερ ; — l. 7, ἐκ. τοῦ μ.] αἰτουμένον. — βάπτεται; — l. 8, ἤ] οἱ ; — l. 10. πειρῶν-ται comme*. — ἐκείνοις comme*. — καὶ] ἤ, αὐτῶν πρὸς τὴν ἐγγ. ἀποτ; l. 12, κάντ. σημειωσόμεθα ; — l. 14. διαθλέπον. — οὕτω καὶ comme*; — l. 17, ὀξυνέτρῳ, ici et plus loin. — τὸ om ; — l. 18, παραλαμβάνεται ; — l. 19, ἔκπλου. ; — l. 21. en marge : nrm; — l. 22. οὗτος; — l. 23, ἀγαθώτατος, (conj. conf.). — ὁ om.

P. 135, l. 1, τὸ σάλον ; — l. 3, πυρός. Μηδέποτε τ. θίγῃς · οὐ φέρει γάρ... ; — l. 4, ἀλλ 'om. ; — l. 7, μηδέπ. τούτο θίγῃς ; — l. 9, καὶ τοῦ πυ. om. — λεληθότος; comme*; — l. 10, πεπυργωμένον (conj. conf.). — περι-δύουσιν ; — l. 12, ἐκπ. ἀποστρέψ. τὴν δὲ θέρμανσιν... : — l. 15, τὸ ὑποκ.; — l. 17, τοῦ ἡλίου διατρέχοντος ἀνακμίει πάντα τὰ τροφ. διακαίειν; — l. 19. καὶ τὰ ἐπιπ. τῶν ὑδάτων ἐκπ.; — l. 21, ἐκκαύσας, καὶ οὗτ. ὁ δημιουργικὸς νοῦς διανοηθεὶς πρὸς τὰ τοῦ πυρός δυοργανώσεις ἐν μέσῳ; — l. 22, συνθέματος;"

καὶ τοῦ ὑποκ. συνθέματος [A] (A et B de 1re
main, pour indiquer l'interversion à
faire.)

P. 136, l. 1, addition et variantes : χώ-
ρας ἐποίησαν (l. ἐποίησεν), ἵνα διαπνεομένης τῆς
ἐν μέσῳ χώρας μεταλαμβάνῃ εὐκρ. — ἕκατ. γὰρ;
— l. 2, τρισκαιδεκάδες τέσσαρες; (comp.
ci-dessus, aux additions, p. 129, l. 1);
— l. 3, ποιοῦνται: — l. 4, φησίν] φῦσαι; —
l. 7, λέκητον (l. λέκιθος). — γενομένης. —
δευτ. κ. μεγ.; — l. 8, μετερχόμ. — ἐκστρέ-
φειν δεῖ; — l. 9, ἀποκαλύπτειν; — l. 10,
δεῖ συνάπτειν. — ἔρος (à rejeter); — l. 11,
ἀπὸ τούτον (f. l. ἐπὶ τούτων) τοίνυν καὶ κατὰ
τὸν ἀγαθώτατον Δημ. δεῖ λέγειν; — l. 14, οὐ
δεῖ γὰρ ἀφιέναι αὐτὴν ἕν.; — l. 15, αἴρομεν:
— l. 16, τὰ ἐπιπλεονάζοντα δδ.; — l. 17,
χρυσούρ.] ἡλιούθρονον (à rejeter); — l. 18,
ἔχει] ἔστι; — l. 20, καίεται] γίνεται.— ἄπορον.

P. 137, l. 1, καταλείψομεν. Καὶ τίς οὐκ
ἔ. ἀ. τέλος μὴ ἔχ.; — l. 2, ἐνεργείας. Μνη-
σθῶμέν τι (l. τί) λ. ἐλ. αὐτός ὁ ἡμ. φ.; —
l. 4, ὁ ἄφθονος καθηγ. Οὐδὲ γὰρ παρέλιπεν
τι; — l. 7, ἀλλὰ τὴν ἡμετέραν, σύστησον αὐ-
τῇ πλάτος; — l. 8, ὅταν ᾖς ἐργολαβούμενος.
καὶ δι᾽ ἐργαλείων; — l. 9, ποιεῖν, μετὰ
πολλὰ μέτρα ποιῶν καὶ σημειώσεις, φησίν : εἰ
δὲ ἀπορεῖς; — l. 11, καὶ ἔνθεν ὁρμηθεὶς
Ζώσ.; — l. 12, καὶ θεῖον τὸ λ. ἐξιοῦ (f. l.
ἐξιῶν). — ὀξυχωμίῳ; — l. 13, ὅταν ἔναλον
π. τὸ σύνθημα, puis un point final. —
ὑπερδαπανᾶτα:] Ὑπὲρ δὲ πάντας; — l. 14,
Στέφανος] φιλόσοφος; — l. 15, ἐπίθες ἐν
σάκκῳ, σύνθες ἐν ῥάκει; — l. 16, καὶ
σιν. ἕως. — ἡ γὰρ περ.] τῇ περιουσίᾳ θ.
καταπκαθῇ; — l. 18, τὸ ἴσον νοτ. ἕως
γέν.; — l. 19, ὀξυνέτρῳ; — l. 20, καὶ λο-
ξάς. — ἡ τι ἄρα λαμβάνων τὰς αὐτοῦ χαριεσ-
τάτας... (f. l. ἢ παραλαμβάνων...)

P. 138, l. 2, μέτνος; — l. 3, ἐν τούτῳ.
La suite du ms. M se trouve au § 10,
de Jean l'Archiprêtre (IV, III).

P. 141 (III, VIII). *Ajouter à la note
préliminaire :* Collationné sur A, où ce
texte reparait fol. 289 v., comme § 57 de
l'Orfèvrerie (V, II. — Pas de variantes
importantes.

P. 141, l. 25, *lire* ἐν ᾧ.

P. 142, l. 5, *lire* ὡς.

P. 143 (III, IX), *ajouter à la note pré-
liminaire :* Collationné sur T. Pas de
variantes particulières à noter.

P. 144, l. 7, *lire* Ἐρωτύλῳ.

P. 159, l. 2, τὸ ἔργον] *ajouter en note :*
lire τοῦ ἔργου, comme p. 225, l. 16.

P. 168, dernière ligne des notes,
lire κατέρχεται].

P. 181, l. 10, *lire* διὰ τί.

P. 203, l. 13, *ajouter en note :* même
texte, IV, III. 17; — l. 16, *lire* ὀπτή-
σεως; — l. 19, *ajouter en note :* lire
plutôt ἐπὶ τε χοὸς καὶ ἀλεύρου. Cp. ci-des-
sous (aux additions), p. 267, l. 5-7.

P. 205-206 (III, XXXI-XXXVIII), *ajou-
ter aux notes préliminaires :* Colla-
tionné sur B, f. 116-117. Principale
variante : p. 206, l. 8, ὑδραργύρου om.
(f. mel.). Les autres variantes sont dans
les mss. déjà collationnés.

P. 210, l. 1, § 3]. *lire* 3 bis.

P. 215, l. 3, *lire* λίθου.

P. 216, l. 18, *lire* ὑποκοριστικῷ; —
l. 24, après ἐκφωνήσεως, *supprimer la
virgule.*

P. 219 (III, XLIV, 5), *ajouter :* (Col-
lationné sur E, f. 180 v.) Principales
variantes : p. 219, l. 13, τετραμερῆ place
après τὴν ὕλην; — l. 15, φιλοσοφίαν ταύ-
την; — l. 16, μελάνωσιν; — l. 18, ὡς
ὥσπερ. — στοχῶν] ἔχον. — ἐξ ὧν] τῶν.

P. 220, l. 1, ἡμιστόχιον] ἡμίχιον; —
l. 4, τούτων] μεταξὺ δὲ; — l. 5, τῆς δὲ ἰώσ.
τὸ π. ἐστίν; — l. 7, οἷον om. — τὴν καθ᾽
ἡμᾶς ἐπιστήμην γενέσθαι; — l. 8, τὴν ξάν-
θωσιν; — l. 9, ἅ τινά εἰσι; — l. 13, note,
ajouter : et avec III, XXXIX, 5.

P. 230, l. 7, *ajouter à la note :* Rap-
procher σπίλος, fange.

P. 231, l. 6, *lire* τὴν <γῆν>.

P. 232, l. 3, note, *lire* F. 1.

P. 234, §§ 14 et suivants, *ajouter à
la note préliminaire :* Collationné sur
T; — p. 234, l. 13 (f. l. ἐπὶ λίθων); —
l. 20, ἐκρύθη] ἐκρύθησαν (f. l. ἐκρύθησαν).

P. 236 (III, n. *ajouter à la note préliminaire:* Collationné sur T. Variantes de T. et leçons conjecturales; — l. 4, ἐλατοῦ] τητάνου (à rejeter), — l. 12, παραδόξως] F. l. παραδοχέως. (On connaît δοχεύς et δοχεῖον.)

P. 237, l. 5, T comme B etc., sauf que T ajoute : ὡς ἄνωθεν.

P. 238, l. 18, σύροντας] F. l. σύρτας.

P. 239, l. 10, *lire* συνευή.

P. 241, l. 18, note, *lire* le verbe συνίημι.

P. 257, l. 14, *lire* ὅτι.

P. 261, (IV, n) *ajouter:* Cp. le morceau IV, xxi, texte identique, mentionné pour mémoire.

P. 262, l. 10, *ajouter en note:* ἰάξον] F. l. ἰᾶρον. (Confusion déjà notée ailleurs.)

P. 263 (IV, n. *ajouter à la note préliminaire:* Texte collationné sur M. où il figure comme faisant partie du traité de l'Anonyme sur la Chrysopée. Principales variantes : p. 263, l. 3, ἔχομεν; — l. 4, αἱ ἀπόρροιαι. — ἀναρεύσεως γένονται; — l. 7, προεγγεγραμμένον, ὡς προτηγορ.; — l. 8, ἀπορροίας, et plus loin ἀπορροῶν, etc., comme l.c; — l. 10, ἀπορρ. τοσούτου γινομένου; — l. 11, τὸ ἐκπεσόν (f. l. ἐκπεσόν); — l. 12, ἔχον ξανθόν. — στίγμα χρυσοῦ. partout; — l. 14, τὸ γὰρ χρυσάνθιον, — l. 15, διὰ] Δ' (f. l. τέταρτον); — περίχρυσον (f. l. πυρίχρυσον); — l. 16, καλός λ. ἄλλοι; — l. 17, ἐλευθερούμενος, καὶ οὐδὲ ἀποξ.; — l. 19, ὃ καί.

P. 264, l. 2, ἐδογματίσθη. ὡς ἐλέγετο; — l. 3, τοῦτο φησιν. ἔχει; — l. 4, ὅτι θέλεις ἐργάζ.; — l. 5, αὐτός; — l. 6, π. μὲν στυπτηρίαν προσπλ.; — l. 7, ἐπιτηδεύσι; — l. 8, δὲ αὐτός...| διὰ τῶν δὺν. ἐχόντων. — ὅς] f. l. ὡς; — l. 9, ἐν τῷ κινν.] ἐντός. — μηδὲ ἐπιβάλλεται, διὰ τὸ ἤδη πυ. γεγονέναι; l. 10, τῇ σφοδρότητι; l. 11, φθανόν. — χονεύσῃ. ; — l. 12, ἔχομεν. — ὑπερ] ὅπως; l. 13, φύσει] φησὶν (conj. conf.); — l. 14, μήνις; — l. 15, ὀνυχοπαχῆ. καὶ τούτου. χρῖσον τοῦ φαρμάκου; — l. 16, περιπήλωσον;

— l. 18, ἕως ἂν ἀρ.] καὶ οὖν ἕως ἀραιώσει; — l. 19, παρσής (Ostanès?) ; — l. 20, εὐτελέστιν εἴδεσι κεχρ.; — l. 21, οὗτος. — ἔθος πᾶσι II.; — l. 23, διαφεύγον; — l. 24, πλ.] τελείου. — διὰ τοῦ. — διὰ τῆς ἐπιχρήσεως; (l. ἐπιχρίσεως).

P. 265, l. 5, δὲ] δεῖ (conj. conf.); — l. 6, προσδέξεται; — l. 7, οἷς om. (addition de Le); f. l. ὅτι; — l. 8, χρωΐζειν; — l. 9, χαλκάνθου] χαλκακάνθου. partout; — l. 11-13, καὶ διὰ μέσος ἐπιπάσσοντες λειούμενα ἔτι, σκιωδῶν ὄντων τῶν κοσμίων, παραβάπτουσιν, καὶ α. σωζομένων τῶν εἰδῶν, ἐκμάζουσι τὰ ε. πᾶσαν νοθείαν...; — l. 15, ὅτι φυσικῶς; — l. 16, χαλκ.] χαλκακανθώδη. — ἐλκ. πρὸς ἑαυτὰ π. χρυσὸν παραμίξειν; — l. 7, προσγενομένη. — τὸν ἱερακίτην λ. μέλανα; — l. 18, ποιεῖν; — l. 19, τὰ δ.] δι' ὑγροῦ; — l. 20, τὰ στυπτηριώδη; — l. 21, après τὸν χρυσόν] λύει δὲ καὶ φυσικῶς βόρας τὸν χρυσὸν καὶ τὸ ναρθίκιον ὃ λέγ. Ὀσνάχαρ καὶ νίτρα; — l. 22, ὡς ἐνεργεῖν. — αὐτοῦ; — l. 24, ἔδοξε δέ.

P. 266, l. 1, ὡς ἡ (f. l. ὡσεὶ) τ. λεκίθων. — αἰνίττεται] ἐνίοτε; — l. 2, ἄλλων (f. suppl. <καὶ> ἄλλων); — l. 3, ἐδογματίσθη. — πλ. πλ.] πλίο πάντων (f. l. παρὰ? πρός? πάντων); — l. 4, ἀκριβῶς. — καὶ ὄργα.; — διαιρετικόν; — l. 5, παροξυνόμενον. — καὶ χαλκάνθιον συλλειούμενον τοῦ γλίου (l. γλοιοῦ) πάχος. — λαμβάνειν; — l. 7, ἐνεργοῦσαν: — l. 9, τὰ (add. conf.) ἐκ σαρκός ἐκτρ. ἄδεκτα γίνεται; — l. 11, ἀποτελ.] ἀπολισθαίνειν; — l. 12, ἐκπ. τῆς γαστρός, οὕτω καὶ κατὰ τὴν ποίησιν τ.. μὴ τελεσιουργούμενα κατὰ τὸν οἰκεῖον λόγον ὡς ἀτελέστατα...; — l. 14, γραφήν] βαφήν (conj. conf.); — l. 15, φυτά τε κ. σπ. ἂν. γίνεται, λυούμενα τ. ἐκροφίων; — l. 16, καὶ κατὰ τὴν χρυσοποιητικήν. — Εἴδη...] Ἤδη καὶ τὸ μὴ τὰς πρώτας μίξεις; — l. 18, πρόσθεσιν ἢ ἔλλειψιν ἢ τῶν ἐν. π. συμπλ. εἰ μή (f. l. ἢ μή) τὰς χρήσεις (à rej.); — l. 19, δεῖ τοίνυν κατὰ πάντα φυλαττομένους; — l. 21, κατὰ π. om. — En marge : *nrm*.

P. 267, l. 1, οὗτος; — l. 4, ἐπιθεωρηθήσεται; — l. 5-7, εἰς μὲν ὁ τῆς συγκρ. πρ.

τρ. κανονισμὸν ἔχει κατὰ τὰ φοροῦμ. καὶ ζομ. ἐπί τε χοὸς καὶ ἀλεύρων · ὥσπερ γὰρ ἐπὶ χοὸς καὶ ἀλεύρων τὸ ὑγρόν οὐκ. μ. τ. βάλλεται: — l. 8, συνθέματος] dernier mot du morceau dans le ms. M.

P. 270, l. 16, καὶ σκορπ.] *ajouter en note :* F. l. ἐν σκορπ.

P. 286, l. 26, *lire* κατμίας.

P. 289, l. 21, *lire* ἱκετεύομεν.

P. 304, l. 8, note, -έλατον] *lire partout* -ήλατον.

P. 314, l. 9, *ajouter à la note :* même variante, pour le titre de VI, 1, dans le ms. de Vienne déjà cité, fol. 99 r.

P. 323, l. et l. 22, note, ἔγκαψην. Voir à l'index des mots grecs l'art. ἔγκαψις.

P. 324, l. 20, *après* παλαιᾷ .., *ajouter :* f. 282 r.)

P. 332, l. 1, *ajouter en note :* Les §§ 40 et 41 se retrouvent dans E. f. 184 v. (partie écrite par le copiste de La, b, c), avec quelques variantes rectifiant les incorrections de A, son prototype, et remplaçant plusieurs formes néogrecques par celles du grec ancien. Autres variantes à noter : l. 332, p. 10, καὶ θὲς ὑδράργυρον ἢ κασσίτερον.

P. 333, l. 3, ποτίζων; — l. 4, ὥσπερ λίθος, πέτρα.

P. 347, l. 5, note, *lire ainsi la variante de* B etc. : εἰ δ ' οὖν (leçon fréquente pour εἰ δ ' οὖ), πρόσθες κάρδονα καὶ τὸ πνεῦμα, καὶ γενήσεται βέλτιον. (Fin.)

P. 351, l. 16, *lire* Ὀστάνη.

P. 353, l. 5, *lire* θαλάττιον.

P. 354, l. 19, *lire* εἰσκρίσεως.

P. 374, l. 11, il faudrait peut-être ponctuer : μελαίνεσθαι. Καὶ πάλιν · « Βάπτε...

P. 381, notes, dernière ligne, *lire* Blemmidès (VI, xx.)

P. 384, l. 12, *ajouter en note :* ἰρδὴν pour ἰρδὴν, ἰρδίον.

P. 387, l. 22 *lire* ΔΙΑΓΡΑΜΜΑ.

P. 417, l. 25, *ajouter en note :* f. l. τοῖς οὕτω ποιοῦσι.

P. 433, l. 10, *ajoute à la note :* La suite de ce texte, dans M, est identique au morceau de Zosime publié ci-dessus (III, vi) et se continue avec celui de Jean l'Archiprêtre (IV, iii, 17) pour finir sur le mot συνθέματος (p. 267, l. 8.)

P. 436, l. 18, *lire* γέλωτος ἄξιον.